中国国家标准汇编

435

GB 24337～24354

（2009 年制定）

中国标准出版社　编

中国标准出版社

北　京

图书在版编目（CIP）数据

中国国家标准汇编：2009 年制定．435：GB 24337～24354/中国标准出版社编．—北京：中国标准出版社，2010

ISBN 978-7-5066-6003-7

Ⅰ．①中…　Ⅱ．①中…　Ⅲ．①国家标准-汇编-中国-2009　Ⅳ．①T-652.1

中国版本图书馆 CIP 数据核字（2010）第 165694 号

中国标准出版社出版发行
北京复兴门外三里河北街 16 号
邮政编码：100045

网址 www.spc.net.cn
电话：68523946　68517548
中国标准出版社秦皇岛印刷厂印刷
各地新华书店经销

*

开本 880×1230　1/16　印张 36.5　字数 1 120 千字
2010 年 10 月第一版　2010 年 10 月第一次印刷

*

定价 220.00 元

ISBN 978-7-5066-6003-7

出 版 说 明

1.《中国国家标准汇编》是一部大型综合性国家标准全集。自1983年起,按国家标准顺序号以精装本、平装本两种装帧形式陆续分册汇编出版。它在一定程度上反映了我国建国以来标准化事业发展的基本情况和主要成就,是各级标准化管理机构,工矿企事业单位,农林牧副渔系统,科研、设计、教学等部门必不可少的工具书。

2.《中国国家标准汇编》收入我国每年正式发布的全部国家标准,分为"制定"卷和"修订"卷两种编辑版本。

"制定"卷收入上一年度我国发布的、新制定的国家标准,顺延前年度标准编号分成若干分册,封面和书脊上注明"20××年制定"字样及分册号,分册号一直连续。各分册中的标准是按照标准编号顺序连续排列的,如有标准顺序号缺号的,除特殊情况注明外,暂为空号。

"修订"卷收入上一年度我国发布的、修订的国家标准,视篇幅分设若干分册,但与"制定"卷分册号无关联,仅在封面和书脊上注明"20××年修订-1,-2,-3,……"字样。"修订"卷各分册中的标准,仍按标准编号顺序排列(但不连续);如有遗漏的,均在当年最后一分册中补齐。需提请读者注意的是,个别非顺延前年度标准编号的新制定的国家标准没有收入在"制定"卷中,而是收入在"修订"卷中。

读者配套购买《中国国家标准汇编》"制定"卷和"修订"卷则可收齐上一年度我国制定和修订的全部国家标准。

3. 由于读者需求的变化,自1996年起,《中国国家标准汇编》仅出版精装本。

4. 2009年我国制修订国家标准共3 158项。本分册为"2009年制定"卷第435分册,收入国家标准GB 24337～24354的最新版本。

中国标准出版社

2010年8月

目　录

ICS 29.020
K 04

中华人民共和国国家标准

GB/T 24337—2009

电能质量　公用电网间谐波

Power quality—Interharmonics in public supply network

2009-09-30 发布　　　　2010-06-01 实施

中华人民共和国国家质量监督检验检疫总局
中国国家标准化管理委员会　发布

前言

本标准在制定标准过程中结合了我国公用电网电能质量问题的具体特点，并参考了 IEC 及 IEEE 等国际和国外标准化组织的相关标准及文献。

本标准的附录 A 为规范性附录；附录 B 为资料性附录。

本标准由全国电压电流等级和频率标准化技术委员会(SAC/TC 1)提出并归口。

本标准主要起草单位：西安领步电能质量研究所和深圳市领步科技有限公司、中国电力科学研究院、中机生产力促进中心、陕西电力调度中心、中冶京诚工程技术有限公司。

本标准主要起草人：刘军成、林海雪、张苹、焦莉、曾幼云。

电能质量　公用电网间谐波

1　范围

本标准规定了公用电网间谐波电压的允许限值及测量取值方法。

本标准适用于交流额定频率为 50 Hz，标称电压 220 kV 及以下的公用电网。

2　规范性引用文件

下列文件中的条款通过本标准的引用而成为本标准的条款。凡是注日期的引用文件，其随后所有的修改单（不包括勘误的内容）或修订版均不适用于本标准，然而，鼓励根据本标准达成协议的各方研究是否可使用这些文件的最新版本。凡是不注日期的引用文件，其最新版本适用于本标准。

GB/T 14549—1993　电能质量　公用电网谐波

3　术语和定义

3.1

公共连接点　point of common coupling; PCC

用户接入公用电网的连接处。

[GB/T 14549—1993，定义 3.1]

3.2

间谐波测量点　interharmonic measurement points

对电网和用户的间谐波进行测量之处。

注：改写 GB/T 14549—1993，定义 3.2。

3.3

基波（分量）　fundamental (component)

对周期性交流量进行傅立叶级数分解，得到的频率与工频相同的分量。

[GB/T 14549—1993，定义 3.3]

3.4

谐波（分量）　harmonic (component)

对周期性交流量进行傅立叶级数分解，得到频率为基波频率大于 1 整数倍的分量。

[GB/T 14549—1993，定义 3.4]

3.5

谐波次数　harmonic order

h

谐波频率与基波频率的整数比。

[GB/T 14549—1993，定义 3.5]

3.6

间谐波分量　interharmonic component

对周期性交流量进行傅立叶级数分解，得到频率不等于基波频率整数倍的分量。

3.7

间谐波次数　interharmonic order

ih

间谐波频率与基波频率的比值。

3.8

间谐波含有率　interharmonic ratio;IHR

周期性交流量中含有的第 ih 次间谐波分量的方均根值与基波分量的方均根值之比(用百分数表示)。

第 ih 次间谐波电压含有率以 $IHRU_{ih}$ 表示。

3.9

拍频　beat frequency

两个不同频率正弦波电压合成时,其频率(例如公用电网中间谐波频率和基波频率)之差的绝对值。

4　限值

4.1　220 kV 及以下电力系统公共连接点(PCC)各次间谐波电压含有率应不大于表 1 限值。

表 1　间谐波电压含有率限值(%)

电压等级	频率/Hz	
	<100	100～800
1 000 V 及以下	0.2	0.5
1 000 V 以上	0.16	0.4
注:频率 800 Hz 以上的间谐波电压限值还处于研究中。频率低于 100 Hz 限值的主要依据见附录 A。		

4.2　接于 PCC 的单个用户引起的各次间谐波电压含有率一般不得超过表 2 限值。根据连接点的负荷状况,此限值可以做适当变动,但必须满足 4.1 规定。

表 2　单一用户间谐波电压含有率限值(%)

电压等级	频率/Hz	
	<100	100～800
1 000 V 及以下	0.16	0.4
1 000 V 以上	0.13	0.32

4.3　同一节点上,多个间谐波源同次间谐波电压按下式合成:

$$U_{ih}=\sqrt[3]{U_{ih1}{}^{3}+U_{ih2}{}^{3}+\cdots+U_{ihk}{}^{3}} \quad \cdots\cdots\cdots\cdots(1)$$

式中:

U_{ih1}——第 1 个间谐波源的第 ih 次间谐波电压;

U_{ih2}——第 2 个间谐波源的第 ih 次间谐波电压;

U_{ihk}——第 k 个间谐波源的第 ih 次间谐波电压;

U_{ih}——k 个间谐波源共同产生的第 ih 次间谐波。

5　测量取值和测量条件

5.1　本标准基于离散傅立叶分析(DFT)算法规范间谐波的测量,但不排除更先进的间谐波测量方法。

5.2　间谐波测量的频率分辨率为 5 Hz,测量采样窗口宽度为 10 个工频周期。

5.3　间谐波的取值方法:

取 3 s 内 m 次测量数值的方均根值作为第 ih 次间谐波电压的一个测量结果。计算公式如下:

$$U_{ih} = \sqrt{\frac{1}{m}\sum_{k=1}^{m} u_{ih,k}{}^{2}}\ (6 \leqslant m \leqslant 15) \qquad \cdots\cdots (2)$$

式中：

m——3 s 内均匀间隔的测量次数，$m=15$ 为无缝采样；

$u_{ih,k}$——第 k 次测量得到的 ih 次间谐波电压值；

U_{ih}——第 ih 次间谐波的一个测量结果。

5.4 间谐波的测量可以在 3 s 测量结果的基础上，综合出 3 min、10 min 或 2 h 的测量值。综合方法为取所选时间间隔内（例如 3 min）所有 3 s 测量结果的平方算术和平均取平方根，例如 3 min 的测量值为：

$$\underset{(3\ \mathrm{min})}{U_{ih}} = \sqrt{\frac{1}{60}\sum_{k=1}^{60} \underset{(3\ \mathrm{s})}{u_{ih,k}^{2}}} \qquad \cdots\cdots (3)$$

式中：

60——3 min 内包含 3 s 的测量次数。

5.5 间谐波的评估测量要求在系统正常运行的最小方式下，间谐波发生最大的情况下测量；当系统条件不符合要求时（大于正常最小方式），可按短路容量折算结果（即将测量结果乘以实际短路容量和最小短路容量之比）。

5.6 间谐波的评估时间段一般至少为 24 h，以评估时间段内三相综合值 95%概率大值中较大的一相值为评估依据。

注：95%概率大值含义：将实测值按由大到小次序排列，舍弃前面 5%的大值，剩余实测值的最大值。

6 测量仪器准确度

间谐波测量准确度要求如表 3 所示。

表 3 间谐波测量仪器准确度等级

等级	被测量	条件	允许误差
A	电压	$U_{ih} \geqslant 1\%\ U_N$ $U_{ih} < 1\%\ U_N$	$5\%\ U_{ih}$ $0.05\%\ U_N$
	电流	$I_{ih} \geqslant 3\%\ I_N$ $I_{ih} < 3\%\ I_N$	$5\%\ I_{ih}$ $0.15\%\ I_N$
B	电压	$U_{ih} \geqslant 3\%\ U_N$ $U_{ih} < 3\%\ U_N$	$5\%\ U_{ih}$ $0.15\%\ U_N$
	电流	$I_{ih} \geqslant 10\%\ I_N$ $I_{ih} < 10\%\ I_N$	$5\%\ I_{ih}$ $0.5\%\ I_N$
注：表中 U_N 为标称电压，I_N 为标称电流，U_{ih} 为间谐波电压，I_{ih} 为间谐波电流。			

A 级仪器——用来进行需要准确测量的场合，例如合同的仲裁、解决争议等。

B 级仪器——可以用来进行调查统计、排除故障以及其他不需要较高测量准确度的场合。

附 录 A
（规范性附录）
间谐波电压含有率与拍频关系曲线

A.1 $P_{st}=1$ 条件下间谐波电压含有率与拍频关系曲线

间谐波的主要危害之一是引起照明闪烁，$P_{st}=1$ 为闪变通用限值，在此条件下各间谐波电压含有率与拍频的关系曲线见图 A.1。

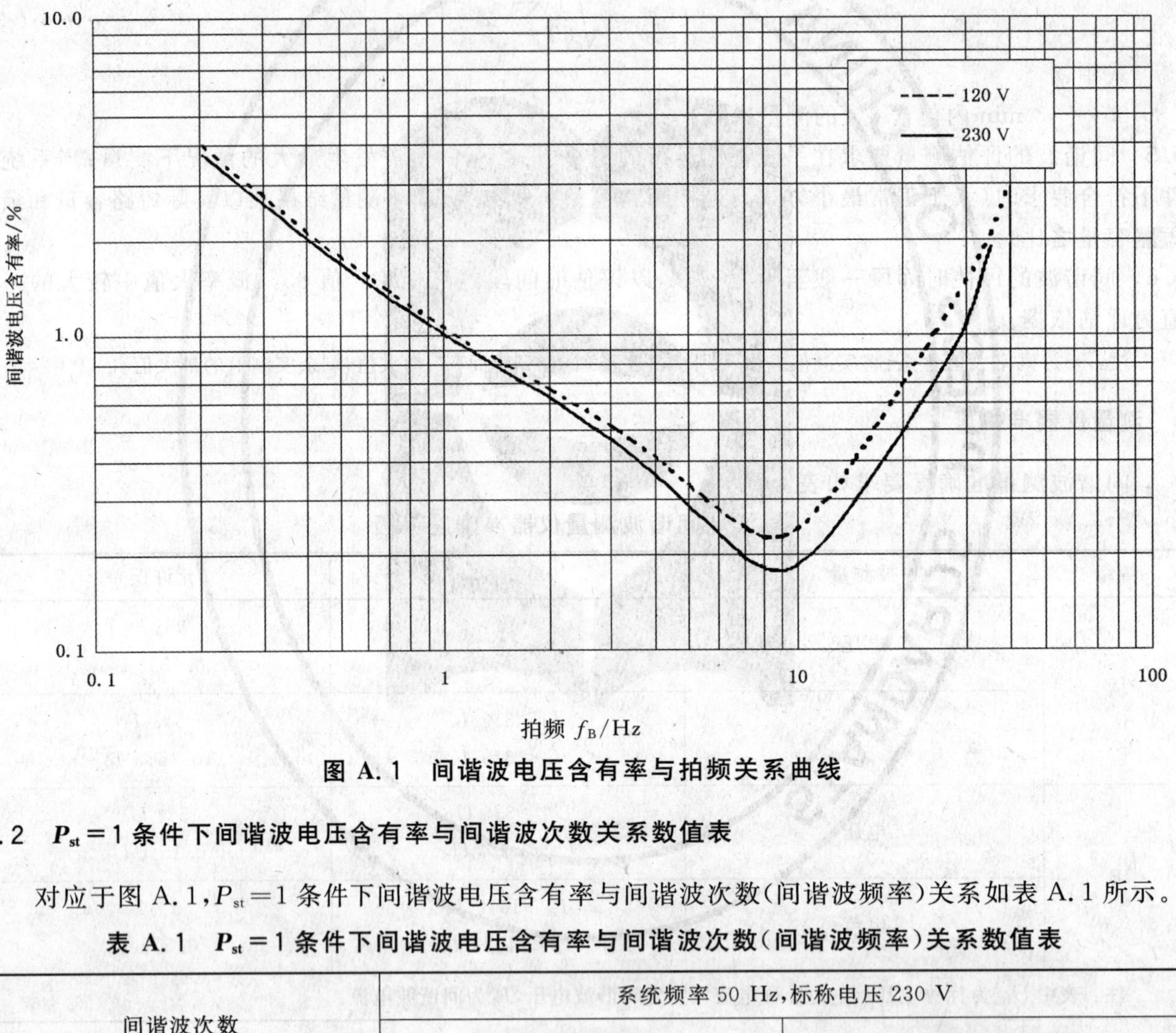

图 A.1 间谐波电压含有率与拍频关系曲线

A.2 $P_{st}=1$ 条件下间谐波电压含有率与间谐波次数关系数值表

对应于图 A.1，$P_{st}=1$ 条件下间谐波电压含有率与间谐波次数（间谐波频率）关系如表 A.1 所示。

表 A.1 $P_{st}=1$ 条件下间谐波电压含有率与间谐波次数（间谐波频率）关系数值表

间谐波次数 ih	系统频率 50 Hz，标称电压 230 V	
	间谐波频率 f_{ih}/Hz	间谐波电压含有率/%
$0.2<ih<0.6$	$10<f_{ih}\leqslant 30$	0.51
$0.60<ih<0.64$	$30<f_{ih}\leqslant 32$	0.43
$0.64<ih<0.68$	$32<f_{ih}\leqslant 34$	0.35
$0.68<ih<0.72$	$34<f_{ih}\leqslant 36$	0.28
$0.72<ih<0.76$	$36<f_{ih}\leqslant 38$	0.23

表 A.1（续）

间谐波次数 ih	系统频率 50 Hz，标称电压 230 V	
	间谐波频率 f_{ih}/Hz	间谐波电压含有率/ %
$0.76<ih<0.84$	$38<f_{ih}\leqslant 42$	0.18
$0.84<ih<0.88$	$42<f_{ih}\leqslant 44$	0.18
$0.88<ih<0.92$	$44<f_{ih}\leqslant 46$	0.24
$0.92<ih<0.96$	$46<f_{ih}\leqslant 48$	0.36
$0.96<ih<1.04$	$48<f_{ih}\leqslant 52$	0.64
$1.04<ih<1.08$	$52<f_{ih}\leqslant 54$	0.36
$1.08<ih<1.12$	$54<f_{ih}\leqslant 56$	0.24
$1.12<ih<1.16$	$56<f_{ih}\leqslant 58$	0.18
$1.16<ih<1.24$	$58<f_{ih}\leqslant 62$	0.18
$1.24<ih<1.28$	$62<f_{ih}\leqslant 64$	0.23
$1.28<ih<1.32$	$64<f_{ih}\leqslant 66$	0.28
$1.32<ih<1.36$	$66<f_{ih}\leqslant 68$	0.35
$1.36<ih<1.40$	$68<f_{ih}\leqslant 70$	0.43
$1.4<ih<1.8$	$70<f_{ih}\leqslant 90$	0.51

注：此表中含有率对应的是间谐波频率 f_{ih}，而图 A.1 的横坐标是拍频 f_B，两者关系为 $f_{ih}=50\pm f_B$(Hz)。

附 录 B
（资料性附录）
间谐波及其危害和集合概念介绍

B.1 间谐波及其危害

离散傅立叶分析(DFT)是频谱分析的常用方法。对于工频 50 Hz 电力系统而言，电压电流实时波形通过 DFT 分析后得到一系列频谱分量，通常将这些频谱分量中工频整数倍的频谱分量定义为谐波(harmonics)，频率为工频非整数倍的分量称为间谐波(interharmonics)。

有时候也将低于工频的间谐波称为次谐波(sub-harmonics)，次谐波可看成直流与工频之间的间谐波。

B.1.1 间谐波源

常见的间谐波干扰源主要有下述几类：

B.1.1.1 变流装置

目前，大量变流装置应用在电力系统，其产生的特征谐波频谱如下：

$$f=(p_1 m \pm 1) f_1 \pm p_2 n f_0 \qquad \text{(B.1)}$$

式中：

p_1——整流环节脉动数；

p_2——逆变环节脉动数；

f_1——交流输入工频频率；

f_0——变流器输出频率；

m、n——非负整数(不同时为0)。

考虑到负荷三相的不对称性及触发角的误差，变流器运行过程中还将产生下述非特征谐波频谱：

$$f=(p_1 m \pm 1) f_1 \pm 2 n f_0 \qquad \text{(B.2)}$$

B.1.1.2 交流电弧炉

交流电弧炉不仅属于典型的谐波污染源、闪变发生源，同时，也是典型的间谐波发生源。一般来说，交流电弧炉电流的频谱属于连续频谱。实际上，一般冲击性负荷均产生间谐波。

B.1.1.3 通断控制的电气设备

各种对设备工作电压进行通断控制、电压调整的电气设备工作过程中将产生间谐波。例如电烤箱、熔炉、火化炉、点焊机、通断控制的调压器等。

B.1.2 间谐波的危害

间谐波具有谐波引起的所有危害。一般来说其危害主要表现在下述方面：

——产生闪变；

——导致显示屏闪烁；

——造成滤波器谐振、过负荷；

——引起通讯干扰；

——引起电动机发电机附加力矩；

——引起过零点监测误差；

——引起感应线圈噪声；

——影响脉冲接收器正常工作。

B.2 谐波、间谐波集合的概念

GB/T 17626.7 定义了谐波和间谐波的集合概念。目前谐波、间谐波标准限值尚未明确是针对集合概念的，故本章内容作为标准的资料性附录介绍。

B.2.1 谐波集方均根值(r. m. s. value of a harmonic group)

n 次谐波集方均根值 $G_{g,n}$ 由第 n 次谐波及其对称两侧的间谐波以下述定义形成(见图 B.1)。

$$G_{g,n}=\sqrt{\frac{C_{k-5}^2}{2}+\sum_{i=-4}^{4}C_{k+i}^2+\frac{C_{k+5}^2}{2}} \qquad \cdots\cdots(B.3)$$

式中：

$G_{g,n}$——n 次谐波集方均根值；

C_k——第 n 次谐波；

$C_{k+1,2,3,4,5}$——紧邻第 n 次谐波右侧连续的第 1、2、3、4、5 个间谐波频谱分量；

$C_{k-1,2,3,4,5}$——紧邻第 n 次谐波左侧连续的第 1、2、3、4、5 个间谐波频谱分量。

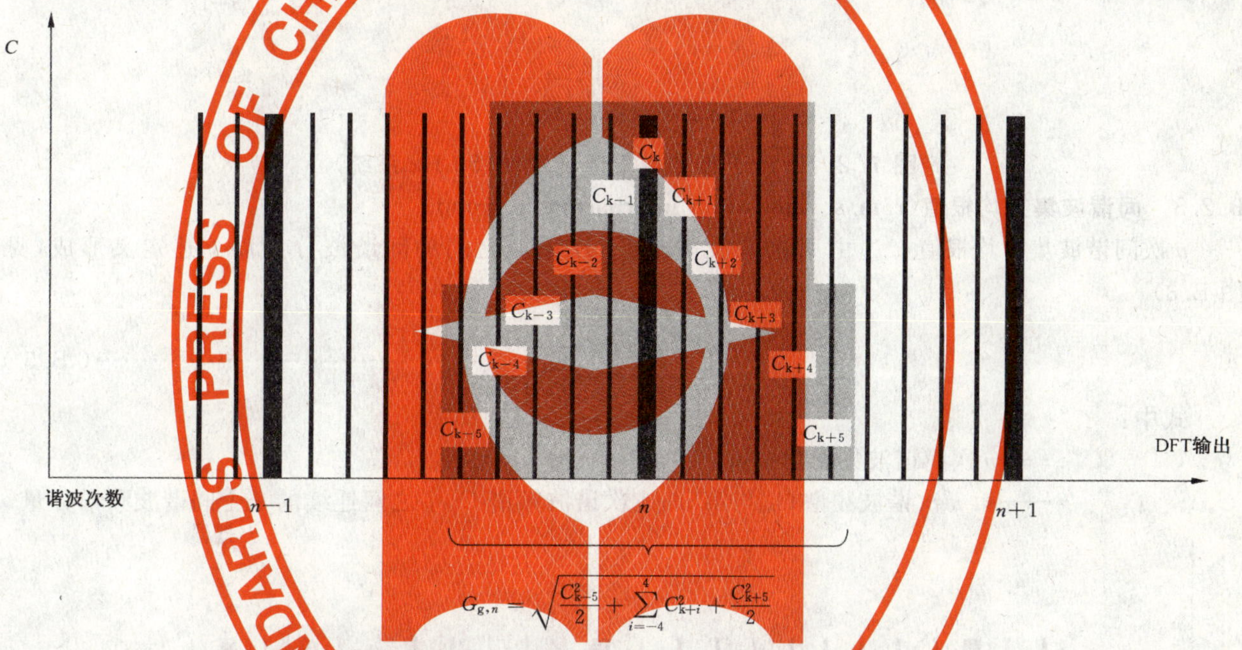

图 B.1 谐波集方均根值示意图(50 Hz 系统)

B.2.2 谐波子集方均根值(r. m. s. value of a harmonic subgroup)

n 次谐波子集方均根值 $G_{sg,n}$ 由第 n 次谐波及其相邻的两个间谐波分量以下述定义形成(见图B.2)。

$$G_{sg,n}=\sqrt{\sum_{i=-1}^{1}C_{k+i}^2} \qquad \cdots\cdots(B.4)$$

式中：

$G_{sg,n}$——n 次谐波子集方均根值；

C_k——第 n 次谐波；

C_{k+1}——第 n 次谐波右侧紧邻的第 1 个间谐波频谱分量；

C_{k-1}——第 n 次谐波左侧紧邻的第 1 个间谐波频谱分量。

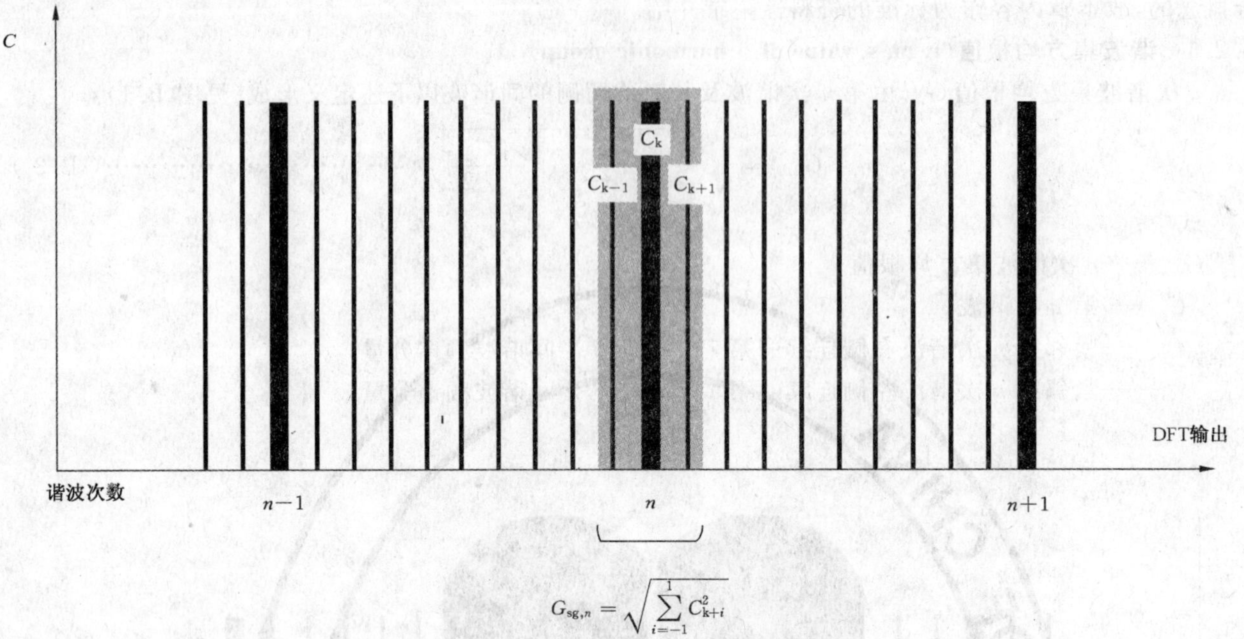

图 B.2 谐波子集方均根值示意图(50 Hz 系统)

B.2.3 间谐波集方均根值(r. m. s. value of an interharmonic group)

n 次间谐波集方均根值 $C_{ig,n}$ 由 n 次谐波与 $n+1$ 次谐波之间的间谐波分量以下述定义形成(见图 B.3)。

$$C_{ig,n}=\sqrt{\sum_{i=1}^{9}C_{k+i}^2} \qquad \text{(B.5)}$$

式中:

$C_{ig,n}$——n 次间谐波集方均根值;

$C_{k+1,2,3,4,5,6,7,8,9}$——第 n 次谐波频谱 C_k 与第 $n+1$ 次谐波频谱 C_{k+10} 之间连续的 9 个间谐波频谱分量。

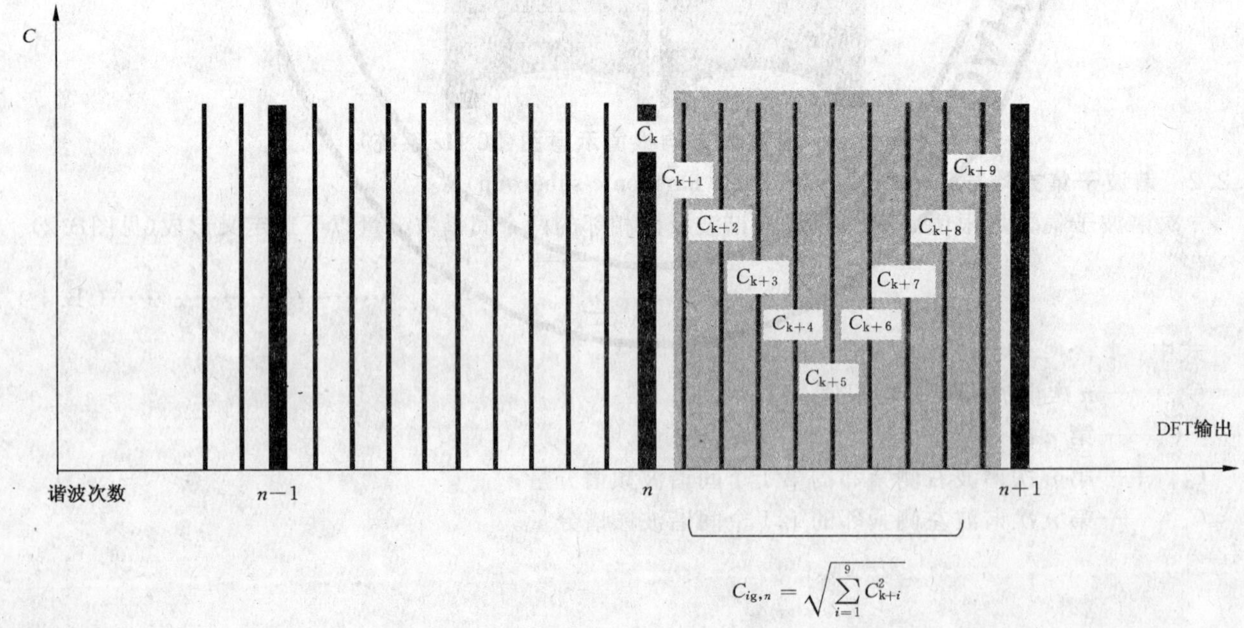

图 B.3 间谐波集方均根值示意图(50 Hz 系统)

B.2.4 间谐波子集方均根值(r. m. s. value of an interharmonic subgroup)

n 次间谐波子集 $C_{isg,n}$ 由第 n 次谐波与 $n+1$ 次谐波之间的间谐波分量以下述定义形成(见图 B.4)。

$$C_{isg,n}=\sqrt{\sum_{i=2}^{8}C_{k+i}^2} \qquad \text{(B.6)}$$

式中:

$C_{isg,n}$——n 次间谐波子集方均根值;

$C_{k+2,3,4,5,6,7,8}$——第 n 次谐波频谱 C_k 与第 $n+1$ 次谐波频谱 C_{k+10} 之间不与其直接相邻的连续 7 个间谐波频谱分量。

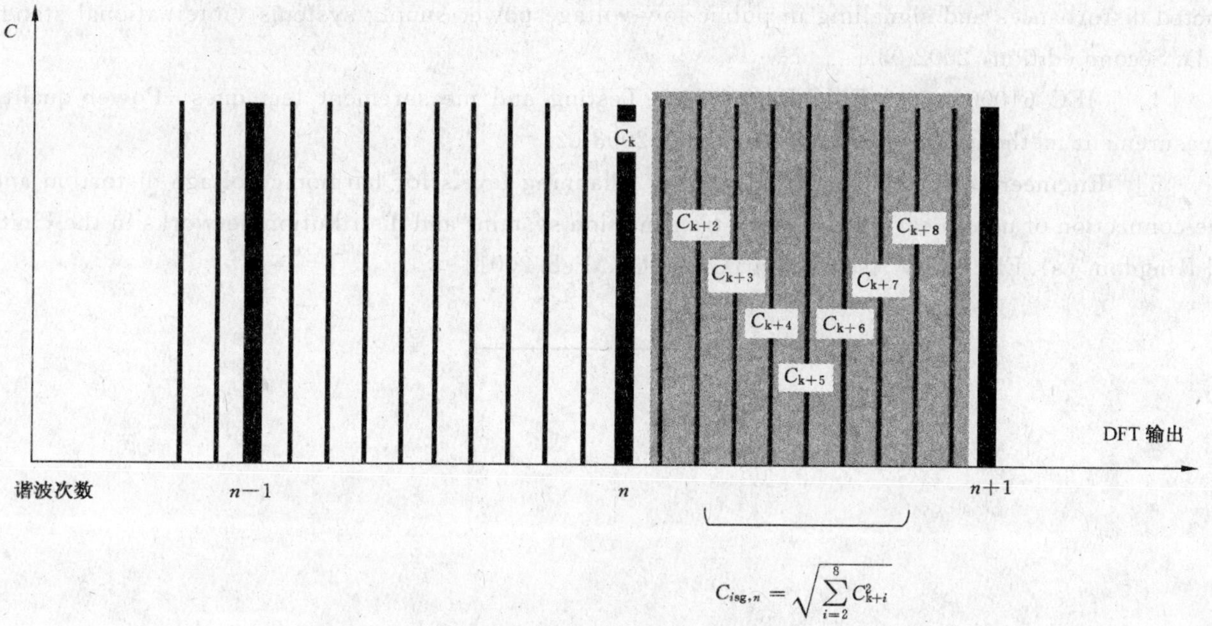

图 B.4 间谐波子集方均根值示意图(50 Hz 系统)

B.3 (间)谐波监测的频率分辨率

傅立叶分析的基本特点在于频率的分辨率与时间的分辨率成反比。

频率分辨率是指将信号中两个靠得很近的频率分量分开的能力,基于 DFT 变换,就是指 DFT 变换后各谱线的频率间隔。频率分辨率是由观测时间长度(亦即时间窗,也就是时间分辨率)决定的,并满足频率分辨率×时间分辨率=1,因此观测时间越长频率分辨率就越高(可分辨的频率越小),但两者不可能同时达到很小。

例如,本标准 5.2 要求:间谐波测量的频率分辨率为 5 Hz,测量采样窗口宽度为 10 个工频周期。也就是要求用连续采样 10 个工频周期的采样数据进行傅立叶分解,因此,其时间分辨率为 10 个工频周期,即 0.2 s,因此频率分辨率 $=\frac{1}{\text{时间分辨率}}=\frac{1}{0.2}=5$ Hz。

参 考 文 献

［1］ GB/Z 17625.4—2000 电磁兼容 限值 中、高压电力系统中畸变负荷发射限值的评估(idt IEC 61000-3-6：1996)。

［2］ GB/T 17626.7 电磁兼容 试验和测量技术 供电系统及所连设备谐波、谐间波的测量和测量仪器导则(GB/T 17626.7—2008，IEC 61000-4-7：2002，IDT)。

［3］ IEC 61000-2-2 EMC-Part 2-2 Environment—Compatibility levels for low-frequency conducted disturbances and signalling in public low-voltage power supply systems (international standard). Second edition，2002-03.

［4］ IEC 61000-4-30 EMC-Part 4-30 Testing and measurement tecniques—Power quality measurement methods (international standard). 2003-02.

［5］ Engineering Recommendation G 5/4 Planning levels for harmonic voltage distortion and the connection of non-linear equipment to transmission systems and distribution networks in the United Kingdom (s). Electricity Association (CA)，UK. Feb. 2001.

ICS 29.280
S 35

中华人民共和国国家标准

GB/T 24338.1—2009/IEC 62236-1:2003

轨道交通　电磁兼容
第1部分:总则

Railway applications—
Electromagnetic compatibility—Part 1: General

(IEC 62236-1:2003,IDT)

2009-09-30 发布　　　　2010-01-01 实施

中华人民共和国国家质量监督检验检疫总局
中国国家标准化管理委员会　发布

前　言

GB/T 24338《轨道交通　电磁兼容》目前包括以下部分：

——第1部分：总则；

——第2部分：整个轨道系统对外界的发射（正在制定中）；

——第3-1部分：机车车辆　列车和整车；

——第3-2部分：机车车辆　设备；

——第4部分：信号和通信设备的发射与抗扰度；

——第5部分：地面供电装置和设备的发射与抗扰度。

本部分为GB/T 24338的第1部分。

本部分等同采用IEC 62236-1:2003《轨道交通　电磁兼容　第1部分：总则》（英文版）。

本部分等同翻译IEC 62236-1:2003。

为便于使用，本部分做了下列编辑性修改：

a）“本国际标准”一词改为“本部分”；

b）用小数点“.”代替作为小数点的逗号“,”；

c）删除国际标准的前言。

本部分的附录A为资料性附录，附录B为规范性附录。

本部分由铁道部提出。

本部分由全国牵引电气设备与系统标准化技术委员会（SAC/TC 278）归口。

本部分由株洲南车时代电气股份有限公司、南车四方机车车辆股份有限公司、中铁电气化勘测设计研究院有限公司起草。

本部分起草人：余定华、严云升、范祚成、张安、刘爱华。

引　言

GB/T 24338 规定了整个轨道系统对外界电磁发射的限值，指明了轨道交通设备的电磁发射与抗扰度限值。但是，设备的电磁发射应和整个轨道系统的发射限值相兼容。GB/T 24338 覆盖的频率范围是从 0 GHz～400 GHz。目前，频率高于 2 GHz 的试验尚未定义。通过设定电磁兼容性现象的限值以确保整个轨道系统和外部环境之间及轨道系统中各类设备之间达到电磁兼容。在整个标准中，选定的抗扰度要求应确保与本地轨道环境中的其他电气设备及与外部环境进入轨道系统的骚扰有合适的电磁兼容性等级。同时，也选定轨道系统向外部环境发射的电磁骚扰限值。

抗扰度和发射等级本身并不能确保电气设备的集成装置都能满足要求。GB/T 24338 不能覆盖电气设备所有可能的配置状态，但是在大多数情况下，试验等级足以获得满意的电磁兼容性。有些例外的情况，例如在一个有非寻常电磁干扰的特定位置的附近，可能需要对系统采取额外的措施，以确保其正常工作。设备的供应方、项目经理和基础设施管理者或类似人员之间可以就该问题讨论，以得到解决方案。

轨道电气设备可以组装构成大型系统，例如列车和信号控制中心。GB/T 24338 本部分的附录 A 列出了详细信息。因此，不可能对这些大型系统给出抗扰度试验和限值。正常情况下，电气设备的抗扰度等级足以确保它们工作可靠，但有必要准备一份电磁兼容性管理计划来应对特殊的情况。例如，临近大功率、高场强的射频发射机的轨道沿线通道。对于那些必须工作在发射机附近位置的轨道设备，可以在技术规范中进行特别规定。

轨道交通 电磁兼容
第1部分:总则

1 范围

1.1 本部分概括了整个标准的结构和内容。

附录A描述了对电磁兼容性行为有影响的轨道系统的特点。附录B规定了轨道交通基础设施和列车之间的接口获得电磁兼容性的管理过程。

整个标准的目的是规定轨道交通产品及系统的电磁发射与抗扰度要求。

本部分不包括下列现象:核电磁脉冲、异常工作状态和直接雷击的感应影响。

本部分规定的发射限值不适用于轨道范围内的特殊发射装置。

本部分没有涵盖安全要求。

非电离辐射和医疗辅助设施的生物影响(如起博器)没有考虑在内。

1.2 下列部分是对本部分的补充。

GB/T 24338.3 轨道交通 电磁兼容 第3-1部分:机车车辆 列车和整车

GB/T 24338.4 轨道交通 电磁兼容 第3-2部分:机车车辆 设备

GB/T 24338.5 轨道交通 电磁兼容 第4部分:信号和通信设备的发射与抗扰度

GB/T 24338.6 轨道交通 电磁兼容 第5部分:地面供电装置和设备的发射与抗扰度

2 规范性引用文件

下列文件中的条款通过GB/T 24338的本部分的引用而成为本部分的条款。凡是注日期的引用文件,其随后所有的修改单(不包括勘误的内容)或修订版均不适用于本部分,然而,鼓励根据本部分达成协议的各方研究是否可使用这些文件的最新版本。凡是不注日期的引用文件,其最新版本适用于本部分。

GB/T 4365 电工术语 电磁兼容(GB/T 4365—2003,IEC 60050(161):1990,IDT)

GB/T 17799.2 电磁兼容 通用标准 工业环境中的抗扰度试验(GB/T 17799.2—2003,IEC 61000-6-2:1999,IDT)

3 术语和定义

GB/T 4365确立的电磁兼容性(EMC)及相关现象的定义适用于GB/T 24338的本部分。

4 性能判据

本章基于GB/T 17799.2。

由于本部分范围内设备的多样性和差异性,很难为评价抗扰度试验结果定义精确的判据。

按本部分的规定进行试验后,如果设备处于危险或不安全的状态,则认为设备未能通过该项试验。

电磁兼容性(EMC)试验过程中或试验后的功能性描述以及性能判据的定义,应由制造商按下列判据提供,并在试验报告中注明。

性能判据A:在试验过程中和试验后设备能按预期要求连续工作。当设备按预期使用时,设备的性能没有下降或功能丧失不允许低于制造商规定的相应性能等级。可以用允许的性能降低来代替性能等级。如果制造商没有规定最低性能等级或允许的性能降低,两者的任何一个可从产品的说明和文件中导出，也可从设备按预期使用时用户相应的要求导出。

性能判据B：试验后设备能按预期要求连续工作。当设备按预期使用时，设备的性能没有下降或功能丧失不允许低于制造商规定的相应性能等级。可以用允许的性能降低来代替性能等级。试验过程中是允许性能下降的，但不允许实际运行状态或存贮数据有所改变。如果制造商没有规定最低性能等级或允许的性能降低，两者的任何一个可从产品的说明和文件中导出，也可从设备按预期使用时用户相应的要求导出。

性能判据C：只要设备功能可自行恢复或通过操作控制器来恢复，允许出现暂时的功能丧失。

5 电磁兼容性管理

轨道交通是一个电磁能源会移动的复杂系统。GB/T 24338的应用并不能保证有满意的性能。可能在有些情况下，设备应安装在有限的空间内或已有的装置上，这就使得电磁环境非常严酷。EMC管理的正规计划应考虑所有的情况。管理计划应该尽可能在工程的早期建立，计划的详细情况见附录B。

附录B是有限制范围的规范性附录，然而，在工作超出限制范围时应该考虑管理计划的应用是否有效。

附 录 A
（资料性附录）
轨 道 系 统

A.1 概述

轨道交通在工作时，需要使用大容量输出（达到 MVA 级）的电气系统和非线性（产生谐波）的电力电子系统。

在电气化轨道交通上，列车必须通过滑行接触从供电线上获得能量，该供电线被称为接触网、架空线或者是沿着轨道安装的轨旁导电轨。电流通过轨道（独立的回流导体）或大地回流到变电所。轨道交通是一个集成的系统，电能除了用于列车牵引外还有以下用途：

——旅客车辆上的电源由单独的导线沿列车馈送，通过变流器提供取暖、空调、餐饮和照明；

——与列车运行有关的控制中心之间及轨道沿线的信号和电信系统；

——通过轨旁线路连接的控制中心的计算机装置；

——车辆、车站和机务段的旅客信息系统；

——电传动内燃机车和动车组内的牵引；

——蓄电池牵引车辆。

因此，由 EMC 引起的问题不仅在电力机车和电源上存在，而且在相关系统上也存在。非电力牵引，如电传动内燃牵引也可能是电磁噪声源。

这些系统的正常和受扰工作可能是影响所有其他系统正常工作的电磁噪声源。

A.2 一般耦合机理

系统间的耦合是常见的物理现象，根据这些现象来制定限值。

耦合分为五种模式：

——静电耦合，带静电体对被干扰电路放电；

——电场耦合，一个电路中变化的电压通过相互间的电容在被干扰电路中产生电压变化；

——磁场耦合，一个电路的电流所产生的变化的电磁场，通过互感，在被干扰电路里产生干扰电压；

——传导耦合，源电路和被干扰电路共用一条传导通道；

——电（E）磁（H）辐射，电路结构作为天线发射并接收能量。

A.3 抗扰度对应的基本电磁现象

A.3.1 低频传导现象

A.3.1.1 供电电压的缓慢变化，包括跌落、浪涌、波动、非平衡。

A.3.1.2 谐波和互调成分。

A.3.1.3 供电电源上的数据传递。

A.3.1.4 电源频率的变化，在交流网络中感应出具有低频成分的直流电压。

A.3.2 低频场现象

稳态和暂态磁场；电场。

A.3.3 高频传导现象

单向和振荡瞬变过程，如单个或重复脉冲；感应电流。

A.3.4 高频辐射现象

磁场；电场；射频辐射波。

A.4 发射对应的基本电磁现象

原则上，发射对应的电磁现象和抗扰度一致，但是限值仅仅应用于下列方面：

——由工频和谐波频率电流产生的磁场，频率高达 9 kHz；

——由工频和谐波电流产生的电压波动；

——由列车产生的射频场。

A.5 各种电力牵引系统介绍

采用直流和交流源。

直流系统包括：

——高电压：3 000 V；

——中等电压：1 500 V；

——低电压：从 600 V 到 1 400 V，包括市区运输系统。

交流系统包括：

——工频：50/60 Hz、20/25 kV 或者 50/25 kV 自耦变压器；

——低频：16.7 Hz、15 kV；

——绝缘三相线中有两根架空线。

A.6 电力牵引系统的组成

牵引功率通常由国家电网或轨道交通电网的高压系统提供。作为连接点的变电所起到以下作用：

——保护公众和轨道交通的利益(断路器)；

——利用变压器变换电压等级；

——通过整流以提供直流电或频率转换获得低频电压。

通过安装在机车上的受电弓与悬挂的接触网接触，将获得的能源传输到牵引车辆。在中低压线路上，轨旁设有导电轨，由滑动接触(即集电靴)将导电轨的能源集流供给牵引车辆。

在牵引车辆上，调节后的能源供给电动机来控制列车的运行。辅助电源也进行调节，虽然比供给牵引电机的功率要低的多，但也是一个重要的电磁噪声源。

在交流线路上，可以在牵引供电线上(自耦变压器或升压变压器)加一些电路元件来减小磁场，因而可减小电信线路上的感应电压。

A.7 内部电磁噪声源

A.7.1 静态部分

轨道交通的牵引网和变电所的高压馈电线可能是高频或低频噪声源。

属于射频发射的现象是：

——电晕影响：在邻近导体的电场里，由于中性分子的电离产生射频噪声，使得整个频率范围内存在电晕影响；

——在绝缘体表面高电压梯度区域中的刷形放电；

——在带电金属元件之间不良接触点的微电弧放电。这种影响是局部性的，随着距离快速衰减；

——在污染的绝缘体干燥表面产生的局部闪络。

轨道交通接触网不同于电力高压架空线，因为它和地的距离更近，有更多的绝缘体，而对绝缘体的自然清洁更少。

在 3 km 以内的区域内，低频噪声较为重要，接地电阻率较大时该区域更广。它在高压转换瞬间在变电所产生，被激励后沿着架空线释放。如果是非线性牵引负载(如整流器)，噪声将进一步增强。若有闪络发生,它将受到局部性激励。如果是直流牵引系统,整流变电所将产生低频谐波。

A.7.2 移动部分

正常工作中,移动的动力单元(电力机车或动车组)是电磁噪声源,主要由下列装置产生:

——动力控制系统,它使用可控的半导体器件,如晶闸管、门极可关断晶闸管(GTO)、绝缘栅双极型晶体管(IGBT);动力系统产生的能量,可通过车辆上的器件直接辐射或通过供电线路间接辐射,架空线可起天线的作用;

——牵引列车上的辅助设备有相当高的额定功率,也应该作为噪声源考虑;

——架空线和受电弓(或者是集电靴和导电轨)之间的滑行接触,通过一连串可充当射频源的短弧集流;

——受电弓的上升和下降,或车辆主断路器的闭合和断开时产生的特定电弧和过渡现象。

电传动内燃机车有产生噪声的半导体功率控制,所以同样需要进行研究。这种机车也包含可能是噪声源的辅助系统。

A.7.3 辅助电源变流器

列车上使用的空调、餐饮设备以及类似系统可通过半导体静态变流器供电,这些可以是噪声源。列车的几节车辆均存在静态变流器,应考虑它们的总噪声。

A.7.4 列车线

通常情况下,在电压不高于 1 500 V(有时为 3 000 V)时,机车将高达 800 kW 的功率通过导体(术语称为“列车线”)供给列车电气系统用于照明、取暖、空调、蓄电池充电以及供给变流器。列车线上的电流可能达到 800 A,是邻近设备的噪声源。辅助电流可通过轨道回流到机车,因而会对轨道上的设备产生影响。通常列车长度为数百米。

A.7.5 轨道电路的牵引回流

电源(持续、交变或脉冲)可通过连续的轨道(也就是通常所说的轨道电路)连接。当列车在轨道上运行时,其轴将轨道电路检测器短路,由此来检测列车的存在。虽然列车已存在,电噪声仍可激励检测器,从而发出一个假的轨道空闲指示信号。轨道电路采用多种形式的频率和时间编码来减小错误激励的风险。

因为电源可能包括轨道电路频率的电压分量,列车的输入阻抗应大于规定值,从而防止轨道上形成轨道电路频率的电流通路。车辆和变电所的牵引和辅助设备不会在轨道电路频率上产生超过规定值的电流。特殊情况应该采用限值。对于轨道交通来说,这些影响是内部固有的,有多种不同的情况存在。

A.7.6 轨旁设备

在轨旁的工作间内,用电来驱动用于开关切换的电机、加热、列车预热以及其他设备。虽然功率相对较低,但它们离线路很近,也可能影响其他轨道交通设备。

A.8 轨道交通的主要特点小结

电气化轨道交通和其他大型电网的主要差异是:

——电源配置变化范围很大;

——控制系统、子系统以及功率使用变化范围很广;

——采用滑行接触将大功率传递给运行中的列车;

——有些列车高速运行;

——在同一影响范围内出现几个移动源;

——流向列车以及从列车流出的电流是波动和不精确的,包括通过大地的电流;

——大功率单相负载,可能引起三相系统的不平衡;

——可能几个源同时产生干扰;

——在较宽频谱范围内产生电磁噪声;

——电源和车辆相互作用,其影响在某个给定频率点下增强或削弱。

A.9 外部干扰源

分布在公共区域内的轨道交通,在各种地方均受到不同的电磁噪声影响。包括:

——临近的轨道系统;

——轨旁的无线电站(例如 GSM-R 系统),有时在高功率下工作;

——便携式无线电发射机,包括移动电话;

——临近架空电源线存在的工频感应;

——机场、军用航空器上的雷达装置;

——干扰供电网络的工业设备。

附 录 B
（规范性附录）
轨道基础设施和列车之间接口的电磁兼容性管理

B.1 概述

本附录规定了轨道基础设施管理者和列车操作者之间接口的电磁兼容性管理要求。

B.2 术语和定义

本附录采用了下列术语和定义：

B.2.1

基础设施管理者　infrastructure controller

对轨道交通网络的基础设施（见 B.5.1）负有法定责任的人或单位（包括轨道交通公司和/或主管部门）。

B.2.2

牵引和机车车辆（T&RS）　traction and rolling stock（T&RS）

轨道上的移动车辆，包括货车、机车、客车和动车组。服务和维护用的车辆也包括在内。

B.2.3

列车操作者　train operator

操作牵引和机车车辆的人或单位（包括轨道交通公司和/或主管部门）。

B.2.4

失效　failure

设备的某个部件无能力继续完成预期的功能。

B.3 失效的风险评估

正常工作状态（见 B.5.3）下，列车和基础设施的电气系统之间的电磁相互作用所产生的失效风险评估和管理按以下步骤进行：

——基础设施和 T&RS 之间的电磁相互作用所产生潜在失效的识别；

——和潜在失效相关的基础设施电磁抗扰度和发射水平的识别；

——和潜在失效相关的 T&RS 电磁抗扰度和发射水平的识别；

——暴露关键问题且有足够深度的潜在失效分析；

——将风险维持在可接受水平所需的控制措施规范；

——失效级别的可接受性说明。

B.4 要求

B.4.1 可靠性

基础设施管理者和列车操作者应该采取所有合理的措施，以确保在正常工作状态下他们的行为和设备的可靠性不会由于电磁抗扰度而受到影响。

B.4.2 抗扰度

列车操作者和基础设施管理者应该采取所有合理的措施，以确保各相关系统（列车、供电系统、通信信号系统）对电磁发射有合理的抗扰度水平，以便于那些产生电磁发射的便携式发射机可以在轨道交通范围内得到正常使用。

B.4.3 发射

B.4.3.1 列车产生的电磁发射可引起基础设施失效，同样，基础设施的电磁发射也可引起列车失效。

B.4.3.2 在失效风险的评估过程中，基础设施管理者可能需要从列车操作者那里获得关于列车电磁发射的详细信息。同样地，列车操作者可能需要从基础设施管理者那里获得关于基础设施电磁发射的详细信息。必要的时候，列车操作者和基础设施管理者应该相互合作，以获得试验结果或可信的相关参数预测值，如受到激励后列车和/或基础设施产生的电压、电流、磁场和电场，列车操作者和基础设施管理者双方应该就测量位置讨论达成一致。

B.4.3.3 如果磁场和电场值的合适位置不能识别，应该在接近危害的位置上提供这些值。

B.4.3.4 基础设施管理者和列车操作者之间应该就轨道交通范围内射频噪声的发射场强值达成一致意见。

B.4.3.5 基础设施管理者和列车操作者之间应该就进入轨道交通内电信链路的噪声电压感应限值达成一致意见，同时考虑国际电信协会（ITU-T）的限值。

B.5 基础设施和正常工作状态

B.5.1 基础设施

其中固定装置包括以下系统：

——电源系统：由电源、电缆等构成，包括连至变电所及轨道沿线等的导体连接；

——信号系统：由信号设备构成，包括轨道电路、电缆、联锁和控制室等；

——电信系统：由电信设备构成，包括电缆、电话、无线电链路和数据通信等；

——其他常设的通路系统。

B.5.2 轨道交通电气系统

本部分EMC范畴所涉及的轨道交通电气系统比较复杂，由以下系统组成：

——电源系统；

——信号和电信系统。

通过以下进行连接：

——轨道；

——列车。

B.5.3 正常工作状态

包括：

——正常状态；

——紧急牵引状态，此时电流大于正常值；

——列车通过电源系统间隙，如中性区和导电轨间隙；

——升/降受电弓；

——T&RS的瞬时行为，如流入交流变压器或直流滤波器的涌流；

——由于电源系统、列车负载和/或国家供电网的开关动作产生的瞬时电压或浪涌；

——交流电源系统的电气谐振现象；

——系统部件间连接的部分失效或断开应该征得列车操作者的同意；

——与位置有关的天气状况变化的影响；

——其他可由轨道交通正常操作预计的状态。

B.5.4 假设

所作假设和近似，都应该申明。

ICS 29.280
S 35

中华人民共和国国家标准

GB/T 24338.3—2009/IEC 62236-3-1:2003

轨道交通　电磁兼容
第3-1部分:机车车辆　列车和整车

Railway applications—
Electromagnetic compatibility—
Part 3-1:Rolling stock—Train and complete vehicle

(IEC 62236-3-1:2003,IDT)

2009-09-30 发布　　2010-01-01 实施

中华人民共和国国家质量监督检验检疫总局
中国国家标准化管理委员会　发布

前言

GB/T 24338《轨道交通　电磁兼容》目前包含以下部分：

——第1部分：总则；

——第2部分：整个轨道系统对外界的发射（正在制定中）；

——第3-1部分：机车车辆　列车和整车；

——第3-2部分：机车车辆　设备；

——第4部分：信号与通信设备的发射与抗扰度；

——第5部分：地面电源装置与设备的发射与抗扰度。

本部分为GB/T 24338的第3-1部分。

本部分等同采用IEC 62236-3-1:2003《轨道交通　电磁兼容　第3-1部分：机车车辆　列车和整车》（英文版）。

本部分等同翻译IEC 62236-3-1:2003。

为便于使用，本部分做了下列编辑性修改：

a) “本国际标准”一词改为“本部分”；

b) 删除国际标准的前言和引言；

c) 用小数点“.”代替作为小数点的逗号“,”。

本部分的附录B为规范性附录，附录A为资料性附录。

本部分由铁道部提出。

本部分由全国牵引电气设备与系统标准化技术委员会（SAC/TC 278）归口。

本部分起草单位：株洲南车时代电气股份有限公司、南车株洲电力机车有限公司、中铁电气化勘测设计研究院有限公司、南车四方机车车辆股份有限公司。

本部分主要起草人：王益民、严云升、王秋华、汪建、彭艳华、刘爱华、张安。

轨道交通 电磁兼容
第3-1部分:机车车辆 列车和整车

1 范围

GB/T 24338的本部分规定了所有类型机车车辆的发射与抗扰度要求。它包含了牵引车辆和列车组,包括在城市街道使用的城市车辆。

考虑的频率范围是0 GHz~400 GHz。目前,尚未定义频率高于2 GHz的试验。

本部分的范围涵盖车辆和它的能量输入和输出的接口。考虑到机车、列车组、有轨电车等,这些是滑动接触(或第3轨接触),考虑到拖运车辆,采用AC和DC辅助电源连接器。然而,由于受电弓是牵引车辆的一部分,因而不可能完全排除这些接口的影响。

轨道系统作为一个整体的电磁干扰的处理正在研究中。

这些专门的条款是对GB/T 24338.1通用条款的补充。

2 规范性引用文件

下列文件中的条款通过GB/T 24338的本部分的引用而成为本部分的条款。凡是注日期的引用文件,其随后所有的修改单(不包括勘误的内容)或修订版均不适用于本部分,然而,鼓励根据本部分达成协议的各方研究是否可使用这些文件的最新版本。凡是不注日期的引用文件,其最新版本适用于本部分。

GB/T 24338.1 轨道交通 电磁兼容 第1部分:总则(GB/T 24338.1—2009,IEC 62236-1:2003,IDT)

IEC 62236-2:2003 轨道交通 电磁兼容 第2部分:整个轨道系统对外界的发射

CISPR 16-1 无线电骚扰和抗扰度测量设备规范

ITU-T 电信线对来自电源和电气化铁路线有害影响的保护指示 第VI卷:危险和骚扰

3 术语和定义

下列术语和定义适用于GB/T 24338的本部分。

3.1

牵引车辆 traction stock

电力和内燃机车,高速列车组,干线车辆用的电力和内燃牵引单元(没有机车,每节客车有自己的牵引设备),城市车辆用的地铁车组、有轨电车等轻轨车辆(LRV)。

3.2

拖车 hauled stock

由不同型号机车以随机组合形式拖动的所有独立的客车和货车(如果它们包含有电气设备如冷冻设备等)。

3.3

干线车辆 main line vehicles

主要设计用于在城市之间运行的车辆,如高速列车、城郊列车、货车。

3.4

城市车辆 urban vehicles

主要设计用于在城市范围内运行的车辆,如地铁、有轨电车、轻轨车辆(LRV)、无轨电车。

4 应用

通常对车辆每项功能都进行电磁兼容试验是不可能的。试验应考虑在产生最大发射的典型工作模式下进行。

试验大纲中应规定运行时的配置和模式，试验报告中应详细记录试验期间的实际工作条件。

5 抗扰度试验及限值

没有适合整车的试验，但本标准的第3-2部分的抗扰度试验和限值凭经验选择了车辆在0.15 MHz到2 GHz的频率范围内抗扰度水平应达到20 V/m。倘若有一个已经起草并实施的EMC计划，使用本标准第3-2部分的限值，则集成在整车内的设备能有足够的抗扰度。

6 发射试验及限值

本部分中机车车辆的发射试验和限值应尽可能确保在邻近轨道系统的典型装置不受机车车辆干扰。应在良好定义和可重现的条件下进行测量。因为不可能完全隔离试验时轨道系统和车辆的相互影响，操作者和制造商应就信号设备和通信系统的兼容性以及电信线上的干扰，在合同中定义试验条件(例如负载条件、速度和单元配置)和试验场所。关于辐射发射，试验条件定义在6.3.1和6.3.2中。应知道和考虑轨道系统其他部分(例如变电所、信号设备)和外部环境(例如电源线、工业场所、无线电和电视发射机)对测量的影响。

6.1 信号设备和通信系统的兼容性

就工作频率和波形而言，信号设备、列车无线电和其他轨道系统(轮轴计数器、轨道电路、列车控制系统等等)在不同线路可能是不同的。因此，应依照所使用信号设备和通信系统的类型(见GB/T 24338.1—2009 附录B)规定发射要求。

发射要求不仅需要考虑机车车辆的骚扰源，还需考虑其他骚扰源，包括列车无线电和信号设备系统本身，以及由于接触不良、受电弓跳动、第3轨间隙等等造成的瞬态影响。

6.2 电信线上的干扰

6.2.1 数字电信线

本部分未涵盖如PCM，ISDN……的数字系统的干扰。

6.2.2 模拟电信线

轨道系统牵引时电流的谐波可能会在一个常规的模拟电信系统中产生噪声。ITU-T规定了常规模拟电话线可接受的噪声水平，用一个噪声计滤波器测量此噪声的值。牵引车辆吸收或产生的电流和电话线上的噪声之间的关系既不是在车辆制造商也不是在网络操作者的完全控制下(详见A.1)。牵引车辆的买方应有责任依据基础设施管理者的规则在车辆接口处规定一个频率权重的电流限值。

一般使用的方法是指定一个有噪声频率加权的噪声计电流 I_{pso}。附录A中陈述了这种方法的背景和应用范围。正如所知道的 I_{pso} 不能完全说明在千赫兹频率范围内谐波的噪声影响，可采用由买方指定频率加权的替代方法。

6.3 射频电磁骚扰

6.3.1 试验场所

试验场所应尽可能在现有的轨道环境限制下满足“自由空间”的要求：

——应在下列最小间距内没有树木、围墙、桥梁、隧道或车辆靠近测量点：

干线车辆　　　　30 m；

城市车辆　　　　10 m。

——因为架空线的支柱是不可避免的，所以测量点应在支柱间的中点，在轨道对面(如果是双轨，在被使用的轨道一侧)。如果轨道系统是通过第3轨供电，天线应放在轨道同侧(最坏的情形)。

——架空线/第3轨应是一个在测量点两边的“无限远的”线路，离测量点的最小净长度应为：

干线车辆　　　　3 km；

城市车辆　　　　500 m。

架空线/第3轨的中止以及变电所、变压器、无电区、分段绝缘器等都应避免。

因为接触网上射频可能会产生谐振，所以现有的架空系统布置，有可能必须改变试验场所。

在测量车辆噪声前应知道或测量变电所的影响。

——应避免靠近邻近的电源线，包括直埋电缆、变电所等等。

——在同一供电臂内或在以下距离内应无其他轨道车辆：

干线机车车辆　　20 km；

城市车辆　　　　2 km。

如果不能满足这些条件，那么应记录试验时每次车辆发射测量之前和之后的环境噪声。否则，仅测量系列试验开始和结束时的两种环境噪声就足够了。

如果在规定的频率或规定的频率范围内环境噪声高于限值但小于6 dB，那么不必考虑这些频率的测量。试验报告应记录这些频率。

6.3.2 试验条件

试验应涵盖可能产生辐射发射的车载所有系统的操作。

拖车应在静态时一个激励方式下进行试验(辅助变流器、电池充电器等在工作中)。

牵引车辆应在静态和低速行驶时进行试验。在静态试验过程中，辅助变流器应工作(在最大负载条件下但不一定产生最大发射水平)变流器应通电但不工作。

慢行试验时，速度应慢得足以避免滑动接触拉弧或跳动，也应高得足以采用电制动。城市车辆的推荐速度范围为(20±5)km/h，干线车辆的推荐速度范围为(50±10)km/h，当经过天线时，车辆应在给定速度范围内以大约其最大牵引力的1/3加速或减速。

如果下列条件能达到，对工作在其最大牵引力1/3下的车辆采用机械制动的静态试验可替代慢行试验：

——牵引设备允许在静止时工作；

——如果制动中没有使用不同的电路，则不需要对电制动进行试验。

如果带牵引力的静态试验替代了慢行试验，应该应用慢行的限值。试验报告中应说明牵引力静态试验的理由。

6.3.3 发射限值

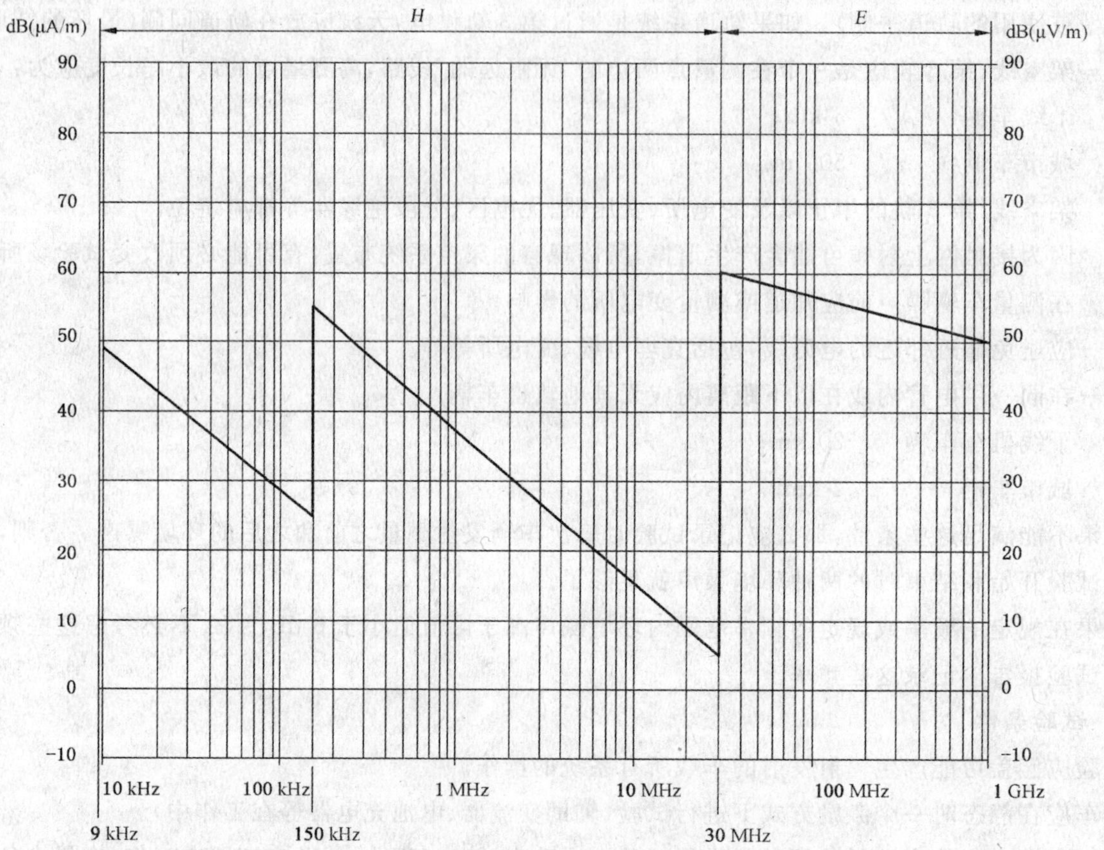

图 1 静态试验的限值

注 1：所定义的限值为准峰值，带宽根据 CISPR 16-1：

带宽

200 Hz 从 9 kHz 到 150 kHz

9 kHz 从 150 kHz 到 30 MHz

120 kHz 从 30 MHz 到 1 GHz

注 2：详细的试验程序见附录 B。

注 3：所有测量值是按 10 m 法测量的。

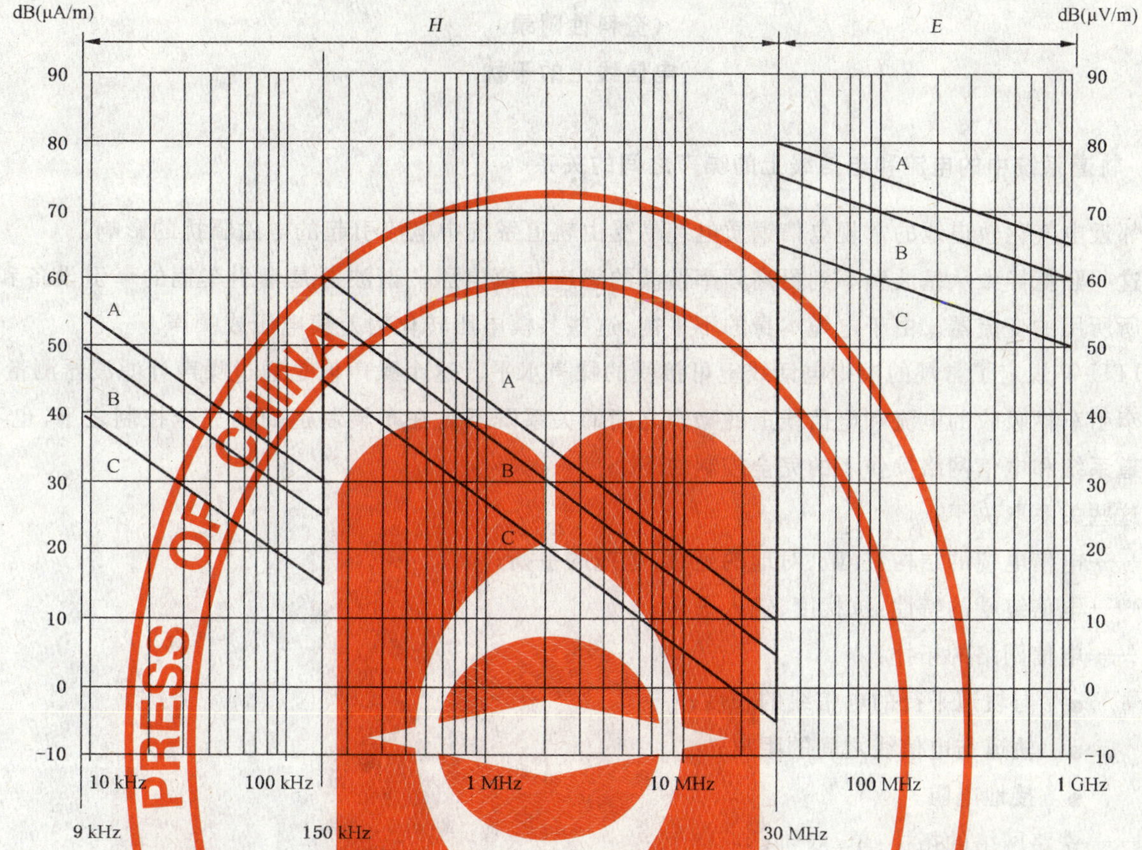

图 2 慢行试验的限值

发射限值：

A=20/25 kV AC

B=15 kV AC 或 1.5 kV DC

C=750 V 和 600 V DC

注 4：所有的值为 10 m 法测得的峰值。

注 5：(两图都适用)有少许工作在 9 kHz 至 150 kHz 的外部无线电服务可能受轨道交通影响，如果可以证明不存在电磁兼容性问题，则任何超过图 1 和图 2 的发射限值都可被接受。

注 6：城市街道上使用的城市车辆限值正在考虑中，一般可采用图 1 和图 2 中的 C 的限值。

注 7：电传动内燃机车及内燃牵引单元，可采用图 1 和图 2 中的 C 的限值。

附 录 A

（资料性附录）

电信线上的干扰

A.1 轨道系统中的电流和电信线上的噪声之间的关系

邻近电气化轨道线的常规电信铜质电缆易受由轨道系统中电流引起的电磁骚扰的影响。

这些骚扰导致从基波频率到更高频率谐波的感应共模电压。谐波源是牵引车辆的牵引设备和/或变电所所用的变流器。由于电缆本身的不平衡，这些共模电压转化为差模电压或噪声。

ITU-T 规定了常规的模拟电话线上可接受的噪声水平。这个噪声值是通过噪声计滤波器测量的。

牵引车辆吸收的电流和电信线上的噪声之间的关系既不是在车辆制造商的完全控制之下，也不是在轨道系统和电信网络操作者的完全控制之下。

这些关系取决于：

——电信电缆的结构：屏蔽、对地的绝缘、电缆的平衡；

——电信终端的特性：抗扰度、输入平衡；

——电信网络的拓扑：

- 与轨道平行的电信线的长度；
- 轨道与电信线之间的距离；
- 接地电阻；

——铁路网络的拓扑：单/双轨；

——接触网的供电类型：

- 交流/直流；
- 变电所纹波（在某些情形的直流整流器或交流 16.7 Hz 静止变流器）；
- 接触网和馈电系统的类型（例如 1×25 kV 或 2×25 kV）；
- 回流导体的应用；
- 考虑中的区段的单端或双端供电；

——列车循环密度；

——牵引车辆的电流吸收和谐波产生；

——从许多变流器叠加的谐波类型。

A.2 噪声计电流的定义

噪声计电流是一个等效干扰电流，它代表电源回路中的电流频谱对电话线的有效骚扰，它由下列公式定义：

$$I_{pso} = \frac{1}{p_{800}} \sqrt{\sum (p_f I_f)^2}$$

式中：

I_{pso}——噪声计电流；

I_f——接触网电流在频率 f 时的电流分量；

p_f——噪声计加权因子；

p_{800}——800 Hz 时的加权因子。

p_f 值可以在 ITU-T“电信线对来自电源和电气化铁路线有害影响的保护导则(ITU-T0.41)”中找到。

测量时，可利用一个噪声计滤波器，它根据这些 p_f 值自动计算信号的伏特和安培数。

A.3 限值和试验条件

买方应有责任规定噪声计电流的最大值和已定义的条件，包括持续时间。

应包含下列条件：

——在正常条件和降低性能条件下(一个或几个牵引变流器暂时停止工作)的 I_{pso} 的限值。

——在直流供电的情况下：

直流轨道交通通常是从三相交流电源经二极管整流器供电。理论上，一个单桥整流器产生 6 脉波电压(也就是 50 Hz 电源中在第一次谐波为 300 Hz)或两桥整流器产生 12 个脉波(也就是 600 Hz)。由于整流器中的不平衡以及电感作用，通常其基波分量为 50 Hz。

变电所中安装的滤波器大大减少了变电所的影响。

然而直流系统中，变电所是骚扰的主要来源。

因此，一台合格的牵引车辆，应考虑整流器单元和固定安装的滤波器的作用。

也有必要考虑牵引车辆与变电所之间的距离，该距离影响线路的电感。

——在交流供电的情况下：

如果考虑了线路电压失真，应规定基本的谐波。如果要考虑接触网系统中特殊的谐振条件，就有必要规定相关的数据。否则假定给予最靠近变电所的车辆位置为最高的 I_{pso} 值。

A.4 噪声计电流的测量

在验收试验或研究试验过程中，则应在牵引车辆上测量骚扰电流 I_{pso}。如果频率响应是足够的(最少达到 5 kHz)，可以使用现有的车辆电流传感器。在交流系统中，应在变压器原边绕组高压端获取电流，而不是在接地端，因为变压器可能有一个低于 10 kHz 的谐振频率。

应依靠噪声计或其他依照噪声计加权因子 p_f 来滤波的合适的系统来测量噪声计电流。

为了获得有关频谱成分和骚扰来源的额外信息，强力推荐使用一台双通道频谱分析仪用于测量车辆输入电流和输入电压。

应在正常和降低性能(不是所有变流器工作)的两种运行模式下测量噪声计电流。测量结果的说明应考虑工作条件以及线路电感、电源电压变化的影响。

由于瞬变现象(电源回路的切换、受电弓的跳动、第 3 轨/第 4 轨的间隙等)的影响应在评定之外。

A.5 一个列车组全部的噪声计电流的计算

通常，获取一个列车组的总电流是不必要的，一般获取列车组一个牵引单元的电流就足够了，而不需要特殊的测量系统，在整个列车组上分布安装传感器来获得总电流。

如果在列车组的一个电源端测量噪声计电流，这辆列车组有“n”个端口，应依据下列规则计算全部电流：

A.5.1 直流系统

直流系统通常是由三相交流电经二极管整流器供电的。如果没有使用专用滤波器，那么整流器输出纹波对经电源区段吸收的噪声计电流有很大的影响。

——带主整流器纹波的直流系统：

(用凸轮轴控制的车辆；用斩波器或逆变器控制的车辆，有6-脉冲整流器无滤波的变电所)

$I_{pso(total)}=n\times I_{pso(one\ unit)}$

——带低整流器纹波和车辆上有变流器的直流系统：

当斩波器以交错方式工作时，$I_{pso(total)}$ 可能低于 $I_{pso(one\ unit)}$。

当斩波器工作不同步或逆变器直接连到电源时，$I_{pso(total)}=\sqrt{n}\times I_{pso(one\ unit)}$。

A.5.2 交流系统

由电源区段的车辆产生的噪声计电流主要取决于车辆上使用的变流器类型。

——相控变流器的交流系统

$I_{pso(total)}=\sqrt{n}\times I_{pso(one\ unit)}$，这些似乎是基于车辆类型、速度和实际电流消耗混合统计的。但近来有关大功率列车组的经验表明，当 $I_{pso(total)}=n\times I_{pso(one\ unit)}$ 适用时，$\sqrt{n}$规则不适用于相等速度、相同功率和相同车辆类型的情形。

——带4象限变流器的交流系统(4QC，脉宽调制主变流器)

如果4QC以交错方式工作(正常工作条件)，$I_{pso(total)}<I_{pso(one\ unit)}$

如果 n 个相同单元以非交错方式工作，$I_{pso(total)}=n\times I_{pso(one\ unit)}$。

附 录 B
（规范性附录）
射频电磁骚扰-试验程序

B.1 目的

此附录陈述了用于评估和鉴定一个完整的轨道车辆或列车产生在9 kHz～1 GHz范围内的噪声的测量方法。它执行IEC 62236-2:2003推荐的大多数测量方法，但提供的简化的测量方法能较大地减少整个试验的持续时间。

B.2 测量设备和试验方法

为了减少试验持续时间，使用扫频技术。一台频谱分析仪或一台计算机控制的接收机都能做到，每个频率范围被分成几个子区间。

对一列车或车辆的每次评估都在于每个子区间所做的试验。

设备应连续扫描这个子区间并存储试验过程中达到的最大值。这通过"峰值保持"功能或由计算机控制的设备来完成。这些方法假设电磁噪声的水平和特性在每次扫描过程中不会有较大变化。

有关天线的位置、场所、类型和其他特征与IEC 62236-2:2003的陈述相同。

测量设备应与CISPR 16-1中第3章"9 kHz到1 GHz频率范围的峰值测量接收机"陈述的要求一致。然而，对于9 kHz到150 kHz范围(频带A)200 Hz带宽可能产生下列问题：

——标准频谱分析仪并不总适用；

——对于移动的噪声源扫描持续时间太长。

因此有必要增加子区间的数目，但这与本方法的目标是矛盾的。

出于这些原因，频带A的带宽可能要高一些，1 kHz是合适的值。假定噪声是一种宽带白噪声，测量结果应可实施适当的修正。表B.1可能用做试验指南：

表 B.1 试验指南

频带	子区间/Hz	跨度[a]/Hz	带宽/kHz	扫描时间[b]/ms
A	9 k～59 k	50 k	1	300
	50 k～150 k	100 k	1	300
B	150 k～1.15 M	1 M	9或10	37
	1 M～11 M	10 M	9或10	370
	10 M～20 M	10 M	9或10	370
	20 M～30 M	10 M	9或10	370
C/D	30 M～230 M	200 M	100或120	42
	200 M～500 M	300 M	100或120	63
	500 M～1G	500 M	100或120	100

[a] 用于频谱分析仪。

[b] 一台仪器与其他的仪器可能会有轻微的差别。

注：如果使用一台标准低价频谱分析仪，应注意总是在制造商保证的限度内(输入衰减、中频增益)使用该设备并确保适当的校准。在试验前必须用一个参考信号在整个频率范围内检查仪器的精度。

ICS 29.280
S 35

中华人民共和国国家标准

GB/T 24338.4—2009

轨道交通 电磁兼容
第3-2部分:机车车辆 设备

**Railway applications—Electromagnetic compatibility—
Part 3-2: Rolling stock—Apparatus**

(IEC 62236-3-2:2003,MOD)

2009-09-30 发布 2010-01-01 实施

中华人民共和国国家质量监督检验检疫总局
中国国家标准化管理委员会 发布

前　言

GB/T 24338《轨道交通　电磁兼容》目前包含以下部分：

——第1部分：总则；

——第2部分：整个轨道系统对外界的发射(正在制定中)；

——第3-1部分：机车车辆　列车和整车；

——第3-2部分：机车车辆　设备；

——第4部分：信号与通信设备的发射与抗扰度；

——第5部分：地面电源装置与设备的发射与抗扰度。

本部分为GB/T 24338的第3-2部分。

本部分修改采用IEC 62236-3-2:2003《轨道交通　电磁兼容　第3-2部分：机车车辆　设备》(英文版)。

本部分与IEC 62236-3-2:2003相比，其主要技术差异如下：

——在IEC 62236-3-2:2003中，表7中的浪涌试验按IEC 60571的要求进行，现改为按GB/T 17626.5的要求进行。

为便于使用，本部分做了下列编辑性修改：

a)　“本国际标准”一词改为“本部分”；

b)　用小数点“.”代替作为小数点的逗号“,”；

c)　删除国际标准的前言和引言。

本部分的附录A、附录B为资料性附录。

本部分由铁道部提出。

本部分由全国牵引电气设备与系统标准化技术委员会(SAC/TC 278)归口。

本部分起草单位：株洲南车时代电气股份有限公司、中铁电气化勘测设计研究院有限公司、南车四方机车车辆股份有限公司。

本部分主要起草人：王益民、严云升、王秋华、张安、刘爱华。

轨道交通　电磁兼容
第 3-2 部分：机车车辆　设备

1　范围

GB/T 24338 的本部分适用于轨道机车车辆电气和电子设备电磁兼容性的发射与抗扰度。

频率范围是从 0 GHz～400 GHz。目前，频率高于 2 GHz 的试验尚未定义。

所用的试验方法与特殊设备、结构、端口、技术及其工作条件有关。

本部分考虑到了轨道机车车辆的内部环境和轨道的外部环境，以及其他装备对设备的干扰，例如手提式无线电发射装置。

如果某端口用于射频通信（专用的射频器，例如转发系统）的发送或接收，则本部分中通信频率的发射与抗扰度限值并不适用。

本部分不适用于启动或停止设备时的瞬态发射。

本部分的目的就是定义有关传导及射频骚扰的电磁发射及抗扰度试验要求的限值和试验方法。

这些限值和试验代表了电磁兼容性的基本要求。

所选择的发射要求应确保轨道机车车辆上设备正常工作所产生的骚扰不超过妨害其他设备正常工作的水平。

另外，所选择的抗扰度要求应确保机车车辆设备抗扰度有足够的严酷度。

这些严酷度不包括可能性非常小的极端情况。与本部分不一致的特殊要求需特别指出。

对每个端口的试验要求进行了规定。

这些特殊规定是对在 GB/T 24338.1 通用规定的补充。

2　规范性引用文件

下列文件中的条款通过 GB/T 24338 的本部分的引用而成为本部分的条款。凡是注日期的引用文件，其随后所有的修改单（不包括勘误的内容）或修订版均不适用于本部分，然而，鼓励根据本部分达成协议的各方研究是否可使用这些文件的最新版本。凡是不注日期的引用文件，其最新版本适用于本部分。

GB 4824　工业、科学和医疗（ISM）射频设备电磁骚扰特性的测量方法和限值（GB 4824—2004，CISPR 11:2003，IDT）

GB 9254　信息技术设备的无线电骚扰限值和测量方法（GB 9254—2008，IEC/CISPR 22:2006，IDT）

GB/T 17626.2　电磁兼容　试验和测量技术　静电放电抗扰度试验（GB/T 17626.2—2006，IEC 61000-4-2:2001，IDT）

GB/T 17626.3—2006　电磁兼容　试验和测量技术　射频电磁场辐射抗扰度试验（IEC 61000-4-3:2002，IDT）

GB/T 17626.4　电磁兼容　试验和测量技术　电快速瞬变脉冲群抗扰度试验（GB/T 17626.4—2008，IEC 61000-4-4:2004，IDT）

GB/T 17626.5　电磁兼容　试验和测量技术　浪涌（冲击）抗扰度试验（GB/T 17626.5—2008，IEC 61000-4-5:2005，IDT）

GB/T 17626.6　电磁兼容　试验和测量技术　射频场感应的传导骚扰抗扰度（GB/T 17626.6—

2008，IEC 61000-4-6：2006，IDT）

GB/T 24338.1　轨道交通　电磁兼容　第1部分：总则（GB/T 24338.1—2009，IEC 62236-1：2003，IDT）

GB/T 24338.3　轨道交通　电磁兼容　第3-1部分：机车车辆　列车和整车（GB/T 24338.3—2009，IEC 62236-3-1：2003，IDT）

IEC 60571：2006　轨道机车车辆用电子装置

CISPR16-1　无线电骚扰和抗扰度测量设备规范

3　术语和定义

下列术语和定义适用于GB/T 24338的本部分。

3.1

机车车辆设备　rolling stock apparatus

安装在机车车辆上具有固有功能的成品。

3.2

端口　port

指定设备与外部环境的特定接口，如：交流电源端口、直流电源端口、输入/输出（I/O）端口。

3.3

机箱机柜端口　enclosure port

设备的物理边界，电磁场通过该边界辐射或侵入。

机车车辆设备端口的主要分类见图1。

典型的机车车辆电气设备及其端口参见附录A。

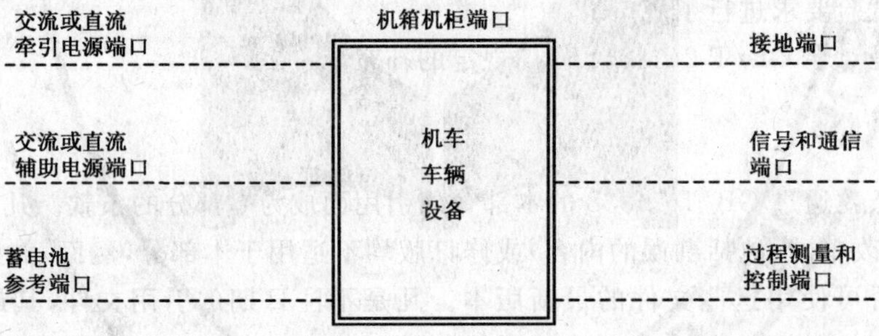

图1　端口主要分类

4　性能判据

由于本部分范围内设备的多样性和差异性，很难为评价抗扰度试验结果定义精确的判据。

电磁兼容性（EMC）试验过程中或试验后的功能性描述以及性能判据的确定，应由制造商按GB/T 24338.1中定义的A、B、C判据提供，并在试验报告中注明。

最低性能判据需由制造商和用户协商决定。

5　试验条件

通常不可能对设备的每项功能都进行测试。试验应在由制造商认定的典型运行工况下进行，以便在经研究认为与正常应用工况一致的频带上产生最大的发射或对噪声有最大敏感度。制造商应在试验大纲中定义试验工况。

如果设备是系统的一部分，或可以连接到辅助设备，那么按照GB 9254，设备应在连接了测试端口所必要的辅助设备的最小系统配置情况下试验。

试验的系统配置和运行模式应在试验大纲中指明,试验过程中的实际状况应在试验报告中予以准确说明。

如果设备有大量类似的端口或带许多类似连接的端口,那么应选择足量的端口,以模拟实际的运行条件,确保涵盖所有不同类型的终端(例如:至少 4 个端口或总数的 20%)。

除非在基础标准中另有说明,试验应在设备规定的工作范围内以额定电源电压进行。

6 应用

应对设备有关端口进行本部分中规定的测量。

对于一些专门设备,可以从电气性能、连接及用途来考虑其试验,因而有些试验没有必要(例如感应电机、变压器等的辐射抗扰度)。在此种情况下,应把不进行试验的决定在试验大纲中指明或在试验报告中予以记录。

除非另有规定,电磁兼容性试验应是型式试验。

7 发射试验和限值

本部分涵盖的设备发射试验和限值是按各个端口给出的。

机车车辆内单个设备的发射限值的强制条款也适用于配套装置以及独立于新造或改造的机车车辆的单独投入市场的部件。

对于系统集成的判定,这些发射限值可以适用于不作为单项提供的设备项。

对每种骚扰类型,测量应在定义明确和可重复的条件下进行。

试验说明、试验方法和试验设置在表 1～表 6 列出的基础标准中给出。

这些基础标准的内容在此不作重复,但本部分给出了实际试验应用时必要的修改和附加信息。

注:对"基础标准"的参考仅限于标准中试验说明、试验方法和试验设置的那些部分。

表 1 发射—交流牵引电源端口

端　口	基础标准	频率范围	限　值	备　注
滤波器前高压连接,输入侧(图 A.1,A.2 和 A.3 的端口 3)		信号和通信频率	见 GB/T 24338.3	
		9 kHz～30 MHz	无限值[a,b]	

[a] 无射频传导限值要求。设备与其他周围设备安装在一起时应满足 GB/T 24338.3 列车辐射发射限值的要求。

[b] 希望但不可能应用传导射频限值。没有切实可行的试验方法,而且不可能定义传导发射和辐射发射之间的关系。

表 2 发射—直流牵引电源端口

端　口	基础标准	频率范围	限　值	备　注
滤波器前高压连接,输入侧(图 A.4 的端口 3)		信号和通信频率	GB/T 24338.3	
		9 kHz～30 MHz	见[a,b]	见[a,b]

[a] 目前,对 9 kHz～30 MHz 之间牵引电源的传导发射还没有一致的方法或限值。限制连接到牵引电源设备的传导发射可以防止电源系统的过度辐射发射。附录 B 给出了一种测量传导发射的方法。制造商和用户可以在该技术以及传导和辐射发射之间的关系上积累经验,以期将来改进本部分。

[b] 无射频传导限值要求。设备与其他周围设备安装在一起时应满足 GB/T 24338.3 列车的辐射发射限值的要求。

表 3 发射—交流或直流辅助电源端口

端 口	基础标准	频率范围	限 值	备 注
交流或直流辅助电源（图 A.1、A.2 和 A.4 的端口 9）	GB 4824	9 kHz～150 kHz	无限值要求	见[a]
		150 kHz～500 kHz	99 dBμV 准峰值	见[b,c,d]
		500 kHz～30 MHz	93 dBμV 准峰值	见[b,c,d]

[a] 目前，对 9 kHz～150 kHz 之间的传导骚扰没有限值。限制设备的传导发射可以防止过度辐射发射。制造商和用户可以在该技术以及传导和辐射发射之间的关系上积累经验，以期将来改进本部分。

[b] 使用由 GB 4824 定义的方法。目前，现有的传导发射（GB 4824）的测量方法对耦合网络的电压和电流等级方面有限制。另外，测量电压的方法用来测试高压电源系统存在安全问题。限制与外部电缆系统连接设备的传导发射可以防止过度的辐射发射。

[c] 该要求涉及工业限制值，考虑到它们是用于保护无线电和电视的，因为设备不同，轨道交通设备的限值提高了 20 dB，更代表了潜在的问题。

[d] 该要求不适用于与其他特定的、兼容端口相连接的电源端口。

表 4 发射—蓄电池参考端口

端 口	基础标准	频率范围	限 值	备 注
蓄电池电源（图 A.1～图 A.5 的端口 10）	GB 4824	9 kHz～150 kHz	无限值要求	见[a]
		150 kHz～500 kHz	99 dBμV 准峰值	见[b]
		500 kHz～30 MHz	93 dBμV 准峰值	见[b]

[a] 目前，对 9 kHz～150 kHz 之间的传导骚扰没有限值。限制设备的传导发射可以防止过度的辐射发射。制造商和用户可以在该技术以及传导和辐射发射之间的关系上积累经验，以期将来改进本部分。

[b] 该要求涉及工业限制值，考虑到它们是用于保护无线电和电视，因为设备不同，轨道交通设备的限值提高了 20 dB，更代表了潜在的问题。

表 5 发射—信号和通信、过程测量和控制端口

端 口	基础标准	频率范围	限 值	备 注
电子电源 交流正弦或直流 （图 A.5 的端口 16）	GB 4824	9 kHz～150 kHz	无限值要求	见[a]
		150 kHz～500 kHz	99 dBμV 准峰值	见[b]
		500 kHz～30 MHz	93 dBμV 准峰值	见[b]

[a] 目前，对 9 kHz～150 kHz 之间的传导骚扰没有限值。限制设备的传导发射可以防止过度辐射发射。制造商和用户可以在该技术以及传导和辐射发射之间的关系上积累经验，以期将来改进本部分。

[b] 该要求涉及工业限制值，考虑到它们是用于保护无线电和电视的，因为设备不同，轨道交通设备的限值提高了 20 dB，更代表了潜在的问题。

表 6 发射—机箱端口

端 口	基础标准	频率范围	限 值	备 注
机箱	GB 4824	30 MHz～230 MHz	40 dBμV/m 准峰值，10 m 法	见[a,b]
		230 MHz～1 GHz	47 dBμV/m 准峰值，10 m 法	见[a,b]

[a] 在 3 m 处测量，限值增加 10 dB。

[b] 超过 50 kVA 的牵引变流器和辅助变流器不应单独测试，但车辆作为一个整体测试时应按 GB/T 24338.3 中的相关要求测试。

8 抗扰度试验和限值

本部分涵盖的抗扰度试验和限值是按各个端口给出的。

要确保整个机车车辆的抗扰度，限值应适用于所有相关设备。

试验应在定义明确和可重复的方式下进行。

试验应逐个单独进行，试验顺序可选择。

试验说明、试验设备、试验方法和试验设置在表7～表9所列的基础标准中给出。

基础标准的内容在此不作重复，本部分给出了实际试验应用所需的修改或附加信息。

表7 抗扰度—蓄电池参考端口(除能源输出端外)、交流辅助电源输入端口(额定电压不大于400 Vr.m.s)

环境现象	基础标准	试验等级	判　据	备　注
电快速瞬变脉冲群	GB/T 17626.4	2 kV 5/50 ns t_r/t_h 5 kHz 重复频率	A	见[a]
浪涌	GB/T 17626.5	线-线 1 kV，线-地 2 kV 波形 1.25/50μs 源阻抗：线-线 2 Ω；线-地 12 Ω	B	
射频场感应的传导骚扰	GB/T 17626.6	10 V r.m.s(载波电压) 150 kHz～80 MHz 1 kHz，80% AM 源阻抗：150 Ω	A	
电压暂降、短时中断和电压变化	IEC 60571:2006(条款3.1)	参见IEC 60571:2006(条款3.1)	A	

[a] 直接耦合、正负极化。

表8 抗扰度—信号和通信、过程测量和控制端口

环境现象	基础标准	试验等级	判　据	备　注
电快速瞬变脉冲群	GB/T 17626.4	2kV 5/50 ns t_r/t_h 5 kHz 重复频率	A	见[a]
射频场感应的传导骚扰	GB/T 17626.6	10 V r.m.s(载波电压) 150 kHz～80 MHz 1 kHz，80%AM 源阻抗：150 Ω	A	见[b]

[a] 电容耦合、正负极化。

[b] 电磁钳耦合。

表9 抗扰度-机箱机柜端口

环境现象	基础标准	试验等级	判　据	备　注
射频电磁场辐射	GB/T 17626.3	10 V/m(载波的r.m.s值) 80 MHz～1 GHz 1 kHz，80% AM	A	见[a,b]

表 9（续）

环境现象	基础标准	试验等级	判　据	备　注
数字无线电话的射频电磁场辐射	GB/T 17626.3	20 V/m(载波的 r.m.s 值) 800 MHz～960 MHz 1 400 MHz～2 000 MHz 1 kHz,80% AM	A	见[b,c]
静电放电	GB/T 17626.2	6 kV 接触放电 8 kV 空气放电	B	见[d]

[a] 对于放置在客车车厢、司机室或机车车辆外部的设备(车顶和车底下),应该使用 20 V/m 的严酷等级,以便移动发射机得到更广泛应用。

[b] 对于大型设备(如牵引变流器、辅助变流器)要在整个装置上进行电磁场辐射的抗扰度试验通常是不可行的,在这种情况下,制造商应测试敏感子系统(如控制电子系统),试验报告应证明所选择或不选择的子系统以及任何所作假设的正确性(例如由于壳屏蔽而降低试验场强)。

[c] GB/T 17626.3—2006 中 5.2 的试验应施加数字无线电话频率,适用于打算使用该设备工作的国家。

[d] 仅适用于旅客及工作人员(非维护)可接近的设备。

附　录　A
（资料性附录）
电气设备和端口举例

本附录的目的是提供不同类型的机车车辆设备及其端口的范例。表 A.1 给出了可作为单独的工业装置进入市场的设备范例，但是这些设备还有可能成为较大设备的子系统（如辅助变流器的电子控制装置）。在这种情况下，标准的规定只适用进入市场的设备。标准中的端口定义为设备与外部环境的接口。表 A.1 中列出了各特定设备是否与发射、抗扰度有关。提供这种说明是为了本部分用户的方便，但并不是决定性的，是为了让标准的使用者在决定是否应用某试验时做出必要的技术判断。

表 A.1　设备典型范例

设备	试验要求
牵引变流器	发射与抗扰度
主断路器	无试验要求
牵引变压器	无试验要求
牵引电动机	无试验要求
辅助电动机	发射与抗扰度
直流辅助电源（蓄电池）	发射与抗扰度
电子控制电源	发射与抗扰度
信号和通信设备	发射与抗扰度
电子人机接口设备	发射与抗扰度
环境调节设备	发射与抗扰度
旅客信息设备	发射与抗扰度
门控制	发射与抗扰度
列车运行辅助设备	发射与抗扰度
旅客服务辅助设备	发射与抗扰度
列车管理系统	发射与抗扰度
电子电源	发射与抗扰度
制动控制系统	发射与抗扰度

下图阐明了最基本的端口，展示了不同布局的范例。

图 A.1 适用于交流牵引传动的交流馈电机车，并在网侧应用了噪声滤波器。

图 A.2 展示了另一套交流牵引传动系统，变流器侧装有功率因数补偿滤波器，系统还有直流或三相辅助变流器及列车电源。

图 A.3 展示了一套更常规的系统，交流输入，相控变流器馈电给直流牵引电机。

图 A.4 是一套交流牵引传动的直流馈电系统。

图 A.5 展示了变流器和控制电子的一些辅助端口。

当然，还可能有许多其他不同的系统布局。

正文表 1 至表 9 的试验是为特定端口（电气设备的接口）应用规定的。表 A.2 列出这些端口使用的一些更典型的描述以及可能有这种端口的设备类型。后图给出了这些端口的范例（除端口 11、13 和 14 外）。

表 A.2 典型端口描述

图中端口号	典型端口名称	典型设备
	交流牵引电源端口	
1	受电弓线路终端	主断路器
3	高压连接端(滤波器前)	滤波器
4	滤波器—变压器连接端高压侧	滤波器
5	列车单相电源线	辅助变流器
6	变压器—变流器连接端	主变流器
7	牵引电动机电缆	牵引电动机
8	变压器辅助电源绕组	直流辅助电源
	直流牵引电源端口	
2	直流导线输入端	主断路器
3	高压连接端(滤波器前)	滤波器
6	滤波器—变流器连接端	主变流器
7	牵引电动机电缆	牵引电动机
	交流辅助端口	
9	交流辅助电源	空调设备
	直流辅助端口	
9	直流辅助电源	
	蓄电池参考端口	
10	蓄电池电源	电子装置电源
11	列车控制总线(常规蓄电池电压)	列车管理系统
19	继电器逻辑输入/输出	电子控制系统
	信号和通信端口	
12	车辆内数据总线	电子控制系统
13	列车内数据总线	列车管理系统
14	旅客娱乐网络	旅客娱乐设备
15	触发控制线	电子控制系统
17,18	传感器/变送器信号(数字或模拟)	电子控制系统
20	通信接口(维护)	电子控制系统
	过程测量和控制端口	
16	内部电子电源	电子控制系统
18	传感器/变送器信号(模拟)	电子控制系统
	机箱机柜端口	
21	设备外壳	所有设备
	接地端口	
22	接地连接	所有设备

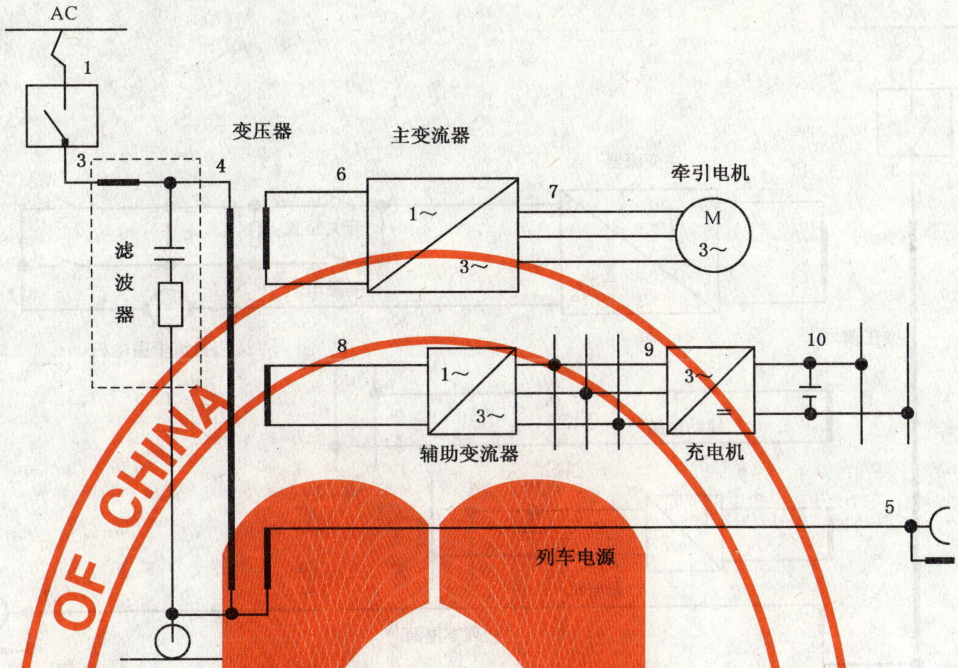

图 A.1　具有交流牵引传动和网侧噪声滤波器的交流供电机车

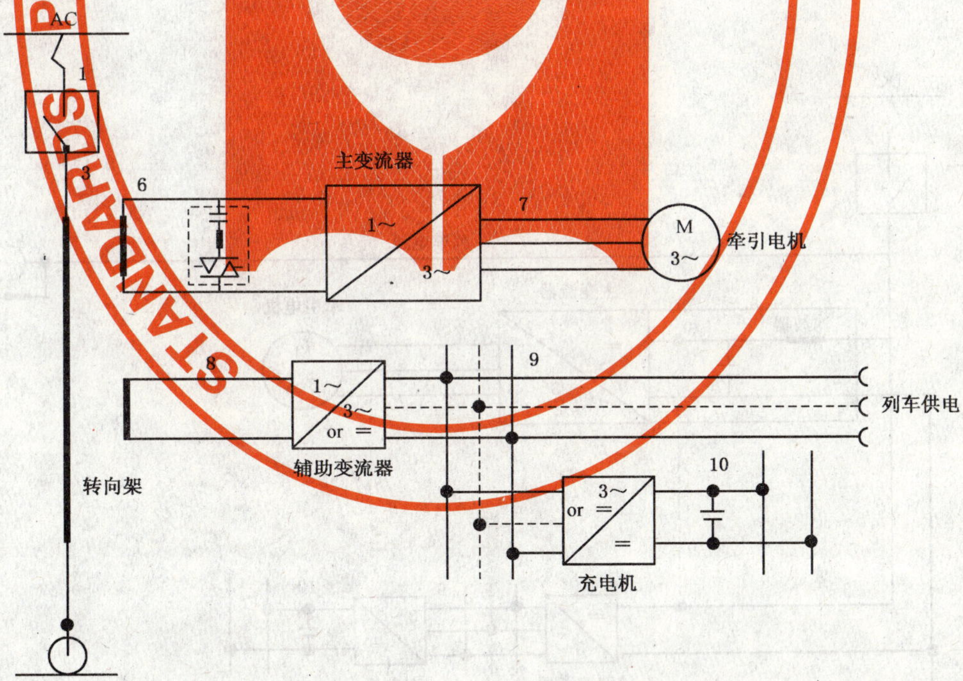

图 A.2　具有变流器端装有功率因数补偿滤波器和直流或三相交流辅助变流器及列车电源的交流传动系统

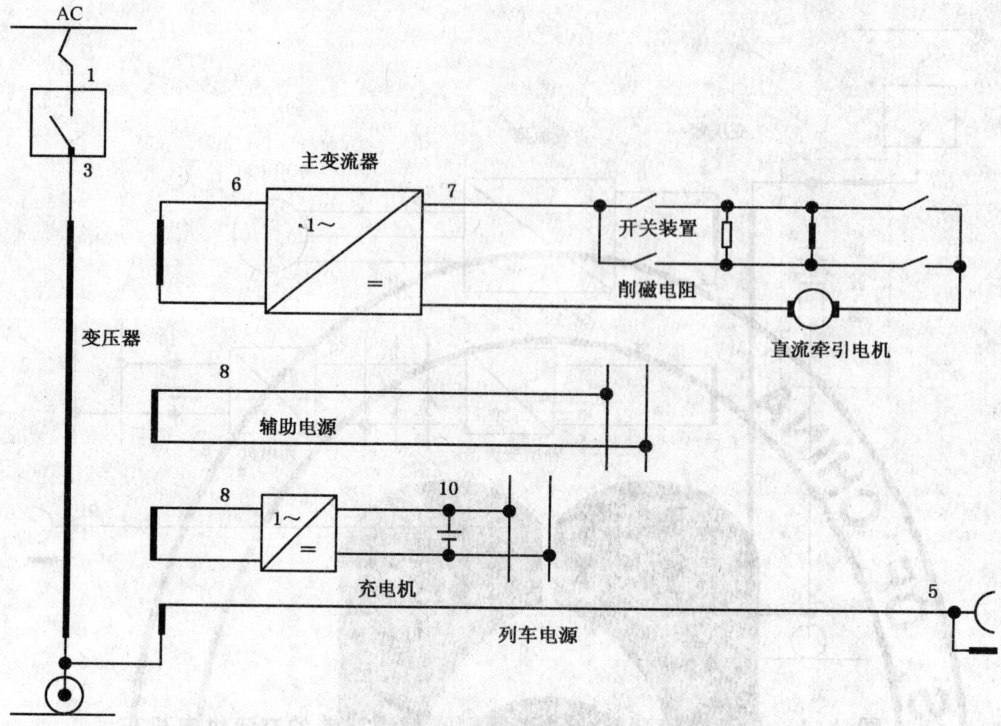

图 A.3 由相控变流器供电的有交流输入和直流牵引电机的常规系统

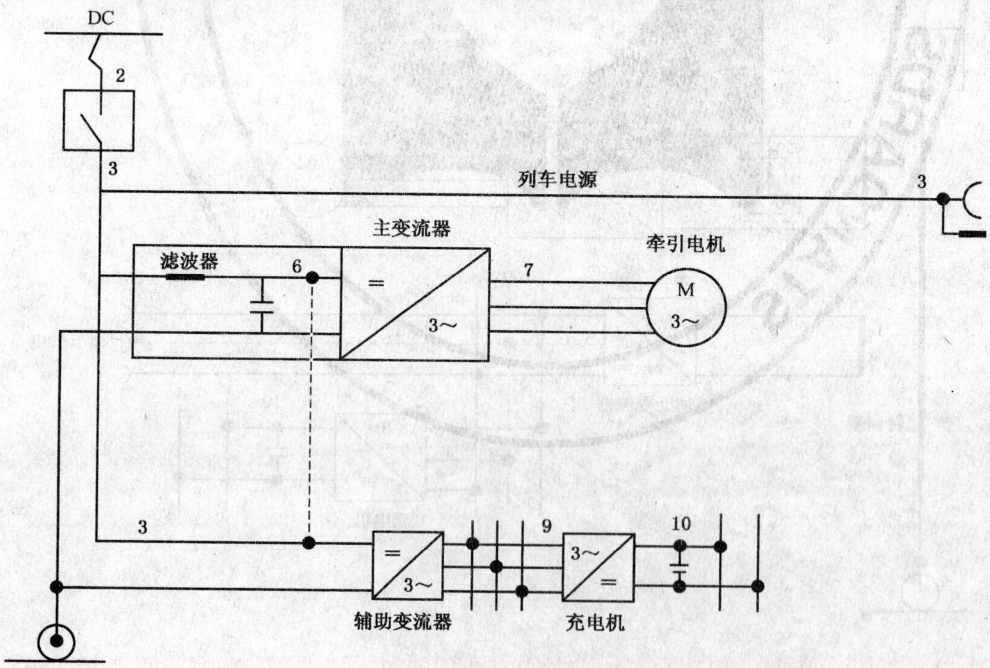

图 A.4 直流供电交流传动的系统

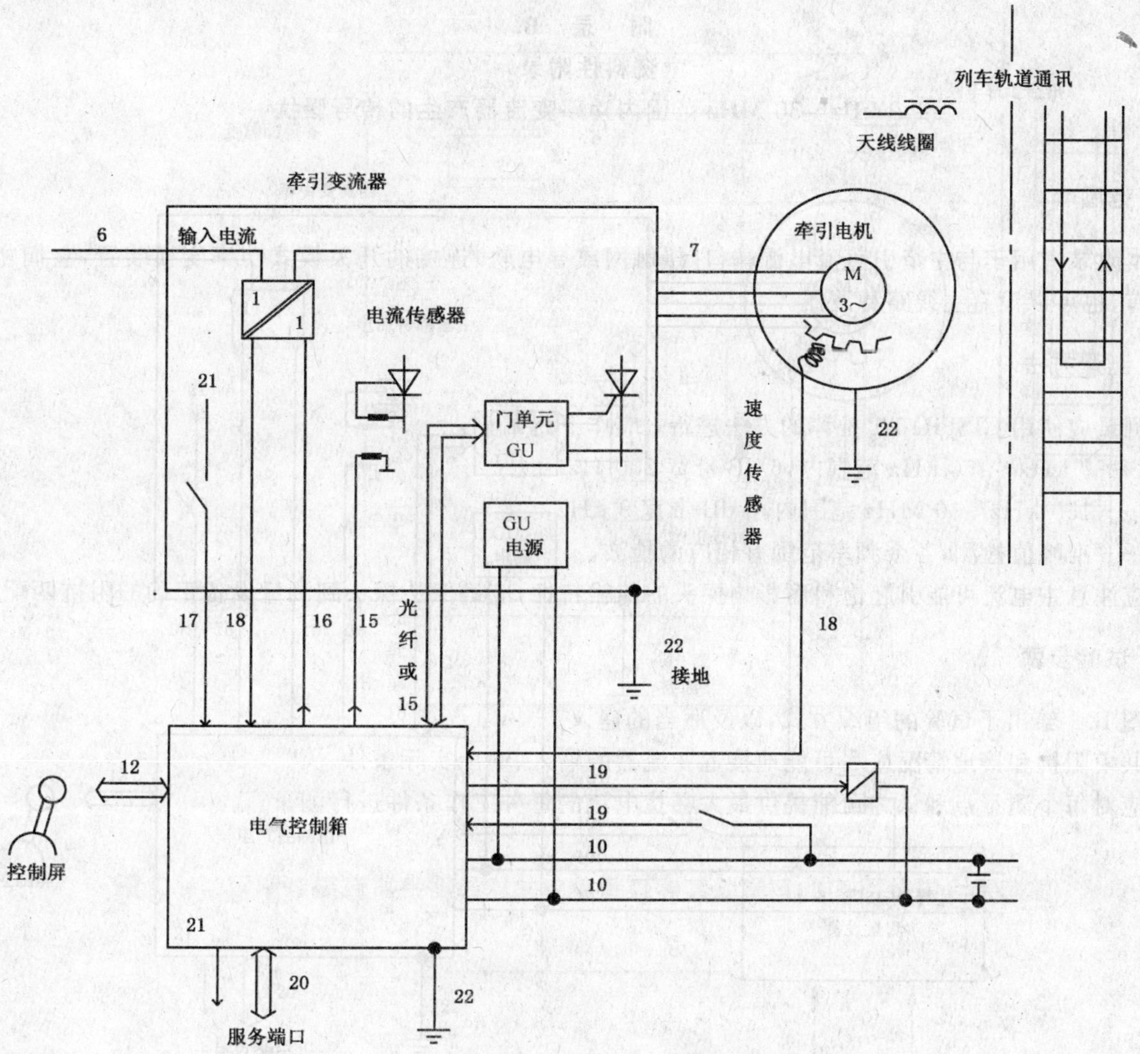

图 A.5　变流器和电子控制装置的辅助端口

附　录　B
（资料性附录）
9 kHz～30 MHz 范围内功率变流器产生的传导骚扰

B.1　范围

本附录适用于与主牵引直流电源端口（接触网或导电轨）连接的开关模式功率变换装置，它们之间可以有，也可以没有主线路滤波器。

B.2　测量方法

测量应使用 CISPR16-1 推荐的方法进行，应作下列调整：

——9 kHz～150 kHz 范围内，6 dB 带宽 200 Hz；

——150 kHz～30 MHz 范围内，6 dB 带宽 9 kHz；

——准峰值检测，各个频率范围有相应的检波。

应注意主电流可能引起饱和而影响探头的传输特性，应确保从探头到测量设备正确的阻抗匹配。

B.3　试验步骤

图 B.1 给出了试验的组织方式，以及适当的建议。

共模阻抗和接地情况应尽可能地接近变流器的输入、输出实际条件。

应对每个测量点和认为可能提供最大骚扰电流的每种工作条件进行测量。

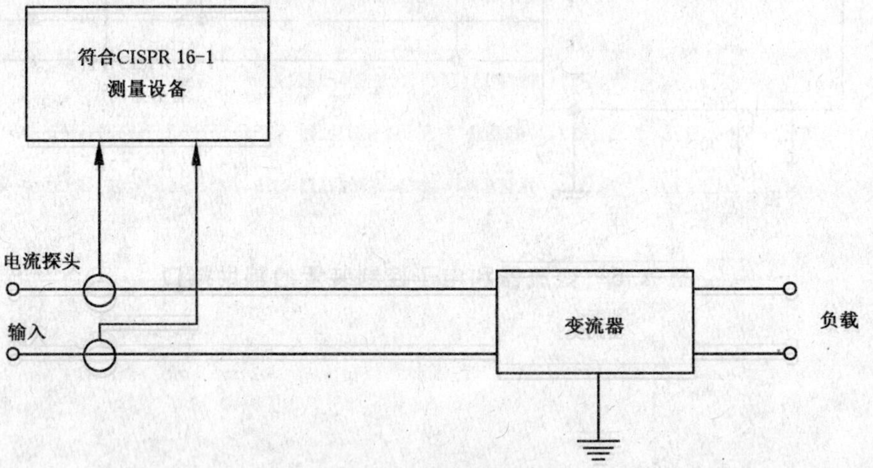

图 B.1　试验布置

B.4　限值

无射频传导限制值的要求。和其他环境装置安装在一起的设备应满足 GB/T 24338.3 列车的发射骚扰限值，本试验给出了设备发射的定量方式，如提供数据图表。

ICS 29.280
S 35

中华人民共和国国家标准

GB/T 24338.5—2009/IEC 62236-4:2003

轨道交通 电磁兼容 第4部分:信号和通信设备的发射与抗扰度

Railway applications—Electromagnetic compatibility—Part 4:Emission and immunity of the signalling and telecommunications apparatus

(IEC 62236-4:2003,IDT)

2009-09-30 发布　　2010-01-01 实施

中华人民共和国国家质量监督检验检疫总局
中国国家标准化管理委员会　发布

前　言

GB/T 24338《轨道交通　电磁兼容》目前包含以下部分：

——第1部分：总则；

——第2部分：整个轨道系统对外界的发射(正在制定中)；

——第3-1部分：机车车辆　列车和整车；

——第3-2部分：机车车辆　设备；

——第4部分：信号和通信设备的发射与抗扰度；

——第5部分：地面供电装置和设备的发射与抗扰度。

本部分为GB/T 24338的第4部分。

本部分等同采用IEC 62236-4:2003《轨道交通　电磁兼容　第4部分：信号和通信设备的发射与抗扰度》(英文版)。

为便于使用，本部分做了下列编辑性修改：

a) “本国际标准”一词改为“本部分”；

b) 用小数点“.”代替作为小数点的逗号“,”；

c) 删除国际标准的前言和引言。

本部分的附录A为资料性附录。

本部分由铁道部提出。

本部分由全国牵引电气设备与系统标准化技术委员会(SAC/TC 278)归口。

本部分起草单位：株洲南车时代电气股份有限公司、中铁电气化勘测设计研究院有限公司。

本部分主要起草人：余定华、严云升、刘贵、刘爱华。

轨道交通 电磁兼容 第4部分:信号和通信设备的发射与抗扰度

1 范围

GB/T 24338 的本部分适用于安装在轨道区域内的信号和通信设备。安装在机车车辆上的信号和通信设备由 GB/T 24338.4 来规定。

本部分规定了信号和通信设备的发射与抗扰度限值、性能判据。这些设备可能会干扰轨道区域内的其他设备,或增大轨道区域的总发射量,而超出相关标准规定的限值,因此对轨道系统外部的设备存在电磁干扰(EMI)引起的风险。

如果直流电源端口的发射低于交流电源端口规定的发射限值,凡是满足 GB 17799.4 标准发射水平的设备都能满足本部分的发射要求。除了安装在轨道旁边的设备特殊之外,GB/T 17799.2 规定的抗扰度水平也是等同适用的。本部分规定了这些设备的抗扰度要求。

所给设备的抗扰度等级在大多数情况下允许这些设备在轨道区域内按预期要求工作(见注)。当设备及相关电缆直接暴露于射频场或被较远的源耦合干扰时,这些抗扰度等级建立了评估设备性能的公共基准。

如果某端口用于射频通信(专用的射频器,例如转发系统)的发射或接收,则本部分规定的通信频率下的发射与抗扰度限值不适用于该端口。

本部分没有对设备规定基本的人身安全要求,如电击保护、不安全操作、绝缘配合和相关的介电试验。对这些要求的开发设计以及设备的应用,根据正常工作状态进行考虑,不考虑设备的故障状态。

本部分规定的要求、试验方法也适用于与被试设备(EUT)相连的通信、信号设备的数据线和电源线。

发射与抗扰度要求的频率限值是从 0 GHz～400 GHz。目前,尚未定义频率低于 150 kHz(牵引基频除外)和高于 2 GHz 的试验。

GB/T 17625.1 或 GB/T 17625.2 范围中规定的产品应符合这两个标准的要求。

本部分第 2 章“规范性引用文件”中列出的基础标准中给出了试验方法。

注:抗扰度和发射等级本身并不能保证设备集成有满意的性能。本部分没有涵盖设备的所有可能配置,但是在大多数情况下,试验等级足以保证获得满意的电磁兼容性。

2 规范性引用文件

下列文件中的条款通过 GB/T 24338 的本部分的引用而成为本部分的条款。凡是注日期的引用文件,其随后所有的修改单(不包括勘误的内容)或修订版均不适用于本部分,然而,鼓励根据本部分达成协议的各方研究是否可使用这些文件的最新版本。凡是不注日期的引用文件,其最新版本适用于本部分。

GB/T 17625.1 电磁兼容 限值 谐波电流发射限值(设备每相输入电流≤16 A)(GB/T 17625.1—2003,IEC 61000-3-2:2001,IDT)

GB/T 17625.2 电磁兼容 限值 对每相额定电流不大于 16 A 的设备在低压公共供电系统中产生电压波动和闪烁的限制(GB/T 17625.2—1999,idt IEC 61000-3-3:1994)

GB/T 17626.2 电磁兼容 试验和测量技术 静电放电抗扰度试验(GB/T 17626.2—2006,IEC 61000-4-2:2001,IDT)

GB/T 17626.3—2006 电磁兼容 试验和测量技术 射频电磁场辐射抗扰度试验(IEC 61000-4-

3:2002,IDT)

GB/T 17626.4　电磁兼容　试验和测量技术　电快速瞬变脉冲群抗扰度试验(GB/T 17626.4—2008,IEC 61000-4-4:2004,IDT)

GB/T 17626.5　电磁兼容　试验和测量技术　浪涌(冲击)抗扰度试验(GB/T 17626.5—2008,IEC 61000-4-5:2005,IDT)

GB/T 17626.6　电磁兼容　试验和测量技术　射频场感应的传导骚扰抗扰度(GB/T 17626.6—2008,IEC 61000-4-6:2006,IDT)

GB/T 17626.8　电磁兼容　试验和测量技术　工频磁场抗扰度试验(GB/T 17626.8—2006,IEC 61000-4-8:2001,IDT)

GB/T 17626.9　电磁兼容　试验和测量技术　脉冲磁场抗扰度试验(GB/T 17626.9—1998,idt IEC 61000-4-9:1993)

GB/T 17626.16　电磁兼容　试验和测量技术　0 Hz～150 kHz 共模传导骚扰抗扰度试验(GB/T 17626.16—2007,IEC 61000-4-16:2002,IDT)

GB/T 17799.2—2003　电磁兼容　通用标准　工业环境中的抗扰度试验(IEC 61000-6-2:1999,IDT)

GB/T 17799.4　电磁兼容　通用标准　工业环境中的发射标准(GB/T 17799.4—2001,idt IEC 61000-6-4:1997)

GB/T 24338.1　轨道交通　电磁兼容　第1部分:总则(GB/T 24338.1—2009,IEC 62236-1:2003,IDT)

GB/T 24338.4　轨道交通　电磁兼容　第3-2部分:机车车辆　设备(GB/T 24338.4—2009,IEC 62236-3-2:2003,MOD)

3　术语和定义

下列术语和定义适用于GB/T 24338的本部分。

3.1

端口　port

指定设备和外部环境的特定接口,如:交流电源端口、直流电源端口、输入/输出(I/O)端口、接地端口。

3.2

机箱机柜端口　enclosure port

设备的物理边界,电磁场可通过该边界辐射或侵入。

设备端口的主要分类见图1。

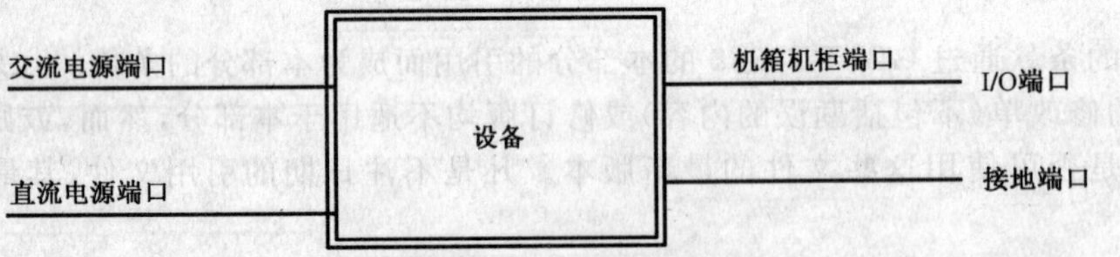

图1　端口主要分类

4　位置描述

GB/T 24338.1描述了轨道区域的特点。本部分给出了某些设备的特殊考虑,这些设备预期安装在距离最近轨道中心线3 m以内的位置。

注:可能需要增加信号设备特定项目兼容性的试验。

5 设备的发射限值

应符合 GB/T 17799.4 的最大允许发射限值。传导发射限值适用于交流和直流电源端口。测量机箱端口的辐射发射时，可以应用 10 m 测量距离，这时限值增加 10 dB。如果设备不是预期安装使用在轨道环境中，需要采用合适标准规定的发射限值。

注：如果由于较高的环境噪声或其他原因，不能在 10 m 或 30 m 距离测量场强，可以在更近的距离进行测量，如：3 m。这时，需要应用 20 dB/十倍距离的反比因子把测量数据归算到指定的距离，以决定它是否符合规定。用 3 m 法测量较大的被试设备时，在 30 MHz 频率附近应该关注近场效应。

6 抗扰度

6.1 性能判据

在本部分范围内，不可能对设备评估规定确切的判据，除非另有规定，否则应采用 GB/T 24338.1 规定的性能判据。

6.2 试验要求

本部分规定了设备各个端口的抗扰度要求。

试验应在定义明确和可重复的条件下，作为单个试验逐个进行，试验的顺序可以任意选择。试验说明、试验设备、试验方法和试验布置在表 1～表 5 列出的基础标准中给出。如果设备带有许多类似连接的类似端口，那么应选择足量的端口，以模拟实际的运行条件，确保涵盖所有不同类型的终端。

基础标准的内容在此不作重复，但本部分给出了实际应用时必要的附加信息。

表 1 抗扰度—机箱端口

	环境现象	试验规范	单 位	基础标准	试验布置	备 注	性能判据
1.1	射频电磁场辐射	80～1 000 10 80	MHz V/m(载波的 r.m.s 值) %AM(1 kHz)	GB/T 17626.3	GB/T 17626.3		A
1.2	数字无线电话的射频电磁场辐射	800～960 1 400～2 000 20 80	MHz MHz V/m(载波的 r.m.s 值) %AM(1 kHz)	GB/T 17626.3	GB/T 17626.3	见[a,d]	A
1.3	工频磁场	50/60 16.7 0 100	Hz Hz Hz(直流) A/m(r.m.s 值)	GB/T 17626.8	GB/T 17626.8	见[a,b] CRT 显示器干扰在 3 A/m (r.m.s 值)以上是允许的。 所有的频率均应进行试验。	A
1.4	静电放电	±6 ±8	kV(接触放电) kV(空气放电)	GB/T 17626.2	GB/T 17626.2	见[a,c]	B
1.5	脉冲磁场	300	A/m	GB/T 17626.9	GB/T 17626.9	见[a]	B

[a] 所规定的试验仅仅适用于 3 m 区域内的设备。对于本区域以外，轨道环境内部的设备，可应用 GB/T 17799.2—2003 的要求。

[b] 试验仅适用于包含对磁场敏感的器件的设备，如：霍尔元件，电动扬声器等。

[c] 试验不适用于暴露在户外环境条件下的设备。如果设备既可以放在室内，也可以放在室外，应采用更严酷的试验等级。

[d] 对于预定使用数字无线电话频率下工作设备的，应进行 GB/T 17626.3—2006 中 5.2 规定的试验。

表 2 抗扰度—I/O 端口

	环境现象	试验规范	单 位	基础标准	试验布置	备 注	性能评定
2.1	射频场感应的传导骚扰	0.15～80 10 80 150	MHz V（载波的 r.m.s值） %AM (1 kHz) 源阻抗 Ω	GB/T 17626.6	GB/T 17626.6	见[a,b]。试验等级优先考虑为调制波。	A
2.2	电快速瞬变脉冲群	±2 5/50 5	kV(峰值) T_r/T_h ns kHz（重复频率）	GB/T 17626.4	GB/T 17626.4 (容性耦合夹)	见[a]	A
2.3	浪涌	1.2/50 ±2 ±1 ±2	μs kV(共模) kV(差模) kV(非平衡系统中差模)	GB/T 17626.5	GB/T 17626.5	见[a,c,d]	B

[a] 试验适用于 3 m 范围内带有电缆，或 10 m 范围内带有长度超过 30 m 电缆的 I/O 端口。除上述电缆长度外，带有电缆的 I/O 端口应该满足 GB/T 17799.2—2003 的要求，但 GB/T 17799.2—2003 中表 3 的注 2 除外。

[b] 试验仅适用于有接口电缆的端口，根据制造商的规范要求，电缆的总长度可能超过 3 m。

[c] 本试验用于模拟间接耦合现象，因此，推荐应用 42 Ω(40 Ω 及 2 Ω 为发生器内部的电阻)输出阻抗和 0.5 μF 耦合电容。

[d] 对于预期与高平衡线对连接的电信端口和其他端口，不需要进行差模试验。

表 3 抗扰度—直流电源端口

	环境现象	试验规范	单 位	基础标准	试验布置	备 注	性能评定
3.1	射频场感应的传导骚扰	0.15～80 10 80 150	MHz V（载波的 r.m.s值） %AM(1 kHz) 源阻抗 Ω	GB/T 17626.6	GB/T 17626.6	试验等级优先考虑为调制波。	A
3.2	电快速瞬变脉冲群	±2 5/50 5	kV(峰值) T_r/T_h ns kHz（重复频率）	GB/T 17626.4	GB/T 17626.4 (直接注入)		A
3.3	浪涌	1.2/50 ±2 ±1 ±2	μs kV(共模) kV(差模) kV(非平衡系统中差模)	GB/T 17626.5	GB/T 17626.5	见[a]	B

[a] 本试验用于模拟直接耦合现象。如果电源和地隔离，推荐应用 42 Ω 输出阻抗和 0.5 μF 耦合电容；如果电源和地没有隔离，推荐应用 12 Ω(10 Ω 及 2 Ω 发生器)输出阻抗和 9 μF 耦合电容。这些要求适用于电缆长度超过 30 m 的情况。

表 4 抗扰度—交流电源端口

	环境现象	试验规范	单位	基础标准	试验布置	备注	性能评定
4.1	射频场感应的传导骚扰	0.15～80 10 80 150	MHz V(载波的 r.m.s值) %AM(1 kHz) 源阻抗 Ω	GB/T 17626.6	GB/T 17626.6	试验等级优先考虑为调制波。	A
4.2	电快速瞬变脉冲群	±2 5/50 5	kV(峰值) T_r/T_h ns kHz(重复频率)	GB/T 17626.4	GB/T 17626.4 (直接注入)		A
4.3	浪涌	1.2/50 ±2 ±1 ±2	μs kV(共模) kV(差模) kV(非平衡系统中差模)	GB/T 17626.5	GB/T 17626.5	见[a]	B

[a] 本试验用于模拟直接耦合现象,因此,推荐应用 12 Ω(10 Ω 及 2 Ω 发生器)输出阻抗和 9 μF 耦合电容。

表 5 抗扰度—接地端口

	环境现象	试验规范	单位	基础标准	试验布置	备注	性能评定
5.1	射频场感应的传导骚扰	0.15～80 10 80 150	MHz V(载波的 r.m.s值) %AM(1 kHz) 源阻抗 Ω	GB/T 17626.6	GB/T 17626.6	试验等级优先考虑为调制波。见[a]	A
5.2	电快速瞬变脉冲群	±1 5/50 5	kV(峰值) T_r/T_h ns kHz(重复频率)	GB/T 17626.4	GB/T 17626.4 (容性耦合夹)		A

[a] 试验不适用于电缆长度小于 3 m 的情况。

附 录 A
（资料性附录）
牵引频率试验(线对地)

关于适合轨道环境的参考标准,已获得足够多的经验,在此基础上,本资料性附录将指出本部分所提的试验。表 A.1 给出了试验要求,图 A.1 为设备端口和配置示例。

表 A.1 抗扰度—I/O 端口、直流及交流电源端口

	环境现象	试验规范	单 位	基础标准	试验布置	备 注	性能评定
A.1	牵引频率(线对地)	16.7	Hz		见本附录	试验需要在装置区域可用电源系统的工作频率下进行。试验时间(牵引电流的感应电压)为 60 s,或者当 EUT 的操作周期大于60 s时,试验时间等于操作周期。见[a]	
		250	V 牵引电流的感应电压(≥60 s)				A
		1 500	V 短路电流(0.1 s)				B
		50/60	Hz				
		150	V 牵引电流的感应电压(≥60 s)				A
		650	V 短路电流(0.1 s)				B
[a] 这些数字基于 3 km 的典型电缆长度。如果电缆长度较短,数值应该线性减小。							

下面介绍了进行牵引频率试验必要的信息。它基于 GB/T 17626.16 标准所做的工作,也包括了为适合于牵引频率试验所需的特定条件所作的改变和附加信息。

注:不包括 GB/T 17626.16 中与此特定试验项目不相关的信息。

A.1 试验设备

A.1.1 试验发生器的特点和性能

典型的试验发生器包括:调压变压器,它连接到 16.7 Hz、50 Hz 及 60 Hz 电源系统(电源系统是主要的配电网络),隔离变压器和用于短时试验的时间控制开关。开关动作应与主电压波形 0°同步。

表 A.2 给出了试验发生器的主要特征。

表 A.2 试验发生器的主要特征

波形	正弦波,总谐波畸变小于 10%
输出阻抗	50(1±10%)Ω
频率	16.7(1±1%)Hz、50(1±1%)Hz 和 60(1±1%)Hz
开路输出电压范围(r.m.s.) a) 连续干扰 b) 短时干扰(最小 0.1 s)	 16.7 Hz:1(1−10%)V~250(1+10%)V 50/60 Hz:150(1+10%)V 16.7 Hz:10(1−10%)V~1 500(1+10%)V 50/60 Hz:650(1+10%)V
输出电压的通/断切换	过 0(±5°)时同步

注:试验发生器特性的校准应该使用电压探头和示波器,或其他最小带宽为 1 MHz 的等效测量仪器。测量设备的精度应优于±5%。

试验发生器的原理图见图 A.2。

A.1.2 耦合与去耦设备

耦合与去耦设备的应用是为了将试验电压耦合至被试设备(EUT)的电源端口、输入/输出(信号和控制)端口和通信端口,并避免将试验电压加至完成试验所需的辅助设备(AE)上。

A.1.2.1 耦合网络

A.1.2.1.1 电源端口、输入/输出端口的耦合网络

对于电源端口、输入/输出端口,每根导线的耦合网络由电阻 R 和电容 C 串联组成。每根导线的耦合网络并联连接,构成端口的耦合网络。

图 A.3 给出了耦合网络的原理图,元件值为:

$C=10\ \mu F$

$R=100\times n\Omega$

式中 n 为导线的数目($n\geqslant 2$)

在端口的耦合网络中,每根导线的电容和电阻匹配的容差为1%。

A.1.2.1.2 通信端口的耦合网络

对于通信端口和其他预期连接平衡线对(一对或多对)的端口,耦合网络为 T 形网络。图 A.4 给出了 T 形网络的原理图。元件值为:

$C=4.7\ \mu F$

$R=200\ \Omega$

$L=2\times 38\ mH$(双线绕法)

T 形网络的器件应在一定容差范围内匹配,以确保 T 形网络不会显著地减小 EUT 的共模抑制比。

A.1.2.2 去耦装置

A.1.2.2.1 一般特点

去耦装置的作用是抑制试验电压进入辅助设备和对周边环境的影响。

去耦装置最重要的特点是它在 16.7 Hz、50 Hz 和 60 Hz 频率上的共模衰减。去耦装置的共模抑制能力应该足够高,以避免降低 EUT 端口的共模抑制比。

有源和无源两种隔离装置均可以应用,有源装置如放大器、光隔离器,无源装置包括隔离变压器、中继器等。

A.1.2.2.2 规范

下面的隔离和去耦规范适用于所有工作信号类型的所有设备。

——输入对输出、输入/输出对地的绝缘耐受能力:3 kV,16.7 Hz、50 Hz 及 60 Hz,1 min;

——频率为 16.7 Hz、50 Hz 及 60 Hz 时的共模去耦(衰减):60 dB。

注:A.1.2.1.2 中规定的 T 形网络对高于 10 kHz 频率提供了有效的去耦合。另外需要一台试验电压频率的去耦设备。

A.2 试验布置

根据设备安装规范来布置和连接被试设备。

时刻遵循被试设备、辅助设备以及试验设备的安全接地要求。

根据制造商的规范要求将 EUT 连接到保护地。将试验发生器、耦合网络及去耦装置连接到参考接地平面(GRP)或共地端。由地连到 GRP 或共地端的连线长度应小于 1 m。

通过去耦/隔离设备连接电源端口、输入/输出端口及通信端口。

如果 AE 或电源已被隔离,则不需要专门的去耦/隔离设备。

注:为了在不剪断电缆的情况下使用正常的端接法,去耦/隔离设备应该放置于靠近辅助设备端口的电缆侧。

应使用设备制造商指定的电缆。在缺少规范的情况下,应选用适合相关信号形式的非屏蔽电缆。

A.3 试验程序

A.3.1 实验室参考条件

为了减小环境参数对试验结果的影响，试验应在 A.3.1.1 和 A.3.1.2 规定的气候和电磁参考条件下进行。

A.3.1.1 气候条件

试验应在标准的气候条件下进行：

——环境温度：15 ℃～35 ℃；

——相对湿度：25%～75%；

——大气压力：86 kPa～106 kPa。

EUT 应在产品标准规定的预期气候条件下工作。

A.3.1.2 电磁条件

实验室环境的电磁条件不应影响试验结果。

A.3.2 EUT 的运用

EUT 应该在它最敏感的模式(程序周期)下连续工作，该模式由预测试决定。应连续监视 EUT 的性能，任何降级都应在检验报告中注明。

基于上述原因，鼓励应用特定的运用软件，但是仅仅允许在软件能表明 EUT 得到综合运用的条件下使用。

为了全面运用 EUT，所施加的电源、信号及其他电量均应在额定范围内。如果无法提供实际工作信号源，应用模拟的信号源替代。

A.3.3 试验的实施

警告：由于涉及试验电压或对地的漏电流，试验可能存在不安全的因素。必须有足够的安全警示，以避免操作者的风险。

试验根据试验大纲进行，大纲应该规定：

——试验等级；

——试验时间；

——EUT 的被试端口；

——EUT 的典型工况；

——辅助设备。

注 1：如果设备有大量类似的端口，那么应选择足量的端口，确保涵盖所有不同类型的终端。

试验程序的主要步骤如下：

——设备性能的预先验证；

——EUT 端口与耦合网络和去耦设备的连接；

——必要时，对输入信号的工作性能进行验证；

——施加试验电压。

注 2：试验配置将影响 EUT 输入/输出端口的工作状态。在对试验电压的影响进行评估时，应考虑将这些新状态作为基准。

A.3.3.1 耦合网络的连接

所有被试验的端口都应通过适当的耦合网络进行连接(详细信息参见图 A.3 及 A.1.2.1)。

A.3.3.2 试验电压的施加

依次将试验发生器连到每一个端口。非被试端口应该有单独的与地相连的耦合网络输入终端(见图 A.3)。

试验电压的施加时间应该足够长，确保对EUT的工作性能做出全面验证。对于短时间试验(典型值0.1 s)，应该重复施加试验电压，直至满足本判据的要求。

图A.3给出了试验电压应用的一般原理图。

A.4 试验结果和检验报告

本条款对试验结果的评估以及检验报告提供指导。

由于被试设备和系统的多样性和差异性，使得评估试验对被试设备和系统的影响有一定的难度。

根据被试设备的工作状态和功能规范，除了产品标准给出了不同的说明外，试验结果可以分类如下：

——在规范限值内性能正常；

——功能或性能暂时降低或丧失，但能自行恢复；

——功能或性能暂时降低或丧失，但需操作者干预或系统复位；

——因设备(元件)或软件损坏或数据丢失而造成不能自行恢复的功能降低或丧失。

进行本附录定义的试验后，设备不应该处于危险或不安全状态。

作为一个通用原则，如果设备在整个试验过程中有较好的抗扰度，在试验结束时满足技术规范的功能要求，则试验结果是肯定的。

技术规范可能定义了对被试设备的影响，该影响可能不是很重要，因而可以接受。

对于这些状态，应该验证设备在试验结束时能够自行恢复工作能力，应该记录设备完全丧失功能的时间间隔。这些验证与试验结果的最后评估相关联。

检验报告应该包括试验状态和试验结果。

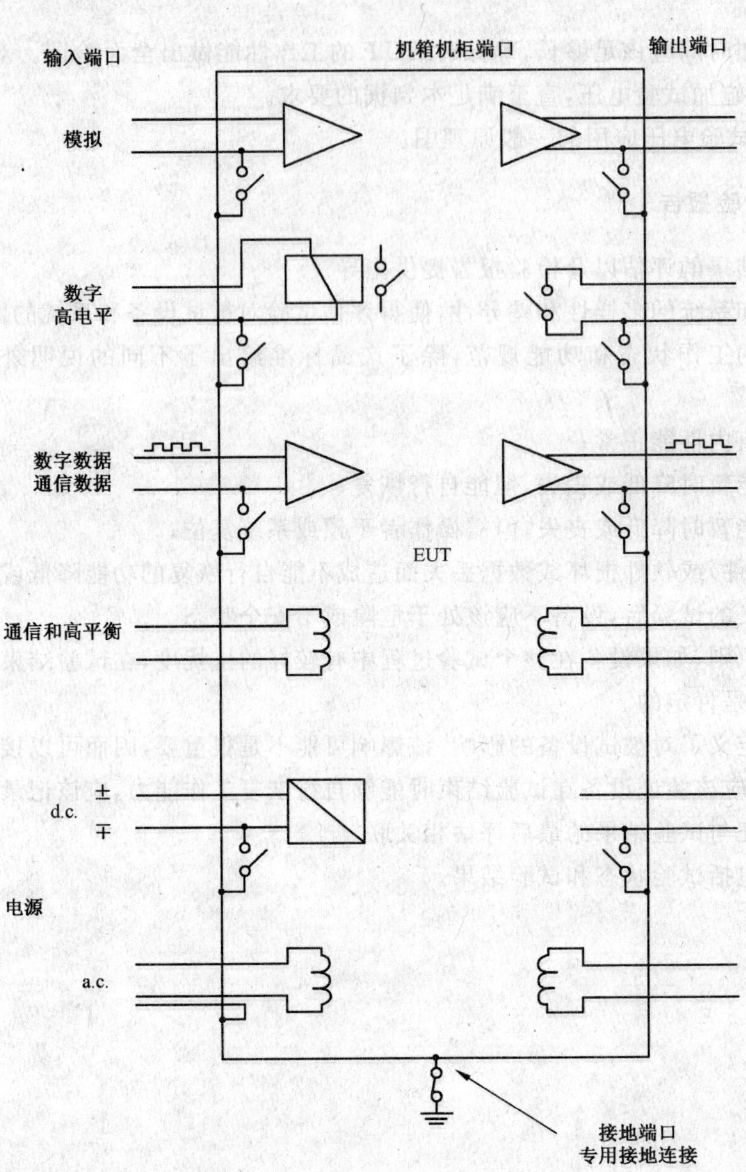

图 A.1 设备端口和配置示例

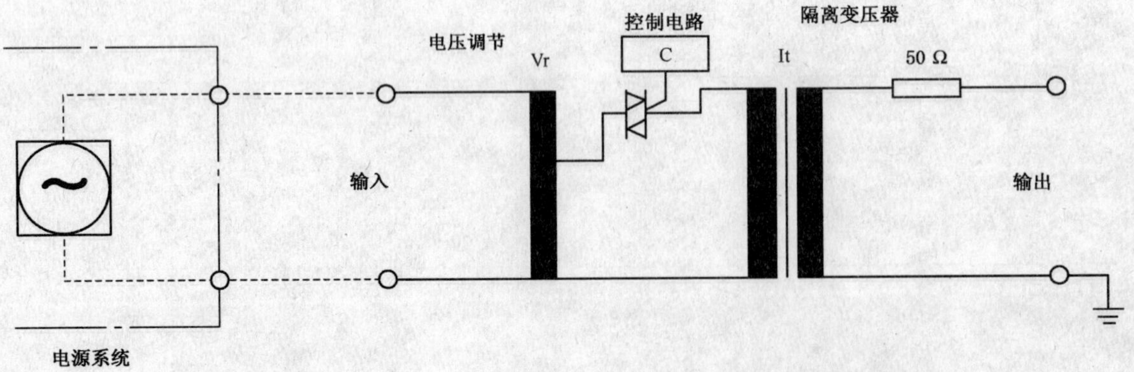

图 A.2 牵引频率(16.7 Hz,50 Hz 和 60 Hz)试验发生器的原理

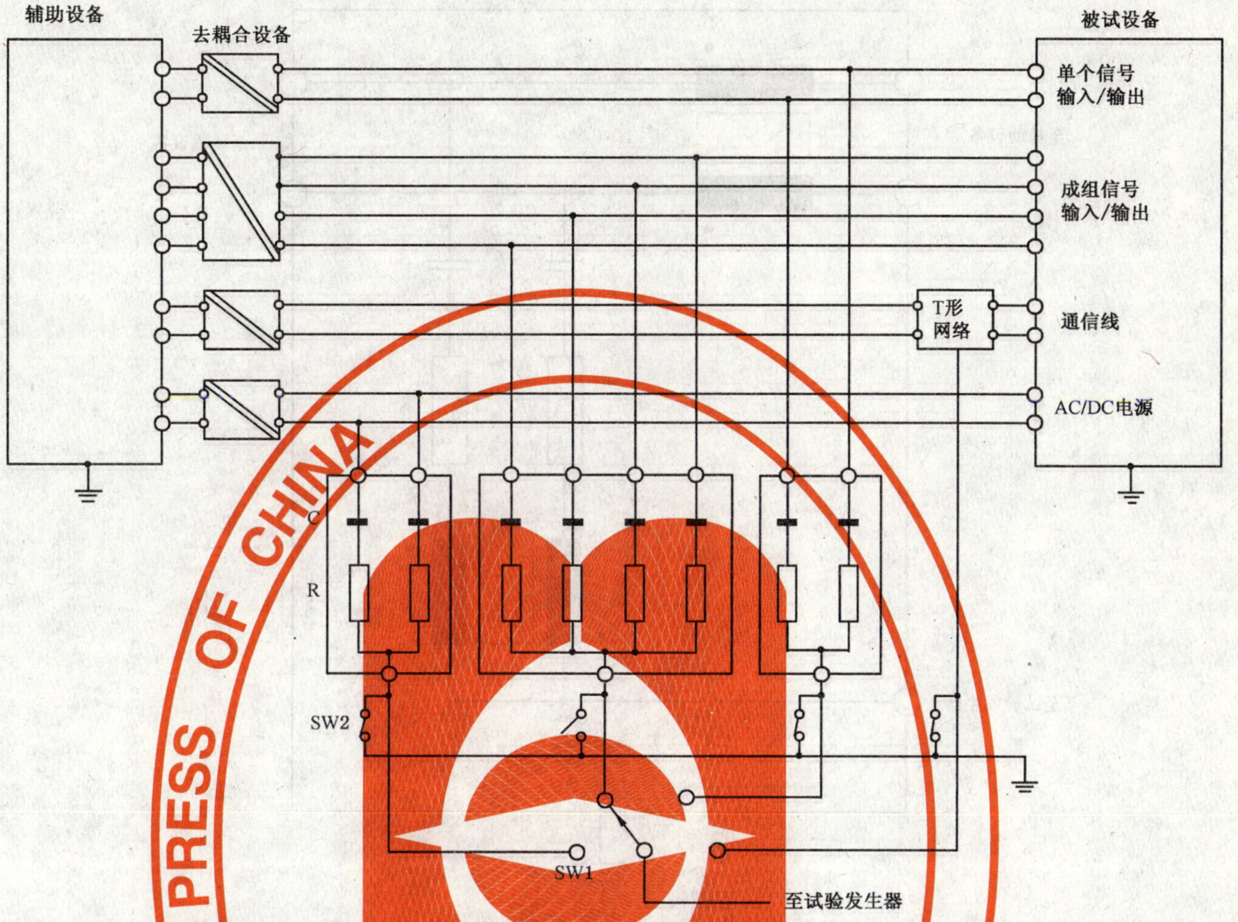

图 A.3 型式试验的原理电路

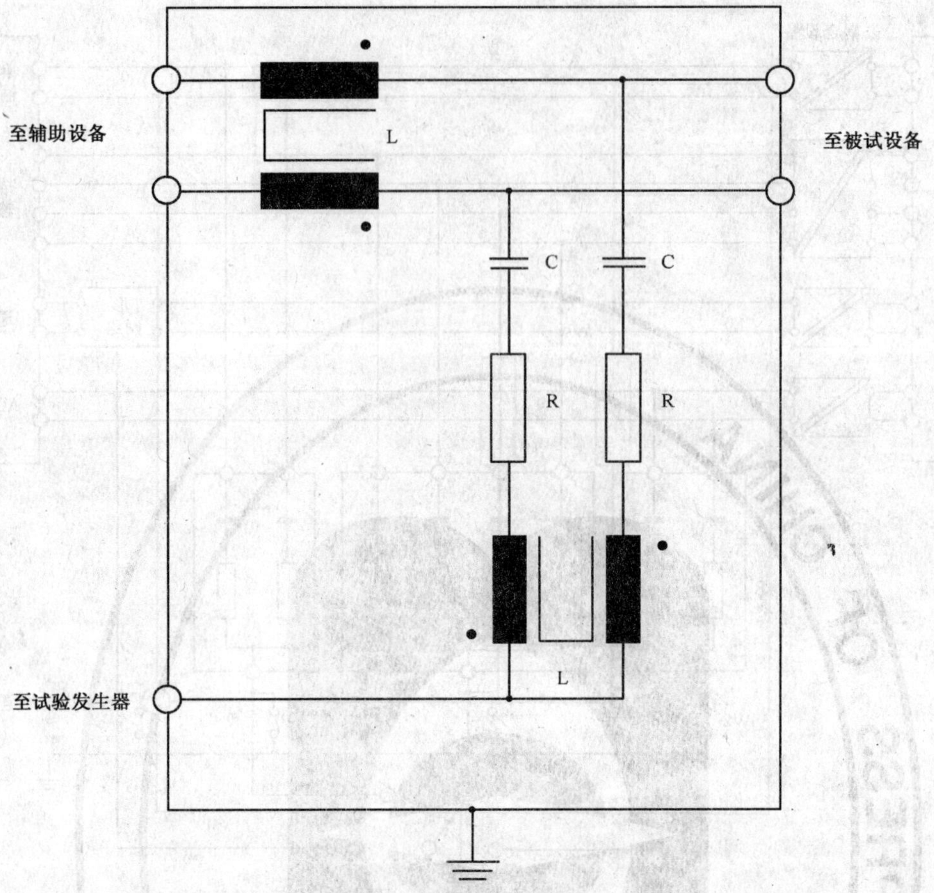

图 A.4 预期连接至高平衡线对的通信端口和其他端口的 T-网络耦合原理图

ICS 29.280
S 35

中华人民共和国国家标准

GB/T 24338.6—2009/IEC 62236-5:2003

轨道交通　电磁兼容
第5部分:地面供电装置和设备的发射与抗扰度

Railway applications—
Electromagnetic compatibility—
Part 5:Emission and immunity of fixed power supply installations and apparatus

(IEC 62236-5:2003,IDT)

2009-09-30 发布　　2010-01-01 实施

中华人民共和国国家质量监督检验检疫总局
中国国家标准化管理委员会　发布

前　言

GB/T 24338《轨道交通　电磁兼容》目前包含以下部分：

——第1部分：总则；

——第2部分：整个轨道系统对外界的发射(正在制定中)；

——第3-1部分：机车车辆　列车和整车；

——第3-2部分：机车车辆　设备；

——第4部分：信号和通信设备的发射与抗扰度；

——第5部分：地面供电装置和设备的发射与抗扰度。

本部分为GB/T 24338的第5部分。

本部分等同采用IEC 62236-5:2003《轨道交通　电磁兼容　第5部分：地面供电装置和设备的发射与抗扰度》(英文版)。

本部分等同翻译IEC 62236-5:2003。

为便于使用，本部分做了下列编辑性修改：

a)　“本国际标准”一词改为“本部分”；

b)　用小数点“.”代替作为小数点的逗号“,”；

c)　删除国际标准的前言和引言。

本部分的附录A、附录B、附录C为资料性附录。

本部分由铁道部提出。

本部分由全国牵引电气设备与系统标准化技术委员会(SAC/TC 278)归口。

本部分起草单位：株洲南车时代电气股份有限公司、中铁电气化勘测设计研究院有限公司。

本部分主要起草人：蔡万银、严云升、刘贵、刘爱华。

轨道交通　电磁兼容
第5部分:地面供电装置和设备的发射与抗扰度

1　范围

GB/T 24338的本部分规定了轨道地面供电装置中的电工电子设备和系统的发射与抗扰度要求,包括向设备供电的电源、设备本身及其保护控制电路,也包括像开关站、功率自耦变压器、调压变压器、变电所功率开关、其他纵向和本地电源的供电功率开关等轨旁设备。

本部分不适用于工作在牵引供电电压的滤波器(比如用于谐波抑制或者功率因数补偿),因为每个场所都有特定的要求。滤波器通常应该有单独的外壳和单独的接近规则。如果需要电磁限值,应在设备规范中具体说明。

本部分的限值不适用于预期的通信信号。频率的覆盖范围为0 GHz～400 GHz,目前,仅对2 GHz及以下的电磁兼容测试进行了规定。

本部分规定的发射与抗扰度要求适用于下列场所的设备:

a)　变电所内给轨道交通系统供电的设备;

b)　轨道旁控制、调节轨道交通系统供电电源的设备,包括用于功率因数补偿和滤波的设备;

c)　轨道沿线除接触系统的导体及与其相连的回流导体外的供电网,包括轨道范围内给变电所供电的高压馈电系统,在变电所范围内,将来自高压馈电系统的电压转化成轨道系统所需电压的系统,例如25-0-25 kV,50 Hz系统输电线及110 kV、16.7 Hz供电系统,轨道范围外,仅用于轨道系统供电的输电导线也作为公共区域的通用架空线处理;

d)　轨道旁控制和调节辅助用途的电源设备,包括向铁路货运编组站、检修站和车站供电的电源;

e)　各种与轨道牵引共用的非牵引供电电源。

位于居民区、商业区或者轻工业区,即使在牵引变电所物理范围内的设备和系统,也应符合通用的EMC国家标准。

本部分抗扰度要求不适用于对本部分表1至表6定义的试验有固有抗扰性能的电源设备。

注:例如功率为18 MVA、230 kV变25 kV的电源变压器。

2　规范性引用文件

下列文件中的条款通过GB/T 24338的本部分的引用而成为本部分的条款。凡是注日期的引用文件,其随后所有的修改单(不包括勘误的内容)或修订版均不适用于本部分,然而,鼓励根据本部分达成协议的各方研究是否可使用这些文件的最新版本。凡是不注日期的引用文件,其最新版本适用于本部分。

GB 9254　信息技术设备的无线电骚扰限值和测量方法(GB/T 9254—2008,IEC/CISPR 22:2006,IDT)

GB/T 17625.1　电磁兼容　限值　谐波电流发射限值(设备每相输入电流≤16 A)(GB/T 17625.1—2003,IEC 61000-3-2:2001,IDT)

GB/T 17625.2　电磁兼容　限值　对每相额定电流不大于16 A的设备在低压公共供电系统中产生电压波动和闪烁的限制(GB/T 17625.2—1999,idt IEC 61000-3-3:1994)

GB/T 17626.2　电磁兼容　试验和测量技术　静电放电抗扰度试验(GB/T 17626.2—2006,IEC 61000-4-2:2001,IDT)

GB/T 17626.3—2006 电磁兼容 试验和测量技术 射频电磁场辐射抗扰度试验(IEC 61000-4-3:2002,IDT)

GB/T 17626.4 电磁兼容 试验和测量技术 电快速瞬变脉冲群抗扰度试验(GB/T 17626.4—2008,IEC 61000-4-4:2004,IDT)

GB/T 17626.5 电磁兼容 试验和测量技术 浪涌抗扰度试验(GB/T 17626.5—2008,IEC 61000-4-5:2005,IDT)

GB/T 17626.6 电磁兼容 试验和测量技术 射频场感应的传导骚扰抗扰度试验(GB/T 17626.6—2008,IEC 61000-4-6:2006,IDT)

GB/T 17626.8 电磁兼容 试验和测量技术 工频磁场抗扰度试验(GB/T 17626.8—2006,IEC 61000-4-8:2001,IDT)

GB/T 17626.12 电磁兼容 试验和测量技术 振荡波抗扰度试验(GB/T 17626.12—1998,idt IEC 61000-4-12:1995)

GB/T 17626.16 电磁兼容 试验和测量技术 0 Hz～150 kHz 共模传导骚扰抗扰度试验(GB/T 17626.16—2007,IEC 61000-4-16:2002,IDT)

GB/T 17799.2 电磁兼容 通用标准 工业环境中的抗扰度试验(GB/T 17799.2—2003,IEC 61000-6-2:1999,IDT)

GB/T 17799.4—2001 电磁兼容 通用标准 工业环境中的发射标准(idt IEC 61000-6-4:1997)

GB/T 24338.1 轨道交通 电磁兼容 第1部分:总则(GB/T 24338.1—2009,IEC 62236-1:2003,IDT)

IEC 62236-2 轨道交通 电磁兼容 第2部分:整个轨道系统对外界的发射

CISPR 16-1 无线电骚扰和抗扰度测量设备规范

3 术语和定义

下列术语和定义适用于GB/T 24338的本部分。

3.1

设备 apparatus

地面轨道交通装置中预定实现固有功能的电气或电子产品。

3.2

环境 environment

可能影响系统行为和/或可能被系统影响的周围事物及场所。

3.3

外部接口 external interface

系统与系统之间或者系统与外界环境之间相互作用的边界。

3.4

牵引变电所 railway substation

轨道系统中主要功能是把初始电压及其频率转换成接触网所需电压及频率的设施。

3.5

轨道交通输电线 railway supply line

工作在轨道交通范围内,用于轨道交通系统内非牵引供电的输电线路。

4 性能判据

由于本部分范围内设备的多样性及差异性,很难为评价测试结果定义明确的判据,本部分采用GB/T 24338.1规定的性能判据。

5 发射试验及限值

5.1 变电所对外界的发射

IEC 62236-2 规定了 9 kHz～1 GHz 频率范围内的发射限值。

注 1：IEC 62236-2 中规定了直流及工频磁场的发射指导值。

变电所与轨道之间的输电线(架空线或者埋在地下的电缆)也是轨道装置的一部分,但是由于其位置及电流负载的可变性,很难针对其磁场设置限值。

对于那些地下设备来说,测试应在其上方的地表面上进行,频率范围为 9 kHz～150 kHz。

注 2：由于在地铁环境中测试的复杂性及没有行之有效的方法去判断地铁对其他设备的干扰程度,所以对地铁的发射限值不作要求。

5.2 工作在交流 1 000 V(方均根值)以下的设备的发射试验

本部分覆盖的设备的发射限值是按端口给出的,采用 GB/T 17799.4—2001 表 1 规定的限值,适用于工作电源方均根值在 1 000 V 以下设备。

5.3 变电所范围内的发射值

由于变电所设计和结构的多样性,对于变电所范围内的发射限值在本部分中没有规定。已进行了实地测试,指导值参见附录 A,这些结果仅作为参考信息,不作为本部分的规范性要求。

6 抗扰度试验及限值

本部分表 1 至表 6 规定了设备各个端口的抗扰度试验要求。

试验方法应定义明确,且具有可重复性。各项试验作为单独试验进行,试验顺序是任选的。

试验说明、试验发生器、试验方法及试验布置在基础标准中规定,见表 1 至表 6。基础标准的内容在此不作重复,但是,作为实际应用所需的修正及附加信息在本部分中给出。

如果可能的话,在测试的频率范围内,被试设备要求工作在正常应用时对噪声最敏感的状态,要求厂家在试验大纲中规定试验条件。

注：如果被试设备是系统的一部分或者带有辅助设备,那么,参照 GB 9254 和 GB/T 17626 中规定的通用方法,被试设备应带有必要的最小辅助设备配置进行测试。

在试验报告中应准确注明被试设备的硬件配置及工作模式。在试验过程只需选择 EMC 最关键的工作模式进行测试,没必要对设备所有功能进行测试。

测试应在规定的工作范围内进行,试验过程中,被试设备在额定电压下工作。

本部分规定的抗扰度等级有些比重工业的通用标准要高,这在实际应用中是必要的。

7 非轨道交通用途的地面供电装置

7.1 各种其他电源

例如用于下列几种系统：车站、办公楼服务系统、货物起重机及站场照明系统的电源。

主要分成以下两类：

a) 一类是非轨道系统电源供电的装置,例如由本地公共电源系统供电或者由独立供电系统供电。这类设备不属于本部分范围,对属于 GB/T 17625.1 或者 GB/T 17625.2 范围中的产品,其发射与抗扰度要求应符合这些标准的规定。

b) 另一类是由与列车牵引共用的铁路电源供电的装置,例如：由整流变压器第三绕组供电或者通过变压器由铁路交流架空线供电,见 7.2。

7.2 由轨道牵引系统电源供电的设备

这种电源电压变化范围很广,因而骚扰状态变化也大,目前国际上还没有设定限值。根据牵引机车车辆的类型，此供电电压中谐波含量变化较大。使用该设备的部门应确定保证电磁兼容性(EMC)的发射与抗扰度等级。

本条将会根据经验进行复核，以详细规定这种情形下的限值。

在缺少规定的限值时，应使用符合通用标准 GB/T 17799.2 和 GB/T 17799.4—2001 的设备。

表 1　抗扰度—机箱端口

	环境现象	试验规范	单位	基础标准	试验配置	备注	性能
1.1	射频电磁场辐射	80～1 000 10 80	MHz V/m，载波电压 r. m. s %AM(1 kHz)	GB/T 17626.3	GB/T 17626.3	规定试验等级 优先考虑 未调制波	A
1.2	数字无线电话射频电磁场辐射	800～960 1 400～2 000 20 80	MHz MHz V/m，载波电压 r. m. s %AM(1 kHz)	GB/T 17626.3	GB/T 17626.3	见[a]	A
1.3	工频磁场	50/60 100	Hz A/m	GB/T 17626.8	GB/T 17626.8	见[b]	A
1.4	静电放电	6　接触放电 8　空气放电	kV　放电电压	GB/T 17626.2	GB/T 17626.2	见基础标准中接触放电和空气放电的实施	B

[a] 在 GB/T 17626.3—2006 中 5.2 规定，数字无线电话的电磁场辐射抗扰度测试应施加该设备在当地的工作频率。

[b] 适用于对磁场敏感的设备，例如霍尔元件、电动扬声器。

表 2　抗扰度—不包括过程控制在内的信号线和数据总线端口

	环境现象	试验规范	单位	基础标准	试验配置	备注	性能
2.1	射频 线-地 共模幅值调制	0.15～80 10 80 150 见[a]	MHz V 载波电压 r. m. s %AM(1 kHz) 源阻抗 Ω	GB/T 17626.6	GB/T 17626.6	见[a] 试验等级优先考虑未调制波	A
2.2	快速脉冲群	2 5/50 5 000	kV　峰值 T_r/T_h ns 重复频率 Hz	GB/T 17626.4	GB/T 17626.4 容性耦合夹	见[b]	B

[a] 试验等级亦可定义为流过 150 Ω 负载中的等效电流。

[b] 仅应用于连接端口的电缆长度(根据制造厂功能规范)超过 1 m 的端口。

表 3 抗扰度—过程测量和控制线端口,长总线和控制线

	环境现象	试验规范	单位	基础标准	试验配置	备注	性能
3.1	射频 线-地 共模幅度调制	0.15～80 10 80 150 见 a	MHz V 载波电压 r. m. s %AM 1 kHz 源阻抗 Ω	GB/T 17626.6	GB/T 17626.6	试验等级优先考虑未调制波	A
3.2	阻尼振荡电压	2.5 线/地 1.0 线/线	kV kV	GB/T 17626.12	GB/T 17626.12	100 kHz 及 1 MHz	B
3.3	快速脉冲群	2 5/50 5 000	kV 峰值 T_r/T_h ns 重复频率 Hz	GB/T 17626.4	GB/T 17626.4 容性耦合夹		B
3.4	浪涌 线-地,共模 线-线,	1.2/50 2 1	T_r/T_h μs kV kV	GB/T 17626.5	GB/T 17626.5	差分模式试验仅用于不平衡线路	B

a 试验等级亦可定义为流过 150 Ω 负载中的等效电流。

表 4 抗扰度—直流输入和输出电源端口

	环境现象	试验规范	单位	基础标准	试验配置	备注	性能
4.1	射频 线-地 共模幅值调制	0.15～80 10 80 150 见[a]	MHz V 载波电压 r. m. s %AM 1 kHz 源阻抗 Ω	GB/T 17626.6	GB/T 17626.6	试验等级优先考虑未调制波	A
4.2	快速脉冲群	2 5/50 5 000	kV 峰值 T_r/T_h ns 重复频率 Hz	GB/T 17626.4	GB/T 17626.4	见[b]	B
4.3	浪涌 线-地,共模 线-线,差模	1.2/50 2 1	T_r/T_h μs kV kV	GB/T 17626.5	GB/T 17626.5	见[b]	B

a 试验等级亦可定义为流过 150 Ω 负载中的等效电流。

b 不适用于连有蓄电池或可充电电池的输入端口,试验时应将它们断开。

表 5　抗扰度—交流输入和输出电源端口

	环境现象	试验规范	单位	基础标准	试验配置	备注	性能
5.1	射频 线-地 共模幅值调制	0.15～80 10 80 150 见[a]	MHz V 载波电压 r.m.s %AM 1 kHz 源阻抗 Ω	GB/T 17626.6	GB/T 17626.6	试验等级优先 考虑未调制波	A
5.2	快速脉冲群	2 5/50 5 000	kV 峰值 T_r/T_h ns 重复频率 Hz	GB/T 17626.4	GB/T 17626.4 直接注入		B
5.3	浪涌 线-地，共模 线-线，差模	1.2/50 4 2	T_r/T_h μs kV kV	GB/T 17626.5	GB/T 17626.5	仅用于 单相系统	B

[a] 试验等级亦可定义为在 150 Ω 负载中的等效电流。

表 6　抗扰度—接地端口

	环境现象	试验规范	单位	基础标准	试验配置	备注	性能
6.1	射频 线-地 共模幅值调制	0.15～80 10 80 150 见[a]	MHz V 载波电压 r.m.s %AM 1 kHz 源阻抗 Ω	GB/T 17626.6	GB/T 17626.6	试验等级优先 考虑未调制波	A

[a] 试验等级亦可定义为流过在 150 Ω 负载中的等效电流。

附 录 A
（资料性附录）
变电所范围内正常工作及开关操作期间的发射

变电所内部的射频发射测量是变电所范围发射测量工作的一个部分。天线放置在安全位置及测量区域，测试分别在正常工作和开关操作期间进行。场强值以峰值表示，也应用于交流和直流系统。在测试过程中，天线距开关 3 m 远。

根据足量测试结果画出图 A.1 和图 A.2，图中给出了 9 kHz～1 000 MHz 所有结果的上限值。试验使用满足 CISPR16-1 的设备及推荐的带宽。

本附录列出的值仅作为一种参考信息，而不作为限值的基础，它们表示了现在牵引变电所使用的不同年代及不同设计的设备的性能。

变电所因其配置、额定功率及系统电压的广泛性，使得很难针对应用在变电所设备给出一个发射限值，对每个特定的变电所都必须仔细研究以确保其内部不同设备之间的电磁兼容性。

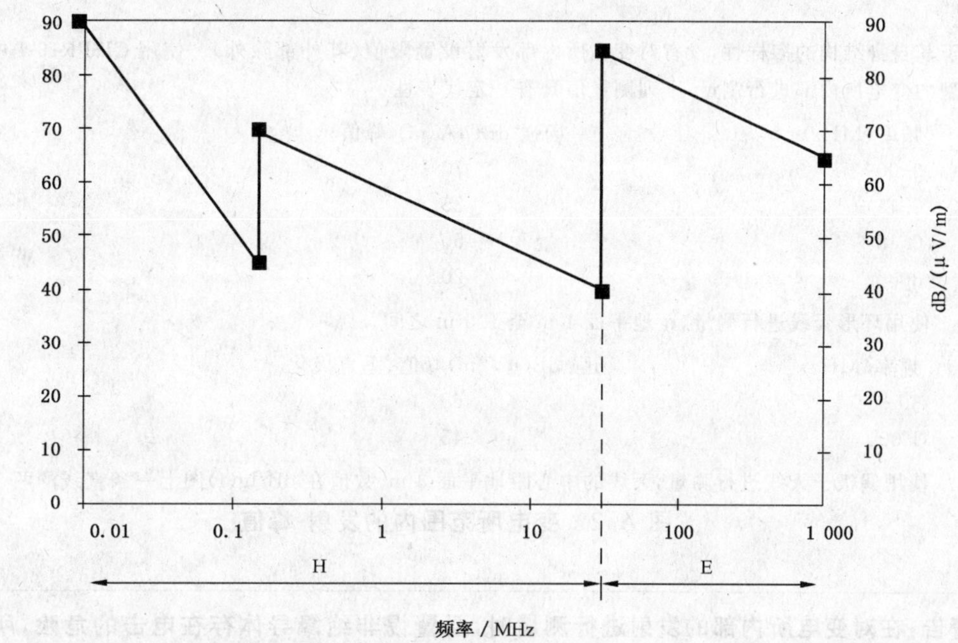

注：开关在投切时会产生瞬变射频场，当开关在额定电压切断正常额定电流时，使用 CISPR16-1 中规定的设备，用 3 m 法进行测量，其发射不应超过以下规定：

频率(MHz)	场强 dB(μA/m) 峰值
0.009	90
0.15－	45
0.15＋	70
30－	40

使用环形天线进行测量，距地平面 1 m 至 1.5 m 之间。

频率(MHz)	场强 dB(μV/m)峰值、垂直极化
30＋	85
1 000	65

使用偶极子天线进行测量，天线的中心距地平面 3 m，数值在 dB/lg(f)图上一条直线的两个端点。

测量距离是以每个设备或者其机壳距天线最近的点为参考的。

图 A.1 开关的发射-峰值

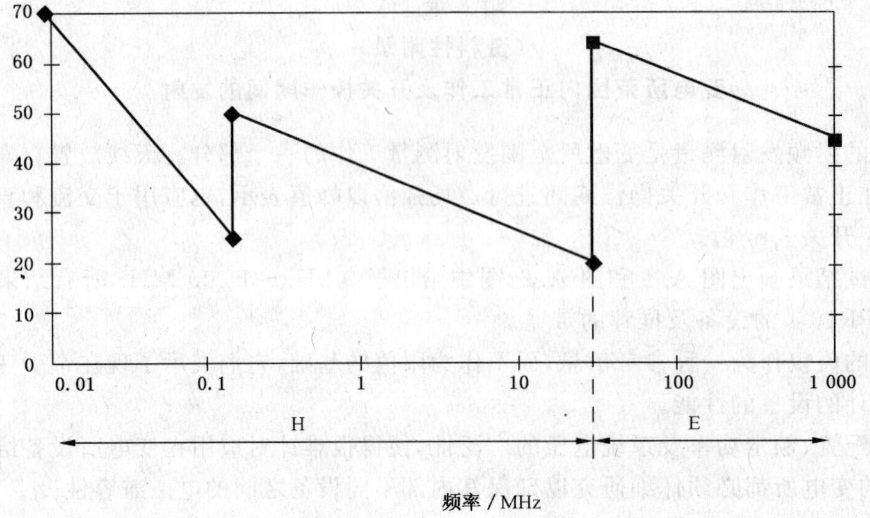

注：由于其自身结构的多样性，没有对变电所内部发射设置限值(其外部除外)。使用 CISPR16-1 中规定的设备对典型的变电所内部进行测量，下列测量值具有一定代表性：

频率(MHz)	场强 dB(μA/m) 峰值
0.009	70
0.15−	25
0.15+	50
30	20

使用环形天线进行测量，距地平面 1 m 至 1.5 m 之间。

频率(MHz)	场强 dB(μV/m)峰值、垂直极化
30+	65
1 000	45

使用偶极子天线进行测量，天线的中心距地平面 3 m，数值在 dB/lg(f)图上一条直线的两个端点。

图 A.2　变电所范围内的发射-峰值

警告：在对变电所内部的发射进行测量时，要警惕非绝缘导体存在电击的危险，所以在测量发射时要注意按照安全操作规程作业。

附 录 B
（资料性附录）
参 考 文 献

下面列出了与用于牵引变电所内的设备EMC性能相关的一些标准。如果限值有冲突，优先考虑本部分。

IEC 60694 高压开关设备和控制设备的公共规范

IEC 60255 电气继电器

CISPR 18 架空电力线路和高压设备的无线电骚扰特性

附 录 C
(资料性附录)
牵引频率试验(线对地)

适合于轨道环境的参考标准已获得足够多经验,在此基础上,本资料性附录将指明本部分提出的试验。表C.1给出了试验要求。

表 C.1 抗扰度—I/O 端口、直流及交流电源端口

环境现象	试验规范	单 位	基础标准	试验配置	备 注	性能评定
牵引频率(线对地)	16.7	Hz		见本附录	试验需要在装置区域可用电源系统的工作频率下进行。	
	250	V 牵引电流的感应电压(≥60 s)				A
	1 500	V 短路电流(0.1 s)			试验时间(牵引电流的感应电压)为60 s,或者当EUT的操作周期大于60 s时,试验时间等于操作周期。	B
	50/60	Hz				
	150	V 牵引电流的感应电压(≥60 s)				A
	650	V 短路电流(0.1 s)			见[a]	B

[a] 这些数字基于3 km的典型电缆长度。如果电缆长度较短,数值应该线性减小。

下面介绍了进行牵引频率试验必要的信息。它基于GB/T 17626.16标准所做的工作。也包括了为适合于牵引频率试验所需的特定条件所作的改变和附加信息。

注:不包括GB/T 17626.16中与此特定试验项目不相关的信息。

C.1 试验设备

C.1.1 试验发生器的特点和性能

典型的试验发生器包括:调压变压器,它连接到16.7 Hz、50 Hz及60 Hz功率电源系统(电源系统是主要的配电网络),隔离变压器和用于短时试验的时间控制开关。开关应在主电压波形0°同步。

试验发生器的主要特征:

波形	正弦波,总谐波畸变小于10%
输出阻抗	50 Ω(1±10%)
频率	16.7 Hz、50 Hz和60 Hz(1±1%)
开路输出电压范围(r. m. s) a) 连续干扰 b) 短时干扰(最小0.1 s)	16.7 Hz:1 V(1−10%)~250 V(1+10%) 50/60 Hz:150 V(1+10%) 16.7 Hz:10 V(1−10%)~1 500 V(1+10%) 50/60 Hz:650 V(1+10%)
输出电压的通/断切换	过0(±5°)同步

注:试验发生器特性的校准应该使用电压探头和示波器,或其他最小带宽为1 MHz的等效测量仪器。测量设备的精度应优于±5%。

试验发生器的原理图见图C.2。

C.1.2 耦合与去耦设备

耦合与去耦设备的应用是为了将试验电压耦合至被试设备(EUT)的电源端口、输入/输出(信号和控制)端口和通信端口,而避免将试验电压加至完成试验所需的辅助设备(AE)上。

C.1.2.1 耦合网络

C.1.2.1.1 电源端口、输入/输出端口的耦合网络

对于电源端口、输入/输出端口,每根导线的耦合网络由电阻 R 和电容 C 串联组成。每根导线的耦合网络并联连接,构成端口的耦合网络。

图 C.3 给出了耦合网络的原理图。元件值为:

$C=10\ \mu F$

$R=100\times n\ \Omega$

式中 n 为导线的数目($n\geqslant 2$)

在端口的耦合网络中,每根导线的电容和电阻匹配的容差为 1%。

C.1.2.1.2 电信端口的耦合网络

对于电信端口和其他预期连接平衡线对(一对或多对)的端口,耦合网络为 T 形网络。图 C.4 给出了 T 形网络的原理图。元件值为:

$C=4.7\ \mu F$

$R=200\ \Omega$

$L=2\times 38$ mH(双线绕法)

T 形网络的器件应在一定容差范围内匹配,以确保 T 形网络不会显著地减小 EUT 的共模抑制比。

C.1.2.2 去耦装置

C.1.2.2.1 一般特点

去耦装置的作用是抑制试验电压进入非被试设备和周边环境。

去耦装置最重要的特点是它在 16.7 Hz、50 Hz 和 60 Hz 频率上的共模衰减。去耦装置的共模抑制应该足够高,以避免降低 EUT 端口的共模抑制比。

有源和无源两种隔离装置均可以应用,有源装置如放大器、光隔离器,无源装置包括隔离变压器、转发器等。

C.1.2.2.2 规范

下面的隔离和去耦规范适用于所有工作信号类型的所有设备:

——输入对输出、输入/输出对地的绝缘耐受能力:3 kV,16.7 Hz、50 Hz 及 60 Hz,1 min;

——频率为 16.7 Hz、50 Hz 及 60 Hz 时的共模去耦(衰减):60 dB。

注:C.1.2.1.2 中规定的 T 形网络对高于 10 kHz 频率提供了有效的去耦合。另外需要一台试验电压频率的去耦设备。

C.2 试验布置

根据设备安装规范来布置和连接被试设备。

时刻遵循被试设备、辅助设备以及试验设备的安全接地要求。

根据制造商的规范要求将 EUT 连接到保护地。将试验发生器、耦合网络及去耦合装置连接到参考接地平面(GRP)或共地端。由地连到 GRP 或共地端的连线长度应小于 1 m。

通过耦合/隔离设备连接电源端口、输入/输出端口及电信端口。

如果 AE 或电源已被隔离,则不需要专门的耦合/隔离设备。

注:为了在不剪断电缆的情况下使用正常的端接法,去耦合/隔离设备应该置于靠近辅助设备端口的电缆侧。

应该使用设备制造商指定的电缆。在缺少规范说明书的情况下,选用适合相关信号形式的非屏蔽电缆。

C.3 试验程序

C.3.1 实验室参考条件

为了减小环境参数对试验结果的影响,试验应在C.3.1.1和C.3.1.2规定的气候和电磁参考条件下进行。

C.3.1.1 气候条件

试验应在标准的气候条件下进行:

——环境温度:15 ℃～35 ℃;

——相对湿度:25%～75%;

——大气压力:86 kPa～106 kPa。

EUT应该在产品标准规定的预期气候条件下工作。

C.3.1.2 电磁条件

实验室环境的电磁条件不应该影响试验结果。

C.3.2 EUT的运用

EUT应该在它最敏感的模式(程序周期)下连续工作,该模式由预测试决定。应该连续监视EUT的性能,任何降级都应在检验报告中注明。

基于上述原因,鼓励应用特定的运用软件,但是仅仅允许在软件能表明EUT得到综合运用的条件下使用。

为了全面运用EUT,电源、信号及其他量均应该工作在额定范围内。如果无法提供实际工作信号源,应该用模拟的信号源替代。

C.3.3 试验的实施

警告:由于涉及的试验电压或对地的漏电流,试验可能存在不安全的因素。必须有足够的安全警示,以避免操作者的风险。

试验根据试验大纲进行,大纲应该规定:

——试验等级;

——试验时间;

——EUT的被试端口;

——EUT的典型工况;

——辅助设备。

注1:如果设备有大量类似的端口,那么应选择足量的端口,确保涵盖终端的所有不同类型。

试验程序的主要步骤如下:

——设备性能的预先验证;

——待试验EUT端口与耦合网络和去耦设备的连接;

——必要时,对输入信号的工作性能进行验证;

——施加试验电压。

注2:试验配置将影响EUT输入/输出端口的工作状态。在对试验电压的影响进行评估时,应考虑将这些新状态作为基准。

C.3.3.1 耦合网络的连接

所有被试验的端口都应通过适当的耦合网络进行连接(详细信息参见图C.3及C.1.2.1)。

C.3.3.2 试验电压的施加

依次将试验发生器连到每一个端口。非被试端口应该有单独的与地相连的耦合网络输入终端(见图C.3)。

试验电压的施加时间应该足够长,确保对EUT的工作性能作出全面验证。对于短时间试验(典型值0.1 s),应该重复施加试验电压,直至满足本判据的要求。

图C.3给出了试验电压应用的一般原理图。

C.4 试验结果和检验报告

本条款对试验结果的评估以及检验报告提供指导。

由于被试设备和系统的多样性和差异性，使得评估试验对被试设备和系统的影响有一定的难度。

根据被试设备的工作状态和功能规范，除了产品标准给出了不同的说明外，试验结果可以分类如下：

a) 在规范限值内性能正常；

b) 功能或性能暂时降低或丧失，但能自行恢复；

c) 功能或性能暂时降低或丧失，但需操作者干预或系统复位；

d) 因设备(元件)或软件损坏或数据丢失而造成不能自行恢复的功能降低或丧失。

进行本附录定义的试验后，设备不应该处于危险或不安全状态。

作为一个通用原则，如果设备在整个试验过程中有较好的抗扰度，在试验结束时满足技术规范的功能要求，则试验结果是肯定的。

技术规范可能定义了对被试设备的影响，该影响可能不是很重要，因而可以接受。

对于这些状态，应该验证设备在试验结束时能够自行恢复工作能力，应该记录设备完全丧失功能的时间间隔。这些验证关联试验结果的最后评估。

检验报告应该包括试验状态和试验结果。

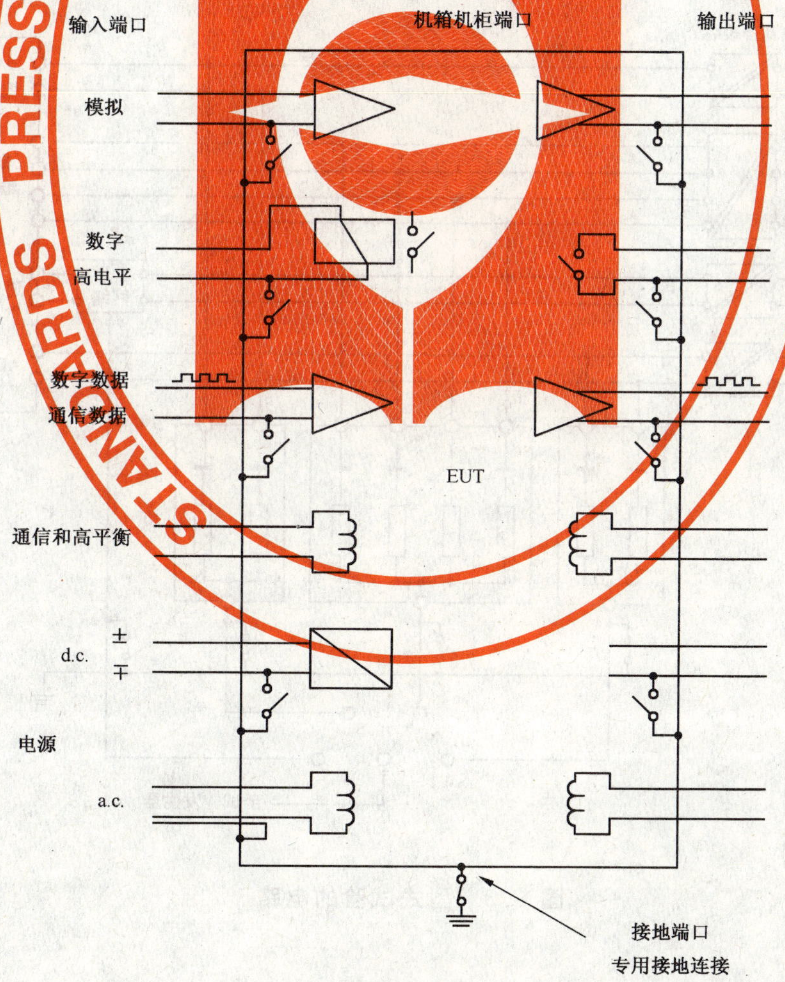

图 C.1 设备端口和配置示例

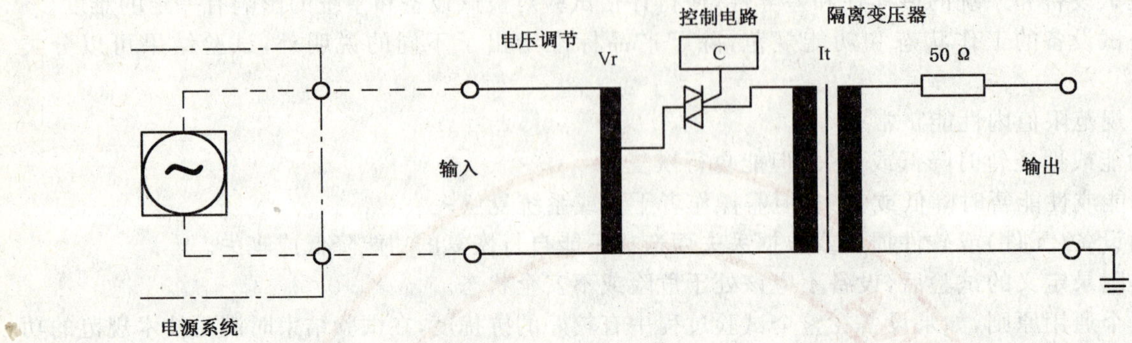

图 C.2　牵引频率(16.7 Hz,50 Hz 和 60 Hz)试验发生器的原理

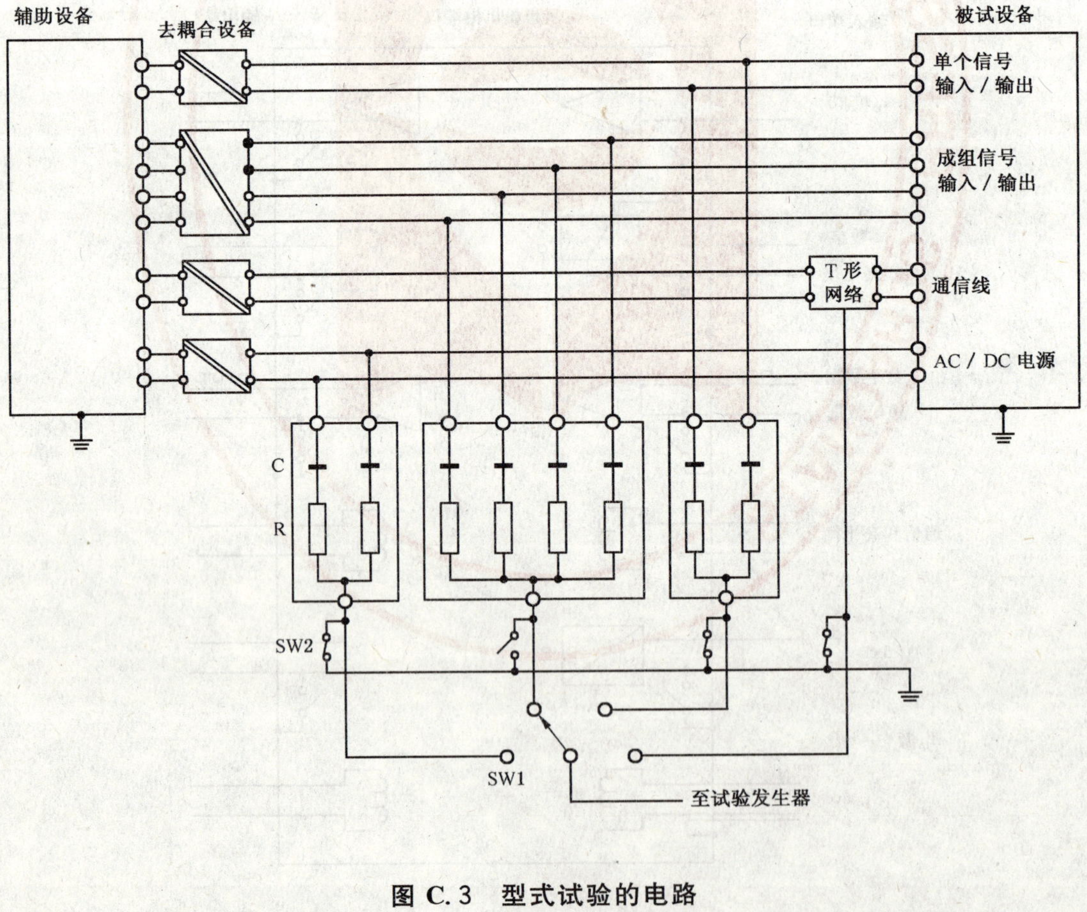

图 C.3　型式试验的电路

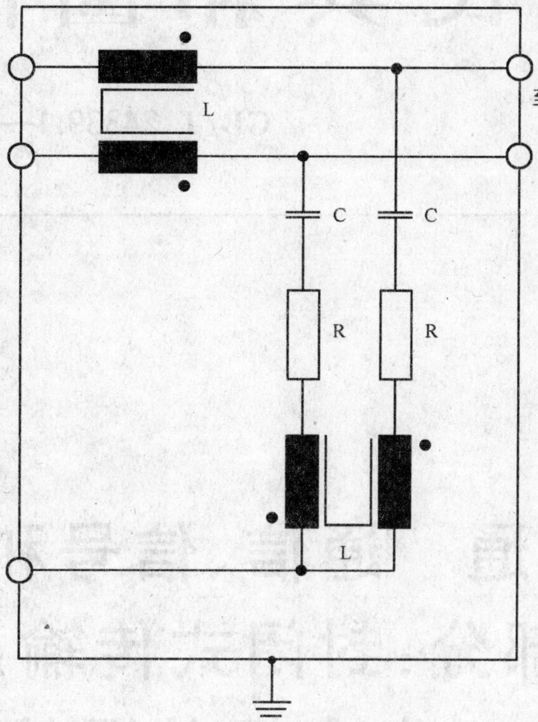

图 C.4 预期连接至高平衡线对的电信端口和其他端口的T-网络耦合原理图

ICS 45.060
S 30

中华人民共和国国家标准

GB/T 24339.1—2009/IEC 62280-1:2002

轨道交通　通信、信号和处理系统
第1部分:封闭式传输系统中的
安全相关通信

Railway applications—
Communication, signalling and processing systems—
Part 1:Safety-related communication in closed transmission systems

(IEC 62280-1:2002,IDT)

2009-09-30 发布　　　　2010-01-01 实施

中华人民共和国国家质量监督检验检疫总局
中国国家标准化管理委员会　发布

前　言

GB/T 24339《轨道交通　通信、信号和处理系统》分为两部分：

——第1部分：封闭式传输系统中的安全相关通信；

——第2部分：开放式传输系统中的安全相关通信。

本部分为GB/T 24339的第1部分。

本部分等同采用IEC 62280-1:2002《轨道交通　通信、信号和处理系统　第1部分：封闭式传输系统中的安全相关通信》(英文版)。

本部分与IEC 62280-1:2002相比，主要差异如下：

a)　“本国际标准”一词改为“本部分”；

b)　用小数点“.”代替作为小数点的逗号“,”；

c)　删除国际标准的前言；

d)　引用文件ENV 50129:1998改为EN 50129:2003。

本部分的附录A为资料性附录。

本部分由铁道部提出。

本部分由全国牵引电气设备与系统标准化技术委员会(SAC/TC 278)归口。

本部分起草单位：北京交通大学、株洲南车时代电气股份有限公司。

本部分主要起草人：唐涛、张利芝、徐田华、严云升、牛儒、刘贵。

引　　言

封闭式传输系统指可连接设备的最大数量和拓扑结构是已知的，传输系统的物理特征是固定的传输系统。

GB/T 24339 的本部分适用于封闭式传输系统的安全相关设备间的安全相关通信，GB/T 24339.2 适用于开放式传输系统。

安全相关和非安全相关设备都可以与传输系统连接。

在错误影响到安全相关通信时，需要：

——检查错误；

——启动一个安全反应。

本部分未对非置信的传输系统自身提出安全要求，但规定了非置信系统的特性和物理特征。

出于安全目的，只需考虑物理传输通道。通过在安全相关设备中应用安全规程和安全编码来保证安全，安全编码添加在传输系统非置信的通信协议上层。

尽管本部分不考虑可靠性，但应切记可靠性是整体安全性的主要因素。

本部分的适用范围也可从车辆总线扩展到所有的封闭式传输系统。

轨道交通　通信、信号和处理系统
第1部分:封闭式传输系统中的
安全相关通信

1　范围

GB/T 24339的本部分规定了连接在传输系统上的安全相关设备之间的安全相关通信所需要的基本要求。

本部分适用于采用封闭式传输系统进行通信的安全相关电子系统,适用于封闭式通信系统的安全需求规范和设计,以便获得指定的安全完整性等级(SIL)。

安全要求规范是安全相关电子系统的安全论据的先决条件。有关安全论据的详述(包括安全管理和质量管理等)见EN 50129。本部分只讨论其中的功能安全和技术安全论据。

本部分不适用于在本部分颁布之前的既有系统。然而,对于既有系统、子系统和设备的修改或扩展,要尽可能地使用本部分。

本部分用于满足以下前提条件的封闭式传输系统,并且需要提供相关证据说明系统满足这些条件:

——只允许授权的访问;

——可连接设备最大数量已知;

——传输介质已知且固定。

封闭式传输系统不局限于数据总线,也可以包括如应答器连接或两个安全相关的计算机之间简单的串行连接传输方式。

本部分没有给出以下内容的定义:

——传输系统;

——传输系统所连接的设备;

——详细的解决方案(如互操作性);

——安全相关数据的界定。

2　规范性引用文件

下列文件中的条款通过GB/T 24339的本部分的引用而成为本部分的条款。凡是注日期的引用文件,其随后所有的修改单(不包括勘误的内容)或修订版均不适用于本部分,然而,鼓励根据本部分达成协议的各方研究是否可使用这些文件的最新版本。凡是不注日期的引用文件,其最新版本适用于本部分。

GB/T 21562　轨道交通　可靠性、可用性、可维修性和安全性(RAMS)规范和示例(GB/T 21562—2008,IEC 62278:2002,IDT)

IEC 62279　轨道交通　通信、信号和处理系统　轨道控制和防护系统的软件

EN 50129　轨道交通　用于信号系统的安全相关电子系统

3　术语和定义

下列术语和定义适用于GB/T 24339的本部分。

3.1

真实性　authenticity

信息有效且已知该信息来自指定信息源的状态。

3.2

封闭式传输系统　closed transmission system

连接的设备数量固定或最大数量固定,有已知且固定的特性的传输系统,对于此系统可以忽略非法访问的风险。

3.3

循环冗余校验　cyclic redundancy check (CRC)

冗余数据的计算程序。把冗余数据添加给报文,以检测可能在传输过程中受物理数据损坏影响产生的错误。

3.4

EMI

电磁干扰。

3.5

完整性　integrity

信息的一种状态,信息完整、正确,未被更改或损坏。

3.6

报文　message

从发送端(数据源)传输到一个或多个接收端(数据宿)的信息。

3.7

非置信　non-trusted

没有专门的安全性预防措施。

3.8

安全降级状态　safe fall back state

安全相关设备或系统的安全状态,与无故障状态不同,它是安全反应的结果。安全反应导致安全相关功能的性能降低,非安全相关功能的性能也可能会降低。

3.9

安全编码　safety code

冗余数据,包含在允许冗余校验检测出数据损坏的报文中。

3.10

安全反应　safety reaction

安全进程为响应一个事件(如通信系统失效)可能采取的动作,它将导致设备进入安全降级状态。

3.11

传输编码　transmission code

冗余信息,添加到非置信传输系统的安全和非安全报文中,以确保传输过程中报文的完整性。

3.12

传输系统　transmission system

用于多个设备之间传递报文流的一种服务,这些设备可以是信息源或信息宿。

3.13

用户数据　user data

表示用户进程状态或事件的数据,不附加其他任何数据。在安全相关设备间通信时,用户数据包括安全相关数据。

4　参考结构

本部分定义一种特殊类型的通信系统的安全要求。将此类通信系统的特征定义为先决条件(Pr1、Pr2、Pr3)。

通常，安全相关和非安全相关设备可以接入同一个传输系统。从安全角度看，此传输系统是非置信的（见图1）。

安全相关传输系统定义为：

——非置信传输系统（包括高集成度电路中实现的传输功能）；

——安全相关传输功能。

安全进程的安全论据应按照 EN 50129 来制定。安全相关传输功能的功能安全和技术安全论据应符合本部分。

对非置信传输系统没有安全要求。通过在安全相关设备内运行的安全规程和安全编码来保证传输系统的安全性（见图2）。

因此，本部分适用于满足下列先决条件的体系结构。

Pr1　传输系统是封闭的。

Pr2　连接到传输系统的设备（无论是否安全相关）的数量应是已知和固定的。因为安全相关系统的安全性取决于该参数，所以允许同时通信的最大终端数量要作为一个先决条件列入到安全要求规范中。[1)]

Pr3　传输系统的物理特征（如传输介质、最恶劣的环境条件等）是固定的，要在系统的生命周期内保持不变。如果要改变主要参数，所有的安全相关内容都应复核。

与这些先决条件相关的要求在接下来的条款中给出。

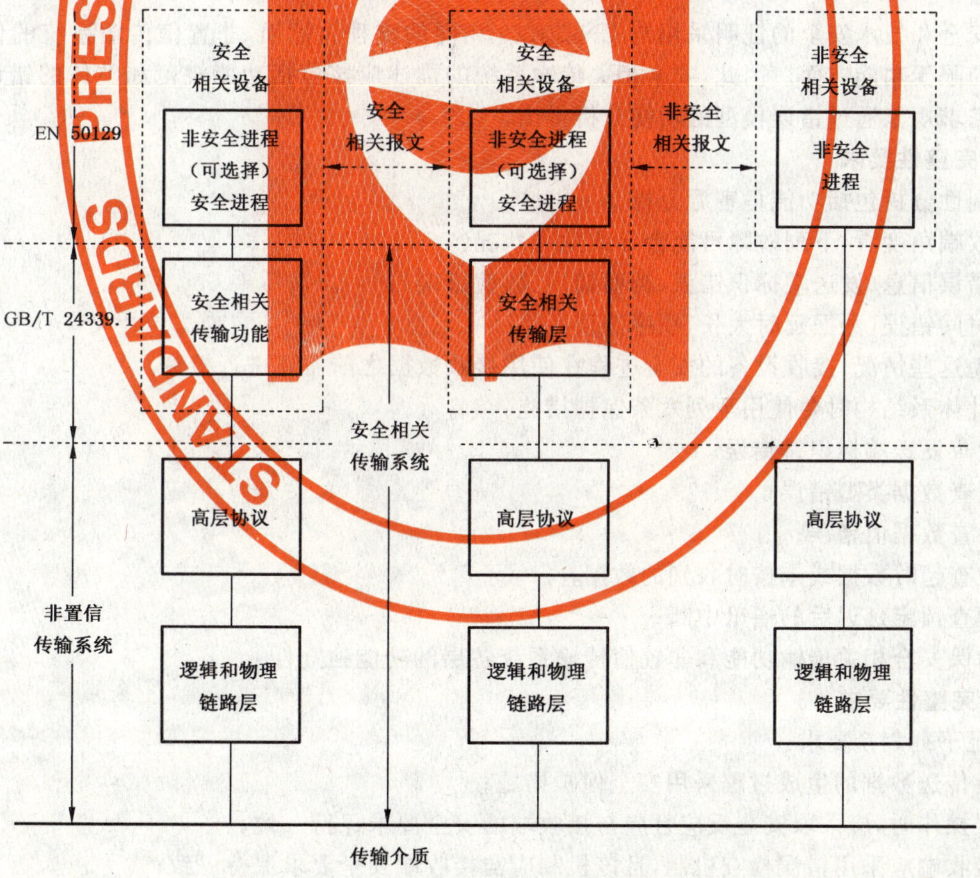

图1　使用非置信传输系统的安全相关系统体系结构

---

1)　系统配置要在安全论据中定义/体现。随后进行的任何配置之前要评审它们对安全论据的影响。

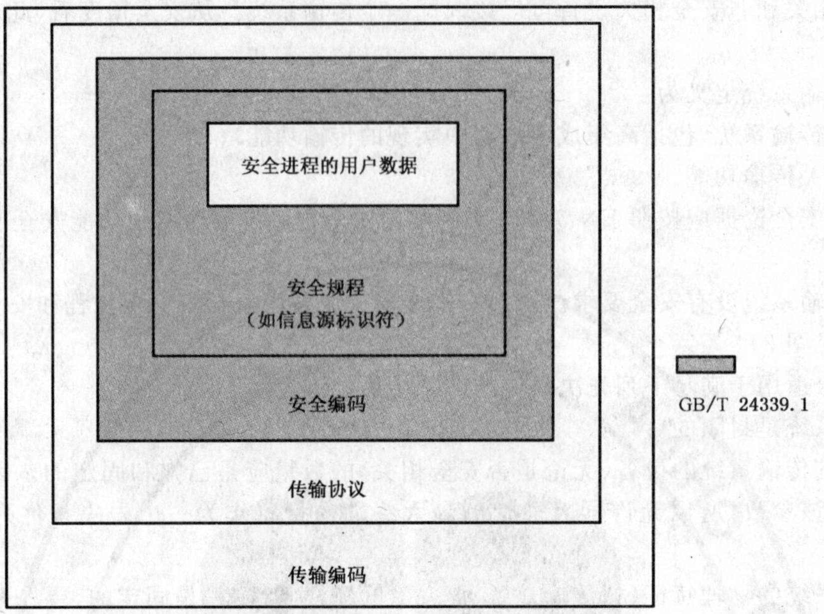

图 2　传输介质上的报文模型

5　传输系统特征和安全规程之间的关系

功能安全和技术安全的证明采用与 EN 50129 相同的流程。然而，非置信传输系统的使用使安全证明过程局限于功能方面。因此，安全相关传输系统的描述应该包括功能规范和整体的错误模型。安全完整性需求规范通过错误模型的功能分析得出。

5.1　功能完整性要求

此强制性分析包括功能危害源分析。

从接收端角度看，下列故障可能会导致危害状况：

——错误信息（发送端标识错误、类型错误、数值错误）；

——时间错误（数据延时太长，顺序错误）。

为避免这些情况，接收设备的安全进程在使用接收数据之前需要进行检测。

在设计体系结构时要使用下列六条保护措施：

P1：检查发送端标识符错误；

P2：检查数据类型错误；

P3：检查数据值错误；

P4：检查超时数据或未按时收到的数据；

P5：检查预定延迟后的通讯中断；

P6：确保安全相关传输功能和非置信传输系统各层的功能独立性。

5.2　安全完整性要求

应满足下列六个要求：

R1：对传送数据的生成过程采用安全保护措施；

R2：误操作时，应采取安全反应且应与接收端的安全要求保持一致；

R3：接收端应采用错误检查机制，且该机制应与接收端安全要求保持一致；

R4：安全反应 R2 的执行应与非置信传输系统的功能无关；

R5：发送端和接收端进行信息交换时，安全相关传输系统残留的数据错误率要低于规定值。该错误率要与每个接收端的安全完整性等级一致；

R6：安全相关传输系统的安全完整性等级要与安全进程的最高安全完整性等级一致。

安全要求详细规定在：

——安全规程要求(定性保护，见第6章)；

——安全编码要求(定量保护，见第7章)。

6 安全规程要求

6.1 总则

为了达到指定SIL的定性要求，应采用EN 50129中规定的与SIL相应的规程来实现安全相关功能。

考虑以下三种双向通信：

a) 安全相关设备之间的通信(见6.2)；

b) 安全相关设备与非安全相关设备之间的通信(见6.3)；

c) 非安全相关设备之间的通信(见6.4)。

6.2 安全相关设备间的通信

应确保数据的真实、完整和实时性。

由于安全进程无法访问非置信设备(它是非置信传输系统的一部分)的内部功能，因此，为了确保不漏检故障，除了设备自身的检查外，安全进程还应进行校验。

如果在非安全相关设备或者协议电路中包含存储器，就有可能出现故障。存储在非安全相关设备中的安全相关报文，可能在某个错误的时间再次传送。所以应该采取措施防止这种错误的发生。

为了达到安全相关设备间通信所需的安全性，应满足下列要求：

R7：如果在传输系统中信息源无法唯一地识别，用户数据中增加信息源标识符来保证信息的真实性。

R8：用户数据中增加安全编码以便进行信息完整性检查。安全进程不能依赖非置信传输系统的集成电路生成、校验的传输编码。

R9：用户数据中增加时间信息(如时间戳、序列号等)用以说明用户数据的实时性。由应用决定可以容忍的延时。

R10：必要时，通过安全进程来检查报文的顺序。

R11：安全相关设备的安全规程应与非置信传输系统的程序功能上保持独立。特别是，如果两个规程使用的是同一种编码机制(如多项式……)，则应使用不同的参数。

R12：所有安全相关设备应监控R7、R8、R9、R10所列要求的执行情况。如果传输质量低于系统需求规范的预先规定，则应启动适当的安全反应。

6.3 安全相关设备与非安全相关设备之间的通信

上文定义的通信系统中，安全相关和非安全相关设备允许连接在同一个传输系统上。在非安全相关设备，或与安全相关设备传输系统的非安全相关接口中，可能出现未知的故障模式。出现这种故障时，安全相关数据会有两种损坏方式：

——安全相关设备产生的安全相关报文可能被扰乱、更改(如，由于传输系统中的冲突)；

——非安全相关设备生成与安全相关报文格式类似的报文。

为了保证安全相关设备间通信链路所需的安全性，应满足下列要求：

R13：在安全相关报文中增加安全编码，使安全相关和非安全相关报文具有不同的结构。安全编码应能够保护系统达到要求的安全完整性等级(见7.2)，这样非安全相关报文就不会被误认为安全相关报文。

R14：安全相关设备的安全规程与非置信传输系统以及非安全相关设备使用的规程在功能上应独立。

6.4 非安全相关设备间的通信

非安全相关设备之间的通信不属于本部分讨论的内容。如果非安全相关设备与安全相关设备使用相同的非置信传输系统，那么该设备应符合 R13 和 R14 的要求。

7 安全编码要求

7.1 总则

为了获取安全完整性等级指定的定量指标，作为安全编码和非置信传输编码评估的依据，需要明确下面两个概念：

——非置信传输硬件故障导致的失效；

——由于外部(如，EMI)对传输介质的影响导致的随机错误。

应认识到，存在非置信传输编码无法检测的错误模式。这些错误模式应由安全编码来检查。

如果非置信传输系统使用前向纠错(FEC)，就必须采用防范措施，这种防范考虑到 FEC 对安全编码识别的误码统计的影响。

而且，即使是硬件出现了故障，非置信传输系统硬件设备也不能生成一个正确的安全编码。

应考虑非置信传输编码检查的失效。在这种情况下，损坏的报文可能会通过传输系统。

要求：

R15：为了达到所需要的安全完整性等级(见 7.2)，有必要对非置信传输系统的典型故障进行检查，并采取相应措施。至少包括以下几种故障：

——传输线中断；

——所有位都为逻辑 0；

——所有位都为逻辑 1；

——报文颠倒；

——失步(在串行通信场合)。

R16：为了达到所需要的安全完整性等级(见 7.2)，有必要对典型的错误进行检查，并采取措施。至少包括下面几种错误：

——随机错误；

——字符组错误；

——系统错误，如重复错误模式；

——以上所有情况的组合。

R17：传输编码和安全编码应在功能上保持独立。

R18：安全编码确保非置信传输系统不会生成正确的安全编码。

注：可用基于概率统计的安全分析方法证明。可以假设足够复杂的安全编码(如，CRC)符合这个要求。

7.2 安全目标

如果给定了整个系统的安全完整性等级，系统整体的危险失效率 R_H 可以根据 GB/T 21562 和 EN 50129 标准规定的步骤得出，而安全相关的通信系统是整个系统的一部分。

7.3 安全编码的长度

应提供与传输系统安全目标相对应的安全编码的长度。安全编码长度计算取决于事先确定的危险失效率 R_H 和所选择的技术原理。应给出一个失效模式模型，计算中所有假设应经过验证并确认。附录 A 提供了一个这种计算的例子。

附 录 A
（资料性附录）
安全编码的长度

本附录给出了计算安全编码长度的简单公式。

注：这些公式的合理性在 CENELEC 的“封闭式传输系统的安全性分析”报告中给出。满足给定要求可保证达到安全目标。

计算安全编码长度的基本模型如图 A.1 所示。

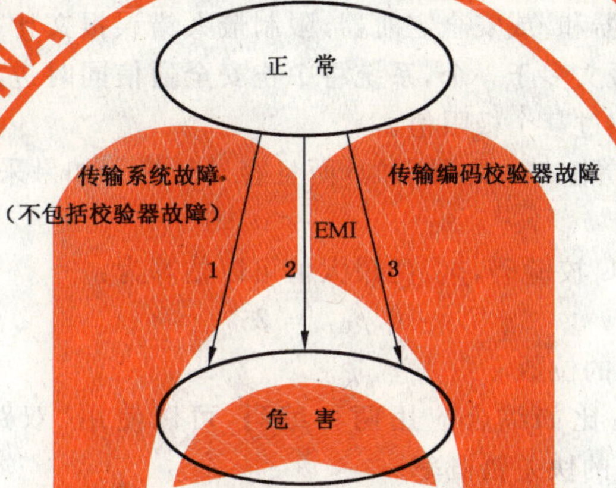

图 A.1 基本错误模型

以下三种情况可能导致系统出现危害：

a) 传输系统硬件失效导致报文数据损坏；

b) EMI 产生的，传输编码没能检测出的误码；

c) 传输编码校验器故障，在这种情况下每一个损坏的报文都可能会从非置信的公共网路传送到安全相关的设备。

下面给出如下定义：

R_H——整个传输系统危险的失效率；

R_{HW}——非置信传输系统的硬件失效率；

p_{US}——安全编码残留的失效概率；

p_{UT}——传输编码残留的失效概率；

注：如果非置信传输系统没有传输编码机制，则假定 p_{UT} 为 1。

f_M——单个接收端的最大报文频率；

f_W——报文出错（损坏）的频率；

T——时间间隔，如果这段时间内接收的损坏报文数量超过了规定数值，系统将会进入安全降级状态；

k_1——包含安全余量的硬件故障因子；

k_2——硬件故障百分比因子，这些硬件故障导致无法检测传输译码故障；

m——包括在 k_1 里的安全因子；

n——导致系统降级的连续损坏报文的数量。

以上定义的变量满足如下不等式：

$$R_{HW} \times p_{US} \times k_1 \leqslant R_{H1} \quad \text{（硬件故障）} \qquad \cdots\cdots(1)$$

$$p_{UT} \times p_{US} \times f_W \leqslant R_{H2} \quad \text{(EMI)} \qquad \cdots\cdots (2)$$ [2]

$$k_2 \times p_{US} \times 1/T \leqslant R_{H3} \quad \text{(传输编码失效)} \qquad \cdots\cdots (3)$$

三种故障概率的和不能超过 R_H：

$$R_{H1} + R_{H2} + R_{H3} \leqslant R_H$$

因为不能假设失效是随机的，所以有必要在因子 k_1 中考虑安全余量 m。k_1 因子可以按照以下公式计算：

$$k_1 \geqslant n \times m$$

因子 m 表示安全余量，并且 $m \geqslant 5$。

错误报文的最大出现频率 f_W 依照如下方法估算：

——按照最差情况计算，$f_W = f_M$，

——或者，使用安全计数器和/或安全定时器，限制最大错误报文比率和数量。如果在定义的时间间隔内收到的错误报文多于一个，系统将中止安全通信同时进入安全降级状态。可以用数学方法证明，f_W 不会超过某个极限值。

如果采用周期传送方式，频率 f_M 是固定的，而且容易计算。如果采用非周期传送方式，则应该取可能出现的最大频率值。

如果使用合适位数的 CRC 校验码，p_{UT} 的最大值可以估算为：

$$p_{UT} = 2^{-b}$$

其中，b 表示 CRC 校验码的位数。

如果还使用了其他编码，比如综合应用两种编码，可以使用"双路对称通道(binary symmetric channel)"模型，取最坏情况下的块差错概率。

因子 k_2 难于估算。如果对传输编码机制的正确性进行定期检查，因子 k_2 就可以被忽略。

一般情况下，$k_2 = 1$。

注 1：以下推算过程仅作为参考：

——如果传输编码对硬件故障的漏检概率仅有 1/10 000；

——在这种情况下，这种状态的平均无故障时间是(不考虑 EMI)：

$$T = MTBF_{HW} = 1/R_{HW}$$

注 2：传输质量的微小下降很有可能导致系统转入安全降级状态，所以这个估算是非常保守的。

在这些假设下，k_2 可以取 10^{-4}。

不等式(3)得到最小时间间隔，在该段时间间隔里只允许一个错误被安全编码检查出来。如果没有使用这种机制，也没有其他措施来抵制可能的错误条件引入，那么在检查到第一个错误后，系统立即进入安全降级状态。

对于 c 位安全编码，其漏检错误的最大概率按下式估算：

$$p_{US} = 2^{-c}$$

这个公式可以粗略地表示漏检故障的概率。在实际假设下，这个公式对于大多数编码方式(比如，BCH-code，加密编码……)都有效。然而，还需对所选择的编码方式的正确性[3]进行说明。

通过重复发送每个报文，并比较两个相互独立报文的一致性，c 的大小至少可减半。实际上，该公式还可以进一步改进，但是为了避免复杂的数学计算，给出的保守估计值应是极限值。

---

2) 这个式子假设安全编码和传输编码是独立的。该式子很难证明。一个更保守的方法是只依赖于安全编码。

3) 正确性是指误码率和漏检概率之间的关系是单调的。

ICS 45.060
S 30

GB

中华人民共和国国家标准

GB/T 24339.2—2009/IEC 62280-2:2002

轨道交通　通信、信号和处理系统 第2部分:开放式传输系统中的安全相关通信

Railway application—
Communication,signalling and processing systems—
Part 2:Safety-related communication in open transmission systems

(IEC 62280-2:2002,IDT)

2009-09-30 发布　　　　2010-01-01 实施

中华人民共和国国家质量监督检验检疫总局
中国国家标准化管理委员会　发布

前　言

GB/T 24339《轨道交通　通信、信号和处理系统》分为两部分：

——第1部分：封闭式传输系统中的安全相关通信；

——第2部分：开放式传输系统中的安全相关通信。

本部分为GB/T 24339的第2部分。

本部分等同采用IEC 62280-2:2002《轨道交通　通信、信号和处理系统　第2部分：开放式传输系统中的安全相关通信》(英文版)。

本部分与IEC 62280-2:2002相比，主要差异如下：

a）“本国际标准”一词改为“本部分”；

b）用小数点“.”代替作为小数点的逗号“,”；

c）删除国际标准的前言；

d）引用文件ENV 50129:1998改为EN 50129:2003。

本部分的附录A、附录B、附录C、附录D为资料性附录。

本部分由铁道部提出。

本部分由全国牵引电气设备与系统标准化技术委员会(SAC/TC 278)归口。

本部分起草单位：北京交通大学、株洲南车时代电气股份有限公司。

本部分主要起草人：唐涛、张利芝、徐田华、严云升、牛儒、范祚成。

引　言

开放式传输系统由特性未知或部分未知的系统组成，本部分专用于开放式传输系统下安全相关信息传输应考虑的要求。

如果安全相关电子系统涉及到不同位置间的信息传输，那么通信系统就成为安全相关系统的一个组成部分，而且应根据 EN 50129 说明端对端传输是安全的。

数据通讯系统的安全要求取决于其可知或未知的特性。为简化证明系统安全性方法的复杂性，考虑了两种类型的传输系统。第一种是封闭式传输系统，它的组成可由安全系统设计者在一定程度上控制，其安全性要求在 GB/T 24339.1 中规定。第二种是开放式传输系统，GB/T 24339 的本部分规定了开放式传输系统的安全要求。

本部分考虑的传输系统，总体上没有特定的先决条件需要满足。从安全角度看，该系统是非置信的或非完全置信的，被视为“黑箱”。

对于用于常规认证而不是用于特殊应用的交叉验收(cross acceptance)，其要求应与 EN 50129 的要求相同。

轨道交通　通信、信号和处理系统
第2部分:开放式传输系统中的安全相关通信

1　范围

GB/T 24339 的本部分规定了连接在开放式传输系统上的安全相关设备之间的安全相关通信的基本要求。适用于采用开放式传输系统达到通信目的的安全相关电子系统及其安全需求规范,以便实现指定的安全完整性等级(SIL)。

安全需求规范是安全相关电子系统的安全论据的先决条件,关于安全论据所需的证据(包括质量管理和安全管理等)在 EN 50129:2003 中规定。本部分的主题是通信相关的功能性和技术性安全论据的要求。开放式传输系统的性质和行为,只用于定义特性,而不用于安全性,因而从安全观点看,开放式传输系统可以潜含任何特性,例如各种传输方式、报文存储、非法访问等,安全进程只能依赖于各种特性,这些须在安全论据中说明。

本部分不适用于在本部分颁布之前已被采用的既有系统。

本部分没有规定:

——开放式传输系统;

——开放式传输系统所连接的设备;

——解决方案(如:互操作性);

——安全相关数据的界定。

2　规范性引用文件

下列文件中的条款通过 GB/T 24339 的本部分的引用而成为本部分的条款。凡是注日期的引用文件,其随后所有的修改单(不包括勘误的内容)或修订版均不适用于本部分,然而,鼓励根据本部分达成协议的各方研究是否可使用这些文件的最新版本。凡是不注日期的引用文件,其最新版本适用于本部分。

GB/T 21562　轨道交通　可靠性、可用性、可维修性和安全性(RAMS)规范和示例(GB/T 21562—2008,IEC 62278:2002,IDT)

EN 50129:2003　轨道交通　用于信号系统的安全相关电子系统

3　术语和定义

下列术语和定义适用于 GB/T 24339 的本部分。

3.1

访问保护　access protection

为防止非法读取或更改信息,在用户安全相关系统内或在传输系统内设计的进程。

3.1.1

黑客　hacker

蓄意绕开访问保护的人。

3.2

真实性　authenticity

信息有效且已知该信息来自指定信息源的状态。

3.3

授权　authorization

正式允许在指定应用的限制条件内使用产品/服务。

3.3.1

非授权访问　unauthorized access

非授权人员或黑客访问传输系统内部信息或用户信息。

3.3.2

机密性　confidentiality

非授权实体不能访问信息的特性。

3.4

校验　check

进一步确保系统状态的过程。

3.4.1

冗余校验　redundancy check

一种校验报文内部冗余数据和用户数据之间存在预定关系的方法,以证明报文的完整性。

3.5

加密技术　cryptographic techniques

使用以输入数据和密钥为参数的算法来计算输出数据。如果已知输出数据但不知道密钥,不可能在合理时间内计算出输入数据。即使输入数据已知,也不可能在合理时间内根据输出数据推导出密钥。

3.6

数据　data

报文的一部分,代表某些信息。

3.6.1

数据损坏　data corruption

数据发生改变。

3.6.2

用户数据　user data

表示用户进程状态或事件的数据,不附加其他任何数据。在安全相关设备间通信时,用户数据包括安全相关数据。

3.6.3

附加数据　additional data

与最终用户进程无关,而是用于控制、可用性和安全目的的数据。

3.6.4

冗余数据　redundant data

通过安全相关传输进程从用户数据中推导出的附加数据。

3.6.4.1

安全编码　safety code

包含在安全相关报文中的冗余数据,以便安全相关传输进程检测出数据损坏。

可能包含适当的编码技术:

3.6.4.1.1

无加密安全编码　non-cryptographic safety code

包含在安全相关报文中基于非加密函数的冗余数据,以便安全相关传输进程检测出数据损坏。

3.6.4.1.1.1

循环冗余码校验　cyclic redundancy check;CRC

循环冗余码校验以循环码为基础,用于保护报文免受数据损坏的影响。

3.6.4.1.2

加密安全编码　cryptographic safety code

包含在安全相关报文中基于加密函数的冗余数据,以便安全相关传输进程检测出数据损坏和非法访问。

3.6.4.1.2.1

报文鉴别码　message authentication code;MAC

整个报文的加密函数以及一个密钥或公钥。整个报文也包含了未被发送到传输系统的报文的任何隐含数据。

3.6.4.1.2.2

操作检测码　manipulation detection code;MDC

整个报文的函数,但与 MAC 相比,不涉及密钥。整个报文也包含了未被发送到传输系统报文的隐含数据。通常 MDC 建立在散列函数之上。

3.6.4.2

序列号　sequence number

附加数据字段,包含报文到报文按预定方式变化的数字。

3.6.4.3

时间戳　time stamp

由发送者添加在报文上的信息。

3.6.4.3.1

相对时间戳　relative time stamp

参照实体的本地时钟的时间戳。通常,与其他实体的时钟无关。

3.6.4.3.2

绝对时间戳　absolute time stamp

参照使用同一传输网络的实体群全局时钟的时间戳。

3.6.4.3.3

双时间戳　double time stamp

当两个实体交换和比较时间戳时,称为双时间戳。此时,实体的时间戳互相独立。

3.6.4.3.4

源和宿标识符　source and destination identifier

一个以名字、数字或任意比特形式赋予各实体的标识符。该标识符用于安全相关传输,通常添加到用户数据中。

3.7

防护　defense

安全通信系统设计中针对某种威胁采取的措施。

3.8

错误　error

与预期设计发生偏差,可能导致不可预知的系统行为或失效。

3.9

失效　failure

与系统规定的性能发生偏差,失效是系统中的故障或错误导致的结果。

3.9.1

随机失效　random failure

在任何时候都可能发生的失效。

3.9.2

系统性失效　systematic failure

在某些特殊输入组合下或在某些特殊环境条件下反复发生的失效。

3.10

故障　fault

可以导致系统中的一个错误的非正常条件，故障可以是随机的或系统的。

3.10.1

随机故障　random fault

基于概率论和先验特性发生的故障。

3.10.2

系统性故障　systematic fault

系统、子系统或设备在规范、设计、施工、安装、操作或维护中的内在缺陷引起的故障。

3.11

危害　hazard

可能导致事故的条件状态。

3.11.1

危害分析　hazard analysis

识别产品或产品使用中可能引起的危害的过程。

3.12

信息　information

以进程能够理解的形式，对进程的状态和事件的陈述。

3.13

完整性　integrity

信息完整且未被更改的状态。

3.14

报文　message

从发送端（数据源）传输到一个或多个接收端（数据宿）的信息。

3.14.1

有效报文　valid message

格式完全符合用户要求的报文。

3.14.2

报文完整性　message integrity

报文信息完整且未被更改。

3.14.3

可信报文　authentic message

可以确认信息源自规定的发送端的报文。

3.14.4

报文流　message stream

一组有序的报文。

3.14.5

报文加密　message enciphering

对报文使用加密技术后再逐位传输，这种加密技术是根据一种由密钥控制的算法，使数据难以窃取，但不提供防止数据损坏的保护。

3.14.6

反馈报文　feedback message

接收端通过反向传输通道给发送端的回复。

3.14.7

报文处理　message handling

设备间报文流传输中所涉及到的过程，不由用户直接控制。

3.14.8

报文错误　message errors

所有可能导致危险情况或者减弱系统可用性的报文故障模式组成的集合。每一种错误类型可能有许多不同原因。

3.14.8.1

重复报文　repeated message

一种报文错误，不止一次地接收到同一报文。

3.14.8.2

删除报文　deleted message

一种报文错误，从报文流中删除报文。

3.14.8.3

插入报文　inserted message

一种报文错误，在报文流中插入报文。

3.14.8.4

重排序报文　resequenced message

一种报文错误，报文流中的报文顺序改变。

3.14.8.5

被损坏报文　corrupted message

一种报文错误，数据被损坏。

3.14.8.6

延时报文　delayed message

一种报文错误，收到报文的时间比预计时间迟。

3.14.8.7

伪装报文　masqueraded message

一种插入的表面上是置信的、本质上是非置信的报文。

3.15

进程　process

3.15.1

用户进程　user process

应用中的进程，直接对系统用户要求的行为起作用。

3.15.2

传输进程　transmission process

应用中的进程，只对用户进程间信息传输起作用，对用户进程本身无作用。

3.15.3

访问保护进程　access protection process

应用中的进程，只对系统内信息访问保护起作用，对用户进程或传输进程本身无作用。

3.16

安全性　safety

无不可接受等级的风险。

3.16.1

安全相关　safety-related

负有安全性责任。

3.16.2

安全完整性等级　safety integrity level

表示所需信用程度的数字，系统将满足其规定的安全特性。

3.16.3

安全论据　safety case

证明产品符合规定的安全性要求的证明文件。

3.17

传输系统　transmission system

用于多个设备之间传递报文流的一种服务，这些设备可以是信息源或信息宿。

3.17.1

封闭式传输系统　closed transmission system

连接的设备数量固定或最大数量固定，有已知且固定的特性的传输系统，对于此系统可以忽略非法访问的风险。

3.17.2

开放式传输系统　open transmission system

连接设备数量未知的传输系统，它具有未知的、可变的且非置信的特性，用于未知的电信服务，对于此系统应评估非法访问的风险。

3.18

威胁　threat

对安全(包括通信系统的访问保护)有潜在的侵害。

3.19

实时　timeliness

根据要求可以在正确的时间获得信息的状态。

3.20

有效性　validity

各方面满足特定用户要求的状态。

4　参考结构

安全相关传输系统的参考结构基于：

——非置信传输系统—不考虑内部是否有传输保护机制；

——安全相关传输功能；

——安全相关访问保护功能。

针对本部分的用途，假设开放传输系统包括连接在传输系统上的两个或多个安全相关设备间的任何环节(硬件、软件、传输媒介等)。

开放式传输系统可以包含下列一部分或全部：

——要素，指由传输系统用户采用对用户透明的程序产生和表达的读取、存储、处理或重传数据。

通常未知用户数,安全相关的设备、非安全相关的设备和与轨道交通无关的设备都可以连接在开放传输系统上。

——各种传输介质,用户未知其传输特征以及对外部影响的敏感度。

——网络控制和管理系统采用对用户透明的程序,通过开放传输系统端点之间的一种或多种传输介质组成的任何通道实现报文路由和动态路由重置。

开放式传输系统可能受下列因素影响:

——传输系统的其他用户。系统控制和保护设计者未知的用户以未知格式发送数量未知的信息。

——传输系统的用户。试图访问其他用户产生的数据,在未得到系统管理者的允许下读取和/或伪造数据。

——对安全相关数据完整性的其他附加威胁。

使用开放式传输系统的安全相关系统的原理结构图见图1,安全相关报文的原理模型见图2。

对开放式传输系统的非置信特性没有安全要求,通过应用安全程序和安全编码来保证安全相关传输功能的安全性。

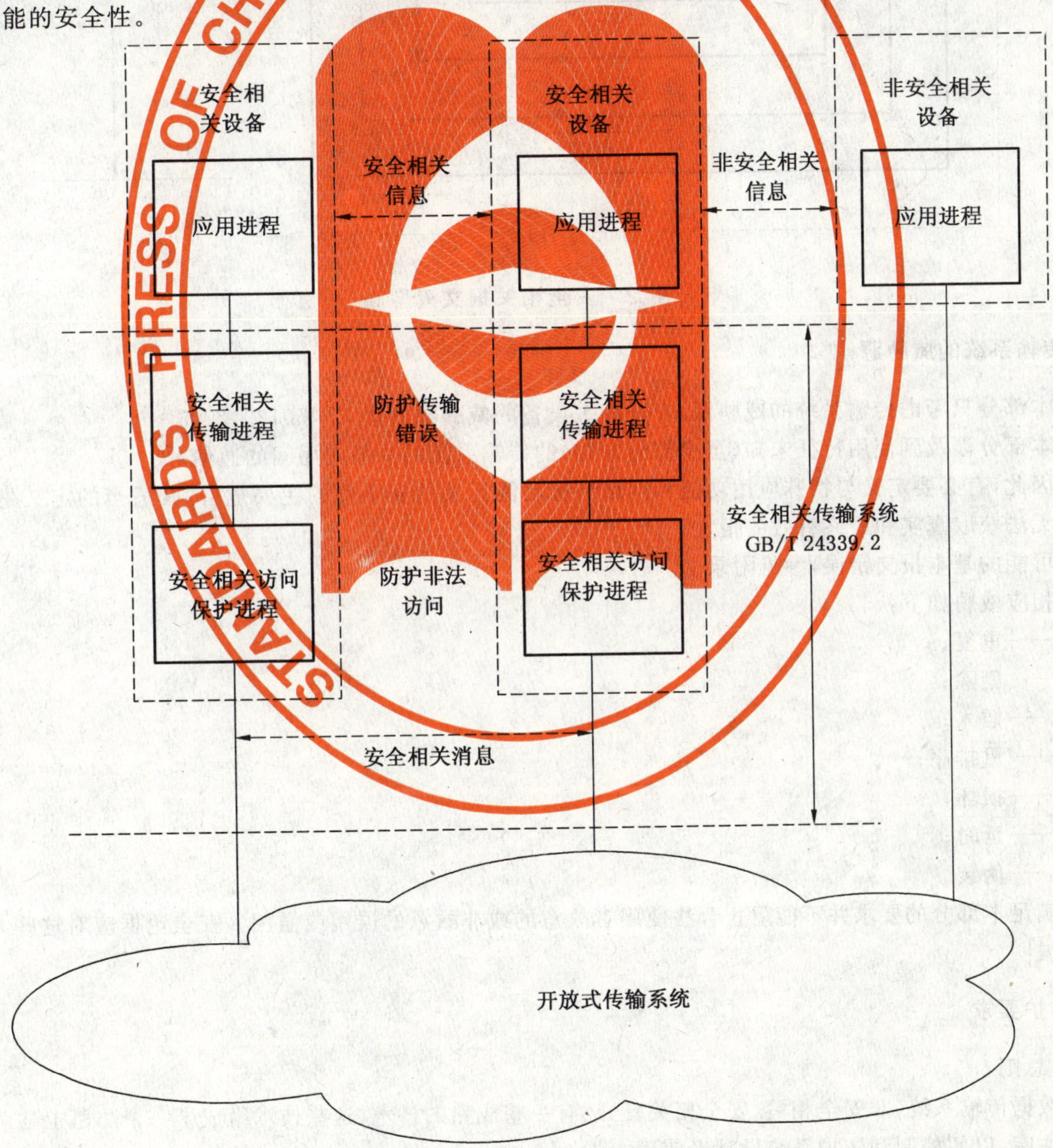

图1 使用非置信传输系统的安全相关系统结构

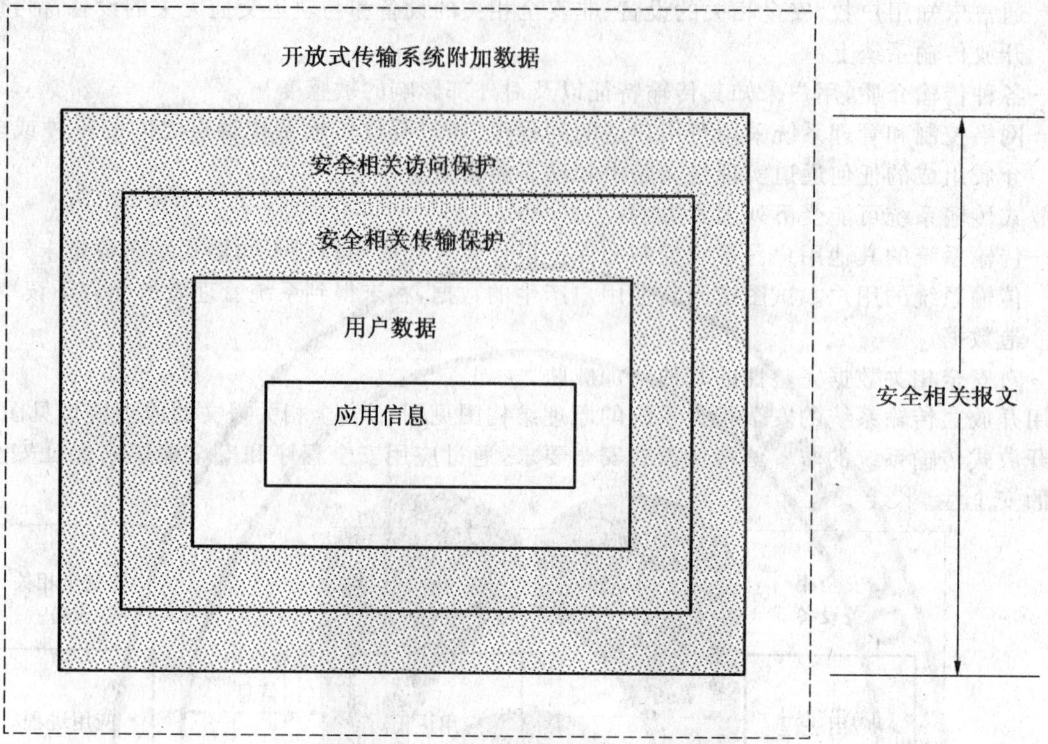

图 2　安全相关报文模型

5　传输系统的威胁源

本部分只考虑传输系统的威胁源，安全相关设备的威胁源依据 EN 50129:2003。

本部分涉及到使用特征未知(至少部分未知)的传输系统的一般应用间的通信。

因此，有必要定义与特殊应用功能和网络特征功能无关的安全性的主要危害，其适当的定义是：接收端无法获取真实和最终有效的报文。

可能的基本报文错误，参见附录 D。

相应威胁如下：

——重复；

——删除；

——插入；

——重排序；

——损坏；

——延时；

——伪装。

满足本部分的要求并不能阻止合法使用者故意的或非故意的误用或滥用。安全论据应对这些方面进行说明。

6　防护要求

6.1　总则

数据传输系统(非安全相关、安全相关)已经有一些成熟的技术，这些技术组成了一个防范上述威胁的方法库，以便控制和防护系统设计者使用。

这些可以被视为逻辑防护的技术集合并不是一个全集。将来可能会开发出新的技术，给设计者提供新的选择。如果对这些技术所覆盖的领域进行完整地理解和分析，那么也可以将其作为避免威胁的防护措施。

为了降低上文提出的威胁相关的风险，应考虑并将下列安全服务用于应用所需的范围：

——报文真实性；

——报文完整性；

——报文实时性；

——报文有序性。

已知的防护措施概括如下：

——序列号；

——时间戳；

——超时；

——源、宿标识符；

——反馈报文；

——认证程序；

——安全编码；

——加密技术。

6.2 总体要求

a) 对开放网络带来的所有已经确认的威胁采用合适的防护措施，所有不予考虑的威胁都应该经过安全主管部门和/或轨道交通主管部门同意，并且在安全相关应用的条件中注明。附录 D 列出了可能存在的威胁，可供参考。

b) 应考虑应用需要防护的具体要求：

——识别每种威胁的风险等级(发生频度/后果严重程度)，以及

——相关数据和所涉及进程的安全完整性等级。

附录 A(防护指南)指出如何选择当前已知技术防护威胁，在选择防护措施时应仔细考虑附录 A 提到的有效性问题。

c) 在系统需求规范和系统安全需求规范中应包括对防护措施的要求，而且形成安全论据中的“正确运行的保证”的输入。

d) 所有的防护措施应根据 EN 50129:2003 的要求执行，也就是防护：

——应完全在系统的安全相关传输设备内执行，或

——可以包括不在安全相关设备内执行的访问保护方法。在这种情况下，应使用足够的应用安全相关技术检查访问保护进程的正确持续运行。

e) 特殊防护的强制性要求在下面的条款中给出，在使用特殊防护措施时应用这些要求。

f) 也可使用本部分没提到的其他防护措施，只要安全论据中包括了其防护威胁有效性分析。

g) 正如在 EN 50129:2003 的描述，安全论据应包括：

——安全传输系统使用的各种防护措施分析；

——一旦检测到传输错误时的安全反应。

6.3 具体的防护

下列条款列出了具体防护措施的概述和要求，这些防护措施可单独或组合使用，有效防护单一或组合威胁，上文列出的所有总体要求都应满足。

附录 A 以资料形式给出了防护措施更详细的描述及与所有可能威胁的关系。

6.3.1 序列号

6.3.1.1 概述

顺序编号是在发送端和接收端间交换的每条报文上加一个流水号(称为序列号)。这样，接收端可

以校验发送端提供的报文的顺序。

6.3.1.2 要求

安全论据应说明进程安全完整性等级的适当性，以及安全相关进程的性质：

——序列号的长度；

——序列号初始化的规定；

——报文顺序打乱后恢复的规定。

6.3.2 时间戳

6.3.2.1 概述

当一个实体接收到信息时，信息的含义通常与时间有关。信息和时间之间的相关程度根据应用而有所区别。在某些情况下，旧的信息可能无用无害，但在其他情况下可能对用户造成潜在危险。根据交换信息(循环、事件驱动等)进程中的行为不同，解决方案可能不同。

体现时间-信息关系的一种解决方案是给信息加时间戳。根据应用要求，这种信息可以替代序列号或与序列号结合使用。在附录A中说明时间戳不同用法及其特性。

6.3.2.2 要求

安全论据应说明进程安全完整性等级的适当性，以及安全相关进程的性质：

——时间增量；

——时间增量的精度；

——计时器大小；

——计时器绝对值[如：UTC(世界标准时间)或其他任何全局时钟]；

——各种实体计时器的同步性；

——信息生成和添加时间戳之间的延时；

——检查时间戳和使用该信息之间的延时。

6.3.3 超时

6.3.3.1 概述

传输中(尤其是周期性的)，接收端可以校验两个报文间的延时是否超过预定允许的最大时间。如果超过，应视为错误，见图3。

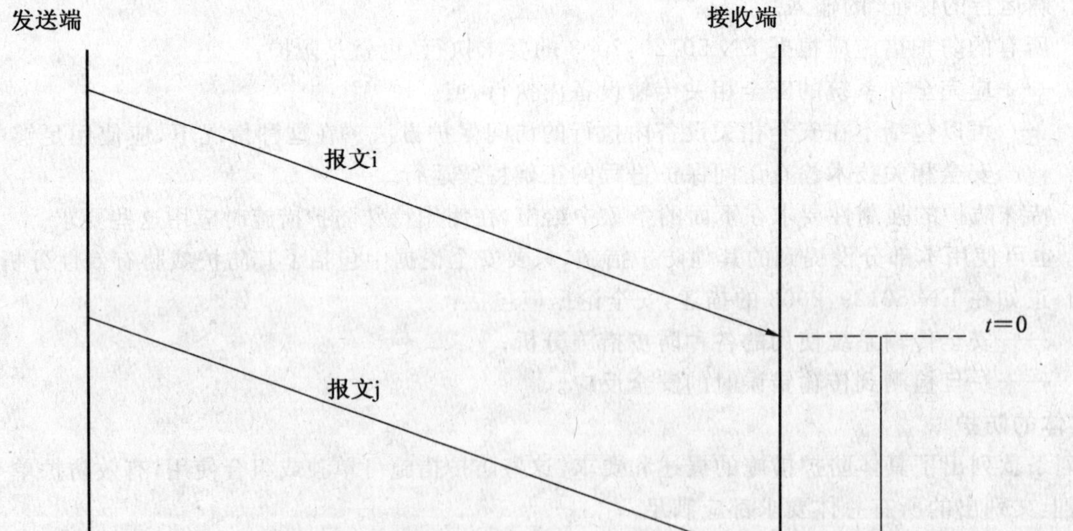

图3 报文周期性传输

如果反馈通道可用，发送端可进行监督。当发送报文 i 时发送端启动计时器，报文 i 的接收端用与之相关的确认报文 j 响应。如果发送端没有在预定时间收到相应确认报文 j，应视为错误，见图 4。

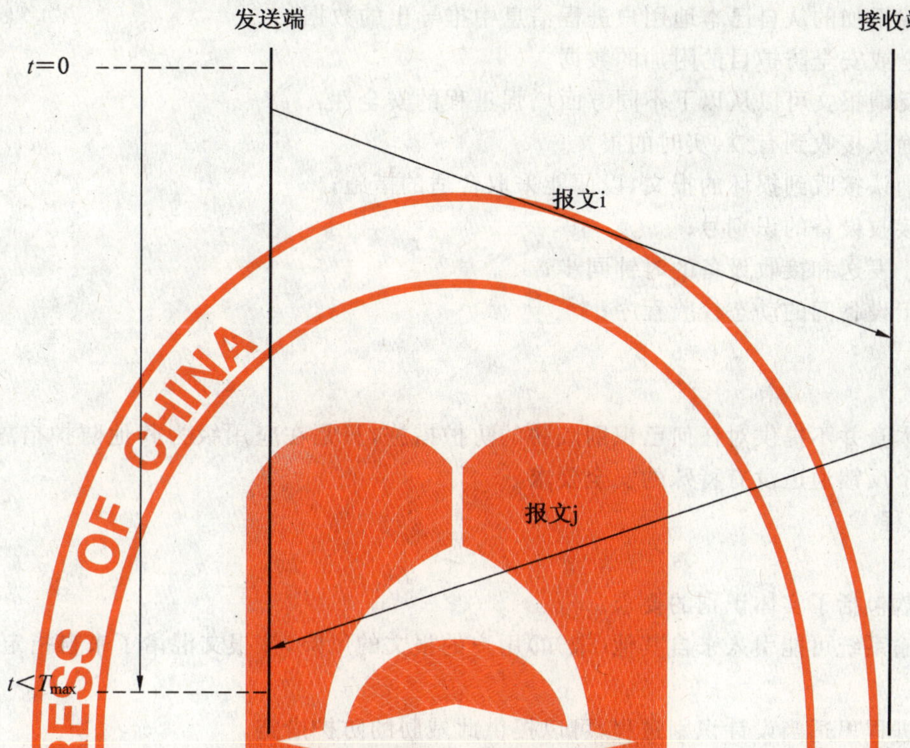

图 4　报文双向传输

6.3.3.2　要求

安全论据应说明进程安全完整性等级的适当性，以及安全相关进程的性质：

——可接受的延时；

——超时的精确性。

6.3.4　源标识符和宿标识符

6.3.4.1　概述

多方通信过程中，在收到的信息使用之前，需要采用适当的方法校验所有收到信息的来源。报文应包括允许采取这些方法的附加数据。

报文应包括一个唯一的源标识符或一个唯一的宿标识符或两者均含。应根据安全相关应用具体选择。标识符添加在应用的安全相关传输功能中。

——报文中包括源标识符可以使报文的用户核实报文来自指定源，而不需要用户之间的任何会话。这在单向或广播通信系统中是有用的。

——报文中包括宿标识符可以使报文的用户核实报文确实是发给他们的，而不需要用户之间的任何会话。这在单向或广播通信系统中是有用的，可以选择宿标识符识别单个宿或用户组。

6.3.4.2　要求

安全论据应说明进程安全完整性等级的适当性，以及下列安全相关进程的性质：

——整个传输系统中各实体的标识符的唯一性；

——标识符数据字段大小。

6.3.5　反馈报文

6.3.5.1　概述

在合适的传输通道可用时，安全关键信息的接收端可以给发送端发送一个反馈报文。反馈报文的内容可包括：

——源自原始报文内容，格式可以相同或改变的数据；

——接收端添加的从自己本地用户进程信息中推导出的数据；

——为安全或安全防护目的附加的数据。

使用这种反馈报文可以从以下不同方面增强进程的安全性：

——明确确认接收到有效、实时的报文；

——明确确认接收到损坏的报文，以便能采取合适的措施；

——确认接收设备的识别号；

——有助于发送和接收设备的时钟同步；

——有助于设备间的动态校验程序；

——等等。

6.3.5.2 要求

反馈通道本身并不提供对任何已识别威胁的防护措施，只是在应用级为其他防护措施提供使能机制。因此对这个反馈通道没有特殊的安全要求。

6.3.6 认证过程

6.3.6.1 概述

先前的条款包括了实体识别的要求。

开放式传输系统可能引入来自其他(未知)用户的报文的风险，该报文混淆了来自指定源(以伪装形式)的信息。

安全相关进程里适当设计识别进程，可以提供此威胁的防护措施。

有两种认证程序：

——双向认证

当返回通信通道可用时，信息发送端和接收端之间实体标识符的交换可以提供额外保障，确信通信确实在指定双方进行。

——动态认证

发送端和接收端之间信息动态交换，包括接收端对发送端的发送数据的转换和反馈，可以确保通信双方不仅拥有正确的身份，而且行为方式与预期的一致。这种动态认证进程可以用在通信安全相关进程间信息传输前和/或在信息传输过程中。

6.3.6.2 要求

认证过程构成安全相关应用进程的一部分，具体要求应在安全需求规范中定义。

6.3.7 安全编码

6.3.7.1 概述

通常，在开放式传输系统中，传输编码用于检测位和/或突发错误，通过纠错技术提高传输质量。

从安全角度看安全相关进程不应相信这些传输编码。因此，需要由安全相关进程控制附加的安全编码来检测报文损坏。

6.3.7.2 要求

安全论据应说明进程的安全完整性等级的适当性，以及下列安全相关进程的性质：

——检测所有期望错误类型的能力；

——检测报文损坏的概率。

附录A给出了安全编码的选择指南。

6.3.8 加密技术

6.3.8.1 概述

如果不能排除开放式传输系统网络内的恶意攻击，可以使用加密技术。

这是通常的情况，当安全相关传输系统使用：

——公共网络；

——无线传输系统；

——传输系统与公共网络连接。

这些技术可以结合安全编码机制使用或单独使用，附录A给出了一些可行的方案。

加密技术采用密钥和算法，有效程度取决于算法的强度和密钥的保密性。密钥的保密性取决于密钥的长度和管理。

6.3.8.2 要求

安全论据应说明进程的安全完整性等级的适当性，以及下列安全相关进程的性质：

加密技术的技术性选择，包括：

——加密算法的性能；

——所选密钥长度的合理性；

——密钥更改的频率；

——密钥的物理存储。

管理活动，包括：

——密钥生产、存储、分配和撤消；

——设备管理；

——加密技术适当性的评审过程，与恶意攻击的风险有关。

加密算法应用于所有用户数据，还可用于没有传输但发送端和接收端已知的一些附加数据（隐含数据）。

应该对潜在攻击者的性质、动机、财政和技术方法进行合理的假设，同时考虑到在系统生命周期中可以期望的修改（技术性的，如计算机功率增大、快速处理器成本降低、算法知识的扩展；社会性的，如经济冲突、恶意破坏加剧等）。

对于密钥管理，极力推荐采用标准化技术（如根据ISO/IEC 11770）。

7 防护威胁措施的适用性

7.1 概述

第6章中列出的防护措施与第5章定义的可能存在的威胁有关。每条防护措施都可以为一种或多种传输威胁提供保护。在安全论据中，应说明对应表1中定义的可能存在的威胁至少有一个或多个组合的防护措施。

7.2 威胁/防护矩阵

表1中的"√"表示防护措施可提供对相应威胁的保护。

表1 威胁/防护矩阵

威胁	防护							
	序列号	时间戳	超时	源和宿标识符	反馈报文	认证过程	安全编码	加密技术
重复	√	√						
删除	√							
插入	√			√[b]	√[a]	√[a]		
重排序	√	√						
损坏							√[c]	√

表 1（续）

威胁	防护							
	序列号	时间戳	超时	源和宿标识符	反馈报文	认证过程	安全编码	加密技术
延时		√	√					
伪装					√[a]	√[a]		√[c]

[a] 由应用决定。

[b] 只适用于源标识符。

只检测来自于无效源的插入。

如果因为用户未知而不能确定唯一标识符，应使用加密技术。见 6.3.8。

[c] 见 7.3 和 A.2。

7.3 安全编码和加密技术的选择和使用

安全编码和加密技术的选择和使用应根据下列情况决定：

——是否可以排除非法访问；

——建议使用的加密编码的类型；

——安全相关访问保护进程是否与安全相关进程分离。

这些问题的指南在 A.2 中给出。

附　录　A
（资料性附录）
防护指南

A.1　时间戳的应用

时间戳可以用于不同目的：

a)　用于说明实体内事件的时间，该时间对接收信息的进程很重要。事件之间可以有时间关系，如果我们已知一组事件的时间和数值，就可以在两数值之间进行插值，增加计算值（如速度、加速度）的精确度，可以处理传输延时。

应考虑的限制因素：

——如果使用绝对时间戳，实体内的时间需要同步。每个实体需要有一个安全时间校验并更新全局时钟。网络延时将影响全局时钟的分发、信息有效性和处理性能。

——如果没有会话通信程序，将检测不到报文的丢失。

b)　用于排列事件顺序以便接收端校验。

应考虑的限制因素：

——如果时间粒度太粗，事件排序的特性可能是不确定的。在这种情况下，信息应增补序列号。

——报文的顺序受到报文的网络路由和网络延时的影响。

——如果没有会话通信程序，将无法检测到报文丢失。

c)　测量从发送报文序列的实体接收到的两个事件之间的时间间隔，从而确定事件是否延迟。

如果实体 B 反复要求得到实体 A 的信息，那么实体 B 根据时间戳得到实体 A 的本地时钟信息。考虑到传输延时，这个信息可以与它自身的时钟关联。由此根据实体 B 的本地时钟创建了逻辑时钟。

应考虑的限制因素：逻辑时钟受网络中可变的延时以及实体 A 内部处理的影响。

d)　通过要求实体 B 发送一个对实体 A 的时间戳应答，校验实体 A 信息的有效性。这样确保一个特殊的应答（身份），也检查了预定的循环时间。实体 B 创建的序列号（或标签）和时间监督将做同样的工作。不需要全局时间（除非其他应用要求）。

接收端使用超时来检测信息的丢失。

应考虑的限制因素：

——程序应处理由初始化或故障条件引起的中断；

——程序将不保证报文的真实性。

e)　用于创建名为双时间戳的进程[A155][1)]。这个进程继承了 2)、3)、4)的综合特性。双时间戳进程允许各实体的异步时钟，因此避免了实体更新全局时间的问题。这个方法可以用于：

1)　根据对方本地时钟创建逻辑时钟，以及根据自己本地时钟创建相对时间戳（组织两个实体间的时钟同步）；

2)　关联与相对时间戳相关的事件，包括网络延时；

3)　检查报文的正确顺序；

4)　检查对方时钟以核实自己时钟的正确性（依应用而定）。

双时间戳通信机制对双方会话或对主从关系都有效，主从关系更适用于周期性传输，而不是带

---

1)　方括号内的信息参见附录 B（参考文献）。

有时间戳标记的、对特定功能而言时间是很重要的单一事件传输。

应考虑的限制因素：

——如果时间粒度太粗，事件排序的特性可能是不确定的。在这种情况下信息应增补序列号；

——如果应用考虑情况 a)，双时间戳可能要求知道往返传输的延时。

已经考虑了比双时间戳更周密的方案，以便给在两个以上系统中发生的事件排序[TBaum]。

A.2 安全编码和加密技术的选择和应用

尽管通信系统可能未知或在生命周期内变化，大多数情况下可以确定是否可以排除非法访问。这一判断很有用，因为存在可能有非法访问时需要带密钥的加密机制。为了限制安全相关功能数量，建议在早期进行判断。在可能有非法访问的情况下，可以采用独立的访问保护层，或由使用加密机制的安全协议提供保护（见图 A.1）。

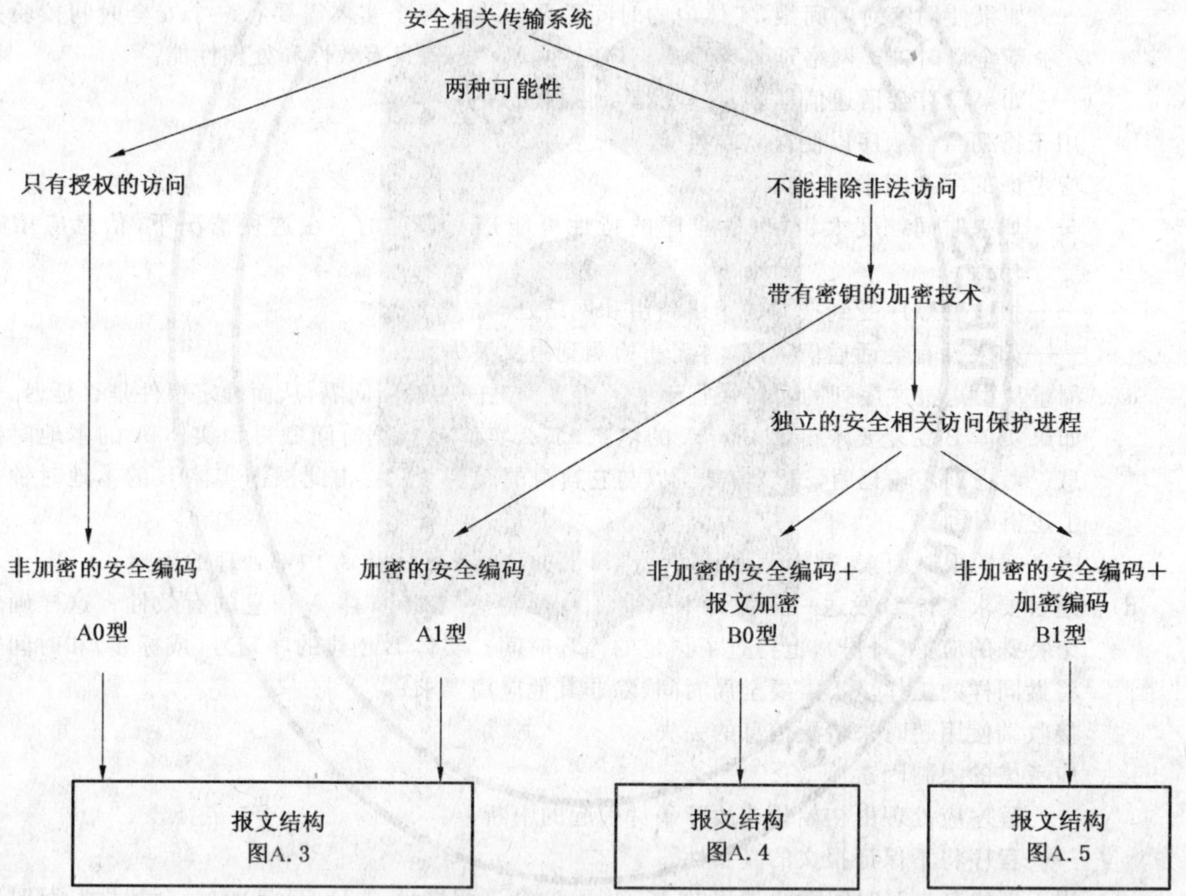

图 A.1 安全相关传输系统分类

对通过局域网(LAN)连接的安全相关计算机组在开放式传输系统上通信，独立的访问保护层（见图 A.2）是非常有用的。加密的硬件和软件可以集中在开放式传输系统的入口，加密功能可以结合网关功能一起使用，网关功能通常在 LAN 连接到如广域网这样的网络时需要。

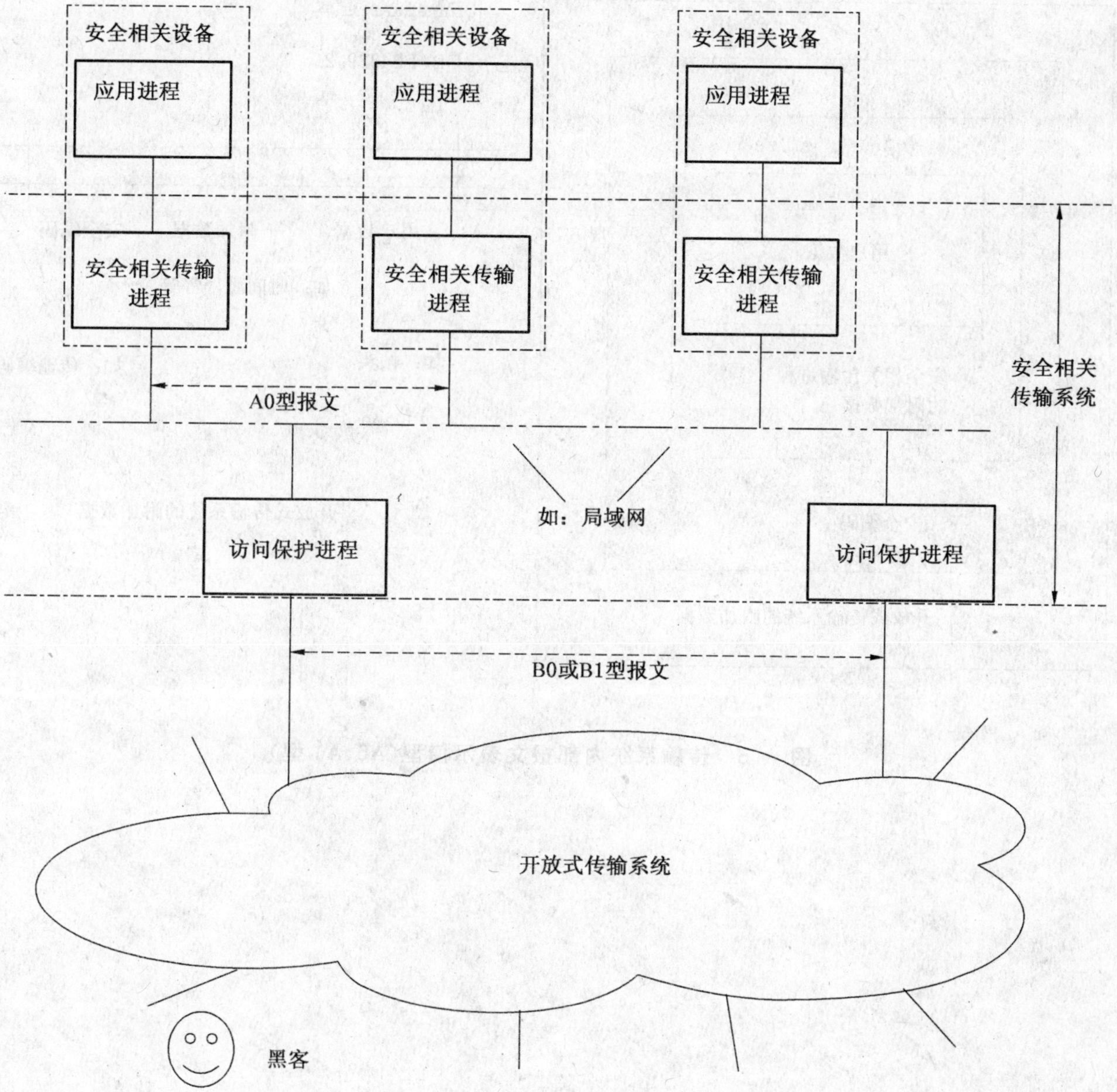

图 A.2　独立访问保护层的使用

访问保护进程可以由不同的模式完成：

a)　加密报文；

b)　添加加密编码。

这两种情况下在发送安全相关报文到访问保护层之前都使用安全编码，含有访问保护层的设备不需要自身一定安全，见6.2的总体要求。

注：应考虑到访问保护进程的失效。

报文结构原理取决于不同的模式。图A.3、图A.4和图A.5详细描述了这些示例。

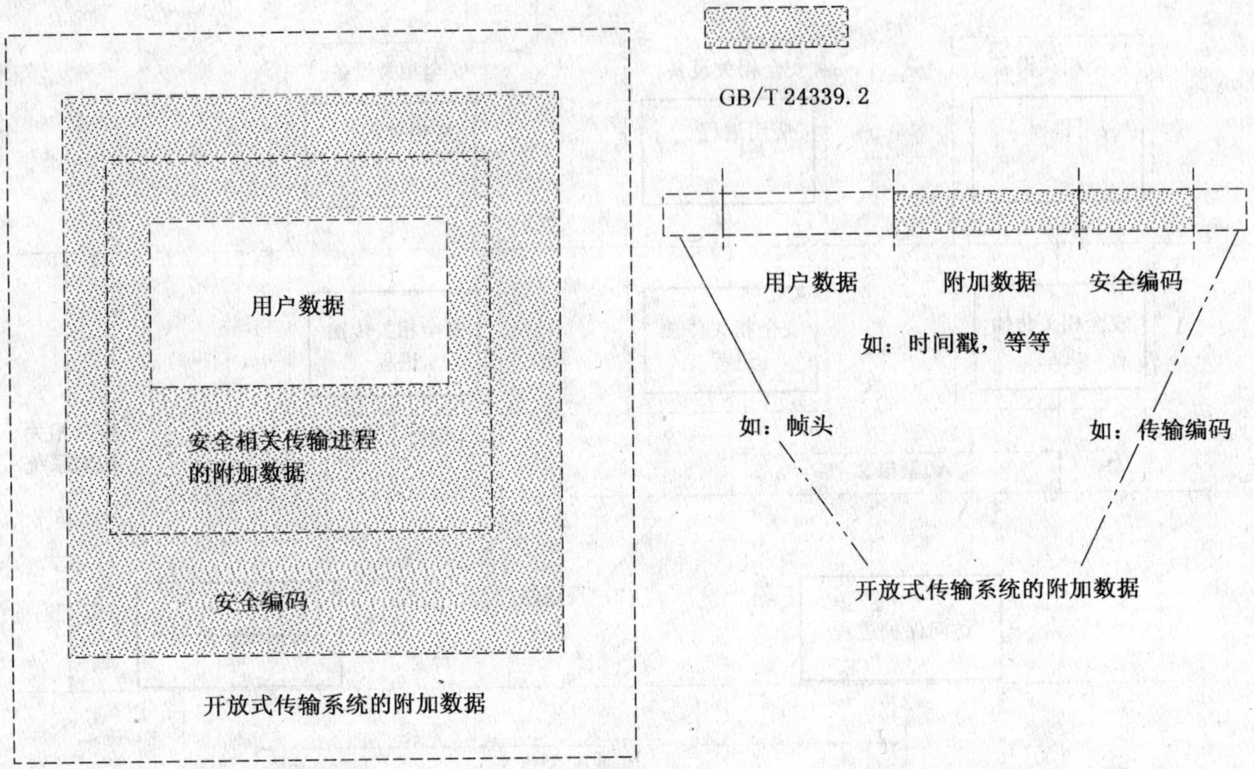

图 A.3　传输系统内部报文表示模型(A0、A1型)

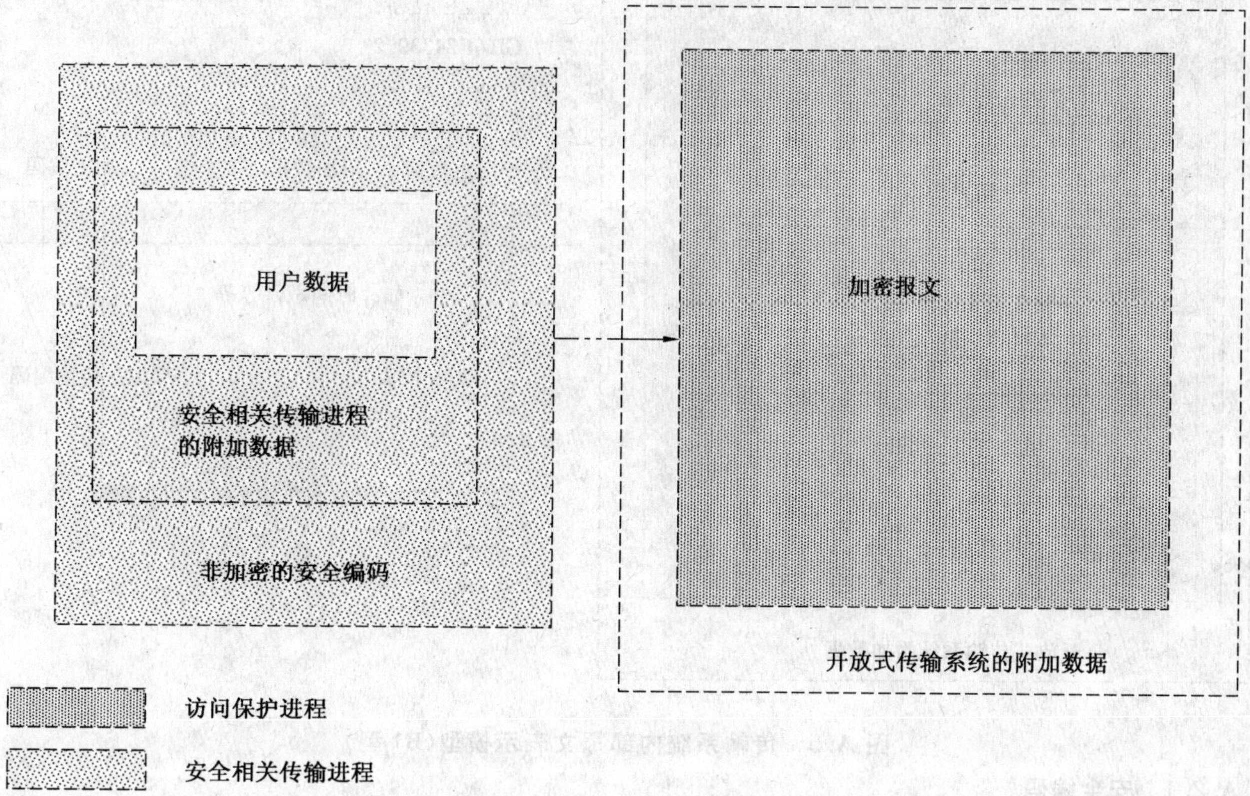

GB/T 24339.2

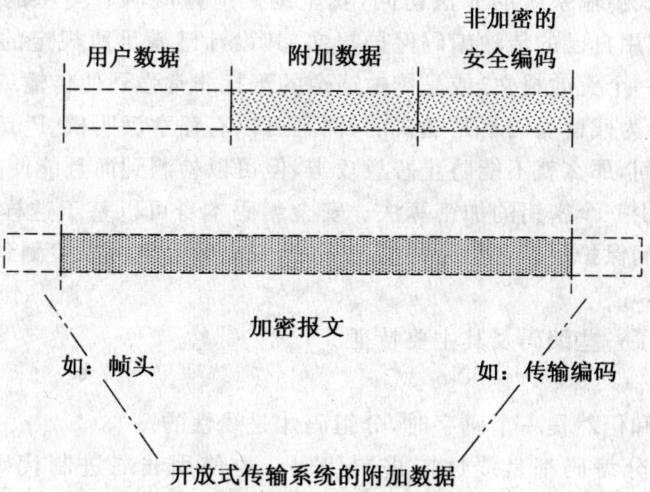

图 A.4 传输系统内部报文表示模型(B0 型)

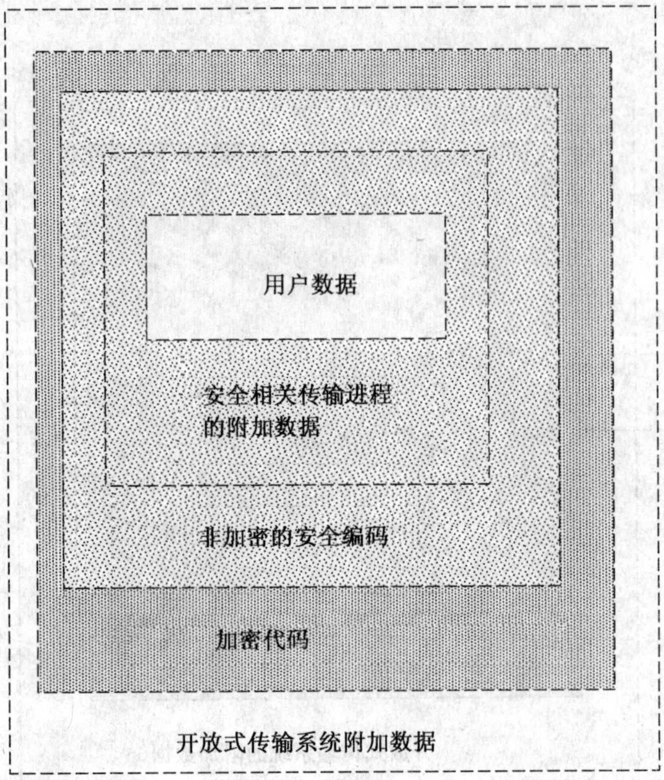

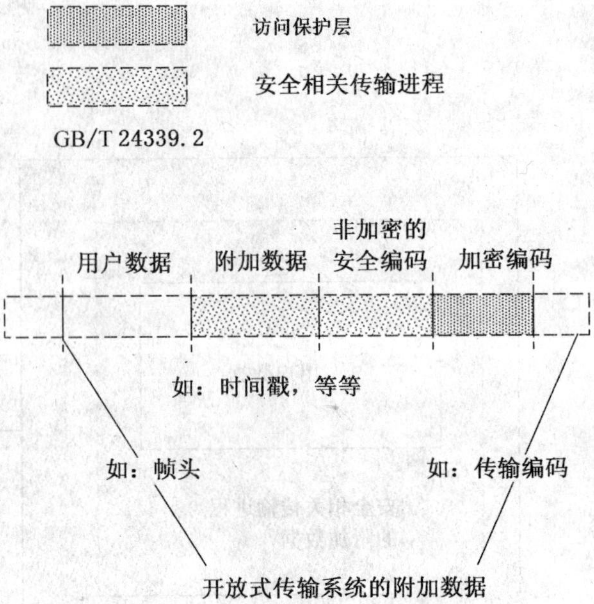

图 A.5 传输系统内部报文表示模型(B1 型)

A.2.1 安全编码

安全编码要求的特性取决于开放式传输系统的特征以及安全相关传输系统的结构(见图 A.1)。

如果可以排除对开放式传输系统的非法访问,安全编码应检测所有类型的随机或系统性的误码。注意,通常开放式传输系统用自己的传输编码保护报文,其设计已满足所规定的质量和误码率。因此,如果开放式传输系统传送一个无效报文,或是传输通道的干扰非常强烈使传输编码失效,或是发生了故障。在这两种情况下,应认为残留误码不是随机的,而且可以有任意汉明权[Peterson]。

如果不能排除非法访问,那么就不能防止恶意攻击,但可以检测到而且能使之无害。防止恶意攻击通常采用的方法是应用至少一个密钥的加密算法。安全编码本身可以基于这样一个算法,或者可以应用有加密功能的独立的访问保护层。在后一种情况下时,安全编码也可以检测到访问保护设备的失效。

A.2.1.1 主要分组码

下面的章节概括介绍了一些编码及其主要特征。

线性分组码

当且仅当任何码字的和仍然是一个码字时,分组码才是线性的。

用于控制错误的大部分编码都是线性二进制代码。也使用非二进制代码,如理德-所罗门编码(Reed—Solomon code)。这些编码对抗击随机错误和突发错误非常有效。编码可以设计为拥有指定的最小汉明距离 d。也就是说,d-1 位错误的检测率为 100%。因为是线性的,所以也用于系统性错误检测。

循环分组码(CRC)

如果码字的每次循环移位仍是码字,则线性分组码称为循环码。CRC 可以用多项式表示。编码的数学原理见[Peterson]。

这些编码对防止随机错误和突发错误非常有效,可设计为拥有指定的最小汉明距离 d,还可用于测试系统性错误检测能力。

在某些应用中,可以利用编码的循环特性避免伪造码字同步的危险。为此,需要扩展编码,但其最终结果应优于依赖单独同步字符的系统。

散列分组码　Hash block codes

散列码可以是线性的或非线性的。最重要的是非线性单向功能,把输入数据压缩为"指纹"。因为是非线性的,除极小情况外无法确定出最小汉明距离。然而,良好的散列码的错误检测能力很高。从平均来说,输入数据的单一比特变化会改变散列值的一半比特数。从计算上来说,给定一个散列值,不可能找到散列成该值的输入数据(单向特性);从计算上来说,给定一个输入数据,不可能找到散列值相同的另一个输入数据(弱散列函数的冲突特性)或任何输入数据对(强散列函数的冲突特性)。

ISO/IEC 10118-1 以常规方式定义了出于安全防护目的的散列码,ISO/IEC 10118-2 描述了使用无密钥的 n 位块加密算法的散列码。MAC 也可以作为散列码使用,但此时需要密钥。

可以通过公共领域的报文处理算法 MD4 和 MD5[Rivest]获得软件的良好性能,MD4 和 MD5 与 MDC 同类。对冲突标准没有高的要求,因为恶意攻击被其他方式防止了。这就意味着,使用加密分组码或采用保护进程对整个安全相关报文包括散列值进行密码保护。

数字签名　digital signatures

数字签名是根据所有输入数据(用户数据和附加数据)和密钥生成的一组比特流。其正确性可以通过公共密钥验证[Davies]。

加密分组码　cryptographic block codes

加密分组码是基于加密算法的一种非线性散列码,其优点是如果基于密钥算法,可以防止恶意攻击。最著名的编码是报文鉴别代码(MAC),GB 15852 已对其标准化。

A.2.1.2　应用安全编码的建议

各种基本技术的评估举例如表 A.1。符号意义如下:

HR　指对本结构强烈推荐使用该技术。如果不使用,应在技术安全报告中详细阐述不使用的理由。

R　指推荐使用。比 HR 推荐等级低。

—　指不推荐此技术或方法,或反对使用。

US　指此技术不适合作为该类系统的防护。

表 A.1　安全编码机制的评估[e]

类型[a]	参考文献 见附录 B	安全相关传输系统,见图 A.1			
		A0	A1	B0[d]	B1[d]
CRC[c]	[Peterson]	R	US[b]	—[f]	R
MAC[c]	GB 15852	R	HR	R	R
散列码[c]	ISO/IEC 10118 系列	R	US[b]	HR	HR
数字签名[c]	GB 15851	R	R	R	R

[a] 可能有其他安全方法,但此处不考虑。

[b] 需要密钥,这个机制不能执行。

[c] 对相同开销,检错能力相似。

[d] 只有非加密安全编码。需单独考虑安全相关的访问保护。

[e] 推荐一个以上安全编码机制的地方,应选择一个或几个机制的适当组合。

[f] 如果访问保护进程使用流加密技术,那么禁止使用 CRC 作为安全编码。否则,攻击者可以不破译密钥,通过给流加密报文添加一个带有有效 CRC 的任意报文,创建带有有效 CRC 的安全相关信息。

尽管知道特殊通道的错误特征可能使一些错误类型被忽略，并声称有更高的性能，但在“开放”通道中（黑色通道），不能假设知道这种信息。在这种情况下，理想的解决办法是随机编码。因此，不能断定安全编码的未被检测错误概率 P_{UE}，该安全编码的性能低于随机编码性能，$P_{UE}=2^{-r}$，r 表示冗余比特数。

加密技术

使用加密技术时建议使用如 ISO/IEC 10116:1997 的标准操作模式。对于超过加密算法分组长度的输入长度，这个标准不推荐电子编码模式（ECB）。加密算法可以根据国际标准 ISO/IEC 9979:1999 注册，但注册本身不能保证算法的力度。

推荐经典的并经过良好测试的算法，如[DES]。

附 录 B
(资料性附录)
参 考 文 献

[1] GB 15851 信息技术 安全技术 带消息恢复的数字签名方案(GB 15851—1995,idt ISO/IEC 9796:1991).

[2] GB 15852 信息技术 安全技术 使用块密码算法作密码校验函数的数据完整性机制(GB 15852—1995,idt ISO/IEC 9797:1994).

[3] GB/T 24339.1—2009 轨道交通 通信、信号和处理系统 第1部分:封闭式传输系统中的安全相关通信(IEC 62280-1:2002,IDT).

[4] ISO/IEC 9979:1999 信息技术 安全技术 密码算法注册规程.

[5] ISO/IEC 10116:1997 信息技术 安全技术 n位块密码算法的操作方式.

[6] ISO/IEC 10118-1 信息技术 安全技术 散列函数 第1部分:总则(2000).

[7] ISO/IEC 10118-2 信息技术 安全技术 散列函数 第2部分:采用n位块加密的散列函数.

[8] ISO/IEC 11770-1 信息技术 安全技术 密钥管理 第1部分:框架(1997).

[9] ISO/IEC 11770-2 信息技术 安全技术 密钥管理 第2部分:使用对称技术的机制(1996).

[10] ISO/IEC 11770-3 信息技术 安全技术 密钥管理 第3部分:使用不对称技术的机制(1999).

[TBaum] A. Tanenbaum:Distributed Systems(分布式系统),Prentice Hall 1995.

[A155] UIC/ORE A155.1 Report RP 4,September 1984:Survey of available measures for protection of safety information during transmission(传输期间安全信息保护的有效措施综述(also available in German and French 同时有德文版和法文版).

[DES] FIPS PUB 46,15.1.1977:Specifications for the Data Encryption Standard(数据加密标准规范).

[Peterson] W. Wesly Peterson:Error correction Codes(错误纠正编码),M. I. T. Press,1967.

[Schneier] Bruce Schneier:Applied Cryptography(加密技术应用),J. Wiley & Sons,Inc,2nd edition 1995.

[Rivest] R. Rivest:The MD4 Message-Digest Algorithm(MD4 报文处理算法),4/92,published within Internet.

[Davies] D. W Davies and W. L. Price:Security for Computer Networks,(计算机网络的安全防护) 2. edition,J. Wiley & Sons,Chichester.

附 录 C
（资料性附录）
本部分使用指南

C.1 范围/目的

本附录提供了本部分的使用指南，包括一些传输系统分类指南，以识别系统特征，用于选择安全应用的防护措施。建议了一个确定和量化威胁，以及选择和定义防护性能的步骤。本附录中还选择了一个简单（假想）的案例应用，用来说明需要不同安全完整性等级（SIL）的防护可能性。

C.2 传输系统分类

很难笼统地对传输系统分类，对威胁的判断会受到许多可能因素影响。在服务合同条款下，信息系统用户可以通过私人或公共的电讯服务供应商获得传输服务，这些合同条款可能会限制服务供应商保证传输系统性能的责任。

威胁的严重程度（以及防护需求）可以取决于在传输网络上的控制范围和程度，包括下面几个问题。

系统的技术特性，包括系统可靠性或可用性的保证，系统固有的数据存储范围（影响报文的延时或重新排序），整个生命周期内系统性能的一致性（比如说，更换网络，和更换用户基础设置），以及其他用户的通信负载的影响。

对系统的访问，取决于网络是私人的还是公共的；操作者控制其他用户的访问程度；其他用户误用系统的机会；以及维修者用于重新配置系统的访问或传输介质自身获得的访问。

表 C.1 给出了一个可能的传输系统分类，同时给出了对每种类型应考虑威胁的简单评价。

表 C.1 开放式传输系统分类

类型	主要特征	例子	备注
类型 1	所有特性已知并且在整个生命周期内不变 单用户组	适当的局域网，PROFIBUS，MVB（由 IEC 提出的多功能车辆总线）在生命周期内不会改变	使用 GB/T 24339.1
类型 2	一些特性已知并且在整个生命周期内不变 有限扩展 有限存储 单用户组	和类型 1 一样，不过在生命周期内存在传输系统被另外一个传输系统替代的可能性	—
类型 3	一些特性已知并且在整个生命周期内不变 有限扩展 接近无限存储 已知多用户组	LAN	—
类型 4	特性未知并且/或者在生命周期内可变 仅使用置信网络 （已知的）多用户组	属于轨道交通的 WAN	—
类型 5	特性未知并且/或者在生命周期内可变 有时使用非置信的网络 多用户组	在不可预知的时间使用公共电话网络	例如联锁系统的远程诊断

表 C.1(续)

类型	主要特征	例子	备注
类型 6	特性未知并且/或者在生命周期内可变 使用公共的电信网络 误用远程控制 多用户组	公共电话网络	—
类型 7	特性未知并且/或者在生命周期内可变 使用公共的电信网络 频繁误用	因特网	—

传输系统的类型和威胁的关系。

表 C.2 给出了对各类型的威胁的粗略评价。

表 C.2 威胁/类型的关系

类型	威胁						
	重复	删除	插入	重排序	损坏	延时	伪装
类型 1	++	++	+	+	++	++	—
类型 2	++	++	++	+	++	++	—
类型 3	++	++	++	++	++	++	—
类型 4	++	++	++	++	++	++	—
类型 5	++	++	++	++	++	++	—
类型 6	++	++	++	++	++	++	+
类型 7	++	++	++	++	++	++	++

符号含义:

—:威胁可被忽略;

+:威胁存在,但是很少,采用一般对策;

++:威胁存在,采用全面对策。

在这种通用的级别上,无法根据传输系统的类型以及对每种威胁需要的防护分配 SILs;为了分配 SIL,首先需要分析特殊的应用。

C.3 步骤

进行系统设计可以确定一些清楚的步骤,这在 EN 50129:2003 中有介绍。

这些步骤确定如下:

应用

↓

危害分析

↓

风险降低

↓

SIL 分配和定量指标

↓

安全需求规范

C.3.1 应用

系统设计者应了解传输系统的应用。数据流、数据类型和更新的频率及属性(比如周期性或事件驱动)均影响在设计传输系统过程中将采取的决定。系统的整个安全指标(失效率或根据定性参数和非功能性参数)也应(由用户或安全主管部门)定义。

C.3.2 危害分析

系统(按照 GB/T 21562 的要求)危害的定性分析应识别导致发送设备、接收设备或传输链路失效的顶层危害,分析应考虑可能引起系统危害的操作或者是其他外部条件。对于系统的每个威胁,在系统设计时应考虑一个防护的可能性。

C.3.3 风险降低

根据系统整个定量的安全指标和定性的危害分析,系统设计者可给每个已确定的威胁分配安全指标。这种指标的分配可以是反复的,从一个简单的分配开始,再根据更细分析和不同情况间的平衡进行细化。利用引起系统危害的外部条件出现的定量信息,可以确定各个防护需要的风险降低程度。

C.3.4 SIL 分配和定量指标

根据每个防护需要的风险降低程度,通过使用在 EN 50129:2003 所定义的步骤分配 SIL。知道了防护的 SIL,可以选择适当的设计技术用于与防护相关的工作。

根据防护识别到的定量的不安全(错误侧)失效率,可以利用 EN 50129:2003 的表格来选择硬件设计技术,并计算由随机失效导致的不安全失效的发生率。

C.3.5 安全需求规范(SRS)

对于系统的安全操作,防护被认为是必要的,系统的 SRS 应记录下实现防护措施的 SIL 和系统的定量安全指标。

C.4 示例

下面的示例仅表述了过程的一些基本原理,并非旨在描述一个在所有细节上都正确的完整示例。

C.4.1 应用

行车许可指令以公共无线网络报文的方式发送到侧线上的列车。

系统的安全目标定义为 $10^{-x}\ h^{-1}$。

C.4.2 危害分析

可以确定两个特殊的危害(其他危害此处不考虑):

1) 接收到一个不正确(错误侧)报文会导致该列车进入一个已被占用的区间,并且和另一列车发生碰撞。

2) 接收紧急停车报文时延迟会导致列车与轨道上障碍物发生碰撞。

作为危害分析的方法的示例,故障树(图 C.1)说明了这些。

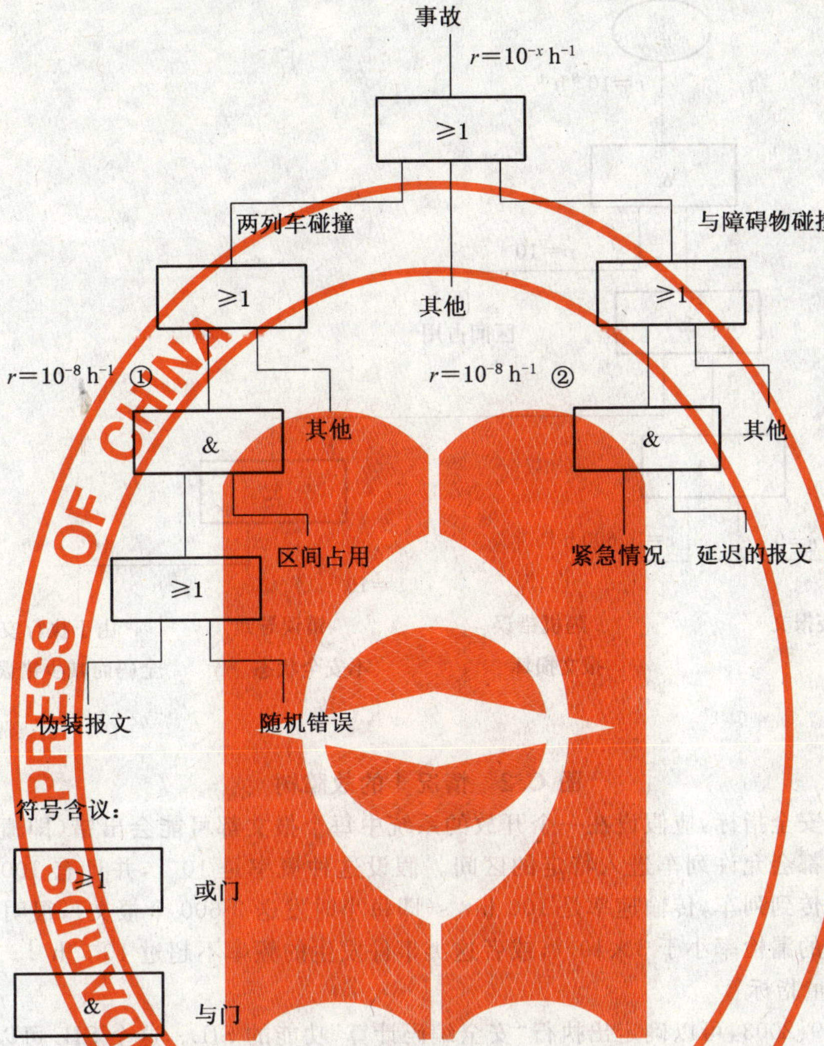

图 C.1 危害事故的故障树

系统分配的整个安全指标是 $10^{-x}\ h^{-1}$，情况 1、2 分配的指标是(例如)$10^{-8}\ h^{-1}$。

将详细说明情况 1 和 2。

C.4.3 情况 1

风险降低

如果由于随机错误而导致一个传到列车的报文出错，可能会允许列车进入一个已被占用的区间，与另一列车碰撞。

另外，也可能蓄意(比如黑客)在系统里插入一个错误报文。

假设区间被占用的可能性是 10^{-1}。

本部分建议可能的防止信息损坏的防护方法是在报文的用户信息中附加一个安全码。

将这个防护引入到针对这种情况故障树中，图 C.2 给出了下面的结果。

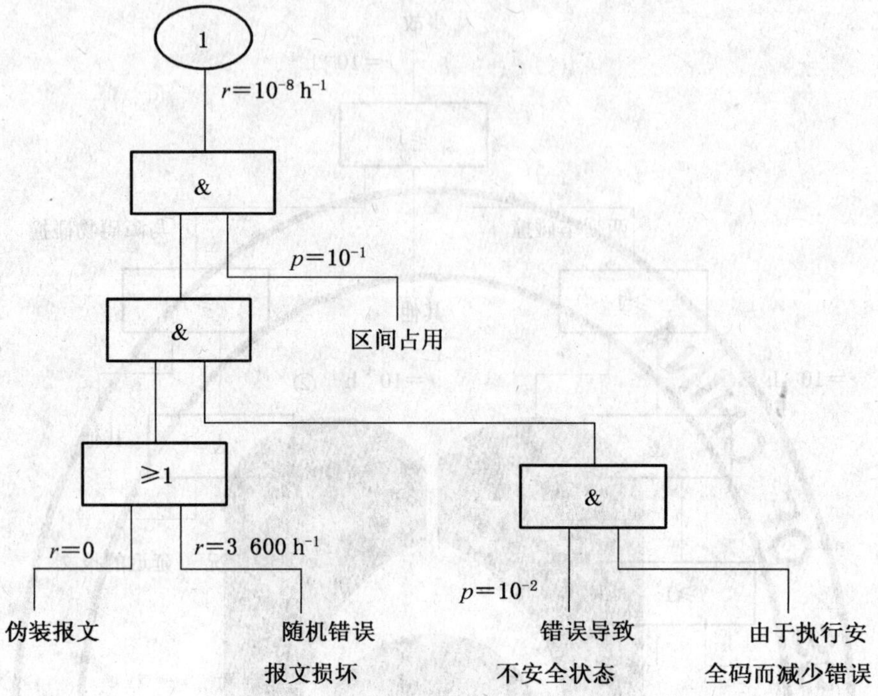

图 C.2 情况 1 的故障树

考虑到定量的安全指标，应假设在一个开放的系统中每个报文都可能会出错(即概率为 1)。然而，不是每个错误报文都会允许列车进入特定的区间。假设这种概率是 10^{-2}，并且有 100 bit 长度的数据报文通过一个通道传到列车，传输速率是 100 bit/s(即每小时发送 3 600 个报文)，很明显报文安全码应保证每个报文错误的漏检率小于 3×10^{-9}，或者这类事件发生的频率不超过 $10^{-5}\ h^{-1}$。

SIL 分配和定量指标

根据 EN 50129:2003，可以确定出执行“安全编码计算”功能的 SIL。这个 SIL 可以低于“安全相关传输系统”的 SIL。

为实现所需要的性能，系统设计者应选择长度足够的安全码。

本部分建议，有必要考虑蓄意试图在开放传输系统创建错误报文的可能性。前文所建议的传输系统分类表明，对于不常见的短报文传输，这种故意制造故障的可能性相对比较低。这些因素可能会影响是否决定采用加密安全码，如果是，还要选择安全码的参数(密钥长度等)。

C.4.4 情况 2

风险降低

当紧急情况(比如轨道上有障碍物)发生时，如果紧急停车信息延迟传送到列车，可能导致发生撞车。假定这种紧急情况产生的频率是 $10^{-4}\ h^{-1}$。

假设使用一个与其他用户共享且其数量无法控制的公共无线网络，不能保证最大报文延时，则认为有延时(即延时发生的概率为 1)。

本部分建议防止信息延时的可能的防护方法是在接收设备中使用超时防护，同时使用周期性报文传输。

将这个防护引入针对这种情况的故障树中，图 C.3 给出了下面的结果。

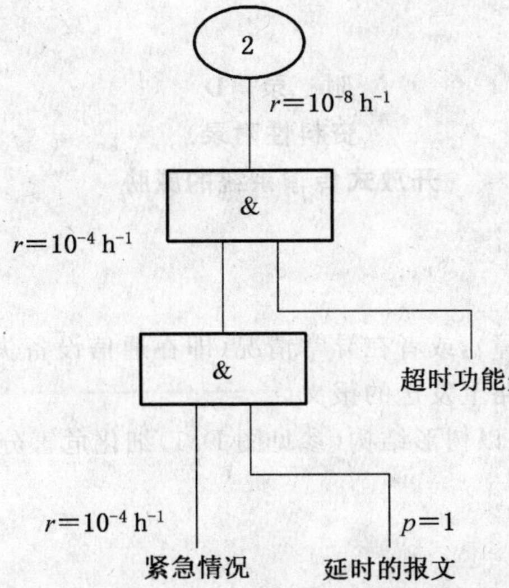

图 C.3 情况 2 的故障树

考虑到定量的安全指标，很明显根据要求，超时功能错误侧发生的概率不应超过 10^{-4}。

SIL 分配和定量指标

如何实现所要求的 SIL，请参考 EN 50129:2003 的说明。

应使用 EN 50129:2003 所建议的技术来设计实现该功能，这些技术一直适用于导出的 SIL，除非这个功能是和别的更高等级的 SIL(例如在处理器系统中)功能集成在一起实现的。

附　录　D
（资料性附录）
开放式传输系统的威胁

D.1　系统概述

由于可能在正常情况(即无故障),或者在异常情况(即在通信设备失效之后)下发生的链路性能的变化,会威胁控制和保护系统在链路上发送的报文。

推导一组威胁所采用的方法是以树形结构(参见图 D.1)细化危害分析,以 3 个独立的层:

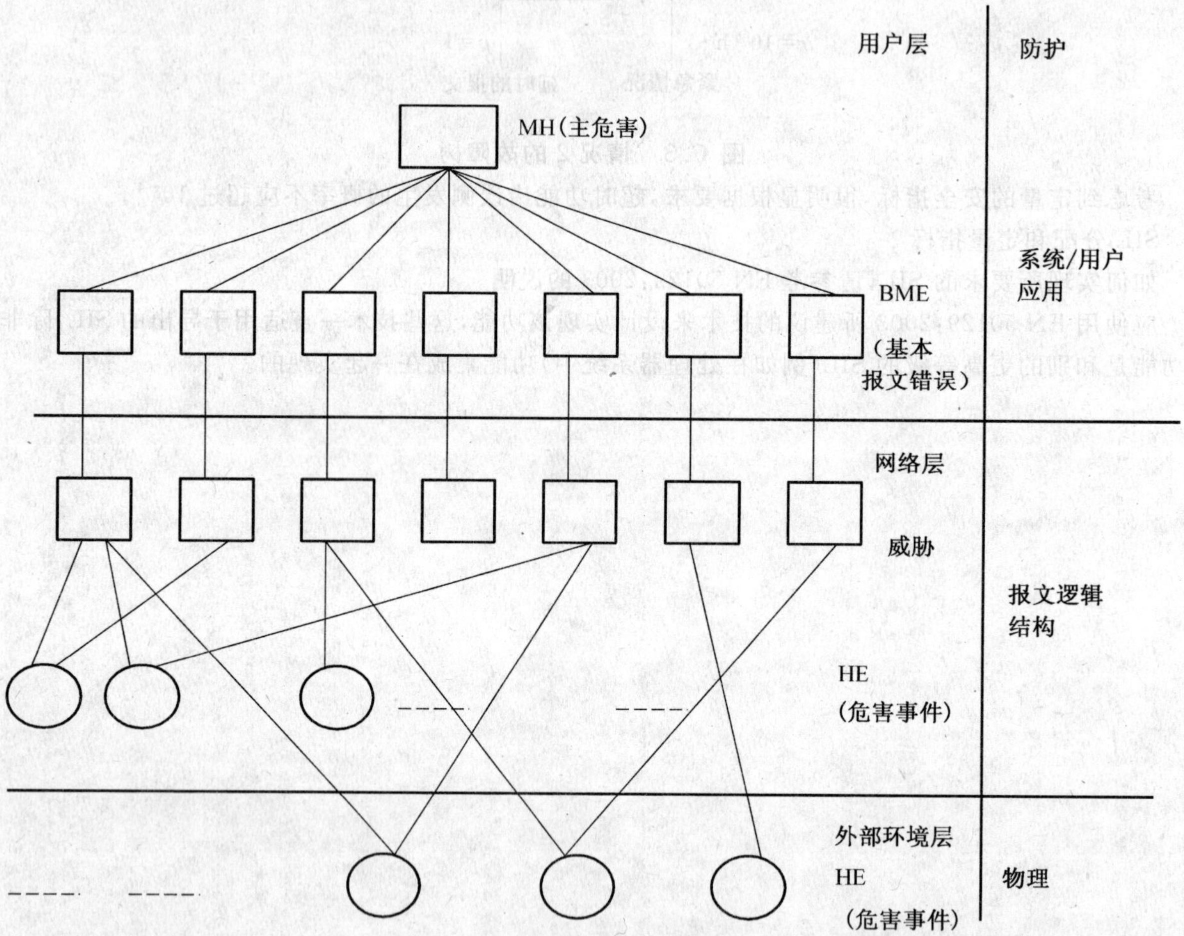

图 D.1　危害树

1)　用户层;

2)　网络层;

3)　外部环境层。

这些层遵循自顶向下方法,从主危害(MH)开始。主危害定义为"接收端无法获取正确报文"。

通过对接收端观察可能的报文行为的分析,突出了潜在的危险状况(基本危害),并概述出一系列基本报文错误(BME)。这些基本报文错误用于对所有可能报文失效模式的分类。

把威胁理解为网络失效的模式(即从网络的观点来看的基本报文错误),便于威胁识别。事实上,威胁是对安全产生危险的一个实体(即可能导致事故),是一个可能导致基本报文错误的原因(在网络层上),因此威胁与基本报文错误的关系为1∶1。

依此类推,威胁可以通过一系列原因产生,这些原因叫做危害事件(HE),这些原因可以在网络层和外部环境层体现出来。相同的危害事件显然与不同威胁相关。

不同层级的分析细分也提供了(至少)3层防护的可能性:

1) 在系统/用户应用层,处理系统执行的层级与传输领域独立。一个例子是删除,如果系统按照删除报文不会出现危害的方法来设计,那么就绝对不会有危险。

2) 关于报文逻辑结构,一个例子是所有可能的用于报文的编码或特定对策比如序列号、时间戳等。

3) 在物理层,一个例子是屏蔽,它是为了避免因为电磁干扰而损坏。

本附录不会深入探讨这个问题,只是整体勾画所采用的方法。

D.2 基本报文错误的导出

报文是整个分析的主题,所以一直从接收方的观点来研究通信过程。报文可被定义成"由发送源产生的一个有用信息,将在从传输开始的时间段 Δt 内被发送"。

在开放式传输系统的传输中传送安全相关信息时可能会发生危害,识别该危害主要考虑的是报文流的完整性。

一个"报文流"定义成一组有序的报文,如果没有发生故障、受到破坏或错误操作,那么在网络中的每个时间窗和接收端都是唯一的。

实际接收到的报文流可能与预期的不同,原因有很多。具体进一步分为三个小点(基本危害):

——比预期接收的报文多;

——比预期接收的报文少;

——接收的报文和所预期的一样多。

比预期接收的报文多

在这种情况下,有一个或多个报文重复,或者有外部报文插进。因此基本报文错误就是重复报文、插入报文。

比预期接收的报文少

在这种情况下,一个或多个报文被删除。因此基本报文错误是删除报文。

接收的报文和所预期的一样多

在这种情况下,有几种可能性产生:

——报文流的所有报文在内容上和传输时间上是正确的,但顺序是错误的:发生了重排序;

——报文流的一个报文到达接收端超过了正常时间段 Δt:发生了延时;

——报文被修改:发生损坏;

——接收端认为报文的发送端不是真正的发送端,而是另外一个:发生了伪装报文错误。

后两种情况已考虑为单个报文的完整性。基本报文错误是重新排序报文,延时报文,被损坏报文,伪装报文。

因此定义了下面一组基本报文错误:

——重复报文;

——删除报文;

——插入报文;

——重排序报文;

——被损坏报文;

——延时报文;

——伪装报文。

以上定义的基本报文错误并不互相排斥。在报文流的多个报文甚至是单个报文也有可能受不只一个错误模式的影响。

D.3 威胁

D.1 中说明的是基本报文错误,很容易推导出相应的威胁。

设定 A-B 和 C-D 是安全相关报文通信的两组授权通信方,而 X 是攻击者。

要注意的是威胁列表中考虑了随机失效和系统硬件/软件失效;下面的解释仅是个例子,因此不是详尽无遗的。

重复

——X 复制一个报文('最大速度:250 km/h'),并且在可能对接收端造成损坏的情形下(当列车位于低速轨道区间)重复地复制。

或者

——因为一个硬件故障,非安全传输系统重复旧的报文。

删除

——X 删除了一个报文(X 删除了报文'紧急停车'或者'最大速度:250 km/h')。

或者

——因为一个硬件故障,删除了一个报文。

插入

——X 插入了一个报文('最大速度:250 km/h')。

或者

——一个合法第三方 C 无意地在报文流 A 到 B(或是反过来 B 到 A)之间插入了一个报文。

重排序

——X 有意改变报文 B 的次序(比如通过延时报文或强迫报文通过网络走不同的路径)。

或者

——因为硬件故障,报文的次序发生改变。

损坏

——报文意外被改变(比如因为 EMI)为其他形式上正确的报文。

或者

——X 以似是而非的方法改变了报文('最大速度:30 km/h'变成了'最大速度:250 km/h'),以致 A 和/或 B 不能检测到修改。

延时

——由于正常通信造成传输系统过载(比如,因为错误的设计或偶然的高通信量)

或者

——X 通过生成伪装报文使传输系统过载,以致于服务延时和停止。

伪装报文

——A 和 B 想要传输敏感数据;

——C 和 D 想要传输敏感数据;

——X 假装是 B 对 A 传或 X 假装是 A 对 B 传(或这两者),以获得敏感数据或被认为是系统的合法用户。

或者

——由于网络错误,B 错误地认为报文来自 A,然而真正来源于 C。

D.4 创建安全论据的一种方法

下面简述的方法是一个例子,并不是可遵循的唯一方法。为进行正确的风险评估,全面的危害分析需要对相关应用有深入的认识。

D.4.1 识别危害事件的结构化方法

下面分析首先假定所检验的事例涉及与外部环境交互的网络。这两个实体由一些子实体组成(如图 D.2 所示),这些子实体可视为引起对被分析系统产生危害事件的原因。网络实体可根据生命周期的几个阶段进一步划分,而对外部实体的划分要注意两个可能的特征:物理特征和人为特征。

在图 D.2 中树的叶子代表危害的原因,并明确了每个原因相应产生的危害事件。这样的处理方法也显得更加容易,一旦定义了单个原因的概率,就可以确定每个危害事件的概率。

在下面的叙述中,每个原因划分为几个可能有危害的事件;这个划分不是很彻底的:在危害分析过程中,根据具体应用可以考虑其他一些危害事件。

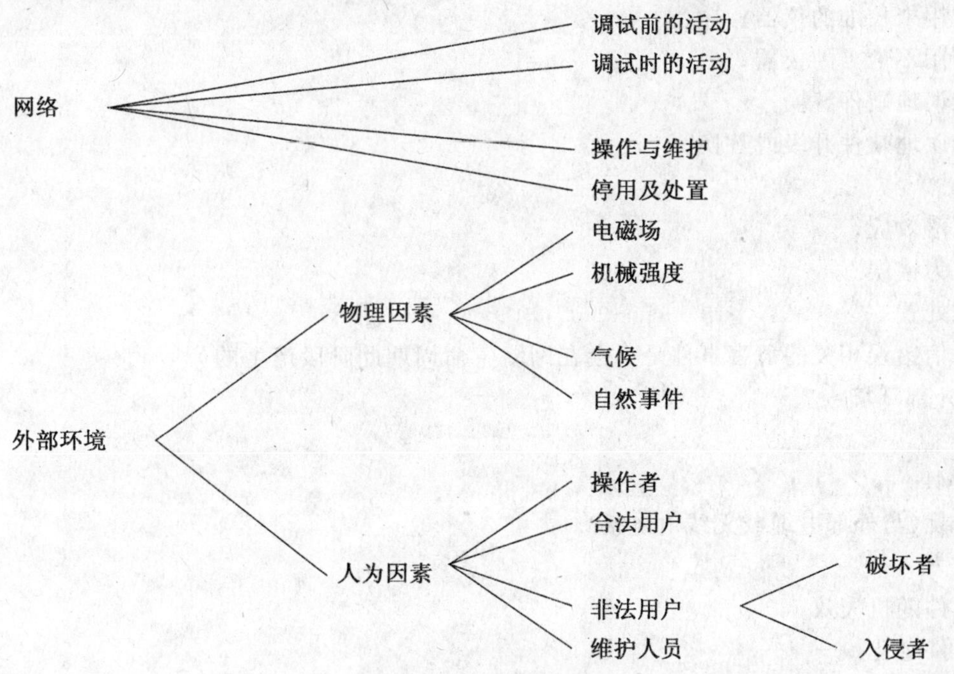

图 D.2 威胁的原因

D.4.1.1 网络

网络生命周期的阶段可根据 GB/T 21562 来定义。就本附录的范围(即:识别由每个阶段“错误”产生的危害事件),这些阶段可以通过下面的方法组合在一起。

——概念、系统定义和应用条件、风险分析、系统需求、系统需求分配、设计和实现、制造:所有这些阶段都与系统调试前的行为相关;

——安装、系统确认和验收:这些与系统调试相关;

——运营和维修;

——停用及处置。

调试前的活动

在这个阶段,错误可导致:

——硬件的系统性失效;

——软件的系统性失效。

调试时的活动

在这个阶段,错误可导致:

——串扰;

——连线断开;

——天线未对准；

——布线错误。

运营与维修

在网络生命周期的运营与维修阶段，系统元器件性能丧失以及维修和/或修改过程中出错都可以导致危害事件的发生。

丧失性能

——硬件随机失效；

——硬件老化。

维修

——使用未校准的仪器；

——使用不恰当的仪器；

——错误地硬件替换；

——错误地软件升级或替换。

修改

——衰落效应；

——人为错误[1]。

停用及处置

认为通信错误相关的危害事件是不会在网络生命周期此阶段产生的。

D.4.1.2 外部环境

电磁场

——EMI；

——串扰(与外部电缆或无线电链接)。

机械应力

——硬件随机失效；

——硬件老化。

气候

——热噪声；

——硬件老化；

——硬件随机失效；

——衰落效应。

自然事件

——磁暴；

——火灾；

——地震；

——闪电。

操作

——人为错误[2]。

合法用户

——人为错误[2]；

——传输系统过载。

---

1) 它们取决于应用的特殊类型因此不能在这个分析的级别上具体说明。

2) 它们取决于应用的特殊类型因此不能在这个分析层次上规定。

维修人员

——使用未校准的仪器；

——使用不恰当的仪器；

——硬件替换不正确；

——人为错误[2)]；

——软件的升级或替换不正确。

破坏者[3)]

——窃听；

——硬件损坏或断开；

——非法软件修改。

入侵者[4)]

——通道监测；

——发送未认可报文。

D.4.2 危害事件-威胁之间的关系

根据D.1所列的条款，每个威胁可以看作是由一组危害事件产生的。以前文已定义的危害事件的条款开始，下一步包括建立危害事件和在D.3中通过自下而上的方法[4)]划分出的威胁之间建立关系。

目的是验证不会出现其他额外的威胁，以证明采取的方法有效。威胁-危害事件的关系可以表示为表D.1。

可以看出，在分析每个危害事件后没有发现额外的威胁；这就证明了D.3所列出的是详尽的。

需要明确的是：表D.1仅考虑到每个危害事件的主要影响，即：可以确定其他关系。

D.5 结论

介绍了导出对开放式通信系统安全相关传输可能造成威胁的两种不同方法。第一种是自顶向下的方法，从主危害开始，直到列出对所有可能导致危害的危害事件，第二种是为对可能造成与系统相关的危害事件的所有可能的原因的分类，从系统对象的两个主要实体的定义入手(即网络和外部环境)，以此分析这些事件产生的威胁。

这两种分析会聚于相同的一组威胁，因此证明了这项工作的有效性。

表D.1 危害事件-威胁的关系

危害事件	威胁						
	重复	删除	插入	重排序	损坏	延时	伪装
硬件系统性失效	√	√	√	√	√	√	√[a]
软件系统性失效	√	√	√	√	√	√	√[a]
串扰		√	√		√		√[a]
连线中断		√			√	√	
天线未对准		√			√		
布线错误		√	√		√	√	√[a]

3) 破坏与入侵的区别是，前者不关心传输线上的内容，它的目的只是为了修改网络，然而后者不改变网络，它利用网络只是为了得到一些利益。

4) 总的来说，在安全论据分析过程中，应使用这种从下到上的方法对由特殊应用相关的HE引起的威胁进行评估。

表 D.1（续）

危害事件	威胁						
	重复	删除	插入	重排序	损坏	延时	伪装
硬件随机失效	√	√	√	√	√	√	√[a]
硬件老化	√	√	√	√	√	√	√[a]
使用未校准仪器	√	√	√	√	√	√	√[a]
使用不匹配仪器	√	√	√	√	√	√	√[a]
错误地硬件替换	√	√	√	√	√	√	√[a]
衰落效应		√		√	√	√	
EMI		√			√		
人为错误		√	√	√	√	√	√[a]
热噪声		√			√		
磁暴		√			√	√	
火灾		√			√	√	
地震		√			√	√	
闪电		√			√	√	
传输系统过载		√				√	
窃听	√	√	√	√	√	√	√[a]
硬件损坏或断开		√			√	√	
非法软件修改	√	√	√	√	√	√	√[b]
发送非法报文	√		√				√[b]
通道监测[c]							

[a] 在这种情况下，正确的报文发送到了错误的接收者，例如因为路由错误。可以使用的对策是规范发送者的地址。

[b] 在这种情况下，报文从开始就是假的。需要强防护措施，例如使用密钥。

[c] 显然，“通道监测”危害事件不产生威胁。事实上，保密性是系统的要求，与特殊的应用有关。

ICS 29.020
J 04

中华人民共和国国家标准

GB/T 24340—2009

工业机械电气图用图形符号

Graphical symbols for use on electrical diagram of industrial machines

2009-09-30 发布　　2010-02-01 实施

中华人民共和国国家质量监督检验检疫总局
中国国家标准化管理委员会　发布

前言

本标准由中国机械工业联合会提出。

本标准由全国工业机械电气系统标准化技术委员会(SAC/TC 231)归口。

本标准主要起草单位：杭州机床集团有限公司、北京机床研究所、陕西秦川格兰德机床有限公司、四川长征机床集团有限公司、北京凯恩帝数控技术有限公司、中国纺织机械(集团)有限公司、长沙中联重工科技发展有限公司、威图电子机械技术(上海)有限公司。

本标准主要起草人：陈建明、黄祖广、孙秦超、阮志斌、金朝晖、杨洪丽、赵关红、谢长宇、刘剑。

工业机械电气图用图形符号

1 范围

本标准规定了工业机械电气图所使用的图形符号。

本标准适用于工业机械(包括机床、铸锻机械、纺织机械、起重机械、建筑机械、缝纫机械、塑料机械等)的电气图样和其他技术文件。

2 规范性引用文件

下列文件中的条款通过本标准的引用而成为本标准的条款。凡是注日期的引用文件,其随后所有的修改单(不包括勘误的内容)或修订版均不适用于本标准,然而,鼓励根据本标准达成协议的各方研究是否可使用这些文件的最新版本。凡是不注日期的引用文件,其最新版本适用于本标准。

GB/T 4728.1—2005 电气简图用图形符号 第1部分:一般要求(IEC 60617 database,IDT)

GB/T 4728.2—2005 电气简图用图形符号 第2部分:符号要素、限定符号和其他常用符号(IEC 60617 database,IDT)

GB/T 4728.3—2005 电气简图用图形符号 第3部分:导体和连接件(IEC 60617 database,IDT)

GB/T 4728.4—2005 电气简图用图形符号 第4部分:基本无源元件(IEC 60617 database,IDT)

GB/T 4728.5—2005 电气简图用图形符号 第5部分:半导体管和电子管(IEC 60617 database,IDT)

GB/T 4728.6—2008 电气简图用图形符号 第6部分:电能的发生与转换(IEC 60617 database,IDT)

GB/T 4728.7—2008 电气简图用图形符号 第7部分:开关、控制和保护器件(IEC 60617 database,IDT)

GB/T 4728.8—2008 电气简图用图形符号 第8部分:测量仪表、灯和信号器件(IEC 60617 database,IDT)

GB/T 4728.10—2008 电气简图用图形符号 第10部分:电信:传输(IEC 60617 database,IDT)

GB/T 4728.11—2008 电气简图用图形符号 第11部分:电信:建筑安装平面布置图(IEC 60617 database,IDT)

GB/T 4728.12—2008 电气简图用图形符号 第12部分:二进制逻辑元件(IEC 60617 database,IDT)

GB/T 4728.13—2008 电气简图用图形符号 第13部分:模拟元件(IEC 60617 database,IDT)

3 术语和定义

下列术语和定义适用于本标准。

3.1

图形符号 graphical symbol

不使用语言便能传递信息的,以直观图形(或图像)和/或字符表述设备(器件)或概念的符号,可通过绘制、印制或其他手段获得。

3.2

符号要素 symbol elements

图形符号的组成部分。

注:灯丝、栅极、阳极、管壳等符号要素组成电子管的符号。符号要素组成符号时,其布置可以同符号表示的设备

（器件）的实际结构不一致。

3.3

一般符号　general symbol

表示一类产品（或器件）或及其特征的简明符号，它还可作为其他图形符号组成的基础符号。

3.4

限定符号　qualifying symbol

附加于一般符号或其他图形符号之上，以提供某种确定的或附加信息的图形符号的组成部分。

限定符号不能单独使用，一般符号也可以作限定符号使用。

注：电容器的一般符号附加到传感器上即构成电容式传感器。

3.5

方框符号　block symbol

用以表示元件、设备等的组合及其功能，既不给出元件、设备的细节也不考虑所有连接的简单的图形符号。

注：方框符号通常用在使用单线表示法的图中，也可用在全部示出输入和输出接线的图中。

3.6

名称　name

符号含义的简短说明。

3.7

别名　alias

同义词，含义几乎相同并可能是学科分科的专业名称等，根据该名称也可知道图形符号。

3.8

状态　status

与标准化工作流程有关的符号状态。在符号通过后是“标准”状态。若符号被另一个符号取代或技术过时，变为“废除——仅供参考”状态。如是技术过时的情况，虽然标准中不再维护，但该符号可能仍有使用。

注：在标准化过程中，如“建议”、“草案”、“拒绝”等其他状态也会出现。

4　符号的说明及使用要求

4.1　符号的绘制

4.1.1　本标准中的图形符号可以直接采用或按比例绘制。

4.1.2　布置符号时，应使连接线之间的距离是模数 M（M 为 2.5 mm）的倍数，一般为 $2M$（5 mm），以便标注端子的标志。

4.1.3　一般情况下，符号可直接用于绘图。

4.1.4　在计算机辅助绘图系统中：

a）符号应设计成能用于特定模数 M 的网格中，例如：模数 M 为 2.5 mm；

b）符号的连接线同网格线重合并终止于网格线的交点上；

c）矩形的边长和圆的直径应设计成 $2M$ 的倍数。对较小的符号则选为 $1.5M$、$1M$ 或 $0.5M$；

d）两条连接线之间至少应有 $2M$ 的距离，以符合国际通行的最小字符高为 2.5 mm 的要求。

4.2　符号的编号

4.2.1　符号的序号

本标准中的每个符号都给出一个序号，此序号由三段构成：

a）第一段，表示本标准的第几章；

b）第二段，表示该章的第几条；

c) 第三段，表示该条的第几个符号；

d) 三段之间以“·”分开。

4.2.2 符号编号的规则

在本标准的每章中，每条从 1 开始连续编号。

在每一条中，符号从 1 到 99 连续编号。

示例：

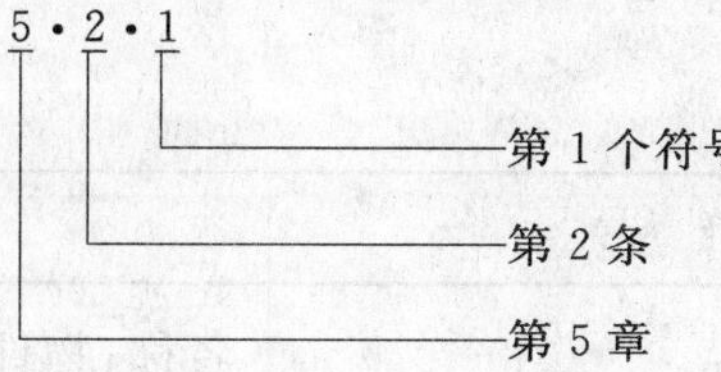

4.2.3 符号序号的附注

在编号的第二段(即条)的下面用了符号“=”，其意义为：

a) “=”：表示直接采用现行国家标准中的符号

直接采用 GB/T 4728.2—2005，GB/T 4728.3—2005，GB/T 4728.4—2005，GB/T 4728.5—2005，GB/T 4728.6—2008，GB/T 4728.7—2008，GB/T 4728.8—2008，GB/T 4728.10—2008，GB/T 4728.11—2008，GB/T 4728.12—2008，GB/T 4728.13—2008 中的符号；

b) 无“=”，表示本标准自定符号。

4.3 符号的状态及说明

4.3.1 符号的状态

与标准化工作流程有关的符号状态：

a) 已通过的符号是“标准”状态；

b) 若符号被另一个符号取代或技术过时，变为“废除——仅供参考”状态。如是技术过时的情况，该符号可能仍有使用。

4.3.2 符号的说明

本标准规定的图形符号，均按无电压、无外力作用的正常状态示出。

本标准规定的图形符号中的文字符号、物理量符号等，应视为图形符号的组成部分，但这些文字、物理量符号等不属本标准规定的内容。

本标准规定的图形符号中，如果图形符号带有模数 M 的网格符号，说明这个图形符号直接从 GB/T 4728.2—2005，GB/T 4728.3—2005，GB/T 4728.4—2005，GB/T 4728.5—2005，GB/T 4728.6—2008，GB/T 4728.7—2008，GB/T 4728.8—2008，GB/T 4728.10—2008，GB/T 4728.11—2008 中引用。

4.4 符号的使用

符号的使用按照以下原则：

——本标准尽可能完整地绘出符号要素、限定符号和一般符号，但只绘出有限的组合符号的例子。如果某些特定装置或概念的符号在本标准中未作规定，允许通过已规定符号的适当组合进行派生。为适应不同图样或用途的要求，可以改变彼此有关的符号的尺寸，如电力变压器和测量用互感器就经常采用不同大小的符号。

——本标准中的符号可以根据需要放大或缩小。当一符号用于限定另一符号时，该符号常常缩小绘制。各符号缩小或放大时，其相互间及符号本身的比例应保持不变。

——本标准示出的符号方位不是强制的。在不改变符号含义的前提下，符号可根据图面布置的需要旋转或成镜像放置，但文字和指示方向不应倒置。

——导线符号可以用不同宽度的线条表示。

——为清晰起见，符号通常带连接线示出。只要不另加说明，符号只绘出带连接线的一种形式。

——大部分符号上可以增加补充信息，但仅在有这种信息的推荐方法的情况下，本标准才示出实例。

——本标准中有些符号具有几种图形形式，“优选形”是供优先采用的，在同一张电气图样中只能选用一种图形形式，图形符号的大小和线条的粗细也应基本一致。

5 符号要素、限定符号和常用的其他符号

5.1 符号要素

序号		图形符号	说明
5.1.1	形式 1	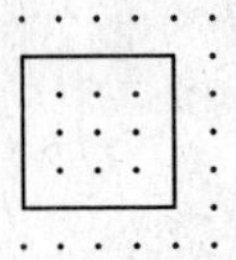	名称：物件 别名：设备；器件；功能单元；功能 状态：标准
5.1.2	形式 2	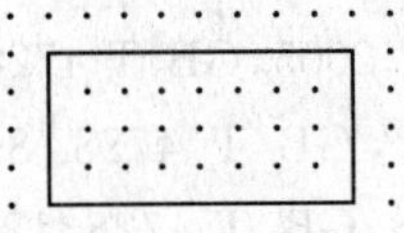	名称：物件 状态：标准
5.1.3	形式 3	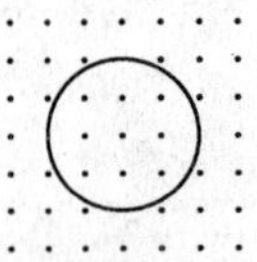	名称：物件 状态：标准
5.1.4		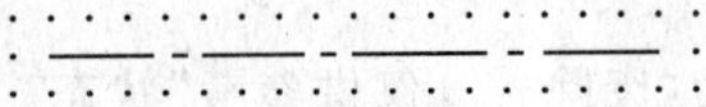	名称：边界线 状态：标准
5.1.5		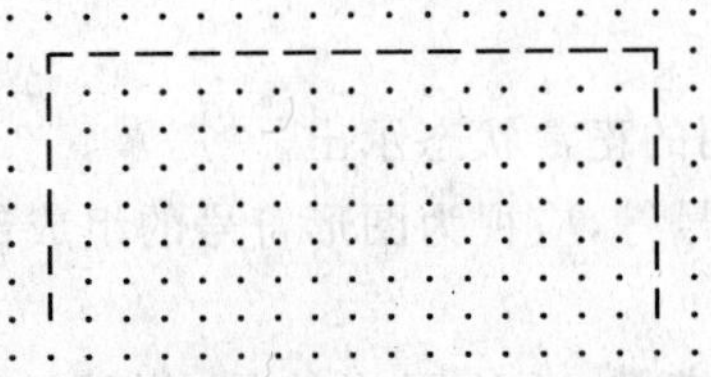	名称：屏蔽 别名：Shield 状态：标准

5.2 电流和电压种类的限定符号

序号	图形符号	说明
5.2.1	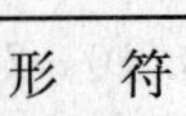	名称：直流 状态：标准
5.2.2	2/M ═══ 220 V/110 V	示例：具有中间线的两个导线，220 V/110 V 状态：废除——仅供参考
5.2.3	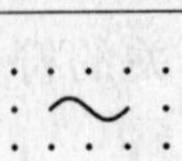	名称：交流 状态：标准
5.2.4	3 N～50 Hz 380 V/220 V	名称：交流（示出电压） 状态：废除——仅供参考
5.2.5	3 N～50 Hz/TN—S	交流（示出系统） 状态：废除——仅供参考

序　号	图　形　符　号	说　　明
5.2.6	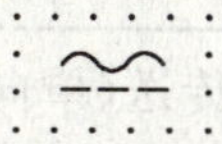	名称：具有交流分量的整流电流 状态：标准
5.2.7	N	名称：中性(中性线) 状态：标准
5.2.8	M	名称：中间线 状态：标准
5.2.9	+	名称：正极性 状态：标准
5.2.10	—	名称：负极性 状态：标准

5.3　**力或运动的方向**

箭头可用来表示方向，符号的可动部分沿此方向运动以给出所需效应(见符号5.3.2)。

箭头也可用于表示力的方向或符号所代替的零件运动的方向。

由运动产生的效应可用符号或文字予以说明。

序　号	图　形　符　号	说　　明
5.3.1		名称：直线运动(单向) 别名：单向；按箭头方向 状态：标准
5.3.2		名称：直线运动(双向) 别名：力 状态：标准
5.3.3		名称：环形运动(单向) 别名：旋转；扭转 状态：标准
5.3.4		名称：环形运动(双向) 别名：旋转；扭转 状态：标准
5.3.5		名称：环形运动(双向均受到限制) 别名：旋转；扭转 状态：标准

5.4 流动的方向

序　号	图　形　符　号	说　　明
5.4.1	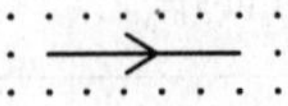	名称:传送(单向) 别名:能量流;信号流;信息流 状态:标准
5.4.2	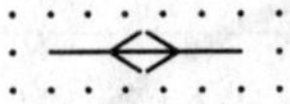	名称:传送,双向,同时 别名:交替的发送和接收 状态:标准

5.5 信号波形

序　号	图　形　符　号	说　　明
5.5.1		名称:正脉冲 状态:标准
5.5.2		名称:负脉冲 状态:标准
5.5.3	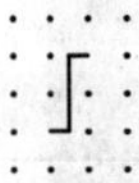	名称:正阶跃函数 状态:标准
5.5.4	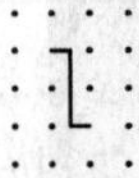	名称:负阶跃函数 状态:标准
5.5.5	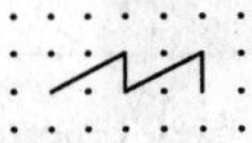	名称:锯齿波 状态:标准

5.6 机械控制

序　号	图　形　符　号	说　　明
5.6.1	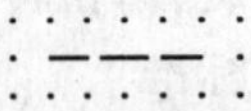	名称:连接 别名:机械连接;气动连接;液压连接;光学连接;功能连接;无线电连接 状态:标准
5.6.2		名称:机械连接(旋转) 别名:连接;机械;指示旋转方向的机械连接 状态:标准
5.6.3		名称:自动复位 别名:复位;自动 状态:标准

序号	图形符号	说明
5.6.4	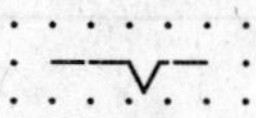	名称:自锁 别名:非自动返回;复位; 保持给定位置的器件 状态:标准
5.6.5	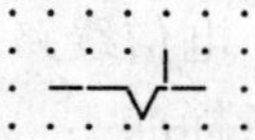	名称:脱离自锁 状态:标准
5.6.6	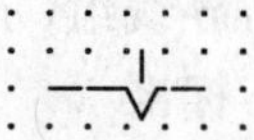	名称:进入自锁 状态:标准
5.6.7	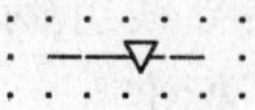	名称:机械联锁 别名:联锁;机械;两器件间的机械联锁 状态:标准

5.7 接地、接机壳和等电位

序号	图形符号	说明
5.7.1		名称:接地,一般符号 别名:地,一般符号 状态:标准
5.7.2		名称:抗干扰接地 别名:无噪声接地 状态:废除——仅供参考
5.7.3		名称:保护接地 别名:保护接地;保护接地导体; 保护接地端子 状态:标准
5.7.4	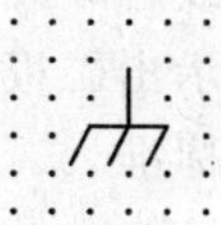	名称:接机壳 别名:接底板 状态:废除——仅供参考
5.7.5	⊥	名称:接机壳 状态:废除——仅供参考
5.7.6		名称:保护等电位联结 别名:保护接地导体;保护接地端子 状态:标准

6 导线和连接器件

6.1 导线

序号		图形符号	说明
6.1.1		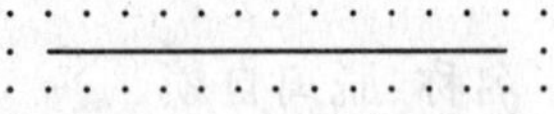	名称:连线,一般符号 别名:导线;电缆;电线;传输通路; 电信线路 状态:标准
6.1.2	形式 1	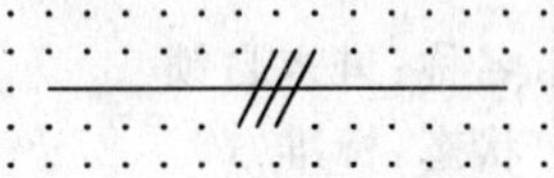	名称:导线组(示出导线数) 状态:标准
6.1.3	形式 2	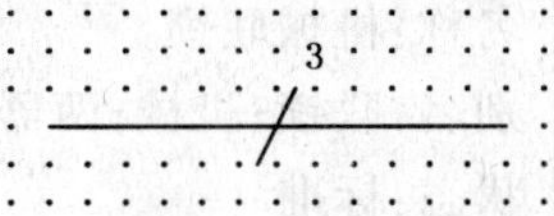	名称:导线组(示出导线数) 状态:标准
6.1.4		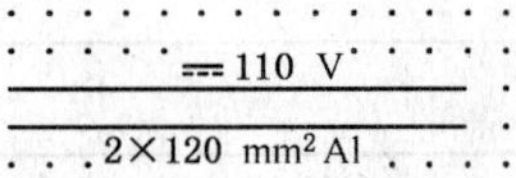	名称:直流电路 状态:标准 示例:110 V,两根 120 mm^2 的铝导线
6.1.5		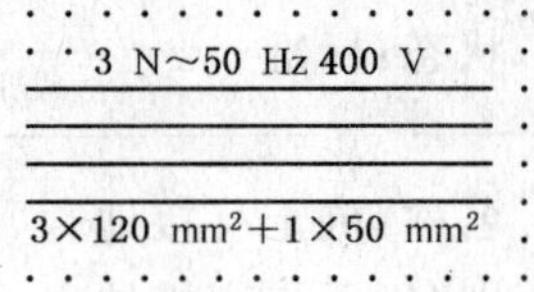	名称:三相电路 状态:标准 示例:50 Hz,400 V,三根 120 mm^2 导线,一根 50 mm^2 的中性线 3N 替代 3+N
6.1.6			名称:单线和复线交替表示法 状态:标准
6.1.7		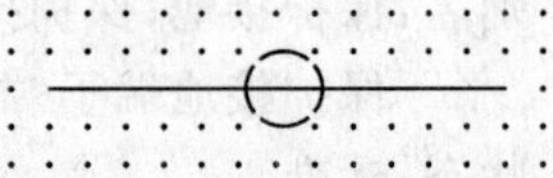	名称:屏蔽导体 状态:标准
6.1.8		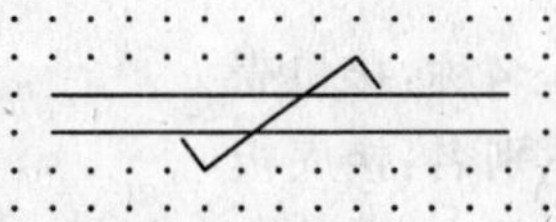	名称:绞合导线 示出二根 状态:标准
6.1.9	形式 1	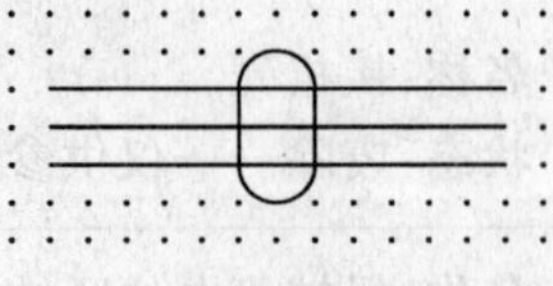	名称:形式 1 是优选型电缆中的导线 示出三根导线 状态:标准
6.1.10	形式 2	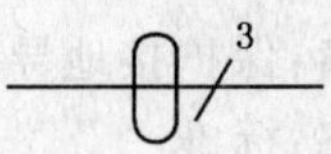	形式 2 表示线条彼此不接近 状态:标准

序　号	图　形　符　号	说　　明
6.1.11	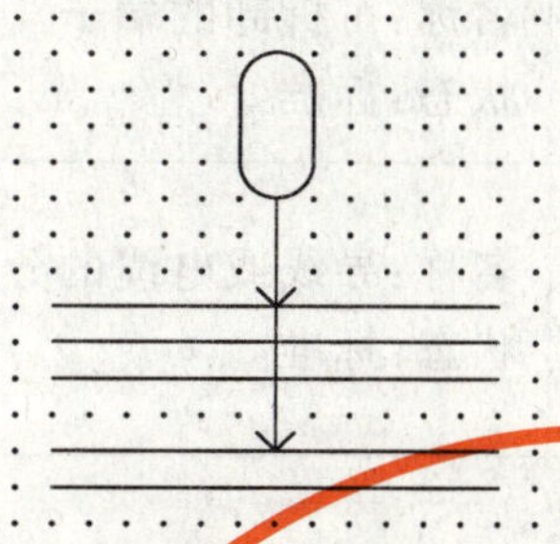	名称：电缆中的导线 状态：标准 示例：五根导线，其中箭头所指的两根导线在同一根电缆中。
6.1.12	形式 1 	名称：屏蔽电缆多线表示法（示出三根导线） 状态：标准
6.1.13	形式 2 	名称：屏蔽电缆单线表示法（示出三根导线） 状态：标准

6.2　端子和导线的连接

序　号	图　形　符　号	说　　明
6.2.1		名称：连接点 别名：连接 状态：标准
6.2.2		名称：端子 状态：标准
6.2.3	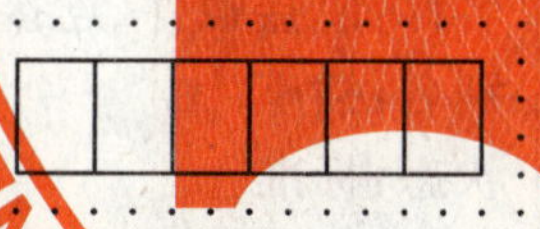	名称：端子板 状态：标准
6.2.4	形式 1  形式 2 	名称：T 型连接 状态：标准
6.2.5	形式 1 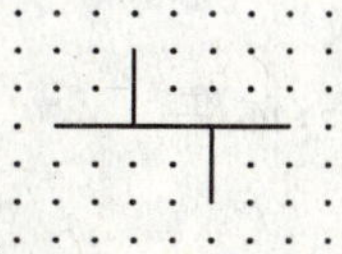	名称：导线的双 T 连接 状态：标准
6.2.6	形式 2 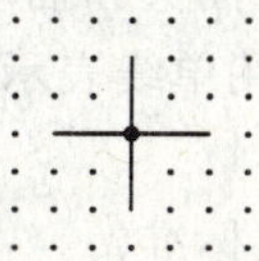	名称：导线的双 T 连接 状态：标准

序　号	图　形　符　号	说　　明
6.2.7		名称:可拆卸的端子 状态:标准
6.2.8	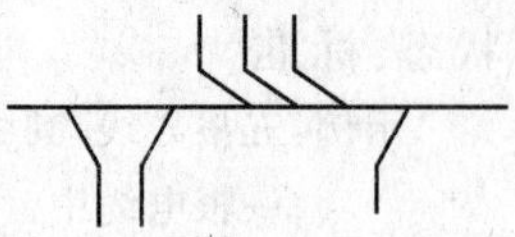	名称:导线或电缆的分支和合并 状态:标准
6.2.9 6.2.10	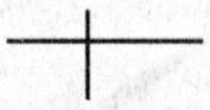 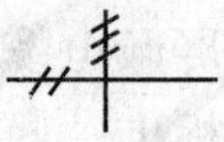	名称:导线的不连接 状态:标准
6.2.11	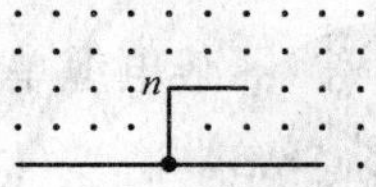	名称:支路 别名:连接 注:一组相同并重复并联的电路的公共连接。 状态:标准
6.2.12	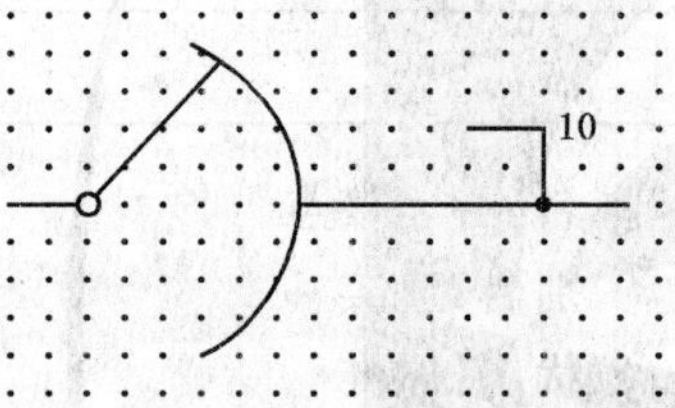	相似连接件的总数注在公共连接符号附近 示例:复接的单行程选择器(表示 10 个触点) 状态:废除——仅供参考

6.3　连接器件

序　号	图　形　符　号	说　　明
6.3.1	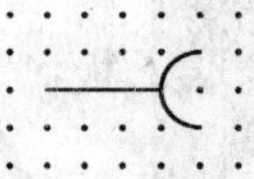	名称:阴接触件(连接器的) 别名:插座 状态:标准
6.3.2	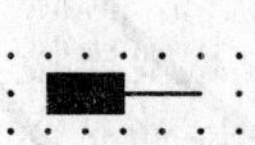	名称:阳接触件(连接器的) 别名:连接器件,插头 状态:标准
6.3.3	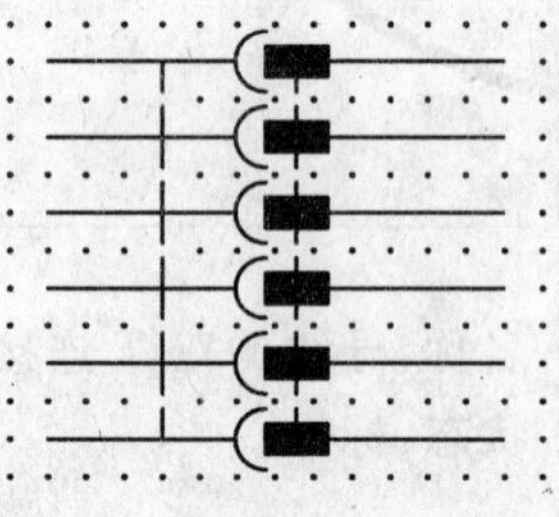	名称:插头和插座,多极 用多线表示 6 个阴接触件和 6 个阳接触件极 状态:标准
6.3.4	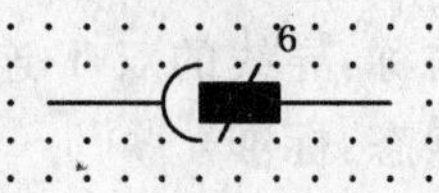	名称:插头和插座,多极 用单线表示 6 个阴接触件和 6 个阳接触件极 状态:标准

序　号	图　形　符　号	说　　　明
6.3.5	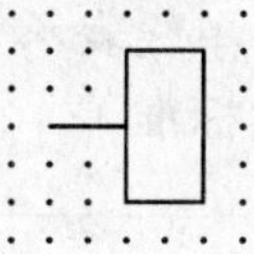	名称：连接器，组件的固定部分 注：仅当需要区别连接器的固定部分与可动部分时才采用此符号。 状态：标准
6.3.6	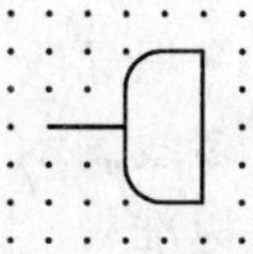	名称：连接器，组件的可动部分 注：同 6.3.5 的注。 状态：标准
6.3.7	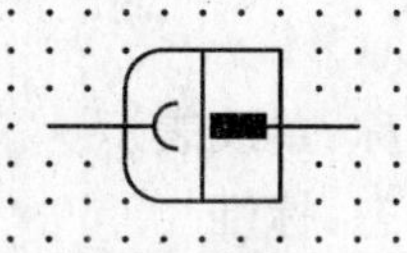	名称：配套连接器 注 1：本符号表示插头端固定和插座端可动。 注 2：使用要求同 6.3.5 的注。 状态：标准
6.3.8	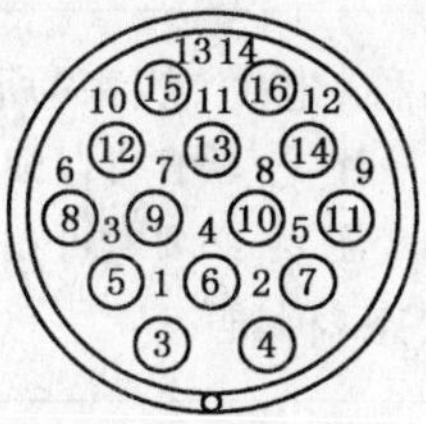	示例：配套连接器的接线图。 注 1：示例仅为圆形连接器，也可根据需要绘成其他形式的连接器。 注 2：小圆圈内的号为导线线号，圆圈上面的数字为对应的接线柱号。 状态：标准
6.3.9		名称：接通的连接片 状态：标准
6.3.10	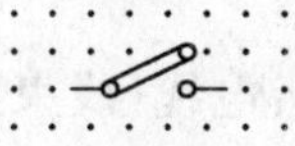	名称：断开的连接片 状态：标准
6.3.11		名称：插头和插座式连接器(如 u 型连接) 阳—阳 状态：标准
6.3.12		名称：阳—阴 有插座的阳—阳 状态：标准
6.3.13	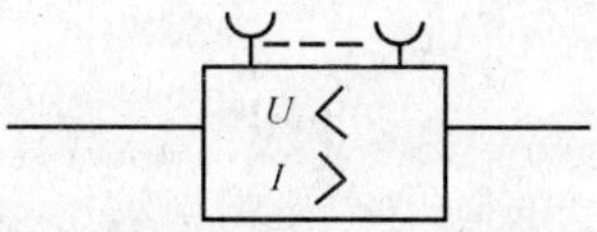	名称：具有欠电压、过电流保护的插座 状态：废除——仅供参考

6.4 电缆附件

序　号	图　形　符　号	说　　　明
6.4.1	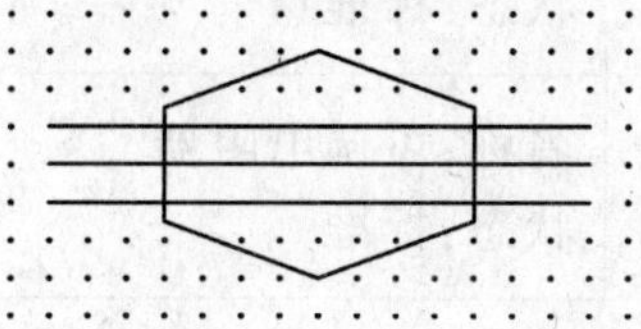	名称：直通接线盒，表示带有三根导线 多线表示 状态：标准

序号	图形符号	说明
6.4.2	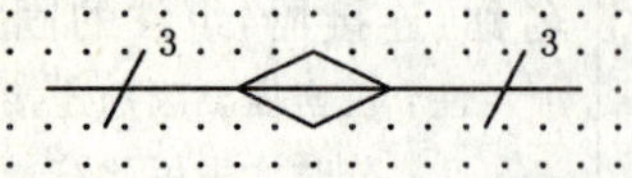	名称：单线表示 状态：标准
6.4.3	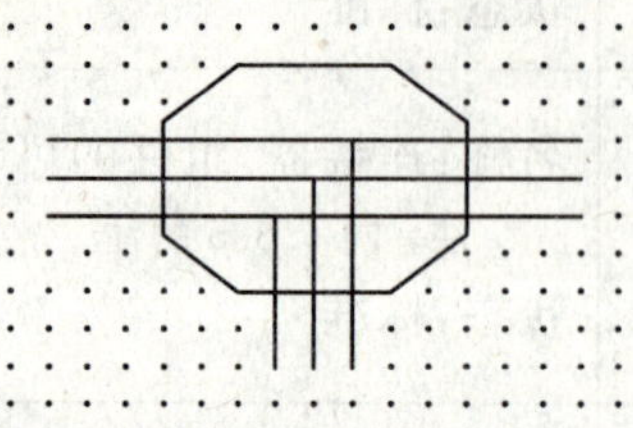	名称：电缆连接盒，表示T型连接带有三根导线多线表示 状态：标准
6.4.4	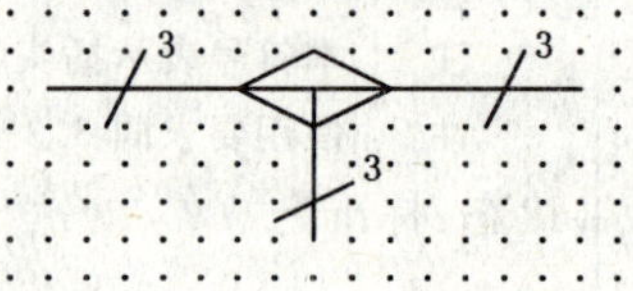	名称：单线表示 状态：标准
6.4.5	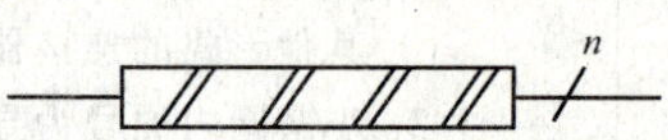	名称：电缆(线束)所用的软管 注1：软管可以画成曲、直两种形状。 注2：必要时可在适当位置标注出导线的数量。 状态：标准
6.4.6	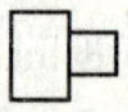	名称：电缆(线束)穿管所用的管接头 注：可在上方或适当的位置标注型号或尺寸。 状态：标准
6.4.7	形式1 	名称：电缆(线束)敷设时所用的线缆硬管 注：符号中的 n 表示导线或电缆的数量。 状态：标准
6.4.8	形式2 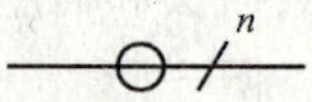	
6.4.9	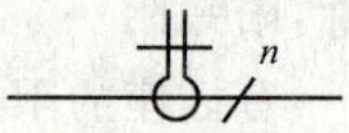	名称：线扎 注：n 是导线的数量。 状态：标准

7 无源元件

7.1 电阻器

序号	图形符号	说明
7.1.1	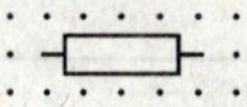	名称：电阻器，一般符号 状态：标准
7.1.2	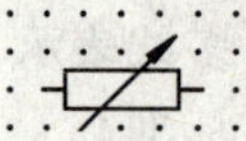	名称：可调电阻器 状态：标准

序　号	图　形　符　号	说　　明
7.1.3	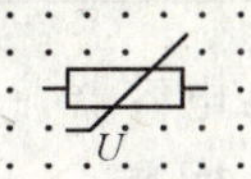	名称:压敏电阻器 别名:变阻器 状态:标准
7.1.4	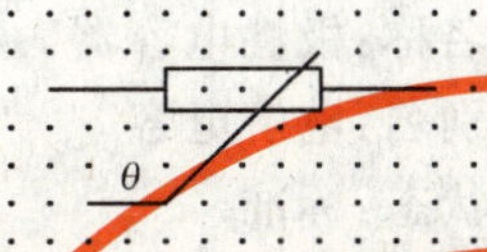	名称:热敏电阻 状态:废除——仅供参考
7.1.5	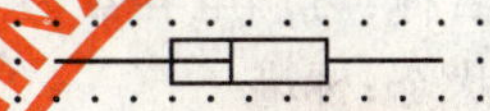	名称:熔断电阻 状态:废除——仅供参考
7.1.6	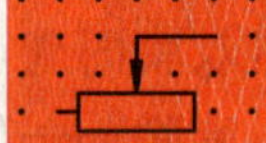	名称:带滑动触点的电阻器 状态:标准
7.1.7	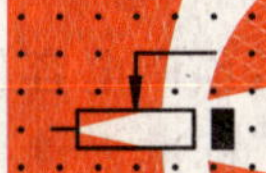	名称:带滑动触点和断开位置的电阻器 状态:标准
7.1.8		名称:加热元件 状态:标准
7.1.9	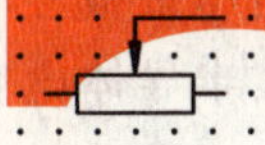	名称:带滑动触点的电位器 状态:标准
7.1.10	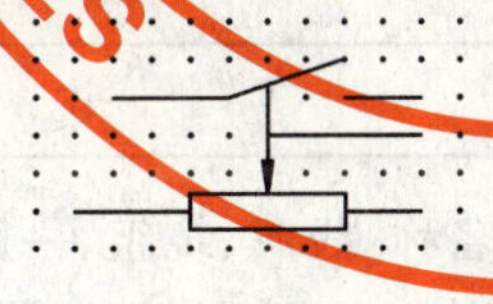	名称:带开关的滑动触点电位器 状态:废除——仅供参考
7.1.11	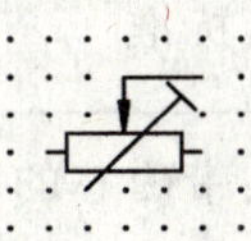	名称:带滑动触点和预调电位器 状态:标准
7.1.12	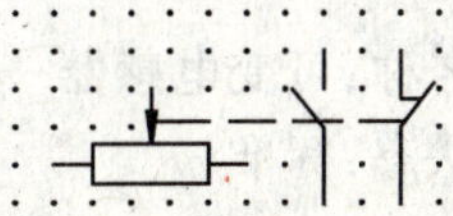	名称:带联动开关的电位器 状态:标准

7.2 **电容器**

序　号	图　形　符　号	说　　明
7.2.1	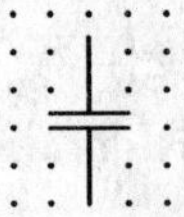	名称:电容器,一般符号 状态:标准
7.2.2	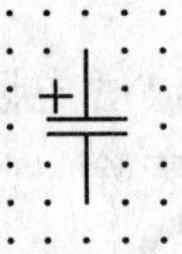	名称:极性电容器 别名:电解电容 状态:标准
7.2.3	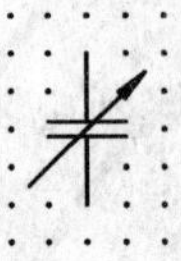	名称:可调电容器 状态:标准
7.2.4	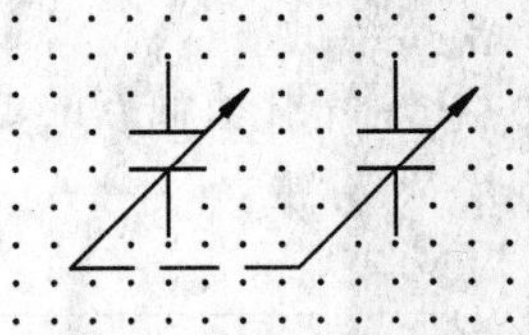	名称:双联同调可变电容器 状态:废除——仅供参考
7.2.5	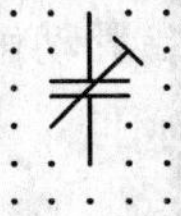	名称:预调电容器 状态:标准
7.2.6	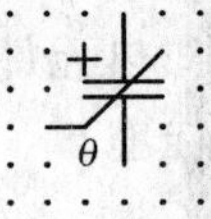	名称:热敏极性电容器 别名:陶瓷电容器 状态:标准
7.2.7	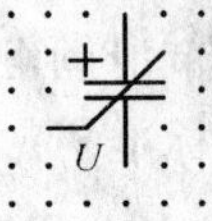	名称:压敏极性电容器 别名:半导体电容器 状态:标准

7.3 **电感器**

序　号	图　形　符　号	说　　明
7.3.1		名称:线圈、绕组、一般符号 别名:电感器,扼流圈 状态:标准
7.3.2	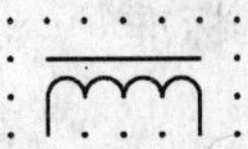	名称:带磁芯的电感器 状态:标准
7.3.3	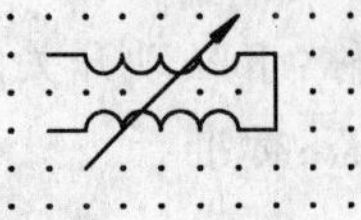	名称:可变电感器 状态:标准

8 半导体管、光敏、磁敏及数字符号显示器件

8.1 半导体二极管

序 号	图 形 符 号	说 明
8.1.1		名称:半导体二极管,一般符号 状态:标准
8.1.2		名称:发光二极管(LED),一般符号 状态:标准
8.1.3	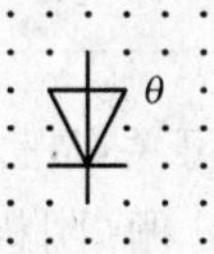 	名称:热敏二极管 状态:标准
8.1.4	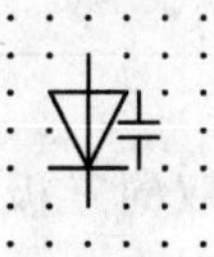	名称:变容二极管 状态:标准
8.1.5		名称:单向击穿二极管 别名:电压调整二极管,齐纳二极管 状态:标准
8.1.6		名称:双向击穿二极管 状态:标准
8.1.7		名称:双向二极管 状态:标准

8.2 晶体闸流管

序 号	图 形 符 号	说 明
8.2.1	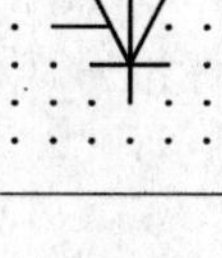	名称:三极闸流晶体管,未规定类型 状态:标准

序　号	图　形　符　号	说　　　明
8.2.2	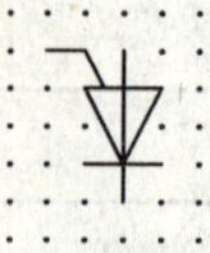	名称:反向阻断三极闸流晶体管, N 栅(阳极侧受控) 状态:标准
8.2.3	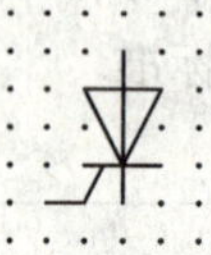	名称:反向阻断三极闸流晶体管, P 栅(阴极侧受控) 状态:标准
8.2.4	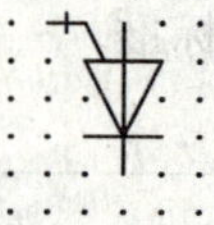	名称:可关断三极闸流晶体管, N 栅(阳极侧受控) 状态:标准
8.2.5	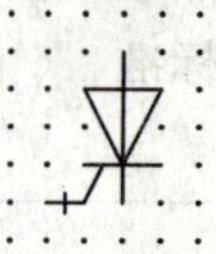	名称:可关断三极闸流晶体管, P 栅(阴极侧受控) 状态:标准
8.2.6		名称:双向三极闸流晶体管 状态:标准
8.2.7		名称:逆导三极闸流晶体管, N 栅(阳极受控) 状态:标准
8.2.8		名称:逆导三极闸流晶体管, P 栅(阴极受控) 状态:标准
8.2.9	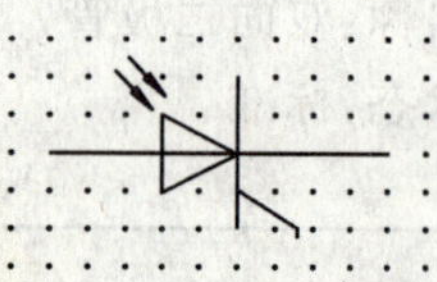	名称:光控晶体闸流管 状态:废除——仅供参考

8.3　半导体三极管

序　号	图　形　符　号	说　　　明
8.3.1	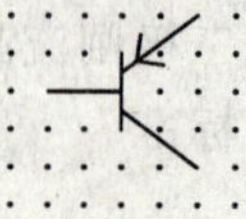	名称:PNP 晶体管 状态:标准

序　号	图　形　符　号	说　　明
8.3.2	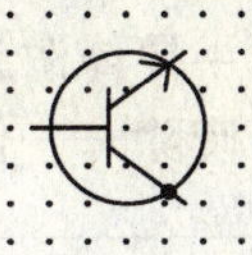	名称:集电极接管壳 NPN 晶体管 状态:标准
8.3.3		名称:具有 P 型双基极单结晶体管 状态:标准
8.3.4		名称:具有 N 型双基极单结晶体管 状态:标准
8.3.5	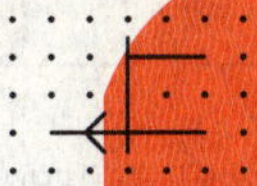	名称:P 型沟道结型场效应晶体管 状态:标准
8.3.6	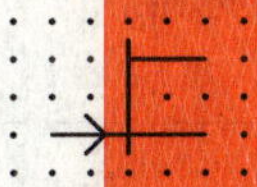	名称:N 型沟道结型场效应晶体管 状态:标准
8.3.7	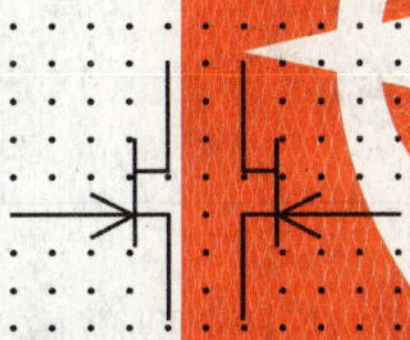	名称:N 型沟道结型场效应半导体对管 状态:废除——仅供参考

8.4　光电子、光敏和磁敏器件

序　号	图　形　符　号	说　　明
8.4.1		名称:光敏电阻(LDR);光敏电阻器 状态:标准
8.4.2		名称:光电二极管 状态:标准
8.4.3		名称:光生伏打电池 状态:标准
8.4.4		名称:光电晶体管 状态:标准

序 号	图 形 符 号	说 明
8.4.5	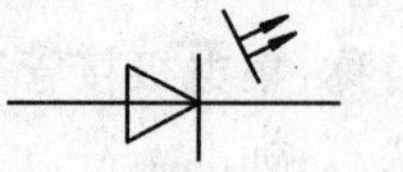	名称:半导体激光器 状态:废除——仅供参考
8.4.6		名称:发光数码管 状态:废除——仅供参考
8.4.7	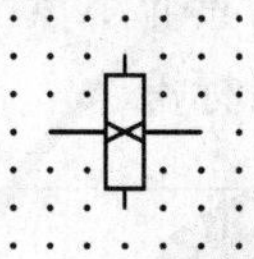	名称:有四根引出线霍尔发生器 状态:标准
8.4.8	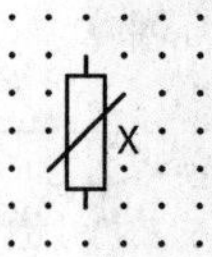	名称:磁[电]阻器 状态:标准
8.4.9	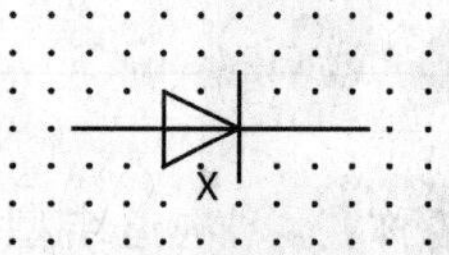	名称:磁敏二极管 状态:废除——仅供参考
8.4.10	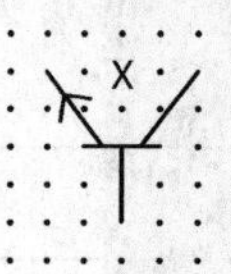	名称:NPN 型磁敏半导体三极管 状态:废除——仅供参考
8.4.11	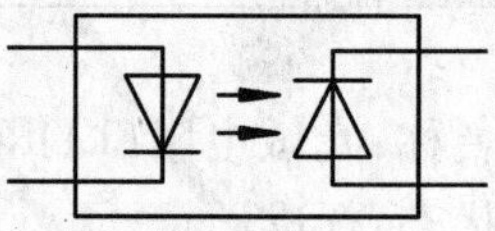	名称:光电二极管型光耦合器 状态:废除——仅供参考
8.4.12	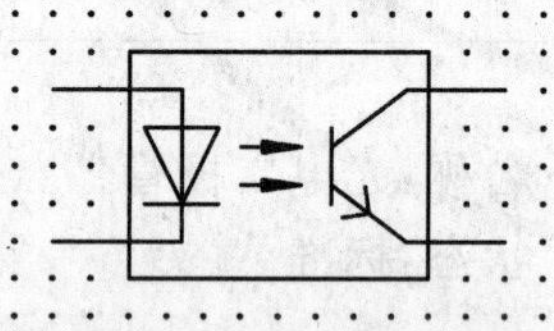	名称:光电耦合器 状态:标准
8.4.13	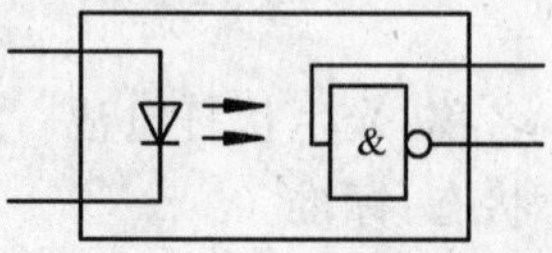	名称:集成电路光耦合器 状态:废除——仅供参考
8.4.14	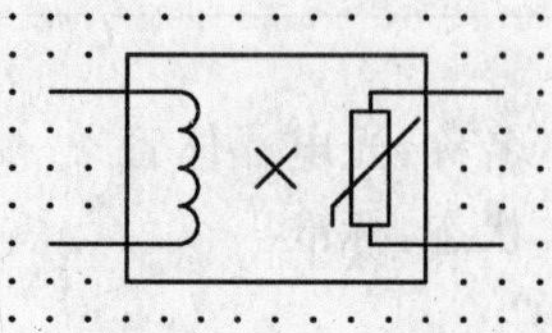	名称:磁耦合器件 别名:磁隔离器 状态:标准

序　号	图　形　符　号		说　　　明
8.4.15	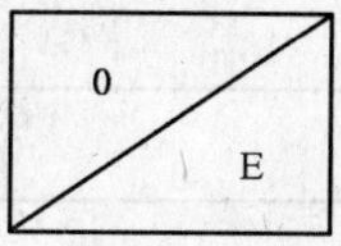		名称:光电转换器 状态:标准
8.4.16	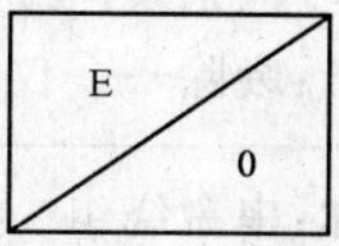		名称:电光转换器 状态:标准

8.5　数字符号显示器件

序　号	图　形　符　号		说　　　明
8.5.1	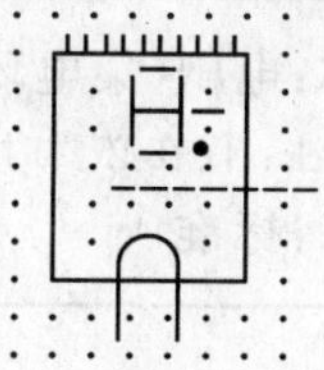		名称:单位荧光数字符号显示管 状态:废除——仅供参考
8.5.2	简化形	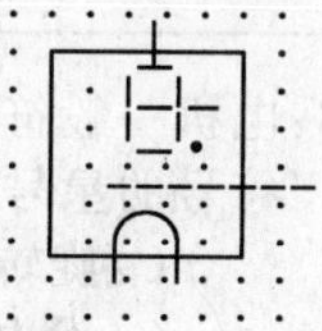	
8.5.3	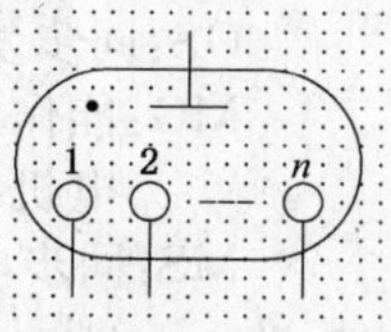 50%		名称:字符显示管,多个冷阴极充气 状态:废除——仅供参考
8.5.4	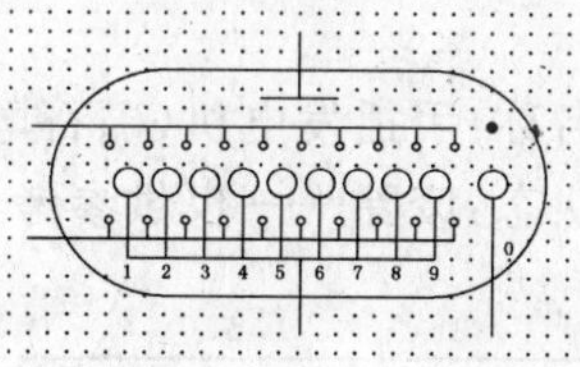 50%		名称:计数管 状态:废除——仅供参考
8.5.5	简化形	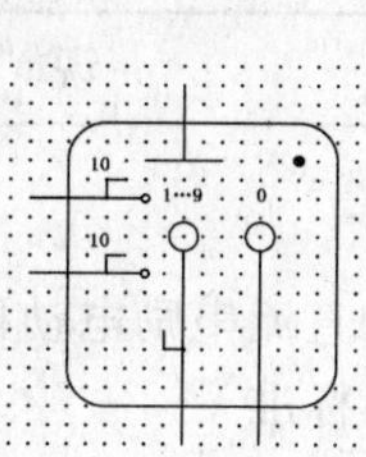 50%	名称:计数管 状态:废除——仅供参考

9 电能的发生和转换

9.1 电机的零部件

序 号	图 形 符 号	说 明
9.1.1		名称:分绕组的不同功能: 区别换向或补偿功能 状态:废除——仅供参考
9.1.2	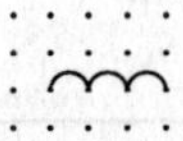	名称:串激绕组 状态:标准
9.1.3	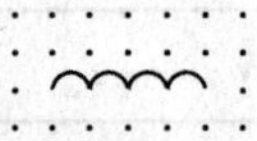	名称:并励绕组或他励绕组 状态:标准
9.1.4		名称:电刷(集电环或换向器上的) 注:仅在必要时标出电刷,见符号13.3.4。 状态:标准

9.2 电机的类型

序 号	图 形 符 号	说 明
9.2.1	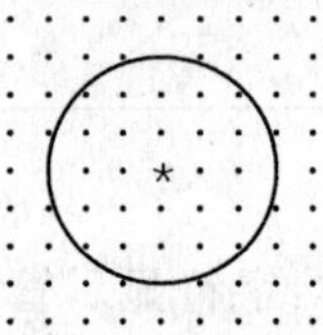	名称:电机一般符号 符号的星号必须用下述字母代替: C:旋转变流机 G:发电机 M:电动机 GS:同步发电机 MG:能作发电机或电动机使用的电机 MS:同步电动机 状态:标准
9.2.2	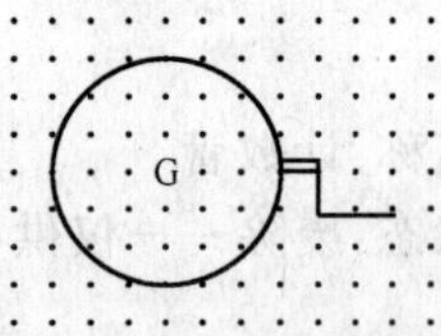	名称:手摇发电机(磁石电话) 状态:废除——仅供参考

9.3 直流电机

序 号	图 形 符 号	说 明
9.3.1	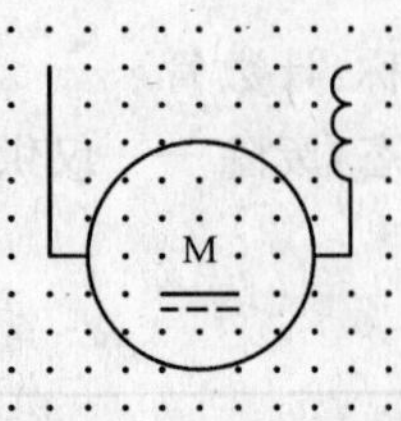	名称:直流串励电动机 状态:标准

序　号	图 形 符 号	说　　明
9.3.2	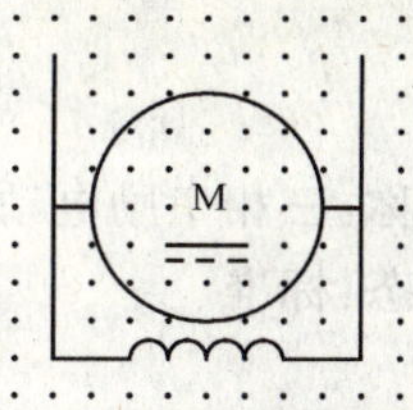	名称:直流并励电动机 状态:标准
9.3.3		名称:他励直流电动机 状态:废除——仅供参考
9.3.4	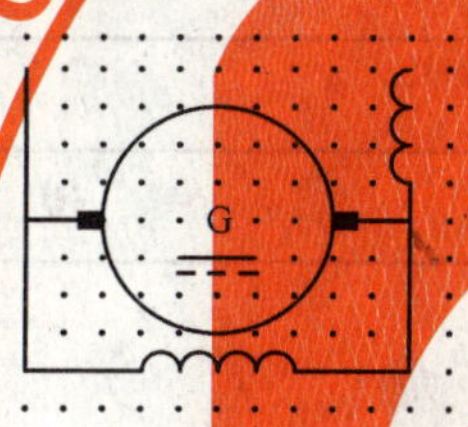	名称:短分路复励直流发电机,示出接线端子和电刷 状态:标准
9.3.5	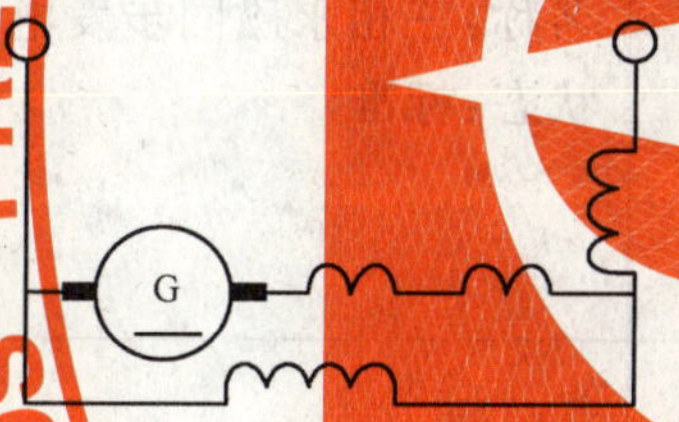	名称:短分路复励直流发电机(示出换向绕组和补偿绕组以及线端子和电刷) 状态:废除——仅供参考
9.3.6	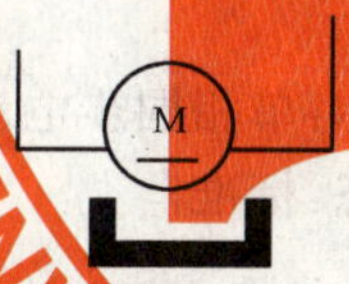	名称:永磁直流电机 状态:废除——仅供参考

9.4　交流换向器电动机

序　号	图 形 符 号	说　　明
9.4.1		名称:单相串励电动机 状态:标准
9.4.2	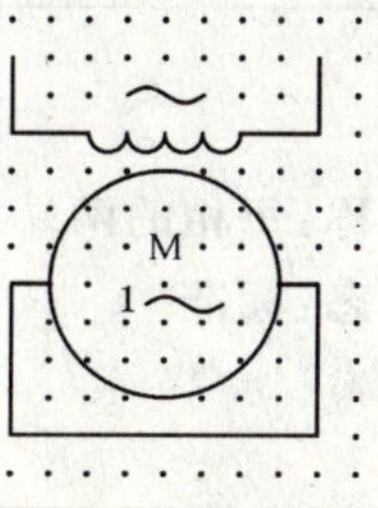	名称:单相推斥电动机 状态:标准

序　号	图形符号	说　　明
9.4.3	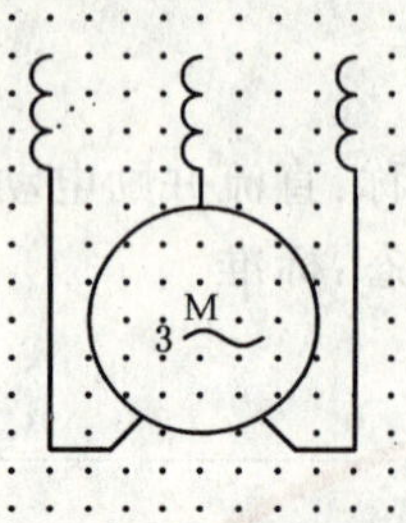	名称:三相串励电动机 状态:标准
9.4.4	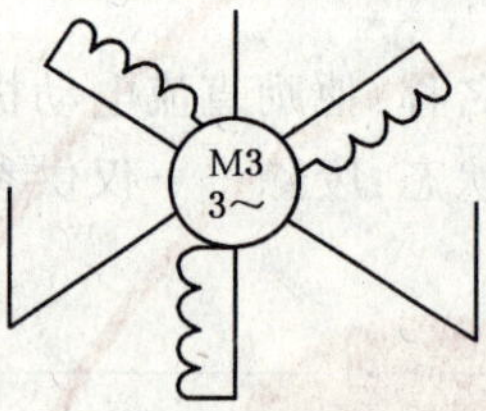	名称:三相交流并励电动机 状态:废除——仅供参考

9.5　同步电机

序　号	图形符号	说　　明
9.5.1	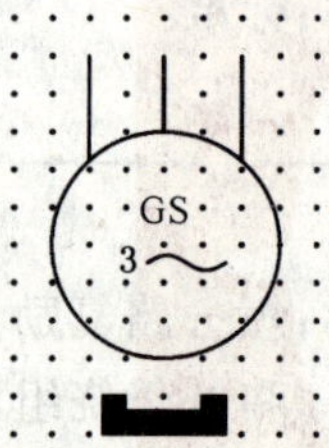	名称:三相永磁同步发电机 状态:标准
9.5.2	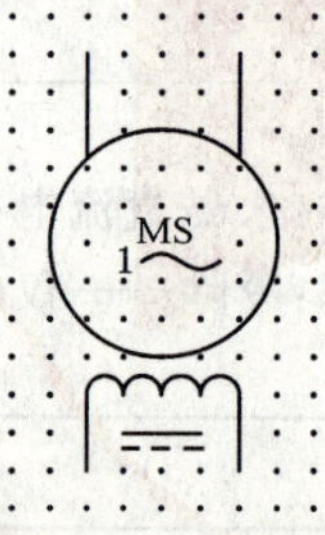	名称:单相同步电动机 状态:标准
9.5.3	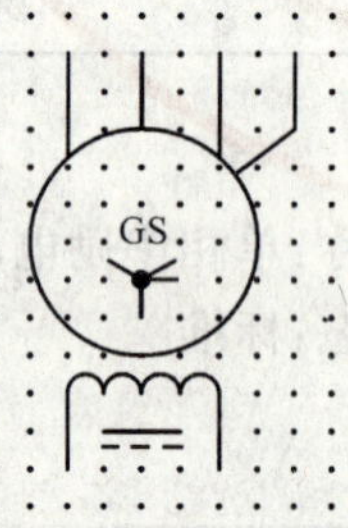	名称:中性点引出的星形连接的三相同步发电机 状态:标准
9.5.4	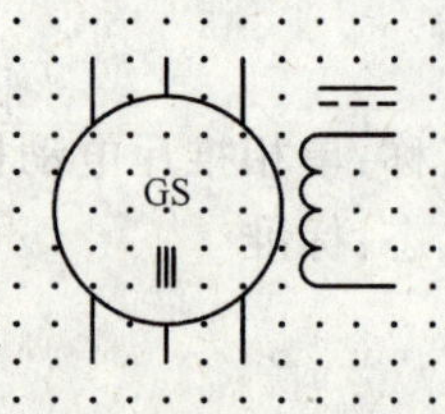	名称:每相的两端都引出的三相同步发电机 状态:标准

序　号	图　形　符　号	说　　明
9.5.5	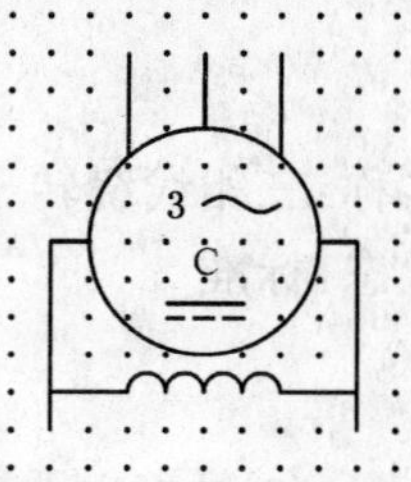	名称:三相并励同步旋转变流机 状态:标准
9.5.6		名称:三相永磁电动机 状态:废除——仅供参考
9.5.7	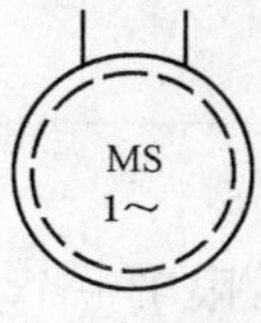	名称:单相磁滞同步电动机 状态:废除——仅供参考
9.5.8	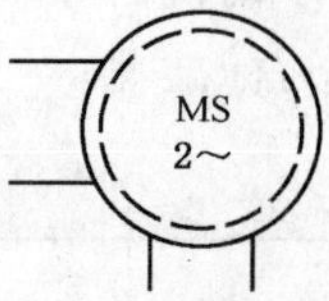	名称:两相磁滞同步电动机 状态:废除——仅供参考
9.5.9	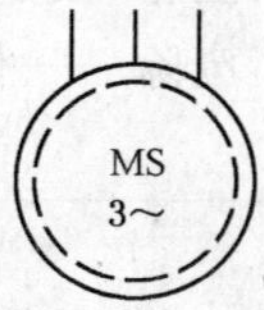	名称:三相磁滞同步电动机 状态:废除——仅供参考

9.6　异步电机示例

电机一般符号 9.2.1,用于转子不存在外部连接的异步电机。如鼠笼式电动机,如有外部连接,则应在一般符号内示出代表转子的一个圆(见符号 9.6.3)。

序　号	图　形　符　号	说　　明
9.6.1	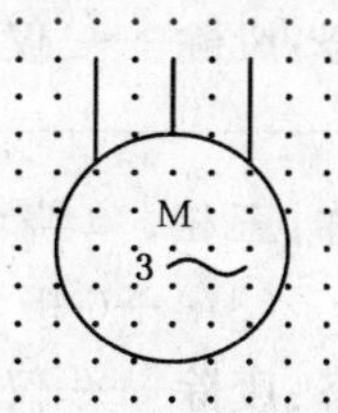	名称:三相鼠笼式感应电动机 状态:标准
9.6.2	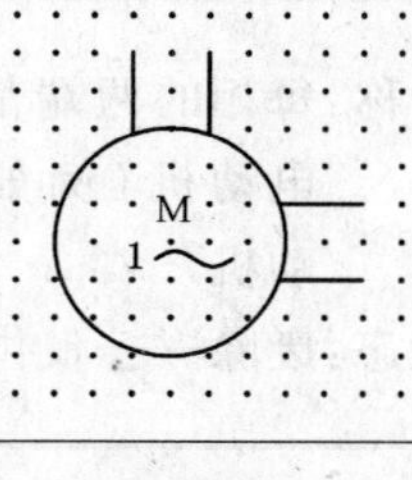	名称:单相鼠笼式有分相绕组引出端的感应电动机 状态:标准

序　号	图　形　符　号	说　　明
9.6.3	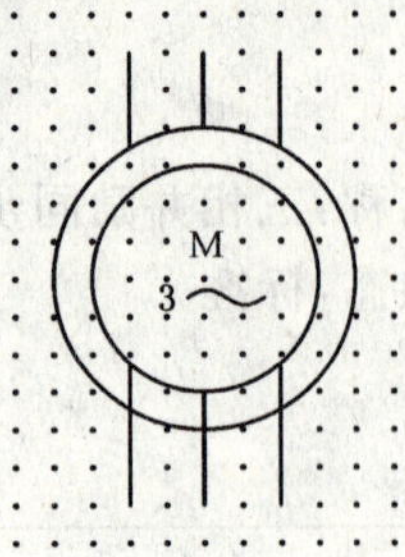	名称:三相线绕转子感应电动机 状态:标准
9.6.4	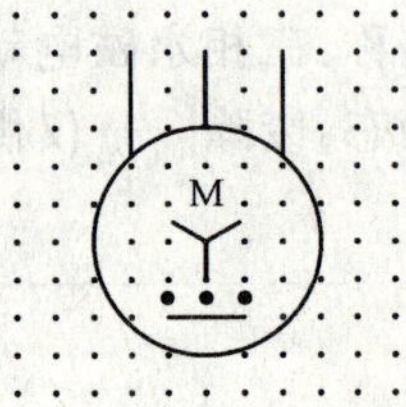	名称:有自动启动器的三相星形连接感应电动机 状态:标准
9.6.5	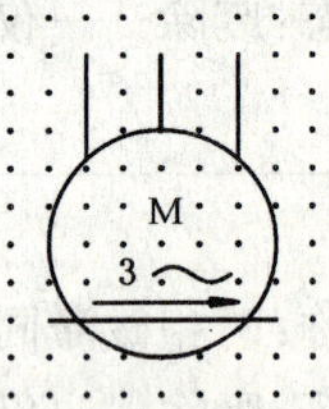	名称:限于一个方向运动的三相直线感应电动机 状态:标准
9.6.6	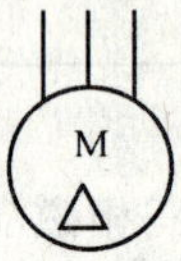	名称:三相、鼠笼,绕组三角连接的电动机 状态:废除——仅供参考
9.6.7	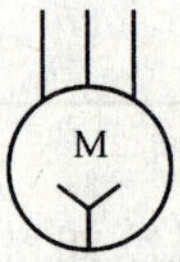	名称:三相、鼠笼,绕组星形连接的电动机 状态:废除——仅供参考
9.6.8	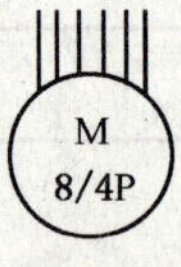	名称:三相、单绕组(双速)鼠笼异步电动机(8/4 极) 状态:废除——仅供参考
9.6.9	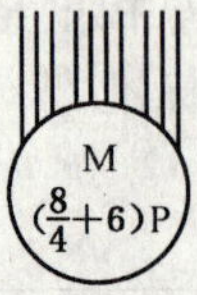	名称:三相、单绕组(三速)鼠笼异步电动机(8/4+6 极) 状态:废除——仅供参考
9.6.10	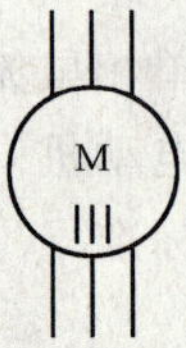	名称:每相的两端都引出的三相鼠笼式异步电动机(例如作 Y-△ 起动的异步电动机) 状态:废除——仅供参考

9.7 变流机

序 号	图 形 符 号	说 明
9.7.1		名称：三相并励同步旋转变流机 状态：标准
9.7.2		名称：变流机组 状态：废除——仅供参考
9.7.3	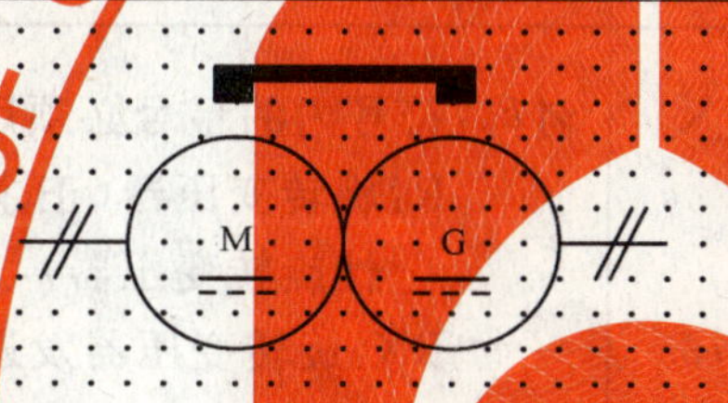	名称：具有公共永久磁铁的直流/直流旋转变流机 状态：标准
9.7.4		名称：具有公共磁场绕组的直流/直流旋转变流机 状态：标准
9.7.5	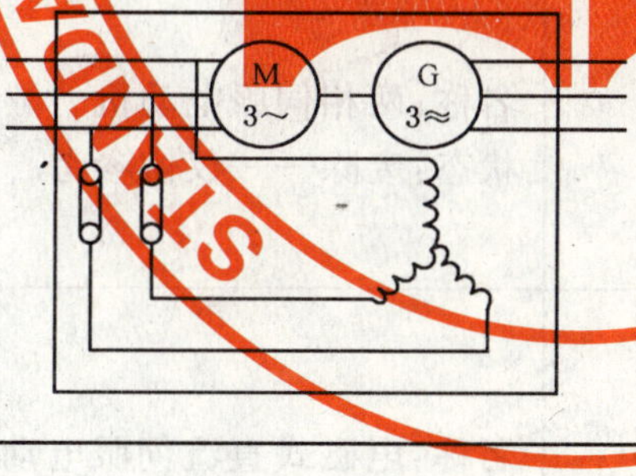	名称：中频发电机组图例 图示为三相工频输入，三相中频输出的中频发电机组，改变激磁相序，可以获得输出频率相差 $2f_1$ 的两个频率（f_1 为输入工频频率）。 示例：300 Hz 输出，改变相序可获得 200 Hz（顺相序）或 400 Hz（逆相序）。 状态：标准

9.8 自整角机

序 号	图 形 符 号	说 明
9.8.1	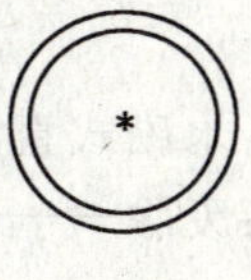	名称：符号内的星号必须用下列字母代替： CX：控制式自整角发送机 CT：控制式自整角变压器 TR：力矩式自整角接收机 TX：力矩式自整角发送机 状态：废除——仅供参考

序号	图形符号	说明
9.8.2	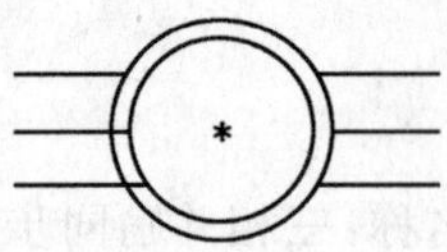	名称：符号内的星号必须用下列字母代替： CDX：控制式差动自整角发送机 CDT：力矩式差动自整角变压器 TDR：力矩式差动自整角接收机 状态：废除——仅供参考
9.8.3	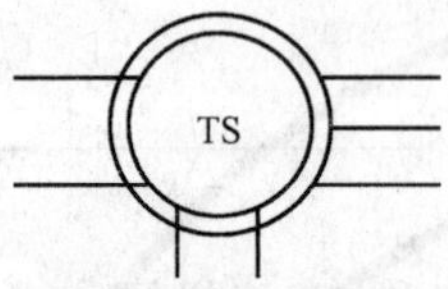	名称：传输解算器 状态：废除——仅供参考

9.9 旋转变压器和感应移相器

序号	图形符号	说明
9.9.1	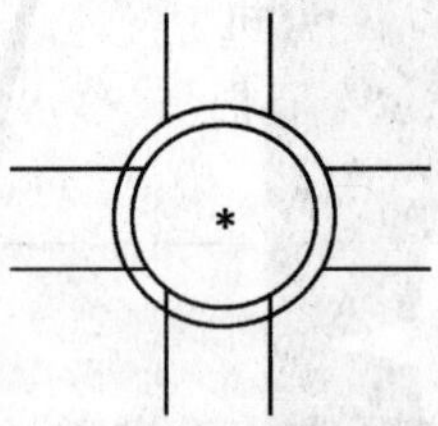	名称：符号内的星号必须用下列字母代替： R：旋转变压器（正余弦旋转变压器、线性旋转变压器） RX：旋转变压器发送机 RT：旋转变压器 RDX：旋转变压器差动发送机 Ph：感应移相器 状态：废除——仅供参考

9.10 伺服电机

序号	图形符号	说明
9.10.1	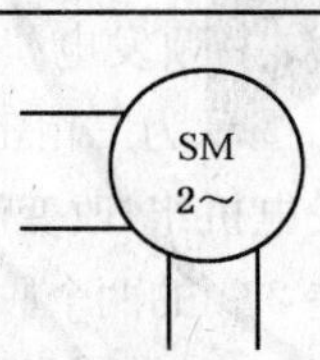	名称：两相伺服电动机 状态：废除——仅供参考
9.10.2	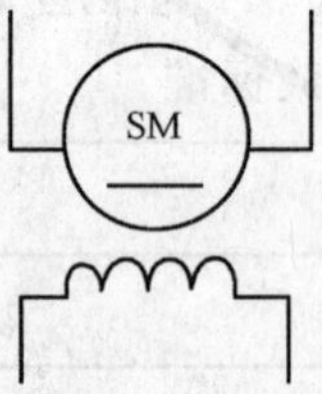	名称：电磁式直流伺服电动机 状态：废除——仅供参考
9.10.3	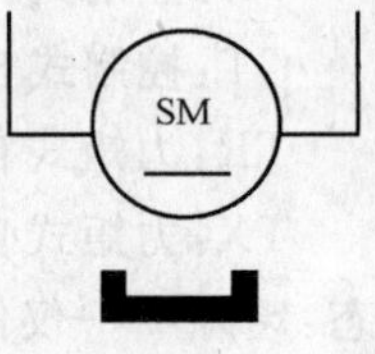	名称：永磁式直流伺服电动机 状态：废除——仅供参考

序　号	图　形　符　号	说　　明
9.10.4	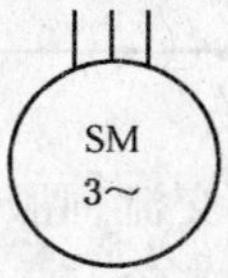	名称:三相交流伺服电机 状态:标准
9.10.5	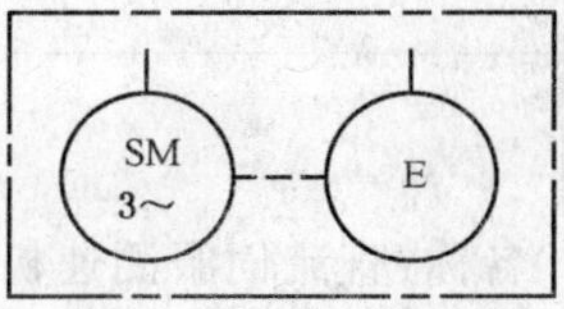	名称:三相交流伺服电机带位置编码器 状态:标准
9.10.6	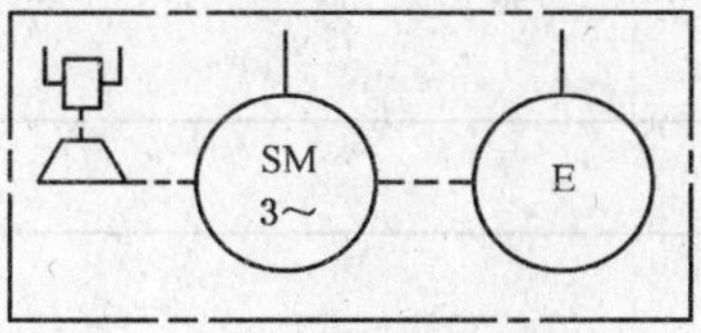	名称:三相交流伺服电机带位置 编码器和电磁制动器 状态:标准

9.11　测速发电机

序　号	图　形　符　号	说　　明
9.11.1	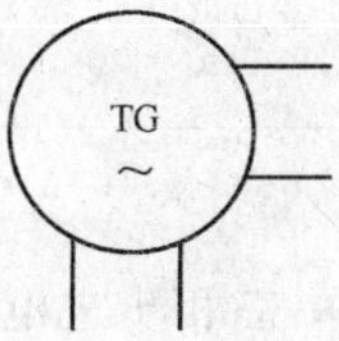	名称:交流测速发电机 状态:废除——仅供参考
9.11.2	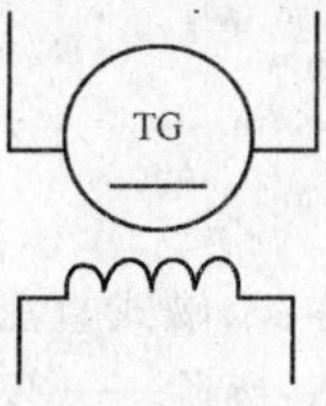	名称:电磁式直流测速发电机 状态:废除——仅供参考
9.11.3	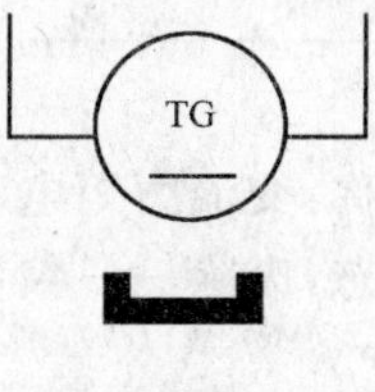	名称:永磁式直流测速发电机 状态:废除——仅供参考
9.11.4	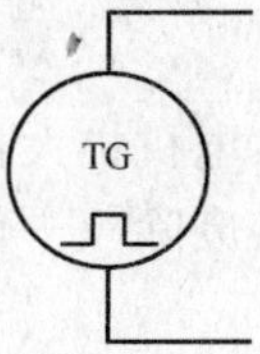	名称:脉冲测速发电机 状态:废除——仅供参考

9.12 伺服测速发电机组

序　号	图　形　符　号	说　　明
9.12.1	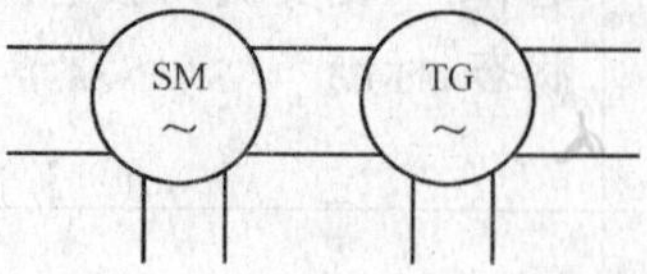	名称:交流伺服测速机组 状态:废除——仅供参考
9.12.2	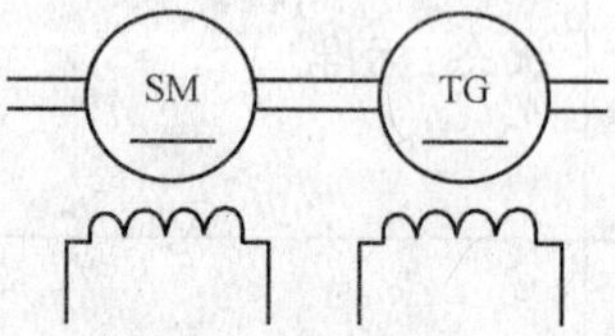	名称:直流伺服测速机组 状态:废除——仅供参考

9.13 步进电动机、力矩电机、电机扩大机

序　号	图　形　符　号	说　　明
9.13.1	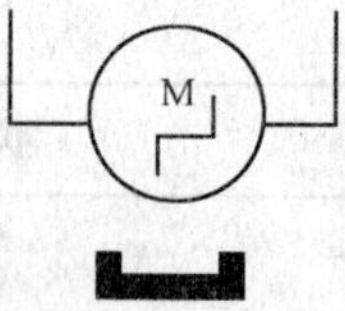	名称:永磁步进电动机 状态:废除——仅供参考
9.13.2		名称:三相步进电动机 状态:废除——仅供参考
9.13.3	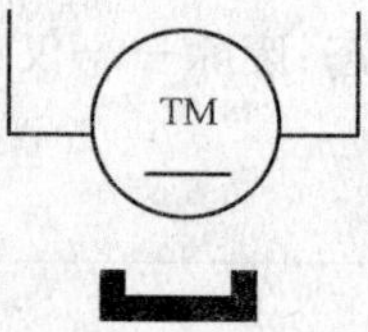	名称:永磁式直流力矩电动机 状态:废除——仅供参考
9.13.4	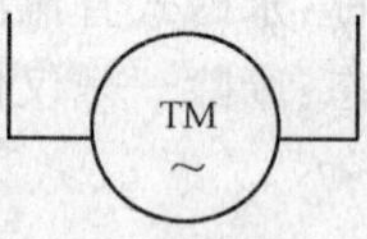	名称:交流力矩电动机 状态:废除——仅供参考
9.13.5	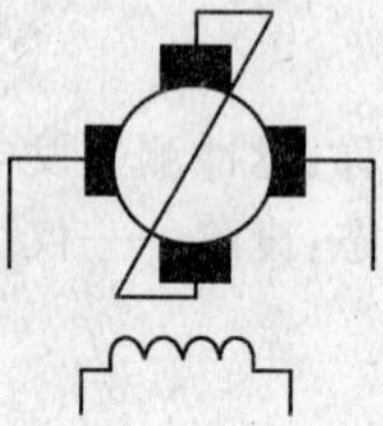	名称:电机扩大机 状态:废除——仅供参考

9.14 感应同步器示例

序　号	图　形　符　号	说　　明
9.14.1	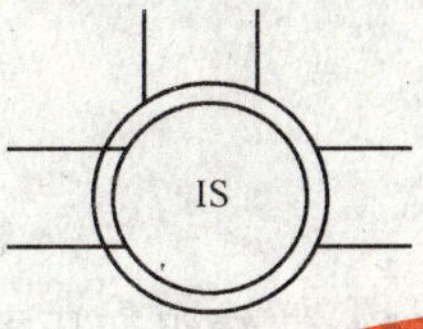	名称:圆感应同步器 状态:废除——仅供参考
9.14.2		名称:直线感应同步器 状态:废除——仅供参考

9.15 变压器的一般符号

同类型变压器有两种符号形式:

形式 1:用一个圆表示一个绕组,限于单线表示法使用。在这种形式中不用变压器铁芯符号。

形式 2:使用符号 7.3.1 表示每个绕组,可改变半圆的数量以区分某些不同的绕组,变压器铁芯的表示见符号 7.3.2,本型式为优选型。

电流互感器和脉冲变压器的符号可用直线表示初级绕组,次级绕组可使用上列任一形式。

以上两条适用于从 9.15～9.18 中的任何一条。

序　号	图　形　符　号		说　　明
9.15.1	形式 1	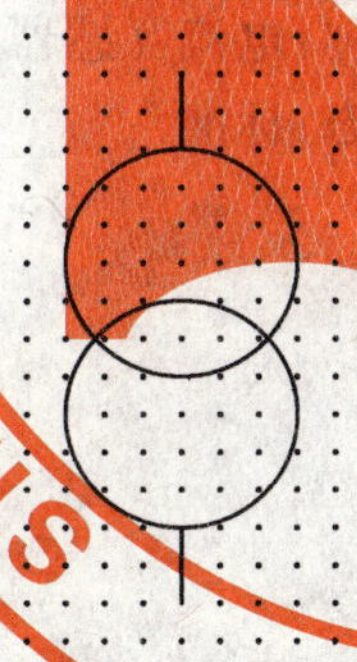	名称:双绕组变压器 说明 注:瞬时电压的极性可以在形式 2 中表示。 示例:示出瞬时电压极性的双绕组变压器。 流入绕组标记端的瞬时电流产生辅助磁通。 状态:标准
9.15.2	形式 2		
9.15.3	形式 3	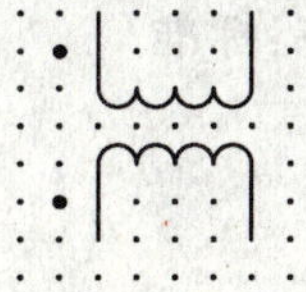	

序号	图形符号	说明
9.15.4	形式 1 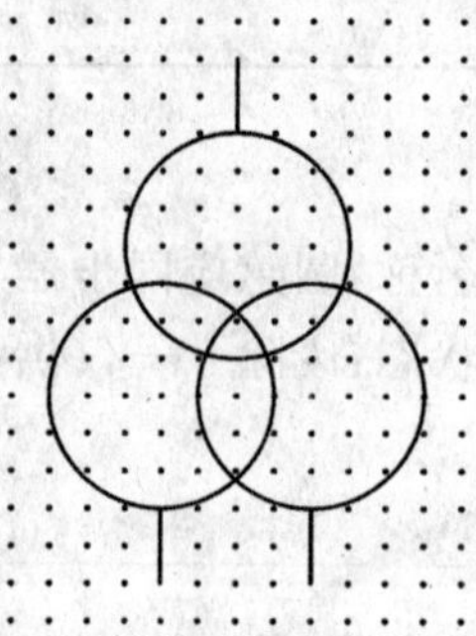	名称:三绕组变压器 状态:标准
9.15.5	形式 2 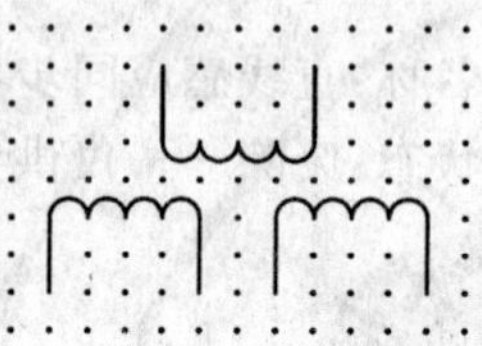	
9.15.6	形式 1 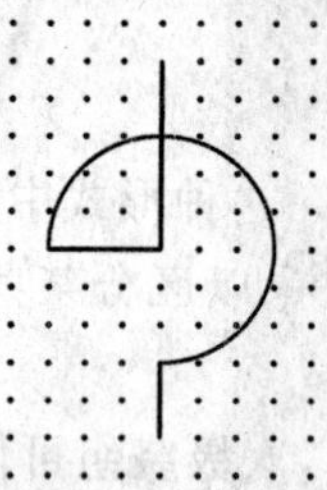	名称:扼流圈,电抗器 状态:标准
9.15.7	形式 2 符号见 7.3.1	
9.15.8	形式 1 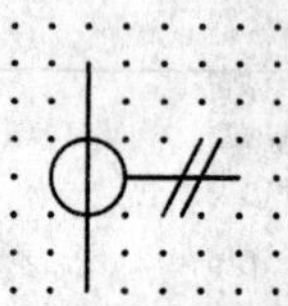	名称:电流互感器,一般符号 状态:标准
9.15.9	形式 2 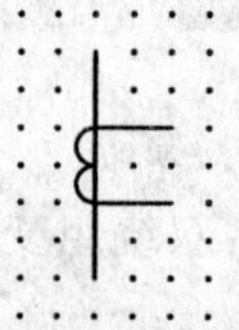	

9.16 自耦变压器

序号	图形符号	说明
9.16.1	形式 1 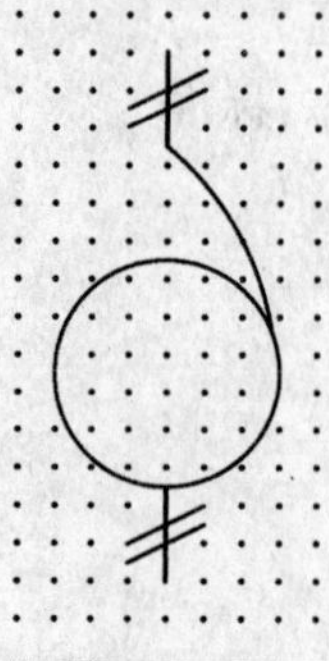	名称:单向自耦变压器 状态:标准

序 号		图 形 符 号	说 明
9.16.2	形式 2	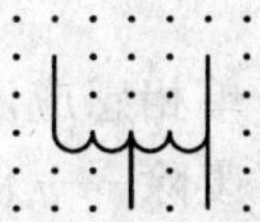	名称:单向自耦变压器 状态:标准
9.16.3	形式 1	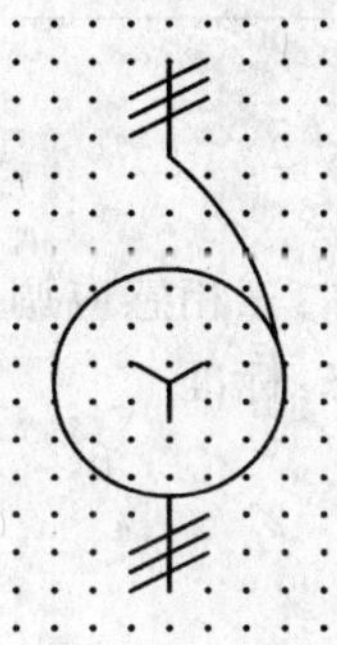	名称:三相自耦变压器 星形连接 状态:标准
9.16.4	形式 2	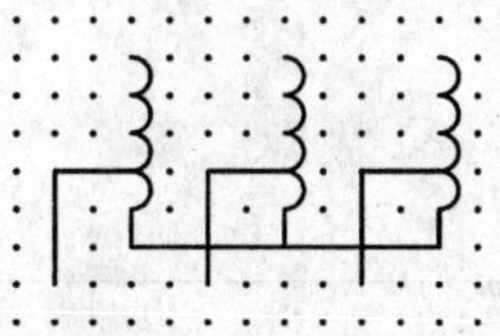	名称:三相自耦变压器 星形连接 (形式 2) 状态:标准
9.16.5	形式 1	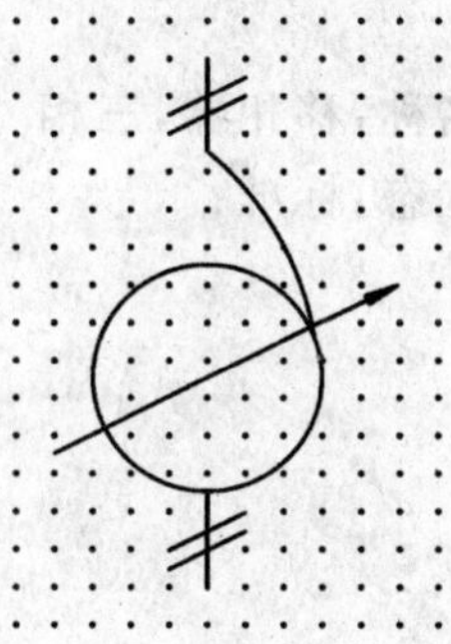	名称:可调压的单相自耦变压器 状态:标准
9.16.6	形式 2		

9.17 感应调压器和移相器

序 号		图 形 符 号	说 明
9.17.1	形式 1	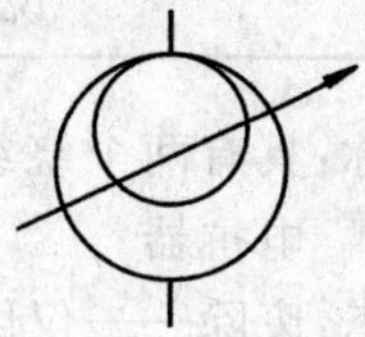	名称:单相感应调压器 状态:废除——仅供参考

序　号	图　形　符　号		说　　明
9.17.2	形式 2	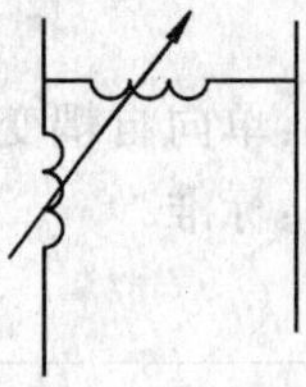	名称:单相感应调压器 状态:废除——仅供参考
9.17.3	形式 1	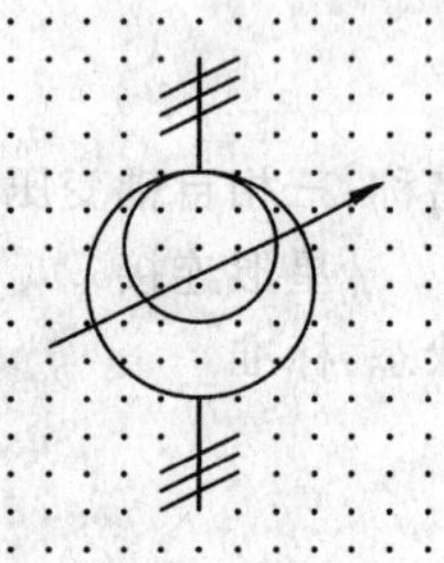	名称:三相感应调压器 状态:标准
9.17.4	形式 2	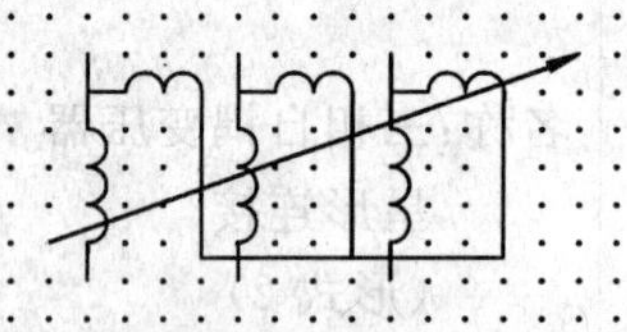	
9.17.5	形式 1	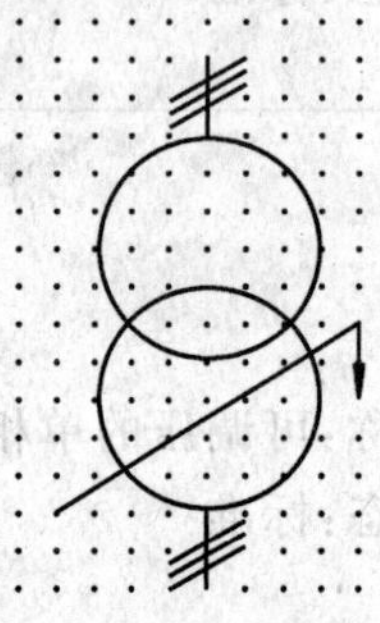	名称:移相器,三相 状态:标准
9.17.6	形式 2	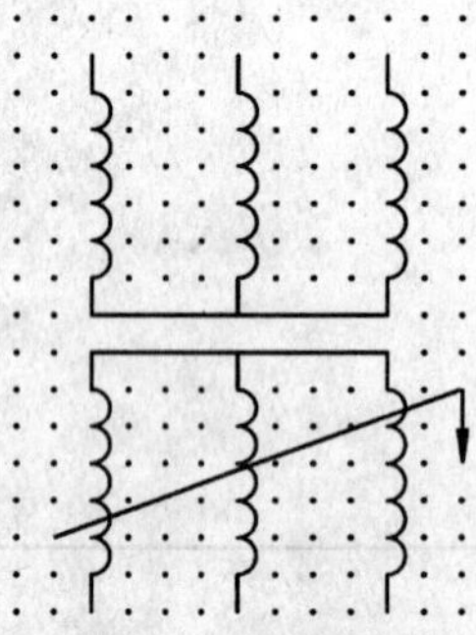	

9.18　饱和电抗器(磁放大器)的一般符号

序　号	图　形　符　号	说　　明
9.18.1	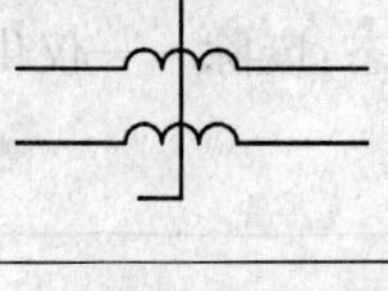	名称:具有两个绕组和一个共用磁芯的饱和电抗器 状态:废除——仅供参考

序号	图形符号	说明
9.18.2	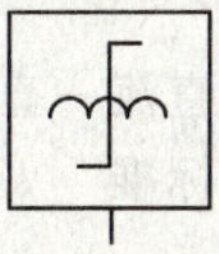	名称：饱和电抗器框图 状态：废除——仅供参考
9.18.3	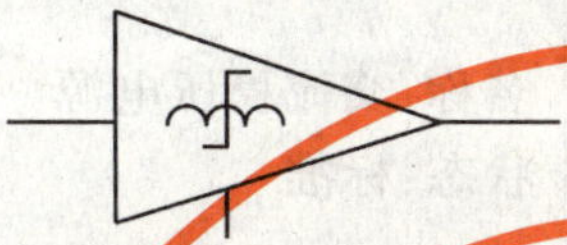	名称：磁放大器框图 状态：废除——仅供参考
9.18.4		名称：分裂电抗器 状态：废除——仅供参考

9.19　变流器方框符号、可控硅调速装置、充退磁器

序号	图形符号	说明
9.19.1	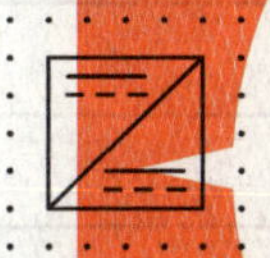	名称：直流/直流变换器 状态：标准
9.19.2		名称：整流器 状态：标准
9.19.3		名称：逆变器 状态：标准
9.19.4		名称：桥式全波整流器 状态：标准
9.19.5		名称：整流器/逆变器 状态：标准
9.19.6	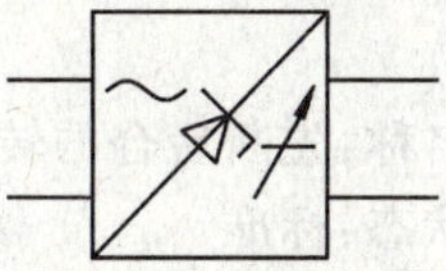	名称：直流稳压电源 注：当输出电压不可调节时可取掉调节符号"↗"。 状态：标准

序 号	图 形 符 号	说 明
9.19.7	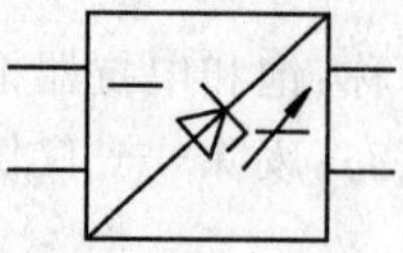	名称:直流一直流稳压电源 状态:标准
9.19.8	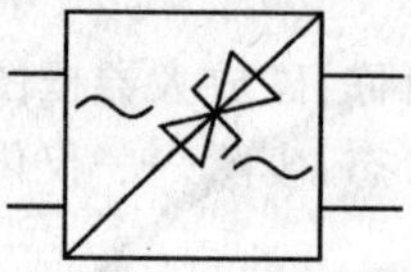	名称:交流稳压电源 状态:标准
9.19.9	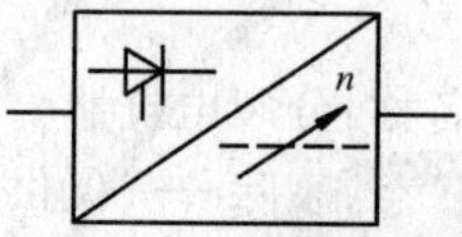	名称:可控硅调速装置 状态:标准
9.19.10	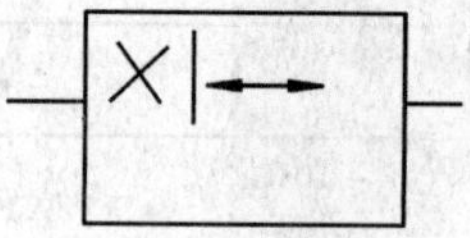	名称:充退磁器 状态:标准

9.20 原电池和蓄电池

序 号	图 形 符 号	说 明
9.20.1	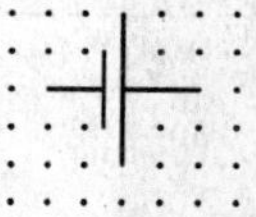	名称:原电池　蓄电池　原电池或蓄电池组 长线代表阳极,短线代表阴极。 状态:标准

10 开关、控制和保护装置

10.1 两个或三个位置的触点

序 号	图 形 符 号	说 明
10.1.1		名称:动合(常开)触点 本符号也可用作开关的一般符号 状态:标准
10.1.2	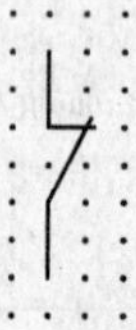	名称:动断(常闭)触点 状态:标准
10.1.3		名称:先断后合的转换触点 状态:标准

序　号		图 形 符 号	说　　明
10.1.4		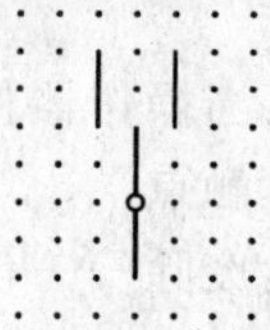	名称:中间断开的双向转换触点 状态:标准
10.1.5	形式 1		名称:先合后断的转换触点 状态:标准
	形式 2		
10.1.6			名称:双动合触点 状态:标准
10.1.7			名称:双动断触点 状态:标准
10.1.8			名称:接触器;接触器的主动合触点 状态:标准
10.1.9		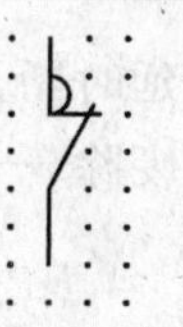	名称:接触器;接触器的主动断触点 状态:标准

10.2　延时触点

序　号		图 形 符 号	说　　明
10.2.1	形式 1		名称:延时闭合的动合触点 状态:废除——仅供参考
10.2.2	形式 2	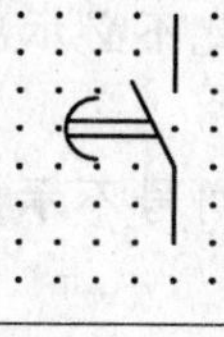	名称:延时闭合的动合触点 状态:标准

序　号	图　形　符　号		说　　明
10.2.3	形式 1	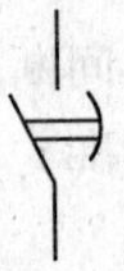	名称：当操作器件被释放时延时断开的动合触点 状态：废除——仅供参考
10.2.4	形式 2	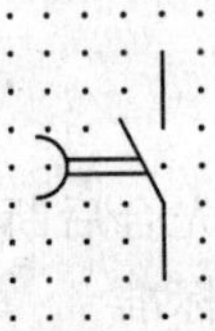	名称：延时断开的动合触点 状态：标准
10.2.5	形式 1	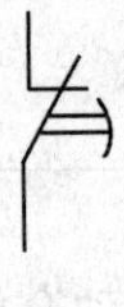	名称：当操作器件被释放时延时闭合的动断触点 状态：废除——仅供参考
10.2.6	形式 2	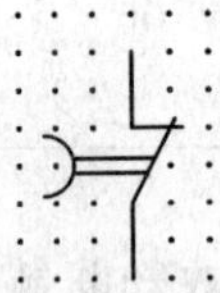	名称：延时闭合的动断触点 状态：标准
10.2.7	形式 1		名称：延时断开的动断触点 状态：标准
10.2.8	形式 2	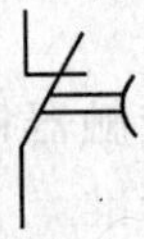	名称：延时断开的动断触点 状态：废除——仅供参考
10.2.9		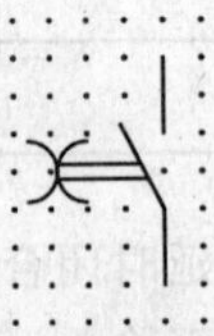	名称：延时动合触点 状态：标准

10.3　单极开关

惯例 1：由于“推”或“拉”操作的器件一般具有弹性返回，因此不必示出自动复位符号 5.6.3，但当在自锁的情况下，自锁符号 5.6.4 应示出。

惯例 2：旋转操作的器件一般没有自动复位符号，所以定位符号不示出，但当在自动复位的情况下，自动复位符号 5.6.3 应示出。

序　号	图　形　符　号	说　　明
10.3.1		名称:手动操作开关,一般符号 状态:标准
10.3.2		名称:自动复位的手动按钮开关 状态:标准
10.3.3	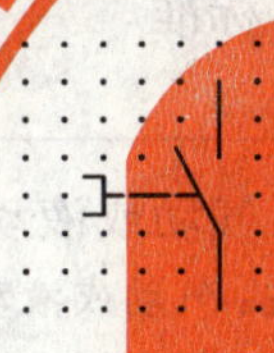	名称:自动复位的手动拔拉开关 状态:标准
10.3.4	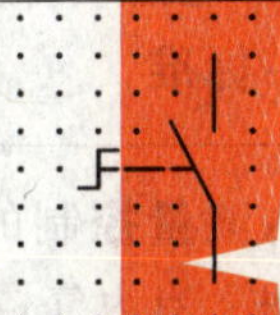	名称:无自动复位的手动旋转开关 状态:标准
10.3.5	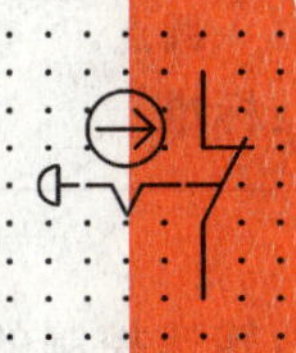	名称:应急制动开关 状态:标准
10.3.6		名称:具有动合触点,自动复位的旋转开关 状态:标准

10.4　非电量控制的开关

序　号	图　形　符　号	说　　明
10.4.1	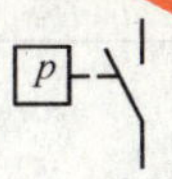	名称:压力开关 状态:标准
10.4.2	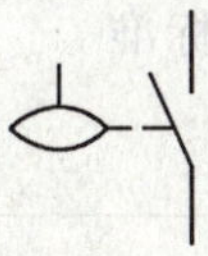	名称:液位开关 状态:标准
10.4.3	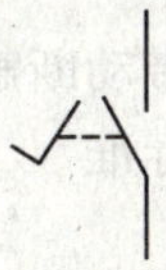	名称:脚踏开关 状态:标准

序　号	图　形　符　号	说　　　明
10.4.4	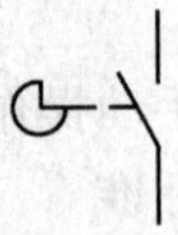	名称:凸轮操作的动合触点开关 状态:标准
10.4.5	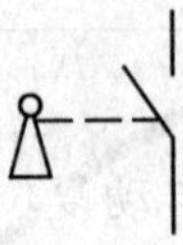	名称:钥匙操作的动合触点开关 状态:标准
10.4.6	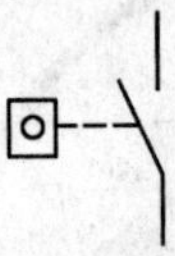	名称:计数器控制的动合触点开关 状态:标准
10.4.7	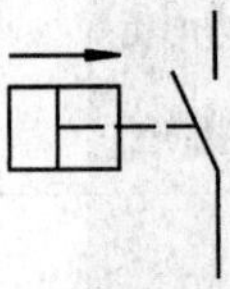	名称:气动或液动的单向控制开关 注:气动或液动产生的力向箭头方向运动时,触点闭合。 状态:标准
10.4.8	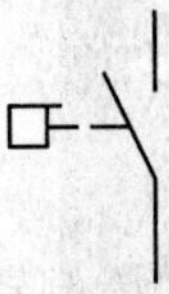	名称:流量控制的动合触点开关 注:当为气体控制时,在操作件中加一黑色圆点。 状态:标准
10.4.9	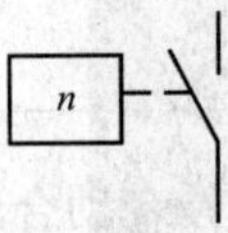	名称:转速控制的动合触点开关 状态:标准
10.4.10	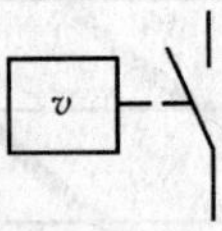	名称:线速度控制的动合触点开关 状态:标准
10.4.11	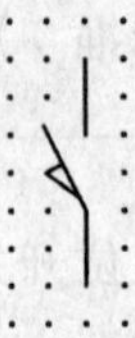	名称:带动合触点的位置开关 状态:标准
10.4.12		名称:带动断触点找位置开关 状态:标准

序　号	图 形 符 号	说　　明
10.4.13	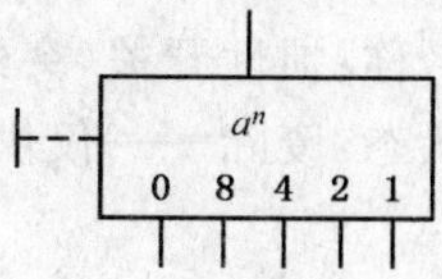	名称:拨盘开关 1)　a 为数制,如 $a=8$、10、16,为八进制、十进制、十六进制。 2)　n 为数位,如 $n=0,1,2,3\cdots$,即个位、十位、百位。 例:十进制的两位数。 状态:标准
10.4.14	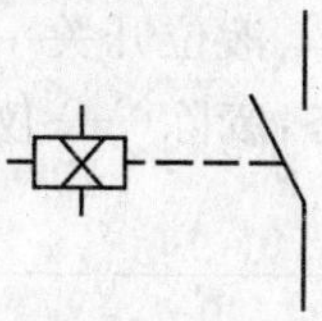	名称:霍尔接近开关 状态:标准
10.4.15	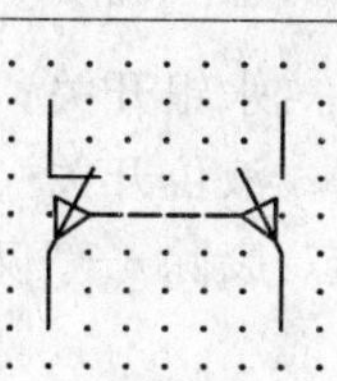	名称:组合位置开关 状态:标准
10.4.16	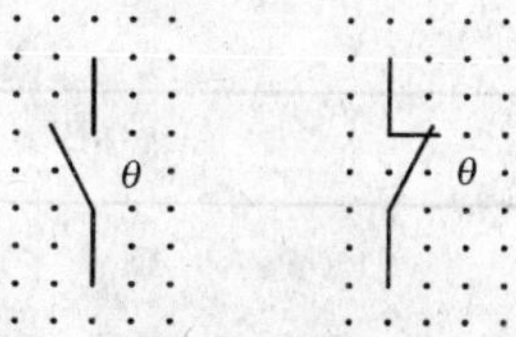	名称:热敏开关动合和动断触点 注:θ 可用动作温度代替。 状态:标准
10.4.17	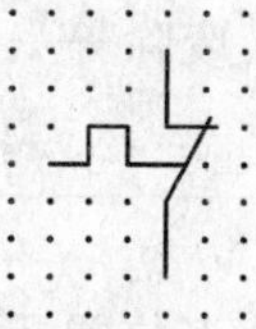	名称:带动断触点的热敏自动开关 状态:标准
10.4.18	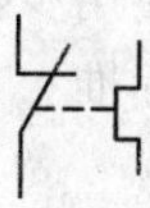	名称:热继电器动断触点 状态:标准
10.4.19	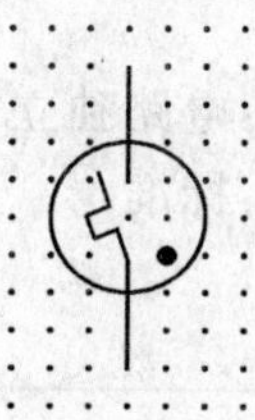	名称:具有热元件的气体放电管荧光灯起动器 状态:标准
10.4.20	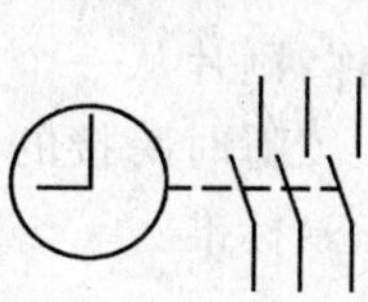	名称:三极时间开关 状态:标准

10.5 变速灵敏触点,水银液位开关

序　号	图　形　符　号	说　　明
10.5.1		名称:惯性开关(突然减速而动作的) 状态:废除——仅供参考
10.5.2	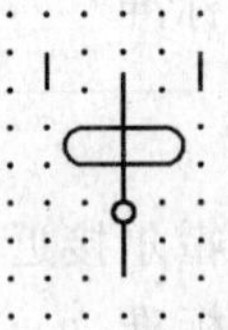	名称:水银开关; 液位开关 状态:废除——仅供参考
10.5.3	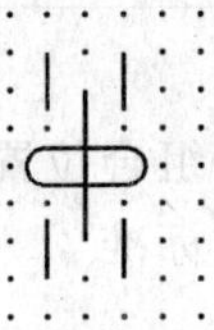	名称:水银开关; 液位开关 状态:废除——仅供参考

10.6 多极和多位开关

序　号	图　形　符　号	说　　明
10.6.1	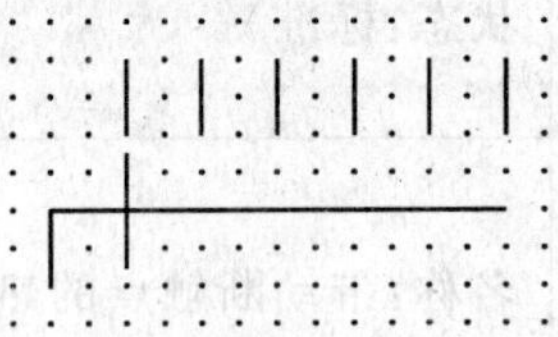	名称:多位置开关(示出六个位置) 状态:废除——仅供参考
10.6.2	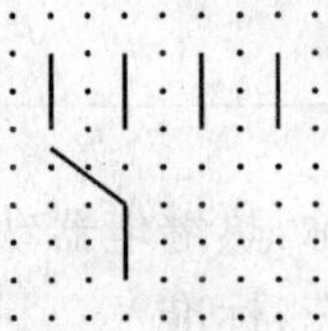	名称:多位置开关 使用少数位置(示出四个位置) 状态:标准
10.6.3	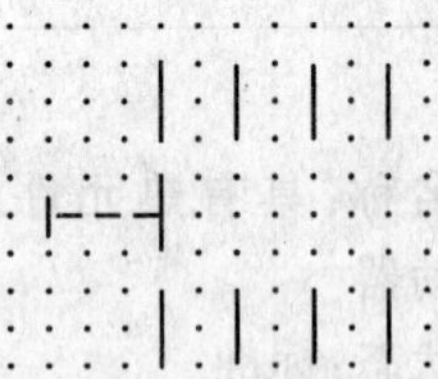	名称:电路独立的多位开关 状态:标准
10.6.4	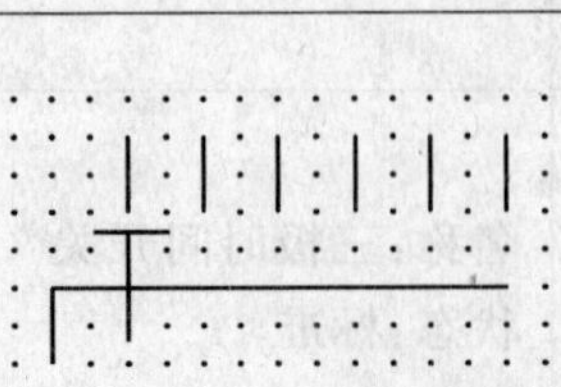	名称:刷片从一个位置转入下一个位置时,有瞬时跨接的单极六位开关 状态:标准

序　号	图　形　符　号	说　　　明
10.6.5	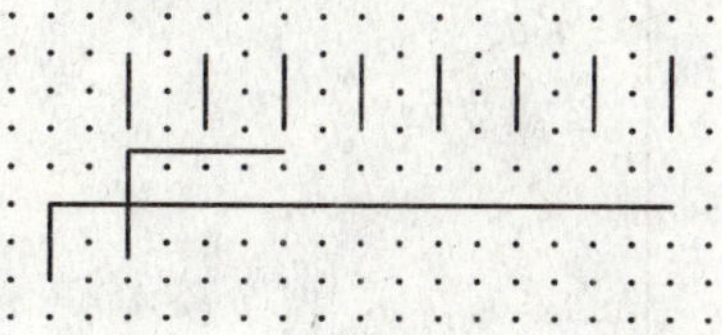	名称:在每一个位置上,刷片跨接三个相邻端子的单极多位开关 状态:标准
10.6.6		名称:在每一个位置上,刷片跨接三个不相邻的端子,但跳过中间一个端子的单极多位开关 状态:标准
10.6.7	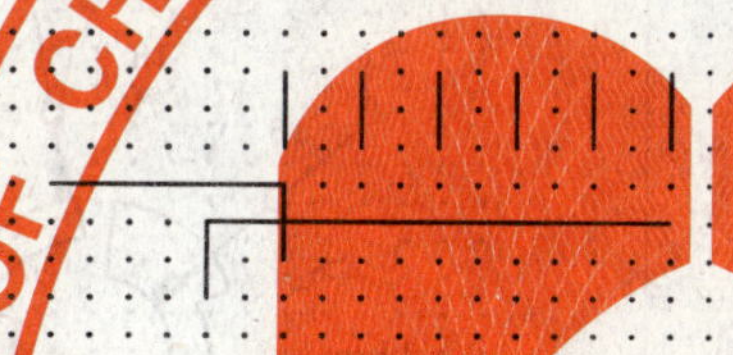	名称:可积累并联的单极多位开关 状态:标准
10.6.8		名称:带提前/滞后 断/合状态指示的多位开关 状态:标准
10.6.9	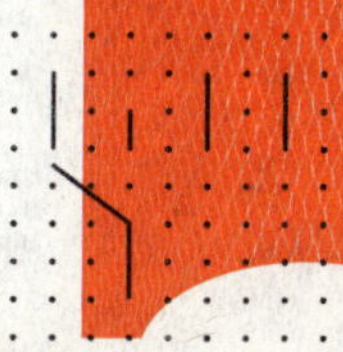	名称:一位不接通的多位开关 状态:标准

10.7　复合式开关的方框符号

有多种方式可用来完成复合式开关的功能,如用旋转薄片开关、滑动开关、鼓形控制器、偏心控制接触的组件等。也有多种方式可在电路图上用符号表示开关的功能。目前尚没有一种符号系统能在每一个用途里都很优越。应根据图形的意图和开关装置的复杂程度来选择所使用的图形符号系统。因此,本条只是用符号表示复合式开关的一种方式。为了容易理解起见,以下各例均附有符号所表示的器件的结构图。对复合式开关,下述方法是用一般符号,但应附带一个连接表示以补充说明这个开关。

序　号	图　形　符　号	说　　　明
10.7.1	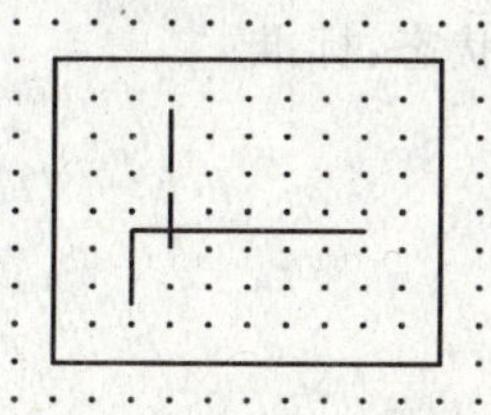	名称:复合开关的一般符号 状态:废除——仅供参考

序号	图形符号	说明
10.7.2	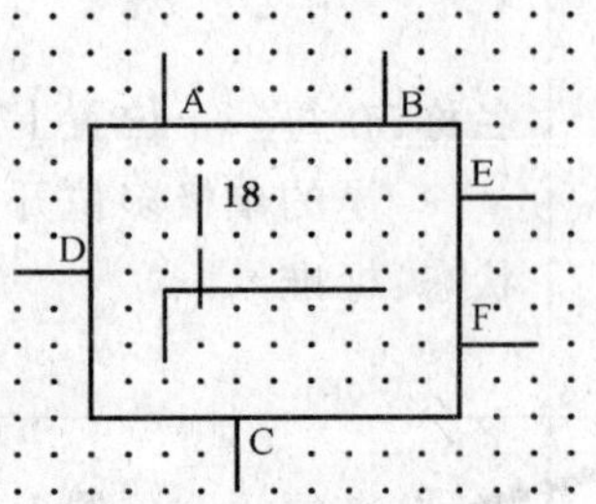	
10.7.3	连接表 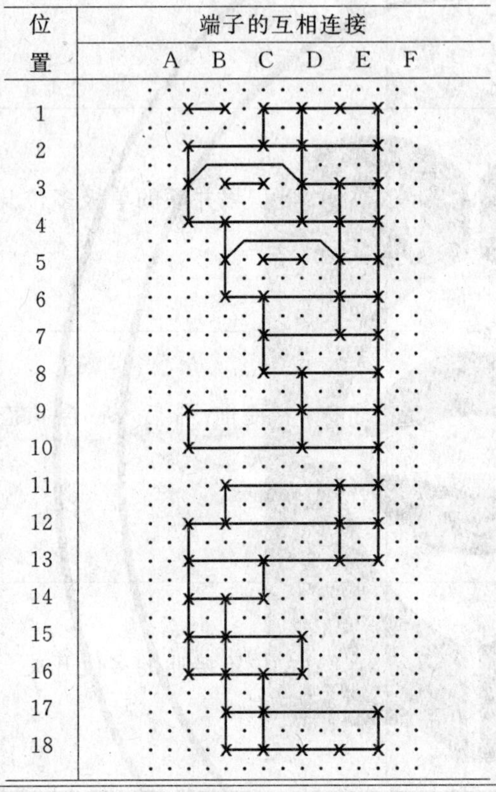	名称：复合开关，薄片式 例如：具有 A 到 F 六个端子的 18 位旋转薄片式开关，其结构如下图所示（开关位于位置 1），所示字符并非符号组成部分。 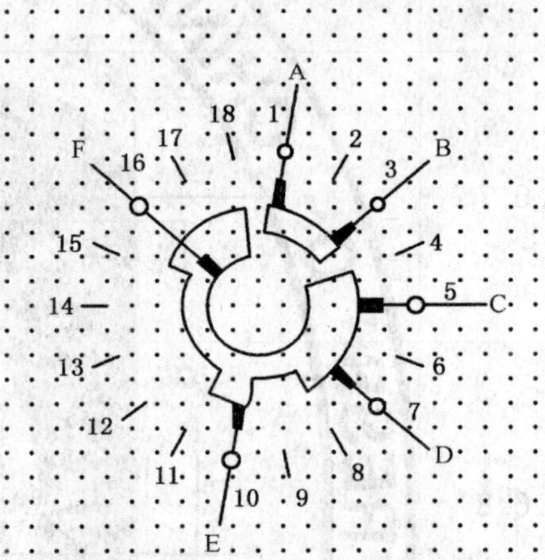 状态：废除——仅供参考
10.7.4	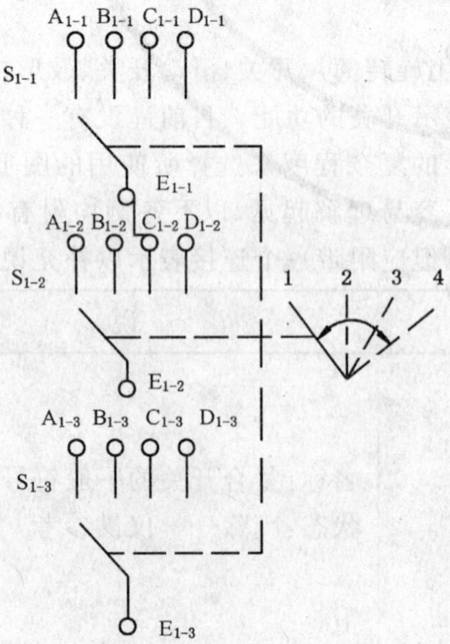	名称：单极三层四位开关 注：S_{1-1}、S_{1-2}、S_{1-3} 分别为开关 S1 的第 1、2、3 层，开关从 1 位到 4 位来回旋转（开关位于 1 位）。 状态：标准

<table>
<tr><th>序 号</th><th>图 形 符 号</th><th>说 明</th></tr>
<tr><td>10.7.5</td><td>
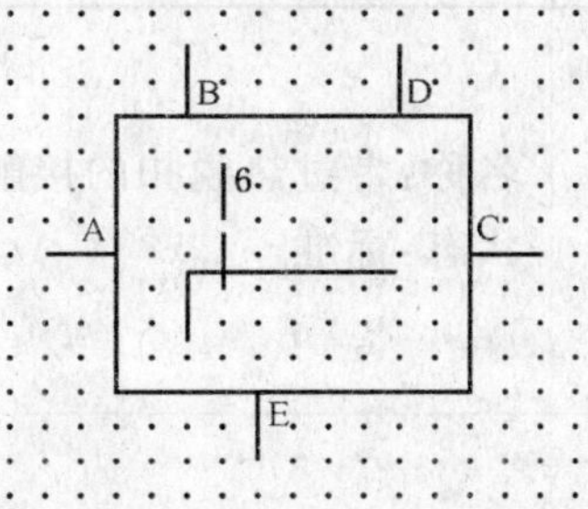

连接表

<table>
<tr><th rowspan="2">位置</th><th colspan="5">端子的互相连接</th></tr>
<tr><th>A</th><th>B</th><th>C</th><th>D</th><th>E</th></tr>
<tr><td>1</td><td>+</td><td></td><td>+</td><td>○</td><td>○</td></tr>
<tr><td>2</td><td>+</td><td>+</td><td>+</td><td>○</td><td>○</td></tr>
<tr><td></td><td>+</td><td>+</td><td>+</td><td>○</td><td>○</td></tr>
<tr><td>3</td><td>+</td><td>+</td><td></td><td>○</td><td>○</td></tr>
<tr><td></td><td></td><td>+</td><td></td><td></td><td></td></tr>
<tr><td>4</td><td>+</td><td>+</td><td>+</td><td></td><td></td></tr>
<tr><td></td><td></td><td>+</td><td>+</td><td>−</td><td></td></tr>
<tr><td>5</td><td>+</td><td>+</td><td>−</td><td>−</td><td>−</td></tr>
<tr><td></td><td></td><td></td><td>−</td><td>−</td><td>−</td></tr>
<tr><td>6</td><td></td><td></td><td>−</td><td>−</td><td>−</td></tr>
</table>
</td><td>
名称:鼓形旋转式复合开关
具有五个端子的六位鼓形旋转开关,其结构如下图所示:
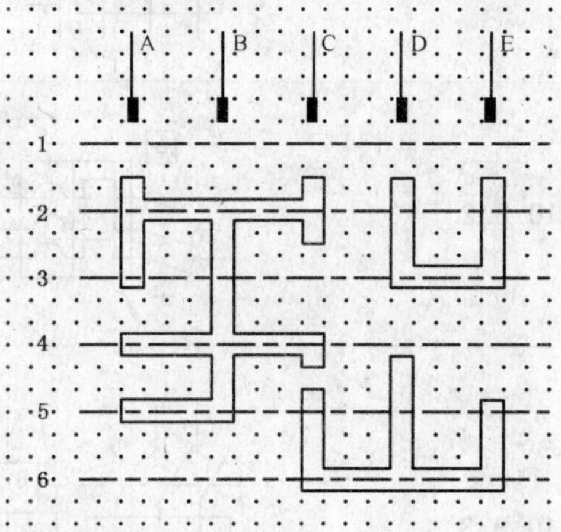

符号(+,−,○)表示在任何位置(停止位置或中间位置)互相连接的端子,即有相同符号,例如“+”的端子是互相连接的,当需要增加符号时,可用打字机上的字符。
例如 X,=
所示字符并非符号组成部分。
状态:废除——仅供参考
</td></tr>
<tr><td>10.7.6</td><td>
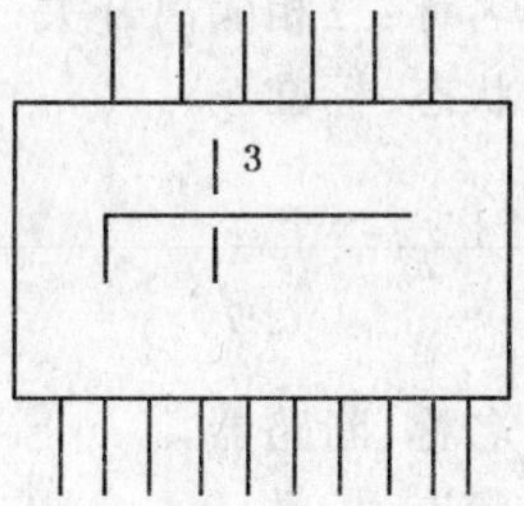

</td><td>
名称:复合开关的一般符号
状态:废除——仅供参考
</td></tr>
<tr><td>10.7.7</td><td>
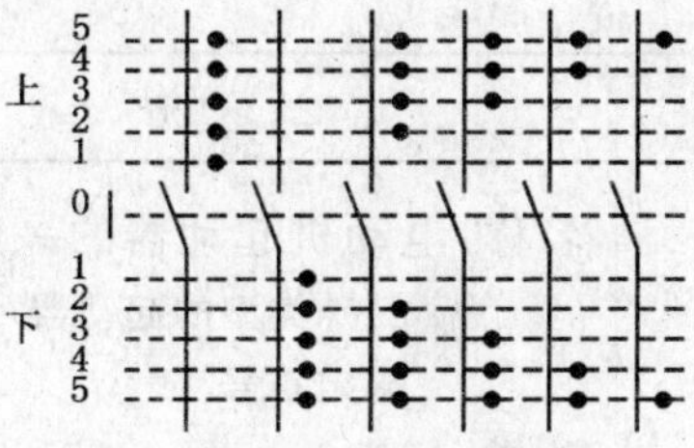

</td><td>
名称:具有 6 个联动开关的复合式挡位开关
开关手柄向上推,各挡位置的开关按黑点所在位置闭合。开关手柄向下推,各挡位置的开关按黑点所在位置闭合。
状态:标准
</td></tr>
</table>

10.8 三相开关装置

序 号	图 形 符 号	说 明
10.8.1	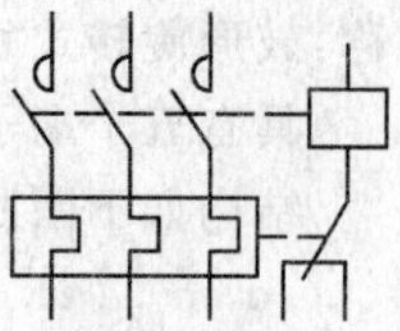	名称：带过热脱扣的接触器 状态：标准
10.8.2	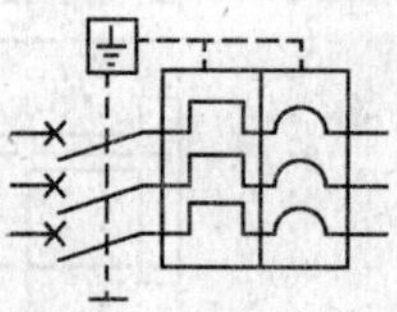	名称：三相带漏电保护的断路器 状态：标准
10.8.3	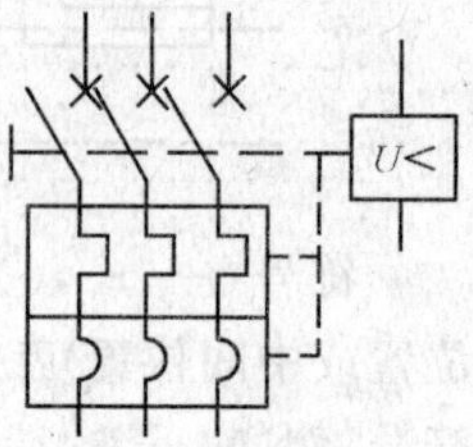	名称：具有电磁脱扣、过载热脱扣和欠电压脱扣三相断路器(例如自动空气开关等) 注1：开关中没有某种脱扣类型时，不画某种驱动器件符号。 注2：欠压线圈位置不作规定。 状态：标准
10.8.4	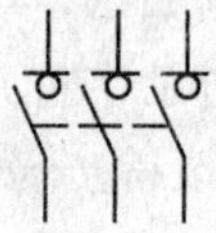	名称：三相负荷开关 状态：标准
10.8.5	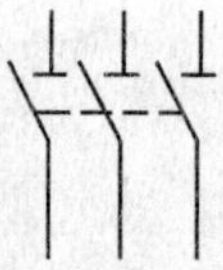	名称：三相隔离开关 状态：标准
10.8.6	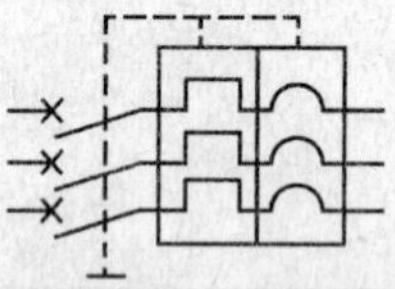	名称：断路器 状态：标准

10.9 电动机起动器的方框图

序 号	图 形 符 号	说 明
10.9.1		名称：电动机起动器的一般符号 注：特殊类型的起动器可以在一般符号内加上限定符号。 状态：标准

序　号	图　形　符　号	说　　明
10.9.2		名称：步进起动器 注：起动步数可以示出。 状态：标准
10.9.3		名称：调节-起动器 状态：标准
10.9.4		名称：可逆直接在线起动器 状态：标准
10.9.5		名称：星—三角起动器 状态：标准
10.9.6		名称：带自耦变压器的起动器 状态：标准
10.9.7	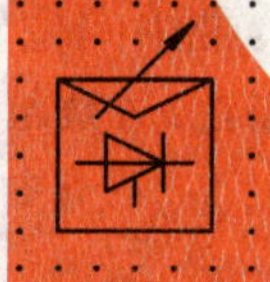	名称：带可控硅整流器的调节—起动器 状态：标准

10.10　接触器和继电器线圈

序　号	图　形　符　号		说　　明
10.10.1	形式 1	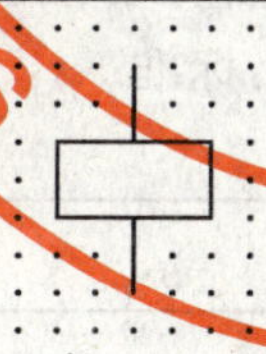	名称：驱动器件，一般符号 继电器线圈一般符号 具有几个绕组的操作器件，可以由包含在内的适当数量的斜线来表示 状态：标准
10.10.2	形式 2	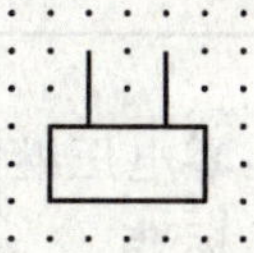	
10.10.3		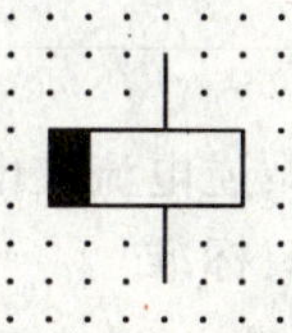	名称：缓慢释放继电器线圈 状态：标准

序 号	图 形 符 号	说 明
10.10.4	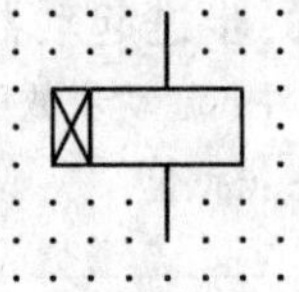	名称:缓慢吸合继电器的线圈 状态:标准
10.10.5	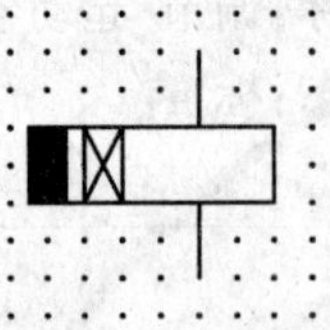	名称:延时继电器线圈 状态:标准
10.10.6	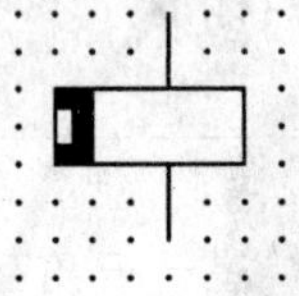	名称:极化继电器的线圈 状态:标准
10.10.7	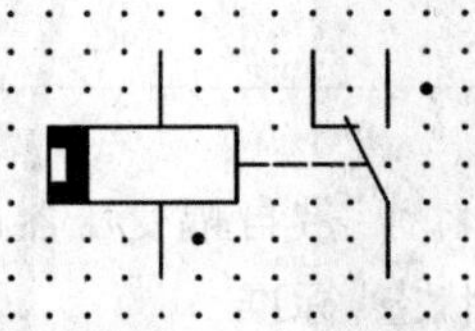	名称:自动复位极化继电器 状态:标准
10.10.8	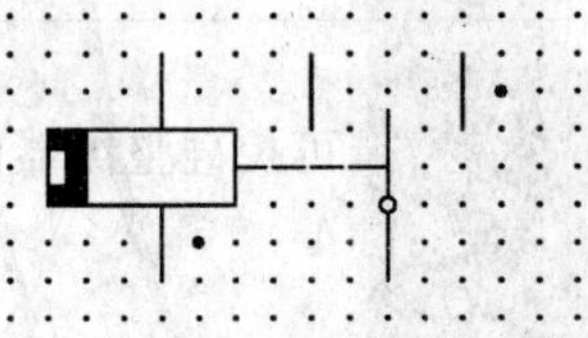	名称:带中间位置的极化继电器 备注:在绕组中任一方向的电流均可起作用的具有中间位置并能自复的极化继电器。
10.10.9	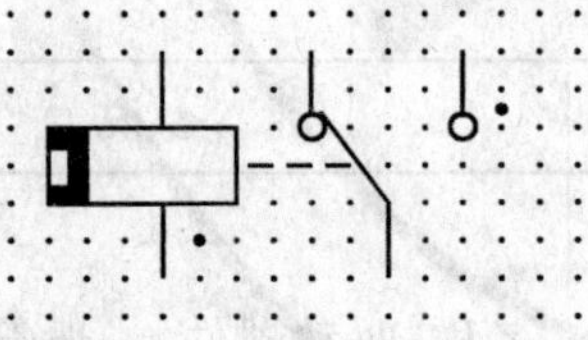	名称:带中间位置的极化继电器 备注:具有两个稳定位置的极化继电器。 状态:标准

10.11 测量继电器框图符号

序 号	图 形 符 号	说 明
10.11.1	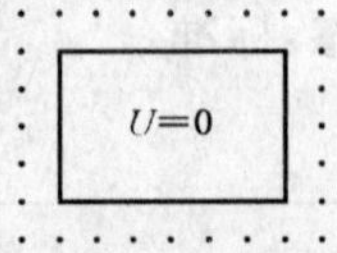	名称:零电压继电器 状态:标准
10.11.2	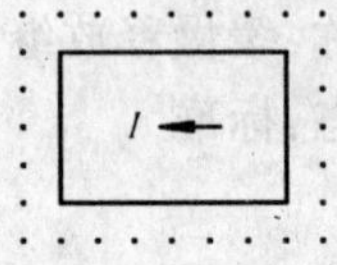	名称:逆电流继电器 状态:标准

序　号	图 形 符 号	说　　明
10.11.3	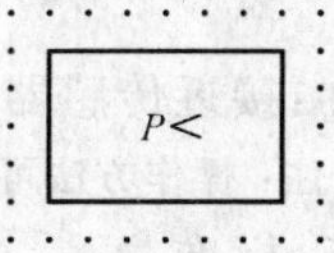	名称:欠功率继电器 状态:标准
10.11.4	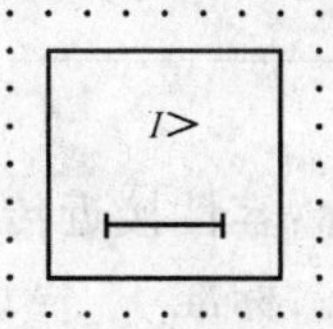	名称:延时过流继电器 状态:标准
10.11.5	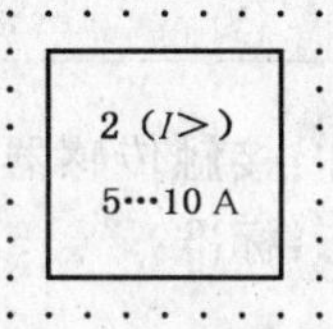	名称:具有两个测量元件和整定范围从 5 A 到 10 A 的过流继电器 状态:标准
10.11.6	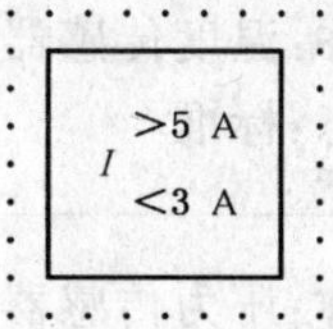	名称:有最大和最大整定值的电流继电器示出限值 3 A 和 5 A 状态:标准
10.11.7	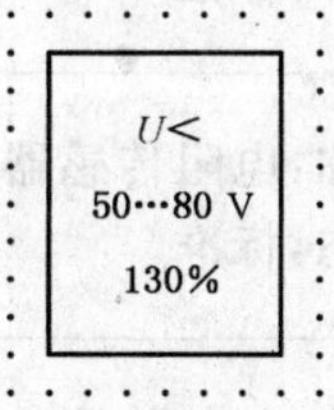	名称:欠压继电器 整定范围从 50 V 到 80 V 重整定比 130% 状态:标准
10.11.8	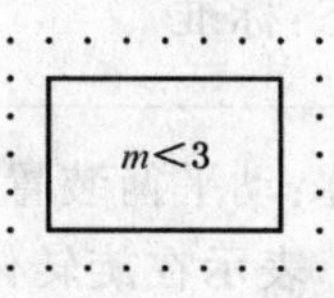	名称:在三相系统中的断相故障检测继电器 状态:标准
10.11.9	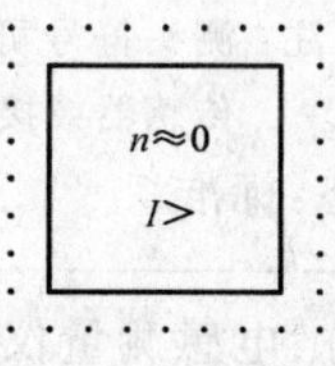	名称:堵转电流检测继电器 状态:标准

10.12　传感器和检测器

序　号	图 形 符 号	说　　明
10.12.1	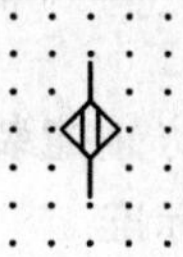	名称:接近传感器 状态:标准

序　号	图　形　符　号	说　　　明
10.12.2	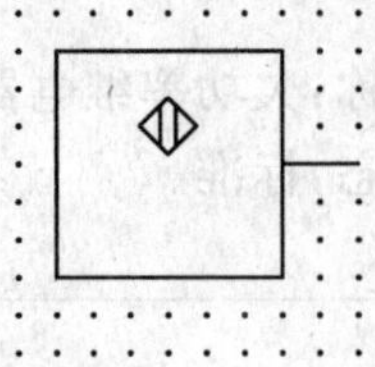	名称：接近传感器器件方框符号 注：操作方法可以表示出来。 状态：标准
10.12.3	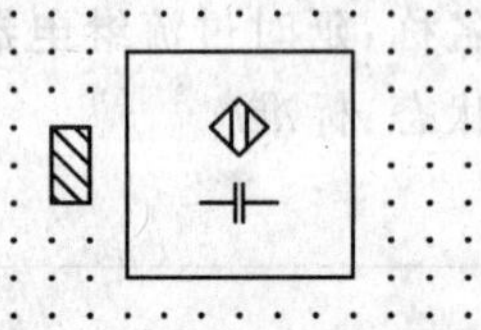	名称：容性接近传感器 状态：标准
10.12.4	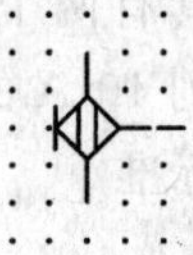	名称：接触传感器 状态：标准
10.12.5	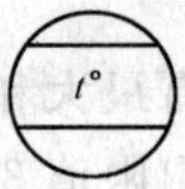	名称：温度传感器 状态：标准
10.12.6	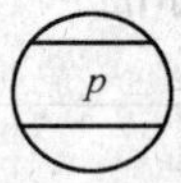	名称：压力传感器 状态：标准
10.12.7		名称：电阻传感器 状态：标准
10.12.8		名称：红外检测传感器 状态：标准
10.12.9		名称：动平衡装置符号 表示在旋转体内质点非内在可变动后达到平衡。 注：测头符号可根据传感器的性质(例如接近传感器或接触传感红外检测传感器)选择。 状态：标准
10.12.10	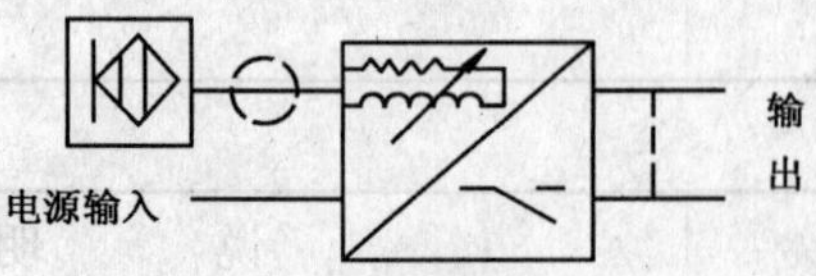	名称：电感测量仪 若输出是电平信号，则触点可改为符号(⌈或⌉)。 状态：标准
10.12.11	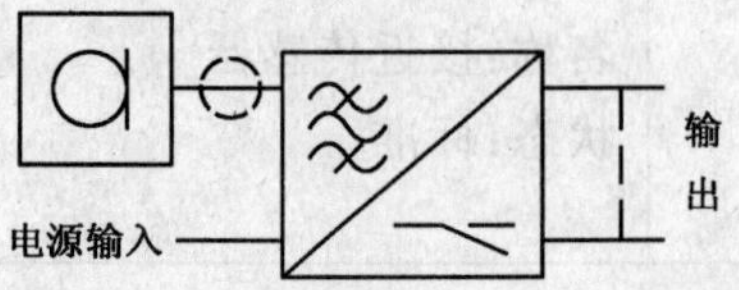	名称：防碰撞装置 状态：标准

10.13 接触、接近开关触点

序 号	图 形 符 号	说 明
10.13.1	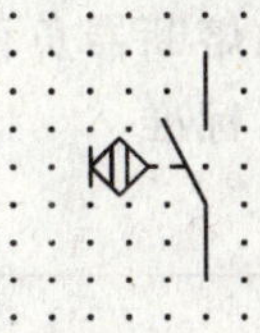	名称：接触敏感开关动合触点 状态：标准
10.13.2		名称：接近开关动合触点 状态：标准

10.14 熔断器和熔断器式开关

序 号	图 形 符 号	说 明
10.14.1	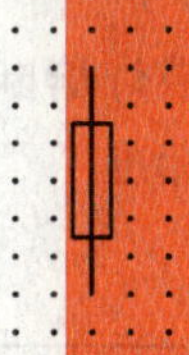	名称：熔断器一般符号 状态：标准
10.14.2	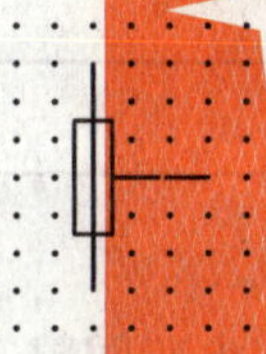	名称：带机械连杆的熔断器(撞击式熔断器) 状态：标准
10.14.3	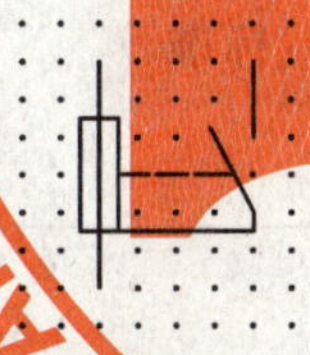	名称：具有报警触点的三端熔断器 状态：标准
10.14.4	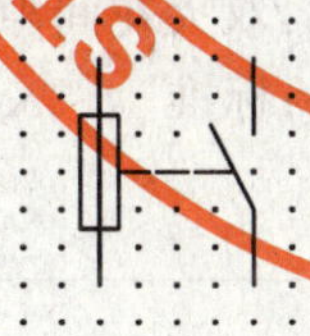	名称：具有独立报警电路的熔断器 状态：标准
10.14.5		名称：熔断器开关 状态：标准
10.14.6	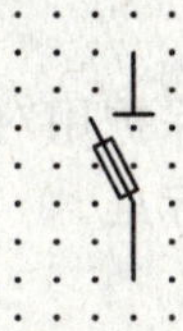	名称：熔断器式隔离开关；熔断器式隔离器 状态：标准

序　号	图　形　符　号	说　　明
10.14.7		名称:熔断器负荷开关组合电器 状态:标准
10.14.8	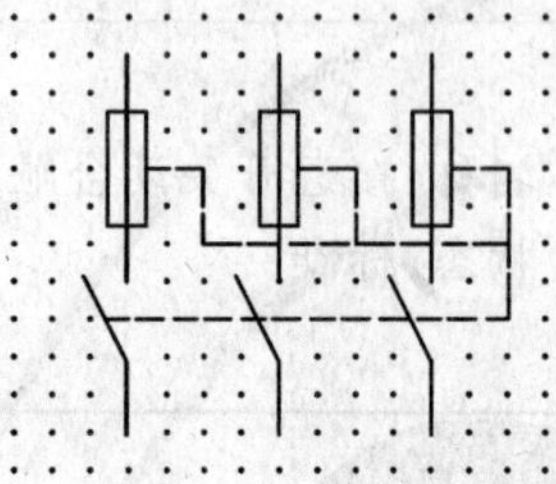	名称:撞击式熔断器三极开关 状态:标准
10.14.9	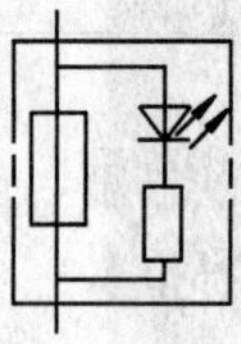	名称:带灯熔断器 状态:标准

10.15　火花和充气放电管

序　号	图　形　符　号	说　　明
10.15.1	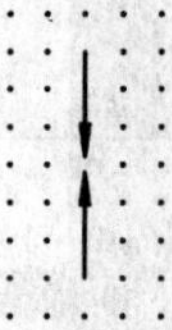	名称:火花间隙 状态:标准
10.15.2		名称:双火花间隙 状态:标准
10.15.3	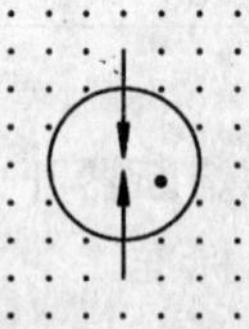	名称:保护用充气放电管 状态:标准
10.15.4	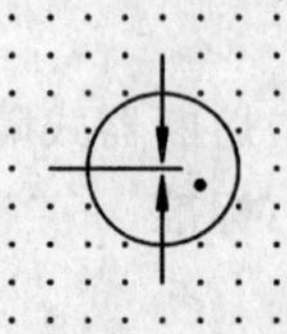	名称:保护用对称充气放电管 状态:标准

10.16 抑制器、空调器、过滤器、干燥器

序　号	图 形 符 号	说　　明
10.16.1	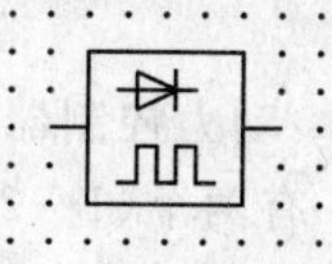	名称:电子斩波器 状态:标准
10.16.2	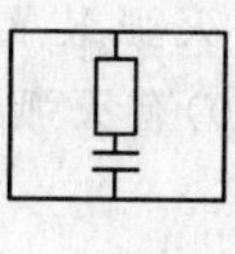	名称:阻容抑制器 注 1:单相框外引线为两根,三相为三根。 注 2:可用"FV"代替框内的全部内容。 状态:标准
10.16.3	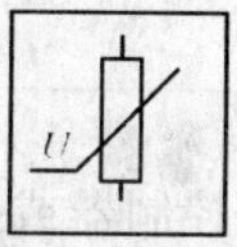	名称:压敏电阻抑制器 注:同 10.16.2 的注。 状态:标准
10.16.4		名称:击穿二极管抑制器 注 1:同 10.16.2 的注。 注 2:必要时要标出二极管正极。 状态:标准
10.16.5	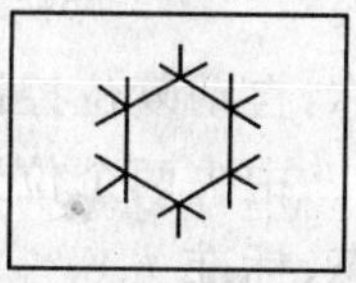	名称:冷却器通用符号 状态:标准
10.16.6	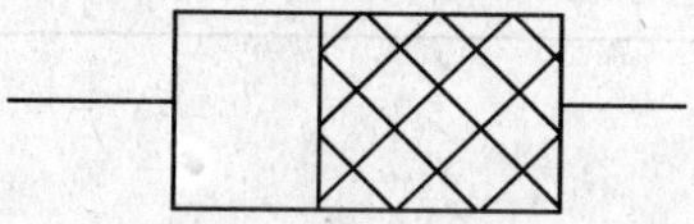	名称:过滤器一般符号 状态:标准
10.16.7	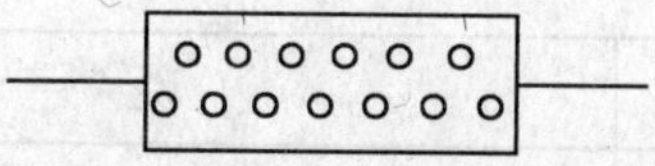	名称:干燥器一般符号 状态:标准

10.17 动力控制器或操作开关

序　号	图 形 符 号	说　　明
10.17.1	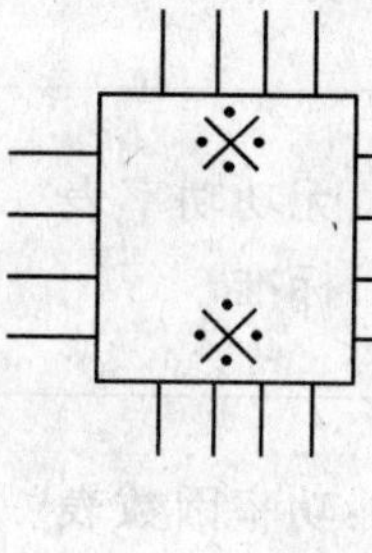	名称:动力控制器或操作开关的一般符号 注 1:方框可以是长方形或正方形,其大小视触点多少而定。 注 2:框内上面的星号"*"必须画开关位置的示意符号,下面的星号"*"填上 QM 或 SA 以表示动力控制器或一般的操作开关。 注 3:框外的引线视触点的多少而定,但属于一对触点的引线必须画在框边的同侧,且必须相邻。 注 4:在电路图中允许将一对触点的两根线移在方便的位置,但连接必须按图例所示。 其大小视触点多少而定。 状态:标准

10.18 动力控制器或操作开关的示例

序　号	图　形　符　号	说　　明
10.18.1	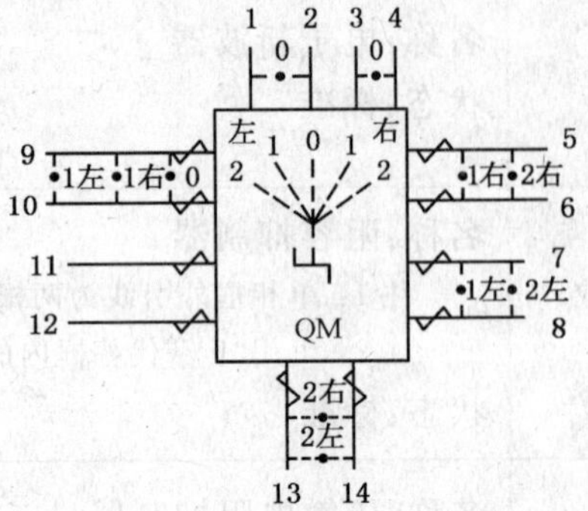	名称:动力控制器 有两个(1—2,3—4)无灭弧装置的动断(常闭)触点,四个(5—6,7—8,11—12,13—14)有灭弧装置的动合(常开)触点和一个(9—10)有灭弧装置的动断(常闭)触点,共七对触点。 状态:标准
10.18.2	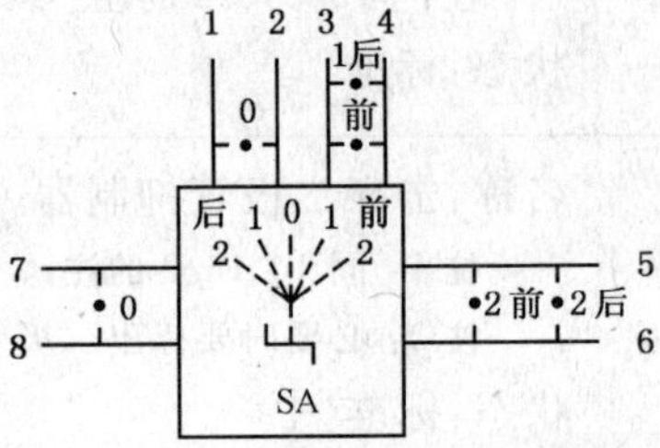	名称:控制器或操作开关 注:框内开关位置可用角度代替,其上可用文字符号表示操作(如向前、向后、自动、手动等)。 状态:标准
10.18.3	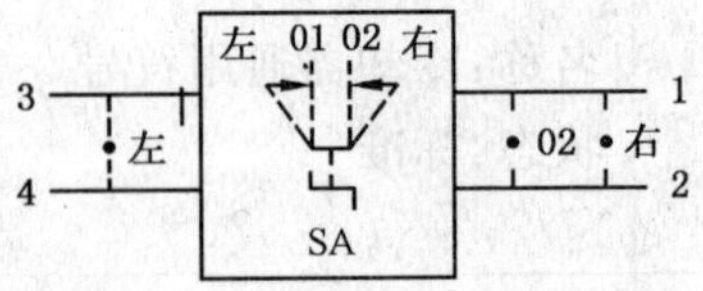	名称:自动复位控制器[示出两侧自动复位到中央两个位置(01,02)] 状态:标准

11 测量仪表、灯和信号器件

11.1 指示仪表示例

序　号	图　形　符　号	说　　明
11.1.1	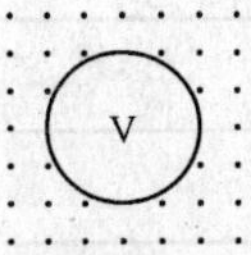	名称:电压表 状态:标准
11.1.2		名称:无功电流表 状态:标准
11.1.3	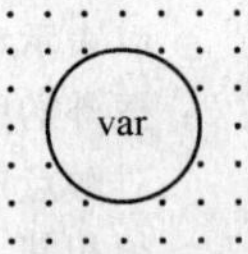	名称:无功功率表 状态:标准
11.1.4	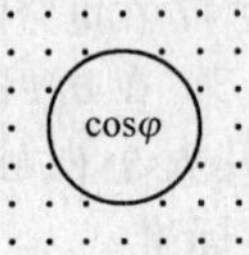	名称:功率因数表 状态:标准

序　号	图　形　符　号	说　　明
11.1.5	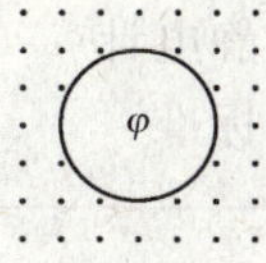	名称：相位表 状态：标准
11.1.6	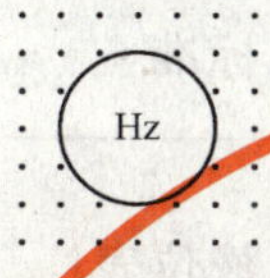	名称：频率计 状态：标准
11.1.7		名称：同步指示器 状态：标准
11.1.8		名称：示波器 状态：标准
11.1.9	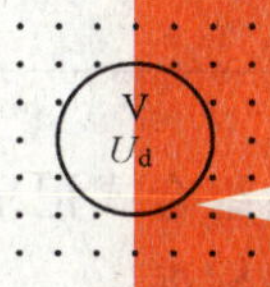	名称：差动式电压表 状态：标准
11.1.10	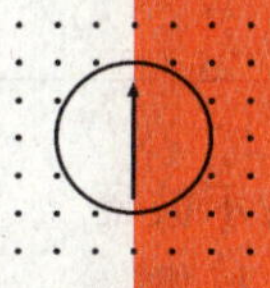	名称：检流计 状态：标准
11.1.11	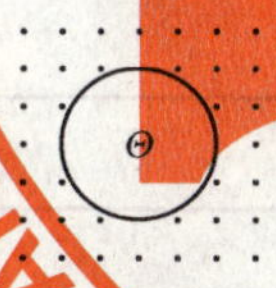	名称：温度计　高温计 状态：标准
11.1.12	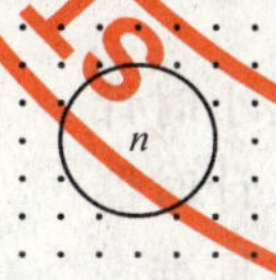	名称：转速表 状态：标准
11.1.13	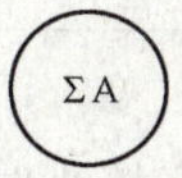	名称：和量仪表(示出电流和量) 状态：标准
11.1.14	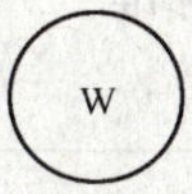	名称：功率表(例如单相或三相功率表) 状态：标准
11.1.15		名称：极性表 状态：标准

序　号	图　形　符　号	说　　明
11.1.16	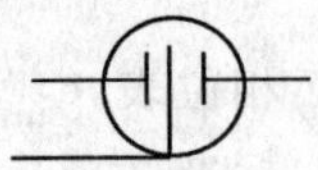	名称:静电计 状态:标准
11.1.17		名称:电流表 状态:标准
11.1.18	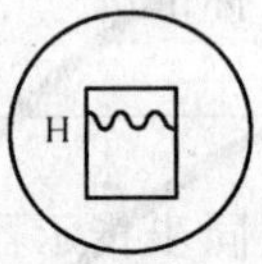	名称:液位表 状态:标准

11.2　记录仪表示例

序　号	图　形　符　号	说　　明
11.2.1	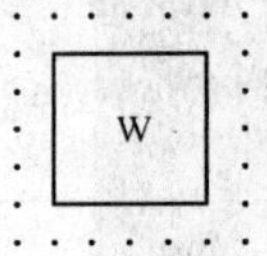	名称:记录式功率表 状态:标准
11.2.2	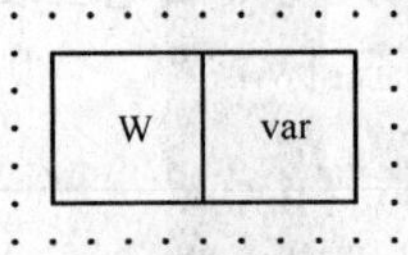	名称:组合式记录功率表和无功功率表 状态:标准
11.2.3		名称:示波器 状态:标准

11.3　积算仪表示例

序　号	图　形　符　号	说　　明
11.3.1	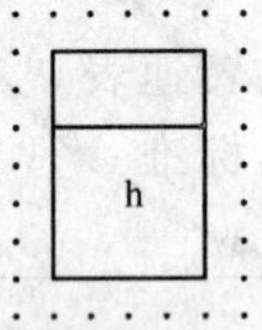	名称:小时计 　　　计时器 状态:标准
11.3.2	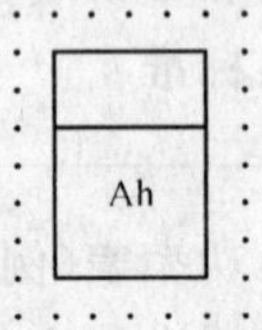	名称:安培小时计 状态:标准
11.3.3	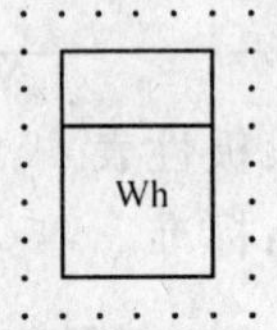	名称:电度表(瓦特小时计) 状态:标准

序　号	图　形　符　号	说　　　明
11.3.4	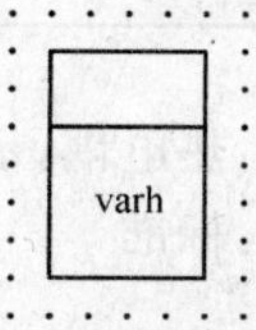	名称:无功电度表 状态:标准

11.4　计数器件

序　号	图　形　符　号	说　　　明
11.4.1	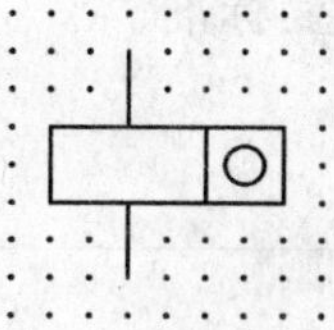	名称:脉冲计(电动计数器) 状态:标准
11.4.2	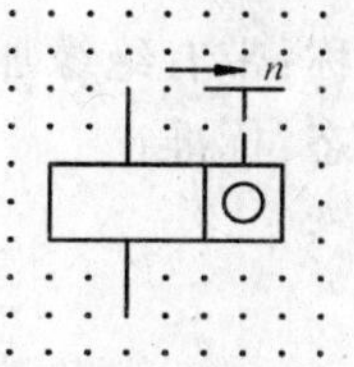	名称:手动预调到 n 的脉冲计 (如:n=0 则重调) 状态:标准
11.4.3	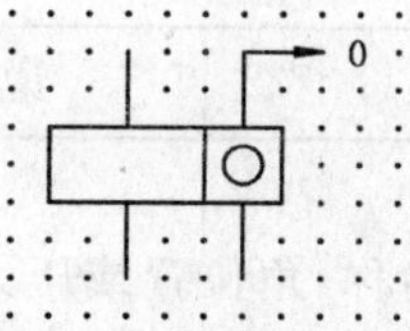	名称:电动复零脉冲计 状态:标准
11.4.4	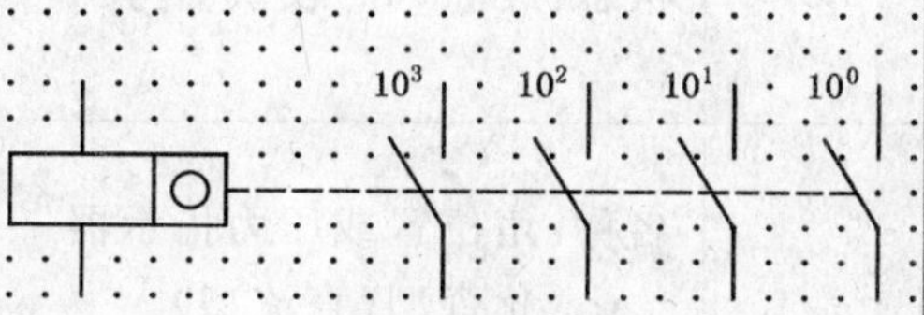	名称:带有多触点的脉冲计 计数器每记录 1 次,10 次,100 次,1 000 次有关触点闭合一次 状态:标准
11.4.5	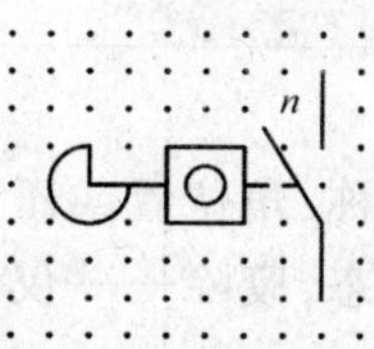	名称:凸轮驱动的每 n 次触点闭合一次的计数器 状态:标准
11.4.6	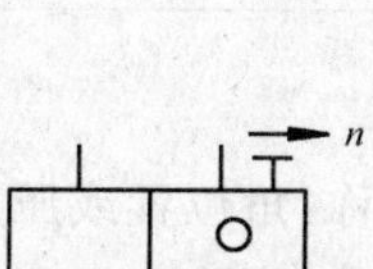	名称:既可人工预调到 n 又可电动复位的脉冲计(N 表示复位) 状态:标准

11.5 热电耦

序　号	图 形 符 号	说　　明
11.5.1	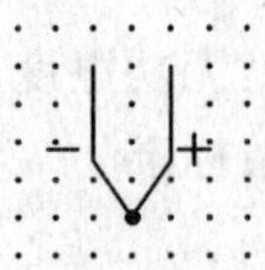	名称:热电耦,示出极性符号 状态:标准
11.5.2	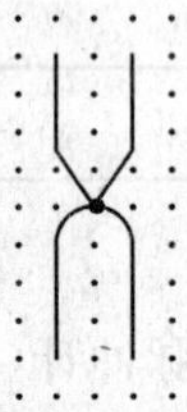	名称:带有非绝缘加热元件的热电耦 状态:标准
11.5.3	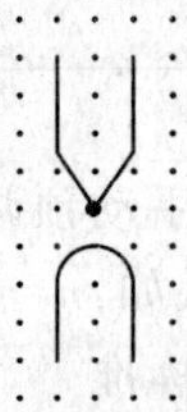	名称:带有绝缘加热元件的热电耦 状态:标准

11.6 角位置或压力变送器及指示仪表

序　号	图 形 符 号	说　　明
11.6.1	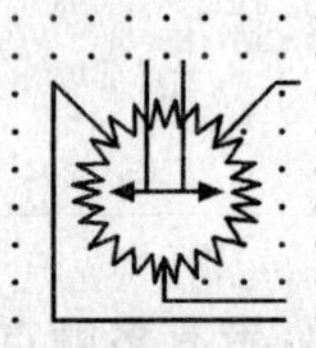	名称:角位置或压力变送器 狄森型(直流型) 状态:废除——仅供参考
11.6.2		名称:角位置或压力指示器 狄森型(直流型) 状态:废除——仅供参考
11.6.3		名称:角位置或压力指示器(电感型) 状态:废除——仅供参考
11.6.4	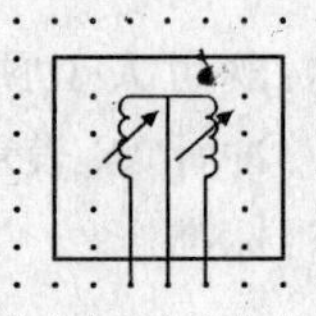	名称:角位置或压力变送器(电感型) 状态:废除——仅供参考

11.7 灯和信号器件

序　号	图　形　符　号	说　　　明
11.7.1		名称:灯,一般符号 别名:信号灯,一般符号 状态:标准
11.7.2	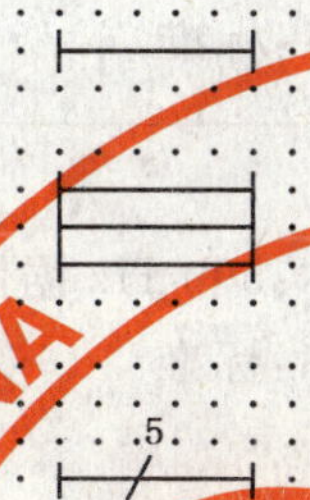	名称:荧光灯,一般符号 发光体,一般符号 示例:三管荧光灯 示例:五管荧光灯 状态:标准
11.7.3	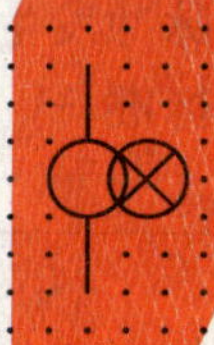	名称:由内置变压器供电的指示灯 状态:标准
11.7.4		名称:闪光型信号灯 状态:标准
11.7.5	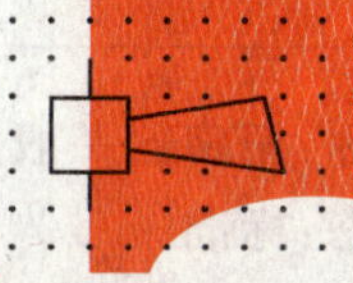	名称:电喇叭 状态:废除——仅供参考
11.7.6		名称:音响信号装置,一般符号 状态:标准
11.7.7		名称:蜂鸣器 状态:标准
11.7.8		名称:报警器 状态:标准

12 控制系统的框图符号

12.1 信号发生器

序 号	图 形 符 号	说 明
12.1.1	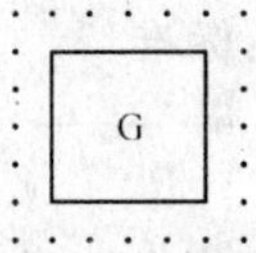	名称:信号发生器,一般符号 波形发生器,一般符号 状态:标准
12.1.2	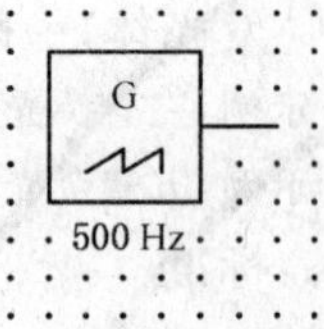	名称:500 Hz 锯齿波发生器 状态:标准
12.1.3	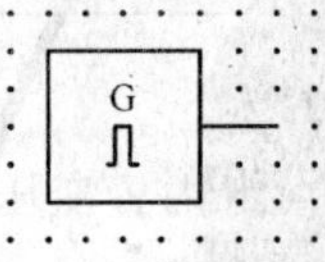	名称:脉冲发生器 状态:标准
12.1.4	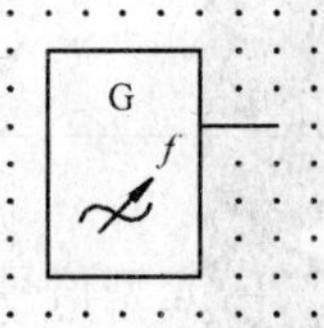	名称:频率可调的正弦波发生器 状态:标准
12.1.5	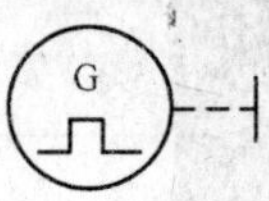	名称:手摇脉冲发生器 状态:标准
12.1.6	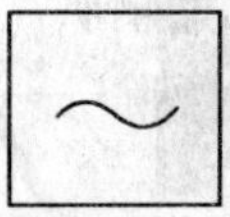	名称:振荡器一般符号 状态:标准

12.2 变换器

序 号	图 形 符 号	说 明
12.2.1	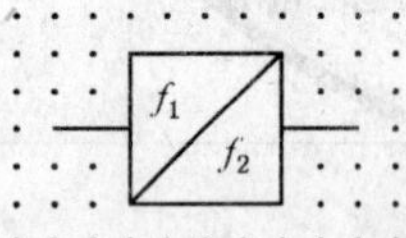	名称:变频器,频率由 f_1 变到 f_2 f_1 和 f_2 可用输入和输出频率数值代替 状态:标准
12.2.2	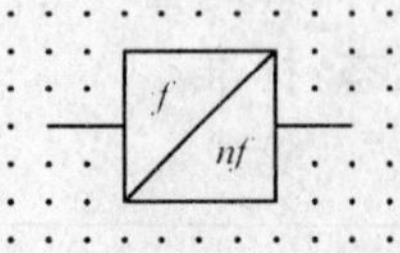	名称:倍频器 f 和 nf 可用输入和输出频率数值代替 状态:标准
12.2.3	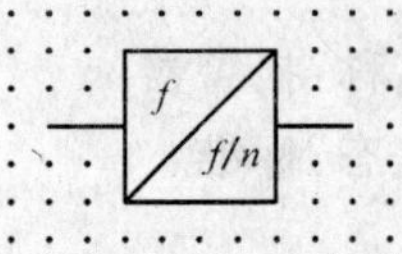	名称:分频器 f 和 f/n 可用输入和输出频率数值代替 状态:标准

序　号	图　形　符　号	说　　明
12.2.4	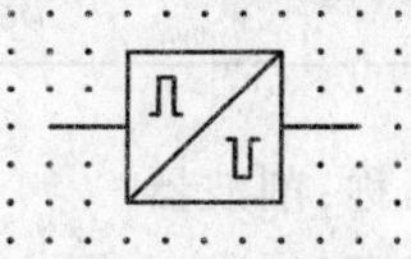	名称:脉冲倒相器 状态:标准
12.2.5	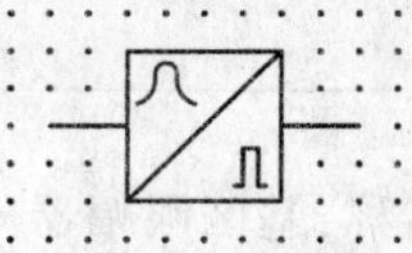	名称:脉冲再生器 状态:标准
12.2.6	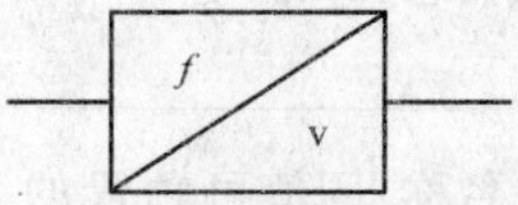	名称:频率-电压变换器 状态:标准
12.2.7	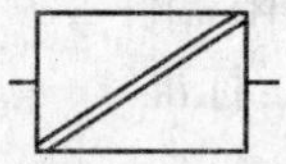	名称:具有隔离功能的变换器 状态:标准

12.3　衰减器、滤波器

序　号	图　形　符　号	说　　明
12.3.1	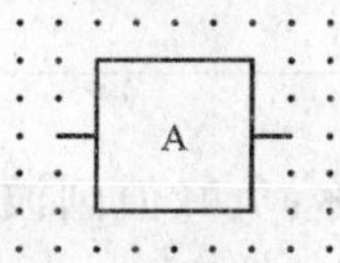	名称:固定衰减器 状态:标准
12.3.2	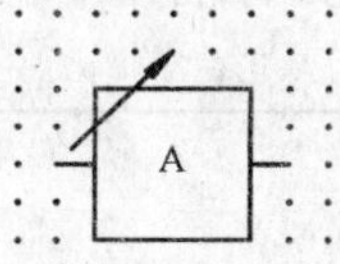	名称:可变衰减器 状态:标准
12.3.3	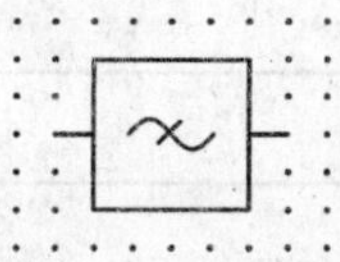	名称:滤波器 状态:标准
12.3.4	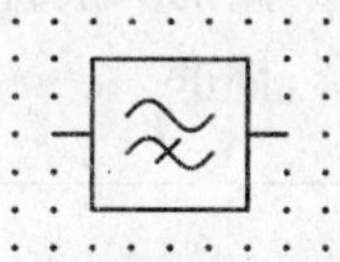	名称:高通滤波器 状态:标准
12.3.5	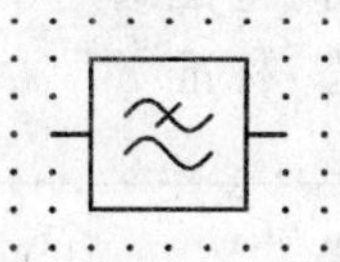	名称:低通滤波器 状态:标准
12.3.6	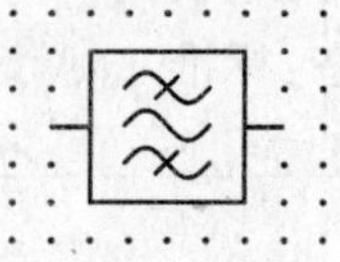	名称:带通滤波器 状态:标准
12.3.7	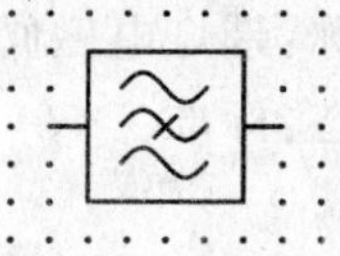	名称:带阻滤波器 状态:标准

12.4 阈限器件

序号	图形符号	说明
12.4.1	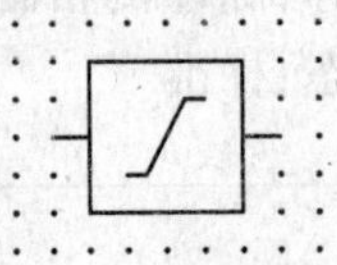	名称:削波器 状态:标准
12.4.2	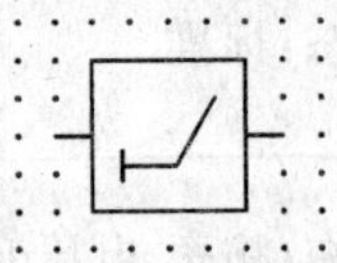	名称:基区限幅器阈限器件 状态:标准
12.4.3		名称:阈值可预置的基区限幅器阈值可预置的阈限器件 状态:标准
12.4.4	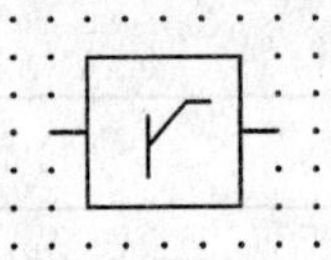	名称:正峰值削波器 状态:标准
12.4.5	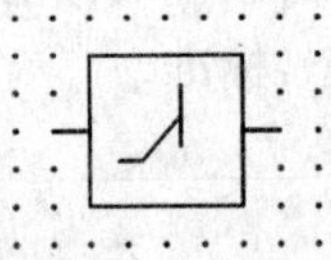	名称:负峰值削波器 状态:标准

13 电磁阀、电磁离合器、电磁吸盘、电磁调速装置

13.1 电磁阀、电磁离合器

序号	图形符号	说明
13.1.1		名称:阀的一般符号 状态:标准
13.1.2	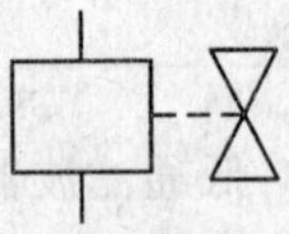	名称:电磁阀 状态:标准
13.1.3	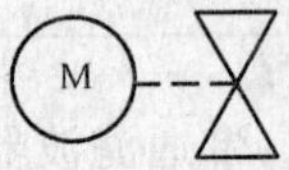	名称:电动阀 状态:标准
13.1.4	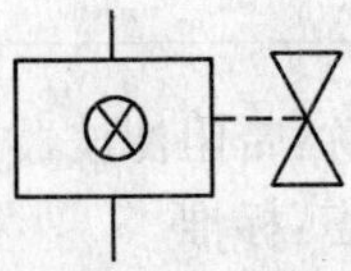	名称:带灯电磁阀 状态:标准

序　号	图　形　符　号	说　　明
13.1.5	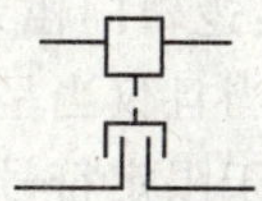	名称：电磁离合器 状态：标准
13.1.6	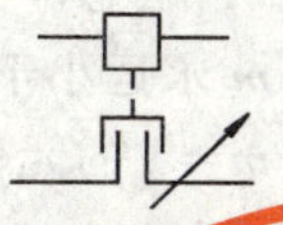	名称：电磁转差离合器或电磁粉末离合器 状态：标准
13.1.7		名称：电磁制动器 状态：标准

13.2　电磁吸盘、电磁调速装置

序　号	图　形　符　号	说　　明
13.2.1	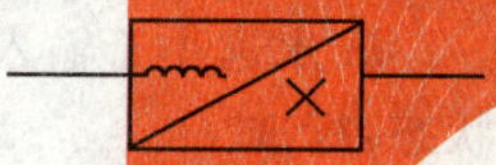	名称：电磁吸盘 状态：标准
13.2.2		名称：电永磁吸盘 状态：标准
13.2.3	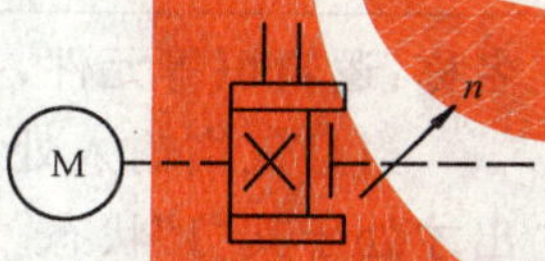	名称：电磁调速装置 状态：标准

14　二进制逻辑单元

14.1　组合单元

约定：单元功能限定符号表明，使各输出呈现其内部“1”状态，输入应呈现“1”状态的数目。

序　号	图　形　符　号	说　　明
14.1.1	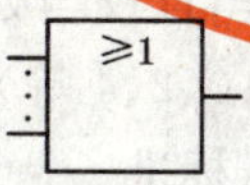	名称：“或”元件，一般符号 当且仅当一个或一个以上的输入呈现“1”状态，输出才呈现“1”状态。 若不会引起意义混淆，“≥1”可以用1代替。 状态：标准
14.1.2	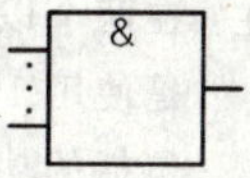	名称：“与”元件，一般符号 当且仅当所有输入呈现“1”状态，输出才呈现“1”状态。 状态：标准

序　号	图　形　符　号	说　　明
14.1.3	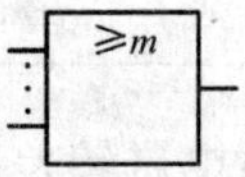	名称:逻辑门槛元件,一般符号 当且仅当呈现"1"状态输入的数目等于或大于限定符号中以 m 表示的数值,输出才呈现"1"状态。 m 永远小于输入端的数目。 $m=1$ 的元件称为"或"元件。 状态:标准
14.1.4	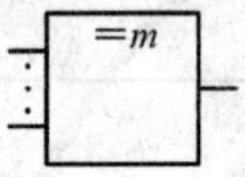	名称:等于 m 元件,一般符号 当且仅当呈现"1"状态输入的数目等于限定符号中以 m 表示的数值,输出才呈现"1"状态。 $m=1$ 的 2 输入元件通常称为的"异或"元件。 m 永远小于输入端的数目。 状态:标准
14.1.5	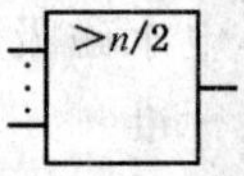	名称:多数元件,一般符号 当且仅当多数输入处于其"1"状态时,输出才呈现"1"状态。 状态:标准
14.1.6	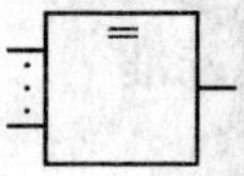	名称:逻辑恒等元件,一般符号 当且仅当输入处于相同逻辑状态时,输出才处于其"1"状态。 状态:标准
14.1.7	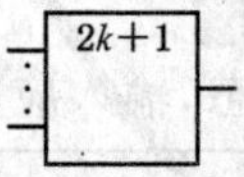	名称:奇数元件(奇数校验元件),一般符号模2加元件,一般符号 当且仅当处于其"1"状态的奇数时(1、3、5 等),输出才处于其"1"状态。 状态:标准
14.1.8	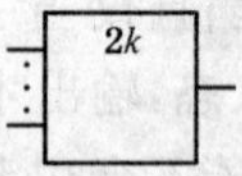	名称:偶数元件(偶数校验元件),一般符号 当且仅当处于"1"状态的输入个数目是偶数(0、2、4 等)输出才处于其"1"状态。 状态:标准
14.1.9	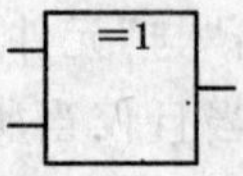	名称:异或元件 若两个输入中的一个且只有一个处于"1"状态,输出才处于其"1"状态。 注:在两个以上输入情况下,使用 $m=1$ 的符号是使用 14.1.4 还是使用 14.1.7 符号由所包括的功能决定。 状态:标准

序　号	图　形　符　号	说　　明
14.1.10		名称:无特殊放大输出的缓冲器 当且仅当输入处于其“1”状态时,输出才处于其“1”状态。 状态:标准
14.1.11	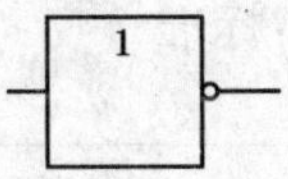	名称:非门 别名:反相器(在用逻辑非符号表示器件的情况下) 当且仅当输入处于其外部“1”状态时,输出才处于其外部“0”状态。 状态:标准
14.1.12	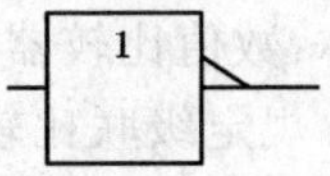	名称:反相器(在用逻辑极性指示表示器件的情况下) 当且仅当输入处于其 H 电平,输出才处于其 L 电平。 状态:标准
14.1.13	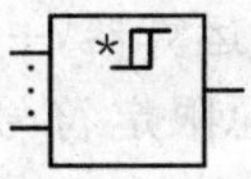	名称:有磁滞特性的元件,一般符号 在元件内,用磁滞特性符号作总限定符号时,表示元件输入/输出包含如“双向门槛输入”所说明的磁滞特性。星号必须用表示元件逻辑功能的总限定符号代替,但当限定符号是数字 1,在这种情况下,它可以省略。 状态:标准

14.2　编码器代码转换器

序　号	图　形　符　号	说　　明
14.2.1	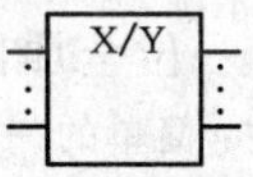	名称:编码器,一般符号 代码转换器,一般符号 注:X 和 Y 可分别用表示输入和输出信息代码的合适指示代替。 状态:标准
14.2.2	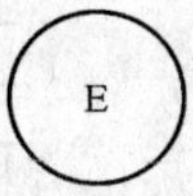	名称:圆位置编码器 状态:标准
14.2.3	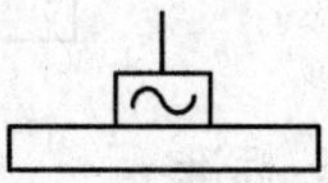	名称:直线位置编码器 状态:标准

14.3 算术单元

序　号	图　形　符　号	说　　明
14.3.1	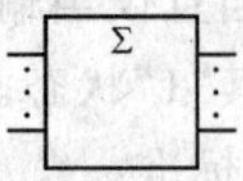	名称：加法器，一般符号 状态：标准
14.3.2	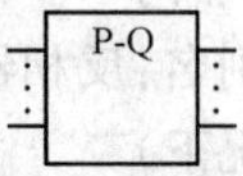	名称：减法器，一般符号 状态：标准
14.3.3	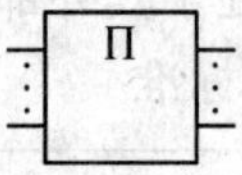	名称：乘法器，一般符号 状态：标准
14.3.4		名称：数值比较器，一般符号 规定级联比较器为从低位到高位进行比较，否则应有说明。例如用“H-L”放在限定符号“COMP”下面。 状态：标准
14.3.5	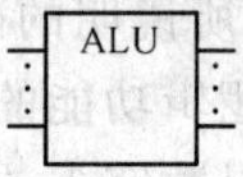	名称：运算器，一般符号 总限定符号应加补充信息以说明单元功能。 状态：标准
14.3.6	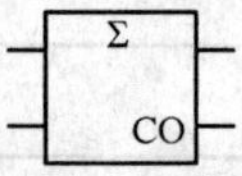	名称：半加器 状态：标准
14.3.7	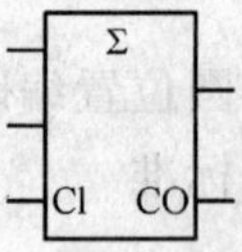	名称：一位全加器 注：简单的一位全加器可用奇数单元（模 2 加单元）和逻辑门槛单元另行描述，如下图所示： 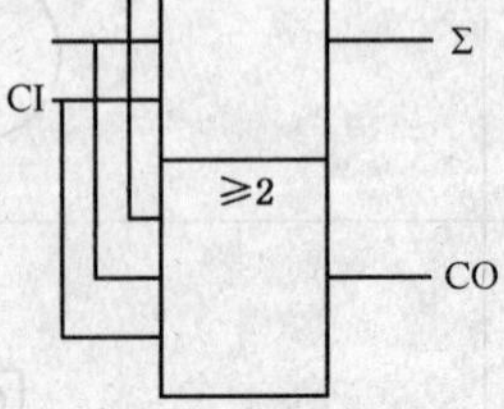 状态：标准

14.4 二进制延迟单元

序　号	图 形 符 号	说　　明
14.4.1	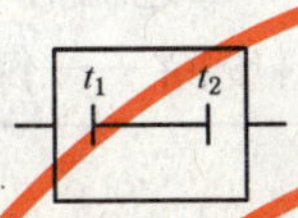	名称：给定延迟时间的延迟元件 输出端发生从内部"0"状态到内部"1"，状态的转换相对输入端发生同样的转换延迟 t_1 之后。 输出端发生从内部"1"状态到内部"0"状态的转换相对输入端发生同样的转换延迟 t_2 之后。 注：t_1 和 t_2 可以用秒字单位或数字单位表示的实际延迟代替，可标在方框内或外。如两个延迟相同，只写一个值就够了。 状态：标准
14.4.2	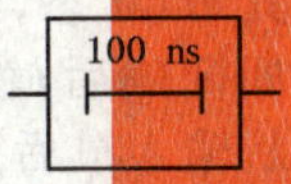	名称：延迟元件(100 ns) 状态：标准
14.4.3	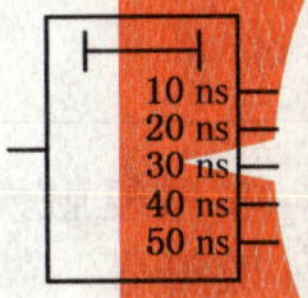	名称：带抽头延迟元件(级差 10 ns) 状态：标准

14.5 双稳单元

序　号	图 形 符 号	说　　明
14.5.1	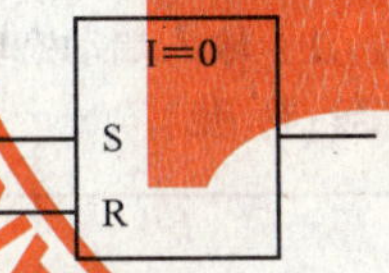	名称：初始"0"状态的 RS-双稳 在电源接通瞬间，输出处在其内部"0"状态。 状态：标准
14.5.2	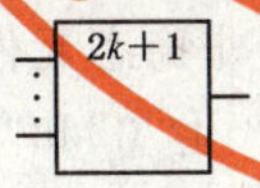	名称：初始"1"状态的 RS-双稳 在电源接通瞬间，输出处在其内部"1"状态。 状态：标准
14.5.3	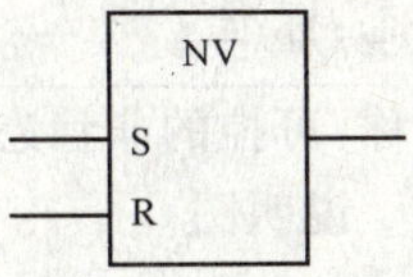	名称：非易失的 RS-双稳 在电源接通瞬间，输出的内部逻辑状态与电源断开时的状态相同。 状态：标准
14.5.4	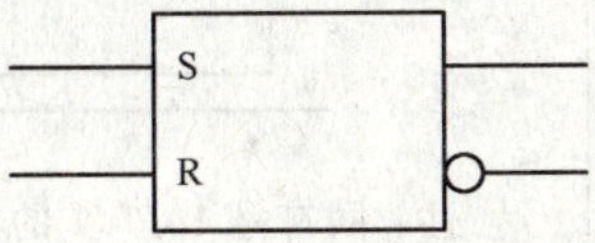	名称：R-S 触发器 R-S 锁存器 状态：标准

序　号	图　形　符　号	说　　　明
14.5.5	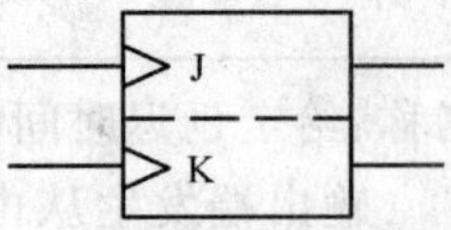	名称:JK 双稳元件 状态:废除——仅供参考
14.5.6	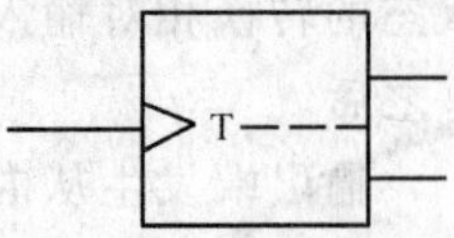	名称:T 型双稳 (二进制分频器,补码元件) 状态:废除——仅供参考

14.6　单稳单元

序　号	图　形　符　号	说　　　明
14.6.1	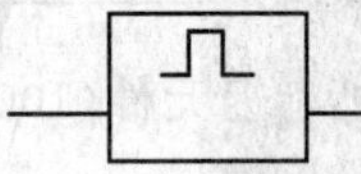	名称:可重复触发单稳(当有输出脉冲期间)单有发射 一般符号 每次输入变到其"1"状态,输出就变到或维持其"1"状态,经过由特定器件的特性决定的时间间隔后,输出回到它的"0"状态,时间间隔从输入最后一次变到其"1"状态算起。 注:在输入端动态输入符号的用法是随意的。 状态:标准
14.6.2	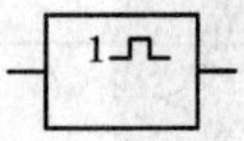	名称:非重复触发单稳(有输出脉冲期间)一般符号 只当输入变到其"1"状态时,输出才变到其"1"状态。经过由特定器件的特性决定的时间间隔后,输出回到它的"0"状态,不管在此期间输入变量有什么变化。 注:输入端动态输入符号的用法是随意的。 状态:标准

14.7　非稳态单元

序　号	图　形　符　号	说　　　明
14.7.1	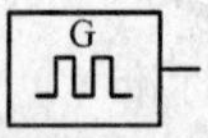	名称:非稳态元件,一般符号 产生"0"和"1"交替序列的信号发生器 注:在此符号中,G 是发生器的限定符号,如波形明显时。此符号可不加符号。 状态:标准
14.7.2	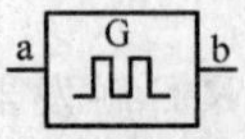	名称:可控的非稳态元件,一般符号 说明图 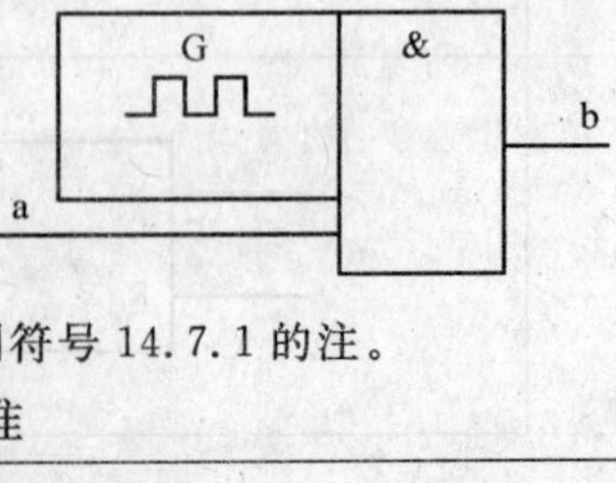 注:同符号 14.7.1 的注。 状态:标准

序　号	图 形 符 号	说　　明
14.7.3	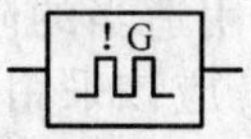	名称:同步启动非稳态元件,一般符号 输出端呈现其内部"1"状态的瞬间,输出以一个完整的脉冲开始 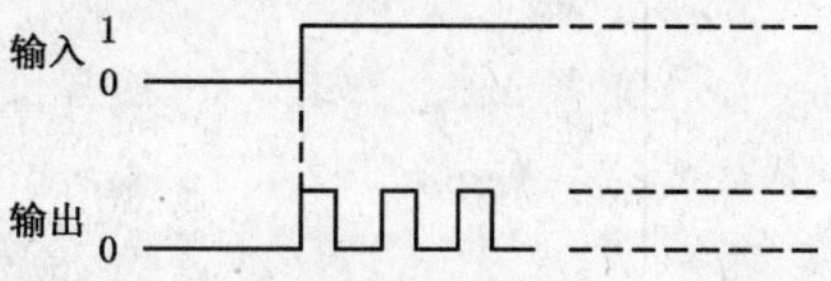 注:符号 14.7.3 的注适用。 状态:标准
14.7.4	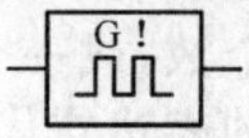	名称:完成最后一个脉冲之后,停止输出的非稳态元件,一般符号 输入恢复到内部"0"状态时,输出维持在其内部"0"状态。或完成其最后一个脉冲。 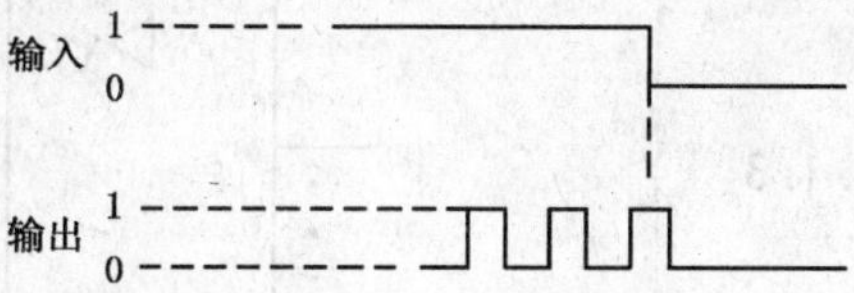 注:同符号 14.7.1 的注。 状态:标准
14.7.5	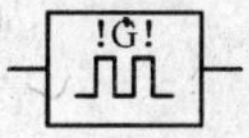	名称:同步启动,完成最后一个脉冲后停止输出的非稳态元件,一般符号 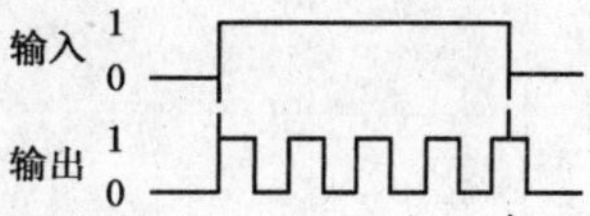 注:同符号 14.7.1 的注。 状态:标准

15　模拟单元

15.1　放大器

序　号	图 形 符 号	说　　明
15.1.1		名称:放大器的一般符号 状态:标准
15.1.2	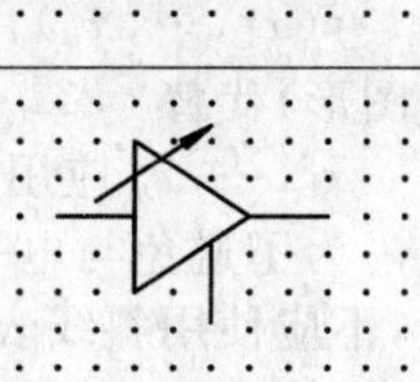	名称:可调放大器 状态:标准

序　号	图　形　符　号	说　　　明
15.1.3	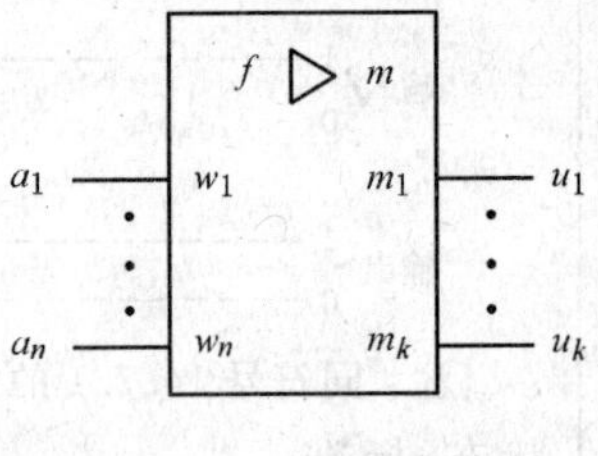	名称：放大器，一般符号 $u_i=m\cdot m_i\cdot f(w_1\cdot a_1,w_2\cdot a_1,\cdots,w_n\cdot a_n)$ 式中 $i=1,2,\cdots,k$ 如元件除放大外还执行其他特定功能，则“f”可用适当的限定符号代替。否则“f”应被略去。应该采用下列限定符号表示所列功能： $\sum$——求和； $\int$——积分； d/dt——时间积分； exp——指数； lg——对数(以 10 为底)； SH——采样； $m\cdot m_i$——等于输出 i 的放大倍数； m——代表放大倍数的公因子。 如所表示的公因子为固定值，则“m”将用一个数，或一个给出公因子绝对值或范围固定的表达式代替。 如所表示的公因子为一变量，则“m”应示出，并且决定 m 值的方法应在符号内或在有关文件中示出，否则“m”应被略去。 以下标记推荐用来表示固定公因子： ∞——当公式因子很大时。 1——当公式因子为 1 时。 一个数——当需精确地表示公因子时。 ∗1…∗2——当公因子固定在∗1…∗2 范围内时∗1和∗2 应分别用范围内最小和最大的公因子代替。 $m_1\cdots m_k$——代表含正负号的输出放大系数。如输出放大系数为 1，则“1”可省略。 如只有一个无标记的输出端且其含正负号的输出放大系数为+1 时，则“1”可省略。 $w_1,\cdots,w_k$——代表含正负号的加权系数的值，如加权系数等于 1，则“1”可省略。 状态：标准

15.2　函数器

序　号	图　形　符　号	说　　　明
15.2.1		函数——运算元件，一般符号 $f(x_1,\cdots,x_n)$用函数适当的标记(符号或图形)代替 $x_1,\cdots,x_n$ 应用函数自变量代替 为了避免与电平转换器和代码转换器混淆，不应使用斜线表示除法 状态：标准

15.3 坐标转换器

序号	图形符号	说明
15.3.1	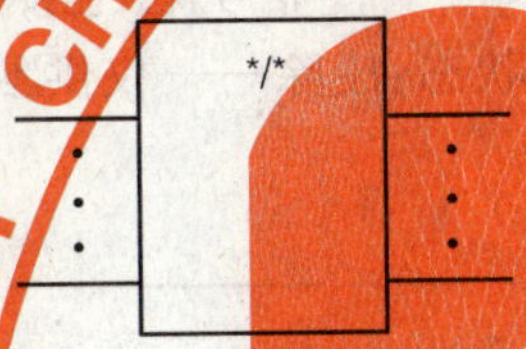	名称：转换器，一般符号 如需要表示电气上是隔离的，则总限定符 * /可用 * // * 代替 星号应用有关的量值或适当的符号代替 左星号指输入，右星号指输出 以下符号推荐用来表示所列项目： # 数字的，未限定代码 ∩ 模拟的，函数未限定代码 U 或 V 电压 f 频率 φ 或 ϕ 相位 I 电流 T 温度 注1：总限定符号 #/∩ 和 ∩/# 可分别用 DAC 和 ADC 代替。 注2：在总限定符号 #/∩ 和 ∩/# 中，"#"可由输入〔输出〕所用代码适当的代号代替，该代码是用来决定〔或表示〕其内部值的。在这种情况下，数字输入〔输出〕应标上与该代码有关的字符。详细内容见 GB/T 4728.13—2008 中 A296 状态：标准

15.4 信号转换器

输入和输出间的特定关系标记可表示在符号框线内。

如果数字是连续序列，除非另有表示，否则，在图形中应明确标出最高位，其他位允许省略。

序号	图形符号	说明
15.4.1	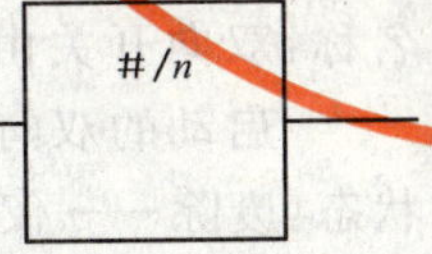	名称：数-模转换器一般符号 状态：废除——仅供参考
15.4.2	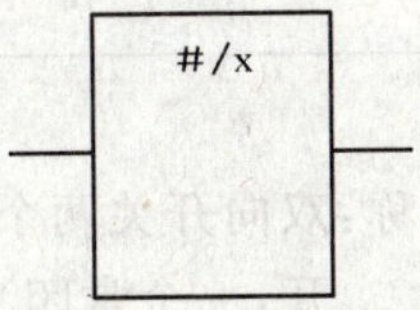	名称：模-数转换器一般符号 状态：废除——仅供参考

15.5 电子开关

规定数字信号为定义"1"状态，模拟信号可以通过为常开开关。

规定数字信号为定义"0"状态，模拟信号可以通过为常闭开关。

序　号	图　形　符　号	说　　　明
15.5.1	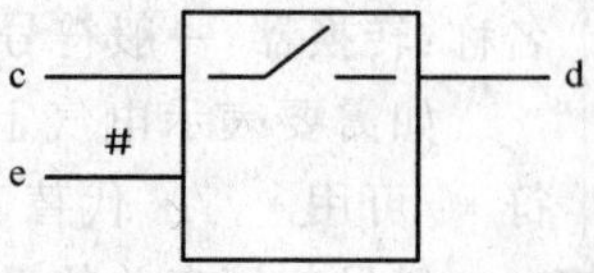	名称:双向开关(常开),通用符号 只要数字输入 e 处在定义"1"状态,模拟信号在 c 和 d 之间能按任一方向通过。 注:可以加一箭头表示单向开关(常开)。 状态:废除——仅供参考
15.5.2	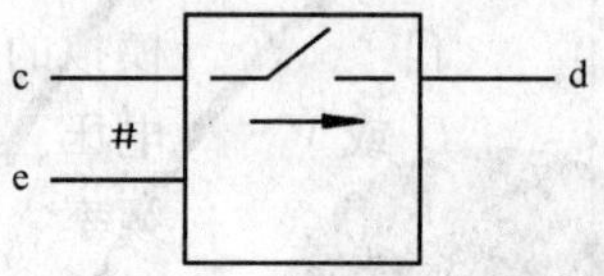	示例:只要数字输入 e 处在定义"1"状态,模拟信号就只能按箭头所示方向通过。 状态:废除——仅供参考
15.5.3	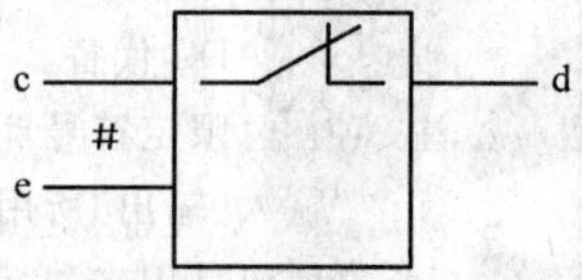	名称:双向开关(常闭),通用符号 只要数字输入 e 处在定义"0"状态,模拟信号在 c 和 d 之间能按任一方向通过。 注:可以加一箭头表示单向开关。 状态:废除——仅供参考
15.5.4	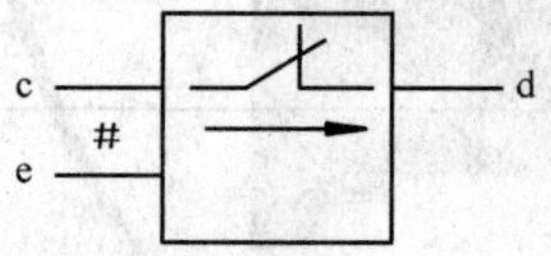	名称:双向开关(常闭) 示例:只要数字输入 e 处在定义"0"状态,模拟信号就只能按箭头所示方向通过。 状态:废除——仅供参考
15.5.5	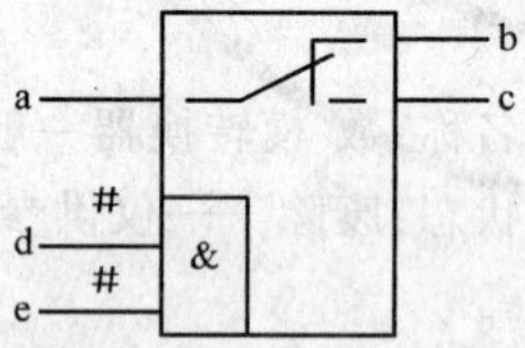	名称:双向开关由两个数字输入的"与"功能启动的双向转换开关 状态:废除——仅供参考
15.5.6	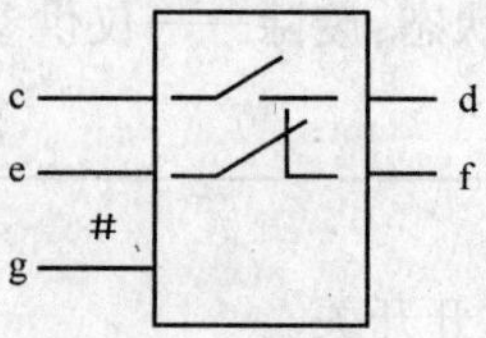	名称:双向开关两个独立的双向开关(一个常开,一个常闭) 两个开关均由同一个二进制输入启动。 状态:废除——仅供参考

16 数据处理系统及其他装置图形符号

16.1 数据处理系统图形符号

序号	图形符号	说明
16.1.1	PLC	名称:可编程序逻辑控制装置 状态:标准
16.1.2	IPC	名称:工控计算机 状态:标准
16.1.3	HMI	名称:人机界面一般符号 状态:标准
16.1.4	PRN	名称:打印机一般符号 状态:标准
16.1.5	NC	名称:数控装置 状态:标准
16.1.6	CNC	名称:计算机数控装置 状态:标准

16.2 其他图形符号的组合及编制

在本标准中找不到所需的图形符号,则可选取本标准和/或现行国家标准中的符号和符号元素,进行组合构成新的图形符号。

对于应用的新装置或系统,在本标准中找不到对应图形符号,可用框图符号画出,框内加文字代号或限定符号或装置的型号,文字代号按新装置或系统属性的英文(英文字母缩写)编制。

ICS 01.100.25
J 04

中华人民共和国国家标准

GB/T 24341—2009

工业机械电气设备 电气图、图解和表的绘制

Electrical equipment of industrial machines drawing of electrical diagrams, figure and table

2009-09-30 发布　　2010-02-01 实施

中华人民共和国国家质量监督检验检疫总局
中国国家标准化管理委员会　发布

前 言

本标准的附录 B 为规范性附录，附录 A 和附录 C 为资料性附录。

本标准由中国机械工业联合会提出。

本标准由全国工业机械电气系统标准化技术委员会(SAC/TC 231)归口。

本标准起草单位：杭州机床集团有限公司、北京机床研究所、北京凯恩帝数控技术有限公司、中国纺织机械(集团)有限公司、长沙中联重工科技发展有限公司、杭州铣床制造有限公司、广州数控设备有限公司、威图电子机械技术(上海)有限公司。

本标准主要起草人：陈建明、黄祖广、阮志斌、杨洪丽、赵关洪、谢长宇、沈丽、张玉洁、刘剑。

工业机械电气设备
电气图、图解和表的绘制

1 范围

本标准规定了工业机械电气设备电气图、图解和表的绘制方法。

本标准适用于工业机械(包括机床、铸造和锻压机械、纺织机械、建筑机械、起重机械、缝纫机械、塑料机械等)电气设备的电气图、图解和表的绘制。

2 规范性引用文件

下列文件中的条款通过本标准的引用而成为本标准的条款。凡是注日期的引用文件,其随后所有的修改单(不包括勘误的内容)或修订版均不适用于本标准,然而,鼓励根据本标准达成协议的各方研究是否可使用这些文件的最新版本。凡是不注日期的引用文件,其最新版本适用于本标准。

GB/T 4457.4—2002 机械制图 图样画法 图线(ISO 128-24:1999,MOD)

GB/T 4728.2—2005 电气简图用图形符号 第2部分:符号要素、限定符号和其他常用符号(IEC 60617 database,IDT)

GB/T 4728.3—2005 电气简图用图形符号 第3部分:导体和连接件(IEC 60617 database,IDT)

GB/T 4728.4—2005 电气简图用图形符号 第4部分:基本无源元件(IEC 60617 database,IDT)

GB/T 4728.5—2005 电气简图用图形符号 第5部分:半导体管和电子管(IEC 60617 database,IDT)

GB/T 4728.6—2008 电气简图用图形符号 第6部分:电能的发生与转换(IEC 60617 database,IDT)

GB/T 4728.7—2008 电气简图用图形符号 第7部分:开关、控制和保护器件(IEC 60617 database,IDT)

GB/T 4728.8—2008 电气简图用图形符号 第8部分:测量仪表、灯和信号器件(IEC 60617 database,IDT)

GB/T 4728.9—2008 电气简图用图形符号 第9部分:电信:交换和外围设备(IEC 60617 database,IDT)

GB/T 4728.10—2008 电气简图用图形符号 第10部分:电信:传输(IEC 60617 database,IDT)

GB/T 4728.11—2008 电气简图用图形符号 第11部分:建筑安装平面布置图(IEC 60617 database,IDT)

GB/T 4728.12—2008 电气简图用图形符号 第12部分:二进制逻辑元件(IEC 60617 database,IDT)

GB/T 4728.13—2008 电气简图用图形符号 第13部分:模拟元件(IEC 60617 database,IDT)

GB 4884—1985 绝缘导线的标记

GB/T 5094.1—2002 工业系统、装置与设备以及工业产品 结构原则与参照代号 第1部分:基本规则(idt IEC 61346-1:1996)

GB/T 5094.2—2003 工业系统、装置与设备以及工业产品 结构原则与参照代号 第2部分:项目的分类与分类码(IEC 61346-2:2000,IDT)

GB/T 5094.3—2005 工业系统、装置与设备以及工业产品 结构原则与参照代号 第3部分:应

用指南(IEC 61346-3:2001,IDT)

GB/T 5094.4—2005 工业系统、装置与设备以及工业产品 结构原则与参照代号 第4部分:概念的说明(IEC 61346-4:1998,IDT)

GB 5226.1—2008 机械电气安全 机械电气设备 第1部分:通用技术条件(IEC 60204-1:2005,IDT)

GB/T 6988.1—2008 电气技术用文件的编制 第1部分:规则(IEC 61082-1:2006,IDT)

GB/T 6988.5—2006 电气技术用文件的编制 第5部分:索引(IEC 61082-6:1997,IDT)

GB 7947—2006 人机界面标志标识的基本和安全规则 导线的颜色和数字标识(IEC 60446:1999,IDT)

GB/T 10609.1—2008 技术制图 标题栏

GB/T 13534—2009 颜色标志的代码(IEC 60757:1983,IDT)

GB/T 14689—2008 技术制图 图纸幅面和格式(ISO 5457:1999,MOD)

GB/T 14690—1993 技术制图 比例(eqv ISO 5455:1979)

GB/T 21654—2008 顺序功能表图用 GRAFCET 规范语言(IEC 60848:2002,IDT)

GB/T 24340—2009 工业机械电气图用图形符号

3 术语和定义

下列术语和定义适用于本标准。

3.1 一般术语

3.1.1 基本术语

术语之间的相互关系见图1。

3.1.1.1

媒体 medium

用以记录信息的材料,如纸张、缩微胶片、磁盘或光盘。

3.1.1.2

文件 document

媒体上的信息。通常,文件按照信息的种类和表达方法来命名,例如概略图、接线表、功能表图。

注:信息可以静态方法记录在纸张和缩微胶片上或动态显示在图像显示装置上。

3.1.1.3

图 drawing

用图形表达信息的文件,它可以包含注释:

a) 涉及一个给定题目的文件集;

b) 文件的处理。

3.1.2 信息表达方式

3.1.2.1

图样 pictorial form

通常按比例描述零件或组件的形状、尺寸等的图示形式。

3.1.2.2

平面图 plan

表示水平视图、断面或剖面的图。

3.1.2.3

简图 diagram

采用图形符号和带注释的框来表示包括连接线在内的一个系统或设备的多个部件或零件之间关系

的图示形式。

3.1.2.4

表图　chart; graph

描述系统的特性(例如两个或多个可变量、操作或状态之间关系)的图示形式。

3.1.2.5

表格　table; list

采用行和列的表达形式。

3.1.2.6

文字形式　textual form

一种应用文字的表达形式。例如说明书和说明中的文字。

3.1.3　简图中元件和连接线的表示方法

元件中功能相关的各部分。

3.1.3.1

集中表示法　attached representation

一个复合符号的各部分列在一起的表示法(见图2)。

3.1.3.2

半集中表示法　semi-attached representation

把符号各部分(通常用于具有机械功能联系的元件)在图上展开的表示方法(见图3),以清晰表示电路布局。

3.1.3.3

分开表示法　detached representation

把图形符号各部分(用于有功能联系的元件)分散于图上的表示方法(见图4),应采用其项目代号表示元件各部分之间的关系,以清晰表示电路布局。

3.1.3.4

重复表示法　repeated representation

一个复杂符号(通常用于有电功能联系的元件,例如:用含有公共控制框或公共输出框的符号表示的二进制逻辑元件)示于图上的两处或多处的表示方法(见图5),同一项目代号只代表同一个元件。

3.1.3.5

组合表示法　grouped representation

按下列两种方式的表示方法:

a)　符号的各部分画在围框线内(见图6)。

b)　符号的各部分(通常是二进制逻辑元件或模拟元件)连在一起(见图7)。

3.1.3.6

分立表示法　dispersed representation

在功能上独立的符号的各部分分开示于图上的表示方法(见图8),通过其项目代号使电路和相关的各部分的布局清晰。

3.1.3.7

多线表示法　multi-line represntation

每根连接线用一条图线表示的方法(见图9)。

3.1.3.8

单线表示法　single-line representation

两根或多根连接线只用一条线表示的方法(见图10)。

3.1.4 简图布局方法

3.1.4.1

功能布局法 functional layout

元件或其部分在图上的布置使功能关系易于理解的布局方法(见图 11)。

3.1.4.2

位置布局法 topographical layout

元件在图上的布置使其在图上的位置反映其实际相对位置的布局方法。

3.2 文件

3.2.1 功能性文件

3.2.1.1

概略图 overview diagram

表示系统、分系统、装置、部件、设备、软件中各项目之间的主要关系和连接的相对简单的简图,通常用单线表示法。

3.2.1.2

框图 block diagram

主要采用方框符号的概略图。

3.2.1.3

功能图 function diagram

用理论的或理想的电路而不涉及实现方法来详细表示系统、分系统、装置、部件、设备、软件等功能的简图(见图 12)。

3.2.1.4

逻辑功能图 logic-function diagram

主要使用二进制逻辑元件符号的功能图。

3.2.1.5

等效电路图 equivalent-circuit diagram

用于分析和计算电路特性或状态的表示等效电路的功能图。

3.2.1.6

功能表图 function chart

用步和转换描述控制系统的功能和状态的表图。

3.2.1.7

顺序图 sequence chart

顺序表 sequence table

表示系统各个单元工作次序或状态的图(表),各单元的工作或状态按一个方向排列,并在图上成直角绘出过程步骤或时间。

3.2.1.8

时序图 time sequence chart

按比例绘出时间轴的顺序表图。

3.2.1.9

电路图 circuit diagram

表示系统、分系统、装置、部件、设备、软件等实际电路的简图,采用按功能排列的图形符号来表示各元件和连接关系,以表示功能而不需考虑项目的实体尺寸、形状或位置(见图 2、图 3 和图 4)。

3.2.1.10

端子功能图 terminal-function diagram

表示功能单元的各端子接口连接和内部功能的一种简图(见图 12)。可以利用简化的(假如合适的话)电路图、功能图、功能表图、顺序表图或文字来表示其内部的功能。

3.2.1.11

程序图 program diagram

程序表 program table

程序清单 program list

详细表示程序单元、模块及其互连关系的简图(表、清单),其布局应能清晰地识别其相互关系。

3.2.2 位置文件

3.2.2.1

安装图 installation diagram

平面图 installation plan

表示各项目安装位置的图。

3.2.2.2

安装简图 installation diagram

表示各项目之间连接的安装图。

3.2.2.3

装配图 assembly drawing

通常按比例表示一组装配部件的空间位置和形状的图。

3.2.2.4

布置图 arrangement drawing

经简化或补充以给出某种特定目的所需信息的布置图(见图 15)。

3.2.3 接线文件

3.2.3.1

接线图 connection diagram

接线表 connection table

表示或列出一个装置或设备的连接关系的简图(表)。

3.2.3.2

单元接线图 unit connection diagram

单元接线表 unit connection table

表示或列出一个结构单元内连接关系的接线图(表)(见图 13)。

3.2.3.3

互连接线图 interconnection diagram

互连接线表 interconnection table

表示或列出不同结构单元之间连接关系的接线图(表)(见图 14)。

3.2.3.4

端子接线图 terminal connection diagram

端子接线表 terminal connection table

表示或列出一个结构单元的端子和该端子上的外部连接(必要时包括内部接线)的接线图(表)(见图 16)。

3.2.3.5

电缆图 cable diagram

电缆表 cable table

电缆清单 cable list

提供有关电缆,诸如导线的识别标记、两端位置以及特性、路径和功能(如有必要)等信息的简图

(表、清单)(见图 17)。

3.2.4 项目表及使用文件

3.2.4.1

元件表 parts list

设备表

表示构成一个组件(或分组件)的项目(零件、元件、软件、设备等)和参考文件(如有必要)的表格。

3.2.4.2

备用元件表 spare parts list

表示用于防护和维修的项目(零件、元件、软件、散装材料等)的表格。

3.2.5

安装说明文件 installation document

给出有关一个系统、装置、设备或元件的安装条件以及供货、交付、卸货、安装和测试说明或信息的文件。

3.2.6

试运转说明文件 trial run document

给出有关一个系统、装置、设备或元件试运转和起动时的初始调节、模拟方式、推荐的设定值以及对为了实现开发和正常发挥功能所需采取措施的说明或信息的文件。

3.2.7

使用说明文件 usage document

给出有关一个系统、装置、设备或元件的使用的说明或信息的文件。

3.2.8

维修说明文件 maintenance document

给出一个系统、装置、设备或元件的维修程序的说明或信息的文件。例如维修或保养手册。

3.3 项目代号

3.3.1

基础件 basic component

不可再拆的,拆开便丧失功能的元件。如集成电路、电阻、电磁线圈等。

3.3.2

部件 part

由两个以上的基础件构成的组件的一部分。可以整体更换,也可以单个更换其中一个或几个基础件。例如过电流保护器、滤波网络单元、操作盘等。

3.3.3

组件 set

由若干个基础件和(或)若干个部件安装在一起,用以完成某一特定功能的组合体。例如发动机组、音频放大器、电源装置等。

3.3.4

项目 object

在图上通常用一个图形符号来表示的基础件、部件、设备、功能单元等的统称。例如电阻器、继电器、发电机、放大器、电源装置和开关装置等,都可以视为一个项目。

3.3.5

高层代号 high level designation

系统或设备中任何较高层次(对给予代号的项目而言)项目的代号。例如机床主传动装置,它是由主电动机、起动器及其控制设备组成的一个项目,用一个高层代号表示。

3.3.6

位置代号　position designation

项目在组件、设备、系统中的实际位置的代号。

3.3.7

种类代号　category designation

主要用以识别项目种类的代号。项目的种类与项目在电路中的功能无关。如各种电阻器都可视为同一种类的项目。

注：对于某些组件，在具体使用时，可以按其在电路中的作用分类。如可以根据开关在电力电路（作断路器）或控制电路（作选择器）的作用不同，而赋予不同的项目种类字母代码。

3.3.8

端子代号　terminal designation

用以同外电路进行电气连接的电器导电件的代号。

3.3.9

项目代号　object designation

用以识别图、图表、表格中和其他技术文件及设备上的项目种类，并提供项目的层次关系、实际位置等信息的一种特定的代码。

3.3.10

代号段　designation section

具有相关信息的完整项目代号的一部分。完整项目代号分为四段：高层代号、位置代号、种类代号和端子代号。

3.3.11

前缀符号　prefix designation

用以区分各个代号段的符号，包括等号“＝”，加号“＋”，减号“－”和冒号“：”。

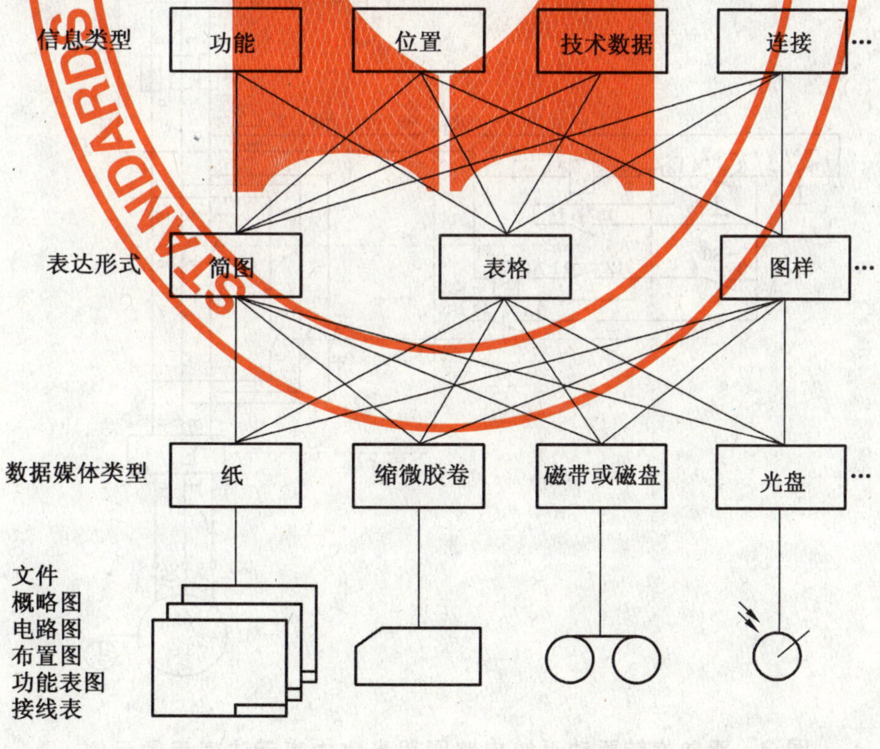

图 1　各类信息、表达形式、数据媒体形式和文件分类之间的相互关系

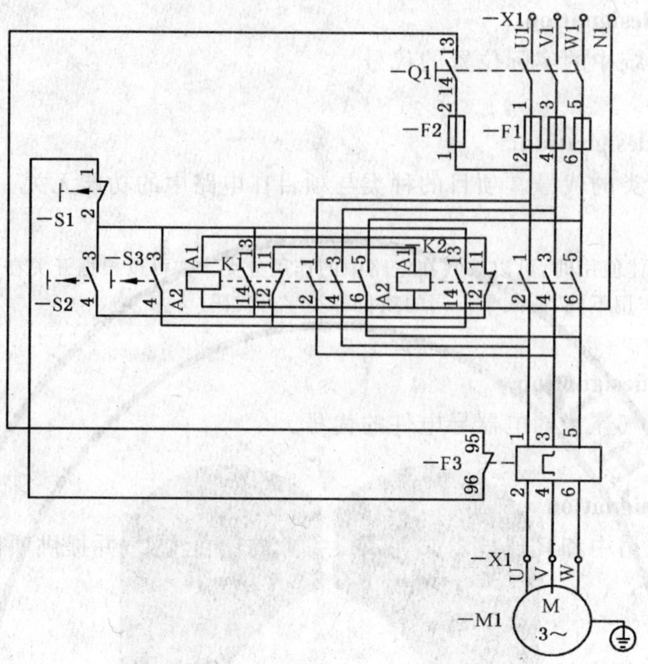

图 2　双向旋转驱动系统电路图用集中表示法表示的示例

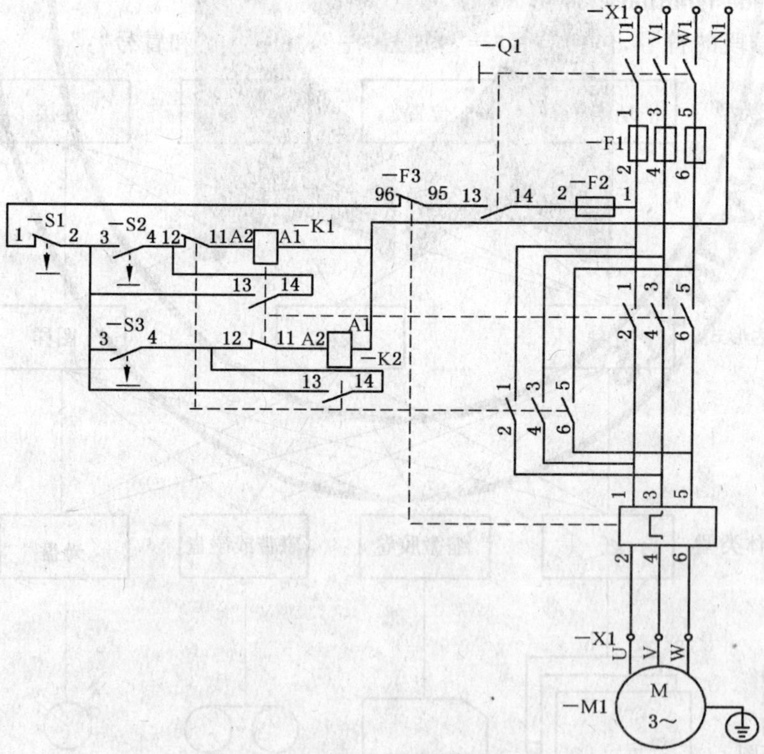

图 3　双向旋转驱动系统电路图用半集中表示法表示的示例

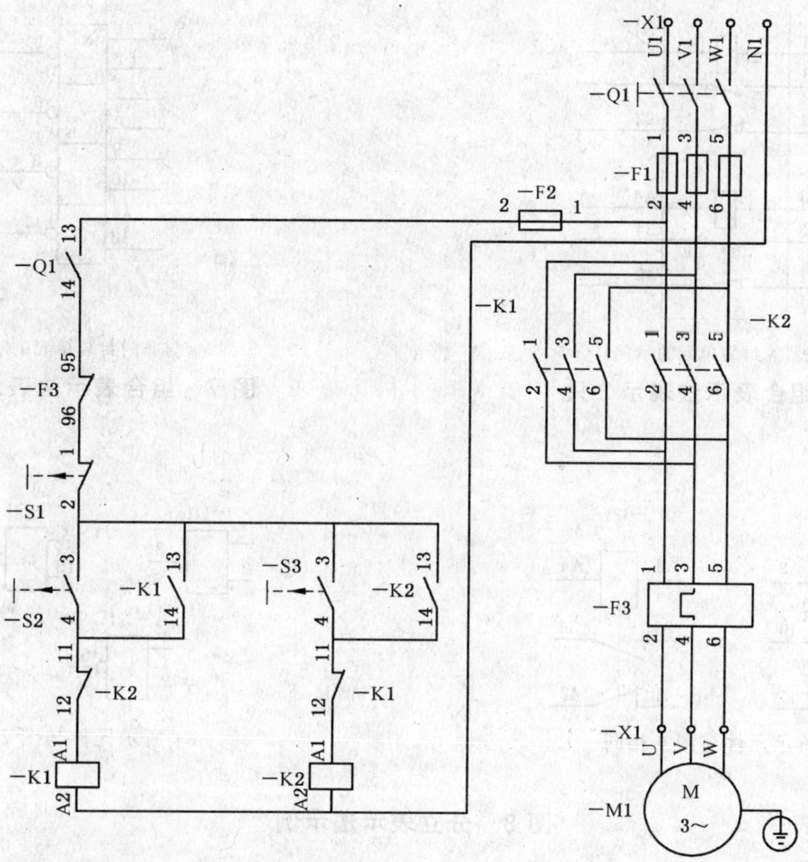

图 4　双向旋转驱动系统电路图用分开表示法表示的示例

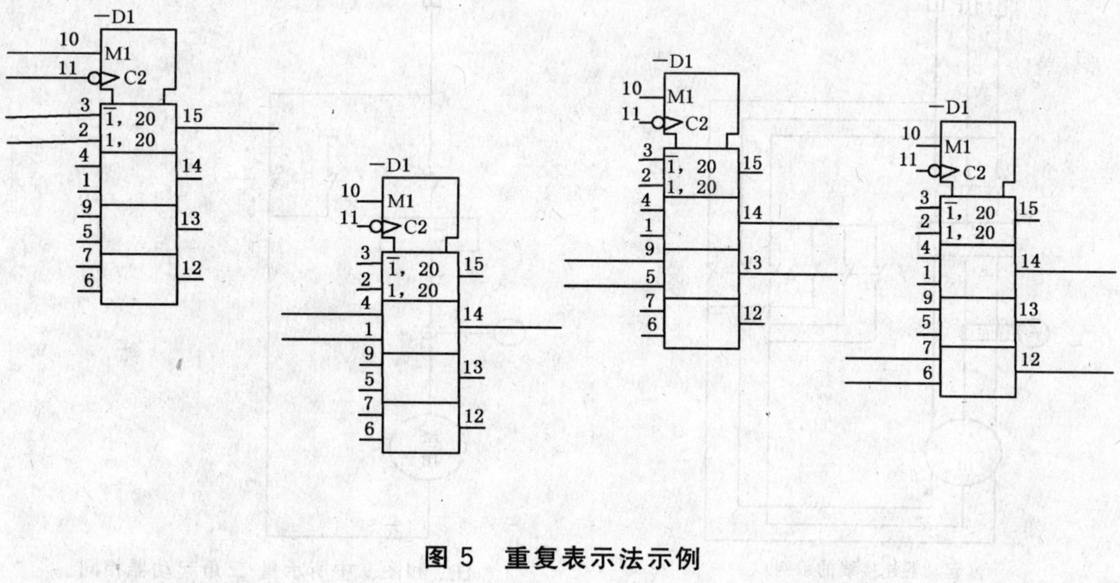

图 5　重复表示法示例

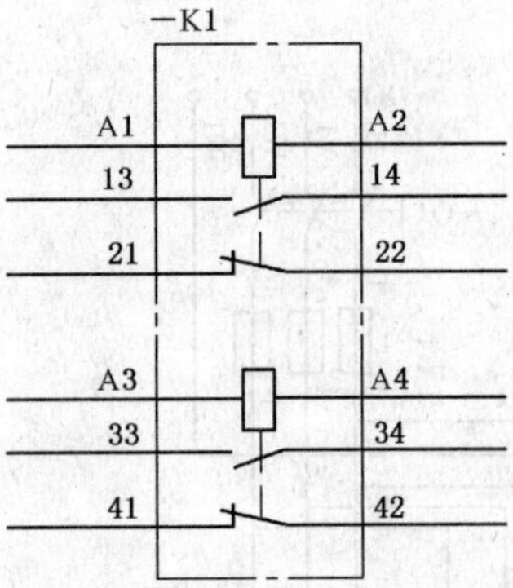

（继电器的封装单元的示例）

图 6　组合表示法表示 2 只

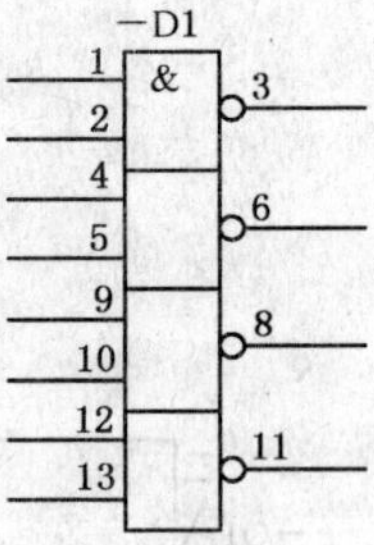

（与非门封装单元的示例）

图 7　组合表示法表示四输出

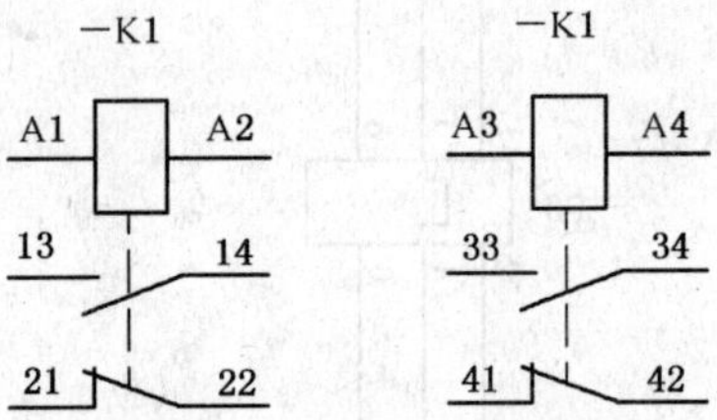

a）所示元件与图 6 相同

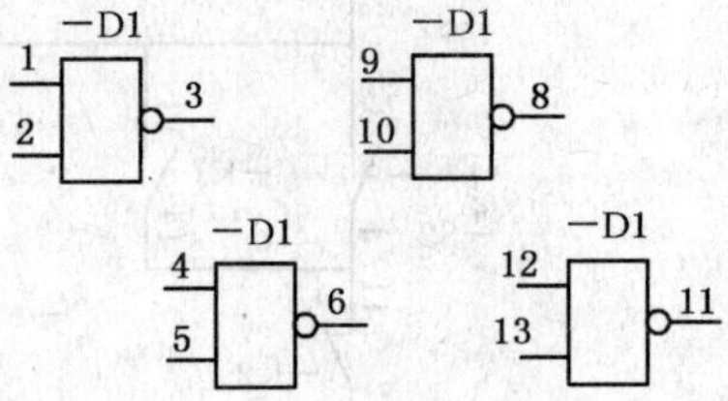

b）所示元件与图 7 相同

图 8　分立表示法示例

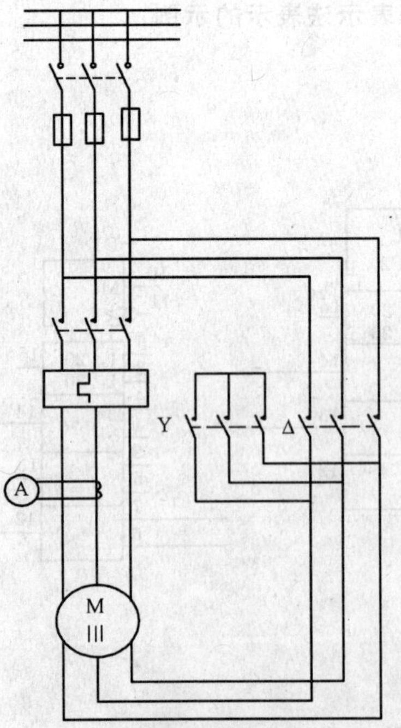

（起动器连接线的示例）

图 9　多线表示法表示星-三角

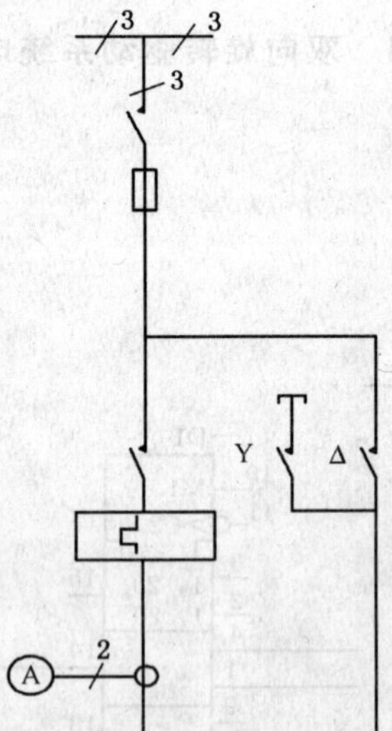

注：和图 9 中所示星-三角起动器相同。

图 10　单线表示法表示连接线的示例

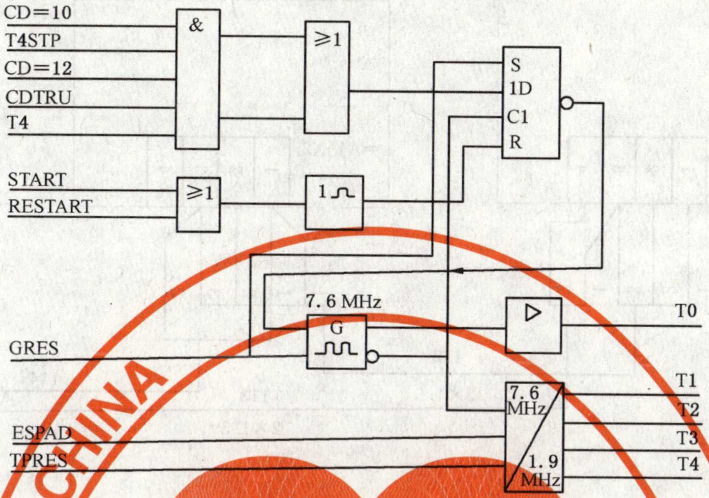

图 11　定时脉冲发生器逻辑功能图示例

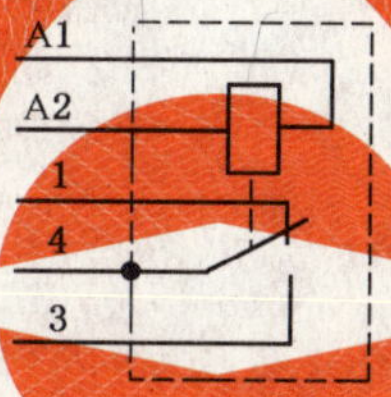

图 12　隔离继电器端子功能图示例

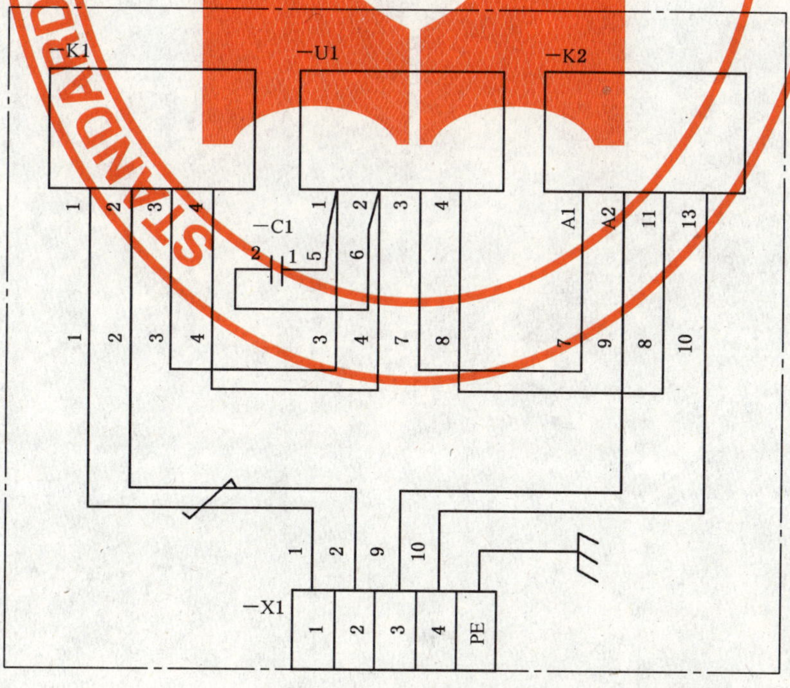

图 13　控制装置组件中分组件的单元接线图示例

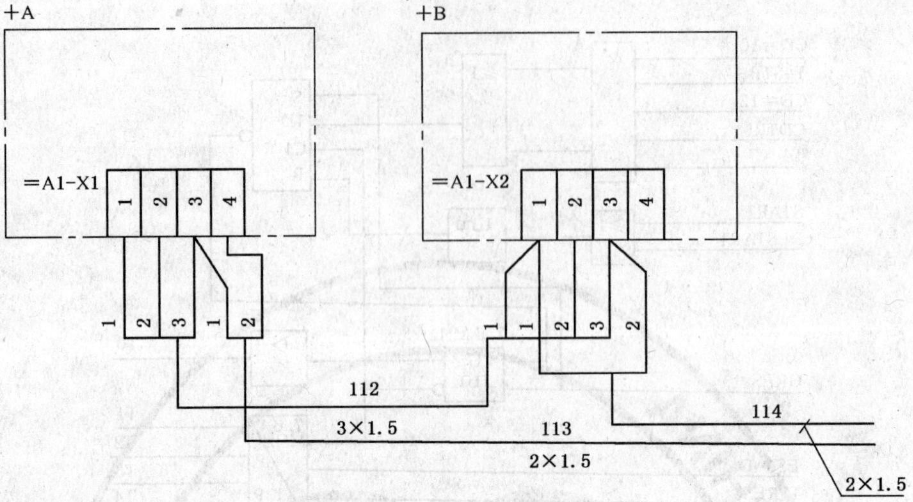

图 14 含有位于结构单元+A 和+B 中的两个端子=A1-X1 和=A1-X2 的局部的装置的互连示例

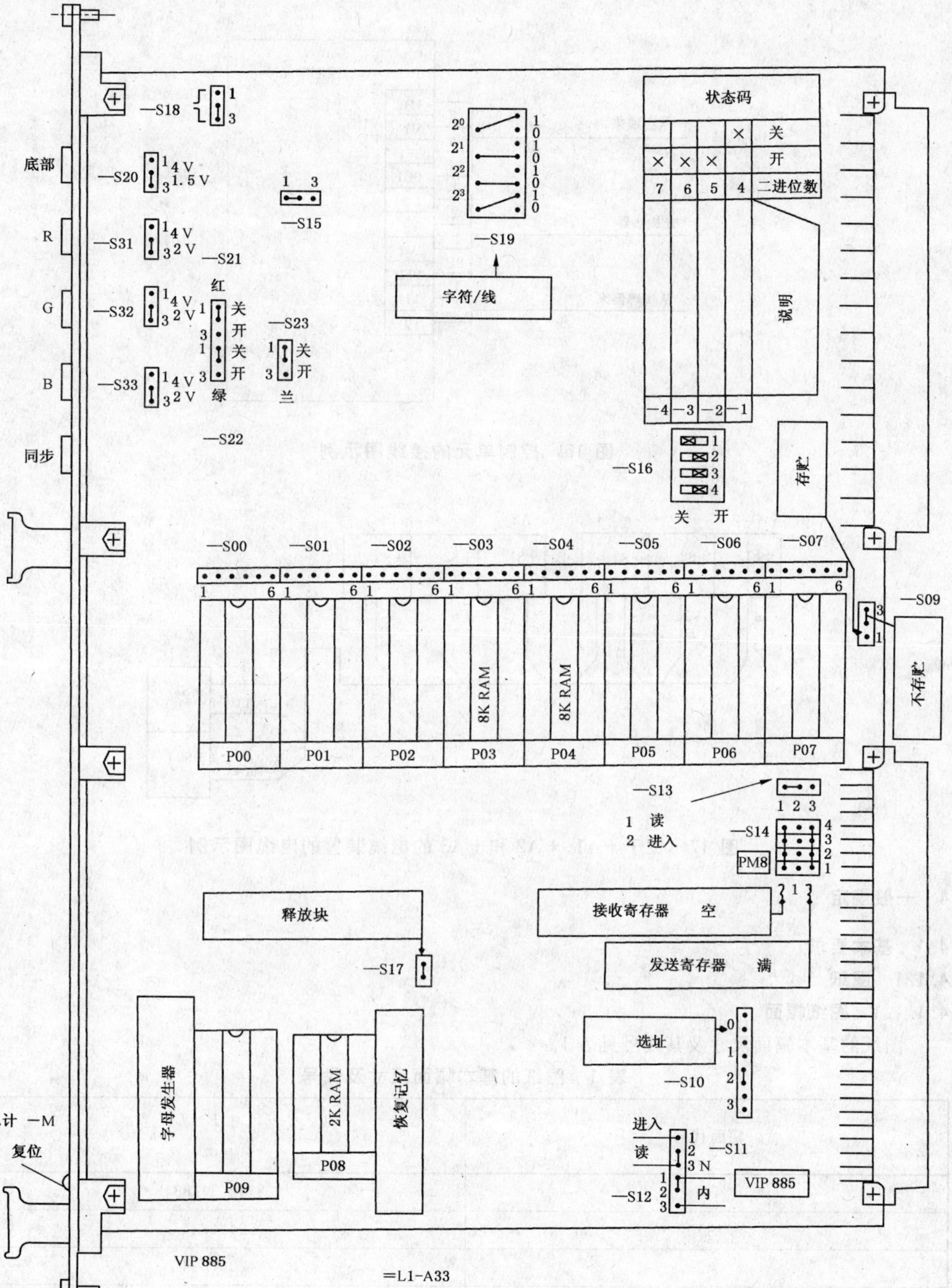

图 15 印制电器板布置图示例

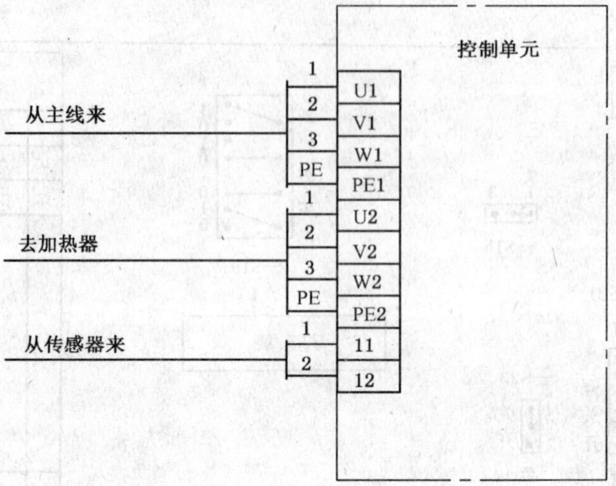

图 16　控制单元的接线图示例

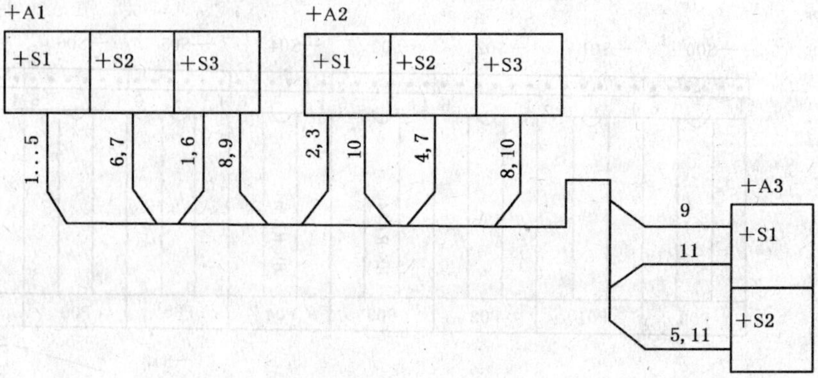

图 17　位于＋A1、＋A2 和＋A3 的电缆装置的电缆图示例

4　一般规定

4.1　基本要求

4.1.1　图纸

4.1.1.1　图纸幅面

图纸的基本幅面尺寸及其代号见表 1。

表 1　图纸的基本幅面尺寸及代号

幅面代号	尺寸 $B\times L$ mm
A0	841×1 189
A1	594×841
A2	420×594
A3	297×420
A4	210×297

如果需要加长的图纸，应采用表 2 中规定的幅面。

表 2　加长图纸的幅面尺寸及代号

幅面代号	尺寸 $B\times L$ mm
A3×3	420×891
A3×4	420×1 189
A4×3	297×630
A4×4	297×841
A4×5	297×1 051

如果表 1 和表 2 中所列幅面仍不能满足需要时，可按 GB/T 14689—2008 的规定加大幅面。

4.1.1.2　格式

标题栏方位及图框和图幅分区等内容，均按 GB/T 14689—2008 的规定加大幅面。

标题栏除在“电路图”中的尺寸、位置及内容由各设计单位自定外，其余按 GB/T 10609.1—2008 的有关规定。

4.1.1.3　选用原则

在保证图面布局紧凑、清晰和使用方便的前提下，图纸幅面的选用应符合 4.1.1.1 的规定，并应考虑：

a)　设计对象的规模和复杂程度；

b)　图种所确定的资料的详细程度；

c)　尽量选用较小幅面；

d)　便于图纸的装订和管理；

e)　复印和缩微的要求；

f)　计算机辅助设计的要求。

当图是绘制在几张图纸上时，为了便于装订，所有图纸的幅面一般应相同。

4.1.1.4　编号

所有的图都应在标题栏内编注图号，对于一份多张的图，每张图样都应顺序编注张次号、图号。图号的编注可按 GB/T 6988.1—2008，GB/T 6988.5—2006，GB/T 21654—2008 的规定方法进行编注。

4.1.1.5　图幅分区

为了便于确定图上的内容，补充更改和各组成部分等的位置，可以在各种幅面的图纸上分区，图纸分区线画在图框线与边框线之间(见图 18)。

分区应该是偶数。每一分区的长度应为等距离，一般不小于 25 mm，不大于 75 mm。

每个分区内竖边方向用大写拉丁字母，横边方向用阿拉伯数字分别编号。编号的顺序应从标题栏相对的左上角开始。每区的起点从内线交叉点算起。

分区代号用该区域的字母和数字表示，字母在前，数字在后，如 B3、C5。

在一份具有几张的图纸中，张次之间的图区分号不应连续。

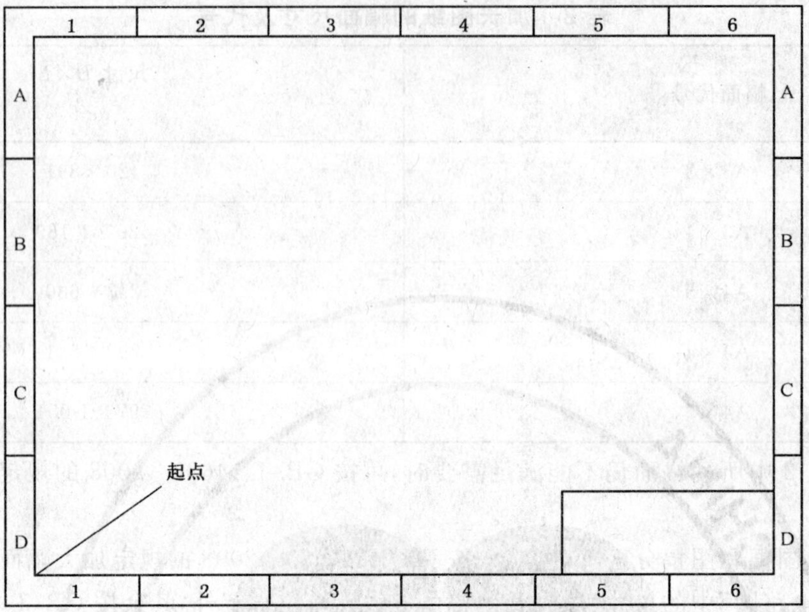

图 18 图幅分区示例

4.1.2 图线

4.1.2.1 型式

为了使图形清晰、含义清楚、绘图方便，按 GB/T 4457.4—2002 的规定，应采用表 3 所示的图线型式。

表 3 图线型式及应用

图线名称	图线型式	一般应用
细实线 或粗实线	—————— ——————	基本线、可见导线、可见轮廓线、简图主要内容线
细虚线	—— —— —— —— ——	屏蔽线、辅助线、机械连线，不可见轮廓线，不可见导线、计划扩展内容用线
细点划线	—·—·—·—·—	分界线、结构围框线，功能围框线，分组围框线
双点划线	—··—··—··—	辅助围框线

4.1.2.2 宽度

图线宽度及组别一般可从以下序列(单位为 mm)中选取：

0.25(0.13)，0.35(0.18)，0.5(0.25)，0.7(0.35)，1.0(0.5)，1.4(0.7)，其中 0.35(0.18)，0.5(0.25)组别为优选。

通常只选用两种宽度的图线。粗线的宽度为细线的两倍。但在某些图中，可能需要两种以上宽度的图线，在这种情况下，线的宽度应以 2 的倍数依次递增。

4.1.2.3 间距

考虑到复制和缩微的需要，建议平行线间的最小间距应不小于粗线宽度的 2 倍。如果两条平行线等宽，两线中心间的距离至少应为线宽的 3 倍。

简图中相互平行的连接线，中心间的距离至少应等于字高。对于另有附加信息的连接线(例如信号代码)，此距离至少应 2 倍于字高。

4.1.3 字体

字体按 GB/T 14689—2008。

为了适应缩微的要求，推荐的字体最小高度如表 4 所示。

表 4　字体最小高度

基本图纸幅面	A0	A1	A2	A3	A4
字体最小高度 mm	5	3.5	2.5	2.5	2.5

除边框之外，图中所有的字母都应能从图的底部或右方阅读。

4.1.4　箭头和指引线

4.1.4.1　箭头

信号线和连线上的箭头应是开口的(见图 19)。

指引线上的箭头应是实心的(见图 20b))。

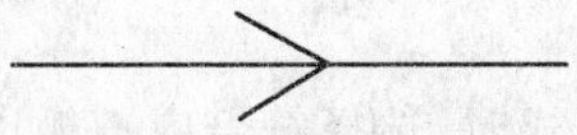

图 19　信号线箭头形式示例

4.1.4.2　指引线

指引线应是细直线，指向被注释处，并在其末端加注如下的标记：

——如末端在轮廓线内，加一黑点，见图 20a))；

——如末端在轮廓线上，加一实心箭头，见图 20b))；

——如末端在连接线上，加一短斜线，见图 20c))。

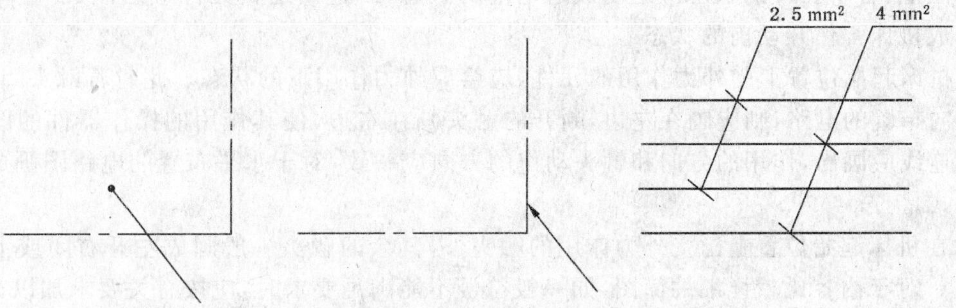

a)　　b)　　c)

图 20　指引线示例

4.1.5　比例

如果需要按比例制图，例如位置图，可以从下列比例系数中选取：

1:2,1:4,1:5,1:10,1:20,1:50,1:100。

当需要选用其他比例时，应按 GB/T 14690—1993 的规定选用其他比例。

4.2　简图的布局

4.2.1　简图的绘制应做到布局合理，排列均匀，图面清晰，便于识图。表示导线、信号通路、连接线等的图线均应是交叉和折弯最少的直线。可以水平布置或者垂直布置，但为了把元件连接成对称的布局，也可以采用斜的交叉线。也可将元件按功能布置，并尽可能按工作顺序排列。

4.2.2　对因果次序清楚的简图，尤其是电路图和逻辑图，其布局顺序应从左到右或从上到下。如不符合上述规定且流向不明显，应在信息线上画开口箭头。开口箭头不应与其他符号(例如限定符号)相接触。

4.2.3　在闭合电路中，前向通路的信号流方向应从左到右或从上到下，反馈通路的方向与此相反。

4.2.4　图的引入线或引出线，最好画在图纸的边框附近。

4.2.5 在一张描述控制系统的简图中,构成控制系统的功能符号组应布置在被控系统功能符号组的左边或上边。

4.2.6 反映实际布置的简图中,符号应成组布置,并显示出相应元件的实际相互位置。

4.3 图形符号

4.3.1 符号的应用

图形符号应按 GB/T 24230—2009 规定的符号使用或原则进行组合使用。对超出 GB/T 24230—2009 的内容,可按 GB/T 4728.2—2005,GB/T 4728.3—2005,GB/T 4728.4—2005,GB/T 4728.5—2005,GB/T 4728.6—2008,GB/T 4728.7—2008,GB/T 4728.8—2008,GB/T 4728.9—2008,GB/T 4728.10—2008,GB/T 4728.11—2008,GB/T 4728.12—2008,GB/T 4728.13—2008 中的规定符号。

如所需的符号尚未标准化,应在图中用注解或说明加以解释。

4.3.2 符号的选择

当 GB/T 24230—2009 给出几种形式时,选择符号应遵循以下原则:

a) 尽可能采用优选形式;

b) 在满足需要的前提下,尽量采用最简单的形式;

c) 在同一图号中,应使用同一种形式的符号。对于内容比较简单的简图(如系统图),尤其对于单线表示法绘制的简图,在一般情况下,使用一般符号或简化形式的符号即可。

连接线的连接点用小圆点表示,在不引起误解的前提下也可以不用小圆点表示。

4.3.3 符号的状态

在电路图上,各个元件的状态应绘制成通电前的状态,二进制逻辑元件应绘制成“置零”的状态,操作开关应绘成机床工作开动前的状态:

a) 在机床起始位置上受外力作用的元件,应绘成外力作用下的状态。此时若触头闭合,对于垂直方向布置的电路,则应画在左边,断开的触头画在右边,使其作用的操作器件的图形符号及机械连线应画出,作用的方向和触头动作的方向应一致,对于水平布置的电路图画成下闭上开的形式。

b) 除在机床起始位置上已受外力作用的触头外,其余的触头一般画成左开右闭或上闭下开的形式。对于内容比较详细的简图,如一般符号不能满足要求时,应按有关要求加以充实。

c) 对于电路图,应使用完整形式的图形符号。

4.3.4 符号的大小

在多数情况下,符号的含义由其形式决定,而符号的大小和图形的粗细一般不影响符号的含义。

在下列情况下,图形符号允许放大或缩小绘制:

a) 一个符号限定另一个符号时,限定的图形符号缩小绘制,被限定的放大绘制,但比例要协调适当。

b) 为了突出某一部分,突出的部分允许放大绘制。例如电源引线和主动力线可以用粗实线绘制。

c) 为了便于补充信息或增加输入、输出数量,允许某些图形符号放大绘制。

符号的最小尺寸应符合图线宽度、图线间距、字母标注等规则。

4.3.5 符号的取向

大多数符合的取向是任意的。为了避免导线折弯或交叉,在不引起误解的情况下,可以把符号旋转或画成其镜像状态。方框符号、二进制逻辑单元符号和模拟符号,包括字母、限定符号、图线或输入/输出标记,应布置成能从图的底边或右边阅读。

因此,如果信号流是:

——从左到右,符号应按 GB/T 24230—2009 所示形式布置;

——从底到顶，符号应逆时针旋转 90°；
——从右到左应规定一个新符号，以表示输入和它们的标记在右侧，输出和它们的标记在左侧；
——从顶到底应规定一个新符号，以示出输入和它们的标记在右侧，输出和它们的标记在左侧，并且符号应逆时针旋转 90°。

4.3.6 端子的表示法

GB/T 24230—2009 中的图线符号，一般没有端子符号，在某些特殊情况下，如果端子符号是图线符号的一部分，则端子符号应画出。

4.3.7 引出线的表示法

在不改变符号含义的原则下，引出线可取不同方向。

例如变压器，用图 21a)所示的符号表示，图 21b)所示的方法也是允许的。

a) b)

图 21 可取不同方向的引出线示例

但是在某些情况下，引出线的位置影响符号的含义时，应按 GB/T 24230—2009 规定的方法绘制。例如电阻器与继电器线圈，当引线的位置一但改变，符号的含义也随之改变了，见图 22。

a) b)

图 22 不可取不同方向的引出线示例

4.4 连接线

4.4.1 连接线的一般要求

连接线应采用实线，计划扩展的内容应采用虚线。

一条连接线不应在与另一条连接线的交叉处改变方向，也不应穿过其他连接线的连接点。

如果有多条平行连接线，为便于看图，应按功能进行分组。不按功能分组时，可以任意分组，每组不多于三条线。组间距离应大于线间距离。

4.4.2 连接线的标记

无论是在单线或成组的连接线上加注信号名或其他标记，表示其功能或其去向，其识别标记一般应注在连接线的上方(水平布置)或左方(垂直布置)，也可断开连接线标注。

4.4.3 中断线

当穿越图面的连接线较长或穿越图形稠密区域时，允许将连接线中断，在中断处加相应的标记。

去向相同的线组，也可以中断，并在线组的末端加注适当的标记。

连到另一张图上的连接线，应该中断，并在中断处注明图号、张次、图幅分区代号等标记(如图 23)。

如在同一张图上有若干中断线，则应用不同的标记将它们区分开，利用不同的字母来表示，也可用连接线的功能标记来加以区分。

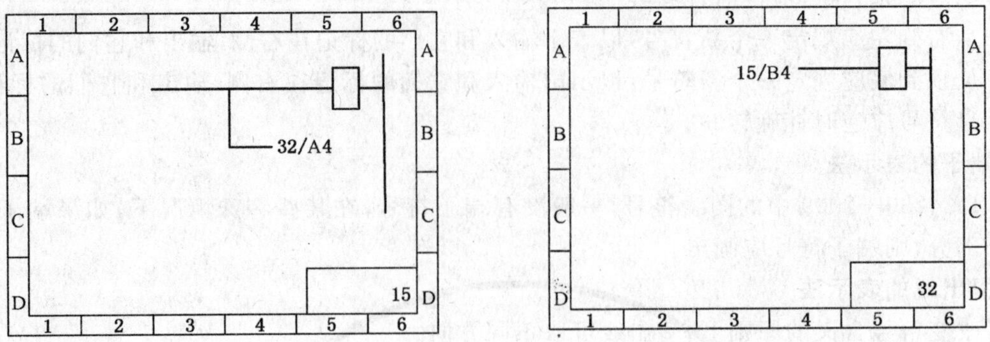

图 23　连接线中断处示例

4.4.4　单线表示法

单线表示法主要目的是避免平行线太多：

a)　在一组线中，当每一连线在两端处于不同位置时，应标以相同编号(如 A 线一端在第 1 位置，另一端在第 3 位置)，如图 24 所示；

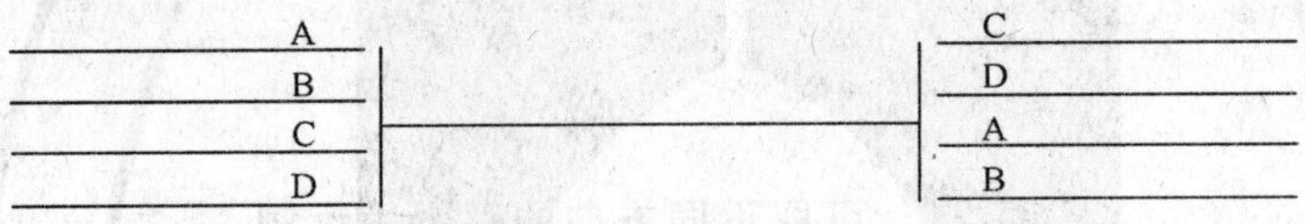

图 24　采用方法 a)的连线示例

b)　当单根导线汇入用单线表示的一组连接线时，应采用图 25 所示的方法表示。这种方法通常需要在每根连接线的末端注上标记符号，明显的除外。汇接处应用斜线表示，其方向应使看图者易于识别连接线进入或离开汇总线的方向(见图 25)；

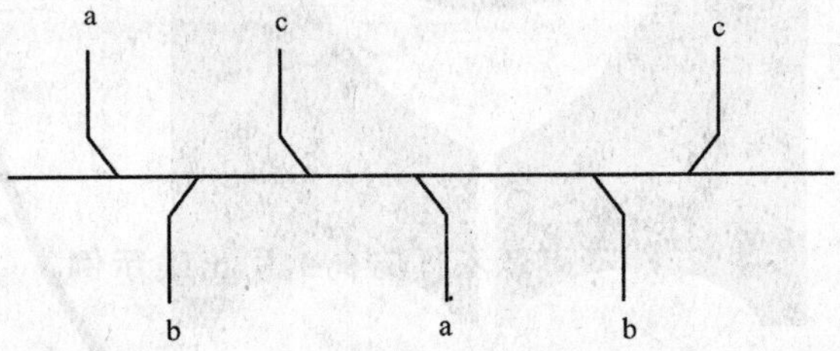

图 25　采用方法 b)的连线示例

与线束中的任何线相交的线不需要倾斜。

c)　用单线表示多根导线或连接线时，必要时表示出线数(见图 26)。

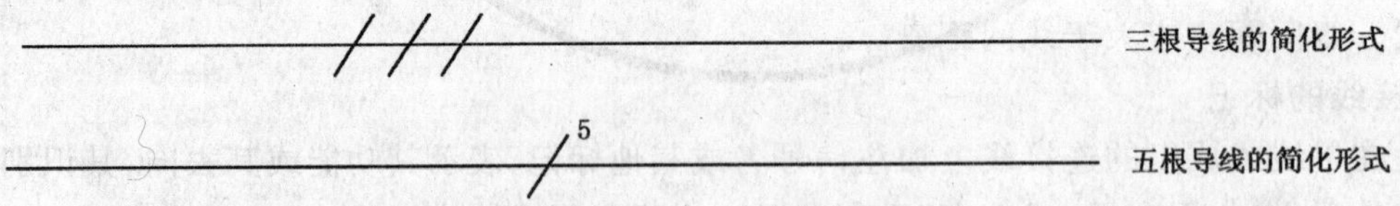

图 26　采用方法 c)的连线示例

4.4.5　围框

当需要在图中显示出某一部分所表示的是功能单元、结构单元或项目组(如电器组、继电器装置)时，可以用点划线围框表示。为了使图面清晰，围框的形状可以是不规则的。

围框线不应与元件符号相交，但插头插座和端子符号除外。它们可以在围框线上，或在围框线内，或者可以被省略。围框线以内或围框线上的符号，属于该单元的组成部分。

当用围框表示一个单元时，若在围框内给出了可查阅更详细资料的标记，则其内的电路可以用简化的形式表示。

如果表示一个单元的围框内的图含有不属于该单元的元件符号，则应对这些符号加双点划线的围框，并加注代号或注解(见图 27)。

当屏蔽或接地围绕着整个结构单元时，边界线(点划线)应省略。

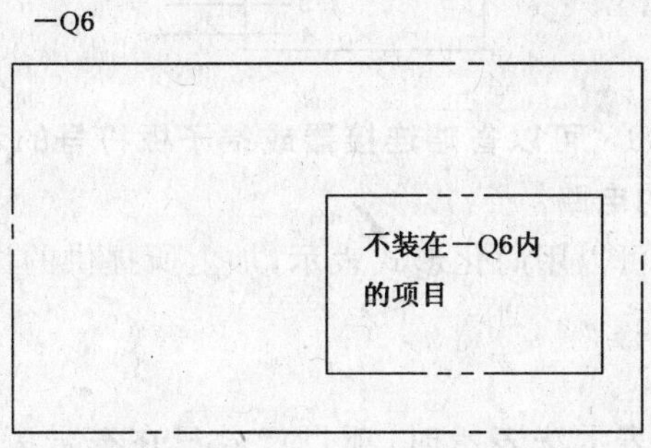

图 27 围框的示例

4.4.6 简化方法

4.4.6.1 端子

一个元件的多个端子可以用一个端子符号表示。尤其是在系统图中，端子代号可以用逗号隔开。

如果端子连续编号且不会引起混乱时，可以只表示第一个和最后一个代号，用圆点分开(见图 28)。

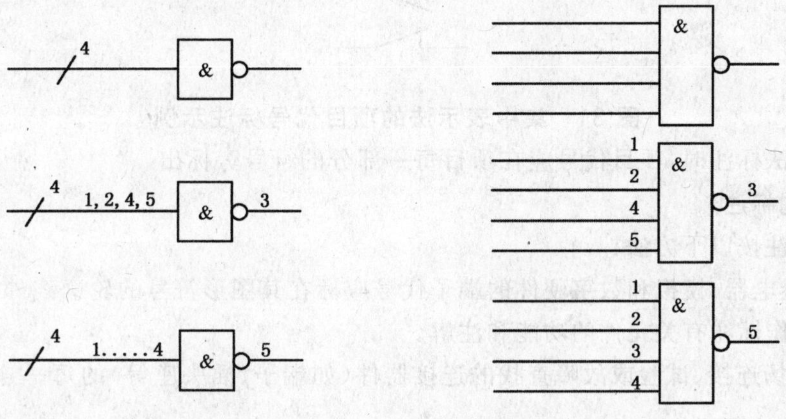

图 28 一个元件的多个端子表示

4.4.6.2 一组中相同的符号

对一组中相同的符号可以用一个符号表示，另加一根斜线表示相同符号的数量的数字。特别是对矩形符号，采用方括号中的数字加乘号表示，例如：[2×]，如图 29 所示。

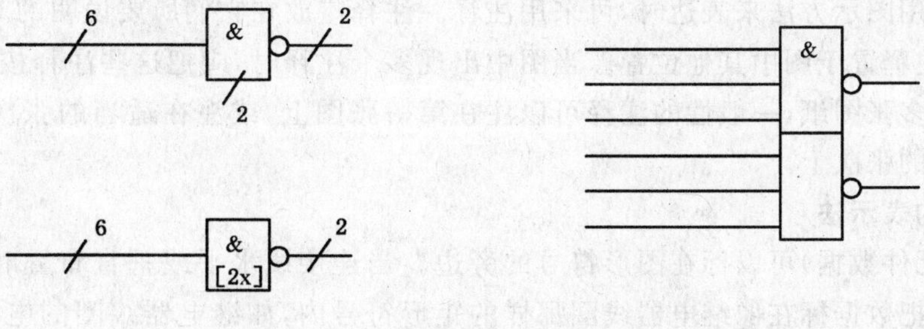

图 29 一组相同的符号表示方式

4.4.6.3 重复表示法

内容重复的符号可以通过省略符号的一部分来简化，不必示出它们之间的连接情况。

4.4.6.4 在边界线中的连接器或端子板

连接器或端子板符号如作为边界线内一个单元的整体部分时，可以省略，如图30所示。

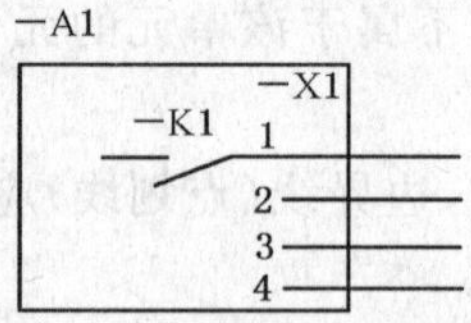

图30 可以省略连接器或端子板符号的示例

4.4.6.5 用边界线表示单元中的电路

用边界线表示单元中的电路可以用简化形式表示，加上所提供的详细资料，便构成了端子功能图。

4.5 项目代号和端子代号的标注

4.5.1 项目代号的标注

当符号用中表示法和半集中表示法表示时，项目代号只在符号旁标注一次，并与机械连接线对齐（见图31）。当电路水平布置时，一般标在符号的上方，也允许标在符号邻近处；垂直布置时，一般标在符号的左方，也允许标在符号邻近处。对于以上两种情况，项目代号都应水平标注。

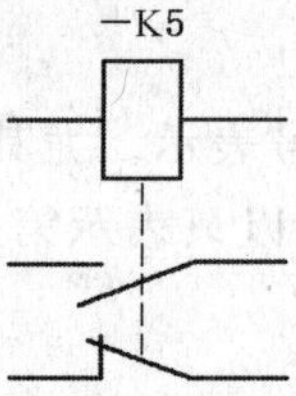

图31 集中表示法的项目代号标注示例

当符号用分开法标注时，项目代号应在项目每一部分的符号旁标出。

4.5.2 端子代号的标注

端子代号的标注按以下方法：

a) 电阻器、继电器、模拟和数字硬件的端子代号应标在其图形符号的轮廓线外面。符号轮廓线内的空隙留作标注有关元件的功能和注解。

b) 对用于现场连接、试验或故障查找的连接器件（如端子、插头座等）的每一连接点，都应标注端子代号。

c) 在画有围框的结构单元或功能单元中，其项目代号和端子代号应标在围框内，以免误解。

端子代号的方向应和连接线的方向一致。

4.6 注释和标志、技术数据和符号或元件在图上的位置

4.6.1 注释和标志

当含义不便于用图示方法来表达时，可采用注释。注释应放在它们所要说明的对象附近，或者在其附近加标记，而将注释置于图中其他位置。当图中出现多个注释时，应把这些注释按顺序放在图纸边框附近。如果是一份多张图纸，一般性的注释可以注在第一张图上，或注在适当的张次上，而所有其他注释应注在与它有关的张次上。

4.6.2 技术数据的表示法

技术数据（如元件数据）可以标在图形符号的旁边。当连接线水平或垂直布置时，都应标在项目代号的下方。也可以把数据标在像继电器线圈那样的矩形符号内，如继电器线圈的电阻值。数据也可以用表格形式给出。

连接线的技术数据，水平布置时标在连接线的下边；垂直布置时标在右边且要与引出线方向一致，不能触及连接线或与其相交。

4.6.3 符号或元件在图上的位置

图中每个符号或元件的位置可以用代表行的字母，代表列的数字或代表区域的字母数字组合来表示。必要时还需注明图号、张次，也可引用项目代号(见表 5)。

当符号或元件的分区代号与实际设备的其他代号有可能混淆时，则分区代号应写在括号内。

表 5 位置标记的应用示例

符号或元件位置	标记写法
同一张图上的 B 行	B
同一张图上的 3 列	3
同一张图上的 B3 区	B3
具有相同图号的第 34 张图的 B3 区	34/B3
图号为 4568 单张图的 B3 区	图 4568/B3
图号为 5796 的第 34 张图上的 B3 区	图 5796/34/B3
=Sl 系统多张图第 34 张的 B3 区	=S1/34/B3

4.7 接触器和继电器触头图区索引

接触器或继电器线圈和触头的从属关系应用附图表示，即在电路图的下方相应线圈处给出触头的图形符号，并在其下面注明相应触头的索引号，未用触头不标。图区索引号应符合表 5 的规定(示例见图 32)。

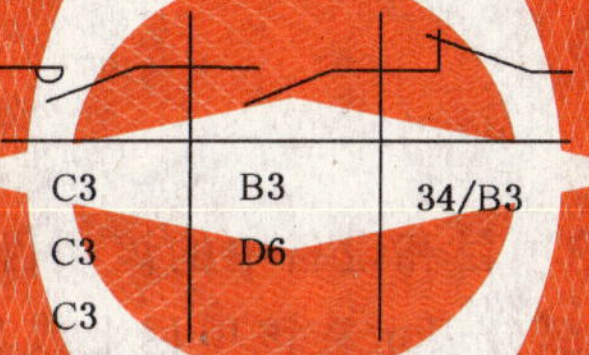

图 32 接触器触头的图区索引

4.8 线路的标记

线路中的导线标记应符合 GB/T 4884—1985 的规定，采用字母、数字、符号及其组合作标记。线路中的电缆应在电缆旁标注项目代号，项目代号应符合表 8 的规定。

a) 交流和直流电源线路标记采用表 6 所规定的代号；

表 6 线路标记的应用示例

线路名称		标记	举例
交流电源	第 1 相	L1	参见附录 A 中图 90001
	第 2 相	L2	
	第 3 相	L3	
	中线	N	
直流	正极	L^+	参见附录 A 中图 90001
	负极	L^-	
	中间线	M	
保护接地线		PE 或⏚	参见附录 A 中图 90001
保护中性线		PEN	
接地		⏚或 PE	
无噪音接地		TE	

b） 交流电机和动力电路中的电器引出线标记采用表 7 所规定的代号；

表 7 电机引出线标记的示例

电机接线点		标记	举例
交流系统	第 1 相	U	参见附录 A 中图 90001
	第 2 相	V	
	第 3 相	W	
	中线	N	
保护接地线		⏚或 PE	
无噪声接地		TE	

c） 控制电路采用数字编号。

4.9 梯形图、语句表、流程图

数控中的内装 PLC 一般用梯形图、语句表、流程图来表达，鉴于我国目前的具体情况，一般应提供梯形图、地址号、功能解释，必要时要提供交叉参考表和语句表。对于可编程序控制器（PLC）一般应提供梯形图和地址号、功能解释。梯形图的表示形式应用显示地址的方式来表达，以便于故障诊断。

5 项目代号四段标志法

5.1 基本原则

5.1.1 概述

在不同的图、图表、表格、说明书中的项目和设备中的该项目通过项目代号相互联系。为便于维护，在设备中也可以把项目代号的全部或一部分表示在该项目上或其附近。

5.1.2 项目代号采用下述四段标志

第一段高层代号，前缀符号为“＝”；例如： ＝T2

第二段位置代号，前缀符号为“＋”；例如： ＋D126

第三段种类代号，前缀符号为“－”；例如： －K5

第四段端子代号，前缀符号为“:”；例如： :13

四个代号段可自左而右或自上而下顺序排列。

各个代号段可由拉丁字母或阿拉伯数字组成，也可由字母和数字组合而成。但应注意，四个代号段的使用是不同的，通常以第三段用得最多。

5.1.3 前缀符号

使用前缀符号可使各个代号段以适当的方式进行组合。

代号段的选用和前缀符号的取舍，可根据工业机械电气设备的繁简程度而定（简化原则见 5.1.4.2）。

5.1.4 项目代号的组合原则

5.1.4.1 组合原则

项目代号以一个系统、成套设备或设备的依次分解为基础。在一个复合项目代号中，每个由一个代号组表示的项目，总是前一代号组所表示的项目的一部分。

示例：集成组件的项目代号

在集成组件中，一个器件是另一个器件的一部分，每个器件有各自的项目代号。如图 33 中的组件-A1（主器件）和变压器-T1（从属器件）。

当确定从属器件的完整项目代号时，应把主器件和从属器件的代号写在一起，主器件的代号在前，从属器件的代号在后。

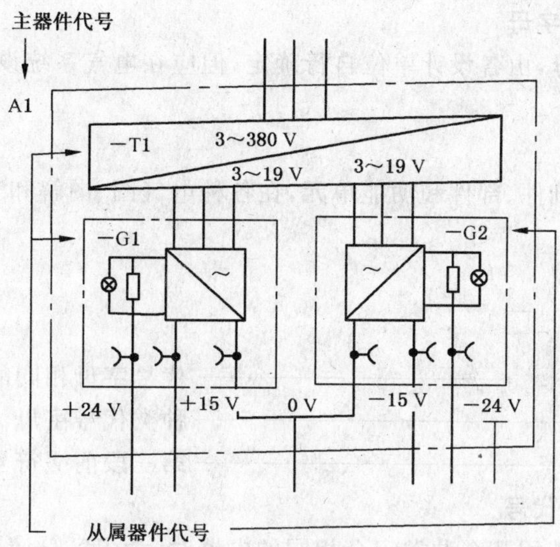

图 33 集成

设集成组件—A1 是电气设备＝M3 的一部分，则：

组件-A1 的完整代号为：＝M3-A1；

变压器-T1 的完整代号为：＝M3-A1T1；

电源-G1 和-G2 的完整代号分别为：＝M3-A1G1；＝M3-A1G2。

5.1.4.2 简化原则

为了避免图面不必要的拥挤，标注在电气图形符号附近的项目代号群，以清楚明了为原则，应尽可能简化；只要能识别这些项目即可，不一定都标注上四个代号段。通常，为了表明项目之间的功能关系，应用第一段和第三段组成项目代号；为了表明项目在工业机械上或电柜中的位重，应用第二段和第三段组合项目代号。

在不引起误解的前提下，某些项目的前缀符号可以省略。为了清楚起见，应在图纸适当地方加注，说明省略了前缀符号。同样，当表格(如接线表)中列有项目代号时，可将表格适当编排以省去前辍符号。

5.2 高层代号

5.2.1 高层代号的格式

高层代号的格式如下：

5.2.2 高层代号的字母

高层代号字母见附录 B 的表 B.1。

5.3 位置代号

5.3.1 位置代号的格式

位置代号的格式如下：

5.3.2　电气部件位置代号的字母

电气部件位置代号的字母，由各设计单位自行确定，但应在电气系统设计文件上写明代号的名称。

5.4　种类代号

5.4.1　种类代号的基本要求

工业机械电气设备的基础件、部件和功能单元，在各种电气图、图解和表上应用种类代号作索引。

5.4.2　种类代号的格式

种类代号的格式如下：

5.4.3　种类完全相同电器的代号

当工业机械电气设备中使用几个种类完全相同的电器时，为了区分清楚，可在数字编号之后增加细分符号"·"，随后再增加细分编号。

如三个完全相同的二进制元件，其代号为：

-D1.1，-D1.2，-D1.3。

5.4.4　参照代号的字母

参照代号按 GB/T 5094.1—2002，GB/T 5094.2—2003，GB/T 5094.3—2005，GB/T 5094.4—2005 的有关规定编制。按其用途或任务划分的项目类别，参照代号优先采用单字母，单字母代码见表 8。若表 8 中找不到所需字母，可按有关标准中规定的电气技术文字符号，加以补充。参照代号也允许使用双字母，双字母代码参见附录 C 中表 C.1。如果单字母代码的含义与双字母代码的含义有冲突时，应以单字母代码的含义为准。

表 8　按用途或任务划分的项目类别及字母代码

代码	项目的用途或任务	描述项目或功能件的用途或任务的术语举例	典型的电气产品举例
A	两种或两种以上的用途或任务 注：此类别仅供不能鉴别主要用途或任务的项目使用		触摸屏 NC CNC PLC 伺服驱动单元
B	把某一输入变量（物理性质、条件或事件）转换为供进一步处理的信号	探测 测量（值的采集） 监控 感知 加重（值的采集）	气体继电器 检波器 测量元件 测量继电器 测量分路器 测量变换器 话筒 运动探测器

表 8（续）

代码	项目的用途或任务	描述项目或功能件的用途或任务的术语举例	典型的电气产品举例
B	把某一输入变量（物理性质、条件或事件）转换为供进一步处理的信号	探测 测量（值的采集） 监控 感知 加重（值的采集）	光电池 监控开关 位置开关 接近开关 接近传感器 保护继电器 传感器 测速发电机 温度传感器 热过载继电器
C	材料、能量或信息的存储	记录 存储	缓冲器（存储） 缓冲器电池 电容器 事件记录器（主要存储） 硬盘 存储器 RAM 蓄电池 磁带机（主要存储） 录像机（主要存储） 电压记录器（主要存储）
D	为将来标准化备用		
E	提供辐射能或热能	冷却 加热 发光 辐射	荧光灯 电热器 灯 灯泡 激光器 发光设备 微波激射器 辐射器
F	直接防止（自动）能量流、信号流、人身或设备发生危险的或意外的情况 包括用于防护的系统和设备	吸收 防护 防止 保护 保安 隔离	阴极保护阳极 法拉弟罩 熔断器 小型断路器 浪涌保护器 热过载释放器
G	启动能量流 产生用作信息载体或参考源的信号 生产一种新能量、材料或产品	装配 生成 材料移动 生产	干电池组 燃料电池 发生器 发电机 旋转发电机 信号发生器 太阳能电池 波发生器

表 8（续）

代码	项目的用途或任务	描述项目或功能件的用途或任务的术语举例	典型的电气产品举例
H	为将来标准化备用		
I	不用		
J	为将来标准化备用		
K	处理（接收、加工和提供）信号或信息（用于防护的物体除外，见F类）	闭合（控制电路） 连续控制 延迟 开断（控制电路） 搁置 切换（控制电路） 同步	有或无继电器 模拟集成电路 自动并联装置 数字集成电路 接触器继电器 CPU 延迟元件 延迟线 电子阀 电子管 反馈控制器 滤波器 过程计算机 同步装置 时间继电器 晶体管
L	为将来标准化备用		
M	提供驱动用机械能（旋转或线性机械运动）	激励 驱动	执行器 励磁线圈 电动机 直线电动机
N	为将来标准化备用		
O	不用		
P	提供信息	告（报）警 通信显示指示 通知 测量（量的显示） 呈现 打印 警告	音响信号装置 安培表 铃 钟 连续行记录器 显示器 机电指示器 事件计数器 LED（发光二极管） 扬声器 光信号装置 打印机 记录式伏特表 信号灯 信号振动器 同步示波器 伏特表 瓦特表 瓦时表

表 8（续）

代码	项目的用途或任务	描述项目或功能件的用途或任务的术语举例	典型的电气产品举例
Q	受控切换或改变能量流、信号流或材料流 （对于控制电路中的信号，请参见 K 类和 S 类）	断开（能量、信号和材料流） 闭合（能量、信号和材料流） 切换（能量、信号和材料流） 连接	断路器 接触器（电力） 隔离开关 熔断器开关 熔断体隔离器式开关 电动机启动器 滑环短路器 功率晶体管 开关（电力） 晶闸管 （若主要用途为防护，请见 F 类）
R	限制或稳定能量、信息或材料的运动或流动	阻断 阻尼 限制 稳定	二极管 电感器 限定器 电阻器
S	把手动操作转变为进一步处理的信号	影响 手动控制 选择	控制开关 差值开关 键盘 光笔 鼠标器 按钮开关 选择开关 设定点调节器
T	保持能量性质不变的能量变换 已建立的信号保持信息内容不变的变换 材料形态或形状的变换	放大 调制 变换 压缩 转变	AD/DC 变换器 放大器 天线 解调器 变频器 测量变换器 测量发射机 调制器 电力变压器 整流器 整流器站 信号变换器 信号传变器 电话机 变换器
U	支承 承载 保持 支持	电缆梯架 电缆托架 隔离体	绝缘子

表 8（续）

代码	项目的用途或任务	描述项目或功能件的用途或任务的术语举例	典型的电气产品举例
V	材料或产品的处理(包括预处理和后处理)	过滤	过滤器
W	从一地到另一地导引或输送能量、信号、材料或产品	传导 分配 输送	汇流排 电缆 导体 信息总线 光纤 穿墙套管 波导
X	连接物	连接 啮合 连结	连接器 插头 端子 端子板 端子排
Y	为将来标准化备用		
Z	为将来标准化备用		

5.5 端子代号

5.5.1 端子代号的格式

端子代号的格式如下：

端子代号是完整的项目代号的一部分。

端子代号应与电器代号一起使用，当电器没有端子标记时，应在电气图相应端子上给出代号。端子代号通常采用数字或大写字母，特殊情况下可用小写字母。

示例：断路器-Q1 上的 3 号端子，可表示为：-Q1：3。

接线板-X12 上的 U4 号端子，可表示为：-X12：U4。

5.5.2 端子代号的用法

端子代号的用法如下：

a) 在图 34 所示情况下，直接标注在端子符号附近的代号应省略其前缀符号"："；

图 34 说明了 21、22、23 三个端子同属于接线板-X3。

b) 当连接线与组件结构单元的边界线交叉时，可省略端子符号，而只标注端子数字编号；

c) 当需要表示出接线板的位置时，必须在端子代号群前面加上它的位置代号。

示例：装在位置＋A1 上接线板-X59 的 2 号端子表示为：＋A1-X59：2。

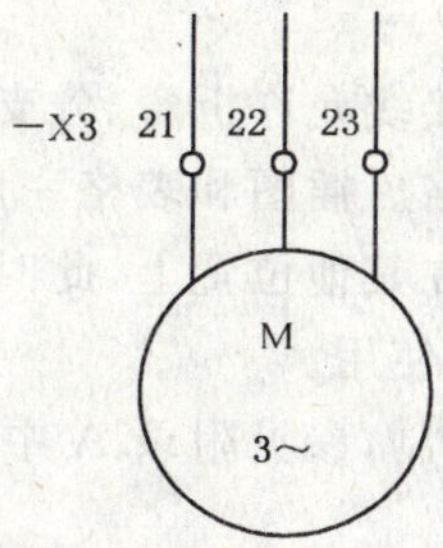

图 34　端子代号示例

5.6　功能代号

按 5.4 规定的方法选用的种类代号可以补充一个后缀，该后缀是代表特征动作或作用的字母代号，称为功能代号。应在图上或其他文件中说明该字母代号及其表示的意义。

示例：3M 表示功能为 M(如监视或测量)的继电器。

在多数情况下，不需增加功能代号。如需增加，为避免混淆，不应采用简化形式，而应保留位于代号中间的前缀符号。

6　电路图

6.1　要求

电路图的一般要求如下：

a)　应能表明工业机械电气设备的工作原理及连接关系。必要时，还应增加附注、附表和附图进行补充说明。

b)　应能指导电气设备的调试和维修。

c)　应能为绘制其他电气图提供依据。

6.2　绘图原则

6.2.1　图上位置的表示法

采用图幅分区法，见 4.1.1.5 的规定。

6.2.2　布局

应符合 4.2 的规定。

6.2.3　连接线

应符合 4.4 的规定。

6.2.4　线路的交叉点

需要测试和拆、接外部引出线的端子，应用图形符号“空心圆”表示。电路的连接点用“实心圆”表示。

6.2.5　电路的组合

电路应按功能来组合。同一功能的电气相关件应绘制在一起，不应受电器结构的约束。电路应按动作顺序和信号流方向自上而下或自左而右的原则绘制。

应将主电路(亦称动力电路)、辅助电路及照明电路分开绘制。

6.2.6　元件、器件和设备及其工作状态的表示法

元件、器件和设备应采用图形符号表示，符号旁应标注参照代号。

应符合 4.3.3 的规定。

6.2.7　图形符号的位置表示法

对于在驱动部分和被驱动部分之间采用机械连接的元件、器件和设备，可采用集中表示法、半集中表示法和分开表示法表示。

集中表示法仅适用于简单的图(见图 2)。

在采用半集中表示法的图上,机械连接线允许折弯、分支和交叉(见图 3)。

采用分开表示法时,应配有插图或表格。插图和表格一般应绘制在与驱动部分的图形符号成一直线的位置上。若受图幅所限,也允许绘制在其他位置上,此时应加以说明。

半集中表示法和分开表示法可以结合使用。

一般在电路图上常采用分开表示法绘制,参见附录 A 中的图 A.1～图 A.11。

6.2.8 功能相关元件的连接

功能相关的元件应绘在一起,使它们之间的关系明确(见图 35)。

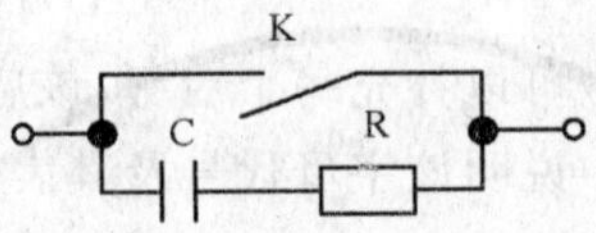

图 35 功能相关元件的连接示例

同等重要的并联电气元件,应对称绘制(见图 36)。

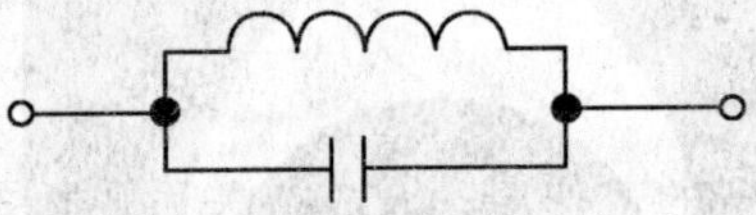

图 36 同等重要并联元件的连接示例

6.2.9 某些基础电路的模式

某些基础电路为使其在图中易识别,一般按公认的习惯统一布局的绘制,例如网络电路、电桥电路等(见图 37～图 39)。

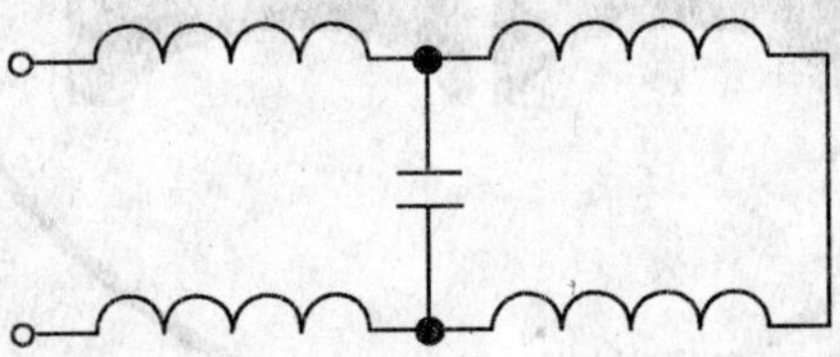

图 37 无源二端网络示例

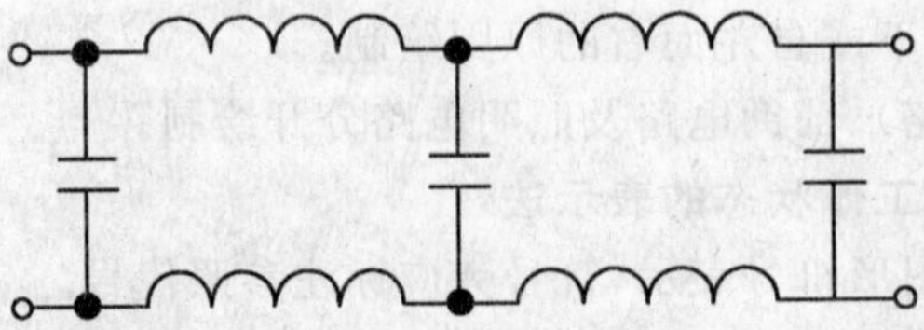

图 38 无源四端网络示例

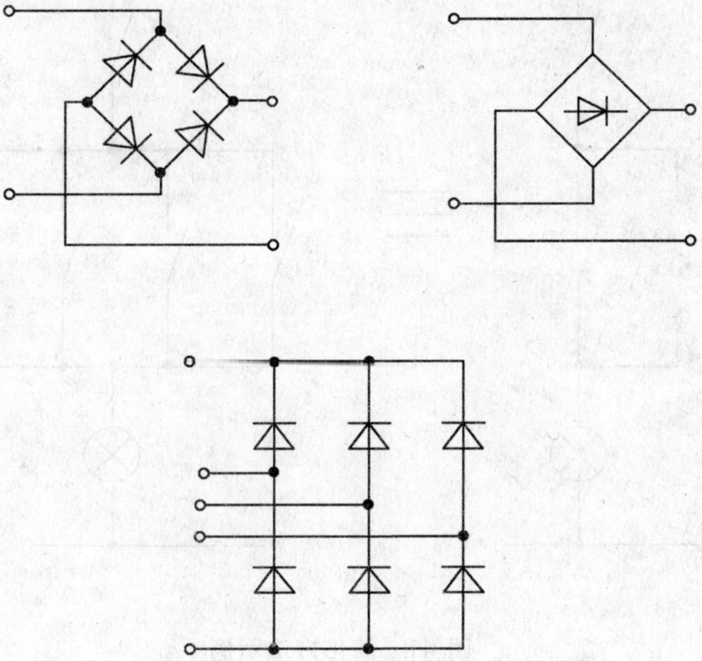

图 39 基本桥式电路示例

6.2.10 简图绘制

在控制系统中，对与电气控制有关的机、液、气等装置应用符号绘出简图(见图 40)，以表示其关系：

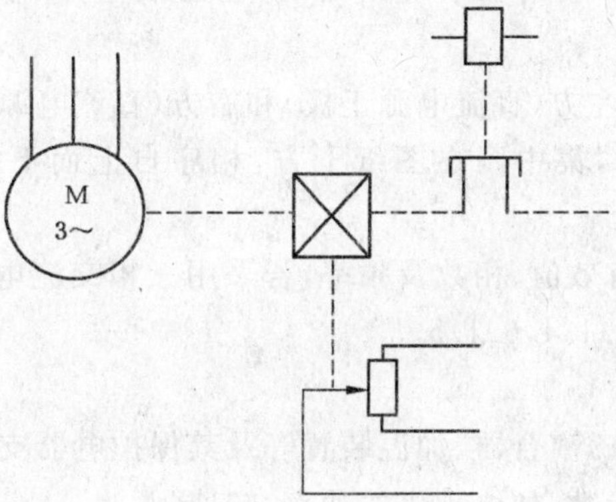

图 40 机、液、电控制简图示例

6.2.11 简化方法

在满足电路图要求的前提下，绘图时可作如下简化：

a) 允许用单线表示主电路。

b) 可用框图表示电路图的一部分。

c) 在电路中，某一组件重复出现时，可以只表示一次组件的电路图，其余用框图代替。必要时，加附注说明。

d) 对非自行设计的电路(如外购电源)，必要时，可用简图或附注表示。

e) 当多个相同支路并联时，可用标有公共连接符号的一个支路来表示，但应标上全部项目代号和并联支路数(见图 41)。

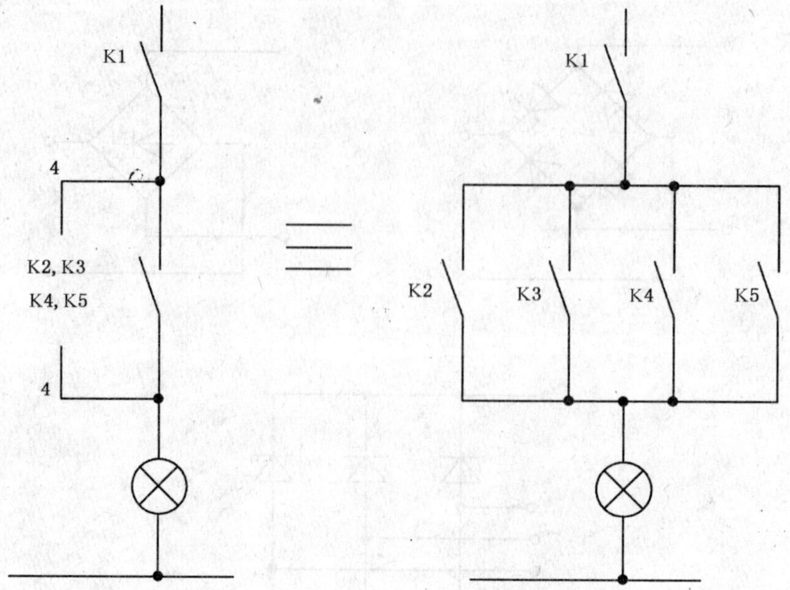

图 41 简化方法示例

6.3 电路的绘制

6.3.1 主电路

6.3.1.1 电源电路

可采用单线或多线表示法。线路的标记应符合 4.8 的规定。

直流和单相交流电源电路一般用水平线画出，画在图纸上方（直流电源正极）和下方（直流电源负极）。

当垂直布置时，画在图纸的左方（直流电源正极）和右方（直流电源负极）。

多相电源电路，水平布置时，集中画在图纸上方，相序自上而下排列，中性线（N）和保护接地线（PE）依次放在相线下面。

交流电源电路应标注电压有效值、相数及频率，若采用三相交流电源还应标注电源系统的类型，参见 GB/T 24340—2009 的符号 6.1.4，6.1.5。

6.3.1.2 受控装置电路

受控装置电路如电动机、电磁离合器、加温装置等及其保护电器支路，应与电源电路垂直绘制。

受控装置旁应标注其主要参数，如电动机的功率、转速。

标注方法应符合 4.6.2 的规定。

6.3.2 辅助电路

辅助电路包括施控电路（控制电路）、检测电路、指令电路和信号电路。

应分别将各电路垂直地绘制在两条或几条水平电源线之间。备受控元件（如线圈、电磁阀、信号灯等），必须直接与下方接地的电源线连接。各控制触点、按钮等应接在电源线与受控元件之间，以避免出现故障时产生危险。

7 系统图或框图

7.1 要求

应能概括地表示电气系统各基本组成单元及其主要特性和相互间的功能关系。

电子设备电路中常用此图代替电路图。

7.2 绘制方法

绘制方法如下：

a) 采用以方框符号为主的一些符号或带注释的框绘制。框内可用符号、文字或两者结合注释。

b) 根据需要可对绘图对象逐级分解，划分层次，绘制不同层次的框图。

c) 框图的布局应能清晰表明信息的流向。

d) 框图中各框标注第 5 章所规定的项目代号。

e) 必要时，加注各种形式的注释和说明。如标注集成组件的电源端、输入端、输出端等。

8 接线图和接线表

8.1 一般规定

接线文件提供各个项目如元件、器件、组件和装置之间实际连接的信息。接线文件用于设备的装配、安装和维修。

接线文件应包含识别每一连接的连接点以及所用导线或电缆的信息。对端子接线图和端子接线表，则只需示出一端。

必要时，可包含下列信息：

——导线或电缆种类的信息(如：型号、牌号、材料、结构、规格、绝缘颜色、电压额定值、导线数，其他技术数据)；

——导线号或电缆号或项目代号；

——连接点的标记或表示方法(如：项目代号和/或端子代号、图形表示法、远端标记)；

——铺设、走向、端头处理、捆扎、绞合、屏蔽等说明或方法；

——导线或电缆长度；

——信号代号和/或信号的技术数据；

——需补充说明的其他信息。

颜色或数字标志导线的方法见 GB 7947—2006。电气颜色标志的代号按 GB/T 13534—1992 的规定。标志项目的方法按 GB/T 5094.1—2002，GB/T 5094.2—2003，GB/T 5094.3—2005，GB/T 5094.4—2005 的有关规定。

接线文件提供的信息，以表示清楚为原则。可采用简图形式或表格形式，或二者的结合。

接线文件的编制应符合 GB/T 6988.1—2008 和本标准所规定的规则。

当需要特别约定时，如表示靠近或挪开等方法，应在文件或相关文件中示出或加标记。

8.2 接线图

8.2.1 布局

接线图应采用位置布局法但无需按比例。

8.2.2 元件和端子的表示方法

元件应采用简单的轮廓如正方形、矩形或圆形表示，或用简化图形表示，也可按 4.2.3 规定的图形符号。端子应表示清楚，但端子符号无需示出，要求给出的特殊情况除外。

8.2.3 导线的表示方法

导线采用下列方法之一表示：

a) 连续线：用连续线表示端子之间实际的导线，导线组、电缆、电缆束等可用单线表示，如单元或装置含有多个导线组、电缆、电缆束，可把它们彼此分开并标以不同的项目代号；

b) 中断线：把表示导线的线中断，同时采取适当方法使中断线相关联。

在图 42 中给出的一些示例，说明不同类型的电缆连接的表示方法。

8.2.4 矩阵形式

如果在小幅面内表示出大量的连接，如装有印制电路板的机柜或部件的连接，可采用矩阵布局的形式。

连接的端子符号应排成网格形式，每一端子都应加标记。

每个元件上的所有端子符号，应按能清楚地提供连接信息的顺序垂直(水平)对正，该顺序无需符合端子在元件上的实际顺序，形成端子符号的行(列)应水平(垂直)排列。

例	图	说　明
1	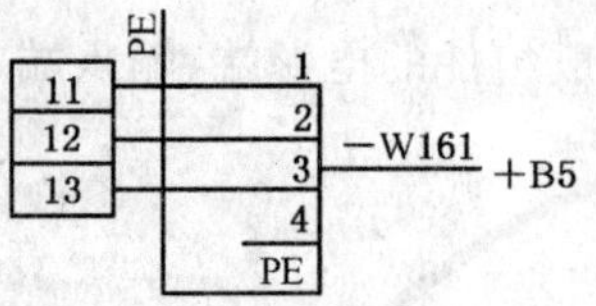	来自单元＋B5 的电缆—W161； 电缆芯 1,2 和 3 接线端子 11,12 和 13。 保护接地导体 PE 接保护接地条。 表示电缆的线可位于粗线的任何一点上，而与交点分开
2	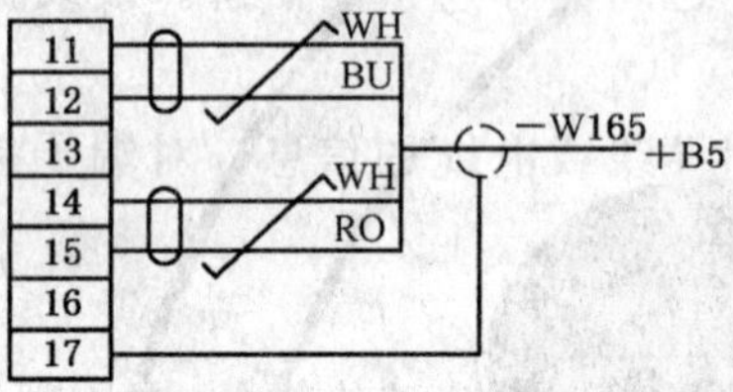	有两对绞合屏蔽电缆—W165
3	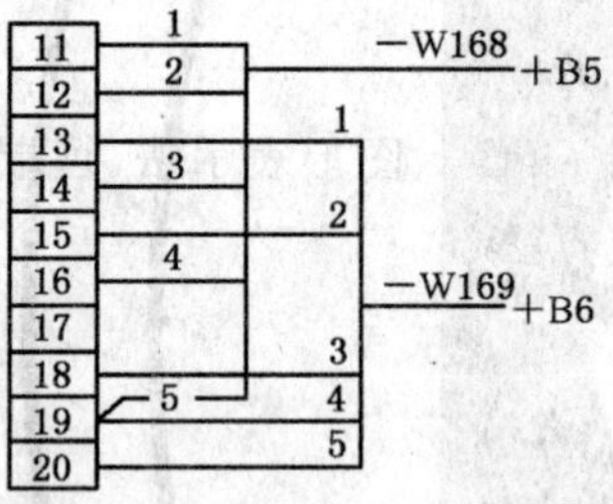	图中两根电缆交错； 电缆—W168 的芯线接端子 11,12,14,16 和 19； 而电缆—W169 的芯线接 13,15,18,19 和 20
4	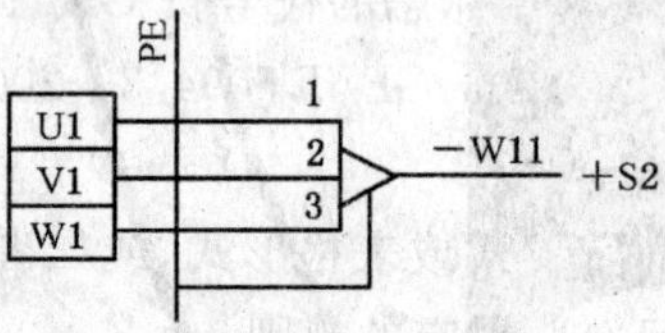	端头密封的电力电缆—W11； 若有密封壳和金属铠装时接保护接地条
5	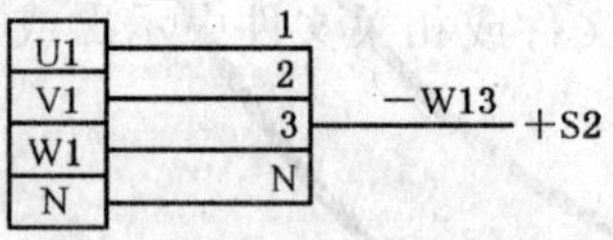	带中性线的电力电缆—W13； 注：中性线可设计成另外的 3 根导线或 1 根公共导线
6	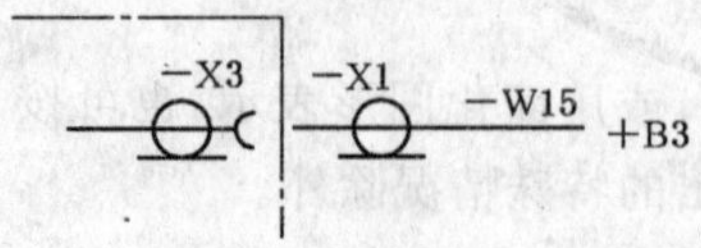	同轴电缆—W15，配有同轴电缆插头—W15X1 接组件中相应的插座—X3
7	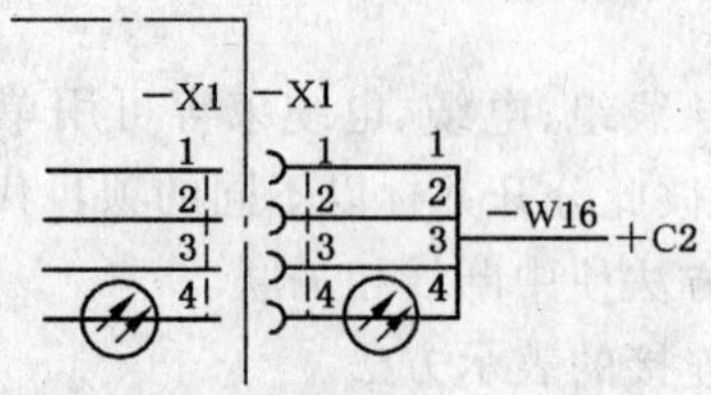	由 4 根导线，其中一根为光纤组成的电缆—W16 配有插座—W16X1，连接组件中相应的插头—X1

图 42　不同类型的电缆连接的表示方法示例

每根导线应用水平(垂直)连接线表示，并穿过被连接的端子符号。在用于安装、操作或维修的图中，对有命名信号的导线，在连接线的一端表示出信号代号(见图43)。

当需要表示出每根点到点的导线时，则一根导线应该用一根连接线表示，并标注导线号。标注时应分别标注在水平(垂直)连接线的上方(左方)。

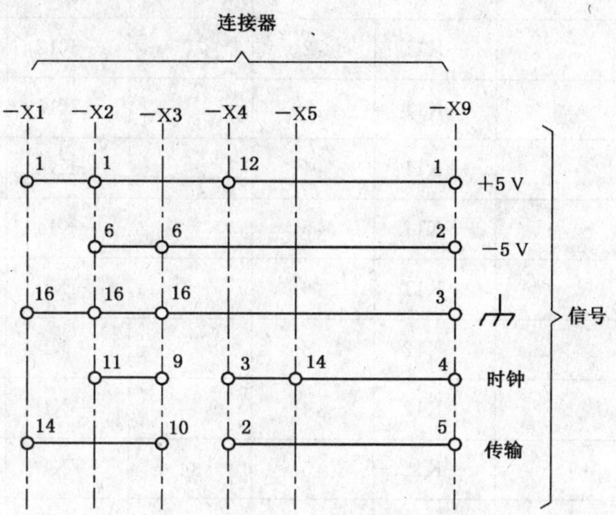

图 43 分机架的矩阵形式的单元接线图示例

8.3 接线表

8.3.1 布局

接线表按下列格式之一编制：

——以端子为主的格式(见图46)；

——以连接线为主的格式(见图44、图45)。

在以端子为主的格式中，每个要连接的元件应与其端子一起依次列出。对每个端子.应示出与之有关的连接线。

在以连接线为主的格式中，每一根连接线(导线、电缆、电缆芯线等)应依次列出，而每一根电缆芯线应与同一根电缆中的其他芯线集中在一起。对每一根导线，应列出连接端子或端点(见图44、图45和图46)。

电缆型号	电缆芯线号	连接点						备注
		项目代号	端子代号	备 注	项目代号	端子代号	备注	
H05VV-U3X1.5	—W107	+A-X1			+B-X1			
	.1		1			2		
	.2		2			3	—W108.2	
	.3		3	—W109		1	—W108.1	
H05VV-U2X1.5	—W108	+B-X1			+C-X1			
	.1		1	—W107.3		1		
	.2		2	—W107.2		2		
H05VV-U2X1.5	—W109	+A-X1			+D			辅助电源电压 AC220 V
	.1		3	—W107.3				
	.2		4					

图 44 以连接线为主的互连接线表示例

连接线			连接点					
型号	线号	备注	项目代号	端子代号	备注	项目代号	端子代号	备注
	31		—K11	:1		—K12	:1	
	32		—K11	:2		—K12	:2	
	33		—K11	:3		—K15	:5	
	34		—K11	:4		—K14	:5	39
	35		—K11	:5		—K14	:C	43
	36		—K11	:6		—X1	:1	
	37		—K12	:3		—X1	:2	
	38		—K12	:4		—X1	:3	
	39		—K12	:5	34	—X1	:4	
	40		—K12	:6		—K13	:1	—V1
	—		—K13	:1	40	—V1	:C	
	—		—K13	:2		—V1	:A	
	短接线		—K13	:3		—K13	:4	
	41		—K14	:A		—X1	:5	
	42		—K14	:B		—X1	:6	
	43		—K14	:C	35	—K16	:11	
	44	绞合 1	—K15	:1		—X1	:7	
	45	绞合 1	—K15	:2		—X1	:8	
	46	绞合 2	—K15	:3		—X1	:9	
	47	绞合 2	—K15	:4		—X1	:10	
	48		—K15	:6		—K16	:12	短接线
	短接线		—K16	:12	48	—K16	:13	
	49		—K16	:1		—X1	:11	
	50		—K16	:2		—X1	:12	
	51		—K16	:3		—X1	:13	

图 45 以连接线为主的单元接线表示例

项目代号	端子代号	电缆号	芯线号
—X1	:11	—W136	1
	:12	—W137	1
	:13	—W137	2
	:14	—W137	3
	:15	—W137	4
	:16	—W137	5
	:17	—W136	62
	:18	—W136	3
	:19	—W136	4
	:20	—W136	5
	:PE	—W136	PE
	:PE	—W137	PE
	备注	—W137	6

+A4
345778

图 46　以端子为主的端子接线表示例

8.3.2　**元件和端子的表示方法**

元件应用参照代号表示。

端子应用标志在元件上的端子代号表示，对于双列直插组件或电子管，则按照生产厂或规范给定的端子代号。

如果生产厂对元件未给定端子代号，则应设定任意的端子代号，此时应在接线表或相关的文件中加以说明。同一端子在所有出现该端子代号的相关文件中，应使用相同的端子代号。

如果端子代号存在图形符号或颜色的形式，则可采用相应的标准文字符号，如：⏚代替保护导体的图形符号，BU 则代替蓝色(见 GB/T 13534—1992)。

8.3.3　**导线的表示方法**

导线按下列一种或多种方法表示：

——参照代号，见图 47 和图 48 中的—W108；

——依据实际连接线的标记或颜色(见图 42)；

——任意设定的标识号(见图 45)；

——连接线所连接的端子组(见图 46)。

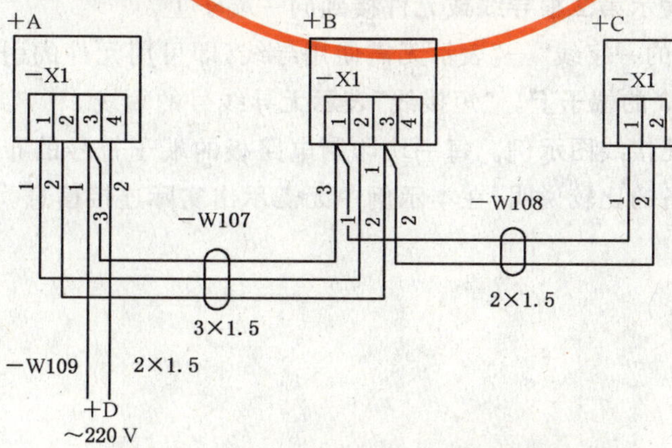

图 47　多线表示法的互连接线图示例

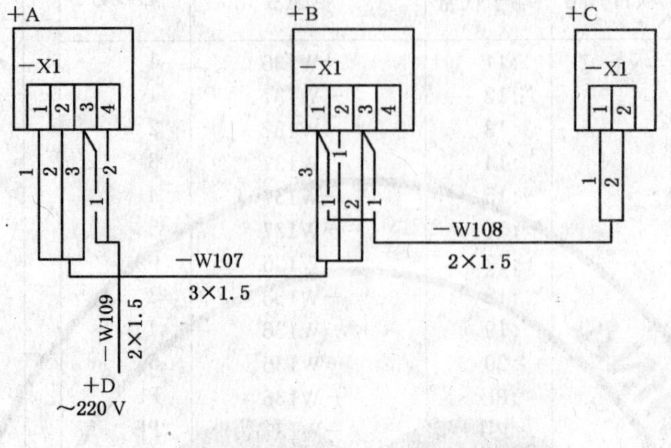

图 48 单线表示法的互连接线图示例

8.4 单元接线图和单元接线表

8.4.1 一般规定

单元接线图和单元接线表应提供一个结构单元或单元组内部连接所需的全部信息。单元之间外部连接的信息无需包括在内，但可提供相应互连接线图或互连接线表的检索标记。

8.4.2 布局

元件符号的排列，应选择能最清晰地表示出各个元件的端子和连接的视图。当一个视图不能清楚地表示出多面布线时，可采用一个以上的视图。

端子无需示出，其排列应与实际元件上的相同。

当元件叠装成几层时，为了便于识图，在图中可用翻转、旋转或移开的方法表示出这些元件，并加注说明。

8.4.3 示例

图 49 示出单元接线图的示例。在该图中，导线用连续线表示，并标注了导线号。

图 50 示出与图 49 所示同一单元的示例，但采用中断线表示，并省去了端子图形符号。

图 45 示出与图 49 所示同一单元的以连接线为主的单元接线表的示例。在“连接线”的“备注”栏中导线 44 和 45 的注释“绞合 1”表示该导线形成一对绞合线。导线 46 和 47 形成另一对绞合线。在“连接点”的“备注”栏中的注释分别表示第二根导线或元件接到同一端子上。

在“连接线”的“线号”栏中的一字线“—”表示无需使用导线，即可用元件的引线直接连接，此时，二极管 V1 的引线分别接到−K13 的端子上。“短接线”表示无导线号的短线。

图 43 示出矩阵形式的单元接线图示例。每一块印制电路板的端子符号的布置要适应图面布局的需要。本示例与图 51 同一设备的比较说明，在本示例中无需示出实际连接信息。

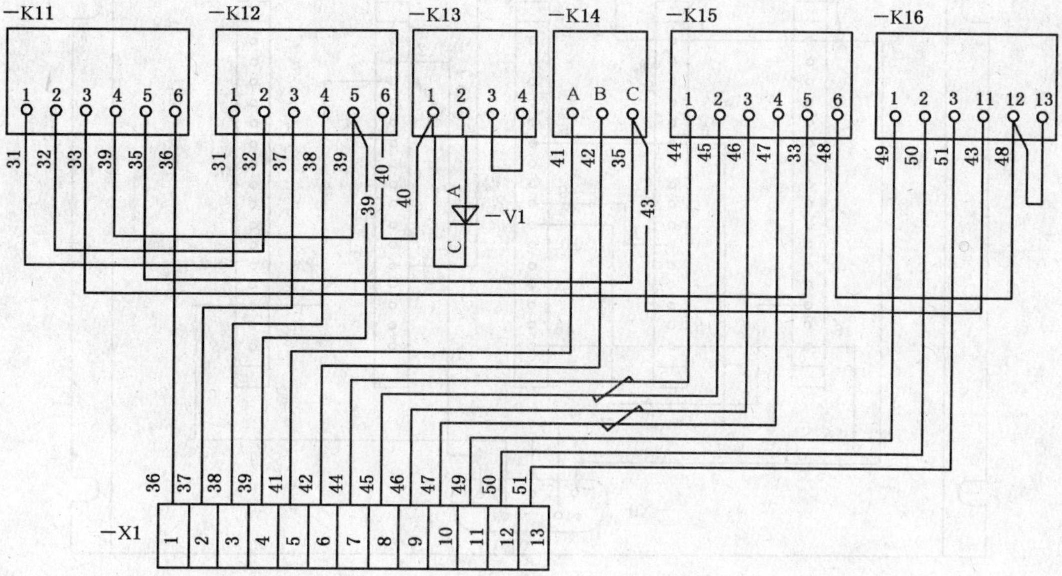

图 49　采用连续线的单元接线图的示例

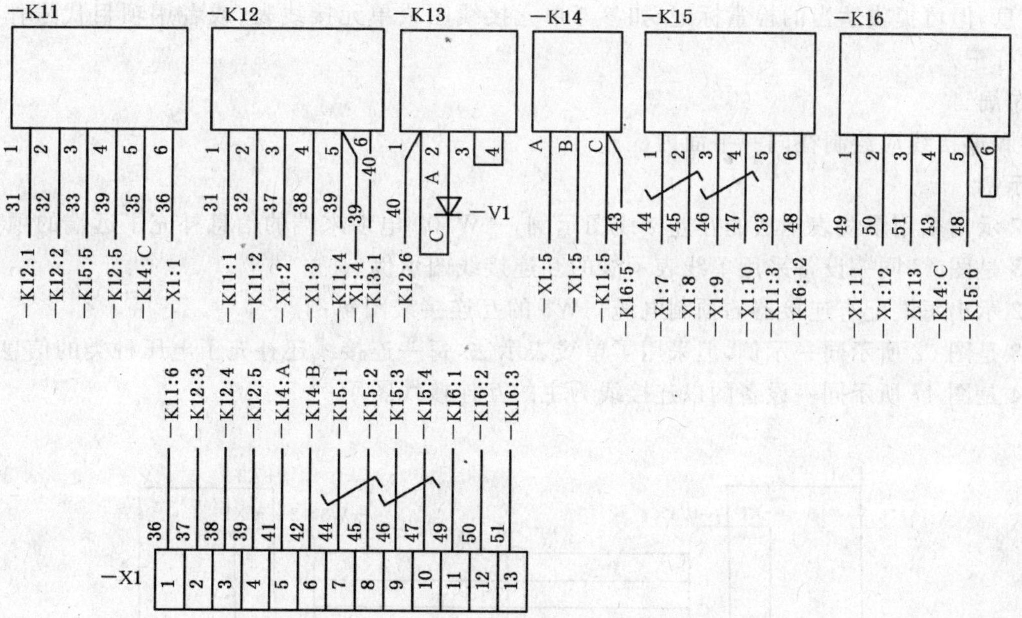

图 50　采用中断线的单元接线图的示例

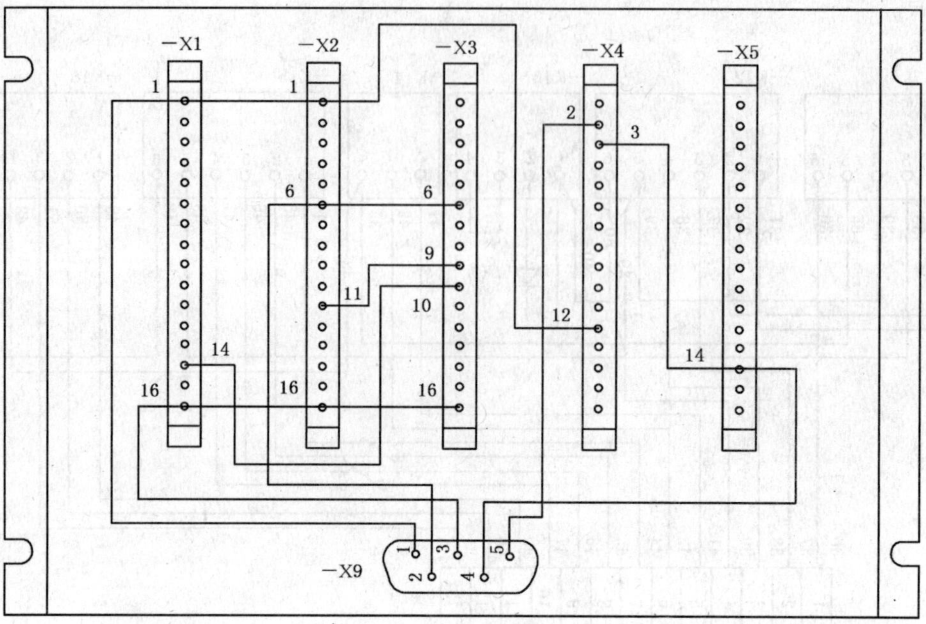

图 51 分机架的单元接线图示例

8.5 互连接线图和互连接线表

8.5.1 一般规定

互连接线图和互连接线表应提供设备或装置不同结构单元之间连接所需信息。无需包括单元内部连接的信息,但可提供适当的检索标记(如参考单元接线图或单元接线表,或者用项目代号作为内部元件的检索标记)。

8.5.2 布局

元件和连接线应绘制在同一平面内。

8.5.3 示例

图 47 示出采用多线表示法的互连接线图示例,—W109 电缆末端的信息补充了远端的项目代号。

图 48 是图 47 同一设备采用单线表示法的互连接线图示例。

图 52 示出每端配有连接器的预制电缆—W3 的互连接线图示例。

图 53 是图 52 所示同一示例,但采用了单线表示法,每一连接线还补充了电压种类的信息。

图 44 是图 47 所示同一设备的以连接线为主的互连接线图示例。

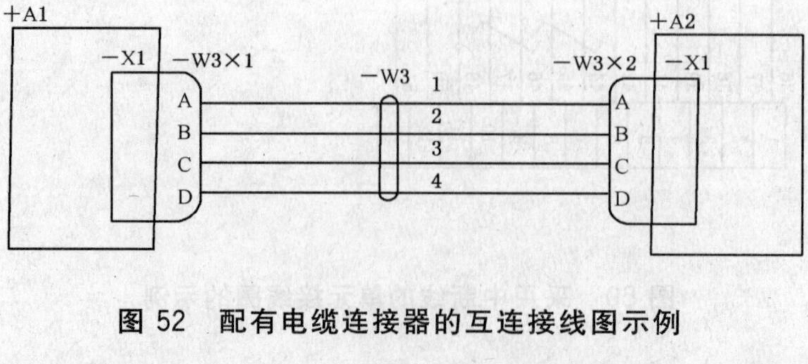

图 52 配有电缆连接器的互连接线图示例

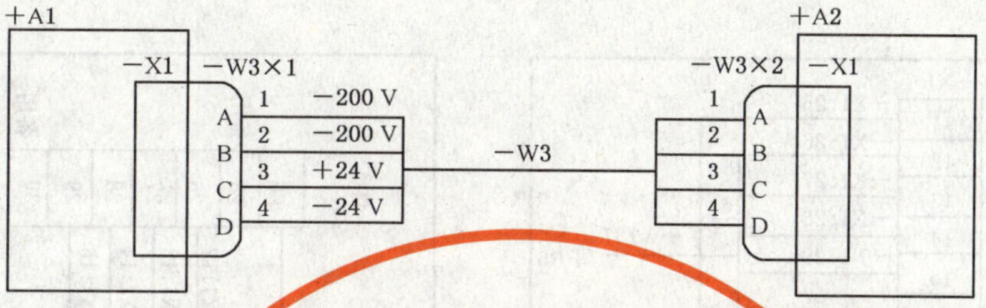

图 53　单线表示法的配有电缆连接器的互连接线图示例

8.6　端子接线图和端子接线表

8.6.1　一般规定

端子接线图和端子接线表应提供一个结构单元或一个设备外部连接所需信息。

端子接线图或端子接线表为相应一组单元所提供的有关连接的信息，这些信息应包含与同样的单元之间连接关系的互连接线图或互连接线表的同一形式的相同信息，则绘制规则亦适用于端子接线图和端子接线表。

8.6.2　示例

图 54 为结构单元＋A4 和结构单元＋B5 的两个端子接线图示例。图中每一电缆末端均标以项目代号，每一芯线均标以芯线号，有连接或无连接的备用端子均标明“备用”。

图 55 与图 54 是相同的两个端子接线图示例，只是补充了远端的端子代号。

图 56 是根据图 54 编制的以连接线为主的两个端子接线表，列出了远端的端子代号，一字线“—”表示无连接。备用端子，不管它是否与端子相连均标明“备用”。

图 57 是以图 54 中单元＋A4 端子接线图为依据的以端子为主的端子接线表。

图 58 是以图 54 为依据的网格型端子接线表的示例。电缆芯线号标在电缆号附近的栏内，备用芯线标在同一行的最后一栏。

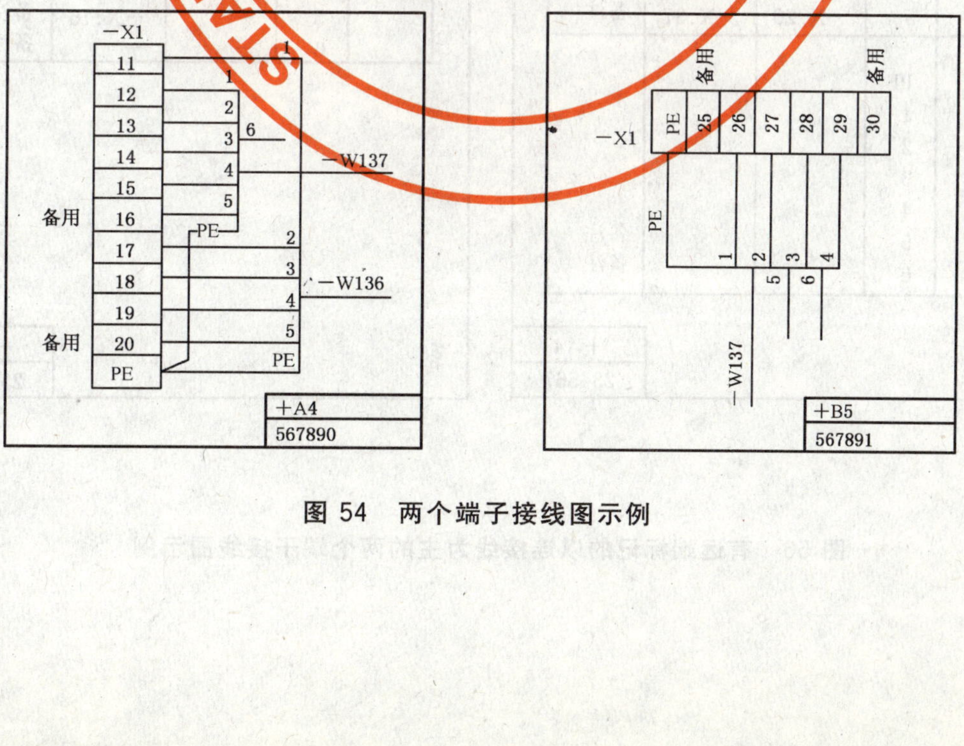

图 54　两个端子接线图示例

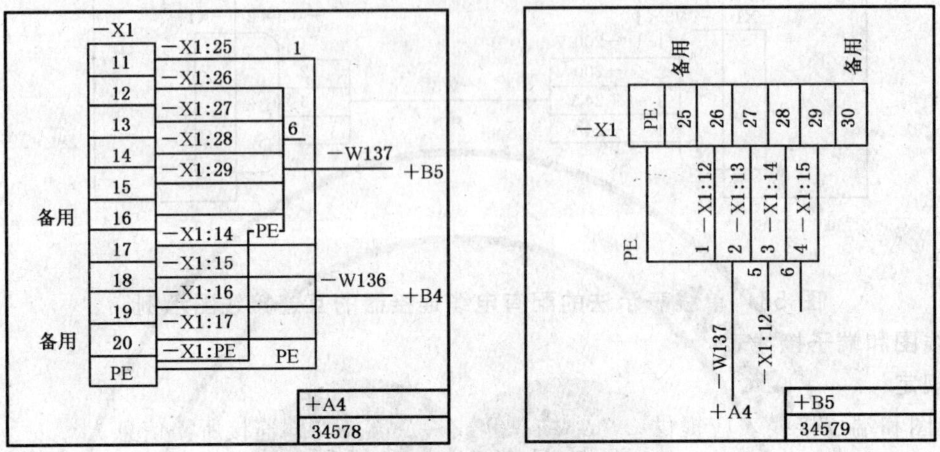

图 55 有远端标记的两个端子接线图示例

电缆号	芯线号	端子代号	远端标记	备注
−W136			+B4	
	PE	−X:PE	−X:PE	
	1	−X:11	−X:33	
	2	−X:17	−X:34	
	3	−X:18	−X:35	
	4	−X:19	−X:36	
	5	−X:20	−X:37	备注
−W137				
	PE			
	1			
	2			
	3			
	4			
	5			备注
	6			备注

+A4
234567

电缆号	芯线号	端子代号	远端标记	备注
−W137			+A4	
	PE	−X:PE	−X:PE	
	1	−X:26	−X:12	
	2	−X:27	−X:13	
	3	−X:28	−X:14	
	4	−X:29	−X:15	
	5	−	−X:16	备注
	6	−	−	备注

+B5
234568

图 56 有远端标记的以连接线为主的两个端子接线图示例

项目代号	端子代号	电缆号	芯线号
—X1	:11	—W136	1
	:12	—W137	1
	:13	—W137	2
	:14	—W137	3
	:15	—W137	4
	:16	—W137	5
	:17	—W136	62
	:18	—W136	3
	:19	—W136	4
	:20	—W136	5
	:PE	—W136	PE
	:PE	—W137	PE
	备注	—W137	6

+A4
345778

图 57 以端子为主的端子接线图示例

端子排		—X1	1	2	3	4	5	6	7	8	9	10	11	12	13	14	15	16	17	18	19	20	21	22	N	PE	MM	不连接
远端标记	电级号	芯线数																										
+B4	—W136	6											1						2	3	4	5				PE		
+B5	—W137	7												1	2	3	4	5								PE	6	

端子接线表 +A4单元	+A4

图 58 有远端标记的网格型端子接线表示例

8.7 电缆图和电缆表

8.7.1 一般规定

电缆图和电缆表应提供设备或装置的结构单元之间铺设电缆所需全部信息，必要时应包含电缆路径的信息。电缆组可用单线表示法表示，并加注电缆的项目代号(见图 60)。

8.7.2 示例

图 59 是以图 47 为依据的电缆图示例。

图 60 是包含 3 个单元—A1、—A2 和—A3 的示例，单元—Al 和—A2 配有插座引出端，而—A3 配有不可取下的电缆—W1 和—W2，电缆的一端分别配有插头—X1 和—X2。

单元—A1 和—A2 用配有插头—X1 和 —X2 的屏蔽 5 芯电缆—Wl 互连。

单元—Al 和—A3 用属于单元—A3 的 9 芯屏蔽电缆—W1 互连。

图 61 是图 59 所示同一设备的电缆表示例。

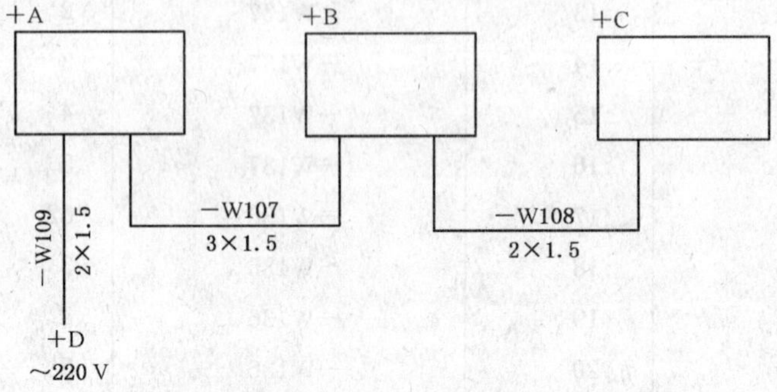

图 59 电缆图示例

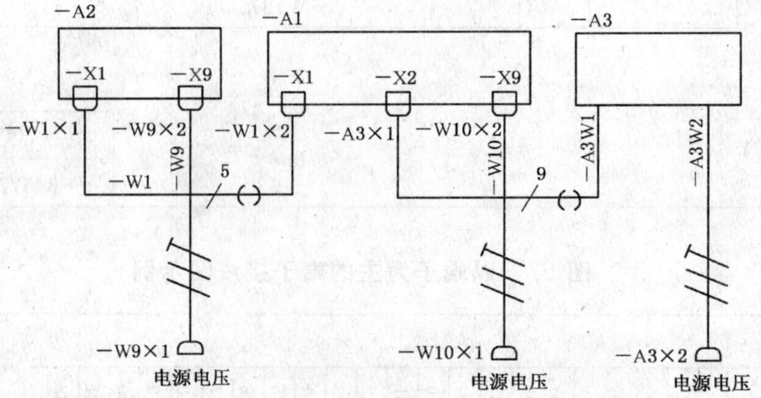

图 60 配有连接器的预制电缆的电缆图示例

电缆号	电缆型号	端点		备注
—W107	H05W-U3×1.5	+A	+B	
—W108	H05W-U2×1.5	+B	+C	
—W109	H05W-U2×1.5	+C	+D	辅助电源电压AC 200 V

图 61 电缆表示例

9 电气元件安装图

9.1 要求

9.1.1 电气元件安装图

应能表明单元电气元件的安装位置及安装方法(参见附录 A 的图 A.12)。

9.1.2 工业机械电气元件总装图

应能表明工业机械电气设备各单元的安装位置及安装方法。

9.2　绘制方法

将分散安装在设备上的各个项目(如控制电器、电磁阀、按钮开关)的位置以简单图形(如方形)符号绘出,并在其旁标注相应的项目代号。

10　工业机械电气设备安装图

10.1　要求

应提供为用户安装工业机械所需的资料和参数。

10.2　绘制方法

应绘出现场安装电源电缆的推荐位置、类型和截面;应绘出电气设备电源电缆的过电流伤件的型号、特性、额定或整定电流的数据;有时还应表明用户需要在地基上开凿的电缆沟的尺寸或导线槽的尺寸、用途和位置;此外如需要还应表明移动或维修电气设备所需要的空间。

当未提供互连图时,还应表明电源走线的详细情况(参见附录A的图A.13)。

11　电气设备元器件清单尺寸

电气设备元器件清单的举例见表9。

表9　电气设备元器件清单的举例

项目代号	型号	名称	规格	数量	供应厂家	备注
M1	y112M-483	三相交流异步电动机	AC 380 V 4 kW 1 410 r/min	1		
M2	AOB-25	冷却电机	AC 380 V 90 W 2 800 r/min	1		
Kl	3TB4017	交流接触器	线圈电压 AC 110 V	2		订货号 3TB4017-

12　附加说明

12.1　注释和标志

应符合4.6.1的规定。

12.2　技术数据的附注

应符合4.6.2的规定。

13　对各种文件的特定要求

安装图、框图(系统图)和功能图、电路图、操作说明书、维修说明书、元器件清单等文件的基本要求,应符合GB 5226.1—2008中的相关规定。

关于上述部分文件的示例,可参见附录A中的有关部分。

附 录 A
（资料性附录）
电气图、图解和表的示例及简要说明

A.1 简要说明

按 GB 5226.1—2008 中相关要求，操作和维修工业机械电气设备所需的基本资料（技术文件）含有图、电路图、表和说明书等形式。本附录给出了某工业机械设备的电路图、配电板电器元件布置图、电气设备安装图、配电板接线图、操作站接线图、互连接线图、电缆接线图、元器件清单的示例。

A.2 电路图（图号 90001）

电路图见图 A.1～图 A.11。

电路图中采用了线路编号的方法（即在图中一般不给出电器元件本身的端子编号）。

对于采用端子编号方法绘制的电路图，可参见本标准中的图 2。

电路图的绘制按本标准的规定，主要采用以下方法：

——线号标注形式作线路索引，线路和互连端子统一编号，线路编号标注在垂直连线左侧中间位置，水平连线标在上边中间位置并与引线方向一致。互连端子及对应端子板的项目代号都标在左侧。

——项目代号的标注：水平布置的，符号标注在上边；垂直布置的，标注在左边。但项目代号均为水平标注。

——图 A.1 是主电路图，是用多线表示法表示电源电路和受控电路的，电源相序从上到下排列。

——图 A.2 和图 A.3 用多线表示法（上、下两条平行线）表示控制电路的电源。

——图 A.2 中部分电路的短路保护采用熔断器作为短路保护。

——图 A.4，控制电路、指示电路、照明电路分开绘制。

——图 A.3，每个接触器、继电器线圈下面给出一个附表，用来说明对应触点所在的页次及图区。每个触头代号下面所示的拉丁字母及阿拉伯数字为动作它的线圈所在图区号。

——未用的触头，在相应栏中没有说明。

A.3 配电板电器元件布置图（图号 90002）

见图 A.12。

此图与图 A.1～图 A.11 相对应，绘制配电板中各元件的安装位置，其项目代号与电路图、互连接线图相对应。

A.4 电气设备安装图（图号 90003）

见图 A.13。

此图示出了机床电气设备安装位置及现场安装所需要的信息。

A.5 配电板接线图（局部示例）（图号 90004）

见图 A.14。

此图示出了配电板上各电器元件与电路图 90001 相对应的接线关系。

A.6 操作站接线图（图号 90005）

见图 A.15。

此图示出了操作站上各电器元件与电路图 90001 相对应的接线关系。

A.7 互连接线图(局部示例)(图号 90006)

见图 A.16。

此图与电路图 90001 相对应,是以单线表示法绘制的互连接线图,导线采用独立标记,表明各电路端子间的互连关系,线缆(线束)号标注在线缆(线束)旁边。

A.8 电缆配置图(图号 90007)

见图 A.17。

此图与电路图 90001 和互连接线图 90006 相对应。电缆采用独立标记,电缆两端所连接的项目代号用实线框表示。

A.9 元器件清单(图号 90008)

见表 A.1。

在元器件清单中示出电路图 90001 中所有项目代号的有关信息。

A.10 电缆表(图号 90009)

见表 A.2。

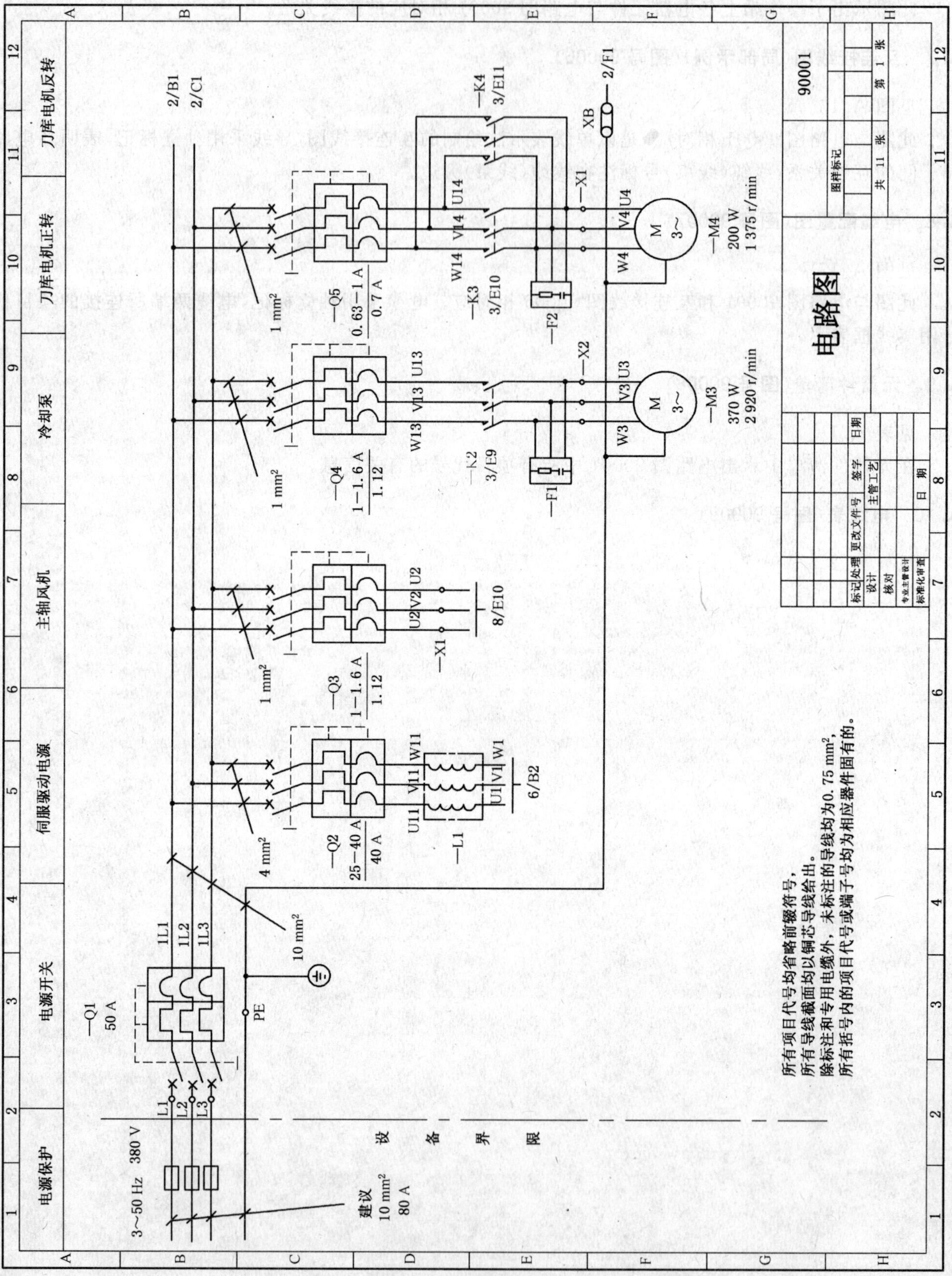
电源保护
电源开关
伺服驱动电源
主轴风机
冷却泵
刀库电机正转
刀库电机反转
3～50 Hz 380 V
L1 L2 L3
建议 10 mm^2 80 A
设备界限
—Q1 50 A
1L1 1L2 1L3
PE
10 mm^2
4 mm^2
—Q2 25—40 A 40 A
U11 V11 W11
—L1
U1 V1 W1
6/B2
1 mm^2
—Q3 1—1.6 A 1.12
U2 V2 U2
—X1
8/E10
1 mm^2
—Q4 1—1.6 A 1.12
W13 V13 U13
—K2 3/E9
—F1
—X2
W3 V3 U3
M 3～
—M3 370 W 2 920 r/min
1 mm^2
—Q5 0.63—1 A 0.7 A
W14 V14 U14
—K3 3/E10
—F2
—X1
W4 V4 U4
M 3～
—M4 200 W 1 375 r/min
—K4 3/E11
XB
2/F1
2/B1
2/C1
所有项目代号均省略前缀符号，
所有导线截面均以铜芯导线给出。
除标注和专用电缆外，未标注的导线均为0.75 mm^2，
所有括号内的项目代号或端子号均为相应器件固有的。
标记 处理 更改文件号 签字 日期
设计 主管工艺
核对 日期
专业主管设计
标准化审查
电路图
图样标记
90001
共 11 张 第 1 张

图 A.1 电路图(1)

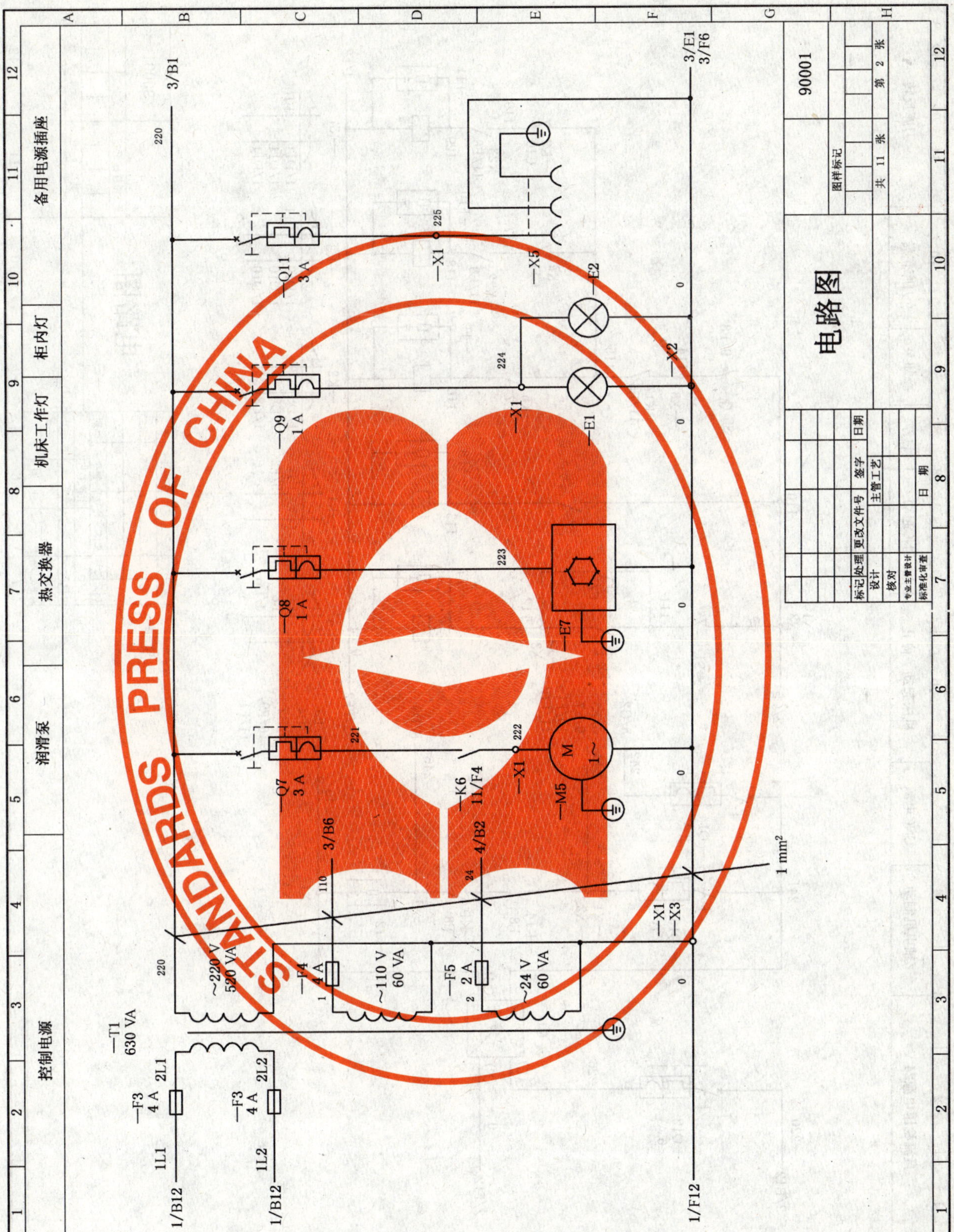
控制电源
润滑泵
热交换器
机床工作灯
柜内灯
备用电源插座
—T1
630 VA
—F3
4 A
—F4
4 A
—F5
2 A
~220 V
520 VA
~110 V
60 VA
~24 V
60 VA
—Q7
3 A
—Q8
1 A
—Q9
1 A
—Q11
3 A
—K6
11/F4
—M5
—E7
—E1
—E2
—X1
—X2
—X3
—X5
1 mm²
1/B12
1/F12
3/B1
3/B6
4/B2
3/E1
3/F6
电路图
90001
图样标记
共 11 张
第 2 张
标记
处理
更改文件号
签字
日期
设计
核对
主管工艺
日 期
专业主管审计
标准化审查

图 A.2 电路图(2)

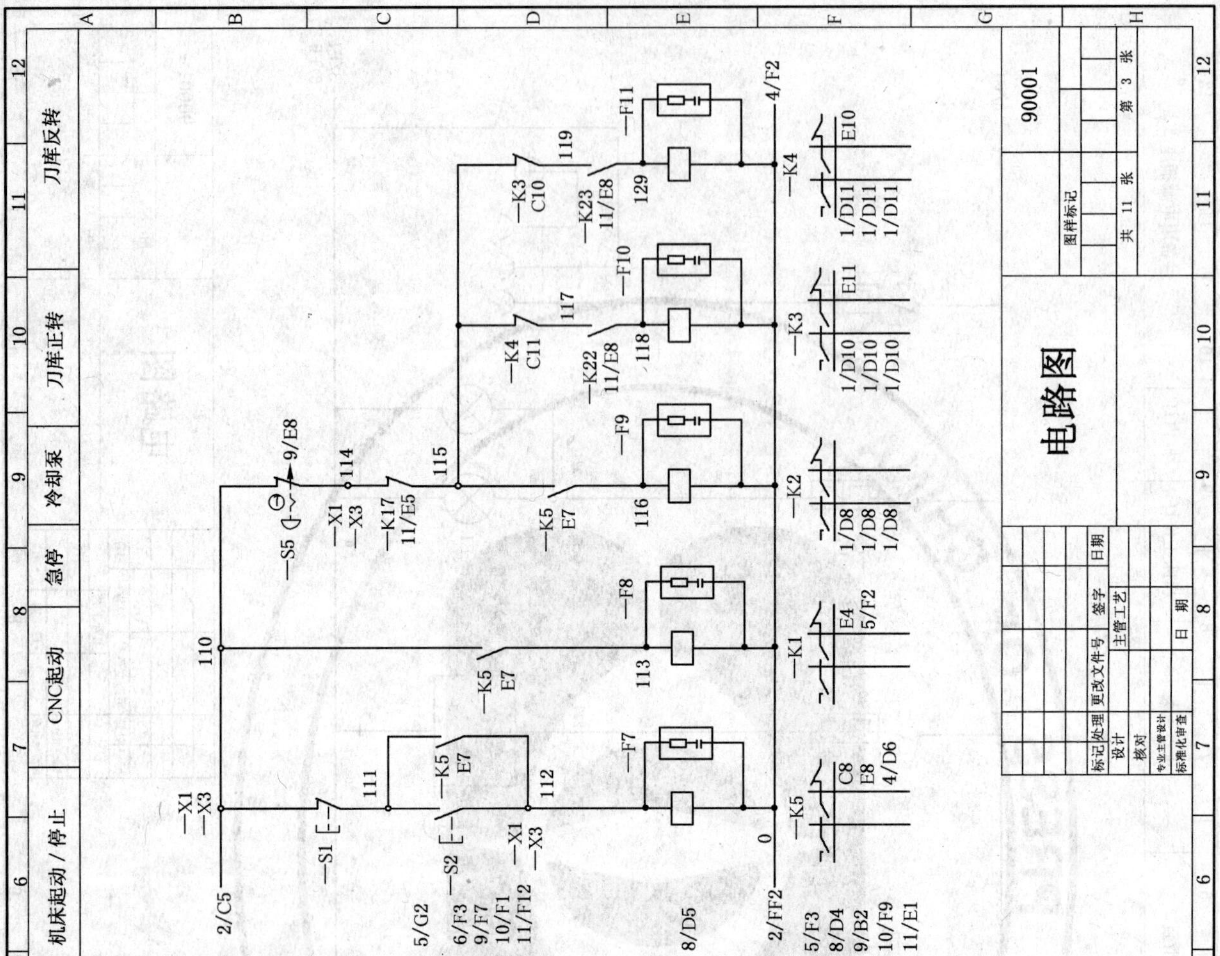
直流稳压电源24 V
Z轴电机制动
CNC电源
机床起动/停止
CNC起动
急停
冷却泵
刀库正转
刀库反转
电路图
90001

图 A.3　电路图(3)

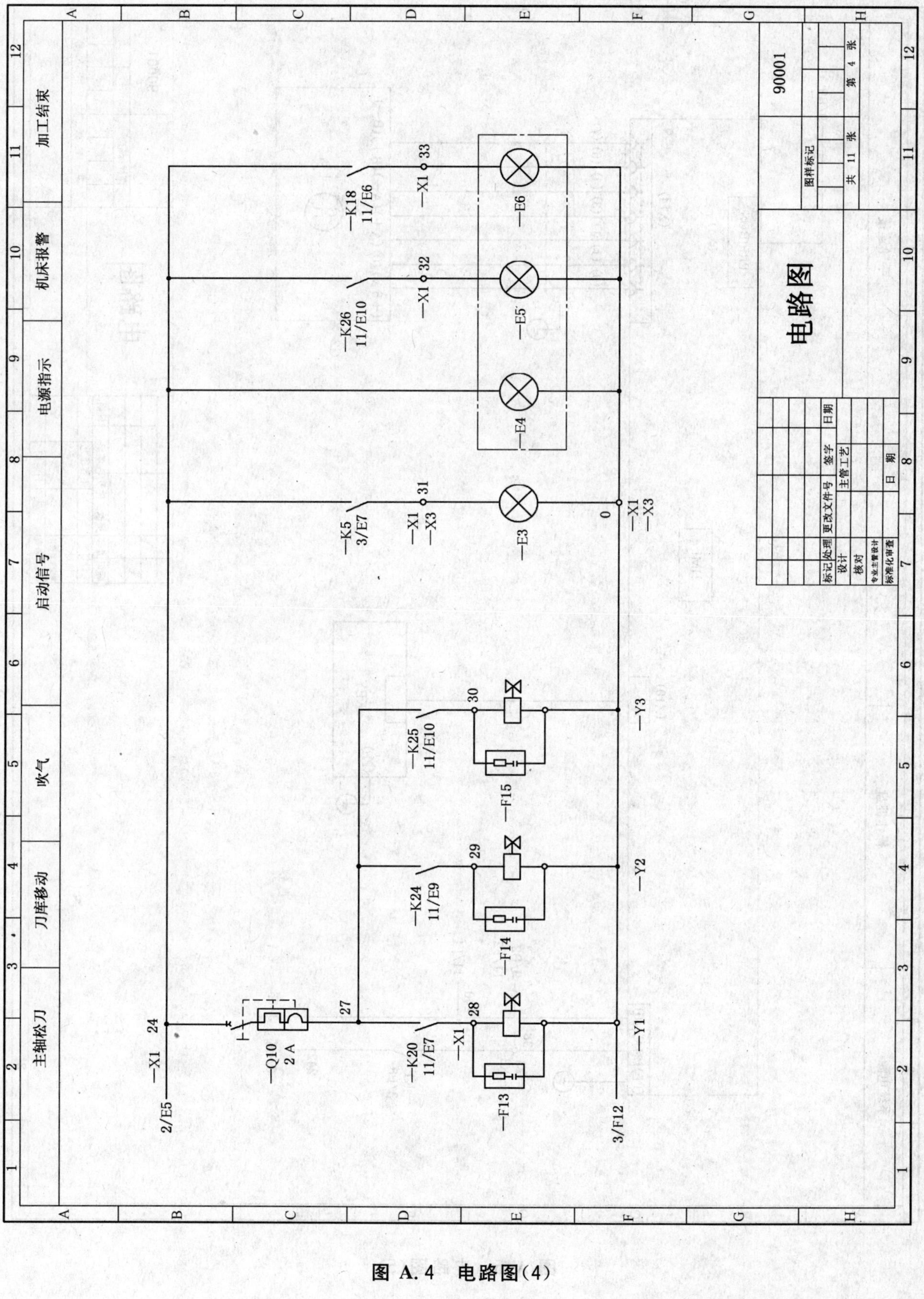
主轴松刀
刀库移动
吹气
启动信号
电源指示
机床报警
加工结束
—X1 24
2/E5
—Q10 2 A
27
—K20 11/E7
—X1 28
—F13
—Y1
3/F12
—K24 11/E9
29
—F14
—Y2
—K25 11/E10
30
—F15
—Y3
—K5 3/E7
—X1 —X3 31
—E3
0
—X1 —X3
—E4
—K26 11/E10
—X1 32
—E5
—K18 11/E6
—X1 33
—E6
电路图
90001
图样标记
共 11 张
第 4 张
标记 处理 更改文件号 签字 日期
设计
主管工艺
核对
专业主管设计
标准化审查
日 期

图 A.4 电路图(4)

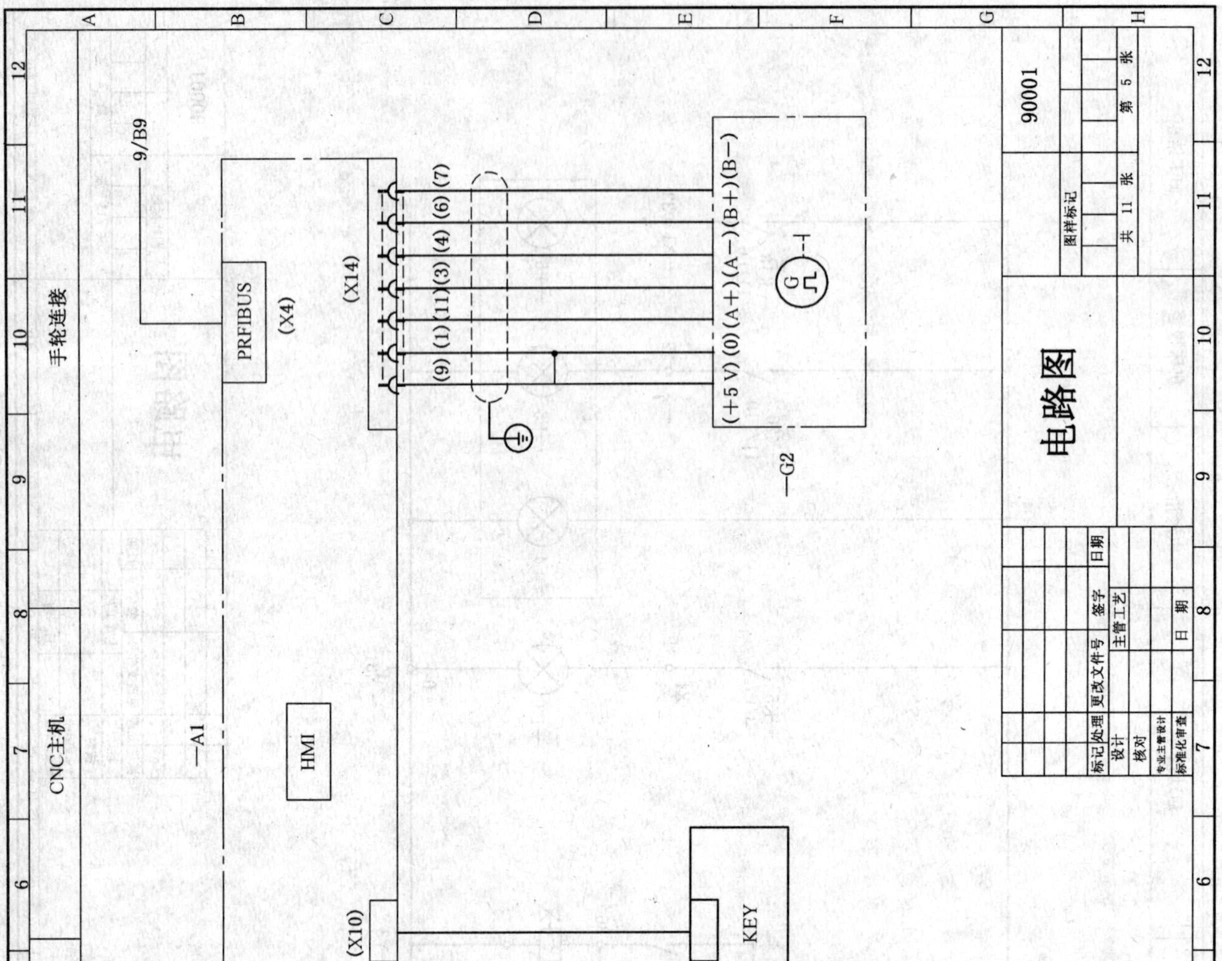
系统电源
操作键盘
CNC主机
手轮连接
9/B9
PRFIBUS
(X4)
(X14)
(9) (1) (11) (3) (4) (6) (7)
(+5 V) (0) (A+) (A−) (B+) (B−)
—G2
—A1
HMI
(X10)
KEY
(PE)
—A2
(PE) (24 V) (0)
—X1
—X3
38
9/B2
11/F2
240
11/F1
3/F6
—K1
3/E8
242
3/C6
电路图
90001
图样标记
共 11 张
第 5 张
标记处理
更改文件号
签字
日期
设计
主管工艺
核对
专业主管设计
标准化审查
日 期

图 A.5　电路图(5)

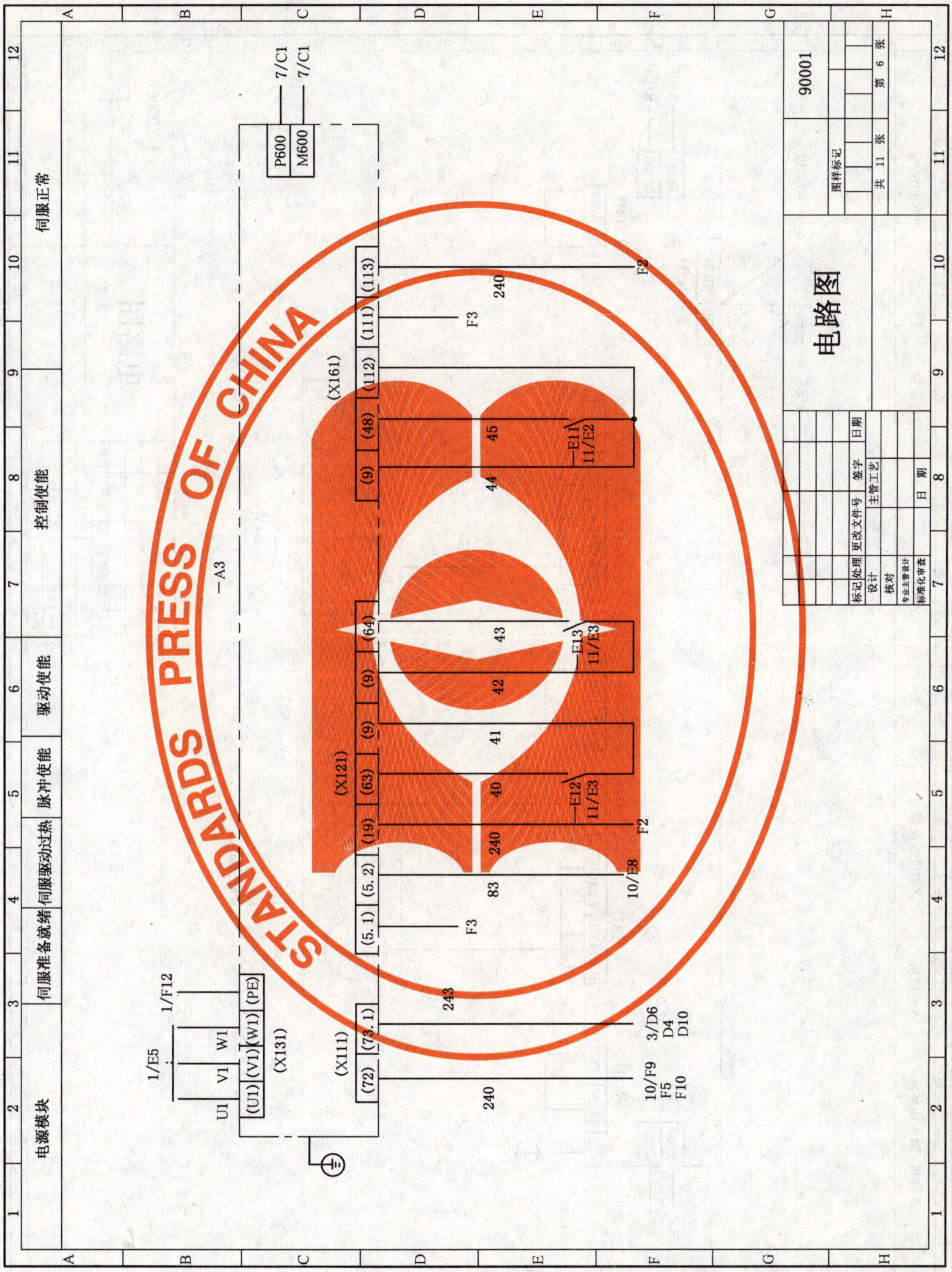
电源模块
伺服准备就绪
伺服驱动过热
脉冲使能
驱动使能
控制使能
伺服正常
−A3
(X131)
(X111)
(X121)
(X161)
P600
M600
7/C1
电路图
90001
图样标记
标记处理
更改文件号
签字
日期
设计
核对
主管工艺
专业主管设计
标准化审查
STANDARDS PRESS OF CHINA

图 A.6 电路图(6)

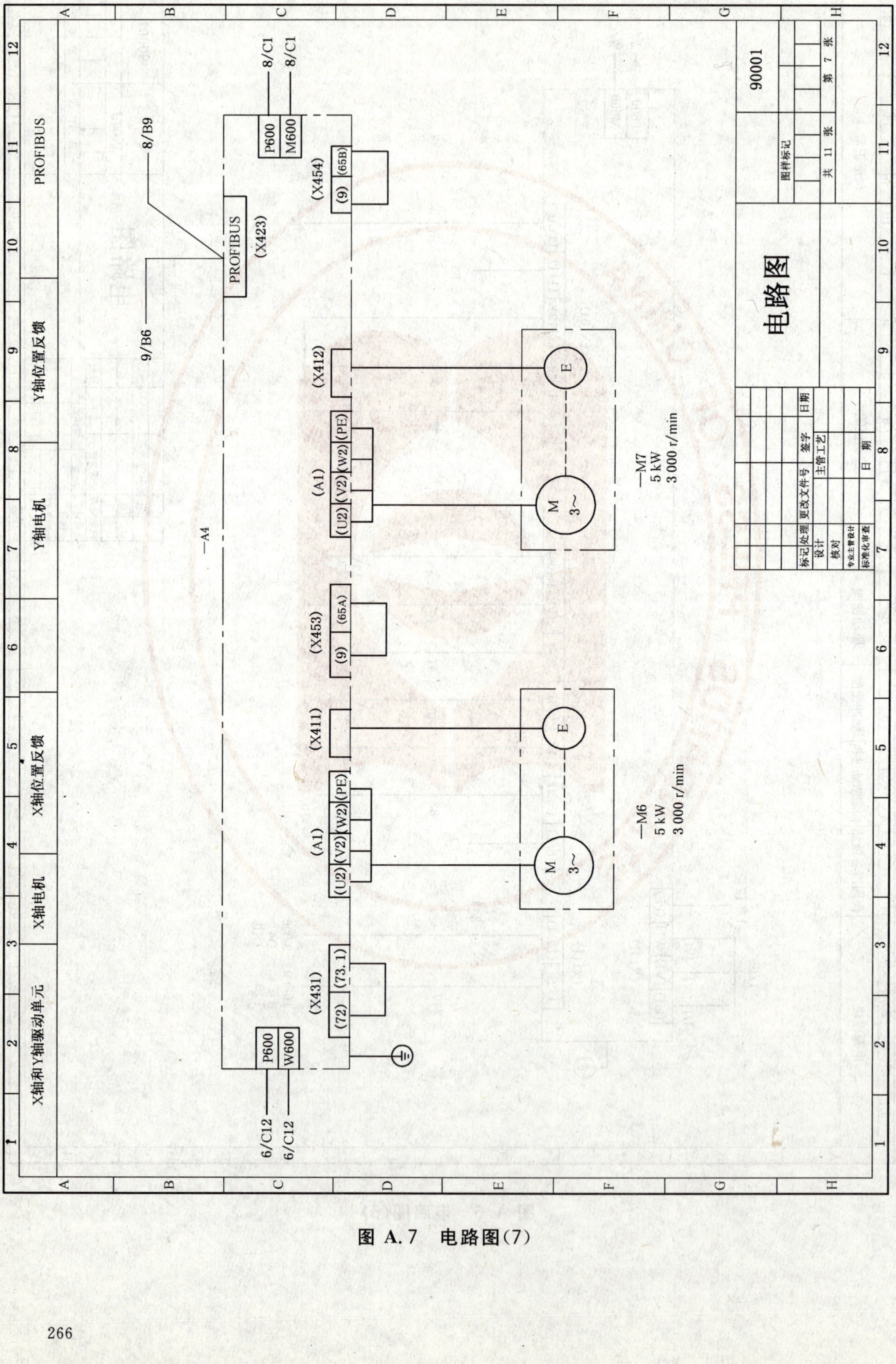
X轴和Y轴驱动单元
X轴电机
X轴位置反馈
Y轴电机
Y轴位置反馈
PROFIBUS
—A4
PROFIBUS
(X423)
8/B9
9/B6
P600
M600
8/C1
8/C1
(X454)
(9)
(65B)
(X412)
(A1)
(U2)
(V2)
(W2)
(PE)
M
3~
E
—M7
5 kW
3 000 r/min
(X453)
(9)
(65A)
(X411)
(A1)
(U2)
(V2)
(W2)
(PE)
M
3~
E
—M6
5 kW
3 000 r/min
(X431)
(72)
(73.1)
P600
W600
6/C12
6/C12
电路图
90001
图样标记
共 11 张
第 7 张
标记
处理
更改文件号
签字
日期
设计
主管工艺
校对
日期
专业主管设计
标准化审查

图 A.7 电路图(7)

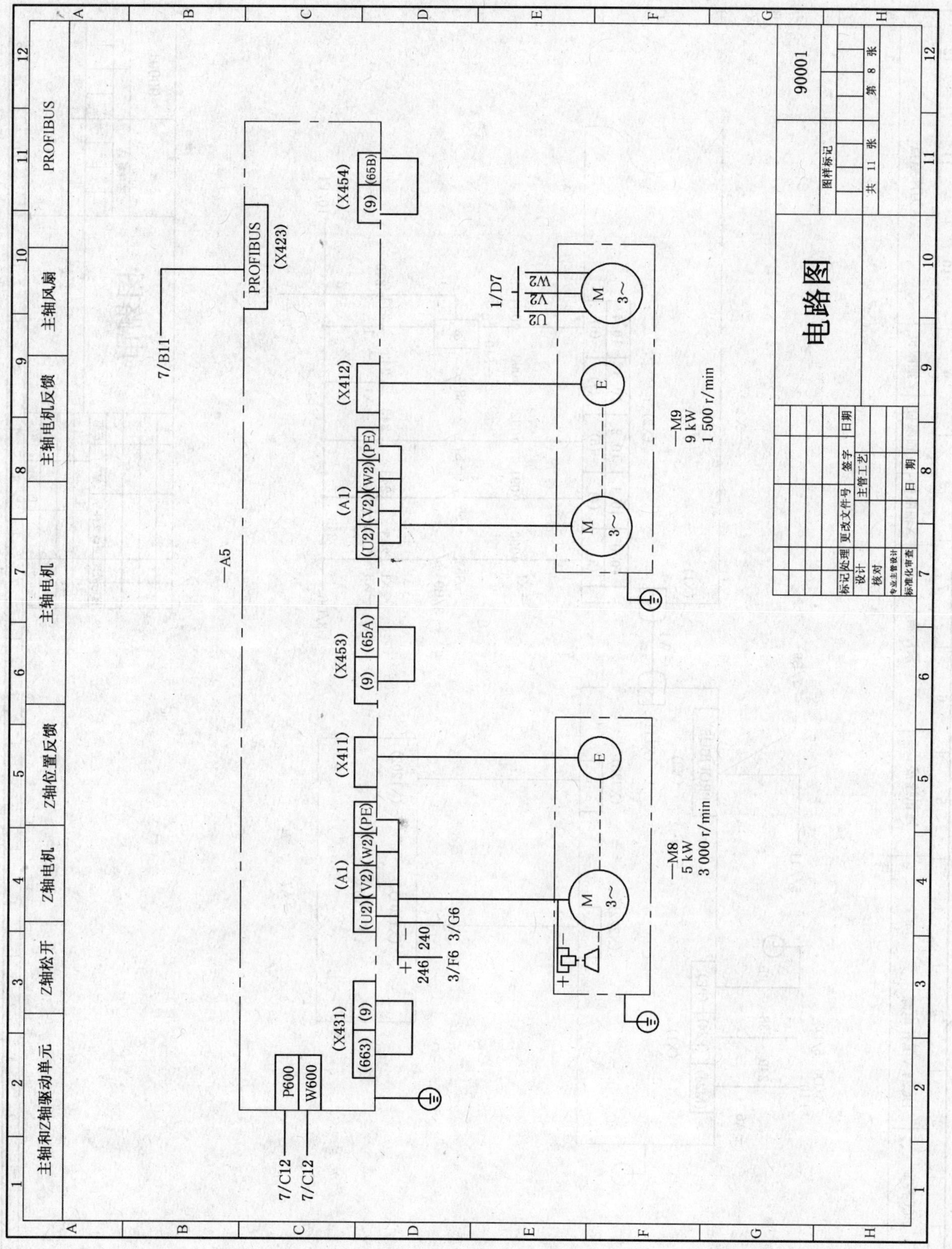
主轴和Z轴驱动单元
Z轴松开
Z轴电机
Z轴位置反馈
主轴电机
主轴电机反馈
主轴风扇
PROFIBUS
7/C12
7/C12
P600
W600
(X431)
(663)
(9)
-A5
(X423)
PROFIBUS
7/B11
(A1)
(U2)
(V2)
(W2)
(PE)
+
−
246
240
3/F6
3/G6
(X411)
(X453)
(65A)
(X412)
(X454)
(65B)
M
3~
E
—M8
5 kW
3 000 r/min
—M9
9 kW
1 500 r/min
1/D7
U2
V2
W2
电路图
90001
图样标记
共 11 张
第 8 张
标记
处理
更改文件号
签字
日期
设计
主管工艺
核对
专业主管设计
标准化审查

图 A.8 电路图(8)

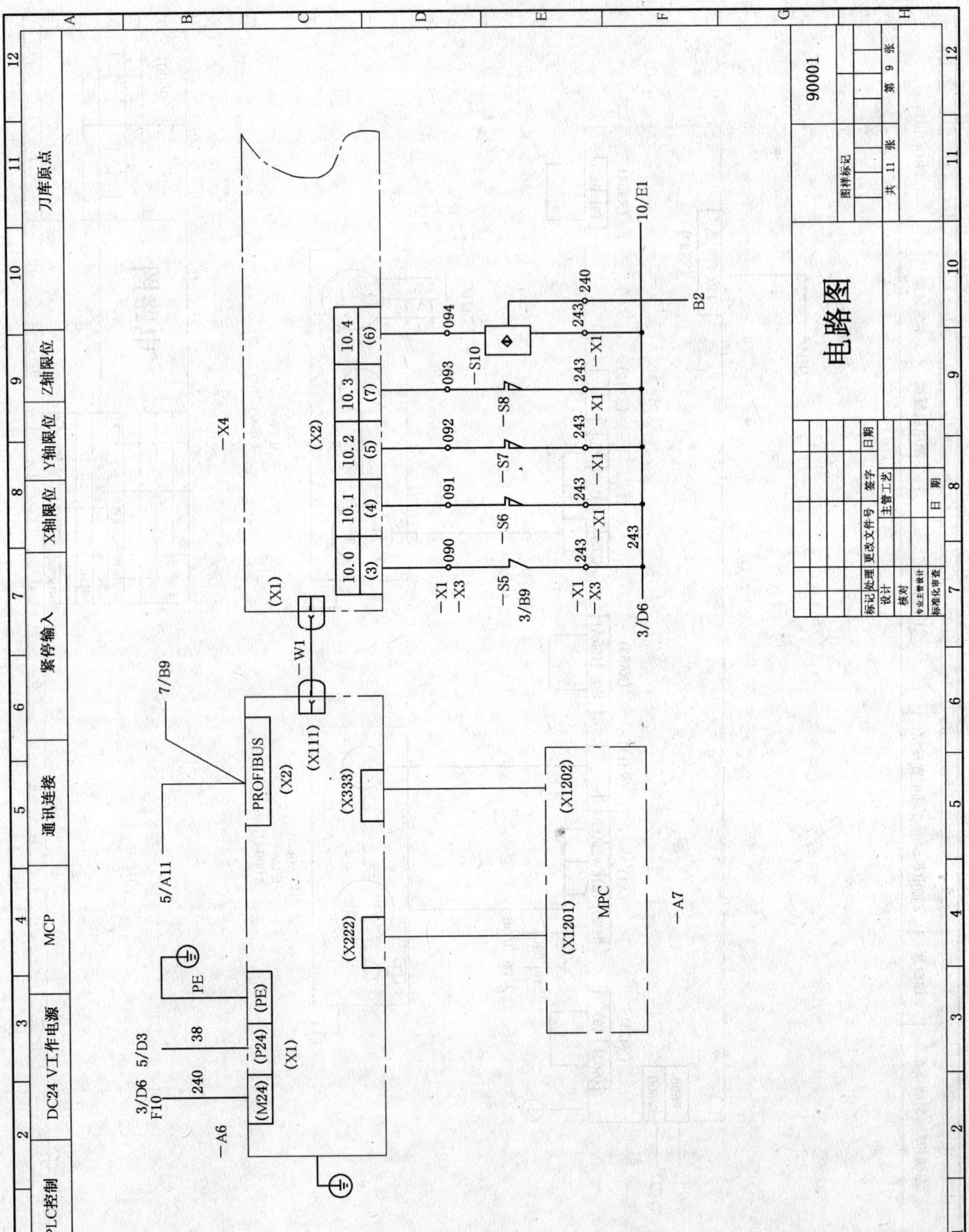
PLC控制
DC24 V工作电源
MCP
通讯连接
紧停输入
X轴限位
Y轴限位
Z轴限位
刀库原点
PROFIBUS
MPC
电路图
90001

图 A.9 电路图(9)

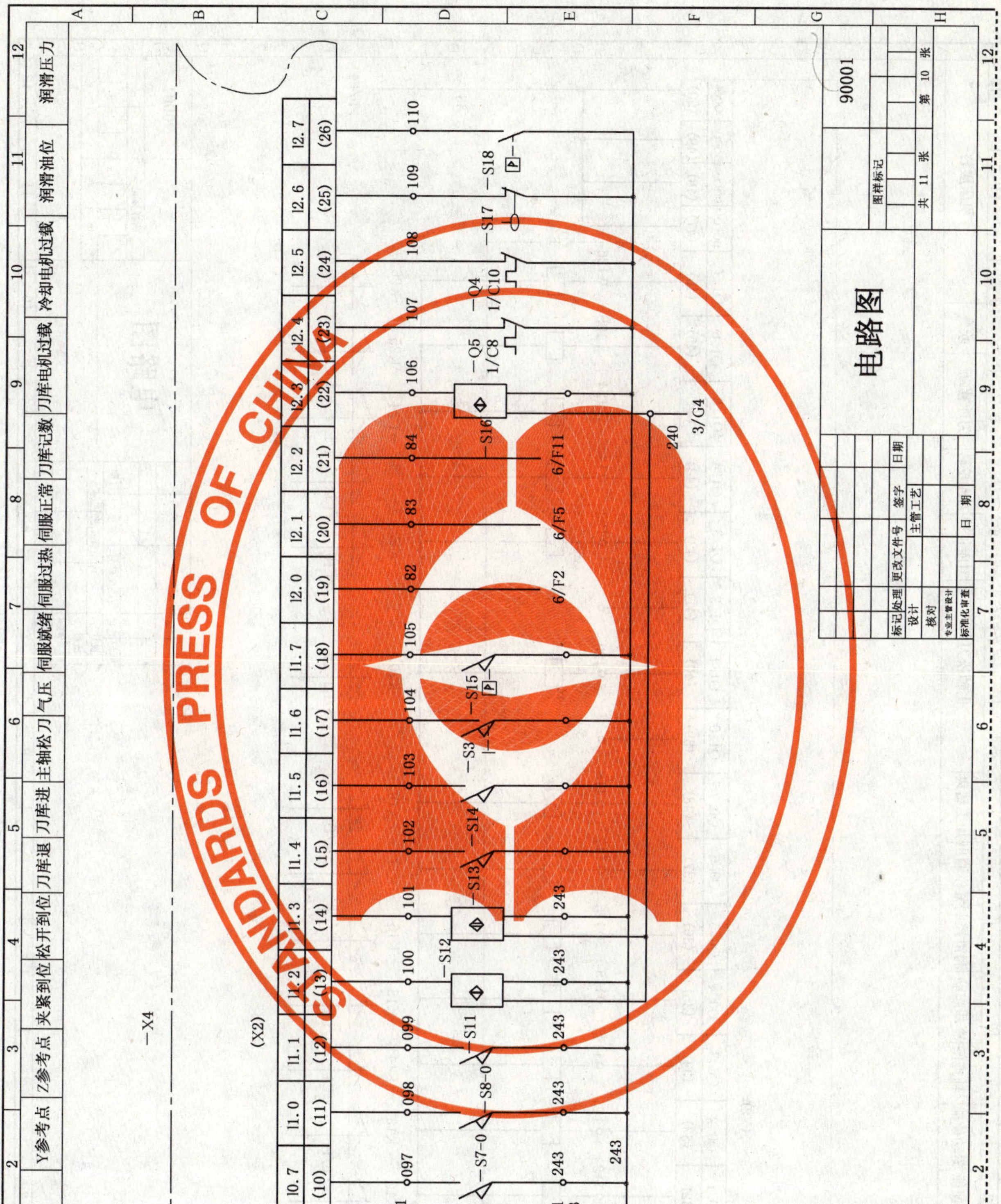
X参考点
Y参考点
Z参考点
夹紧到位
松开到位
刀库退
刀库进
主轴松刀
气压
伺服就绪
伺服过热
伺服正常
刀库记数
刀库电机过载
冷却电机过载
润滑油位
润滑压力
电路图
90001

图 A.10 电路图(10)

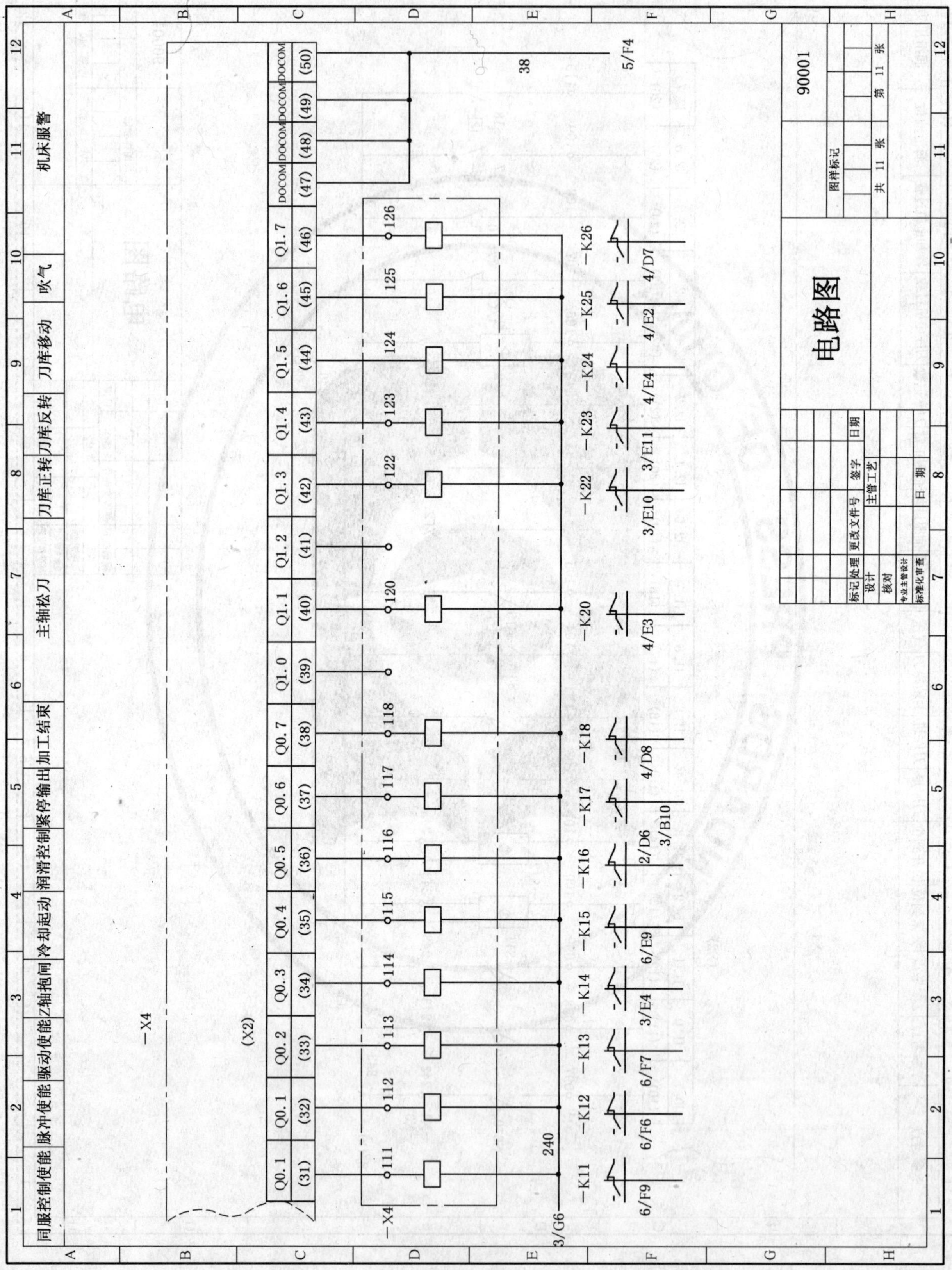

伺服控制使能
脉冲使能
驱动使能
Z轴抱闸
冷却起动
润滑控制
紧停输出
加工结束
主轴松刀
刀库正转
刀库反转
刀库移动
吹气
机床报警
-X4
(X2)
Q0.1 Q0.1 Q0.2 Q0.3 Q0.4 Q0.5 Q0.6 Q0.7 Q1.0 Q1.1 Q1.2 Q1.3 Q1.4 Q1.5 Q1.6 Q1.7
(31) (32) (33) (34) (35) (36) (37) (38) (39) (40) (41) (42) (43) (44) (45) (46) (47) (48) (49) (50)
DOCOM
111 112 113 114 115 116 117 118 120 122 123 124 125 126
240
38
5/F4
3/G6
-K11 -K12 -K13 -K14 -K15 -K16 -K17 -K18 -K20 -K22 -K23 -K24 -K25 -K26
6/F9 6/F6 6/F7 3/E4 6/E9 2/D6 3/B10 4/D8 4/E3 3/E10 3/E11 4/E4 4/E2 4/D7
电路图
90001

图 A.11　电路图(11)

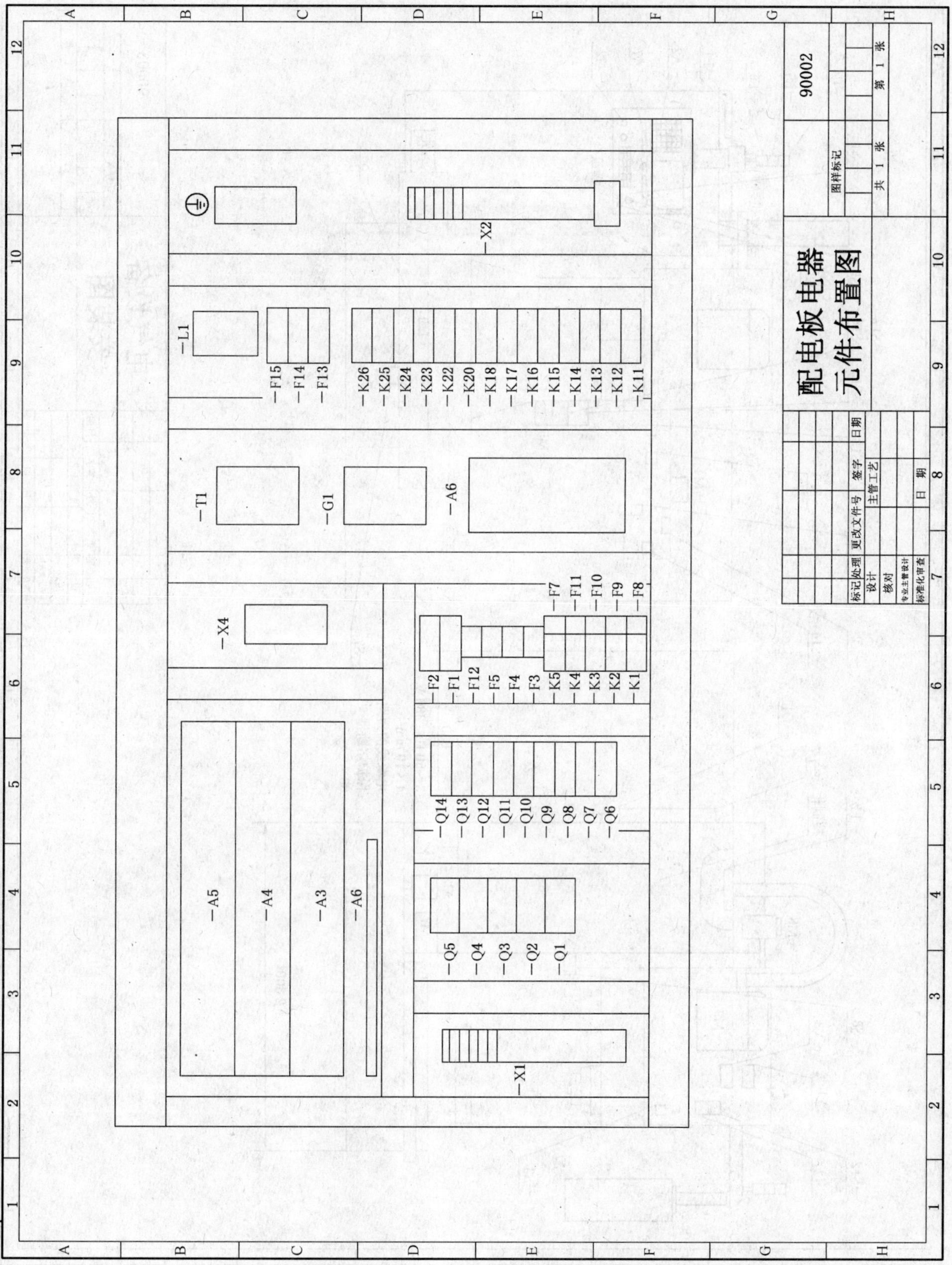

图 A. 12 配电板电器元件布置图

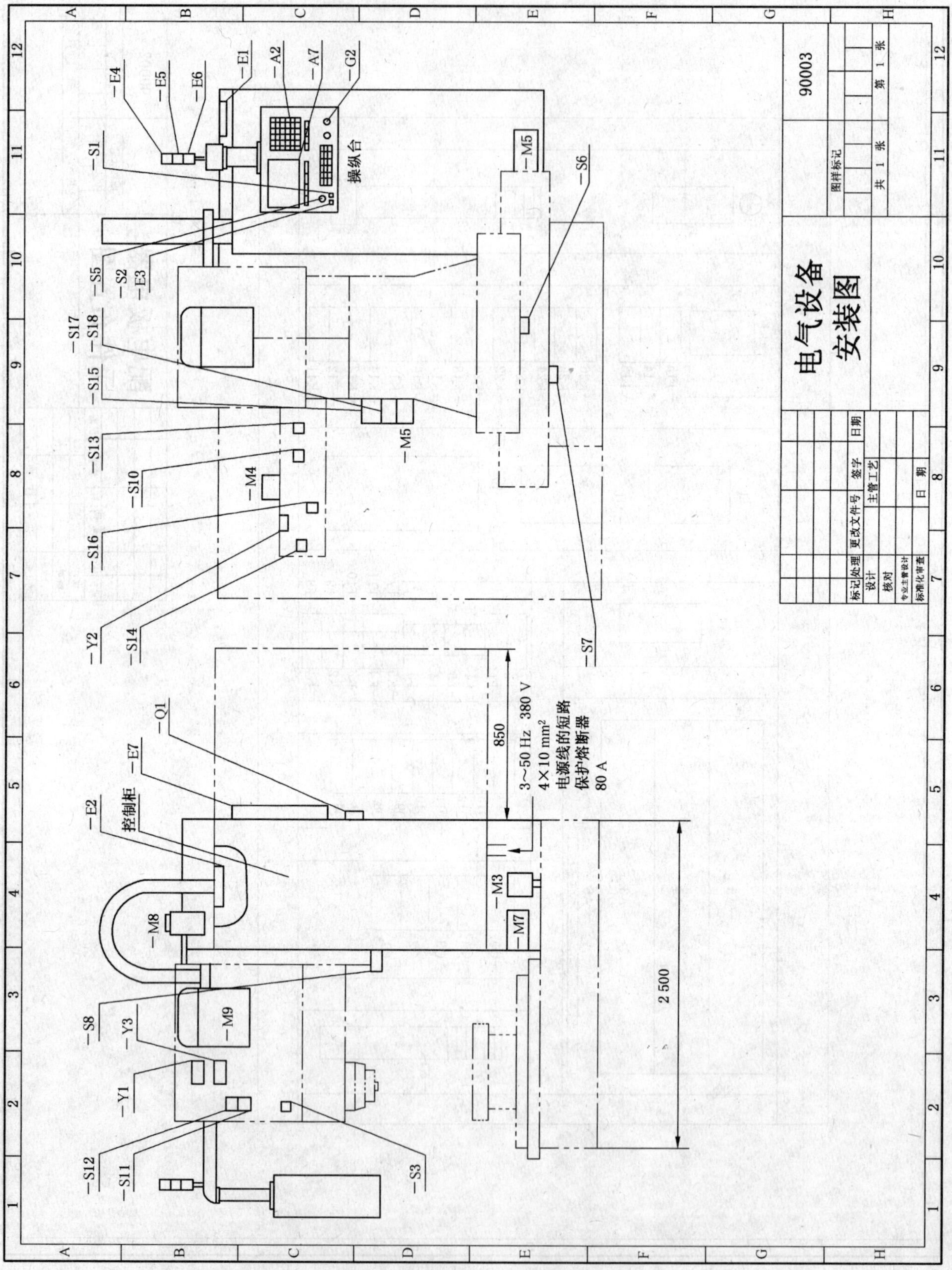

图 A.13 电气设备安装图

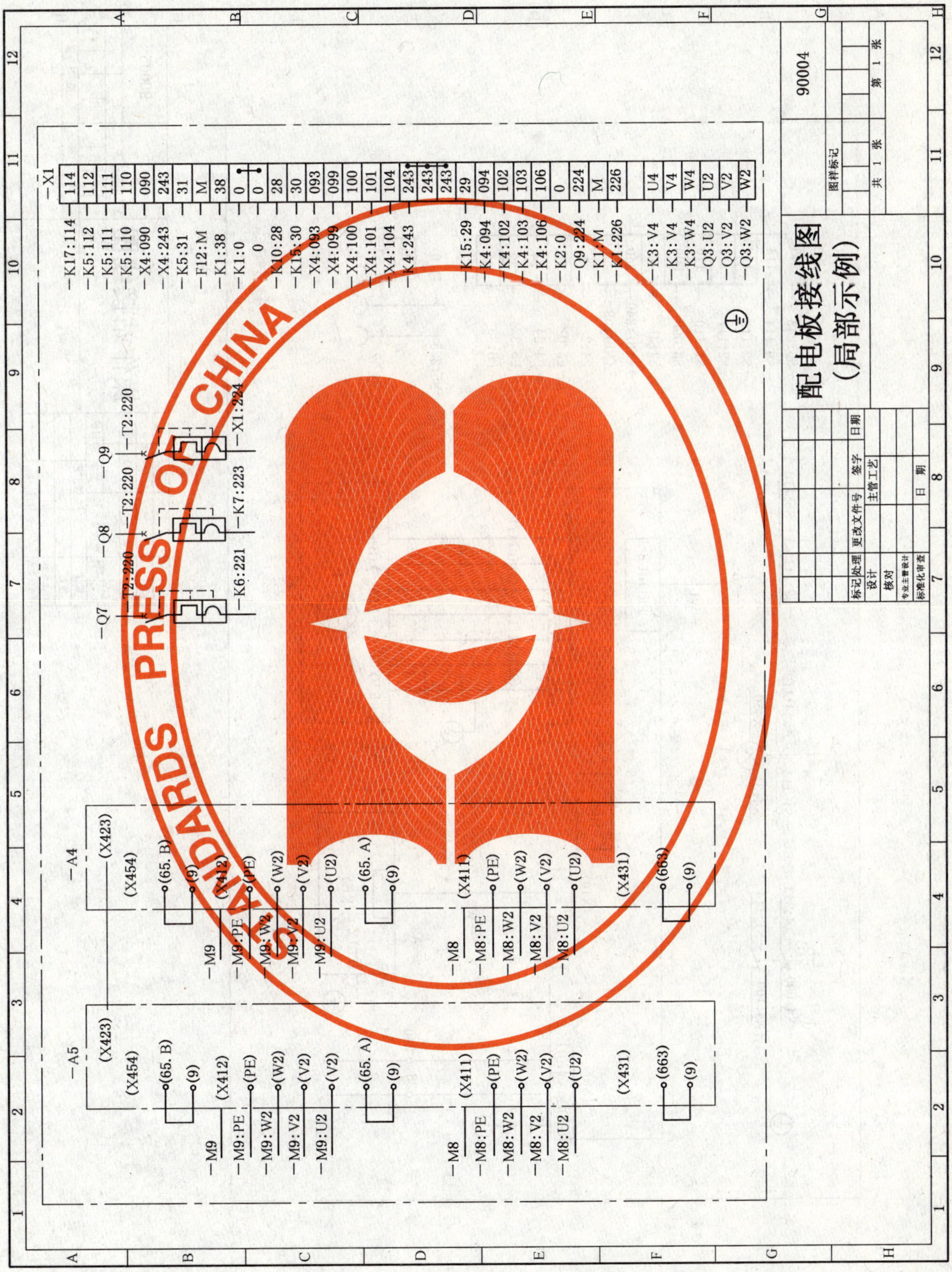

图 A.14 配电板接线图(局部示例)

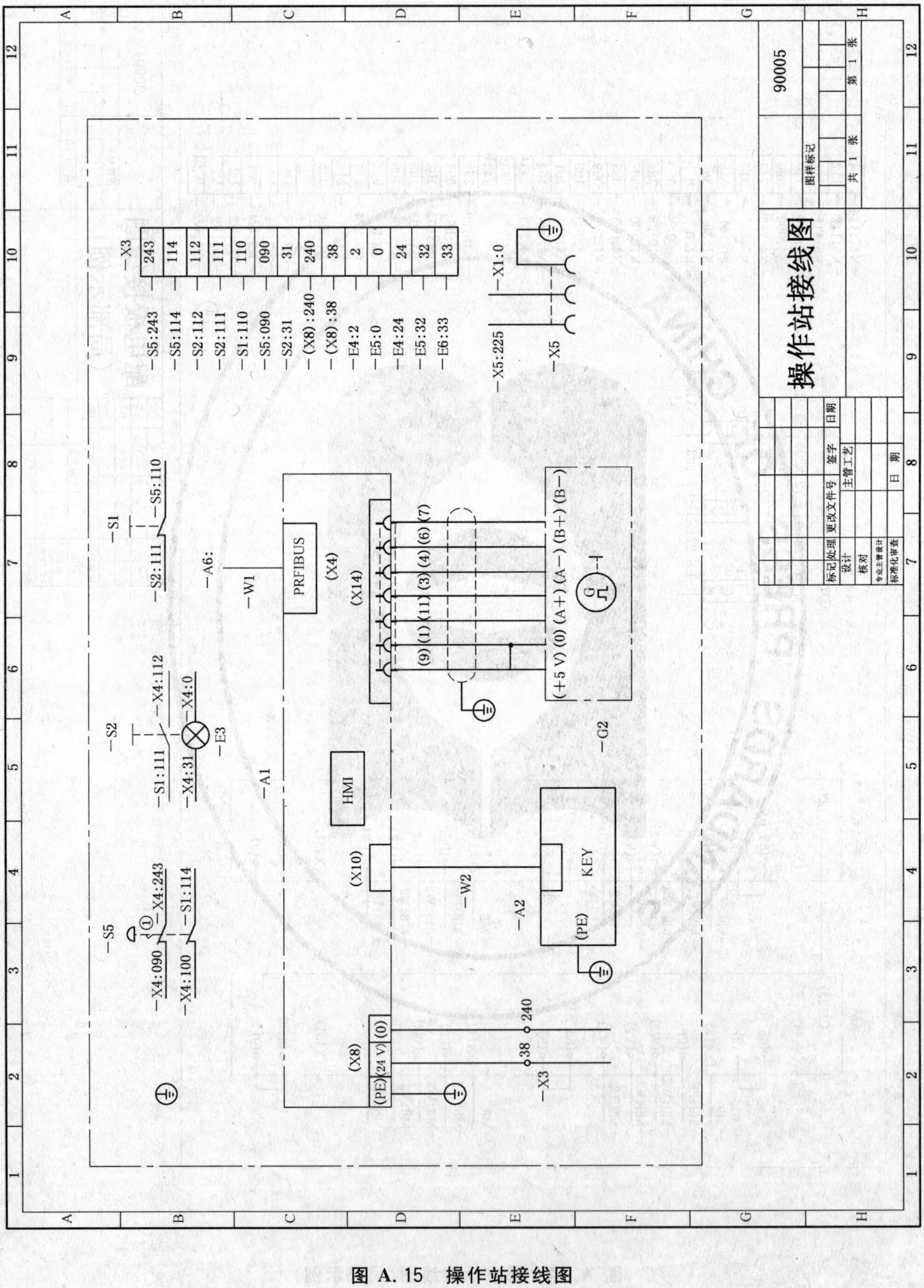

操作站接线图
90005
—S5
—X4:090
—X4:243
—X4:100
—S1:114
—S1:111
—X4:31
—S2
—X4:112
—X4:0
—E3
—S1
—S2:111
—S5:110
—A1
—A6:
—W1
PRFIBUS
(X4)
(X14)
HMI
(X10)
—W2
—A2
KEY
(PE)
(X8)
(PE)
(24 V)
(0)
—X3
38
240
—G2
(+5 V) (0) (A+) (A—) (B+) (B—)
(9) (1) (11) (3) (4) (6) (7)
—X3
243
114
112
111
110
090
31
240
38
2
0
24
32
33
—S5:243
—S5:114
—S2:112
—S2:111
—S1:110
—S5:090
—S2:31
—(X8):240
—(X8):38
—E4:2
—E5:0
—E4:24
—E5:32
—E6:33
—X5:225
—X1:0
—X5
标记
处理
更改文件号
签字
日期
设计
主管工艺
核对
专业主管设计
标准化审查
日 期
图样标记
共 1 张
第 1 张

图 A.15 操作站接线图

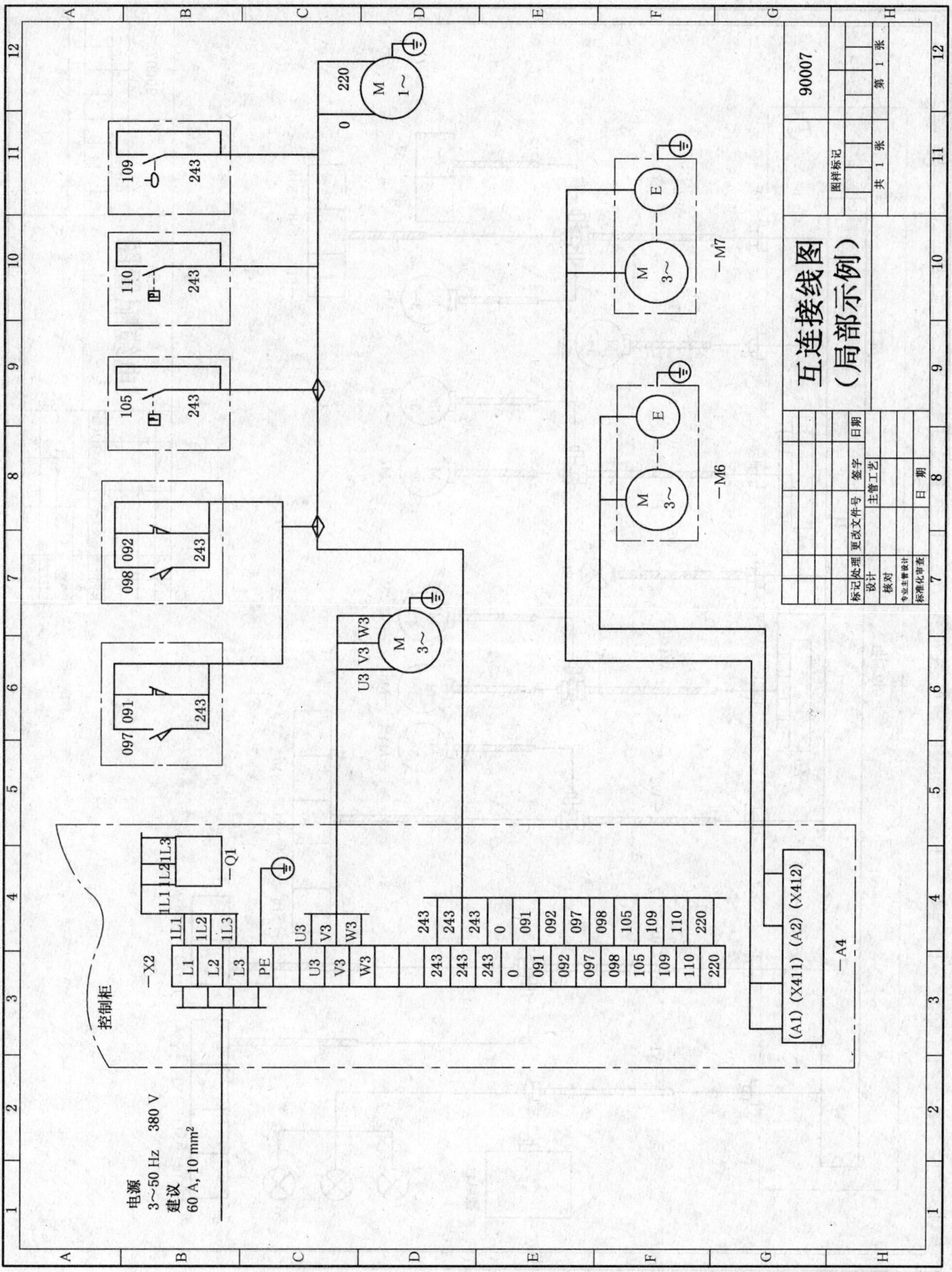

图 A.16 互连接线图（局部示例）

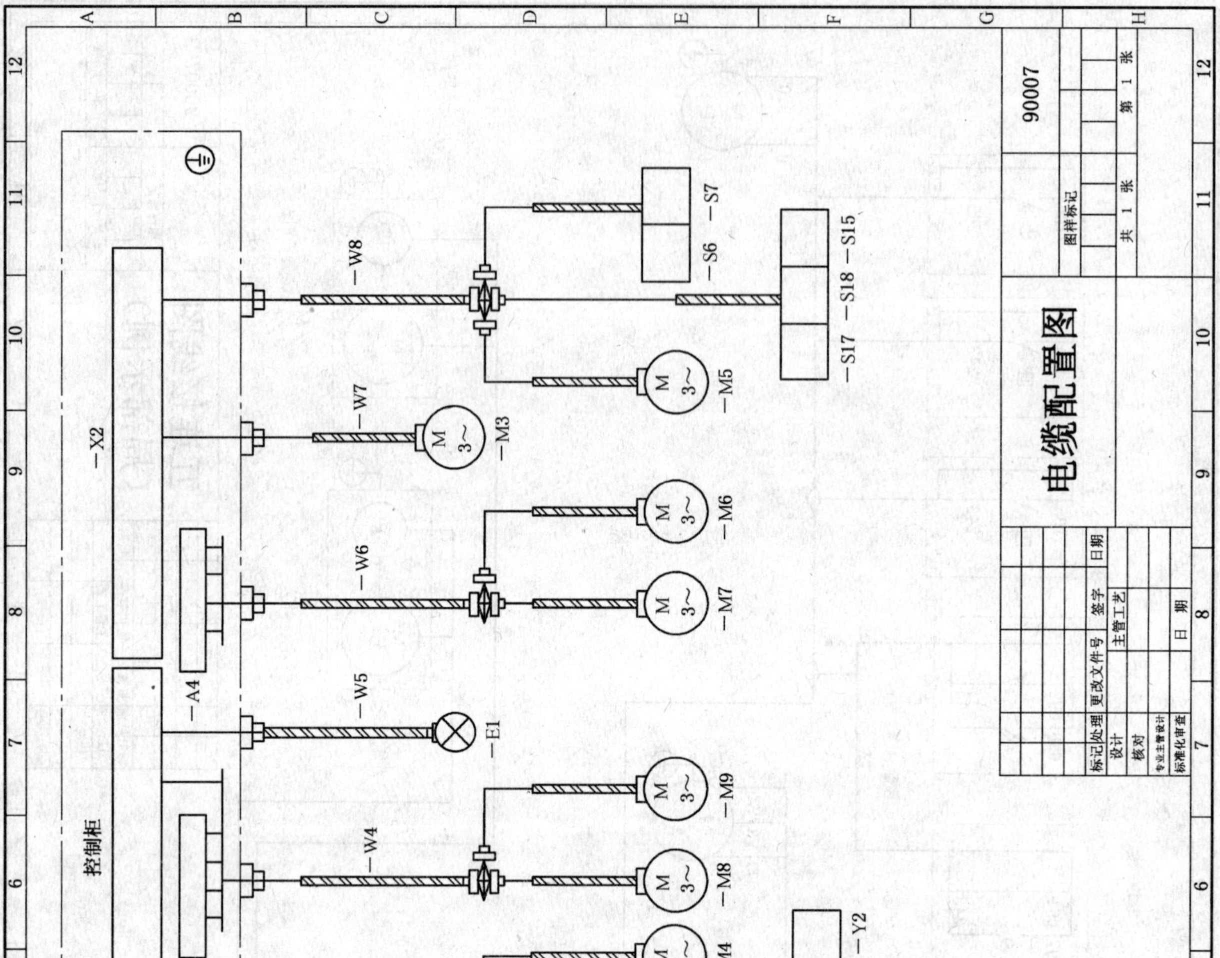

控制柜
操纵台
-X1
-X2
-A4
-A5
-W1
-W2
-W3
-W4
-W5
-W6
-W7
-W8
-E1
-M3
-M4
-M5
-M6
-M7
-M8
-M9
-S3
-S8
-S6
-S7
-S17
-S18
-S15
-S16
-S14
-S13
-S10
-Y2
-S12
-S11
-Y1
-Y3
M 3~
电缆配置图
90007
标记处理
更改文件号
签字
日期
设计
主管工艺
核对
专业主管设计
标准化审查
日 期
图样标记
共 1 张
第 1 张

图 A.17 电缆配置图

表 A.1　电气设备元器件清单

共2张 第1张	电气设备元器件清单				90008	
	参看 90001 电路图				制表	
					校对	
项目代号	**型号**	**名称**	**规格**	**数量**	**供应厂家**	**备注**
M3	AMR-II-150/3	三相电泵	370 W,380 V,25 L/min	1		
M4		力库电机	200 W,三相 380 V	1		
M5		润滑泵三	18 W,220 V	1		
E7	RJN3	热交换器	AC220V/50 Hz,76 W	1		
Q1	DZ15-50/3902	断路器	50 A,380 V	1		
Q2	DZ47-63	小型断路器	3P　I_e=40 A	1		
Q3,Q4	JCM5-20	低压断路器	I_e=1—1.6 A	2		
Q5	JCM5-20	低压断路器	I_e=0.63—1 A	1		
Q6	DZ47-63	小型断路器	2P　I_e=10 A	1		
Q7,Q11	DZ47-63	小型断路器	1P　I_e=3 A	2		
Q8,Q9	DZ47-63	小型断路器	1P　I_e=1 A	2		
Q10	DZ47-63	小型断路器	1P　I_e=1 A	1		
Q12	DZ47-63	小型断路器	1P　I_e=6 A	1		
Q13,Q14	DZ47-63	小型断路器	1P　I_e=10 A	2		
E4,E5,E6	TL70L/23	报警灯	AC24 V,三层	1		
K1,K2,K3 K4,K5	CJX1-12/22	交流继电器	50 Hz,110 V	5		
K11-K26	JCB-802D	继电器模块	DC30 V,5 A	1		
T1	JBK5-630	变压器	380/220-110-24 V	1		
S6,S7,S8	LXZ1-03Z/W	行程开关	220 V,5 A	3		
S1	LA39-01/r	控制按钮	红色	1		
S2-3	LA39-10D/g	控制按钮	绿色,带灯式,AC24 V	2		
E1		磁力照明灯	220 V,8 W	1		
E2		磁力照明灯	220 V,13 W	1		
F1,F2	SM-A2216	三相灭弧器	630 V,3 W	2		
F7-F11	TM-B4212	单相灭弧器	250 V,3 W	5		
F12	ZM-C2221	直流灭弧器	160 V,3 W	1		
F13-F15	TM-B4212	单相灭弧器	250 V,3 W	3		
M6,M7	900706300003	伺服电机	1FK6083-1AG0	2		
M8	900706300004	伺服电机	1FK6083-1AH0	1		
M9	904710700006	主轴电机	1PH7107-2NF02-0CA0	1		

表 A.1（续）

共2张 第1张	电气设备元器件清单				90008	
	参看 90001 电路图				制表	
					校对	
项目代号	型号	名称	规格	数量	供应厂家	备注
A1	185041910300	802D 主机	6FC5600-0AF02-0AA0	1		
A2	1850419100500	操作面板	6FC5600-0AD00-0AA1	1		
A3	000020000090	电源模块	6SN1145-1AA01-0AA1	1		
A4	910112300005	驱动单元	6SN1123-1AB00-0BA1	1		
A5	910112300006	驱动单元	6SN1123-1AB00-0CA1	1		
A6		PLC	数控系统内置	1		
A7		操作面板	数控系统内置	1		
G2	600000000837	电子手轮	6FC9320-5DC00			
L1		高频电抗器	6SN111-1AA00			
F3	RT18-32	熔断器	熔芯 4 A	2		
F4	RT18-32	熔断器	熔芯 4 A	1		
F5	RT18-32	熔断器	熔芯 2 A	1		
E3	AD16-22B/W	信号灯	24 V	1		
Y1-Y3	SWH-G02-B3	电磁阀	DC24 V	3		
S10,S11 S12,S16	LJ14B/620	接近开关	LJ14B/620	4		
S5	LA39-B2-02Z/R	紧停按钮		1		
S13,S14	JLXK1-111	行程开关		2		
S15,S18	LXW5-11	压力开关		2		

表 A.2 电缆表

电缆号	电缆或电线型号	电缆表		90009
		端点		备注
—W1	9-BVR 7/0.43 蓝色 2-BVR 7/0.43 白色 2-BVR 7/0.43 绿黄双色	—X1	—X3	电缆防护采用钢管
—W2	10-BVR 7/0.43 蓝色 2-BVR 7/0.43 白色 2-BVR 7/0.43 绿黄双色	—X1	—S3,—S8,—S11, —S12,—Y1,—Y3	电缆防护采用包塑金属软管
—W3	18-BVR 7/0.43 蓝色 2-BVR 7/0.43 红色 2-BVR 7/0.43 白色 2-BVR 7/0.43 绿黄双色	—X1	—Y2,—S13,—S14, —M4,—S10	电缆防护采用包塑金属软管

表 A.2（续）

电缆号	电缆或电线型号	电缆表		90009
		端点		备注
—W4	6FX-002-5-10 6FX-002-2CA31-10 RVV 4X0.75 mm^2 1-BVR 7/0.43 白色 1-BVR 19/0.41 绿黄双色	—X1	—M8	电缆防护采用开口塑料软管
—W5	1-BVR 7/0.43 蓝色 1-BVR 7/0.43 白色	—X1	—E1	电缆防护采用包塑金属软管
—W6	2-6FX-002-5-10 2-6FX-002-2CA31-10	—A4	—M6，—M7	电缆防护采用开口塑料软管
—W7	RVV 4X0.75 mm^2	—X2	—M3	电缆防护采用包塑金属软管
—W8	13-BVR 7/0.43 蓝色 3-BVR 7/0.43 绿黄双色	—X2	—S6，—S7，—S15， —S18，—S17，—M5	电缆防护采用包塑金属软管

附 录 B
（规范性附录）
高层代号和位置代号及其应用

B.1 高层代号

工业机械电气设备的单元按功能划分，高层代号字母可从表 B.1 中选用。

表 B.1 高层代号的应用

代 号	说 明	工业机械电气设备代号的应用
A	总体布置	总体设计、布局和安排。如四段标注法各段代号的规定，接线盒拉置的布局，布线圈，操纵台的操作件的安装，电气图、电缆敷设图等
B		
C	动力电路（工频）	电源电压变换装置和变频装置
D		电源装置、交流主传动装置
E		交流辅助传动装置，如主轴箱移动、冷却液、通风、润滑、排屑……的传动装置
F		
G	动力电路（非工频）	电源电压和频率的变换装置，包括交流变直流的装置
H		直流主轴传动装置，包括电枢和激磁电路
J		静止变频装置
K		直流进给传动装置
L	控制和信号电路	信号的交换、交换和传送系统
M		监控、保护、存储、自动化系统
N		数字检测传动控制系统和工艺控制系统
P		
Q		
R		
S	测量与计量闭环控制	用模拟或数字方法对电器或其他物理量的测量
T		指示、记录、计数和显示
U		电和工艺过程的闭环控制
V		真值的检测和给定值开始
W		数据处理和处理控制机
X	其他功能	—
Y		
Z		

B.2 位置代号

在工业机械电气设备总体设计时，电气设备各个单元的位置代号字母由各设计单位自定，位置代号的格式应与 5.3.1 的规定一致。

附　录　C
（资料性附录）
采用双字母代号的参照代号表

本附录的目的在于提供双字母项目代号的附加信息，见表 C.1。

表 C.1　采用双字母代号的参照代号表

项目种类	举例	种类代号	
	电器种类	单字母	双字母
组件 部件	激光器 微波激射器 调节器	A	
	分离元件放大器		
	晶体管放大器		AD
	空气过滤器		AF
	集成电路放大器		AJ
	磁放大器		AM
	电子管放大器		AV
	印刷电路板		AP
	抽屉，抽屉框		AT
	框架		AR
	支架盘		AR
	衰减器		AZ
非电量-电量转换器或 电量-非电量转换器	光电管 测力计(测功计) 晶体转换器 扩音器(话筒) 拾音器 扬声器 同步解码器 自整角机 旋转变压器 光电池 热电池 热电传感器 模拟和多级数字转换器(做指示和测量用)：	B	
	压力转换器		BP
	位置转换器		BQ
	转速转换器(测速发电机)		BR
	温度转换器		BT
	速度转换器		BV
	电感测量仪		BL

表 C.1（续）

项目种类	举例 电器种类	种类代号 单字母	双字母
电容器		C	
二进制元件 延迟器件 存 储 器 数字器件	数字集成电路和器件	D	
	延迟线		
	双稳态元件		
	单稳态文件		
	寄存器		
	磁芯寄存器		
	磁带或磁盘记录机		
	干燥器		DR
其他元器件	本表未列出的器件	E	
	热电偶		EA
	发热器件		EH
	照明灯		EL
	定时开关		ES
	空气调节器		EV
保护器件	过电压放电器件	F	
	避雷针		
	具有瞬时动作的限流保护器件		FA
	具有延时动作的限流保护器件		FR
	具有延时和瞬时动作的限流保护器件		FS
	漏电流保护器		FS
	风扇		FN
	熔断器		FU
	限电压保护器件		FV
	抑制器(灭弧器)		FV
发电机 电 源	旋转发电机	G	
	振荡器		
	异步发电机		GA
	交流稳压器		GA
	蓄电池		GB
	直流稳压器		GD
	充退磁器		GE
	旋转或静止变频器		GF
	电源装置		GS
	发生器		GS
	同步发电机		GS
信号器件	音响信号器件(包括电铃、蜂鸣器,电警笛、报警器)	H	HA
	光信号器件、指示灯		HL

表 C.1（续）

项目种类	举例	种类代号	
	电器种类	单字母	双字母
继电器 接触器	瞬时通断继电器、交流继电器 锁扣接触器式继电器（具有锁扣或永久磁铁的通断继电器） 双稳态继电器 接触器 极化继电器 舌弹簧继电器 延时通断继电器	K	KA KL KL KM KP KR KT
电感器 电抗器	电感线圈 电抗器（并联或串联） 电路陷波器	L	
电动机	电动机 同步电动机 可作发电机或电动机用的电机 力矩电动机	M	MS MG MT
模拟器件	运算放大器 模拟/数字混合器件 加法器 乘法器 减法器	N	NA NM NS
测量设备 试验设备	指示、记录和累计测量仪 信号发生器 安培表 脉冲计数器 电度表 转速表 记录仪 时钟、操作时间表 脉冲放大器、脉冲发生器 电压表 功率表 可编程序控制器	P	PA PC PJ Pn PS PT PU PV PW PLC
动力电路的机械开关器件	电流隔离器 断路器 电动机保护开关 隔离开关 时间开关	Q	QB QF QM QS QM

表 C.1（续）

项目种类	举例	种类代号	
	电器种类	单字母	双字母
电阻器	固定或可调电阻器	R	
	电位器		RP
	测量分流器		RS
	热敏电阻		RT
	压敏电阻		RV
	频敏电阻		Rf
控制、监视、信号电路开关器件	选择器或控制开关	S	SA
	按钮（包括电子接近探测指令器）		SB
	机械或电子式通断传感器（单步数字传感器）		
	电容传感器		SC
	电化学传感器		SE
	液压传感器		SL
	压力传感器		SP
	接近传感器（极限开关）		SQ
	转速传感器、电阻传感器		SR
	温度传感器		ST
变流器 变压器	电流互感器	T	TA
	控制电路电源变压器		TC
	动力变压器		TM
	磁稳压器		TS
	电压互感器		TV
调制器 变换器	鉴别器	U	
	解调器		
	变频器		
	编码器（脉冲编码器）		
	变换器		
	逆变器		
	交流器		
	电子手轮		
电子管半导体器件	气体放电管	V	
	二极管		
	晶体管		
	硅可控整流器		
	控制电路电源的整流桥		VC
传导路线 波导管天线	导线	W	
	电缆		
	母线		
	汇流条		

表 C.1（续）

项目种类	举例 电器种类	种类代号 单字母	双字母
接线座 插头 插座	连接插头和插座 连接片 试验插孔 插头 插座 接线端子板	X	 XB XJ XP XS XT
电动器件	电磁铁 电磁制动器 电磁离合器 电磁卡盘、电磁吸盘 电动阀 电磁阀	Y	YA YB YC YH YM YV
终端装置 混合变压器 均衡器 滤波器 补偿器 限幅器	电缆平衡网络 压伸器 晶体滤波器	Z	

ICS 29.020
J 50

中华人民共和国国家标准

GB/T 24342—2009

工业机械电气设备 保护接地电路连续性试验规范

Electrical equipment of industrial machines—
Continuity of the protective bonding circuit test specifications

2009-09-30 发布　　2010-02-01 实施

中华人民共和国国家质量监督检验检疫总局
中国国家标准化管理委员会　发布

前　言

本标准是在GB 5226.1—2008《机械电气安全　机械电气设备　第1部分:通用技术条件》基础上制定的,是实施GB 5226.1—2008配套的试验方法标准之一。

本标准的附录A和附录B为资料性附录。

本标准由中国机械工业联合会提出。

本标准由全国工业机械电气系统标准化技术委员会(SAC/TC 231)归口。

本标准主要起草单位:杭州机床集团有限公司、北京机床研究所、北京凯恩帝数控技术有限责任公司、深圳市珊星电脑有限公司、九川(集团)浙江科技股份有限公司。

本标准主要起草人:陈建明、黄祖广、阮志斌、黄麟、杨洪丽、刘建荣、陈建国、赵关红、曾杨。

工业机械电气设备　保护接地电路连续性试验规范

1　范围

本标准规定了工业机械电气、电子设备及系统保护接地电路连续性试验的试验范围、试验方法和试验记录等要求。

本标准适用于工业机械电气、电子设备及系统的保护接地电路连续性试验。

2　规范性引用文件

下列文件中的条款通过本标准的引用而成为本标准的条款。凡是注日期的引用文件，其随后所有的修改单(不包括勘误的内容)或修订版均不适用于本标准，然而，鼓励根据本标准达成协议的各方研究是否可使用这些文件的最新版本。凡是不注日期的引用文件，其最新版本适用于本标准。

GB 5226.1—2008　机械电气安全　机械电气设备　第1部分：通用技术条件(IEC 60204-1:2005，IDT)

GB/T 5465.2—2008　电气设备用图形符号　第2部分：图形符号(IEC 60417 DB:2007，IDT)

GB 16895.21—2004　建筑物电气装置　第4-41部分：安全防护　电击防护(IEC 60364-4-41:2001，IDT)

GB/T 16895.23—2005　建筑物电气装置　第6-61部分：检验——初检(IEC 60364-6-61:2001，IDT)

GB/T 18216.1—2000　交流1 000 V和直流1 500 V以下低压配电系统电气安全　防护措施的试验、测量或监控设备　第1部分：通用要求(idt IEC 61557-1:1997)

GB/T 18216.4—2007　交流1 000 V和直流1 500 V以下低压配电系统电气安全　防护措施的试验、测量或监控设备　第4部分：接地电阻和等电位接地电阻(IEC 61557-4:1997，IDT)

IEC 60228:2004　绝缘电缆的导体

IEC 61200-53:1994　电气安装导则　第53部分：电气设备的选择和安装

3　术语和定义

下列术语和定义适用于本标准。

3.1

试验电流　test current

在一个电路中引起一个电压降落的电流。

3.2

测量电压　measuring voltage

U_m

测量时出现在测量端子上的电压。

4　测量电压

测量电压可以是一个直流电压，也可以是一个交流电压。开路电压应介于4 V～24 V之间。

5　试验范围

5.1　一般要求

试验设备应符合GB/T 18216.1—2000和GB/T 18216.4—2007的要求。

当机械安装及电气连接(包括连接电源)完成时,按照 GB/T 16895.23—2005 中 612.6.3 的规定,通过回路阻抗测试可以检验保护接地电路的连续性。

保护接地回路不超过 30 m 的小型机械、预制机械或机械部件,机械不能接到用于回路阻抗测试的电源,可以按第 6 章规定的方法试验。

5.2 试验范围

保护接地连续性试验范围包括电气设备的外部保护接地端子与电机的外壳、控制柜、操纵台、分线盒、配电板。

6 试验方法

6.1 目测检查

电气设备保护接地电路的目测检查按如下要求进行:

——在电气设备的电源进线的相线邻近处应有外部保护接地端子 PE。

——保护接地导线的颜色应采用黄/绿双色。否则,导线的两端应套有保护接地标记图形符号或字母 PE。

——控制柜、操纵台、电动机等装有高于 PELV 电压的器件或部件应有专用的保护导线连接点,保护导线连接点不应有其他的作用如缚系或连接用具零件。

——连接保护导线的接线端子可以用黄/绿双色标记。

——保护导线的接线端子的尺寸应满足相应截面积的保护导线连接要求。

——保护导线连接点都应有标记,采用 GB/T 5465.2—2008 中 5019 符号:。

——连接保护导线的接线端子和保护导线连接点上一个螺钉只能接一根保护接地导线。

保护接地导线的铜截面积应不小于相关的相线的铜截面积,一般应满足表 1 的要求,且保护接地导线的铜截面积不能低于 1 mm^2。在使用非铜质导体的场合,其单位长度电阻不应超过允许的铜导体单位长度电阻,并且它的截面积不应小于 16 mm^2。外部保护铜导线的最小截面积见表 1。

表 1 外部保护铜导线的最小截面积

设备供电相线的截面积 S/mm^2	外部保护铜导线的最小截面积 S_P/mm^2
$S \leqslant 18$	S
$16 < S \leqslant 35$	16
$S > 35$	$S/2$

6.2 试验

试验应符合 GB 5226.1—2008 的有关规定。

在进行保护接地电路连续性试验前,应断开整台电气设备的外部供电电路。编制保护接地电路连续性试验操作步骤,按编制好的操作步骤进行试验。

保护接地电路连续性试验的试验电压应满足第 4 章的要求,试验在被测电气设备的外部保护接地端子 PE 和保护接地电路部件的有关点之间进行。

保护接地电路连续性试验的试验电流不小于在 0.2A 到 10 A 之间,每个测试点的试验时间不小于 10 s。试验结果应满足表 2 的要求。

表 2 保护接地电路连续性的检验

保护导线支路最小有效截面积/mm^2	设计电压降(对应测试电流为 10 A 的值)/V
1	3.3
1.5	2.6

表 2（续）

保护导线支路最小有效截面积/mm²	设计电压降（对应测试电流为 10 A 的值）/V
2.5	1.9
4.0	1.4
>6.0	1

7 保护接地连续性试验记录

7.1 应对被检测的电气设备的型号、名称、出厂日期、出厂编号进行记录。

7.2 对保护接地电路连续性试验的仪器的型号、名称、出厂日期、出厂编号进行记录，还应对试验仪器计量鉴定的有效期作记录。

7.3 对电气设备进行保护接地连续性试验的试验结论作记录。试验记录的示例见表 3。

表 3 保护接地电路连续性试验记录表示例

序号	试验部位	被测保护导线支路 最小有效截面积 mm²	设计电压降 （对应测试电流为 10 A 的值） V	最大的实测电压降 V	电阻值 Ω
1	控制柜	2.5	1.9		
2	操纵台	2.5	1.9		
3	M1	2.5	1.9		
4	M2	1	3.3		
5	M3	1	3.3		

附　录　A
（资料性附录）
工业机械电气设备保护接地电路连续性试验示例及简要说明

A.1　简要说明

本附录给出了某工业机械电气设备的电气安装位置图（图 A.1），作为对该工业机械电气设备的保护接地电路连续性试验示例。凡是打算使用在高于 PELV 电压的器件、装置的外壳，或者器件、装置中的保护接地装置均应进行保护接地电路连续性试验。在本示例中，控制柜、操纵台、电动机、电柜空调（E1）的工作电压高于 PELV 电压，这些部位应进行保护接地电路连续性试验。其他电器元件的工作电压是直流 24 V，低于 PELV 电压。

A.2　保护接地电路连续性试验步骤

a)　切断电气设备的电源。

b)　对被测设备的保护接地电路进行目测检查，目测检查应满足 6.1 的要求。

c)　保护接地电路连续性试验的仪器的测量电流不小于 10 A，每个测试点的试验时间不小于 10 s。

d)　把保护接地电路连续性试验的仪器的接地端的导线接在被测设备的外部保护接地端子 PE。仪器的测试端导线应连接测试部位的外壳或相应的保护接地装置上。

e)　试验结果应按表 A.1 记录。

表 A.1　保护接地电路连续性试验记录表

序号	试验部位	被测保护导线支路最小有效截面积/mm^2	设计电压降（对应测试电流为 10 A 的值）/V	最大的实测电压降	电阻值
1	控制柜	2.5	1.9		
2	操纵台	2.5	1.9		
3	M1	2.5	1.9		
4	M2	1	3.3		
5	M3	1	3.3		
6	M4	1.5	2.6		
7	M5	1.5	2.6		
8	M6	1.5	2.6		
9	M7	1.5	2.6		
10	M8	1.5	2.6		
11	M9	1	3.3		

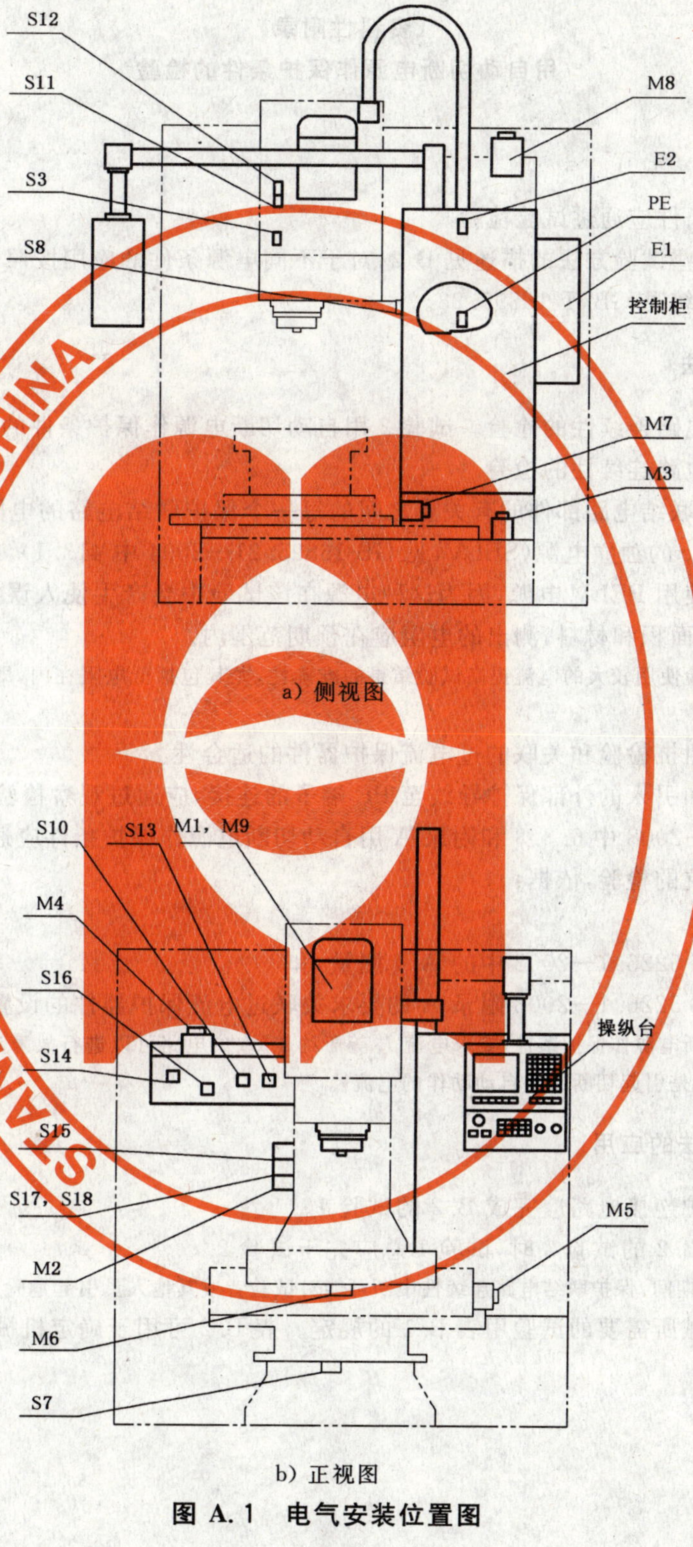
S12
S11
S3
S8
M8
E2
PE
E1
控制柜
M7
M3
a）侧视图
S10
S13
M1，M9
M4
S16
S14
S15
S17，S18
M2
操纵台
M5
M6
S7
b）正视图

图 A.1　电气安装位置图

附 录 B
（资料性附录）
用自动切断电源作保护条件的检验[a]

B.1 概述

自动切断电源的条件应通过试验检验。

对于 TN 系统，这些试验方法的描述见 B.2；对于不同电源条件的应用按照 B.3 的规定。

对于 TT 和 IT 系统见 GB/T 16895.23。

B.2 TN 系统试验方法

试验 1 保护联结电路连续性的检验。试验 2 用自动切断电源作保护条件的检验。

试验 1 保护联结电路连续性的检验

PE 端子和各保护联结电路部件的有关点之间的每一个保护联结电路的电阻应采用取自最大空载电压为 24 V a.c 或 d.c 的独立电源（SELV，见 GB 16895.21—2004 中 413.1），电流在 0.2 A～10 A 之间进行测量。建议不使用 PELV 电源，因为这种电源在该试验中会产生使人误解的结果。根据有关保护联结导体的长度，截面积和材料，测出的电阻应在预期范围内。

注 1：对于连续性试验使用较大的电流提高试验结果的准确性，尤其包括低电阻在内，即较大截面积和（或）较短的长度。

试验 2 故障环路阻抗检验和关联的过电流保护器件的适合性

机械的电源连接和引入的外部保护导线至 PE 端子的连接，应通过观察检验。

按照 GB 5226.1—2008 中 6.3.3 和附录 A 用自动切断电源作保护条件应通过下列两种方法检验；

1） 故障环路阻抗的检验，依据：

——计算，或

——按照 GB 5226.1—2008 中的 A.4 测量，和

2） 确认按照 GB 5226.1—2008 附录 A 的要求关联过电流保护器件的设置和特性。

注 2：对于用自动切断电源作保护条件，要求电流 I_a 等于约 1 kA 的电路可以进行故障环路阻抗测量（在附录 A 规定的时间内，I_a 是引起切断器件自动动作的电流）。

B.3 TN 系统试验方法的应用

对机械的每个保护连接电路应完成 B.2 的试验 1。

当通过测量完成 B.2 的试验 2 时，试验 1 总应先于试验 2。

注：在环路阻抗试验期间，保护联结电路连续性中断可能对试验者或其他人员引起危险情况或导致电气设备损坏。

对不同情况的机械所需要的试验用表 B.1 的规定。表 B.2 可用于确定机械情况。

---

a 本附录 B 源自 IEC 60204-1：2005。

表 B.1 TN 系统试验方法的应用

程序	机械情况	在现场检验
A	机械电气设备在现场安装和连接，若保护联结电路的连续性在现场的后续安装和连接尚未确认	试验 1 和试验 2(见 B.2) 例外：若由制造厂预先计算的故障环路阻抗或电阻是可靠的并且： ——设备的安装，允许检验用于计算的导线长度和截面积，和 ——若可以确定现场的电源阻抗小于或等于制造厂用于计算电源阻抗的假定值。 在现场连通保护联结电路的试验 1(见 B.2)和通过观察电源的连接和引入的外部保护导线到机械 PE 端子的连接检验是足够了
B	保护联结电路有超过表 B.2 给定示例的电缆长度则用试验 1 和试验 2，通过测量使机械提供保护联结电路连续性检验(见 B.1)的证明。 情况 B1)为了装运提供完全装配和不拆卸。 情况 B2) 为了装运提供的拆卸，这里拆卸、运输和重新装配后(如使用插头/插座连接)要保证保护导体的连续性	试验(见 B.2) 例外： 可以确定现场电源阻抗小于或等于用于计算的值或试验 2 期间经测量的试验电压阻抗值时，现场不要求试验，但连接检验除外： ——电源的情况 B1)和机械引入的外部保护导线到 PE 端子的情况 B1)； ——电源的情况 B2)和机械引入的外部保护导线到 PE 端子的情况 B2)，以及为装运拆分所有保护导线连接的情况 B2)
C	有保护联结电路且不超过表 B.2 给定示例的电缆长度的机械，通过试验 1 或试验 2(见 B.2)，经测量提供保护联结电路连接性检验(见 B.1)的证明。 情况 C1)为了装运提供完全装配和不拆卸。 情况 C2)为了装运提供的拆卸，这里拆卸、运输和重新装配后(如使用插头/插座连接)要保证保护导体的连续性	不要求现场试验。对于不通过插头/插座接电源的机械，引入的外部保护导体到机械的 PE 端子的正确连接应通过目测检验。 情况 C2)安装文件要求所有保护导体的连接应目测检验，此处连接指为装运被分拆过

表 B.2 起自每个保护器件至负载间最大电缆长度的示例

1	2	3	4	5	6	7	8
至每个保护器件的电源阻抗	截面积	保护器件标定额定值或整定值 I_N	熔丝断开时间 5 s	熔丝断开时间 0.4 s	小型断路器特性 B $I_a=5\times I_N$ 断开时间 0.1 s	小型断路器特性 C $I_a=10\times I_N$ 断开时间 0.1 s	可调断路器 $I_a=8\times I_N$ 断开时间 0.1 s
mΩ	mm^2	A	从每个保护器件到负载间最大电缆长度/m				
500	1.5	16	97	53	76	30	28
500	2.5	20	115	57	94	34	36
500	4.0	25	135	66	114	35	38
400	6.0	32	145	59	133	40	42
300	10	50	125	41	132	33	37
200	16	63	175	73	179	55	61
200	25(相)/16(PE)	80	133				38
100	35(相)/16(PE)	100	136				73
100	50(相)/25(PE)	125	141				66
100	70(相)/35(PE)	160	138				46
50	95(相)/50(PE)	200	152				98
50	120(相)/70(PE)	250	157				79

本表中最大电缆长度值基于下列假设：

——PVC 电缆用铜导体，在短路条件下导体温度为 160 ℃（见 GB 5226.1—2008 中表 D.5）；

——16 mm^2 及以下包含相导体的电缆，保护导体与相导体截面积相等；

——16 mm^2 以上的电缆，保护导体的尺寸可以减少如表中所示；

——3 相系统，电源的标称电压 400 V；

——每个保护器件最大电源阻抗依照第 1 栏（列）；

——第 3 栏（列）的值与 IEC 60204-1:2005 中表 6 有关系。

与这些假设不一致时可能要求完整计算或测量故障环路阻抗。进一步的信息见 IEC 60228 和 IEC 61200-53。

ICS 29.020
J 50

中华人民共和国国家标准

GB/T 24343—2009

工业机械电气设备绝缘电阻试验规范

Electrical equipment of industrial machines—Insulation resistance test specifications

STANDARDS PRESS OF CHINA

2009-09-30 发布　　　　2010-02-01 实施

中华人民共和国国家质量监督检验检疫总局
中国国家标准化管理委员会　发布

前言

本标准是在GB 5226.1—2008《机械电气安全　机械电气设备　第1部分:通用技术条件》基础上制定的,是实施GB 5226.1—2008配套的试验方法标准之一。

本标准的附录A为资料性附录。

本标准由中国机械工业联合会提出。

本标准由全国工业机械电气系统标准化技术委员会(SAC/TC 231)归口。

本标准主要起草单位:杭州机床集团有限公司、北京机床研究所、北京凯恩帝数控技术有限责任公司、深圳市珊星电脑有限公司、九川(集团)浙江科技股份有限公司。

本标准主要起草人:陈建明、黄祖广、阮志斌、黄麟、杨洪丽、刘建荣、陈建国、赵关红、曾杨。

工业机械电气设备
绝缘电阻试验规范

1 范围

本标准规定了工业机械电气、电子设备及系统绝缘电阻试验的试验设备要求、试验方法、试验范围和试验记录等要求。

本标准适用于工业机械电气、电子设备及系统的绝缘电阻试验。

2 规范性引用文件

下列文件中的条款通过本标准的引用而成为本标准的条款。凡是注日期的引用文件,其随后所有的修改单(不包括勘误的内容)或修订版均不适用于本标准,然而,鼓励根据本标准达成协议的各方研究是否可使用这些文件的最新版本。凡是不注日期的引用文件,其最新版本适用于本标准。

GB 5226.1—2008　机械电气安全　机械电气设备　第1部分:通用技术条件(IEC 60204-1:2005,IDT)

GB/T 10064—2006　测定固体绝缘材料绝缘电阻的试验方法(IEC 60167:1964,IDT)

GB/T 18216.1—2000　交流1 000 V和直流1 500 V以下低压配电系统电气安全　防护检测的试验、测量或监控设备　第1部分:通用要求(idt IEC 61557-1:1997)

GB/T 18216.2—2002　交流1 000 V和直流1 500 V以下低压配电系统电气安全　防护检测的试验、测量或监控设备　第2部分:绝缘电阻(idt IEC 61557-1:1997)

3 术语和定义

下列术语和定义适用于本标准。

3.1

绝缘电阻　insulation resistance

与试样接触或嵌入试样的2个电极之间的绝缘电阻,是加在电极上的直流电压与施加电压一定时间后电极间总电流之比。它取决于试样的体积电阻和表面电阻。

3.2

标称输出电压　nominal output voltage

U_N

以标称电流加载测量设备时,测量设备端子之间的最小电压输出。

3.3

标称输出电流　nominal current

I_N

在标称状态下测量设备的电流。

3.4

开路电压　open-circuit voltage

U_q

测量设备不加负载时端子间出现的电压。

3.5

输出电压　output voltage

U_a

测量设备工作该设备端子之间的电压或者能输出的电源的电压。

4　试验设备要求

下列要求以及 GB/T 18216.1—2000 和 GB/T 18216.2—2002 的要求适用于本标准。

4.1　试验设备的输出电压

绝缘电阻试验设备的输出电压应为直流电压，标称输出电压(U_N)500 V(d.c.)。

4.2　试验设备的输出开路电压

绝缘电阻试验设备的输出开路电压(U_q)应不超过标称输出电压(U_N)的 1.5 倍。

4.3　试验设备的输出电流

绝缘电阻试验设备的输出标称电流(I_N)至少应为 1 mA。

4.4　测量电流的峰值

测量电流的峰值不应超过 15 mA，任何出现的交流分量不应超过 1.5 mA 峰值。

5　试验方法

绝缘电阻试验应符合 GB 5226.1—2008 和 GB/T 10064—2006 的规定。

绝缘电阻检测前，应断开整台电气设备的外部供电电路，应断开被测电路和保护接地电路之间的连接。

编制绝缘电阻检测步骤。按编制好的绝缘电阻检测步骤，用满足第 4 章要求的绝缘电阻检测设备进行检测。

测量设备的输出电压(U_a)施加在被测电路的导线和保护接地电路之间，测量数据应记录。当由手摇发电机供电时，应在标称的每分钟转速下测得的值才有效。

6　试验范围

6.1　一般要求

绝缘电阻检测范围应包括整台电气设备的电源开关的电源输入端子和输出端子，以及所有动力电路导线。如果设有专用的电源进线端子组，也应和电源开关和所有动力电路导线同时进行绝缘电阻检测。当需要时可以对整台电气设备中超过 PELV 电压的这些电路进行检测。

6.2　动力电路绝缘电阻检测

动力电路导线及相关的元器件，包括电源开关的电源输入端子、输出端子和执行元件(如电动机、电磁铁、电磁离合器等)，应进行绝缘电阻检测。测得的绝缘电阻应不小于 1 MΩ。

6.3　单独部件电路绝缘电阻检测

当整台电气设备是由一个或多个单独部件组成时，绝缘电阻试验可以在整台电气设备的单独部件上进行。单独部件电路需要进行绝缘电阻检测时，应满足整台电气设备保护接地电路连续性要求。单独部件电路测得的绝缘电阻不应小于 1 MΩ，而且各个单独部件电路测得的绝缘电阻应按并联电阻计算，折算成整台电气设备的绝缘电阻。整台电气设备的绝缘电阻仍应不小于 1 MΩ。

6.4　某些部件或器件绝缘电阻检测

对于电气设备中某些部件，如母线、汇流线、汇流排系统或汇流环装置，允许绝缘电阻最小值低一些，但不能小于 50 kΩ。测得的绝缘电阻值单独记录，不参加整台电气设备的绝缘电阻的折算。

如果电气设备包含浪涌保护器件，在试验期间，该器件可能工作，则允许采用下列任何一种措施：

——断开这些器件；或

——降低试验电压值，使其低于浪涌保护器件的电压保护水平，但不低于电源电压（相-中）的上限峰值。

6.5　整台电气设备的绝缘电阻检测

当必要时，可以对整台电气设备中超过 PELV 电压的电路，同时进行绝缘电阻检测，测得的绝缘电阻不应小于 1 MΩ。

7　绝缘电阻试验记录

7.1　应对被检测的电气设备的型号、名称、出厂编号作记录。

7.2　绝缘电阻检测仪器的型号、名称、出厂编号记录，还应对绝缘电阻检测仪器计量鉴定的有效期作记录。

7.3　对电气设备进行绝缘电阻检测时，按第 6 章规定的范围，对被测的电气设备的实际情况，可以选取相应章条进行检测，并且应及时记录绝缘电阻检测数值。

附　录　A
（资料性附录）
工业机械电气设备绝缘电阻试验示例及简要说明

A.1　简要说明

本附录给出了某工业机械电气设备的电路图（图 A.1～图 A.6），作为对该工业机械电气设备的绝缘电阻检测的电路图。图 A.1 和图 A.2 是主电路和控制电路电源。图 A.3 含 PELV 的滑环和相应的执行元件，执行元件是一个相对独立的单独部件，本附录仅对含 PELV 的单独部件作为示例，如果高于 PELV 的单独部件检测的绝缘电阻值还应参加整台电气设备的绝缘电阻的折算。图 A.4～图 A.6 为控制电路。

A.2　绝缘电阻试验步骤

A.2.1　对动力电路绝缘电阻检测

a)　切断被测电气设备的电源进线。

b)　把电源开关闭合。

c)　把 F1、F6、F14、F11、F12、F13 接通。

d)　把 T2 上的 U11 和 29 二端子短路。

e)　把控制电路和保护接地电路断开。

f)　测量设备的输出电压（U_a）[不小于 500 V(d.c.)]施加在 U 和保护接地电路之间。

g)　记录检测数据。

h)　恢复电路，并使整台电气设备能正常工作。

A.2.2　对 PELV 的滑环和执行元件的绝缘电阻检测

a)　将电气设备的电源进线从电源中切断。

b)　把装置 A11 上的 241 和 242 二线号断开。

c)　对滑环和执行元件同时进行检测，测量设备的输出电压（U_a）[不小于 500 V(d.c.)]施加在 241 和保护接地电路之间。

d)　记录检测数据。

e)　恢复电路，并使整台电气设备能正常工作。

A.2.3　整台电气设备的绝缘电阻检测

a)　将电气设备的电源进线从电源中切断。

b)　把电源开关闭合。

c)　把 F1、F2、F6、F7、F11、F12、F13、F14 接通。

d)　把 T2 上的 U11 和 29 二端子短路。把 T1 上的 U11 和 1 二端子短路。

e)　把控制电路和保护接地电路断开。

f)　测量设备的输出电压（U_a）[不小于 500 V(d.c.)]施加在 U 和保护接地电路之间。

g)　记录检测数据。

h)　恢复电路，并使整台电气设备能正常工作。

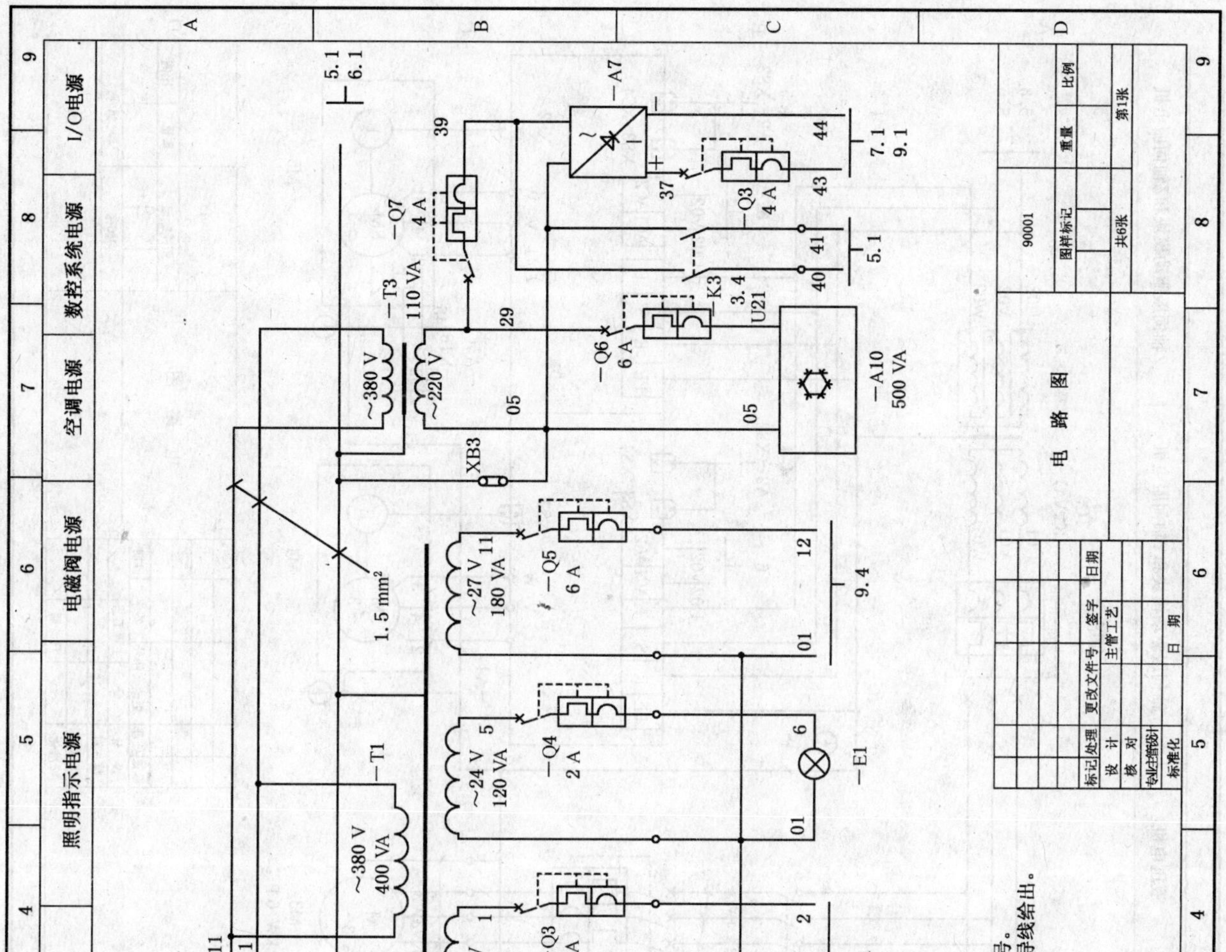
电源开关
电机电源
控制电源
照明指示电源
电磁阀电源
空调电源
数控系统电源
I/O电源
3～50 Hz 380 V
建议50 A
16 mm²
L1
L2
L3
PE
−Q1
60 A
−Q2
6 A
U
V
W
U11
V11
设
备
界
限
1.5 mm²
XB2
XB1
XB3
−T1
~380 V
400 VA
~110 V
100 VA
~24 V
120 VA
~27 V
180 VA
−Q3
2 A
−Q4
2 A
−Q5
6 A
−E1
3.1
9.4
2.0
6.1
−T3
110 VA
~380 V
~220 V
−Q7
4 A
−Q6
6 A
−A10
500 VA
U21
K3
−A7
−Q3
4 A
5.1
6.1
7.1
9.1
所有项目代号均省略前缀符号。
所有的导线截面积均以铜芯导线给出。
未注导线为0.75 mm²。
电　路　图
共6张
第1张
90001

图 A.1　电路图(1)

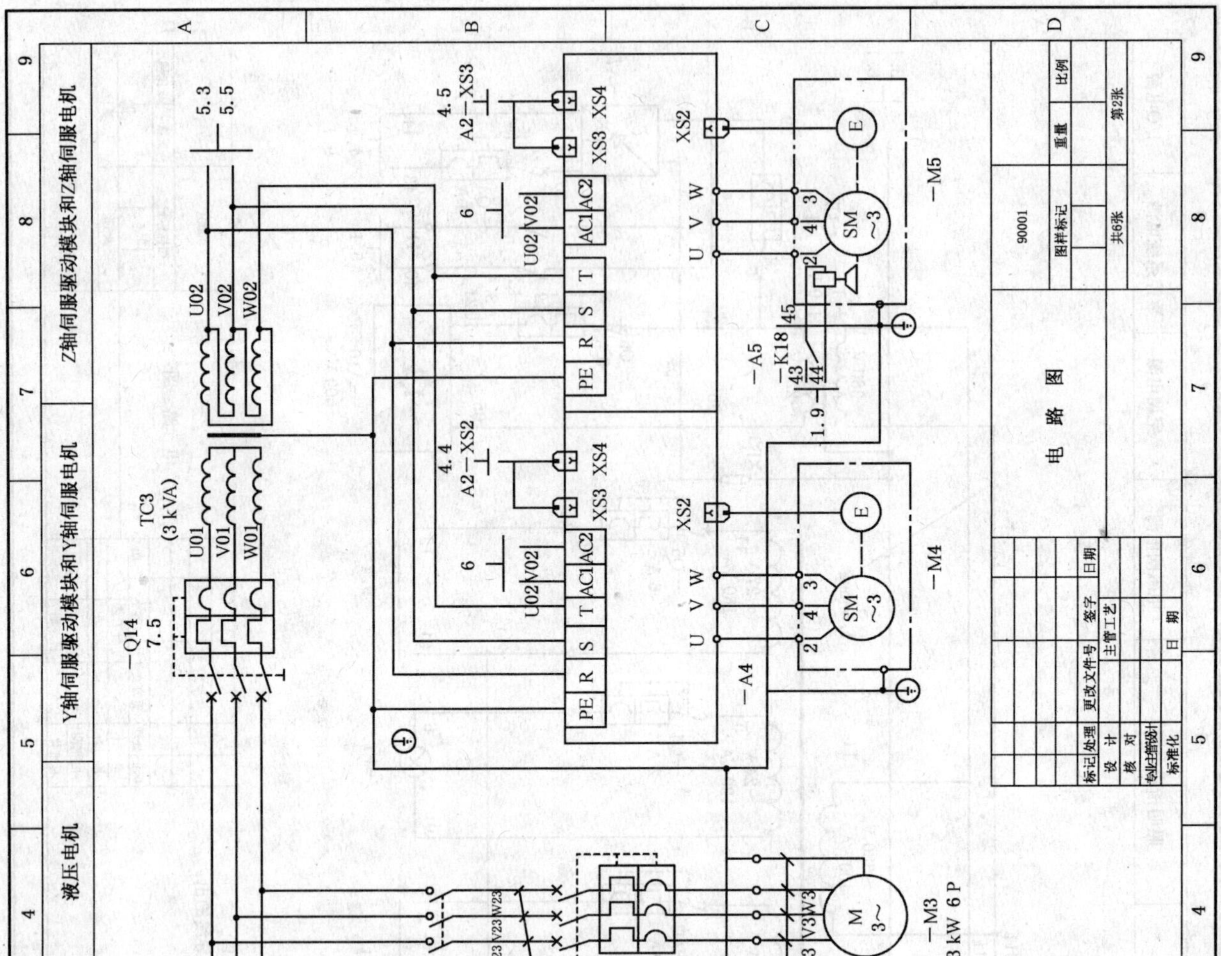
主轴电机
水泵电机
液压电机
Y轴伺服驱动模块和Y轴伺服电机
Z轴伺服驱动模块和Z轴伺服电机
−M1
11 kW 4 P
−M2
0.125 kW 2 P
−M3
3 kW 6 P
−M4
−M5
−Q11
7.5
22.6 A
20−32 A
−Q12
7.5
0.29 A
0.25−0.4 A
−Q13
7.5
7.2 A
6.3−10 A
−Q14
7.5
TC3
(3 kVA)
−K1
3.3
−K12
3.4
−A4
−A5
−K18
电路图

图 A.2 电路图(2)

图 A.3 电路图(3)

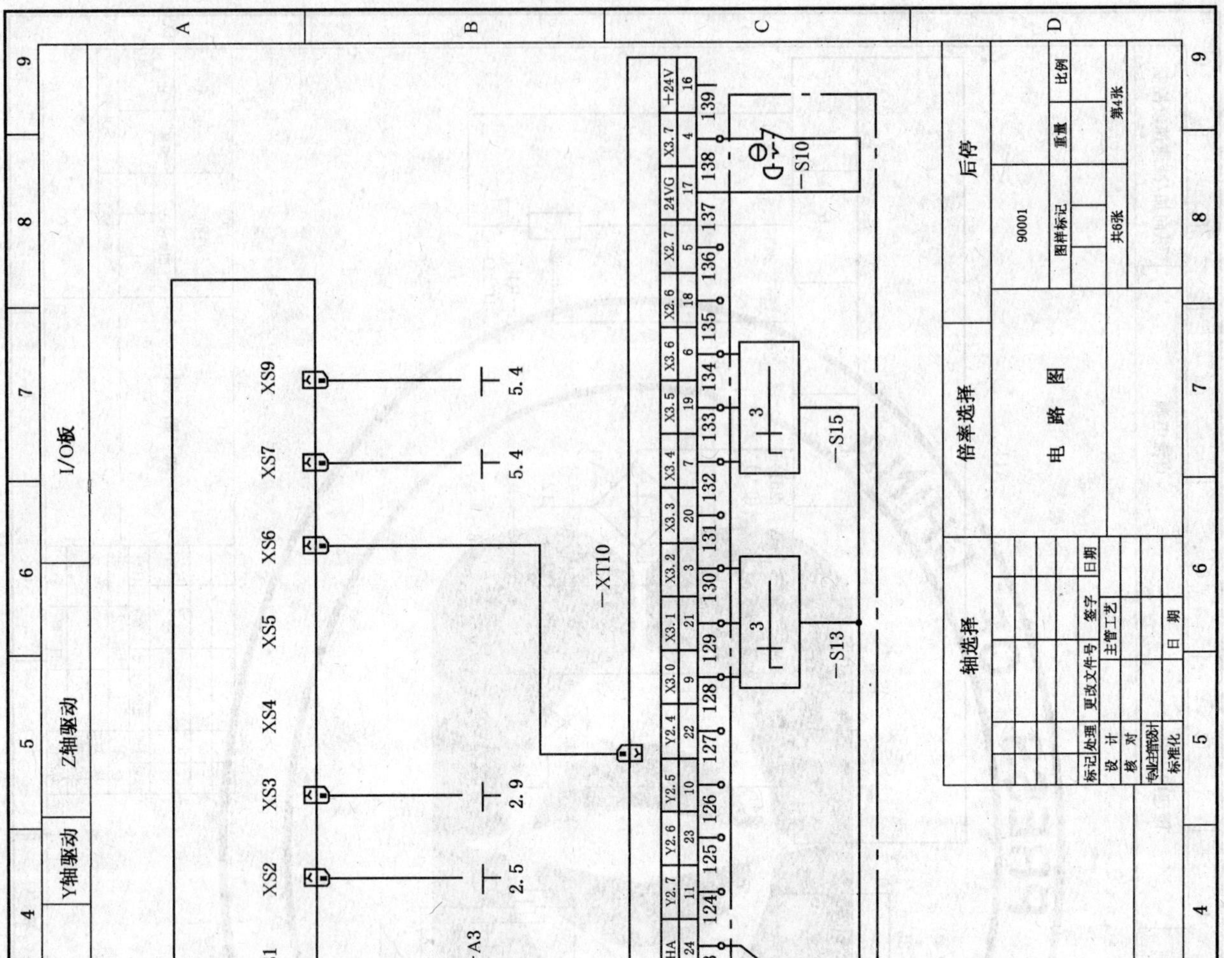
NC电源
DNC单元
Y轴驱动
Z轴驱动
I/O板
−A2
NC
AC220 V
L N PE
XS10 XS11 XS12 XS13 XS1 XS2 XS3 XS4 XS5 XS6 XS7 XS9
键盘 以太网 RS232 USB
(备选)
−A3
−XT10
−G1
−H3
−S13
−S15
−S10
电手轮盒
0.75 mm²
轴选择
倍率选择
后停
电 路 图
电源指示
电手转

图 A.4 电路图(4)

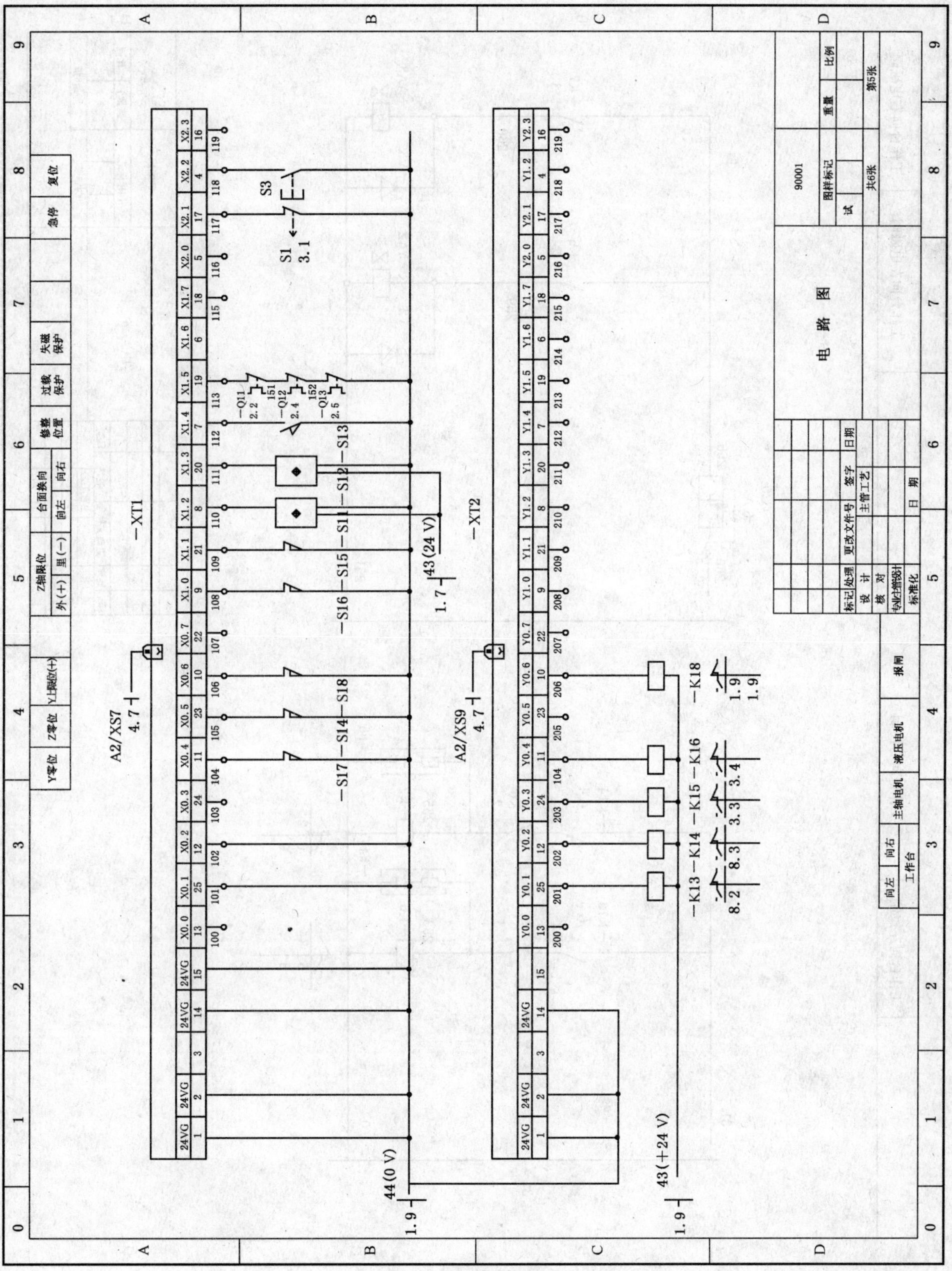

图 A.5 电路图(5)

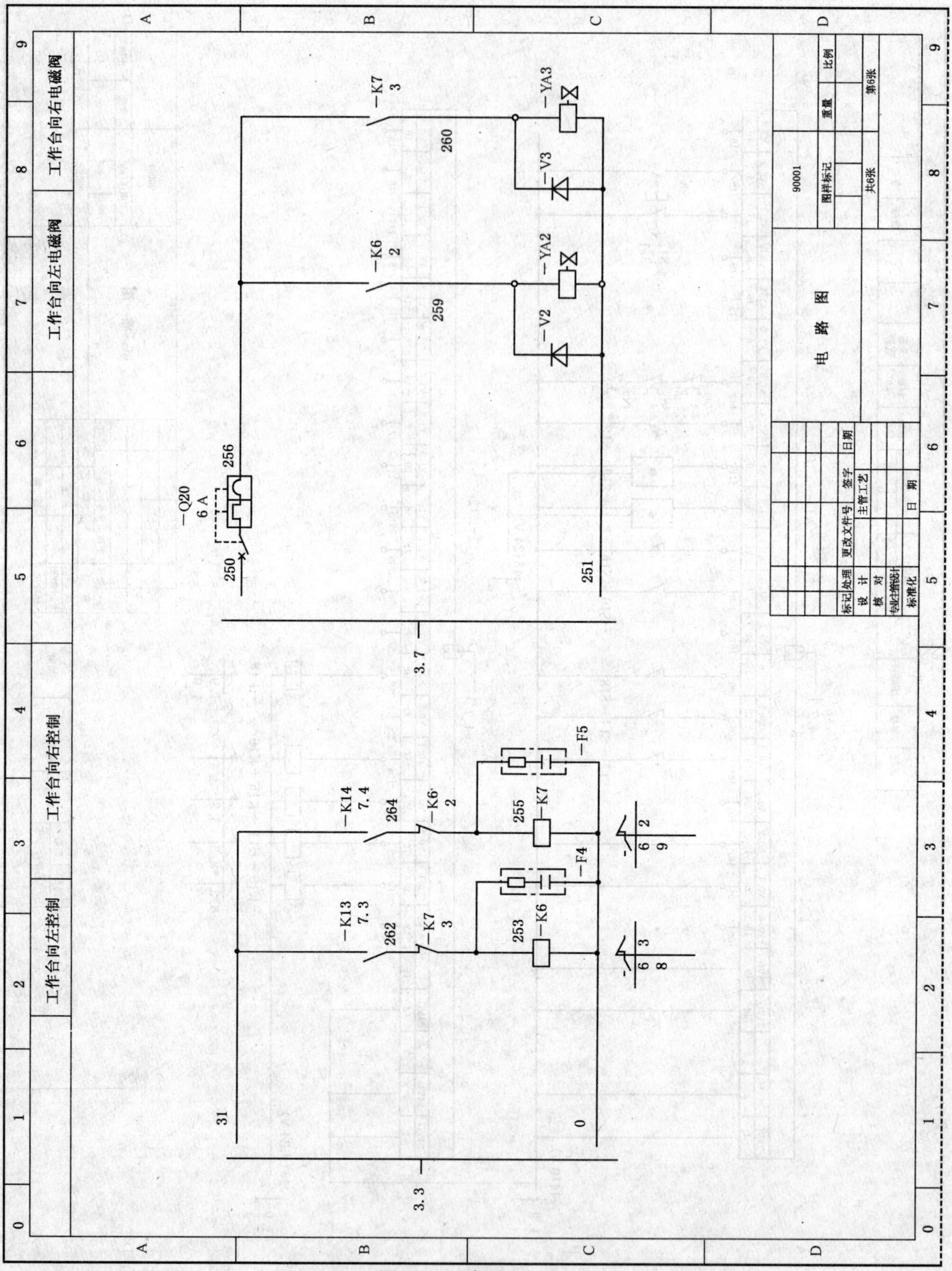

工作台向左控制
工作台向右控制
工作台向左电磁阀
工作台向右电磁阀
−Q20
6 A
250
256
251
31
0
3.3
3.7
−K13
7.3
−K14
7.4
−K6
2
−K7
3
262
264
253
255
259
260
−F4
−F5
−V2
−V3
−YA2
−YA3
电路图
90001
标记
处理
更改文件号
签字
日期
设计
校对
主管工艺
专业主管设计
标准化
图样标记
重量
比例
共6张
第6张

图 A.6 电路图(6)

ICS 29.020
J 50

GB

中华人民共和国国家标准

GB/T 24344—2009

工业机械电气设备　耐压试验规范

Electrical equipment of industrial machines—High-voltage test specifications

2009-09-30 发布　　　　2010-02-01 实施

中华人民共和国国家质量监督检验检疫总局
中国国家标准化管理委员会　发布

前　言

本标准是在 GB 5226.1—2008《机械安全　机械电气设备　第 1 部分：通用技术条件》基础上制定的，是实施 GB 5226.1—2008 配套的试验方法标准之一。

本标准的附录 A 为资料性附录。

本标准由中国机械工业联合会提出。

本标准由全国工业机械电气系统标准化技术委员会(SAC/TC 231)归口。

本标准主要起草单位：杭州机床集团有限公司、北京机床研究所、北京凯恩帝数控技术有限责任公司、深圳市珊星电脑有限公司。

本标准主要起草人：陈建明、黄祖广、阮志斌、杨洪丽、刘建荣、黄麟、赵关红、曾杨。

工业机械电气设备　耐压试验规范

1　范围

本标准规定了工业机械电气、电子设备及系统耐压试验的试验电压、试验方法、试验范围和试验记录等要求。

本标准适用于工业机械电气、电子设备及系统的耐压试验。

2　规范性引用文件

下列文件中的条款通过本标准的引用而成为本标准的条款。凡是注日期的引用文件，其随后所有的修改单(不包括勘误的内容)或修订版均不适用于本标准，然而，鼓励根据本标准达成协议的各方研究是否可使用这些文件的最新版本。凡是不注日期的引用文件，其最新版本适用于本标准。

GB 5226.1—2008　机械安全　机械电气设备　第1部分：通用技术条件(IEC 60204-1:2005，IDT)

GB/T 2900.19—1994　电工术语　高电压试验技术和绝缘配合

GB/T 16927.1—1997　高电压试验技术　第1部分：一般试验要求(eqv IEC 60060-1:1989)

GB/T 16927.2—1997　高电压试验技术　第2部分：测量系统(eqv IEC 60060-2:1994)

GB/T 24243—2009　工业机械电气设备　绝缘电阻试验规范

3　术语和定义

下列术语和定义适用于本标准。

3.1

闪络　flashover

沿绝缘介质表面发生的破坏性放电。

3.2

击穿　puncture

在固体介质中发生的破坏性放电。

3.3

峰值　peak value

交流电压的峰值是指最大值，但不计由非破坏性放电引起的微小高频振荡。

3.4

方均根值　root mean square value

交流电压的方均根值是指一完整的周波中电压值平方的平均值的平方根。

3.5

试验电压值　testing voltage value

试验电压值是指其峰值除以$\sqrt{2}$。

4　试验电压

试验电压一般应是频率为45 Hz～65 Hz的交流电压，即工频试验电压。试验电压的波形为2个半波相同的近似正弦波，且峰值和方均根值之比应在$\sqrt{2}\pm0.07$以内。

试验电压应符合 GB/T 16927.1—1997 中第 6 章的要求。

对试验设备输出的试验电压的测量，应按 GB/T 16927.2—1997 规定的测量设备进行测量。

5 试验方法

5.1 在进行耐压试验前，应断开整台电气设备的外部供电电路，断开被测电路和保护接地电路之间的连接。清理试验场地，在被测的电气设备的安全范围内，做好警示标记。

5.2 确定试验电压值，最大试验电压为 2 倍的电气设备额定电源电压值或 1 000 V，取其中的较大者。

5.3 对被测电气设备施加试验电压时，应当从足够低的数值开始，以防止操作瞬变过程的过电压的影响。然后，应缓慢地升高电压，以便在仪表上准确读数，但也不能升得太慢，以免造成在接近试验电压规定值时承受试验电压时间过长。

5.4 对被测电气设备施加试验电压，开始达到大于或等于 1 000 V 的时间应大于 2 s 小于 10 s。试验电压升至规定的最大值后应保持规定时间，保持时间应大于 1 s 小于 5 s 以内。保持时间过后应迅速降压，但不得突然切断，以免可能出现瞬变过程而导致故障或造成不正确的试验结果。

5.5 耐压试验设备的输出电压，施加在被测电路的导线和保护接地电路之间。

6 耐压试验范围

6.1 一般要求

只有已经进行过符合 GB 5226.1—2008 中相关要求或 GB/T 24243—2009 的绝缘电阻试验的电气设备，才允许进行耐压试验。

耐压试验范围应包括整台电气设备的电源开关的电源输入端子和输出端子，以及所有动力电路导线。如果设有专用的电源进线端子组，也应和电源开关和所有动力电路导线同时进行耐压试验。

电气设备中的控制电路，及需要进行耐压试验的电路导线及元器件，应和动力电路同时进行耐压试验。

电气设备中低于 PELV 电路和不适宜经受试验的电路应在试验期间断开。

6.2 试验范围

a) 动力电路导线及相关的元器件，包括电源开关的电源输入端子、输出端子和执行元件(如电动机、电磁铁、电磁离合器等)；

b) 电气设备中高于 PELV 的控制电路和需要进行耐压试验的电路导线及元器件；

c) 打算工作在低于或等于 PELV 电压的电路除外；

d) 不适宜经受试验的电路应在试验期间断开；

e) 已按照产品标准进行耐压试验的元器件，在试验期间可以断开。

在耐压试验期间，a)和 b)应同时进行试验。

7 试验

7.1 耐压试验

在对被测电气设备进行耐压试验时，应使用符合 GB/T 16927.2—1997 规定的试验设备。

耐压试验试验方法按第 5 章规定。

7.2 试验要求

被测电气设备中进行耐压试验电路的导线，检测设备的接地点输出端子应和被测电气设备的 PE 或保护接地线相连，检测设备的高电压输出端子应和被测电气设备中的被测导线可靠接触。

在耐压试验中不允许产生闪络和绝缘击穿。否则视为试验失败。

对于大型被测设备和需要分段试验的被测设备，允许分段进行试验。在试验中，各段不应产生闪络和绝缘击穿。

耐压试验结束后，应恢复被测电气设备线路，并使被测电气设备能正常工作。

8 耐压试验记录

8.1 应对被检测的电气设备的型号、名称、出厂日期、出厂编号记录。

8.2 耐压试验设备的型号、名称、出厂日期、出厂编号记录，还应对耐压试验设备计量鉴定的有效期作记录。

8.3 对电气设备进行耐压试验的试验电压，试验时间和耐压试验结论作记录。

附　录　A
（资料性附录）
工业机械电气设备耐压试验示例及简要说明

A.1　简要说明

本附录给出了某工业机械电气设备的电路图(图 A.1～图 A.6)，作为对该工业机械电气设备的耐压试验的电路图。图 A.1 和图 A.2 是主电路和控制电路电源。

本附录仅对含 PELV 的单独部件作为示例。图 A.3～图 A.6 为控制电路。

A.2　耐压试验步骤

a）切断被测电气设备的电源进线。
b）把电源开关闭合。
c）把 F1、F2、F6、F7、F14、F11、F12、F13 接通。
d）把 T1 上的 U11 和 1 二端子短路。
e）把 T2 上的 U11 和 29 二端子短路。
f）把 T3 上的 U01 和 U02 二端子短路。
g）短接 K3 的触点上 39 和 40，05 和 41。
h）短接 K1 的主触点上 U 和 U21。
i）短接 K2 的主触点上 U 和 U23。
j）清理工作场地。
k）在被测电气设备的安全距离处加设安全隔离护栏或安全警戒线。
l）检查操作人员的安全防护措施。
m）耐压试验电压施加在 U 和保护接地电路之间。
n）记录检测数据。
o）恢复电路，并使整台电气设备能正常工作。

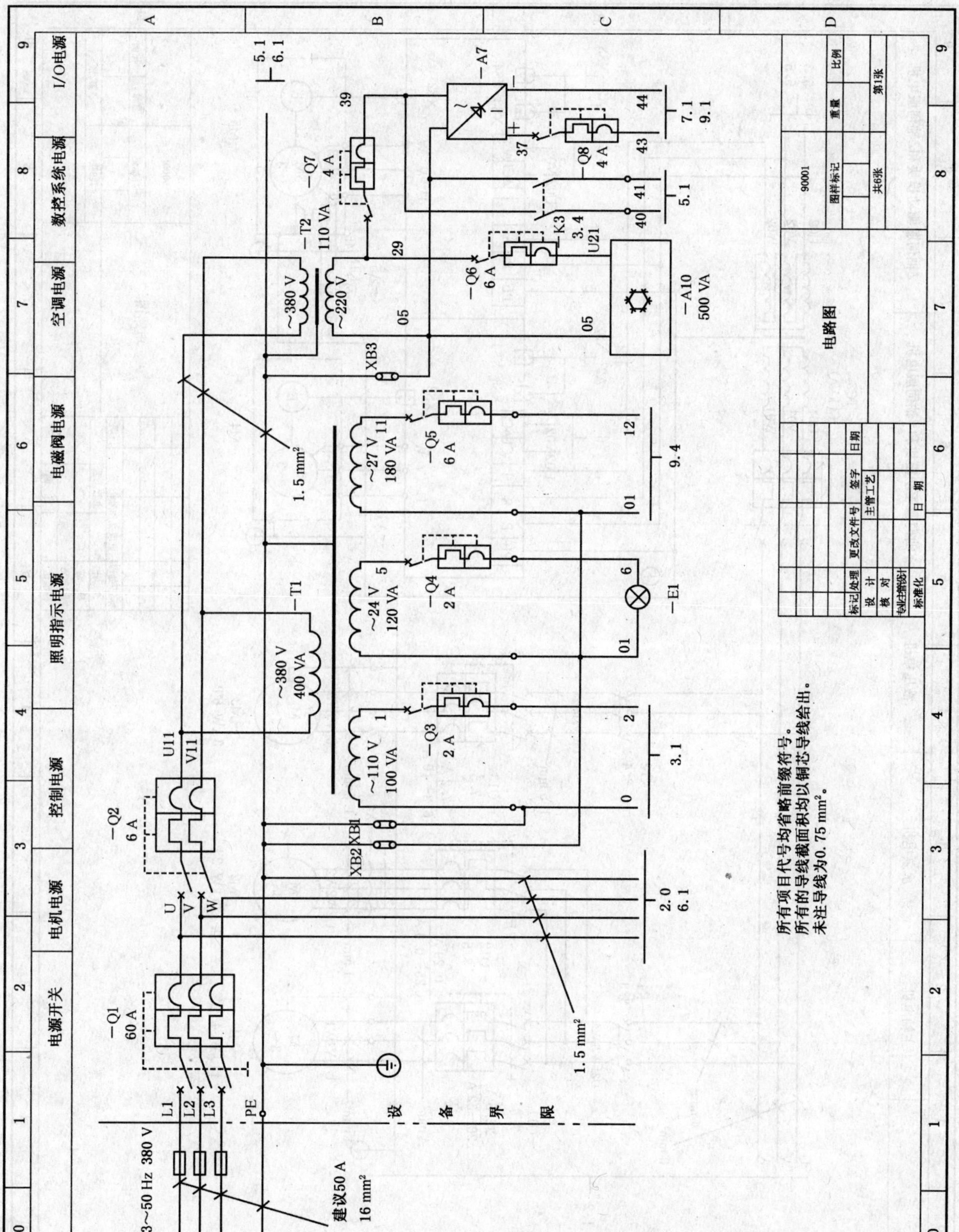
电源开关
电机电源
控制电源
照明指示电源
电磁阀电源
空调电源
数控系统电源
I/O电源
3~50 Hz 380 V
建议50 A
16 mm²
设备界限
所有项目代号均省略前缀符号。
所有的导线截面积均以铜芯导线给出。
未注导线为0.75 mm²。
电路图

图 A.1 电路图(1)

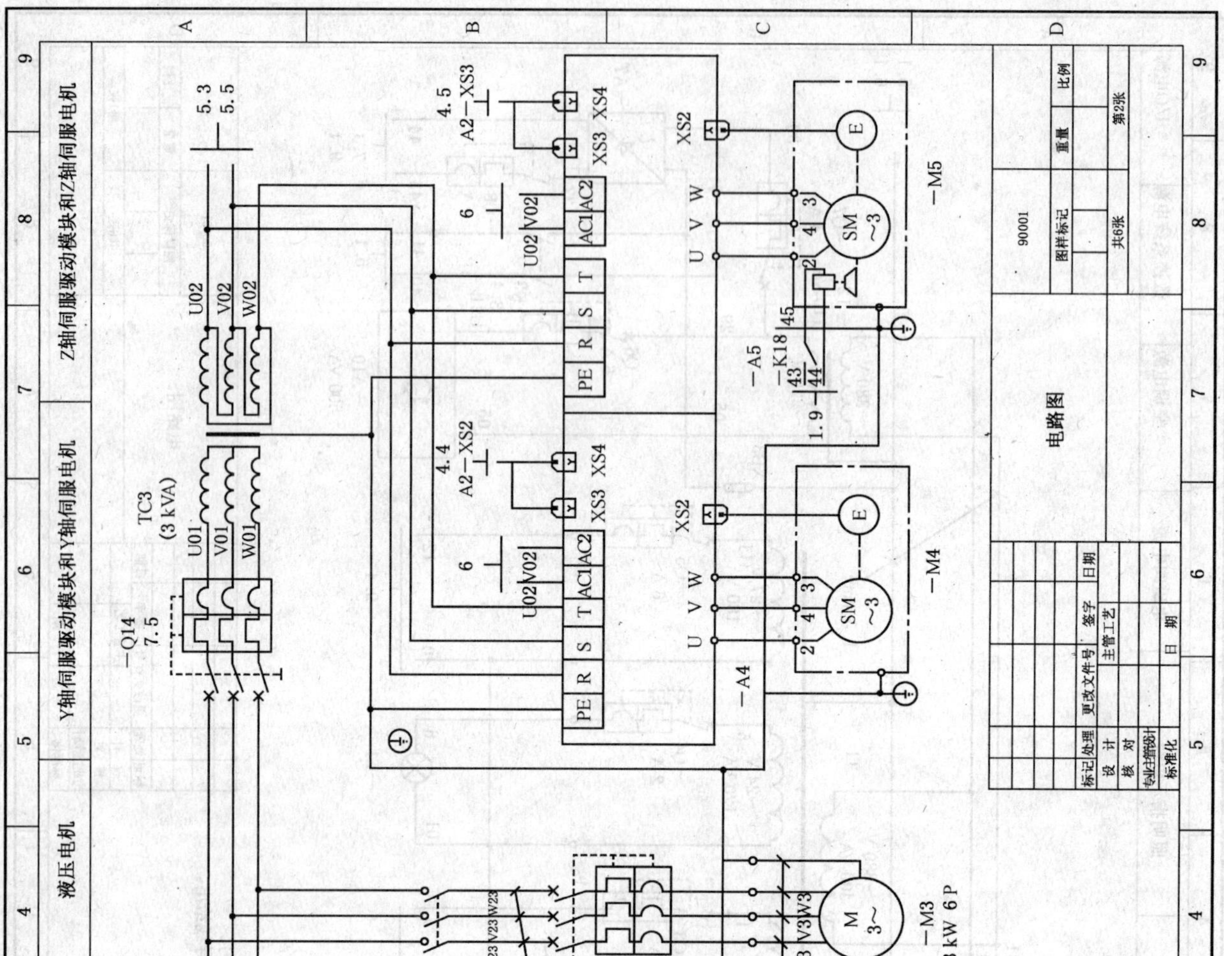

图 A.2 电路图(2)

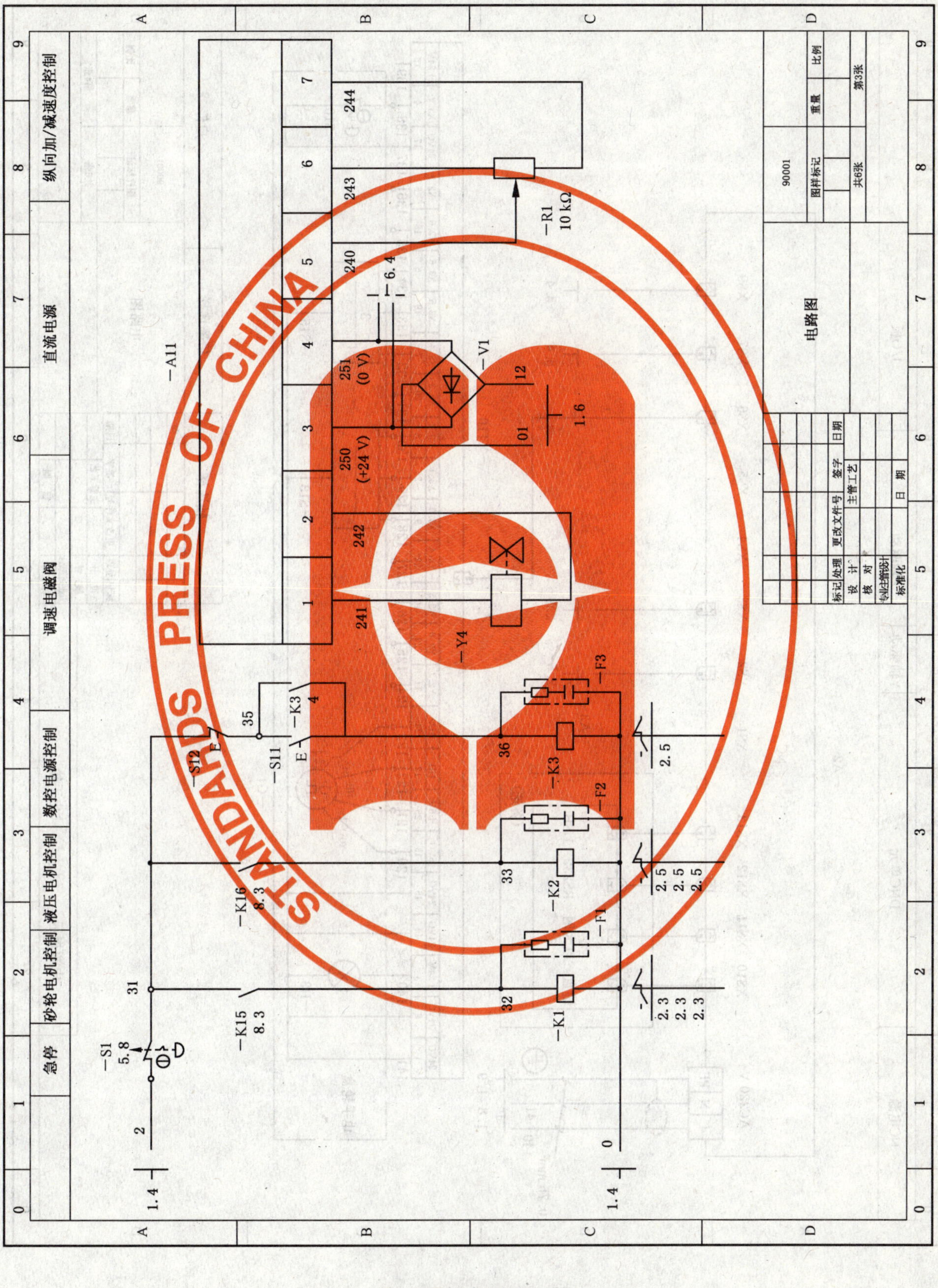
急停
砂轮电机控制
液压电机控制
数控电源控制
调速电磁阀
直流电源
纵向加/减速度控制
电路图
STANDARDS PRESS OF CHINA

图 A.3 电路图(3)

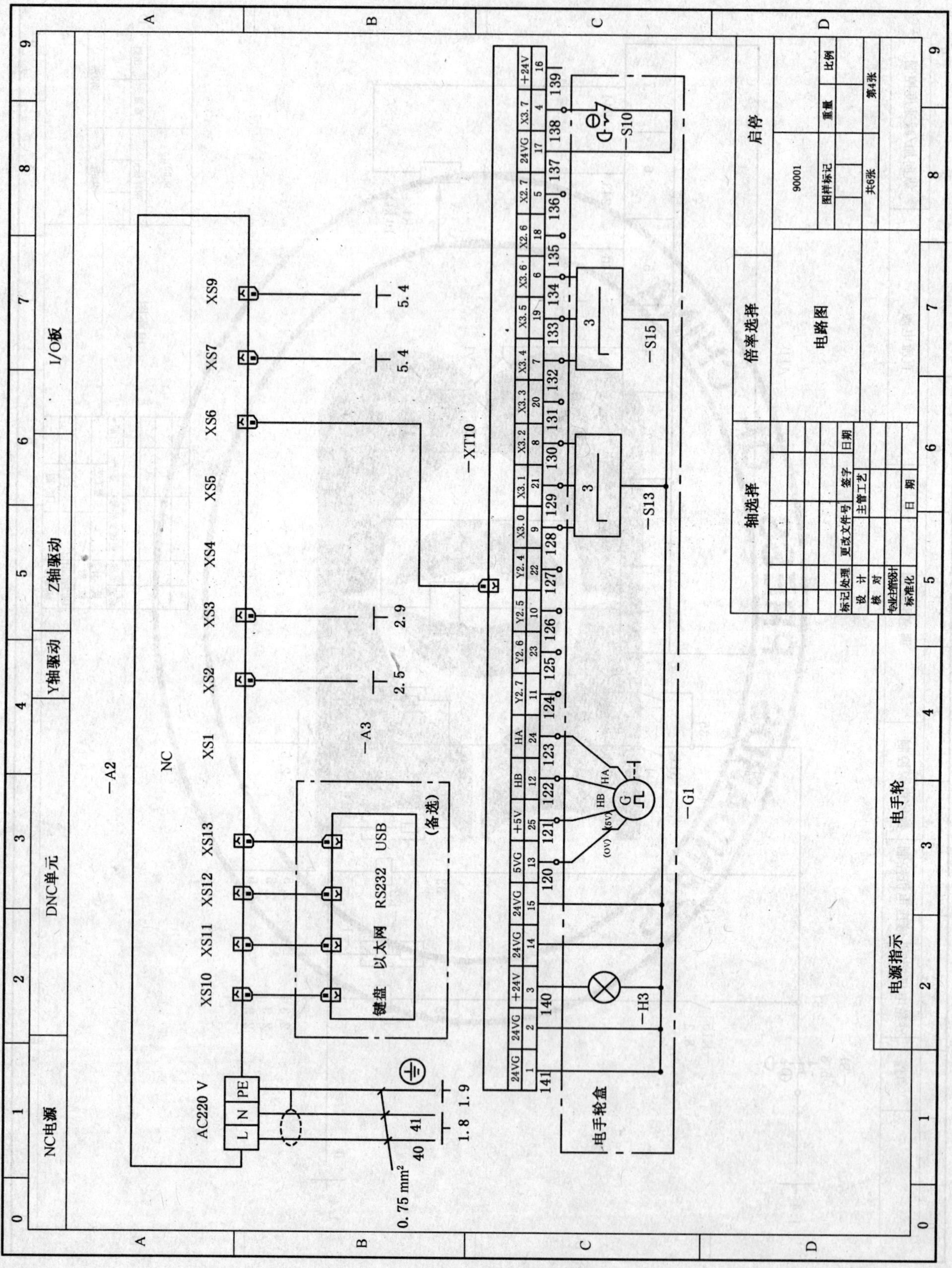
NC电源
DNC单元
Y轴驱动
Z轴驱动
I/O板
轴选择
倍率选择
启停
电源指示
电手轮
电路图
90001
-A2
NC
-A3
-XT10
-G1
-S10
-S13
-S15
-H3
电手轮盒
AC220 V
L
N
PE
0.75 mm²
40
41
1.8
1.9
XS1
XS2
XS3
XS4
XS5
XS6
XS7
XS9
XS10
XS11
XS12
XS13
键盘
以太网
RS232
USB
(备选)
2.5
2.9
5.4
5.4

图 A.4 电路图(4)

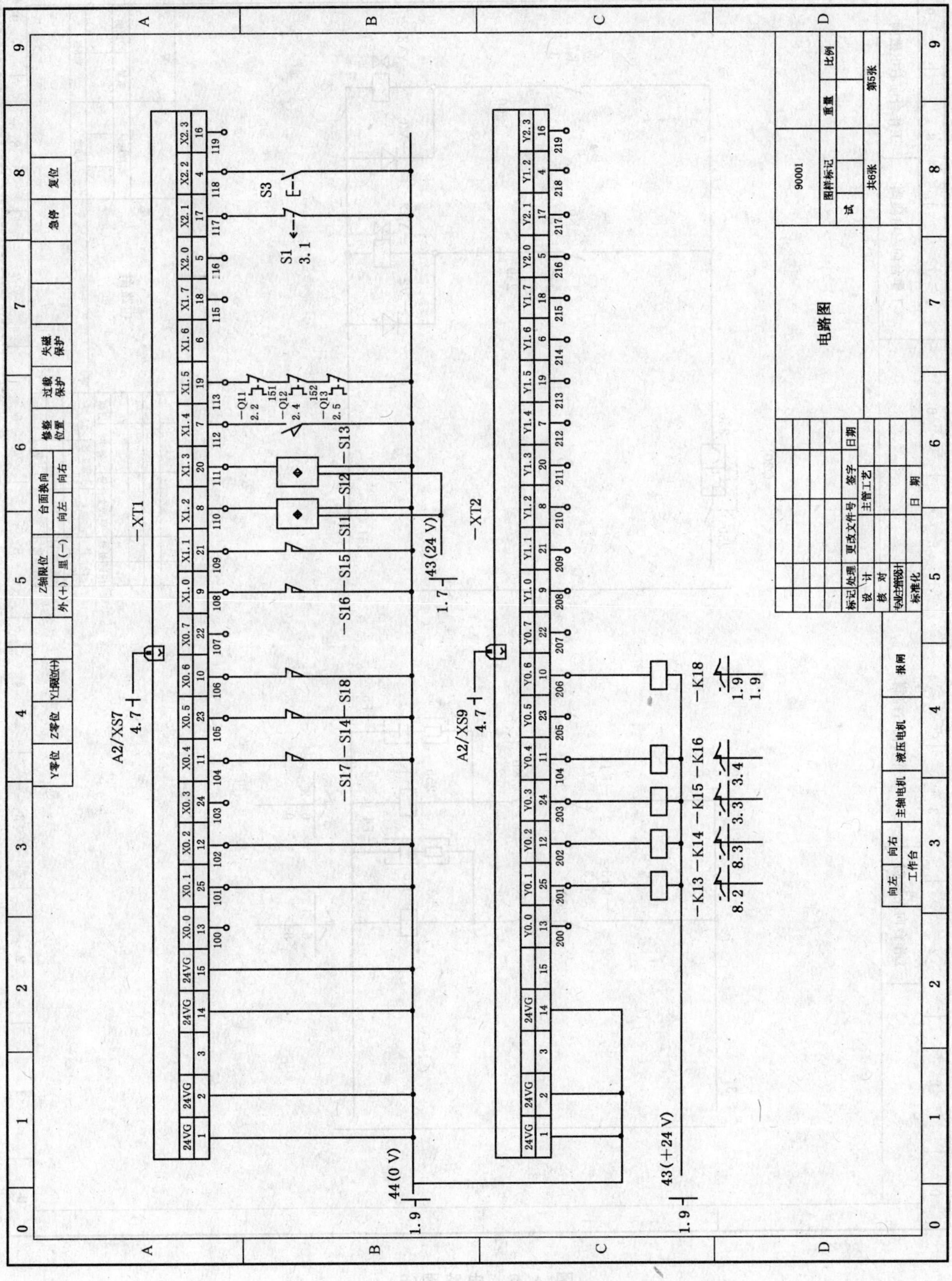

图 A.5 电路图(5)

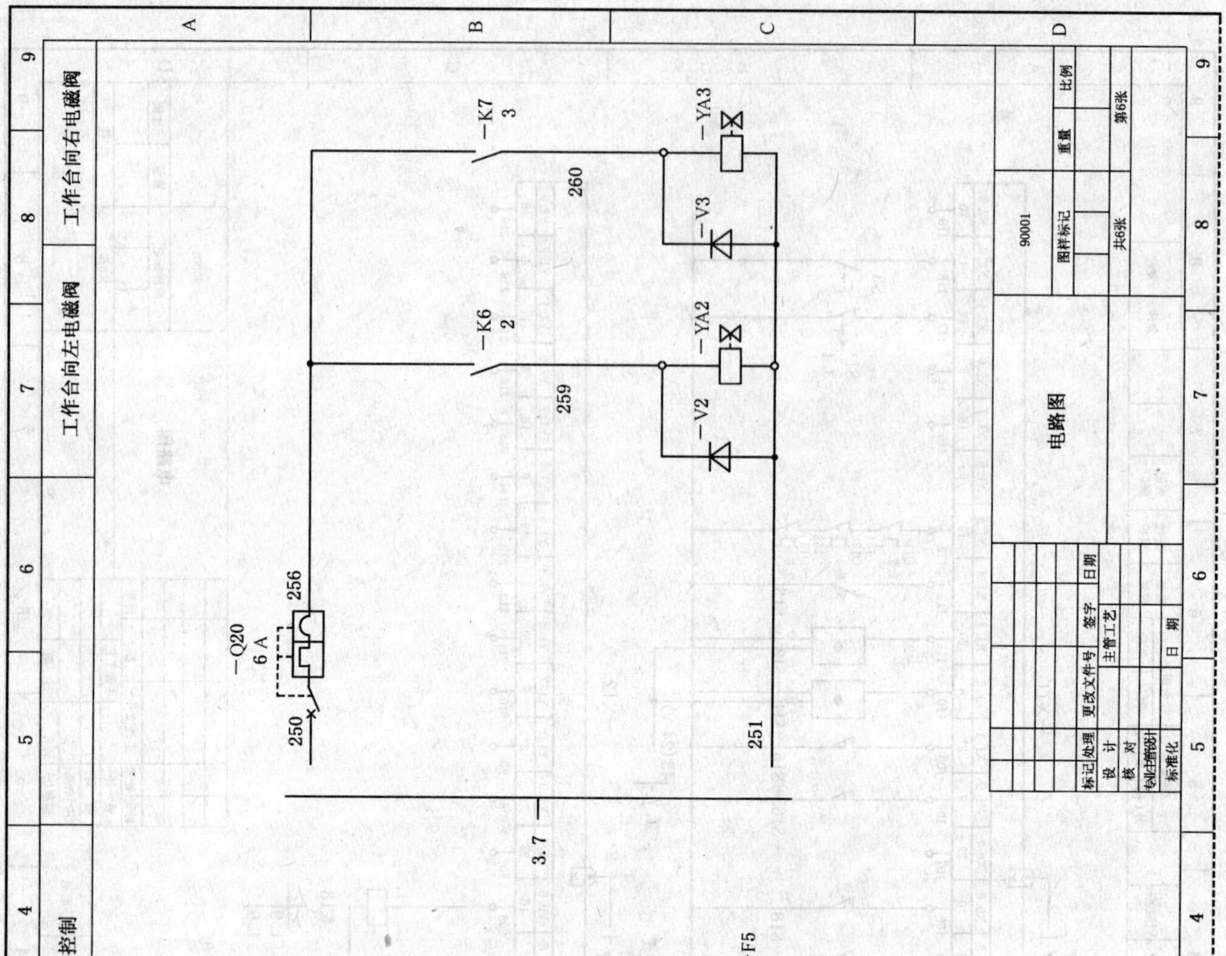

图 A.6 电路图(6)

ICS 59.080.20
W 12

中华人民共和国国家标准

GB/T 24345—2009

机织用筒子染色纱线

Package dyed yarns for woven

2009-09-30 发布　　2010-02-01 实施

中华人民共和国国家质量监督检验检疫总局
中国国家标准化管理委员会　发布

前言

本标准由中国纺织工业协会提出。

本标准由全国纺织品标准化技术委员会(SAC/TC 209)归口。

本标准起草单位:绍兴国周针织科技有限公司、浙江方圆检测集团股份有限公司、绍兴金渔印染有限公司。

本标准主要起草人:金国周、陈钢、任洁芳、王仁海、陈国江。

机织用筒子染色纱线

1 范围

本标准规定了机织用筒子染色纱线的要求、试验方法、检验规则、标志、包装、运输和贮存。

本标准适用于采用筒子染色工艺染色的机织用棉、再生纤维素纤维、合成纤维等的纯纺及混纺纱线。

2 规范性引用文件

下列文件中的条款通过本标准的引用而成为本标准的条款。凡是注日期的引用文件,其随后所有的修改单(不包括勘误的内容)或修订版均不适用于本标准,然而,鼓励根据本标准达成协议的各方研究是否可使用这些文件的最新版本。凡是不注日期的引用文件,其最新版本适用于本标准。

GB/T 250 纺织品 色牢度试验 评定变色用灰色样卡

GB/T 2910(所有部分) 纺织品 定量化学分析

GB/T 2912.1 纺织品 甲醛的测定 第1部分:游离和水解的甲醛(水萃取法)

GB/T 3291.1 纺织材料性能和试验术语 第1部分:纤维和纱线

GB/T 3292.1 纺织品 纱条条干不匀试验方法 第1部分:电容法

GB/T 3916 纺织品 卷装纱 单根纱线断裂强力和断裂伸长率的测定

GB/T 3920 纺织品 色牢度试验 耐摩擦色牢度

GB/T 3921—2008 纺织品 色牢度试验 耐皂洗色牢度

GB/T 3922 纺织品耐汗渍色牢度试验方法

GB/T 4743 纺织品 卷装纱 绞纱法线密度的测定

GB/T 5713 纺织品 色牢度试验 耐水色牢度

GB/T 5718 纺织品 色牢度试验 耐干热(热压除外)色牢度

GB/T 7573 纺织品 水萃取液pH值的测定

GB/T 8427—2008 纺织品 色牢度试验 耐人造光色牢度:氙弧

GB/T 14343 化学纤维 长丝线密度试验方法

GB/T 14344 化学纤维 长丝拉伸性能试验方法

GB/T 14346 化学纤维长丝电子条干不匀率试验方法

GB/T 17592 纺织品 禁用偶氮染料的测定

GB 18401 国家纺织产品基本安全技术规范

FZ/T 01053 纺织品 纤维含量的标识

3 术语和定义

GB/T 3291.1中确立的以及下列术语和定义适用于本标准。

3.1

筒差 color difference between bobbins

同一缸次筒子纱之间的色差,以级别表示。

3.2

层差　color difference between bobbin's layers

筒子纱外层、中层与内层之间的色差，以级别表示。

3.3

样差　color difference between specimens

染色纱线与确认样之间的色差，以级别表示。

3.4

缸差　dye lot

不同缸次筒子纱之间的色差，以级别表示。

4　要求

4.1　染色纱线的质量等级分为优等品、一等品、合格品。

4.2　染色纱线的技术指标包括内在质量(见表1)和外观质量(见表2)。

表 1

项　目				优等品	一等品	合格品
纤维含量/%				按 FZ/T 01053 规定执行		
甲醛含量/(mg/kg)				按 GB 18401 规定执行		
pH 值						
可分解芳香胺染料/(mg/kg)						
染色牢度/级 ≥	耐皂洗色牢度	纯棉纱线	变色	4	3-4	3
			沾色	4	3-4	3
		再生纤维素纤维纱线	变色	4	3-4	3
			沾色	4	3-4	3-4
		合成纤维纯纺纱线	变色	4	3-4	3-4
			沾色	4	3-4	3-4
		涤棉、涤粘混纺纱线	变色	4	3-4	3-4
			沾色	4	3-4	3-4
	耐干热色牢度	合成纤维纯纺纱线	变色	4	3-4	3
			沾色	4	3-4	3
		涤棉、涤粘混纺纱线	变色	4	3-4	3-4
			沾色	4	3-4	3-4
	耐水色牢度		变色	4	3-4	3
			沾色	3-4	3-4	3
	耐摩擦色牢度		干摩	4	3-4	3
			湿摩	3	2-3	2-3
	耐汗渍色牢度		变色	4	3-4	3
			沾色	3-4	3-4	3
	耐光色牢度		变色	4	3-4	3

表 1（续）

项 目		优等品	一等品	合格品
单纱(丝、线)断裂强力降低率[a]/% ≤	纯棉纱线	15	20	25
	再生纤维素纤维纱线	15	18	22
	合成纤维纯纺纱线	8	12	16
	涤棉、涤粘混纺纱线	15	18	20
百米重量偏差百分率/%		±5	±6	±7
单纱(丝、线)断裂强度[b]/(cN/tex)		本色纱线标准值×85%		
百米重量变异系数[b]/%	≤	本色纱线标准值+1		
条干均匀度变异系数[b]/%	≤	本色纱线标准值+1		
断裂强力变异系数[b]/%	≤	本色纱线标准值+1.5		
注：本色纱线标准值参照有关国家标准或行业标准中的规定。				
a 仅考核加工纱。				
b 仅考核贸易纱。				

表 2

项 目	优等品	一等品	合格品
样差、缸差/级 ≥	4	3-4	3-4
染色均匀度(筒差、层差)/级 ≥	4-5	4	3-4
色花	不允许	不允许	轻微(色差 4 级以上)允许
污渍	表面不允许	表面不允许	表面轻微(色差 4 级以上)允许
成型不良	不允许	不影响正常使用，每批次＜3%	不影响正常使用
蛛网(攀头＞2.5cm)	不允许	不允许	大端头 3 根以下攀头
飞花	不允许	不允许	不允许
异色和异型纤维	不允许	不允许	不允许
注：飞花以粗于原纱 1/3 者计。			

5 试验方法

5.1 耐皂洗色牢度

合成纤维纯纺纱线(锦纶除外)、纯棉纱线、涤棉混纺纱线按 GB/T 3921—2008 方法 C(3)规定执行，其他纱线按 GB/T 3921—2008 方法 A(1)规定执行。

5.2 耐汗渍色牢度

按 GB/T 3922 规定执行。

5.3 耐水色牢度

按 GB/T 5713 规定执行。

5.4 耐摩擦色牢度

按 GB/T 3920 规定执行。

5.5 耐干热色牢度

按 GB/T 5718 规定执行，合成纤维纯纺纱线(锦纶除外)温度 180 ℃，其他纱线温度 150 ℃。

5.6 耐光色牢度

按 GB/T 8427—2008 方法 3 规定执行。

5.7 甲醛含量试验

按 GB/T 2912.1 规定执行。

5.8 pH 值试验

按 GB/T 7573 规定执行。

5.9 可分解芳香胺染料试验

按 GB/T 17592 规定执行。

5.10 纤维含量试验

按 GB/T 2910 等规定执行。

5.11 单纱(丝、线)断裂强力降低率、单纱(丝、线)断裂强度、变异系数

按 GB/T 3916、GB/T 14344 的规定执行,并按式(1)计算断裂强力降低率,结果保留一位小数。

$$V_L = \frac{L_1 - L_2}{L_1} \times 100\% \quad \cdots\cdots\cdots\cdots(1)$$

式中:

V_L——断裂强力降低率,%;

L_1——染前单纱(丝、线)断裂强力,单位为厘牛顿(cN);

L_2——染后单纱(丝、线)断裂强力,单位为厘牛顿(cN)。

5.12 百米重量变异系数、百米重量偏差

按 GB/T 4743、GB/T 14343 的规定执行,并按式(2)计算百米重量偏差百分率,结果保留一位小数。

$$V_m = \frac{m_1 - m_2}{m_1} \times 100\% \quad \cdots\cdots\cdots\cdots(2)$$

式中:

V_m——百米重量偏差百分率,%;

m_1——染前纱线干燥重量,单位为克每百米(g/100 m);

m_2——染后纱线干燥重量,单位为克每百米(g/100 m)。

5.13 条干均匀度变异系数

按 GB/T 3292.1、GB/T 14346 的规定执行。

5.14 外观质量

5.14.1 样差、缸差:采用目视检测。自然光源应取晴天北空光,标准光源为 D_{65},600 lx 以上照度。入射光与样品成 45°,观测者视线与样品基本垂直。结果按 GB/T 250 的要求评定。

5.14.2 染色均匀度:取同一筒色纱的内、中、外层或多层及同缸 4 筒以上的色纱织成袜筒,按 GB/T 250 评定。

5.14.3 色花:以层差袜片和络筒成型后目测,结果按表 2 符合项定等。

5.14.4 污渍、成型、蛛网、飞花:以络筒成型后目测,结果按表 2 符合项定等。

6 检验规则

6.1 组批

同品种、同生产批号的产品为一批。

6.2 抽样

采用随机抽样方法,批量在 2 t 以下者取 2 包(箱),2 t 及以上者取总包(箱)数的 3%,最多不超过 10 包(箱)。

百米重量偏差百分率、单纱(丝、线)断裂强度、百米重量变异系数、条干均匀度变异系数和断裂强力变异系数项目以均匀等量为原则,按相应产品标准规定样品的数量从抽取的批样中抽取。

纤维含量、甲醛含量、pH值、可分解芳香胺染料、染色牢度任取一筒作为样品进行检测。

外观质量对批样逐筒进行检测,任取一筒检测样差、缸差。

6.3 结果判定

6.3.1 根据表1、表2的项目,检验结果按批评等,内在质量以最低一项定等;外观质量以筒为单位,允许不合格筒数占批样总数的百分率不超过5.4%;结合两者质量按最低等级定等。

6.3.2 如果对检验结果有异议,允许在已抽取的样品中重新检测,复验结果按6.3.1判定。

7 标志、包装、运输和贮存

7.1 标志

包装均应标明品种、公称线密度、成分、色别、重量、生产批号、缸号、生产日期、制造商名称和地址、执行标准、质量等级,并标明所符合的GB 18401安全类别。

7.2 包装

每只筒子纱用塑袋包装后,按要求用编织袋或纸箱包装。

7.3 运输

产品装箱运输应防潮、防火、防污染。

7.4 贮存

产品应存放在阴凉、通风、干燥、清洁的库房内,并防蛀、防霉。

8 其他

如有特殊要求,按双方合同协议规定执行。

参 考 文 献

［1］ GB/T 398 棉本色纱线
［2］ GB/T 5324 精梳涤棉混纺本色纱线
［3］ GB/T 8960 涤纶牵伸丝
［4］ GB/T 14460 涤纶低弹丝
［5］ GB/T 16603 锦纶牵伸丝
［6］ FZ/T 12003 粘纤本色纱线
［7］ FZ/T 12004 涤粘混纺本色纱线
［8］ FZ/T 12005 普梳涤与棉混纺本色纱线
［9］ FZ/T 12006 精梳棉涤混纺本色纱线
［10］ FZ/T 12007 棉维混纺本色纱线
［11］ FZ/T 12008 维纶本色纱线
［12］ FZ/T 12009 腈纶本色纱
［13］ FZ/T 32005 苎麻棉混纺本色纱线
［14］ FZ/T 32009 亚麻粘胶混纺本色纱
［15］ FZ/T 54007 锦纶弹力丝

ICS 59.080.30
W 04

中华人民共和国国家标准

GB/T 24346—2009

纺织品 防霉性能的评价

Textiles—Evaluation for anti-mould activity

2009-09-30 发布 2010-02-01 实施

中华人民共和国国家质量监督检验检疫总局
中国国家标准化管理委员会 发布

前言

本标准由中国纺织工业协会提出。

本标准由全国纺织品标准化技术委员会基础标准分会(SAC/TC 209/SC 1)归口。

本标准起草单位:广东省微生物研究所、纺织工业标准化研究所、浙江金海三喜空调网业有限公司、深圳康益保健用品有限公司、东莞市天龙化工实业有限公司。

本标准主要起草人:方锡江、谢小保、欧阳友生、商成杰、洪贤良、黄永浪、彭红、陈仪本。

纺织品　防霉性能的评价

警告：霉菌生长试验会危害人体健康，试验操作人员必须经过微生物学培训并遵守实验室生物安全通用要求的规定。

1　范围

本标准规定了采用培养皿法和悬挂法测定纺织品防霉性能的试验和评价方法。本标准不涉及防霉产品安全性的评价。

本标准适用于各类织物及其制品。纤维、纱线等可参照执行。

2　规范性引用文件

下列文件中的条款通过本标准的引用而成为本标准的条款。凡是注日期的引用文件，其随后所有的修改单(不包括勘误的内容)或修订版均不适用于本标准，然而，鼓励根据本标准达成协议的各方研究是否可使用这些文件的最新版本。凡是不注日期的引用文件，其最新版本适用于本标准。

GB/T 12490—2007　纺织品耐家庭和商业洗涤色牢度试验方法

3　术语和定义

下列术语和定义适用于本标准。

3.1

霉菌　moulds

菌丝体较发达又不产生肉质子实体结构的真菌。霉菌的菌体由菌丝构成，菌丝可无限制伸长和产生分枝，分枝的菌丝相互交织在一起，形成菌丝体，在纺织品上生长能引起霉变。

注：霉菌分泌的酶类或其他物质可对纺织品造成破坏，改变其理化性能并降低使用寿命，且霉菌及其产生的孢子和毒素也会对人的身体健康造成危害。

3.2

防霉性能　anti-mould activity

产品具有抑制霉菌孢子萌发及菌丝体生长的能力。

3.3

对照样　control cabric

用于验证试验霉菌生长条件的纺织品，采用与试样材质相同但未经防霉整理的材料。如果需要也可采用不经任何处理的100％棉织物，经高温蒸煮和蒸馏水洗涤后作为对照样。

注：已被证明采用色牢度试验用的棉标准贴衬织物，经高温蒸煮及蒸馏水洗涤后或定性滤纸也可作为对照样。

4　试验原理

将试样与对照样分别接种霉菌孢子，并放置在适合霉菌生长的环境条件下培养一定时间后，观察霉菌在试样表面的生长情况。根据试样表面长霉程度来评价纺织品的防霉性能，对照样用于测试霉菌孢子的活性。

5　设备和材料

5.1　恒温恒湿培养箱：温度能保持在28 ℃±2 ℃，相对湿度能保持在90％±5％。

5.2　二级生物安全柜。

5.3 天平：感量 0.001 g。

5.4 冰箱：温度能保持在 2 ℃～8 ℃。

5.5 高压灭菌锅：温度能保持在 121 ℃±1 ℃，压力能保持在 103 kPa。

5.6 喷雾器：粒径小于 50 μm。

5.7 培养皿：皿底直径为 9 cm。

5.8 三角瓶、试管、玻棒、玻璃珠等经灭菌的玻璃器皿。

5.9 显微镜：普通光学显微镜。

5.10 pH 计：读数精度 0.1。

5.11 离心机：转速能达到 4 000 r/min。

5.12 试验箱：塑料、玻璃等材质制成的密闭箱，尺寸不小于 200 mm×100 mm×100 mm。

6 培养基和试剂

本试验所用试剂级别均为化学纯。

6.1 无机盐营养液

磷酸二氢钾（KH_2PO_4）	2.5 g
硫酸镁（$MgSO_4 \cdot 7H_2O$）	0.2 g
硝酸铵（NH_4NO_3）	3.0 g
硫酸亚铁（$FeSO_4 \cdot 7H_2O$）	0.1 g
磷酸氢二钾（K_2HPO_4）	2.0 g
蒸馏水	1 000 mL

制法：将上述无机盐加水溶解后，用 0.1 mol/L NaOH 校正 pH 值至 6.0～6.5，分装三角瓶，放入高压灭菌锅，于 121 ℃、103 kPa 蒸汽压力下灭菌 20 min。

6.2 无机盐琼脂培养基

无机盐营养液（6.1）	1 000 mL
琼脂	20.0 g

制法：将琼脂加入无机盐营养液中，加热溶解定容，分装三角瓶，放入高压灭菌锅，于 121 ℃、103 kPa蒸汽压力下灭菌 20 min。

6.3 马铃薯-蔗糖培养基

马铃薯	200 g
蔗糖	20 g
琼脂	20 g
蒸馏水	1 000 mL

制法：将马铃薯去皮切块，加蒸馏水，加热煮沸，20 min 后过滤，取汁。加入其余成分，定容至 1 000 mL，加热完全溶化后分装入试管，放入高压灭菌锅，于 121 ℃、103 kPa 灭菌 20 min，趁热取出试管，分开斜放，待其自然凝固成斜面后备用。

6.4 分散剂

聚山梨醇酯 80（吐温 80）

6.5 无菌水

用 100 mL 蒸馏水加 0.05 g 分散剂（吐温 80），充分混匀后，按每支 10 mL 分装到无色玻璃试管中，放入高压灭菌锅，于 121 ℃、103 kPa 灭菌 20 min 后备用。

7 霉菌菌种及混合霉菌孢子液的制备

7.1 试验菌种

黑曲霉(*Aspergillus niger*)CGMCC 3.5487 或 ATCC 16404;

球毛壳霉(*Chaetomium globosum*)CGMCC 3.3601 或 ATCC 6205;

绳状青霉(*Penicillium funiculosum*)CGMCC 3.3875 或 ATCC 10509;

绿色木霉(*Trichoderma viride*)CGMCC 3.2941 或 ATCC 28020。

防霉试验使用的菌株应由省级或国家级的菌种保藏机构提供。如果需要,可增加其他霉菌作为试验菌种。

7.2 霉菌菌种培养与孢子液的制备

7.2.1 菌种制备

在生物安全柜操作台上,将霉菌孢子接种马铃薯-蔗糖培养基斜面,28 ℃±2 ℃培养至斜面长满霉菌孢子(7 d～14 d)。

注 1:所用菌种均为 10 代之内。

注 2:马铃薯-蔗糖培养基斜面菌种可以贮存在 2 ℃～8 ℃的冰箱 2 个月。

7.2.2 霉菌孢子液的制备

7.2.2.1 取 10 mL 无菌水(6.5)倒入培养好的斜面菌种(7.2.1)中,用无菌接种环轻刮菌种表面洗出孢子,把洗出的孢子液倒入含玻璃珠的三角瓶中。

7.2.2.2 振荡三角瓶以充分混匀孢子液,并使成团的孢子分散。孢子液用快速定性滤纸过滤除去菌丝碎片、琼脂块和孢子团。

7.2.2.3 以 4 000 r/min 的速度离心已过滤的孢子液,去掉上层清液。用 50 mL 无菌水洗涤沉淀,再离心。用此方法清洗孢子三次。孢子液用无机盐营养液稀释,用血细胞计数板测定孢子含量,制备的孢子液应含有孢子 1×10^6 个/mL～5×10^6 个/mL。最后将各种霉菌的孢子液以等体积混合,这样获取的孢子悬液即为试验用孢子液。也可采用活菌计数法等其他适当的计数方法测定孢子含量。

注:每次试验可以使用新鲜制备的孢子液,或制备后在 2 ℃～8 ℃冰箱中存放不超过 4 d 的孢子液。

8 试验的准备

8.1 试验样品

从每个样品上选取有代表性试样,并将样品裁剪成直径或边长为 3.8 cm±0.5 cm 的圆形或正方形试片,共六片,选择合适的灭菌方法进行灭菌处理,如高压蒸汽(121 ℃,103 kPa)灭菌 15 min。

8.2 对照样品

对照样按 8.1 规定的尺寸制备并灭菌。

8.3 试样防霉耐洗性能

如果需要考核样品的防霉耐洗性能,将试样(8.1)按 GB/T 12490—2007 中的试验条件 A1M 进行洗涤,1 个循环相当于 5 次洗涤(一个循环的具体操作:150 mL 溶液中加入钢珠 10 粒,40 ℃下洗涤 45 min,取出试样在 100 mL 和 40 ℃的水中清洗两次,每次 1 min)。达到规定的洗涤次数后,用水充分清洗样品,晾干,然后进行防霉性能检测。

9 步骤

9.1 培养皿法

9.1.1 培养基平皿的准备

加热溶化无机盐琼脂培养基,冷却至 50 ℃～60 ℃,倒入 20 mL～25 mL 培养基于灭菌培养皿中,使其在室温下冷却凝固。

9.1.2 接种

9.1.2.1 试验样品

培养皿中的培养基凝固后，在培养基表面放上一片试样，用吸管吸取 1 mL 孢子液均匀分配接种到整个试样的表面，对于薄的样品尽可能保留孢子液于样品内。待试样表面水分稍干后盖好皿盖。每个样品做三个平行。

如果样品有涂层，宜在霉菌孢子液内加入 0.05%～0.5%吐温 80。

9.1.2.2 对照样品

接种方法按 9.1.2.1 进行。

9.1.2.3 空白试验

取三片试样(8.1)作为空白试验样，分别平放在无菌的无机盐琼脂培养基(6.2)上，接种 1 mL 无菌水到每个试样上，稍干后盖好皿盖。

9.1.3 培养

把已接种的试验样、对照样品和空白试验样品放在恒温恒湿培养箱中，在 28 ℃±2 ℃和相对湿度 90%±5%的条件下培养 28 d。

9.2 悬挂法

9.2.1 试验箱的准备

作为测试用的试验箱(5.12)，其大小与形状应能保证放置的样品有足够的空间，不相互干扰，并保持试验箱内相对湿度为 90%±5%。

9.2.2 接种

9.2.2.1 试验样品与对照样的接种

采用喷洒方式将 1 mL 孢子液均匀分布于试样和对照样的两面。雾粒喷洒到样品表面不应形成明显液滴，每个试样和对照样做三个平行。

9.2.2.2 空白试验

取 1 mL 无菌水代替霉菌孢子液，按 9.2.2.1 接种于一片试样表面，作为空白试验样，每种样品做三个平行试样。

注：如果试样无法吸收 1 mL 孢子液，只要试样整个表面均匀喷洒孢子液，不滴落即可。

9.2.3 样品的放置

9.2.3.1 试验样品与对照样品

试验样与对照样稍微晾干后，采用悬挂的方式分别把试样和对照样悬挂于不同试验箱 (9.2.1)中，注意平行试样放置时不得互相接触。

9.2.3.2 空白试验样品

将空白试验样放置在另一试验箱(9.2.1)内，安置方式应符合 9.2.3.1 要求。

9.2.4 培养

把放置了试验样品、对照样品和阴性对照样品的试验箱放在恒温恒湿培养箱中，在 28 ℃±2 ℃、相对湿度 90%±5%的条件下培养 28 d。

10 结果评价

10.1 试验结果的观察

培养结束后，将试样、对照样和空白试验样从恒温恒湿培养箱拿出，直接从正面或侧面观察试样表面霉菌生长情况，先用肉眼观察，如有必要，再用显微镜(放大倍数约为 50 倍)进行检查。

10.2 试验有效性的判定

当霉菌在对照样表面的覆盖面积大于 60%(即防霉效果达到 4 级)，空白试验样表面肉眼观察不到霉菌生长时，该试验被判定有效，否则试验无效，应重新进行试验。

10.3 防霉效果的评价

按表1评价样品的防霉等级，并以三个平行试样的防霉等级中数字最大的检验结果作为该样品的评等依据。

表1 防霉效果评价

长霉情况	防霉等级
在放大镜下无明显长霉	0
霉菌生长稀少或局部生长，在样品表面的覆盖面积小于10％	1
霉菌在样品表面的覆盖面积小于30％(10％～30％)	2
霉菌在样品表面的覆盖面积为小于60％(30％～60％)	3
霉菌在样品表面的覆盖面积达到或超过60％	4

11 试验报告

试验报告应包括下列内容：

a） 说明试验是按本标准进行的；

b） 试样和对照样的描述；

c） 样品的洗涤次数(需要时)；

d） 试验霉菌名称、编号、代数及浓度；

e） 试验方法(培养皿法或悬挂法)；

f） 试验温湿度和试验周期；

g） 长霉情况和防霉效果的评价；

h） 试验人员和试验日期；

i） 任何偏离本标准的情况。

ICS 43.080.01
T 47

GB

中华人民共和国国家标准

GB/T 24347—2009

电动汽车 DC/DC 变换器

The DC/DC converter for electric vehicles

2009-09-30 发布　　2010-02-01 实施

中华人民共和国国家质量监督检验检疫总局
中国国家标准化管理委员会　发布

前 言

本标准由国家发展和改革委员会提出。

本标准由全国汽车标准化技术委员会归口。

本标准起草单位:清华大学、中国汽车技术研究中心、北京航空航天大学、南车集团株洲电力机车研究所。

本标准主要起草人:陈全世、何云堂、高大威、黄勇、齐铂金、施双容、杨伟斌、伍理勋。

电动汽车 DC/DC 变换器

1 范围

本标准规定了电动汽车 DC/DC 变换器的要求、试验方法、检验规则、标志、包装、运输、贮存等。

本标准适用于电动汽车动力电源系统用 DC/DC 变换器。附件和控制系统低压(12 V、24 V)电源系统使用的 DC/DC 变换器可参照本标准相关内容。

本标准中涉及的 DC/DC 变换器的功率等级为千瓦级(1 kW～200 kW);不包括模块式小功率 DC/DC 变换器。

2 规范性引用文件

下列文件中的条款通过本标准的引用而成为本标准的条款。凡是注日期的引用文件,其随后所有的修改单(不包括勘误的内容)或修订版均不适用于本标准,然而,鼓励根据本标准达成协议的各方研究是否可使用这些文件的最新版本。凡是不注日期的引用文件,其最新版本适用于本标准。

GB/T 2423.1　电工电子产品环境试验　第 2 部分:试验方法　试验 A:低温(GB/T 2423.1—2008,IEC 60068-2-1:2007,IDT)

GB/T 2423.2　电工电子产品环境试验　第 2 部分:试验方法　试验 B:高温(GB/T 2423.2—2008,IEC 60068-2-2:2007,IDT)

GB/T 2423.17　电工电子产品环境试验　第 2 部分:试验方法　试验 Ka:盐雾(GB/T 2423.17—2008,IEC 60068-2-11:1981,IDT)

GB 4208—2008　外壳防护等级(IP 代码)(IEC 60529:2001,IDT)

GB 14711—2006　中小型旋转电机安全要求

GB/T 17619—1998　机动车电子电器组件的电磁辐射抗扰性限值和测量方法

GB/T 18384.1—2001　电动汽车　安全要求　第 1 部分:车载储能装置

GB/T 18488.1—2006　电动汽车用电机及其控制器　第 1 部分:技术条件

GB 18655—2002　用于保护车载接收机的无线电骚扰特性的限值和测量方法(idt IEC/CISPR 25:1995)

QC/T 413—2002　汽车电气设备基本技术条件

3 术语和定义

下列术语和定义适用于本标准。

3.1

DC/DC 变换器　DC/DC converter

表示在直流电路中将一个电压值的电能变换为另一个电压值的电能的装置。

3.2

效率　efficiency

DC/DC 变换器的输出功率与其输入功率及附属设备(风扇、控制器等)消耗的功率之和的比值。

DC/DC 变换器的输入功率用其输入端的电压和电流的测量值的乘积来计算,输入端电压应在其输入接线端子处(或接线电缆头部)量取。

DC/DC 变换器的输出功率用其输出端的电压和电流的测量值的乘积来计算,输出端电压应在其输出接线端子处(或接线电缆头部)量取。

附属设备(风扇、控制器等)消耗的功率另行计算。

3.3

额定输出电压　output rated voltage

在规定的环境条件、负载状态和温升限度下，DC/DC 变换器规定的输出工作电压值。

3.4

标称输入电压　input nominal voltage

在规定的环境条件、负载状态和温升限度下，DC/DC 变换器输入电压的标称值。

3.5

额定功率　rated power

在规定的环境条件、额定电压和连续工作情况下 DC/DC 变换器达到稳定温度后可输出的最大功率。

3.6

峰值功率　peak power

在规定的环境条件下和规定时间内，DC/DC 变换器可连续工作的最大功率。

3.7

质量比功率　specific power

DC/DC 变换器额定功率与其总质量(包括附属系统)的比值，单位为 kW/kg。

3.8

体积比功率　volumetric power density

DC/DC 变换器额定功率与其总体积(包括附属系统)的比值，单位为 kW/L。

3.9

动态响应时间　dynamic response time

系统受到一个激励后，由一种稳定的工作状态变换到另一个稳定工作状态所经历的时间。

4　分级与型号命名

4.1　电压等级

DC/DC 变换器的输入/输出电压值可按照 12 V 的整数倍划分，例如 12 V、24 V、36 V、48 V、……、600 V。

4.2　型号命名

DC/DC 变换器的型号命名见图 1。

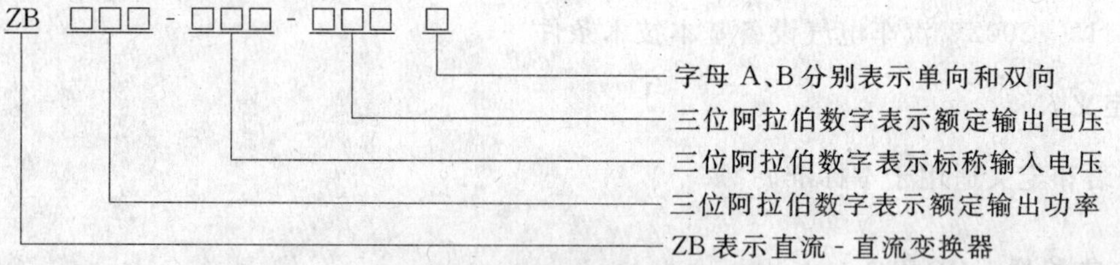

图 1　型号命名示意图

示例 1：ZB006-240-024A：表示直流-直流电源变换器，额定输出功率为 6 kW，额定输入电压为 240 V，输出电压为 24 V，单向。

示例 2：ZB100-336-360B：表示直流-直流电源变换器，额定输出功率为 100 kW，额定输入(输出)电压为 336 V、额定输出(输入)电压为 360 V，双向。

5　要求

5.1　环境适应性

5.1.1　温度

DC/DC 变换器的工作环境温度为 −20 ℃～+60 ℃，贮存温度为 −30 ℃～+70 ℃。

5.1.2 湿度

DC/DC 变换器的工作环境相对湿度为 5%～95%(不结露)。

5.1.3 盐雾

产品应进行盐雾试验。试验后,产品的电气性能参数应符合产品标准的规定。产品的安装细节、试验后的恢复条件和其他判定要求应在产品标准中规定。

5.2 耐振性

DC/DC 变换器的耐振性应满足 QC/T 413—2002 中 3.12 的要求。

5.3 壳体机械强度

DC/DC 变换器按照 6.3 所述的方法试验后,不发生明显的塑性变形。

5.4 防护等级

DC/DC 变换器的产品防护等级应符合 GB 4208—2008 中 IP55 要求。

5.5 噪声

DC/DC 变换器及其冷却系统的工作噪声应不大于 70 dBA。

5.6 绝缘性能

DC/DC 变换器中带电电路与地(外壳)之间的绝缘电阻,在环境温度为 23 ℃±2 ℃和相对湿度为 80%～90%时,不小于 500 Ω/V。

5.7 耐电压性能

接线端子对地(外壳)和彼此无电连接的电路之间的介电强度,应能耐受 2 000 V(DC)(或额定电压+1 500 V)的试验电压 1 min。

输入和输出引线应满足 GB 14711—2006 中 5.7 的要求。

5.8 接地

按照 6.8 所述的方法试验后,电阻应不大于 0.1 Ω。

接地点应有明显的接地标志。

5.9 电气间隙和爬电距离

电气间隙和爬电距离应满足 GB/T 18488.1—2006 表 3 中的相关要求。

5.10 额定功率

在规定的环境条件、额定电压和连续工作情况下,DC/DC 变换器达到稳定温升后可输出的最大功率应大于或等于铭牌中标出的额定功率值。

5.11 峰值输出功率及持续时间

DC/DC 变换器的过载输出功率不小于其额定功率的 1.2 倍。按照 6.11 所述的方法测量出的峰值持续运行时间,应不小于 6 min。

5.12 电磁兼容

DC/DC 变换器在运行过程中产生的传导干扰和辐射干扰不应超过 GB 18655—2002 中第 12 章和第 14 章规定的限值。

DC/DC 变换器在运行过程中抗干扰应满足 GB/T 17619—1998 中第 4 章的规定。

5.13 动态响应时间

DC/DC 变换器的动态响应时间,应符合生产商和用户签订的供货文件。

5.14 可靠性

在额定负载或按照设定的循环工况运行条件下,DC/DC 变换器无故障工作时间应不小于 3 000 h。

5.15 耐久性

DC/DC 变换器的耐久性要求,应符合生产商和用户签订的供货文件。

5.16 控制精度

5.16.1 电流控制精度

对于恒流输出特性的DC/DC变换器在额定输出电流下的相对误差不大于2%。

5.16.2 电压控制精度

对于恒压输出特性的DC/DC变换器在额定输出电压下的相对误差不大于1%。

5.17 外观质量

5.17.1 变换器外表面应平整,无明显的划伤、变形等缺陷;表面涂镀层应均匀。

5.17.2 铭牌、标志安装端正牢固,字迹清晰。

5.17.3 零部件紧固可靠,无锈蚀、毛刺、裂纹等缺陷和损伤。

6 试验方法

6.1 环境适应性

6.1.1 温度

6.1.1.1 低温试验

DC/DC变换器的低温试验按GB/T 2423.1相关要求进行,试验温度选取为-20 ℃,持续时间不小于2 h。试验过程中,DC/DC变换器在正常工作状态。

6.1.1.2 高温试验

DC/DC变换器的高温试验按GB/T 2423.2相关要求进行,试验温度选取为+60 ℃,持续时间不小于2 h。试验过程中,DC/DC变换器在正常工作状态。

6.1.2 湿度

DC/DC变换器的湿度试验按QC/T 413—2002中3.11的规定进行,可进行2个循环;试验过程中,在0 ℃~45 ℃时,DC/DC变换器应处于工作状态。

6.1.3 盐雾

盐雾试验应按GB/T 2423.17中的有关规定进行。DC/DC变换器应处于正常安装状态。推荐试验持续时间为16 h、24 h、48 h。试验结束,DC/DC变换器恢复1 h~2 h后,检查其通电能否正常工作。

6.2 振动试验

DC/DC变换器的振动试验按QC/T 413—2002中3.12的规定进行。

6.3 壳体机械强度

在DC/DC变换器壳体各表面任意30 cm×30 cm的面积上均匀地施加相当于100 kg质量重物的力,观测表面的塑性变形情况。

6.4 防护等级

按GB 4208—2008中IP55中方法试验。

6.5 噪声

DC/DC变换器工作噪声试验按QC/T 413—2002中4.4的规定进行。

6.6 绝缘性能

在DC/DC变换器未工作情况下,在环境温度为23 ℃±2 ℃和相对湿度为80%~90%时,用1 000 V兆欧表(或其他具有相同功能和精度等级的仪器)对DC/DC变换器中带电电路与地(外壳)之间的绝缘电阻进行测量。

6.7 耐电压性能

在DC/DC变换器未工作情况下,在环境温度为23 ℃±2 ℃和相对湿度为80%~90%时,用量程为2 000 V(DC)(或额定电压+1 500 V)的耐电压测试仪对接线端子对地(外壳)和彼此无电连接的电路的漏电流进行测量。

6.8 接地检查

用精度为 1/1 000 Ω 的万用表(或其他具有相同功能和精度等级的仪器)测量 DC/DC 变换器中能触及的金属部件与外壳接地点处的电阻。

6.9 电气间隙和爬电距离

6.9.1 电气间隙

使用千分尺或塞规,测量两相邻导体或一个导体与相邻壳表面的最短距离。

6.9.2 爬电距离

按照 GB/T 18384.1—2001 中 6.2 的方法进行。

6.10 额定功率

使 DC/DC 变换器的输出电压值等于铭牌上的额定电压值,调整负载输出电流,使其与额定电压的乘积等于额定功率,在温度达到平衡后,可长时间持续工作,持续工作时间应不小于 2 h。

6.11 峰值功率及持续时间

使 DC/DC 变换器的输出电压值等于铭牌上的额定电压值,调整负载输出电流,使其与额定电压的乘积等于额定功率的 1.2 倍,在规定的测量时间内可正常工作。

6.12 电磁兼容

6.12.1 电磁干扰试验

按 GB 18655—2002 中第 3 章的测量方法进行测试。

6.12.2 电磁抗扰性试验

按 GB/T 17619—1998 的测量方法和规定的抗扰性电平要求测试。

6.13 动态响应时间

参考 6.14、图 2 中标明的工况试验曲线,测量负荷率从 30%阶跃到 80%,或从 80%阶跃到 30%的响应时间。

6.14 可靠性

推荐的可靠性试验循环工况曲线(燃料电池大客车)示例见图 2,i_P 表示输出功率(P)与额定功率(P_e)的比值,试验循环数据见表 1。

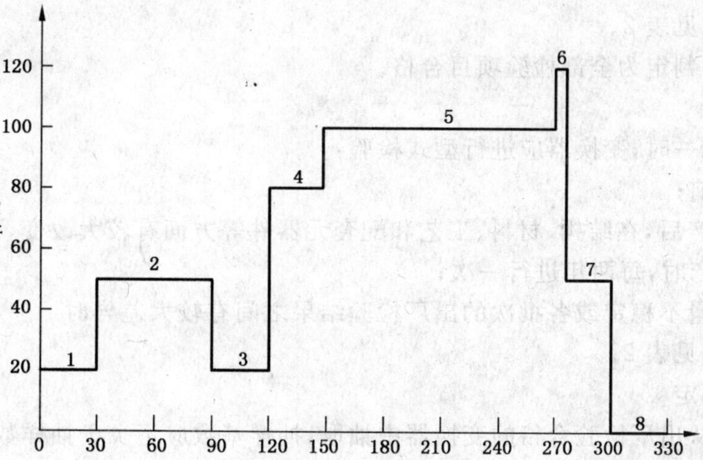

图 2 试验循环工况曲线

表 1 试验循环数据

工况序号	i_P/%	工况时间 t/min	累计时间 t/min
1	20	30	30
2	50	60	90
3	20	30	120
4	80	30	150
5	100	120	270
6	120	6	276
7	50	24	300
8	0	30	330

每个循环试验时间为 5.5 h。

其他车型应用的 DC/DC 变换器可靠性试验循环工况由制造商和用户协商确定。

6.15 耐久性

DC/DC 变换器的耐久性试验方法，由生产商和用户双方协商制定。

6.16 控制精度

6.16.1 环境条件

温度为 23 ℃±2 ℃；相对湿度为 80%～90%。

6.16.2 负荷

按 30%、60%和 100%的额定功率测量。

6.17 外观质量

目测检查。

7 检验规则

7.1 检验分类

产品检验分为出厂检验和型式检验两种。

7.2 出厂检验

7.2.1 每台变换器都应进行出厂检验。出厂检验由制造厂质量检验部门负责，按标准规定进行。

7.2.2 出厂检验项目见表 2。

7.2.3 出厂检验合格判定为全部检验项目合格。

7.3 型式检验

7.3.1 有下列情况之一时，变换器应进行型式检验：

a) 新产品定型前；

b) 产品正式投产后，在结构、材料、工艺和配套元器件等方面有较大改变，可能影响产品性能时；

c) 产品正常生产时，每两年进行一次；

d) 发现产品质量不稳定或各批次的出厂检验结果之间有较大差异时。

7.3.2 型式检验项目见表 2。

7.3.3 抽样及合格判定

型式检验的样品从出厂检验合格的变换器中抽取，抽样基数应不少于抽样数的 10 倍。选取不少于 2 台样品。

型式检验的合格判定为所有检验项目都合格。若有不合格项，在全部检验项目进行完毕后，再抽取加倍数量的变换器重新对不合格项进行检验，若加倍抽样检验仍不合格，则应判定这批变换器型式检验不合格。

表 2 出厂检验和型式检验项目

序号	项目名称	检验要求	检验方法	型式检验	出厂检验
1	外观质量	5.17	6.17	○	○
2	低温	5.1.1	6.1.1	○	
3	高温	5.1.1	6.1.1	○	
4	湿度	5.1.2	6.1.2	○	
5	盐雾	5.1.3	6.1.3	○	
6	控制精度	5.16	6.16	○	○
7	额定功率	5.10	6.10	○	○
8	峰值功率及持续时间	5.11	6.11	○	
9	防护等级	5.4	6.4	○	
10	绝缘性能	5.6	6.6	○	○
11	耐电压性能	5.7	6.7	○	○
12	接地检查	5.8	6.8	○	○
13	电气间隙和爬电距离	5.9	6.9	○	
14	电磁兼容	5.12	6.12	○	
15	耐振性	5.2	6.2	○	
16	壳体机械强度	5.3	6.3	○	
17	噪声	5.5	6.5	○	
18	可靠性	5.14	6.14	○	
19	耐久性	5.15	6.15	○	

8 标志、包装、运输、贮存

8.1 标志

8.1.1 DC/DC 变换器产品上应有下列标志：

a) 制造厂名(代码)；

b) 产品型号或规格；

c) 制造日期；

d) 商标；

e) 输入/输出极性符号；

f) “高压危险”标志。

8.1.2 包装箱外壁应有下列标志：

a) 产品名称、型号规格、数量、制造厂名、厂址、邮编；

b) 产品标准编号；

c) 每箱的净重和毛重；

d) 标明防潮、不准倒置、轻放等标志。

8.2 包装

8.2.1 DC/DC 变换器的包装应符合防潮防振的要求。

8.2.2 包装箱内应装入随同产品提供的文件：

a) 装箱单(指多只包装)；

b） 产品合格证；

c） 产品使用说明书。

8.3 运输

8.3.1 在运输中，产品不应受剧烈机械冲撞、曝晒、雨淋、不应倒置。

8.3.2 在装卸过程中，产品应轻搬轻放，严防摔掷、翻滚、重压。

8.4 贮存

8.4.1 产品可贮存在温度为－30 ℃～＋70 ℃的干燥、清洁及通风良好的仓库内。

8.4.2 应不受阳光直射，距离热源不应少于 2 m。

8.4.3 不应倒置及卧放，并避免机械冲击和重压。

ICS 59.120.30
W 90

中华人民共和国国家标准

GB/T 24348.1—2009

纺织机械与附件 筘 第1部分:胶粘线扎筘的尺寸和标记

Textile machinery and accessories—Reeds— Part 1:Dimensions and designation of pitch bound reeds

(ISO 366-1:1988,Textile machinery and accessories—Reeds—
Part 1:Pitch bound reeds—Dimensions,MOD)

2009-09-30 发布 2010-02-01 实施

中华人民共和国国家质量监督检验检疫总局
中国国家标准化管理委员会 发布

前　言

GB/T 24348《纺织机械与附件　筘》分为5个部分：

——第1部分：胶粘线扎筘的尺寸和标记；

——第2部分：平板梁金属丝扎筘的尺寸和标记；

——第3部分：双弹性梁金属丝扎筘的尺寸和标记；

——第4部分：树脂固化金属丝扎筘的尺寸和标记；

——第5部分：槽形梁的尺寸和标记。

本部分为GB/T 24348的第1部分。

本部分修改采用ISO 366-1：1988《纺织机械与附件　筘　第1部分：胶粘线扎筘的尺寸》(英文版)。

本部分根据ISO 366-1：1988重新起草，与ISO 366-1：1988的技术性差异为：

——删去图1中对尺寸的文字性描述，即将"筘总宽"改为"B"，"有效筘宽"改为"B_N"，"筘内高"改为"e"，"筘边宽"改为"f"，"h"改为"h_1"，并增加对应的图注；

——增加"3　标记"一章。

上述技术性差异的原因是：为了弥补ISO 366-1：1988的缺陷，保证系列标准的协调一致性，避免概念混乱，便于使用。

为便于使用，本部分对ISO 366-1：1988作了下列编辑性修改：

a)　"ISO 366"一词改为"GB/T 24348"；

b)　删除ISO 366-1：1988的前言和引言；

c)　增加图题"图1　胶粘线扎筘"，增加图注标题"基本尺寸"，图注中尺寸代号与对应名称之间的等号"="改为破折号"——"，在名称后增加标点符号；

d)　增加表题"表1　胶粘线扎筘的基本尺寸"，表1中打"×"方格改为涂灰，并增加表注"灰色区域为推荐的尺寸规格"；

e)　用小数点符号"."代替作为小数点符号的","。

本部分由中国纺织工业协会提出。

本部分由全国纺织机械与附件标准化技术委员会归口。

本部分起草单位：常州钢筘有限公司、绍兴市水富纺织器材有限公司、绍兴县鼎丰纺织器材有限公司、陕西纺织器材研究所。

本部分主要起草人：赵玉生、秋黎凤、施越浩、倪克岗、诸水夫、丁国胜、余定泉、淡培霞。

纺织机械与附件　筘
第1部分:胶粘线扎筘的尺寸和标记

1　范围

GB/T 24348 的本部分规定了纺织工业用胶粘线扎筘的基本尺寸。

本部分适用于有梭织机用胶粘线扎筘。

2　尺寸

胶粘线扎筘的基本尺寸见图1、表1。

基本尺寸：

B——筘总宽；

B_N——有效筘宽；

b——筘齿宽；

d——筘梁厚；

e——筘内高；

h_1——筘总高；

f——筘边宽。

图1　胶粘线扎筘

表 1　胶粘线扎箝的基本尺寸

单位为毫米

b		(2.5)	3	4	5	6	8	10	12
d		14	15	16	17	18	20	22	24
h_1	110								
	120								
	130								
	140								
	150								
	160								
	180								
	200								
	220								
	240								
括号内数值应尽可能不使用。 注：灰色区域为推荐的尺寸规格。									

3　标记

胶粘线扎箝的标记应依次包括下列内容：

a)　“胶粘线扎箝”；

b)　GB/T 24348 的本部分编号，即 GB/T 24348.1；

c)　箝内高 *e*，单位为毫米；

d)　箝总高 h_1，单位为毫米；

e)　箝梁厚 *d*，单位为毫米；

f)　箝齿宽 *b*，单位为毫米。

示例：

箝总高 $h_1=120$ mm，箝梁厚 $d=16$ mm，箝齿宽 $b=4$ mm 的箝应标记为：

胶粘线扎箝 GB/T 24348.1-120×16×4

ICS 59.120.30
W 90

中华人民共和国国家标准

GB/T 24348.2—2009

纺织机械与附件 筘 第2部分：平板梁金属丝扎筘的尺寸和标记

Textile machinery and accessories—Reeds—Part 2: Dimensions and designation of metal reeds with plate baulk

(ISO 366-2:1988, Textile machinery and accessories—Reeds—Part 2: Metal reeds with plate baulk—Dimensions and designation, NEQ)

2009-09-30 发布　　　　2010-02-01 实施

中华人民共和国国家质量监督检验检疫总局
中国国家标准化管理委员会　发布

前 言

GB/T 24348《纺织机械与附件　筘》分为5个部分：

——第1部分：胶粘线扎筘的尺寸和标记；

——第2部分：平板梁金属丝扎筘的尺寸和标记；

——第3部分：双弹性梁金属丝扎筘的尺寸和标记；

——第4部分：树脂固化金属丝扎筘的尺寸和标记；

——第5部分：槽形梁的尺寸和标记。

本部分为GB/T 24348的第2部分。

本部分与ISO 366-2：1988《纺织机械与附件　筘　第2部分：平板梁金属丝扎筘的尺寸和标记》(英文版)的一致性程度为非等效。

本部分由中国纺织工业协会提出。

本部分由全国纺织机械与附件标准化技术委员会归口。

本部分起草单位：常州钢筘有限公司、绍兴市水富纺织器材有限公司、绍兴县鼎丰纺织器材有限公司、陕西纺织器材研究所。

本部分主要起草人：赵玉生、秋黎凤、施越浩、倪克岗、诸水夫、丁国胜、余定泉、淡培霞。

纺织机械与附件 筘 第2部分:平板梁金属丝扎筘的尺寸和标记

1 范围

GB/T 24348 的本部分规定了纺织工业用平板梁金属丝扎筘的基本尺寸和标记。

本部分适用于有梭丝织机、有梭丝网织机、喷水织机用平板梁金属丝扎筘。

2 尺寸

平板梁金属丝扎筘的基本尺寸见图 1 和表 1,筘齿的垂直度公差按照图 2 要求。

基本尺寸:

B——筘总宽;

B_N——有效筘宽;

b——筘齿宽;

d——筘梁厚;

e——筘内高;

h_1——筘总高;

f——筘边宽。

图 1 平板梁金属丝扎筘

表 1　平板梁金属丝扎筘的尺寸

单位为毫米

筘总高 h_1	筘齿宽 b					
	2.0(2.2)[a] 3			4		
	筘梁厚 d					
	5	5.5	8	6	6.5	8
90						
100						
110						
120						
130						
140						
150						
160						
180						

注：灰色区域为推荐的尺寸规格。

[a] 括号中数值不推荐使用。

单位为毫米

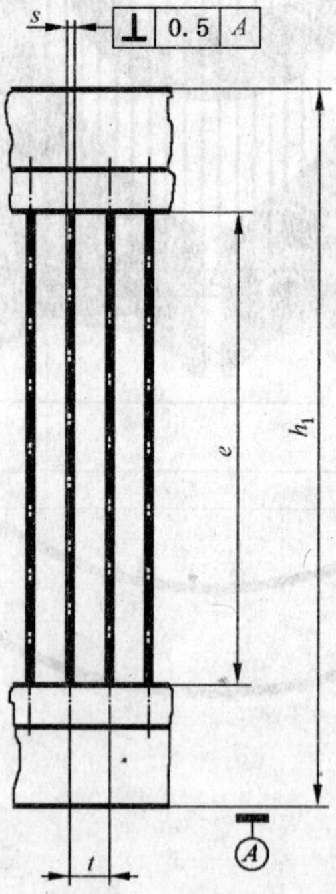

基本尺寸：

e——筘内高；

h_1——筘总高；

s——筘齿厚；

t——筘齿距。

图 2　筘齿对下筘梁底面的垂直度

3 标记

平板梁金属丝扎筘的标记应依次包括下列内容：

a) 平板梁金属丝扎筘；

b) GB/T 24348 的本部分编号，即 GB/T 24348.2；

c) 筘内高 e，单位为毫米；

d) 筘总高 h_1，单位为毫米；

e) 筘梁厚 d，单位为毫米；

f) 筘齿宽 b，单位为毫米；

g) 筘齿用钢型号，即普通钢或不锈钢。

示例：

筘总高 $h_1=150$ mm，筘梁厚 $d=8$ mm，筘齿宽 $b=4$ mm，筘齿用不锈钢片制造的筘应标记为：

平板梁金属丝扎筘 GB/T 24348.2-150×8×4-不锈钢

ICS 59.120.30
W 90

中华人民共和国国家标准

GB/T 24348.3—2009

纺织机械与附件 筘
第3部分：双弹性梁金属丝扎筘的尺寸和标记

**Textile machinery and accessories—Reeds—
Part 3: Dimensions and designation of metal reeds with double-spring baulk**

(ISO 366-3:1988, Textile machinery and accessories—Reeds—
Part 3: Metal reeds with double-spring baulk—
Dimensions and designation, NEQ)

2009-09-30 发布 2010-02-01 实施

中华人民共和国国家质量监督检验检疫总局
中国国家标准化管理委员会 发布

前 言

GB/T 24348《纺织机械与附件　筘》分为5个部分：

——第1部分：胶粘线扎筘的尺寸和标记；

——第2部分：平板梁金属丝扎筘的尺寸和标记；

——第3部分：双弹性梁金属丝扎筘的尺寸和标记；

——第4部分：树脂固化金属丝扎筘的尺寸和标记；

——第5部分：槽形梁的尺寸和标记。

本部分为GB/T 24348的第3部分。

本部分与ISO 366-3：1988《纺织机械与附件　筘　第3部分：双弹性梁金属丝扎筘的尺寸和标记》(英文版)的一致性程度为非等效。

本部分由中国纺织工业协会提出。

本部分由全国纺织机械与附件标准化技术委员会归口。

本部分起草单位：常州钢筘有限公司、绍兴市水富纺织器材有限公司、绍兴县鼎丰纺织器材有限公司、陕西纺织器材研究所。

本部分主要起草人：赵玉生、秋黎凤、施越浩、倪克岗、诸水夫、丁国胜、余定泉、淡培霞。

纺织机械与附件　筘
第3部分：双弹性梁金属丝扎筘的尺寸和标记

1　范围

GB/T 24348 的本部分规定了纺织工业用双弹性梁金属丝扎筘的基本尺寸和标记。

本部分适用于有梭织机用双弹性梁金属丝扎筘。

2　尺寸

双弹性梁金属丝扎筘的基本尺寸见图1和表1，筘齿的垂直度公差按照图2要求。

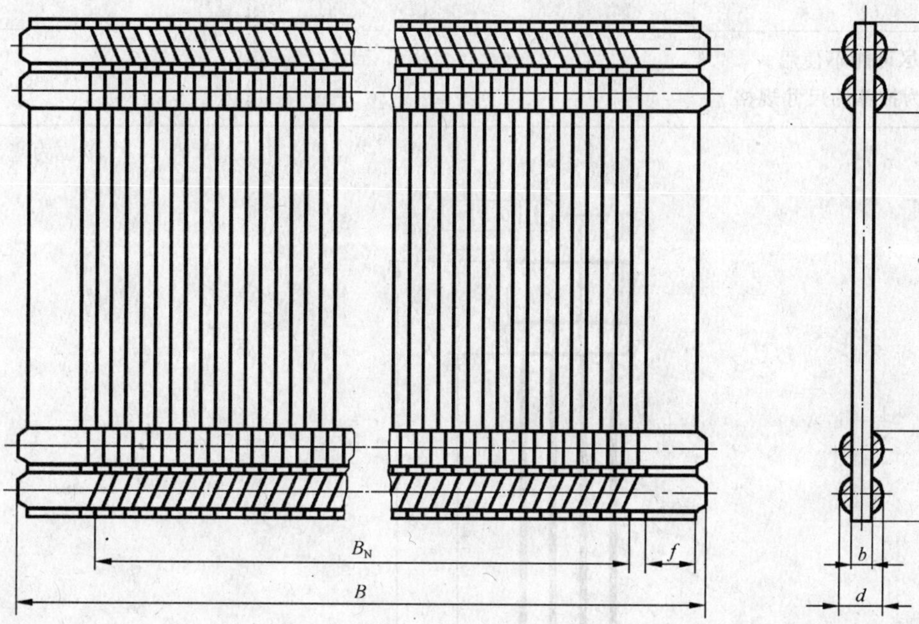

基本尺寸：

B——筘总宽；

B_N——有效筘宽；

b——筘齿宽；

d——筘梁厚(近似值，随线材直径而定)；

e——筘内高；

h_1——筘总高；

f——筘边宽。

图1　双弹性梁金属丝扎筘

表 1　双弹性梁金属丝扎筘的基本尺寸

单位为毫米

筘总高 h_1	筘齿宽 b			
	3	4	(5)	6
	筘梁厚 d			
	6.5	8	(9)	10
110				
120				
130				
140				
150				
160				
括号内数值应尽可能不使用。 注：灰色区域为推荐的尺寸规格。				

单位为毫米

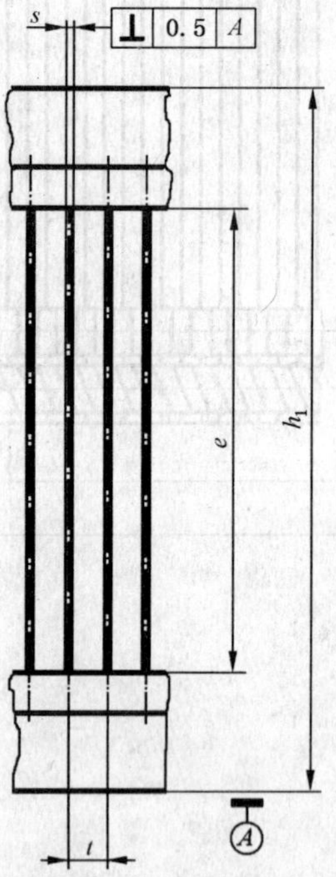

基本尺寸：

e——筘内高；

h_1——筘总高；

s——筘齿厚；

t——筘齿距。

图 2　筘齿对下筘梁底面的垂直度

3 标记

双弹性梁金属丝扎箱的标记应依次包括下列内容：

a） 双弹性梁金属丝扎箱；

b） GB/T 24348 的本部分编号，即 GB/T 24348.3；

c） 箱内高 e，单位为毫米；

d） 箱总高 h_1，单位为毫米；

e） 箱梁厚 d，单位为毫米；

f） 箱齿宽 b，单位为毫米；

g） 箱齿用钢型号，即普通钢或不锈钢。

示例：

箱总高 $h_1=150$ mm，箱梁厚 $d=8$ mm，箱齿宽 $b=4$ mm，箱齿用不锈钢片制造的箱应标记为：

双弹性梁金属丝扎箱 GB/T 24348.3-150×8×4-不锈钢

ICS 59.120.30
W 90

中华人民共和国国家标准

GB/T 24348.4—2009

纺织机械与附件　筘
第4部分:树脂固化金属丝扎筘的尺寸和标记

Textile machinery and accessories—Reeds—
Part 4:Dimensions and designation of plastic-bound metal reeds

(ISO 366-4:2005,MOD)

2009-09-30 发布　　　　2010-02-01 实施

中华人民共和国国家质量监督检验检疫总局
中国国家标准化管理委员会　发布

前言

GB/T 24348《纺织机械与附件 筘》分为5个部分：

——第1部分：胶粘线扎筘的尺寸和标记；

——第2部分：平板梁金属丝扎筘的尺寸和标记；

——第3部分：双弹性梁金属丝扎筘的尺寸和标记；

——第4部分：树脂固化金属丝扎筘的尺寸和标记；

——第5部分：槽形梁的尺寸和标记。

本部分为GB/T 24348的第4部分。

本部分修改采用ISO 366-4:2005《纺织机械与附件 筘 第4部分：树脂固化金属丝扎筘的尺寸和标记》(英文版)。

本部分根据ISO 366-4:2005重新起草，与ISO 366-4:2005的技术性差异为：

——图2所示筘齿对下筘梁底面的垂直度公差要求“0.5t”修改为“0.5 mm”。

上述技术性差异的原因是：

——由于ISO 366-4:2005规定的筘齿对下筘梁底面的垂直度公差0.5t无论国内外都是达不到的要求，而且无适用的检测仪器，因此根据使用要求和生产实际修改为0.5 mm。

为便于使用，本部分对ISO 366-4:2005还做了下列编辑性修改：

a) “ISO 366”一词改为“GB/T 24348”；

b) 删除ISO 366-4:2005的前言；

c) 第2章标题“参考标准”改为“规范性引用文件”，并采用GB/T 1.1—2000中规定的引导语；

d) 图1、图2的图注中尺寸代号与对应名称之间的空格改为破折号“——”，在名称后增加标点符号；

e) 表1中增加表注“灰色区域为推荐的尺寸规格”；

f) 用小数点符号“.”代替作为小数点符号的“,”；

g) 图2中垂直度基准符号改为带小圆的大写斜体字母，并用细实线与粗的短横线相连。

本部分由中国纺织工业协会提出。

本部分由全国纺织机械与附件标准化技术委员会归口。

本部分起草单位：常州钢筘有限公司、绍兴市水富纺织器材有限公司、绍兴县鼎丰纺织器材有限公司、陕西纺织器材研究所。

本部分主要起草人：赵玉生、秋黎凤、施越浩、倪克岗、诸水夫、丁国胜、余定泉、淡培霞。

纺织机械与附件 筘 第4部分：树脂固化金属丝扎筘的尺寸和标记

1 范围

GB/T 24348的本部分规定了纺织工业用树脂固化金属丝扎筘的基本尺寸和标记。

本部分适用于剑杆织机、喷水织机、片梭织机用树脂固化金属丝扎筘。

2 规范性引用文件

下列文件中的条款通过GB/T 24348的本部分的引用而成为本部分的条款。凡是注日期的引用文件，其随后所有的修改单(不包括勘误的内容)或修订版均不适用于本部分，然而，鼓励根据本部分达成协议的各方研究是否可使用这些文件的最新版本。凡是不注日期的引用文件，其最新版本适用于本部分。

GB/T 24348.5 纺织机械与附件 筘 第5部分：槽形梁的尺寸和标记(GB/T 24348.5—2009，ISO 366-5:2006，MOD)

3 尺寸

树脂固化金属丝扎筘的基本尺寸见图1和表1，筘齿的垂直度公差按照图2要求。

上、下筘梁高度应符合GB/T 24348.5或由供、订货双方协商。

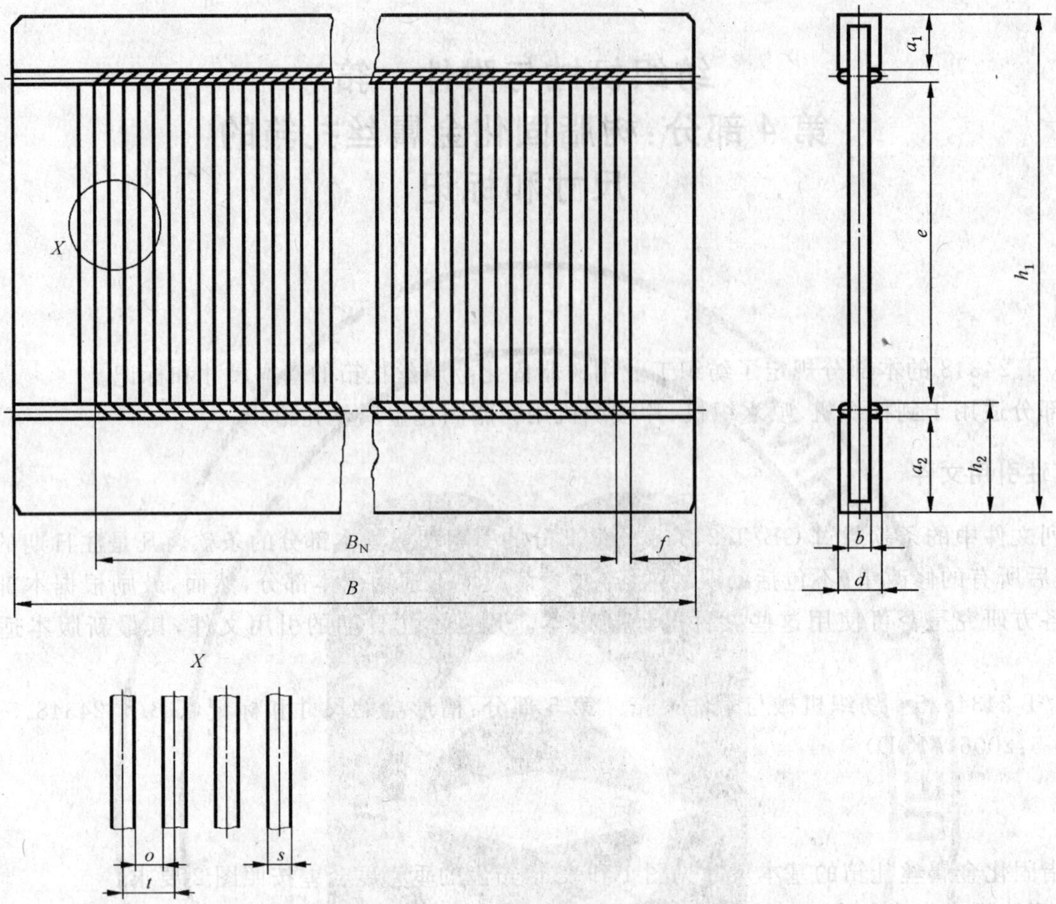

基本尺寸：

a_1——上筘梁高；

a_2——下筘梁高；

B——筘总宽；

B_N——有效筘宽；

b——筘齿宽；

d——筘梁厚；

e——筘内高；

f——筘边宽；

h_1——筘总高；

h_2——下筘梁扎丝高；

o——筘齿间隙；

s——筘齿厚；

t——筘齿距。

图 1　树脂固化金属丝扎筘

表 1　树脂固化金属丝扎筘的基本尺寸　　单位为毫米

筘内高 e	筘齿宽 b				
	3	4	6	8	12
	筘梁厚 d				
	6	8	10	12	18
50					
60					
70					
80					

表 1（续）

单位为毫米

箔内高 e	箔齿宽 b				
	3	4	6	8	12
	箔梁厚 d				
	6	8	10	12	18
90					
100					
110					
120					
130					
140					
150					
160					
170					
180					
注：灰色区域为推荐的尺寸规格。					

单位为毫米

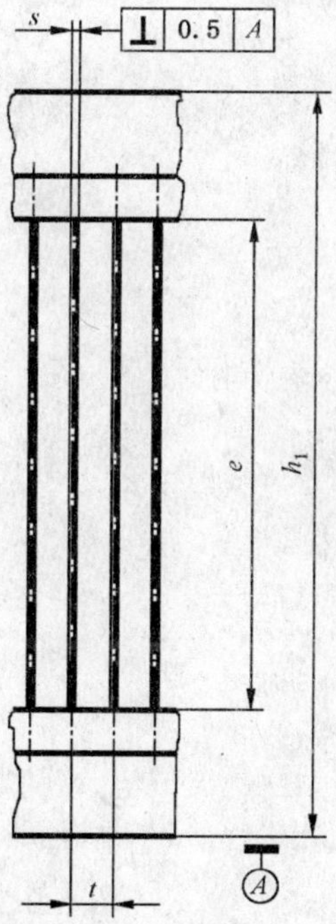

基本尺寸：

e——箔内高；

h_1——箔总高；

s——箔齿厚；

t——箔齿距。

图 2　箔齿对下箔梁底面的垂直度

4 标记

树脂固化金属丝扎筘的标记应依次包括下列内容：

a） 树脂固化金属丝扎筘；

b） GB/T 24348 的本部分编号，即 GB/T 24348.4；

c） 筘内高 e，单位为毫米；

d） 筘梁厚 d，单位为毫米；

e） 筘齿宽 b，单位为毫米；

f） 筘齿用钢型号，即普通钢或不锈钢或淬硬钢。

示例 1：

筘内高 e=80 mm，筘梁厚 d=8 mm 和筘齿宽 b=4 mm，筘齿用不锈钢片制造的筘应标记为：

树脂固化金属丝扎筘　GB/T 24348.4-80×8×4-不锈钢

示例 2：

筘内高 e=80 mm，筘梁厚 d=18 mm 和筘齿宽 b=12 mm，筘齿用淬硬钢片制造的筘应标记为：

树脂固化金属丝扎筘　GB/T 24348.4-80×18×12-淬硬钢

ICS 59.120.30
W 90

GB

中华人民共和国国家标准

GB/T 24348.5—2009

纺织机械与附件　筘 第5部分:槽形梁的尺寸和标记

**Textile machinery and accessories—Reeds—
Part 5: Dimensions and designation of profile capsules**

(ISO 366-5:2006,MOD)

2009-09-30 发布　　2010-02-01 实施

中华人民共和国国家质量监督检验检疫总局
中国国家标准化管理委员会　发布

前 言

GB/T 24348《纺织机械与附件　筘》分为5个部分：

——第1部分：胶粘线扎筘的尺寸和标记；

——第2部分：平板梁金属丝扎筘的尺寸和标记；

——第3部分：双弹性梁金属丝扎筘的尺寸和标记；

——第4部分：树脂固化金属丝扎筘的尺寸和标记；

——第5部分：槽形梁的尺寸和标记。

本部分为GB/T 24348的第5部分。

本部分修改采用ISO 366-5:2006《纺织机械与附件　筘　第5部分:槽形梁的尺寸和标记》(英文版)。

本部分根据ISO 366-5:2006重新起草,与ISO 366-5:2006的技术性差异为:

——删除图1中槽形梁倒角0.5×45°的要求；

——表1中槽形梁高 h=10 mm栏中增加 h=12 mm和16 mm,h=20 mm栏中增加 h=23 mm。

上述技术性差异的原因是:实际制造0.5×45°槽形梁倒角,其模具易损坏,而且不适用于倒角为圆角的不锈钢槽形梁,因此以不规定倒角更合理。而槽形梁高规格实际应用较多,因此在本标准中予以补充。

为便于使用,本部分对ISO 366-5:2006作了下列编辑性修改：

a) “ISO 366”一词改为“GB/T 24348”；

b) 删除ISO 366-5:2006的前言；

c) 删除“1　范围”中的第2段；

d) 第2章标题“参考标准”改为“规范性引用文件”,并采用GB/T 1.1—2000中规定的引导语；

e) 图1的图注中尺寸代号与对应尺寸名称之间的空格改为破折号“——”,在名称后增加标点；

f) 用小数点符号“.”代替作为小数点符号的“,”；

g) 删除4e)后括号的文字说明。

本部分由中国纺织工业协会提出。

本部分由全国纺织机械与附件标准化技术委员会归口。

本部分起草单位:常州钢筘有限公司、绍兴市水富纺织器材有限公司、绍兴县鼎丰纺织器材有限公司、陕西纺织器材研究所。

本部分主要起草人:赵玉生、秋黎凤、施越浩、倪克岗、诸水夫、丁国胜、余定泉、淡培霞。

纺织机械与附件　筘
第5部分:槽形梁的尺寸和标记

1　范围

GB/T 24348的本部分规定了织机用筘的槽形梁的尺寸和标记。

本部分适用于喷气织机、喷水织机、剑杆织机、片梭织机用筘的槽形梁。

2　尺寸

槽形梁的尺寸见图1和表1。

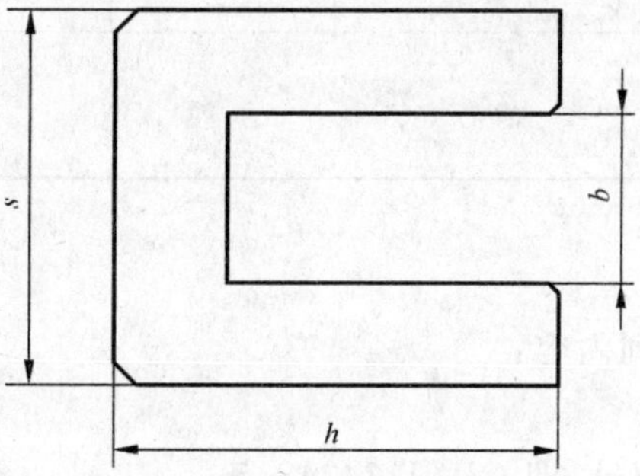

基本尺寸：

b——凹槽宽；

h——槽形梁高；

s——槽形梁厚。

图1　槽形梁的尺寸

表1　槽形梁的尺寸

单位为毫米

s	h																				
	10　12　16							18							20　23						
	b																				
	3	4	6	(7)	8	(10)	12	3	4	6	(7)	8	(10)	12	3	4	6	(7)	8	(10)	12
6	■																				
8	■	■						■	■						■	■					
10			■	■	■																
12	■			■	■						■	■							■		
14																					
16											■	■				■					■
18																				■	
20																					■

表 1（续）　　单位为毫米

s	h																				
	25							30							35						
	b																				
	3	4	6	(7)	8	(10)	12	3	4	6	(7)	8	(10)	12	3	4	6	(7)	8	(10)	12
6																					
8																					
10																					
12																					
14																					
16																					
18																					
20																					

括号内数值应尽可能不使用。

注：涂灰区域为标准截面。

3 标记

槽形梁的标记应依次包括下列内容：

a) 槽形梁；

b) GB/T 24348 的本部分编号，即 GB/T 24348.5；

c) 槽形梁高 h，单位为毫米；

d) 槽形梁厚 s，单位为毫米；

e) 凹槽宽 b，单位为毫米。

示例：

槽形梁高 $h=18$ mm，槽形梁厚 $s=12$ mm 和凹槽宽 $b=8$ mm 的槽形梁应标记为：

槽形梁　GB/T 24348.5-18×12×8

ICS 59.120
W 90

GB

中华人民共和国国家标准

GB/T 24349.1—2009/ISO 3914-1:1994

纺织机械与附件　圆柱形筒管
第1部分：主要尺寸推荐值

**Textile machinery and accessories—Cylindrical tubes—
Part 1: Recommended main dimensions**

(ISO 3914-1:1994, IDT)

2009-09-30 发布　　　　2010-02-01 实施

中华人民共和国国家质量监督检验检疫总局
中国国家标准化管理委员会　发布

前言

GB/T 24349《纺织机械与附件 圆柱形筒管》分为以下7个部分：

——第1部分：主要尺寸推荐值；

——第2部分：自由端纺纱机用筒管的尺寸、偏差和标记；

——第3部分：扁丝用筒管的尺寸、偏差和标记；

——第4部分：变形丝用筒管的尺寸、偏差和标记；

——第5部分：合成长丝用筒管的尺寸、偏差和标记；

——第6部分：卷绕和加捻用交叉卷绕筒管的尺寸、偏差和标记；

——第7部分：筒子纱染色用网眼筒管的尺寸、偏差和标记。

本部分为GB/T 24349的第1部分。

GB/T 24349的本部分等同采用ISO 3914-1:1994《纺织机械与附件 圆柱形筒管 第1部分：主要尺寸推荐值》(英文版)。

本部分等同翻译ISO 3914-1:1994。

为便于使用，本部分对ISO 3914-1:1994作了下列编辑性修改：

a) “ISO 3914”一词改为“GB/T 24349”；

b) 删除ISO 3914-1:1994的前言和引言；

c) 第2章“引用标准”一词改为“规范性引用文件”，并改用GB/T 1.1—2000中规定的引导语。

本部分由中国纺织工业协会提出。

本部分由全国纺织机械与附件标准化技术委员会归口。

本部分起草单位：平湖市大亚纸管有限公司、桐乡恒益纸塑有限公司、如东县太极化纤纺织器材有限公司、苏州市相城区通河纸管厂、陕西圣龙纸业有限公司、陕西纺织器材研究所。

本部分主要起草人：赵玉生、宋明华、陈雪勤、陈明达、王超、尹美泉、陆金金、邢阿林、邢文伟、王新全、杨斌科。

纺织机械与附件 圆柱形筒管
第1部分:主要尺寸推荐值

1 范围

GB/T 24349 的本部分规定了纺织机械用的圆柱形筒管主要尺寸(内径和长度)推荐值。

2 规范性引用文件

下列文件中的条款通过 GB/T 24349 的本部分的引用而成为本部分的条款。凡是注日期的引用文件,其随后所有的修改单(不包括勘误的内容)或修订版均不适用于本部分,然而,鼓励根据本部分达成协议的各方研究是否可使用这些文件的最新版本。凡是不注日期的引用文件,其最新版本适用于本部分。

GB/T 24349.2—2009 纺织机械与附件 圆柱形筒管 第2部分:自由端纺纱机用筒管的尺寸、偏差和标记(ISO 3914-2:1994,IDT)

GB/T 24349.3—2009 纺织机械与附件 圆柱形筒管 第3部分:扁丝用筒管的尺寸、偏差和标记(ISO 3914-3:1994,IDT)

GB/T 24349.4—2009 纺织机械与附件 圆柱形筒管 第4部分:变形丝用筒管的尺寸、偏差和标记(ISO 3914-4:1994,MOD)

GB/T 24349.5—2009 纺织机械与附件 圆柱形筒管 第5部分:合成长丝用筒管的尺寸、偏差和标记(ISO 3914-5:1994,MOD)

GB/T 24349.6—2009 纺织机械与附件 圆柱形筒管 第6部分:卷绕和加捻用交叉卷绕筒管的尺寸、偏差和标记(ISO 3914-6:1994,IDT)

GB/T 24349.7—2009 纺织机械与附件 圆柱形筒管 第7部分:筒子纱染色用网眼筒管的尺寸、偏差和标记(ISO 3914-7:1994,IDT)

3 适应未来机械设备用筒管的主要尺寸推荐值

见表1。

表1 筒管的主要尺寸推荐值

单位为毫米

用 途	内径×长度	标 准 编 号
自由端纺纱机用筒管	54×170	GB/T 24349.2—2009
扁丝用筒管	90×230 90×290	GB/T 24349.3—2009
变形丝用筒管	69×290	GB/T 24349.4—2009
合成长丝用筒管	94×150 94×290 94×300 143×150 143×290 143×300	GB/T 24349.5—2009

表 1（续）

单位为毫米

用　　途	内径×长度	标　准　编　号
卷绕和加捻用交叉卷绕筒管	56×175 69×290 94×290	GB/T 24349.6—2009
筒子纱染色用网眼筒管	54×170	GB/T 24349.7—2009

ICS 59.120
W 90

GB

中华人民共和国国家标准

GB/T 24349.2—2009/ISO 3914-2:1994

纺织机械与附件 圆柱形筒管 第2部分:自由端纺纱机用筒管的尺寸、偏差和标记

Textile machinery and accessories—Cylindrical tubes—Part 2:Dimensions, tolerances and designation of tubes for open-end spinning machines

(ISO 3914-2:1994,IDT)

2009-09-30 发布 2010-02-01 实施

中华人民共和国国家质量监督检验检疫总局
中国国家标准化管理委员会 发布

前　言

GB/T 24349《纺织机械与附件　圆柱形筒管》分为以下7个部分：

——第1部分：主要尺寸推荐值；

——第2部分：自由端纺纱机用筒管的尺寸、偏差和标记；

——第3部分：扁丝用筒管的尺寸、偏差和标记；

——第4部分：变形丝用筒管的尺寸、偏差和标记；

——第5部分：合成长丝用筒管的尺寸、偏差和标记；

——第6部分：卷绕和加捻用交叉卷绕筒管的尺寸、偏差和标记；

——第7部分：筒子纱染色用网眼筒管的尺寸、偏差和标记。

本部分为GB/T 24349的第2部分。

本部分等同采用ISO 3914-2:1994《纺织机械与附件　圆柱形筒管　第2部分：自由端纺纱机用筒管的尺寸、偏差和标记》(英文版)。

本部分等同翻译ISO 3914-2:1994。

为便于使用，本部分对ISO 3914-2:1994作了下列编辑性修改：

a) “ISO 3914”一词改为“GB/T 24349”；

b) 删除ISO 3914-2:1994的前言；

c) 第2章“引用标准”一词改为“规范性引用文件”，并改用GB/T 1.1—2000中规定的引导语；

d) 图1中的圆柱形筒管的金属材料剖面改为非金属材料剖面；

e) 用小数点符号“.”代替作为小数点符号的“,”。

本部分由中国纺织工业协会提出。

本部分由全国纺织机械与附件标准化技术委员会归口。

本部分起草单位：平湖市大亚纸管有限公司、桐乡恒益纸塑有限公司、如东县太极化纤纺织器材有限公司、苏州市相城区通河纸管厂、陕西圣龙纸业有限公司、陕西纺织器材研究所。

本部分主要起草人：赵玉生、宋明华、陈雪勤、陈明达、王超、尹美泉、陆金金、邢阿林、邢文伟、王新全、杨斌科。

纺织机械与附件　圆柱形筒管 第2部分:自由端纺纱机用筒管的尺寸、偏差和标记

1　范围

GB/T 24349 的本部分规定了自由端纺纱机(如:转杯纺纱机)用圆柱形筒管主要的尺寸、偏差和标记,并对筒管特性、内径和长度的检验方法作了指导性说明。

2　规范性引用文件

下列文件中的条款通过 GB/T 24349 的本部分的引用而成为本部分的条款。凡是注日期的引用文件,其随后所有的修改单(不包括勘误的内容)或修订版均不适用于本部分,然而,鼓励根据本部分达成协议的各方研究是否可使用这些文件的最新版本。凡是不注日期的引用文件,其最新版本适用于本部分。

GB/T 24349.1　纺织机械与附件　圆柱形筒管　第1部分:主要尺寸推荐值(GB/T 24349.1—2009,ISO 3914-1:1994,IDT)

3　尺寸和偏差

见图1和表1。

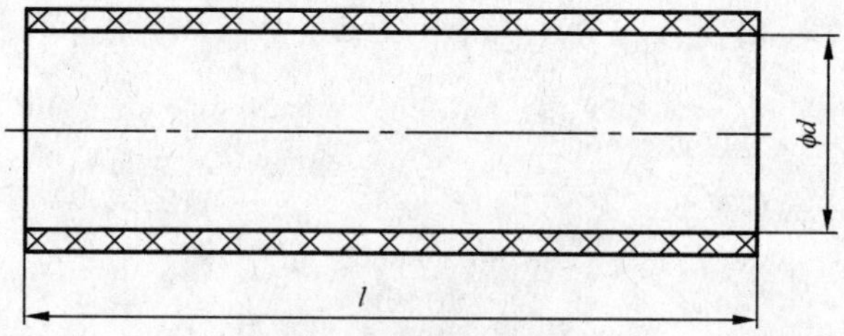

图1　圆柱形筒管

表1　内径和长度

单位为毫米

d		l	
基本尺寸	偏　　差[1]	基本尺寸	偏　　差
50	±0.2	98	±0.5
54[2]	±0.2	115 145 170[2]	±0.5
69	±0.2	230	±1.0

1) 某些情况下,内径 d 的偏差可以不是表中所给的值,该偏差取决于使用的要求,因此应由供、订货双方商定。

2) GB/T 24349.1 推荐的基本尺寸。

4　特性

制造者应规定以下内容:

a) 筒管材料(纸质或塑料);

b) 所卷绕纱线的特性;

c) 筒管壁厚(对应于所卷绕纱线的特性);

d) 处理(浸渍或不浸渍);

e) 尾纱槽。

5 内径和长度的检验

检验筒管的内径应使用"通/止"型量规。

检验筒管长度的误差应使用适于测量长度的量具,如游标卡尺。

6 标记

自由端纺纱机用圆柱形筒管的标记应依次包括以下内容:

a) "圆柱形筒管";

b) 本部分编号,即 GB/T 24349.2;

c) 内径 d,mm;

d) 长度 l,mm。

示例:

内径 d 为 54 mm,长度 l 为 170 mm 的自由端纺纱机用圆柱形筒管,其标记为:

圆柱形筒管 GB/T 24349.2-54×170

ICS 59.120
W 90

中华人民共和国国家标准

GB/T 24349.3—2009/ISO 3914-3:1994

纺织机械与附件 圆柱形筒管
第3部分:扁丝用筒管的尺寸、偏差和标记

Textile machinery and accessories—Cylindrical tubes—Part 3:Dimensions,tolerances and designation of tubes for tape yarns

(ISO 3914-3:1994,IDT)

2009-09-30 发布 2010-02-01 实施

中华人民共和国国家质量监督检验检疫总局
中国国家标准化管理委员会 发布

前　言

GB/T 24349《纺织机械与附件　圆柱形筒管》分为以下7个部分：

——第1部分：主要尺寸推荐值；

——第2部分：自由端纺纱机用筒管的尺寸、偏差和标记；

——第3部分：扁丝用筒管的尺寸、偏差和标记；

——第4部分：变形丝用筒管的尺寸、偏差和标记；

——第5部分：合成长丝用筒管的尺寸、偏差和标记；

——第6部分：卷绕和加捻用交叉卷绕筒管的尺寸、偏差和标记；

——第7部分：筒子纱染色用网眼筒管的尺寸、偏差和标记。

本部分为GB/T 24349的第3部分。

本部分等同采用ISO 3914-3:1994《纺织机械与附件　圆柱形筒管　第3部分：扁丝用筒管的尺寸、偏差和标记》(英文版)。

本部分等同翻译ISO 3914-3:1994。

为便于使用，本部分对ISO 3914-3:1994作了下列编辑性修改：

a) “ISO 3914”一词改为“GB/T 24349”；

b) 删除ISO 3914-3:1994的前言；

c) 第2章“引用标准”一词改为“规范性引用文件”，并改用GB/T 1.1—2000中规定的引导语；

d) 图1中的圆柱形筒管的金属材料剖面改为非金属材料剖面；

e) 用小数点符号“.”代替作为小数点符号的“,”。

本部分由中国纺织工业协会提出。

本部分由全国纺织机械与附件标准化技术委员会归口。

本部分起草单位：平湖市大亚纸管有限公司、桐乡恒益纸塑有限公司、如东县太极化纤纺织器材有限公司、苏州市相城区通河纸管厂、陕西圣龙纸业有限公司、陕西纺织器材研究所。

本部分主要起草人：赵玉生、宋明华、陈雪勤、陈明达、王超、尹美泉、陆金金、邢阿林、邢文伟、王新全、杨斌科。

纺织机械与附件 圆柱形筒管 第3部分:扁丝用筒管的尺寸、偏差和标记

1 范围

GB/T 24349 的本部分规定了扁丝用圆柱形筒管的主要尺寸、偏差和标记,并对筒管特性、内径和长度的检验方法作了指导性说明。

2 规范性引用文件

下列文件中的条款通过 GB/T 24349 的本部分的引用而成为本部分的条款。凡是注日期的引用文件,其随后所有的修改单(不包括勘误的内容)或修订版均不适用于本部分,然而,鼓励根据本部分达成协议的各方研究是否可使用这些文件的最新版本。凡是不注日期的引用文件,其最新版本适用于本部分。

GB/T 24349.1 纺织机械与附件 圆柱形筒管 第1部分:主要尺寸推荐值(GB/T 24349.1—2009,ISO 3914-1:1994,IDT)

3 尺寸和偏差

见图1和表1。

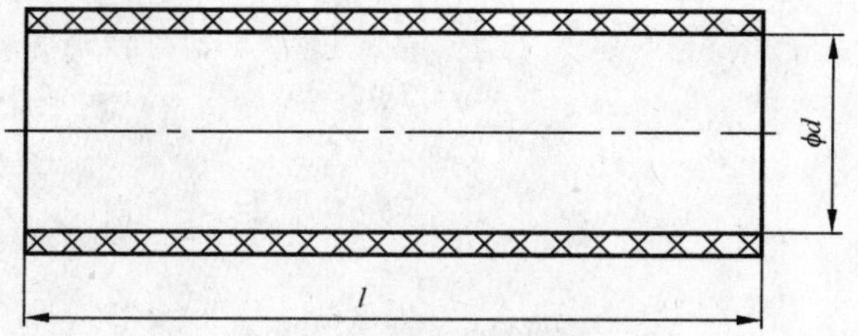

图1 圆柱形筒管

表1 内径和长度

单位为毫米

d		l	
基本尺寸	偏差[1)]	基本尺寸	偏差
56	±0.3	175 190	±1.0
90[2)]	±0.3	175 190 230[2)]	±1.0
		290[2)]	±1.3

1) 某些情况下,内径 d 的偏差可以不是表中所给的值,该偏差取决于使用的要求,因此应由供、订货双方商定。

2) GB/T 24349.1 推荐的基本尺寸。

4 特性

制造者应规定以下内容:

a) 筒管材料(纸质或塑料);

b) 所卷绕丝的特性;

c) 筒管壁厚(对应于所卷绕丝的特性);

d) 处理(浸渍或不浸渍);

e) 尾丝槽。

5 内径和长度的检验

检验筒管的内径应使用“通/止”型量规。

检验筒管长度的误差应使用适于测量长度的量具,如游标卡尺。

6 标记

扁丝用圆柱形筒管的标记应依次包括以下内容:

a) “圆柱形筒管”;

b) 本部分编号,即 GB/T 24349.3;

c) 内径 d,mm;

d) 长度 l,mm。

示例:

内径 d 为 90 mm,长度 l 为 230 mm 的扁丝用圆柱形筒管,其标记为:

圆柱形筒管 GB/T 24349.3-90×230

ICS 59.120
W 90

中华人民共和国国家标准

GB/T 24349.4—2009

纺织机械与附件　圆柱形筒管
第4部分：变形丝用筒管的尺寸、偏差和标记

Textile machinery and accessories—Cylindrical tubes—
Part 4: Dimensions, tolerances and designation of tubes for textured yarns

(ISO 3914-4:1994, MOD)

2009-09-30 发布　　2010-02-01 实施

中华人民共和国国家质量监督检验检疫总局
中国国家标准化管理委员会　发布

前言

GB/T 24349《纺织机械与附件　圆柱形筒管》分为以下7个部分：

——第1部分：主要尺寸推荐值；

——第2部分：自由端纺纱机用筒管的尺寸、偏差和标记；

——第3部分：扁丝用筒管的尺寸、偏差和标记；

——第4部分：变形丝用筒管的尺寸、偏差和标记；

——第5部分：合成长丝用筒管的尺寸、偏差和标记；

——第6部分：卷绕和加捻用交叉卷绕筒管的尺寸、偏差和标记；

——第7部分：筒子纱染色用网眼筒管的尺寸、偏差和标记。

本部分为GB/T 24349的第4部分。

本部分修改采用ISO 3914-4:1994《纺织机械与附件　圆柱形筒管　第4部分：变形丝用筒管的尺寸、偏差和标记》(英文版)。

本部分根据ISO 3914-4:1994重新起草，与ISO 3914-4:1994的技术性差异为：

——表1中内径 $d=69$ mm，对应增加内卷头内径 $d_1=57$ mm。

上述技术性差异的原因是表1给出的内卷头内径 $d_1=56$ mm 的筒管与我国长丝变形机卡盘配合过紧而不利于使用操作，因此增加这一适用的尺寸规格。

为便于使用，本部分对ISO 3914-4:1994作了下列编辑性修改：

a) "ISO 3914"一词改为"GB/T 24349"；

b) 删除ISO 3914-4:1994的前言；

c) 第2章"引用标准"一词改为"规范性引用文件"，并改用GB/T 1.1—2000中规定的引导语；

d) 图1中的圆柱形筒管的金属材料剖面改为非金属材料剖面；

e) 用小数点符号"."代替作为小数点符号的","。

本部分由中国纺织工业协会提出。

本部分由全国纺织机械与附件标准化技术委员会归口。

本部分起草单位：平湖市大亚纸管有限公司、桐乡恒益纸塑有限公司、如东县太极化纤纺织器材有限公司、苏州市相城区通河纸管厂、陕西圣龙纸业有限公司、陕西纺织器材研究所。

本部分主要起草人：赵玉生、宋明华、陈雪勤、陈明达、王超、尹美泉、陆金金、邢阿林、邢文伟、王新全、杨斌科。

纺织机械与附件　圆柱形筒管 第4部分：变形丝用筒管的尺寸、偏差和标记

1　范围

GB/T 24349的本部分规定了变形丝用圆柱形筒管主要尺寸、偏差和标记，并对筒管特性、内径和长度的检验方法作了指导性说明。

2　规范性引用文件

下列文件中的条款通过GB/T 24349的本部分的引用而成为本部分的条款。凡是注日期的引用文件，其随后所有的修改单(不包括勘误的内容)或修订版均不适用于本部分，然而，鼓励根据本部分达成协议的各方研究是否可使用这些文件的最新版本。凡是不注日期的引用文件，其最新版本适用于本部分。

GB/T 24349.1　纺织机械与附件　圆柱形筒管　第1部分：主要尺寸推荐值(GB/T 24349.1—2009，ISO 3914-1：1994，IDT)

3　尺寸和偏差

见图1和表1。

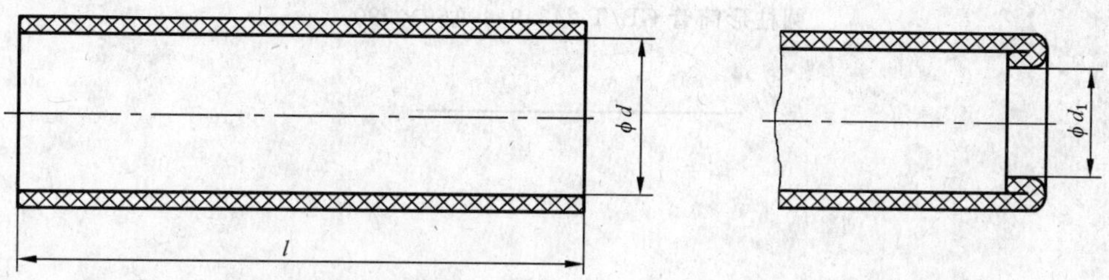

a）平头筒管——A型　　b）内卷头筒管——B型

图1　圆柱形筒管

表1　内径和长度

单位为毫米

d		d_1	l	
基本尺寸	偏差[1]	基本尺寸	基本尺寸	偏差
69[2]	±0.2	56 57	230 250 290[2]	±1
75	±0.2	63	290	±1
90	±0.3	80	290	±1

1) 某些情况下，内径 d 的偏差可以不是表中所给的值，该偏差取决于使用的要求，因此应由供、订货双方商定。

2) GB/T 24349.1推荐的基本尺寸。

4 特性

制造者应规定以下内容：

a) 筒管材料(纸质或塑料)；

b) 所卷绕丝的特性；

c) 筒管壁厚(对应于所卷绕丝的特性)；

d) 处理(浸渍或不浸渍)；

e) 尾丝槽。

5 内径和长度的检验

检验筒管的内径应使用“通/止”型量规。

检验筒管长度的误差应使用适于测量长度的量具，如游标卡尺。

6 标记

变形丝用圆柱形筒管的标记应依次包括以下内容：

a) “圆柱形筒管”；

b) 本部分编号，即 GB/T 24349.4；

c) 型式(A 型或 B 型)；

d) 内径 d，mm；

e) 长度 l，mm。

示例：

内径 d 为 69 mm，长度 l 为 290 mm 的 A 型变形丝用圆柱形筒管，其标记为：

圆柱形筒管 GB/T 24349.4-A69×290

ICS 59.120
W 90

中华人民共和国国家标准

GB/T 24349.5—2009

纺织机械与附件　圆柱形筒管 第5部分：合成长丝用筒管的尺寸、偏差和标记

Textile machinery and accessories—Cylindrical tubes—Part 5: Dimensions, tolerances and designation of tubes for continuous spin-drawn synthetic filament yarns

(ISO 3914-5:1994, MOD)

2009-09-30 发布　　　　2010-02-01 实施

中华人民共和国国家质量监督检验检疫总局
中国国家标准化管理委员会　发布

前言

GB/T 24349《纺织机械与附件　圆柱形筒管》分为以下7个部分：

——第1部分：主要尺寸推荐值；

——第2部分：自由端纺纱机用筒管的尺寸、偏差和标记；

——第3部分：扁丝用筒管的尺寸、偏差和标记；

——第4部分：变形丝用筒管的尺寸、偏差和标记；

——第5部分：合成长丝用筒管的尺寸、偏差和标记；

——第6部分：卷绕和加捻用交叉卷绕筒管的尺寸、偏差和标记；

——第7部分：筒子纱染色用网眼筒管的尺寸、偏差和标记。

本部分为GB/T 24349的第5部分。

本部分修改采用ISO 3914-5:1994《纺织机械与附件　圆柱形筒管　第5部分：合成长丝用筒管的尺寸、偏差和标记》(英文版)。

本部分根据ISO 3914-5:1994重新起草，与ISO 3914-5:1994的技术性差异为：

——表1中内径d增加73.5 mm、110 mm、112 mm和120 mm；对应d=73.5 mm，长度l增加57.5 mm，115 mm；对应d=110 mm，l增加100 mm、115 mm、120 mm、150 mm、200 mm、300 mm；对应d=112 mm，l增加100 mm、115 mm、120 mm、150 mm；对应d=120 mm，l增加94 mm、95 mm、120 mm、150 mm；长度l=94 mm的偏差为$_{-0.4}^{\ 0}$ mm，其余均改为±0.2 mm。

上述技术性差异的原因是：由于ISO 3914-5:1994已发布15年之久，而技术进步与发展已不局限于ISO 3914-5:1994中规定的尺寸规格，本部分增加的尺寸规格符合国际上科技发展的趋势，并极大可能与未来国际标准修订相协调；另外，如长度l的偏差在ISO 3914-5:1994中规定得太大，在实际长丝生产中影响纺丝机切换成功，应提高筒管长度的精度，增强出口筒管的市场竞争力；因此，本部分增加上述内径与对应长度尺寸规格，缩小尺寸偏差，才能满足实际需要，并增强本部分适用性。

为便于使用，本部分对ISO 3914-5:1994作了下列编辑性修改：

a) “ISO 3914”一词改为“GB/T 24349”；

b) 删除ISO 3914-5:1994的前言；

c) 第2章“引用标准”一词改为“规范性引用文件”，并采用GB/T 1.1—2000中规定的引导语；

d) 图1中的圆柱形筒管的金属材料剖面改为非金属材料剖面；

e) 用小数点符号“.”代替作为小数点符号的“,”。

本部分由中国纺织工业协会提出。

本部分由全国纺织机械与附件标准化技术委员会归口。

本部分主要起草单位：平湖市大亚纸管有限公司、桐乡恒益纸塑有限公司、如东县太极化纤纺织器材有限公司、苏州市相城区通河纸管厂、陕西圣龙纸业有限公司、陕西纺织器材研究所。

本部分主要起草人：赵玉生、宋明华、陈雪勤、陈明达、王超、尹美泉、陆金金、邢阿林、邢文伟、王新全、杨斌科。

纺织机械与附件　圆柱形筒管 第5部分:合成长丝用筒管的尺寸、偏差和标记

1　范围

GB/T 24349 的本部分规定了合成长丝用圆柱形筒管主要尺寸、偏差和标记,另外还可包括纺丝-拉伸-变形一步法所用的筒管,并对筒管特性、内径和长度的检验方法作了指导性说明。

2　规范性引用文件

下列文件中的条款通过 GB/T 24349 的本部分的引用而成为本部分的条款。凡是注日期的引用文件,其随后所有的修改单(不包括勘误的内容)或修订版均不适用于本部分,然而,鼓励根据本部分达成协议的各方研究是否可使用这些文件的最新版本。凡是不注日期的引用文件,其最新版本适用于本部分。

GB/T 24349.1　纺织机械与附件　圆柱形筒管　第1部分:主要尺寸推荐值(GB/T 24349.1—2009,ISO 3914-1:1994,IDT)

3　尺寸和偏差

见图1和表1。

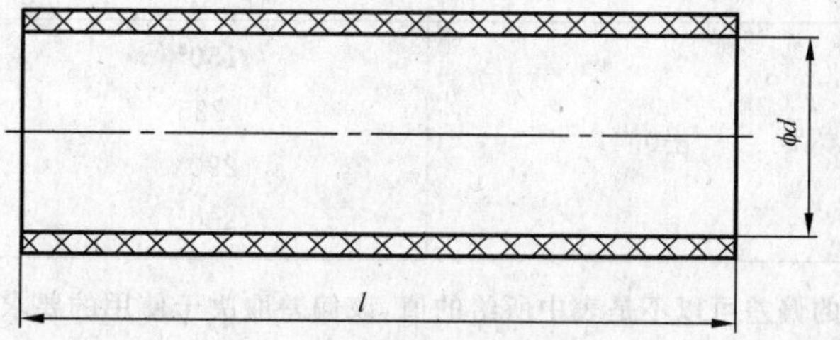

图1　圆柱形筒管

表1　内径和长度

单位为毫米

d		l	
基本尺寸	偏差[1]	基本尺寸	偏差[2]
73.5	±0.2	57.5 115	±0.2
75		150 290 300	
94[3]		150[3] 225 290[3] 300[3]	

表 1（续）

单位为毫米

d		*l*	
基本尺寸	偏差[1]	基本尺寸	偏差[2]
110	±0.2	100 115 120 150 200 300	±0.2
112	±0.2	100 115 120 150	±0.2
120	±0.2	94	$^{0}_{-0.4}$
120	±0.2	95 120 150	±0.2
125	±0.3	150 225 290 300	±0.2
143[3]	±0.4	150[3] 225 290[3] 300[3]	±0.2

1) 某些情况下，内径 *d* 的偏差可以不是表中所给的值，该偏差取决于使用的要求，因此应由供、订货双方商定。

2) 更小的长度 *l* 偏差由供、订货双方商定。

3) GB/T 24349.1 推荐的基本尺寸。

4 特性

制造者应规定以下内容：

a) 筒管材料(纸质或塑料)；

b) 所卷绕丝的特性；

c) 筒管壁厚(对应于所卷绕丝的特性)；

d) 处理(浸渍或不浸渍)；

e) 尾丝槽。

5 内径和长度的检验

检验筒管的内径应使用“通/止”型量规。

检验筒管长度的误差应使用适于测量长度的量具，如游标卡尺。

6 标记

变形丝用圆柱形筒管的标记应依次包括以下内容：

a） “圆柱形筒管”；

b） 本部分编号，即 GB/T 24349.5；

c） 内径 d，mm；

d） 长度 l，mm。

示例：

内径 d 为 94 mm，长度 l 为 150 mm 的合成长丝用圆柱形筒管，其标记为：

圆柱形筒管　GB/T 24349.5-94×150

ICS 59.120
W 90

中华人民共和国国家标准

GB/T 24349.6—2009/ISO 3914-6:1994

纺织机械与附件　圆柱形筒管
第6部分:卷绕和加捻用交叉卷绕筒管的尺寸、偏差和标记

Textile machinery and accessories—Cylindrical tubes—
Part 6: Dimensions, tolerances and designation of tubes for cross wound packages in winding and twisting

(ISO 3914-6:1994, IDT)

2009-09-30 发布　　　　2010-02-01 实施

中华人民共和国国家质量监督检验检疫总局
中国国家标准化管理委员会　发布

前　言

GB/T 24349《纺织机械与附件　圆柱形筒管》分为以下 7 个部分：

——第 1 部分：主要尺寸推荐值；

——第 2 部分：自由端纺纱机用筒管的尺寸、偏差和标记；

——第 3 部分：扁丝用筒管的尺寸、偏差和标记；

——第 4 部分：变形丝用筒管的尺寸、偏差和标记；

——第 5 部分：合成长丝用筒管的尺寸、偏差和标记；

——第 6 部分：卷绕和加捻用交叉卷绕筒管的尺寸、偏差和标记；

——第 7 部分：筒子纱染色用网眼筒管的尺寸、偏差和标记。

本部分为 GB/T 24349 的第 6 部分。

本部分等同采用 ISO 3914-6:1994《纺织机械与附件　圆柱形筒管　第 6 部分：卷绕和加捻用交叉卷绕筒管的尺寸、偏差和标记》(英文版)。

本部分等同翻译 ISO 3914-6:1994。

为便于使用，本部分对 ISO 3914-6:1994 作了下列编辑性修改：

a) "ISO 3914"一词改为"GB/T 24349"；

b) 删除 ISO 3914-6:1994 的前言；

c) 第 2 章"引用标准"一词改为"规范性引用文件"，并改用 GB/T 1.1—2000 中规定的引导语；

d) 图 1 中的圆柱形筒管的金属材料剖面改为非金属材料剖面；

e) 用小数点符号"."代替作为小数点符号的","。

本部分由中国纺织工业协会提出。

本部分由全国纺织机械与附件标准化技术委员会归口。

本部分起草单位：平湖市大亚纸管有限公司、桐乡恒益纸塑有限公司、如东县太极化纤纺织器材有限公司、苏州市相城区通河纸管厂、陕西圣龙纸业有限公司、陕西纺织器材研究所。

本部分主要起草人：赵玉生、宋明华、陈雪勤、陈明达、王超、尹美泉、陆金金、邢阿林、邢文伟、王新全、杨斌科。

纺织机械与附件　圆柱形筒管　第6部分:卷绕和加捻用交叉卷绕筒管的尺寸、偏差和标记

1　范围

GB/T 24349 的本部分规定了卷绕和加捻用交叉卷绕圆柱形筒管主要尺寸、偏差和标记,并对筒管特性、内径和长度的检验方法作了指导性说明。

2　规范性引用文件

下列文件中的条款通过 GB/T 24349 的本部分的引用而成为本部分的条款。凡是注日期的引用文件,其随后所有的修改单(不包括勘误的内容)或修订版均不适用于本部分,然而,鼓励根据本部分达成协议的各方研究是否可使用这些文件的最新版本。凡是不注日期的引用文件,其最新版本适用于本部分。

GB/T 24349.1　纺织机械与附件　圆柱形筒管　第1部分:主要尺寸推荐值(GB/T 24349.1—2009,ISO 3914-1:1994,IDT)

3　尺寸和偏差

见图1和表1。

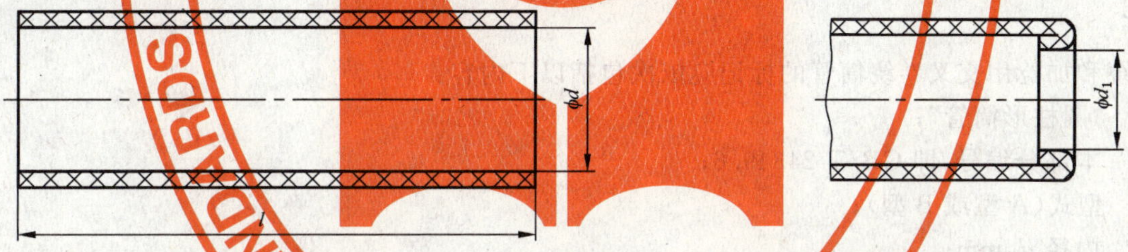

a) 平头筒管—A型　　b) 内卷头筒管—B型

图1　圆柱形筒管

表1　内径和长度

单位为毫米

d		d_1	l	
基本尺寸	偏差[1)]	基本尺寸	基本尺寸	偏差
56[2)]	±0.2	45	175[2)] 230 290	±1
69[2)]	±0.2	56	230 290[2)]	±1
75	±0.2	63	230 290	±1

表 1（续） 单位为毫米

d		d_1	l	
基本尺寸	偏差[1]	基本尺寸	基本尺寸	偏差
94[2]	±0.2	80	250 290[2] 340	±1

[1] 某些情况下，内径 d 的偏差可以不是表中所给的值，该偏差取决于使用的要求，因此应由供、订货双方商定。

[2] GB/T 24349.1 推荐的基本尺寸。

4 特性

制造者应规定以下内容：

a) 筒管材料（纸质或塑料）；

b) 所卷绕丝的特性；

c) 筒管壁厚（对应于所卷绕丝的特性）；

d) 处理（浸渍或不浸渍）；

e) 尾丝槽。

5 内径和长度的检验

检验筒管的内径应使用“通/止”型量规。

检验筒管长度的误差应使用适于测量长度的量具，如游标卡尺。

6 标记

卷绕和加捻用交叉卷绕筒管的标记应依次包括以下内容：

a) “圆柱形筒管”；

b) 本部分编号，即 GB/T 24349.6；

c) 型式（A 型或 B 型）；

d) 内径 d，mm；

e) 长度 l，mm。

示例：

内径 d 为 56 mm，长度 l 为 175 mm 的卷绕和加捻用交叉卷绕 B 型筒管，其标记为：

圆柱形筒管 GB/T 24349.6-B56×175

ICS 59.120
W 90

中华人民共和国国家标准

GB/T 24349.7—2009/ISO 3914-7:1994

纺织机械与附件　圆柱形筒管 第7部分:筒子纱染色用网眼筒管的尺寸、偏差和标记

Textile machinery and accessories—Cylindrical tubes—
Part 7: Dimensions, tolerances and designation of perforated tubes for cheese dyeing

(ISO 3914-7:1994,IDT)

2009-09-30 发布　　2010-02-01 实施

中华人民共和国国家质量监督检验检疫总局
中国国家标准化管理委员会　发布

前 言

GB/T 24349《纺织机械与附件　圆柱形筒管》分为以下7个部分：

——第1部分：主要尺寸推荐值；

——第2部分：自由端纺纱机用筒管的尺寸、偏差和标记；

——第3部分：扁丝用筒管的尺寸、偏差和标记；

——第4部分：变形丝用筒管的尺寸、偏差和标记；

——第5部分：合成长丝用筒管的尺寸、偏差和标记；

——第6部分：卷绕和加捻用交叉卷绕筒管的尺寸、偏差和标记；

——第7部分：筒子纱染色用网眼筒管的尺寸、偏差和标记。

本部分为GB/T 24349的第7部分。

本部分等同采用ISO 3914-7:1994《纺织机械与附件　圆柱形筒管　第7部分：筒子纱染色用网眼筒管的尺寸、偏差和标记》(英文版)。

本部分等同翻译ISO 3914-7:1994。

为便于使用，本部分对ISO 3914-7:1994作了下列编辑性修改：

a) “ISO 3914”一词改为“GB/T 24349”；

b) 删除ISO 3914-7:1994的前言；

c) 第2章“引用标准”一词改为“规范性引用文件”，并采用GB/T 1.1—2000中规定的引导语；

d) 用小数点符号“.”代替作为小数点符号的“,”。

本部分由中国纺织工业协会提出。

本部分由全国纺织机械与附件标准化技术委员会归口。

本部分起草单位：平湖市大亚纸管有限公司、桐乡恒益纸塑有限公司、如东县太极化纤纺织器材有限公司、苏州市相城区通河纸管厂、陕西圣龙纸业有限公司、陕西纺织器材研究所。

本部分主要起草人：赵玉生、宋明华、陈雪勤、陈明达、王超、尹美泉、陆金金、邢阿林、邢文伟、王新全、杨斌科。

纺织机械与附件 圆柱形筒管 第7部分:筒子纱染色用网眼筒管的尺寸、偏差和标记

1 范围

GB/T 24349 的本部分规定了筒子纱染色用网眼圆柱形筒管的主要尺寸、偏差和标记,并对筒管特性、内径和长度的检验方法作了指导性说明。

2 规范性引用文件

下列文件中的条款通过 GB/T 24349 的本部分的引用而成为本部分的条款。凡是注日期的引用文件,其随后所有的修改单(不包括勘误的内容)或修订版均不适用于本部分,然而,鼓励根据本部分达成协议的各方研究是否可使用这些文件的最新版本。凡是不注日期的引用文件,其最新版本适用于本部分。

GB/T 24349.1 纺织机械与附件 圆柱形筒管 第1部分:主要尺寸推荐值(GB/T 24349.1—2009,ISO 3914-1:1994,IDT)

3 尺寸和偏差

见图1和表1。

单位为毫米

图1 圆柱形筒管

表1 内径和长度

单位为毫米

d		l		s	对应的染色芯杆的直径
基本尺寸	偏差[1]	基本尺寸	偏差		
45	±0.2	170	±0.5	≤4	52_{-1}^{0}
54[2]		170[2]	±0.5		
		230	±1		

1) 某些情况下,内径 d 的偏差可以不是表中所给的值,该偏差取决于使用的要求,因此应由供、订货双方商定。

2) GB/T 24349.1 推荐的基本尺寸。

4 特性

制造者应规定以下内容：

a) 筒管材料(塑料或金属)；

b) 所卷绕丝的特性；

c) 处理；

d) 筒管壁厚(对应于筒管材料和所卷绕丝的特性)；

e) 尾丝槽(如果需要)；

f) 孔的数目、尺寸和位置。

5 内径和长度的检验

检验筒管的内径应使用“通/止”型量规。

检验筒管长度的误差应使用适于测量长度的量具，如游标卡尺。

6 标记

变形丝用圆柱形筒管的标记应依次包括以下内容：

a) “圆柱形筒管”；

b) 本部分编号，即 GB/T 24349.7；

c) 内径 d，mm；

d) 长度 l，mm。

示例：

内径 d 为 54 mm，长度 l 为 170 mm 的筒子纱染色用网眼圆柱形筒管，其标记为：

圆柱形筒管　GB/T 24349.7-54×170

ICS 29.120.50
K 31

中华人民共和国国家标准

GB 24350—2009

家用及类似场所用带选择性的过电流保护断路器

Selective circuit breakers for overcurrent protection for household and similar installation

2009-09-30 发布　　　　2010-08-01 实施

中华人民共和国国家质量监督检验检疫总局
中国国家标准化管理委员会　发布

前言

本标准的全部技术内容为强制性。

本标准参考 GB 10963.1—2005《电气附件　家用及类似场所用过电流保护断路器　第1部分:用于交流的断路器》和德国标准 E DIN VDE 0641-21:2008《家用及类似场所用带选择性保护的主断路器(SH-断路器)》(德文版)制定的。

本标准在操作性能、短路能力等方面采用了 GB 10963.1—2005《电气附件　家用及类似场所用过电流保护断路器　第1部分:用于交流的断路器》中相应的要求及试验方法,但根据家用及类似场所所用带选择性的过电流保护断路器(以下称作 SMCB)的适用范围及特殊的选择性保护要求,本标准明确了:

1) SMCB 预期在污染等级 3 的环境中使用;
2) SMCB 额定冲击耐受电压(U_{imp})的标准值是 6 kV;
3) SMCB 的时间-电流脱扣特性为 E 特性和/或 C_s 特性。

本标准增加了:

1) 验证 SMCB 选择性保护功能的相关试验要求及方法(级联配合 1 在短路情况下的寿命试验,短路选择性试验);
2) 用前接熔断器进行后备保护的验证试验。

本标准按 GB/T 1.1—2000 进行编写。

本标准的附录 B、附录 C、附录 D_2、附录 H、附录 I 为规范性附录,附录 A、附录 D_1、附录 F、附录 J 为资料性附录,附录 E、附录 G 暂空。

本标准由中国电器工业协会提出。

本标准由全国低压电器标准化技术委员会(SAC/TC 189)归口。

本标准负责起草单位:上海电器科学研究所(集团)有限公司。

本标准主要起草单位:上海电器科学研究所(集团)有限公司、法泰电器(江苏)股份有限公司、上海电器陶瓷厂有限公司。

本标准参加起草单位:西门子线路保护系统有限公司、北京 ABB 低压电器有限公司、惠州海格电气有限公司、施耐德电气(中国)投资有限公司、北京人民电器厂、浙江正泰电器股份有限公司、上海良信电器股份有限公司、上海精益电器厂有限公司、德力西电气有限公司、人民电器集团有限公司、巨邦电气有限公司、环宇集团有限公司。

本标准主要起草人:陈颖、周积刚、龚骏昌、虞国荣、林海鸥。

本标准参与起草人:包章尧、王农、王殿光、孙海涛、赵志群、王先锋、张兰晶、钱世坤、黄蓉蓉、高文乐、王隶凡、李丽芳、丁高峰、薛涵、吴辉。

本标准为首次发布。

家用及类似场所用带选择性的过电流保护断路器

1 范围

本标准规定了：

a) SMCB 的特性；

b) SMCB 在下列几方面应符合的条件：

1) SMCB 在正常工作时运行和工作状况；

2) SMCB 在过载时运行和工作状况；

3) SMCB 在额定短路能力及以下的短路时的运行和工作状况；

4) SMCB 的介电性能；

5) SMCB 的选择性；

c) 用来确认满足这些条件的试验及试验所采用的方法；

d) SMCB 上标志的数据；

e) 认证时执行的试验程序及提交的试品数量(见附录 C)；

f) 短路条件下，SMCB 与连接在同一电路中的，后接符合 GB 10963.1—2005，限流等级符合附录 J 要求的 B、C 特性家用及类似场所用过电流保护断路器(以下简称为 MCB)的配合及其工作状况；

g) 常规试验(见附录 I)。

注："按正常使用条件"的含义是指 SMCB 按照制造商的规定进行使用。

本标准适用于交流 50 Hz 或 60 Hz，额定电压不超过 440 V(相间)，额定电流不超过 125 A，额定短路能力不超过 50 000 A 的 SMCB。

这些 SMCB 是用来保护建筑物的线路设施和电缆的过电流及类似用途，它们设计成供未受过训练的人员使用，并且无需维修。

SMCB 预期在污染等级 3 的环境中使用。

SMCB 适用于隔离。

SMCB 应能在本标准规定的技术条件下满足前后级过电流保护装置的选择性要求。

只要符合 IEC 60364-4-473:1997＋A1:1998 的要求，本标准的 SMCB 也适合于在 IT 系统中使用。

对于防护等级高于 GB 4208—2008 中 IP20 的 SMCB，以及常在恶劣环境场所(例如：过湿、过热、过冷或灰尘沉积)和在危险场所(例如：易发生爆炸的场所)下使用的这些 SMCB，可要求特殊的结构。

对于装有剩余电流保护装置(RCD)SMCB 的技术要求正在考虑中。

SMCB 与熔断器的配合参见附录 D_1 和附录 D_2。

本标准包含了确保符合型式试验对这类装置特性所要求的动作特性必须的全部技术要求。

本标准还包含了为保证试验结果的重复性所必须的有关试验要求和试验方法的细节。

2 规范性引用文件

下列文件中的条款通过本标准的引用而成为本标准的条款。凡是注日期的引用文件，其随后所有的修改单(不包括勘误的内容)或修订版均不适用于本标准，然而，鼓励根据本标准达成协议的各方研究是否可使用这些文件的最新版本。凡是不注日期的引用文件，其最新版本适用于本标准。

GB/T 156—2007 标准电压(IEC 60038:2002,MOD)

GB/T 2900.18—2008 电工术语 低压电器

GB/T 3398.2—2008 塑料 硬度测定 第2部分:洛氏硬度(ISO 2039-2:1987,IDT)

GB/T 4207—2003 固体绝缘材料在潮湿条件下相比电痕化指数和耐电痕化指数的测定方法(IEC 60112:1979,IDT)

GB 4208—2008 外壳防护等级(IP代码)(IEC 60529:2001,IDT)

GB 5023(所有部分) 额定电压450/750 V及以下聚氯乙烯绝缘电缆(IEC 60227,IDT)

GB/T 5169.10—2006 电工电子产品着火危险试验 第10部分:灼热丝/热丝基本试验方法 灼热丝装置和通用试验方法(IEC 60695-2-10:2000,IDT)

GB/T 5465.2—2008 电气设备用图形符号 第2部分:图形符号(IEC 60417 DB:2007,IDT)

GB 10963.1—2005 电气附件 家用及类似场所用过电流保护断路器 第1部分:用于交流的断路器(IEC 60898-1:2002,IDT)

GB/T 16935.1—2008 低压系统内设备的绝缘配合 第1部分:原理、要求和试验(IEC 60664-1:2007,IDT)

GB/T 20000.1—2002 标准化工作指南 第1部分:标准化和相关活动的通用词汇(ISO/IEC指南2:1996,MOD)

IEC 60050-441 国际电工词汇 第441章:开关板,开关装置和熔断器

IEC 60060-1:1989 高压试验技术 第1部分:一般定义和试验要求

IEC 60364-4-473:1997 建筑物的电气装置 第4部分:安全保护 第47章:安全保护措施的应用 第473节:过电流保护措施

3 术语和定义

GB/T 2900.18—2008确立的以及下列术语和定义适用于本标准。

3.1 电器

3.1.1

开关电器 switching device

用以接通和分断一个或几个电气回路中电流的装置。

3.1.2

机械开关电器 mechanical switching device

用可分离触头来闭合或断开一个或几个电气回路的开关电器。

3.1.3

熔断器 fuse

当电流超过给定值足够时间后,通过熔化一个或几个特殊设计和相称的熔体,断开其所接入的电路并分断电流的开关电器。

3.1.4

(机械)断路器 circuit-breaker (mechanical)

能接通、承载和分断正常电路条件下的电流,而且在规定的异常电路条件下,诸如短路电流,也能接通、承载一定时间和自动分断电流的机械开关电器。

3.1.5

家用及类似场所用带选择性的过电流保护断路器 selective circuit breakers for overcurrent protection for household and similar installation

一种限流型断路器。能接通、承载和分断电路中的电流。特别是,它应能在下级分离回路中发生过电流的情况下,如果下级过电流保护装置能切断电流,其本身只进行限流,并不切断过电流。同时,在本

标准规定的条件下，它应能满足上下级过电流保护装置的选择性保护要求。

3.1.6

空

3.2 一般术语

3.2.1

过电流 overcurrent

超过额定电流的任何电流。

3.2.2

过载电流 overload current

在电气上无损的电路中发生的过电流。

注：如果过载电流持续一足够长的时间也可能引起损害。

3.2.3

短路电流 short-circuit current

正常运行时，电位不同的部位之间阻抗可忽略不计的故障产生的过电流。

注：短路电流可能由故障引起，也可能由错误的连接引起。

3.2.4

(SMCB 的)主电路 main circuit (of a SMCB)

包括在其闭合和断开的电路里的 SMCB 的所有导电部分。

注：完全或部分平行连接到主电路中的电路称之为分电路，也可以看作为主电路。

3.2.5

(SMCB 的)控制电路 control circuit (of a SMCB)

用于 SMCB 的闭合操作或断开操作或用于两者的电路(主电路的电流路径除外)。

注：控制电路的电源是通过电网连接进行施加的。

3.2.6

(SMCB 的)辅助电路 auxiliary circuit (of a SMCB)

除了 SMCB 的主电路和控制电路以外的电路里所包括的 SMCB 的所有导电部件。

3.2.7

(SMCB 的)极 pole (of a SMCB)

仅与主电路的一个独立的导电路径相连的 SMCB 的部件，具有用来连接和断开主电路本身的触头。它不包括那些用来将各极固定在一起并使各极一起动作的部件。

3.2.7.1

保护极 protected pole

具有过电流脱扣器(见 3.3.6)的极。

3.2.7.2

无保护极 unprotected pole

没有过电流脱扣器(见 3.3.6)的极，但是在其他方面通常与同一台 SMCB 的保护极具有相同的性能。

注 1：为确保符合本技术要求，无保护极可以与保护极结构相同或采用特殊结构。

注 2：如果无保护极的短路能力与保护极不一样，应由制造厂标明。

3.2.7.3

开闭中性极 switched neutral pole

只用来开闭中性线而不需有短路能力的极。

注：当 SMCB 断开时，允许开闭中性极保持闭合。

3.2.8

闭合位置　closed position

保证 SMCB 主电路预定的连续性的位置。

3.2.9

断开位置　open position

保证 SMCB 主电路的断开触头之间有预定的电气间隙的位置。

3.2.10

空气温度　air temperature

3.2.10.1

周围空气温度　ambient air temperature

在规定条件下确定的 SMCB 周围的空气温度(对于封闭式 SMCB,是指外壳外部的空气温度)。

3.2.10.2

基准周围空气温度　reference ambient air temperature

作为时间-过电流特性基准的周围空气温度。

3.2.11

操作　operation

动触头从断开位置到闭合位置的转换或相反的转换。

注：如果应加以区分,则电气含义上的操作(即接通和分断)称为开闭操作,而机械含义上的操作(即闭合和断开)称为机械操作。

3.2.12

操作循环　operating cycle

从一个位置转换到另一个位置再返回至起始位置的连续操作。

3.2.13

操作顺序　sequence of operations

具有规定时间间隔的规定的连续操作。

3.2.14

不间断工作制　uninterrupted duty

SMCB 的主触头保持在闭合位置,不间断地长时期通以一稳定电流的工作制(通电时间可以是几星期、几个月甚至几年)。

3.2.15

常规试验　routine test

对每个 SMCB 在制造中和/或制造后进行的试验,用以判断其是否符合某些标准。

3.3　结构部件

3.3.1

主触头 main contacts

SMCB 主电路中的触头,在闭合位置时承载主电路的电流。

3.3.2

弧触头　arcing contacts

在其上形成电弧的触头。

注：弧触头可兼作主触头,也可以把弧触头设计成一个单独的触头,使它比其他触头后断开和先闭合,以保护其他触头免受损坏。

3.3.3

控制触头　control contacts

接在 SMCB 控制电路中的并由 SMCB 以机械方式操作的触头。

3.3.4

辅助触头　auxiliary contacts

接在辅助电路中的并由 SMCB 以机械方式操作的触头(例如,用作指示触头的位置)。

3.3.5

脱扣器　release

与 SMCB 机械上连接的(或组成整体的),用以释放保持机构并使 SMCB 自动断开的装置。

3.3.6

过电流脱扣器　overcurrent release

当脱扣器中电流超过预定值时,使 SMCB 有延时或无延时地断开的脱扣器。

注:在某些情况下,此值可能与电流上升的速率有关。

3.3.7

反时限过电流脱扣器　inverse time-delay overcurrent release

与过电流值成反比的延时后动作的过电流脱扣器。

注:这种脱扣器可设计成过电流很大时,延时接近一个确定的最小值。

3.3.8

直接过电流脱扣器　direct overcurrent release

直接由 SMCB 的主电路电流激励的过电流脱扣器。

3.3.9

过载脱扣器　overload release

用作过载保护的过电流脱扣器。

3.3.10

导电部件　conductive part

能导电,然而不一定用来承载工作电流的部件。

3.3.11

外露导电部件　exposed conductive part

在正常情况下不带电的,但在故障情况下可能变成带电的容易触及的导电部件。

注:典型的外露导电部件是金属外壳的壁和金属操作件等。

3.3.12

接线端子　terminal

接线端子是 SMCB 的可重复用于与外部电路进行电气连接的导电部件。

3.3.13

螺纹型接线端子　screw-type terminal

用于连接一根导线并且随后可拆卸这根导线,或用于两根或几根能拆卸的导线的相互连接的接线端子,其连接直接地或间接地用各种螺钉或螺母来完成。

3.3.14

柱式接线端子　pillar terminal

导线插入一个孔内或型腔内,靠螺钉的端部来压紧导线的螺纹型接线端子,其紧固压力可直接由螺钉端部来施加或通过一个由螺钉端部施加压力的过渡元件来施加。

注:柱式接线端子的示例见图 F.1。

3.3.15

螺钉接线端子　screw terminal

导线紧固在螺钉头下面的螺纹型接线端子。紧固压力可直接由螺钉头来施加或通过一个过渡零件,例如:垫圈、夹板或一个防松装置来施加。

注:螺钉接线端子示例见图 F.2。

3.3.16

螺栓接线端子　stud terminal

导线紧固在螺母下的螺纹型接线端子。紧固压力可直接由一个适当形状的螺母来施加或通过一个过渡零件,例如:垫圈、夹板或一个防松装置来施加。

注:螺栓接线端子的示例见图 F.2。

3.3.17

鞍形接线端子　saddle terminal

导线通过两个或几个螺钉或螺母紧固在鞍形板下的螺纹型接线端子。

注:鞍形接线端子的示例见图 F.3。

3.3.18

接线片式接线端子　lug terminal (16 A)

用一个螺钉或螺母来紧固电缆接线片或母线的螺钉接线端子或螺栓接线端子。

注:接线片式接线端子的示例见图 F.4。

3.3.19

无螺纹接线端子　screwless terminal

用于连接一根导线并且随后可拆卸这根导线,或用于两根或几根能拆卸的导线的相互连接的接线端子。其连接直接地或间接地通过弹簧、楔形块、偏心轮或锥形轮等来完成,除了剥去绝缘外,无须对导线进行特殊加工。

3.3.20

空

3.3.21

自攻螺钉　tapping screw

用变形抗力较高的材料制成的旋入变形抗力比螺钉低的材料孔内的螺钉。

螺钉制成锥形螺纹,其端部螺纹的内径呈圆锥形。

由螺钉作用产生的螺纹,只有在螺钉旋转足够圈数超出锥体部分的螺纹后才能可靠成形。

3.3.22

螺纹挤压成形的自攻螺钉　thread forming tapping screw

具有连续螺纹的自攻螺钉,其螺纹没有从孔内切削材料的功能。

注:螺纹挤压成形的自攻螺钉的示例见图 1。

3.3.23

螺纹切削式自攻螺钉　thread cutting tapping screw

具有不连续螺纹的自攻螺钉,其螺纹具有从孔内切削材料的功能。

注:螺纹切削式自攻螺钉的示例见图 2。

3.4　操作条件

3.4.1

闭合操作　closing operation

SMCB 从断开位置转换到闭合位置的操作。

3.4.2

断开操作　opening operation

SMCB 从闭合位置转换到断开位置的操作。

3.4.3

有关人力操作　dependent manual operation

完全靠直接施加人力的操作,因而操作的速度和力取决于操作者的动作。

3.4.4

无关人力操作　independent manual operation

能量来源于人力，并在一次连续操作中储存和释放的贮能操作，因而操作的速度和力与操作者的动作无关。

3.4.5

自由脱扣的 SMCB　trip-free SMCB

闭合操作开始后，若进行自动断开操作时，即使保持闭合指令，其动触头能返回并保持在断开位置的 SMCB。

注：为了确保正常分断可能已经产生的电流，可能需要使触头瞬时地到达闭合位置。

3.5 特性量

除非另有规定，所有的电流和电压均为有效值。

3.5.1

额定值　rated value

用来确定 SMCB 所设计和制造的工作条件的任何一种特性量的规定值。

3.5.2

（电路的和与 SMCB 有关的）预期电流　prospective current (of a circuit, and with respect to a SMCB)

如果 SMCB 的每极用一个阻抗可忽略不计的导线代替时，在电路中流过的电流。

注：预期电流同样可以看作一个实际电流，例如：预期分断电流，预期峰值电流。

3.5.3

预期峰值电流　prospective peak current

在接通以后的瞬态过程中预期电流的峰值。

注：此定义假定电流是由理想的 SMCB 接通的，即其阻抗瞬时地由无穷大转变为零，对电流可流过几个不同路径的电路，例如多相电路，此定义进一步假定电流在所有极是同时接通的，即使仅考虑一个极的电流。

3.5.4

（交流电路的）最大预期峰值电流　maximum prospective peak current (of an a. c. circuit)

当电流接通发生在可能导致最大值的瞬间的预期峰值电流。

注：对多相电路中的多极 SMCB，最大预期峰值电流仅指单极。

3.5.5

短路（接通和分断）能力　short-circuit (making and breaking) capacity

在规定条件下，用 SMCB 来接通，承载其断开时间和分断的用有效值表示的预期电流的交流分量。

3.5.5.1

极限短路分断能力　ultimate short-circuit breaking capacity

根据规定的试验程序，其规定条件不包括 SMCB 在额定电流下承载约定时间的分断能力。

3.5.5.2

运行短路分断能力　service short-circuit breaking capacity

根据规定的试验程序，其规定条件包括 SMCB 在额定电流下承载约定时间的分断能力。

3.5.6

分断电流　breaking current

在分断过程中，产生电弧瞬间在 SMCB 一个极流过的电流。

3.5.7

外施电压　applied voltage

在刚接通电流前，加在 SMCB 一个极的接线端子之间的电压。

注：此定义指单极 SMCB。对多极 SMCB，外施电压是 SMCB 电源端子之间的电压。

3.5.8

恢复电压　recovery voltage

分断电流后，在SMCB一极的接线端子之间出现的电压。

注1：此电压可以认为有两个连续的时间间隔组成，第一个时间间隔出现瞬态电压，接着的第二个时间间隔只出现工频恢复电压。

注2：此定义指单极SMCB。对多极SMCB，恢复电压是指SMCB电源端子之间的电压。

3.5.8.1

瞬态恢复电压　transient recovery voltage

在具有显著瞬态特征的时间内的恢复电压。

注：根据电路和SMCB的特性，瞬态电压可以是振荡的，非振荡的或两者兼有。此电压包括多相电路中性点位移的电压。

3.5.8.2

工频恢复电压　power-frequency recovery voltage

在瞬态电压现象消失以后的恢复电压。

3.5.9

短延时时间　short-delay time

为确保级联的过电流保护电器有选择性，SMCB的脱扣器延时动作的时间。

3.5.10

燃弧时间　arcing time

3.5.10.1

一极燃弧时间　arcing time of a pole

从一极产生电弧瞬间起到该极电弧最终熄灭瞬间为止的时间间隔。

3.5.10.2

多极SMCB的燃弧时间　arcing time of a multipole SMCB

从第一个电弧产生瞬间起到所有极电弧最终熄灭瞬间为止的时间间隔。

3.5.11

分断时间

3.5.11.1

断开时间　opening time

SMCB在闭合位置，从主电路电流达到过电流脱扣器动作值瞬间起到所有极的弧触头都分开瞬间为止的时间间隔。

注：断开时间通常称为脱扣时间。尽管严格地说脱扣时间是断开时间开始瞬间起到断开指令不可逆转瞬间为止的时间间隔。

3.5.11.2

分断时间　break time

SMCB在闭合位置，从主电路电流达到过电流脱扣器动作值瞬间起到燃弧时间结束为止的时间间隔。

3.5.12

I^2t值（焦耳积分）　I^2t（Joule integral）

电流平方在给定的时间间隔内的积分：

$$I^2t = \int_{t_0}^{t_1} i^2 \, dt$$

3.5.13

SMCB 的 I^2t 特性　I^2t characteristic of a SMCB

在规定的工作条件下，表示 I^2t 的最大值为预期电流函数的曲线。

3.5.14

选择性和后备保护

3.5.14.1

选择性　discrimination (selectivity)

串联的过电流保护电器之间的配合。两个或几个串联的过电流保护电器之间动作特性的配合，过电流在规定的范围内时，指定的这个范围内动作的保护电器动作，而其他保护电器不动作。

过电流的选择性极限值是指串联的多个过电流保护电器由串联在后的保护电器单独分断情况下的电流极限值。选择性极限值应不超过串联在后的过电流保护电器的 I_{cn}。如果过电流超过了该值，则应由串联在前的过电流保护电器提供后备保护。

3.5.14.1.1

同串联在后的 MCB 在过电流情况下的选择性极限电流值 I_{s1}　selectivity limit current (I_{s1}) under overcurrent conditions with downstream MCB

SMCB 和串联在后的 MCB 组成的串联电路用级联配合 1 表示(见图 17)。

I_{s1} 是级联配合 1 中 SMCB 的选择性极限电流值。

3.5.14.1.2

空

3.5.14.2

后备保护　back-up protection

两个串联的过电流保护电器之间的过电流配合，通常电源侧的保护电器(但不是必须在电源侧)在有或没有另外一个保护电器的帮助下实现过电流保护，并防止另一个保护电器受过度的应力。

3.5.14.3

交接电流　take-over current

I_B

两个过电流保护电器的时间-电流特性曲线交点处的电流值。

注：交接电流是两个串联的过电流保护电器的最大分断时间/电流特性曲线交点处的电流值。

3.5.14.4

(电路或开关电器的)限制短路电流　conditional short-circuit current (of a circuit or a switching device)

在规定的使用和性能条件下，由规定的短路保护电器保护的电路或开关电器在该保护电器的全部动作时间内能完满承受的预期电流。

注 1：就本标准而言，短路保护电器一般是指断路器或熔断器。

注 2：本定义与 IEC 60050-441 中 441-17-20 不同，把限流电器的概念扩展到短路保护电器，短路保护电器的功能不仅仅是限制电流。

3.5.14.5

额定限制短路电流　rated conditional short-circuit current

I_{nc}

在有关产品标准的试验条件下，用制造厂规定的保护电器保护的设备在该保护电器动作的时间内能完满承受的预期电流值。

3.5.15

约定不脱扣电流　conventional non-tripping current

I_{nt}

SMCB 能承载一个规定时间(约定时间)而不脱扣的规定电流值。

3.5.16

脱扣电流　tripping current

3.5.16.1

约定脱扣电流　conventional tripping current

I_t

使 SMCB 在规定时间(约定时间)内脱扣的规定电流值。

3.5.16.2

延时脱扣电流　delay tripping current

I_{tv}

使 SMCB 在规定时间内自动延时脱扣的约定电流值。

3.5.16.3

短延时脱扣电流　short delay tripping current

I_{tk}

使 SMCB 在规定时间内自动短延时脱扣的约定电流值。

3.5.17

瞬时脱扣电流　instantaneous tripping current

使 SMCB 无故意延时自动动作的最小电流值。

注：对于 SMCB,无约定值。

3.6　关于绝缘配合的定义

3.6.1

绝缘配合　insulation co-ordination

考虑预期的微观环境和影响应力,电气设备绝缘特性相互之间的关系。

3.6.2

工作电压　working voltage

当设备施加额定电压时,在任何特定的绝缘上可能发生的直流电压或交流电压的最大有效值。

注 1：瞬态现象忽略不计。

注 2：考虑开路条件和正常工作条件两者。

3.6.3

过电压　overvoltage

在正常工作条件下,峰值超过最大稳态电压相应峰值的任何电压。

3.6.4

冲击耐受电压　impulse withstand voltage

在规定条件下,不引起绝缘击穿的指定波形和极性的冲击电压的最高峰值。

3.6.5

过电压类别　overvoltage category

定义瞬态过电压条件的分类。

3.6.6

宏观环境　macro-environment

安装或使用设备的房间或其他场所的环境。

3.6.7

微观环境　micro-environment

对爬电距离尺寸确定有显著影响的紧靠绝缘的环境。

3.6.8

污染　pollution

任何能导致绝缘的介电强度或表面电阻率降低的外来的固体、液体或气体物质的增加。

3.6.9

污染等级　pollution degree

表征微观环境预期污染的分类。

注：因为采用诸如外壳或防止潮气吸收或凝露的内部加热提供的保护，设备暴露环境的污染等级可能与设备位于场所宏观环境污染等级不同。

3.6.10

隔离（隔离功能）　isolation（isolating function）

出于安全的原因，通过使其与所有电源分开的方法切断整个装置或其中一个独立部分的电源。

3.6.11

（机械开关电器一极的）隔离距离　isolating distance（of a pole of a mechanical switching device）

满足对隔离用途规定的安全要求的断开触头之间的电气间隙。

3.6.12

电气间隙　clearance

两个导电部件之间以最短的方式张紧的绳子在空气中的最短距离（见附录 B）。

注：为确定对易触及部件的电气间隙，绝缘外壳的易触及表面应视为导电的，好像该外壳的能被手或图 9 的标准试指触及的表面覆盖一层金属箔一样。

3.6.13

爬电距离　creepage distance

两个导电部件之间沿绝缘材料表面的最短距离（见附录 B）。

注：为确定对易触及部件的爬电距离，绝缘外壳的易触及表面应视为导电的，好像该外壳的能被手或图 9 的标准试指触及的表面覆盖一层金属箔一样。

4　分类

SMCB 按下列方法分类：

4.1　根据极数分：

——单极 SMCB；

——带 1 个保护极的二极 SMCB；

——带 2 个保护极的二极 SMCB；

——带 3 个保护极的三极 SMCB；

——带 3 个保护极的四极 SMCB；

——带 4 个保护极的四极 SMCB。

注：不是保护极的极可以是：

——“无保护极”（见 3.2.7.2）；

——“开闭中性极”（见 3.2.7.3）。

4.2　根据对外部影响的防护分：

——封闭式（不需要合适的外壳）；

——非封闭式（需配合适的外壳）。

4.3　根据安装方式分

——平面安装式；

——嵌入安装式；

——面板式，也称为配电板式；

注1：这些方式均可安装在安装轨上。

——母排式(直接插入或通过母排适配器)。

注2：对于母排式SMCB的技术要求正在考虑中。

4.4 根据接线方式分(接线端子的型式)

——具有连接外部铜导线的螺纹型接线端子的SMCB；

——具有连接外部铜导线的无螺纹型接线端子的SMCB；

——具有扁平快速连接外部铜导线的接线端子的SMCB；

——具有连接外部铝导线的螺纹型接线端子的SMCB；

——具有用于母排系统连接的插接端子的SMCB；

——具有上述组合接线端子型式的SMCB。

注：除了连接外部铜导线的螺纹型接线端子之外，具有其余型式接线端子的SMCB的要求正在考虑中。

4.5 根据脱扣特性分：

——脱扣特性E；

——脱扣特性C_s。

4.6 根据带或不带控制回路(见3.2.5)分：

——带控制回路；

——不带控制回路。

5 SMCB特性

5.1 特性概述

SMCB的特性应由下列术语来确定：

——极数(见4.1)；

——对外部影响的防护(见4.2)；

——安装方式(见4.3)；

——接线方式(见4.4)；

——额定电压(见5.3.1)；

——额定电流(见5.3.2)；

——额定频率(见5.3.3)；

——额定短路能力(见5.3.4)。

5.2 额定量

5.2.1 额定电压

5.2.1.1 额定工作电压(U_e)

SMCB的额定工作电压(以下均称额定电压)是制造厂规定的电压值，此值与SMCB的性能(尤其是短路性能)有关。

注：同一台SMCB可规定几个额定电压和相应的额定短路能力。

5.2.1.2 额定绝缘电压(U_i)

SMCB的额定绝缘电压是制造厂规定的电压值，此值与介电试验电压以及爬电距离有关。

除非另有规定，额定绝缘电压是SMCB的最大额定电压值，在任何情况下，最大额定电压不应超过额定绝缘电压。

5.2.1.3 额定冲击耐受电压(U_{imp})

SMCB的额定冲击耐受电压应等于或高于5.3.6规定的冲击耐受电压的标准值。

5.2.2 额定电流(I_n)

制造厂规定的SMCB在规定的基准周围空气温度及不间断工作制(见3.2.14)下能承载的电流。

标准的基准周围空气温度是 30 ℃。如果 SMCB 采用其他的基准周围空气温度，则应考虑对电缆过载保护的影响，因为按照安装规程，电缆也是以 30 ℃基准周围空气温度为基础的。

5.2.3 额定频率

SMCB 的额定频率是为 SMCB 设计而规定的，且与其他特性相对应的工频频率。

同一台 SMCB 可规定几个额定频率。

5.2.4 额定短路能力(I_{cn})

SMCB 的额定短路能力是制造厂对 SMCB 规定的极限短路分断能力(见 3.5.5.1)值。

注：具有给定额定短路能力的 SMCB 有一个相应的运行短路能力(I_{cs})(见表 19)。

5.3 标准值和优选值

5.3.1 额定电压标准值

额定电压标准值见表 1。

表 1 额定电压标准值

SMCB	SMCB 的供电线路	在 230 V,230/400 V,400 V 系统使用的 SMCB 的额定电压 V
单极	单相(相线对中性线或相线对相线)	230
	三相四线	230
	单相(相线对中性线)或三相，使用三个单极的 SMCB(三线或四线)	230/400
二极	单相(相线对中性线或相线对相线)	230
	单相(相线对相线)	400
	三相(四线)	230
三极	三相(三线或四线)	400
四极	三相(四线)	400

注 1：在 IEC 60038 中，电网电压值 230/400 V 已经标准化，这些电压值宜逐步取代 220/380 V 和 240/415 V 电压值。

注 2：在本标准中，凡涉及到 230 V 和 400 V 的地方，可以分别理解为 220 V 或 240 V、380 V 或 415 V。

额定电压为 230 V 的二极 SMCB 可以有一个或两个保护极。

额定电压为 400 V 的二极 SMCB 应有两个保护极。

三极 SMCB 应有三个保护极。

四极 SMCB 可以有三个或四个保护极。

5.3.2 额定电流优选值

额定电流优选值是：

10 A、16 A、20 A、25 A、32 A、40 A、50 A、63 A、80 A、100 A 和 125 A。

5.3.3 额定频率标准值

额定频率标准值是：50 Hz 或 60 Hz。

5.3.4 额定短路能力标准值

5.3.4.1 10 000 A 及以下的标准值

额定短路能力为 10 000 A 及以下的标准值是：

4 500 A、6 000 A 和 10 000 A。

相应功率因数范围在 9.12.5 中规定。

5.3.4.2 大于 10 000 A 至 50 000 A(含 50 000 A)的值

对于大于 10 000 A 至 50 000 A(含 50 000 A)的值，其优选值是 15 000 A、25 000 A、50 000 A。

相应功率因数范围在 9.12.5 中规定。

5.3.5 脱扣特性标准值

脱扣特性标准值在表 2 中规定。

表 2 脱扣特性标准值

脱扣特性	约定不脱扣电流 I_{nt}	约定脱扣电流 I_t	延时脱扣电流 I_{tv}	短延时脱扣电流 I_{tk}
E	$1.05I_n$	$1.2I_n$	$5I_n$	$6.25I_n$
C_s	$1.13I_n$	$1.45I_n$	$6.5I_n$	$10I_n$

5.3.6 额定冲击耐受电压(U_{imp})的标准值

表 3 额定冲击耐受电压与装置标称电压的关系

额定冲击耐受电压 U_{imp} kV	装置的标称电压 三相系统 V
6	230/400
注 1：检验绝缘的试验电压见表 14。 注 2：检验断开触头之间隔离距离的试验电压见表 13。	

额定冲击耐受电压(U_{imp})的标准值是 6 kV。

5.3.7 额定绝缘电压(U_i)的标准值

额定绝缘电压(U_i)的标准值是 690 V。

5.3.8 选择性极限(I_{s1})的标准值

选择性极限(I_{s1})的标准值是 4 500 A、6 000 A 和 10 000 A。

6 标志和其他产品资料

每台 SMCB 应以耐久的方式标出下列内容：

a) 制造厂名称或商标；

b) 型号，目录号或系列号；

c) 标准号；

d) 额定电压；

e) 额定电流，不标符号“A”，在前面冠以脱扣特性的符号(E)，例如：E25；

f) 如果规定 SMCB 只适用于一个频率时，则应标明额定频率(见 5.3.3)；

g) 额定短路能力，用 A 表示；

h) 接线图，除非正确的接线方式是显而易见的；

i) 基准周围空气温度(如果不是 30℃时)；

j) 防护等级(如果不是 IP20 时)；

k) 选择性信息(I_{s1})；

l) SMCB 的电气符号是： (可集成在线路图中)；

m) 额定绝缘电压(U_i)；

n) 额定冲击耐受电压(U_{imp})；

o) 过电压类别；

p) 污染等级。

SMCB安装后，标志d)，e)，g)，l)的内容应显而易见。

如果SMCB可利用的空间不足以标志上述所有数据，则可把标志a)，b)，c)，f)，h)，k)，m)，n)的内容标在SMCB的侧面或背面。

标志h)的内容也可标在接电源线时必须打开的盖子里面。该线路图不应标在松散地附在SMCB上的标签上。

标志i)，j)，o)和p)也可仅在SMCB的文件资料中说明。

如果SMCB上标志的防护等级高于GB 4208—2008的IP20，则无论采用哪种安装方式均应符合这个要求。如果较高的防护等级仅是采用特定的安装方法和/或使用特定的附件(例如，端子盖板，外壳等)来达到的，则应在制造厂的文件中规定。

制造厂可在其技术文件(见附录D)中给出SMCB与其后级用作故障条件下电击保护(间接接触保护)的熔断器配合的说明(适用时)。

SMCB的断开位置应用"○"符号(一圆圈)表示，而闭合位置用"|"(一竖短直线)表示。当SMCB安装后，这些指示应清晰可见。

对于有几个电流额定值的SMCB，应按标志e)的要求标志最大值。此外，SMCB可调节的电流值应明确地标明。

如果必须区分电源端和负载端，则电源端应用指向SMCB的箭头标明，负载端用背向SMCB的箭头标明。

专用于中性线的接线端子应用字母"N"标明。

用于保护导线的接线端子(如有的话)应用符号⏚(GB/T 5465.2—2008，5019)标明。

注：以前推荐的符号⏚(GB/T 5465.2—2008，5017)将逐步被上述推荐的符号(GB/T 5465.2—2008，5019)取代。

标志应是不易擦掉及容易识别的，并且不应位于螺钉、垫圈或其他可移动的部件上。

通过检查和9.3的试验来检验是否符合要求。

7 使用的标准工作条件

符合本标准的SMCB应能在下列标准条件下使用。

7.1 周围空气温度范围

周围空气温度不超过+40 ℃，并且在24 h内的平均温度不超过+35 ℃。

周围空气温度的下限是−5 ℃。

在周围空气温度高于+40 ℃(尤其是热带国家)或低于−5 ℃的条件下使用的断路器应采用特殊设计或按制造厂样本中提供的数据使用。

7.2 海拔

安装地点的海拔一般不超过2 000 m。

对于安装在更高海拔的装置，应考虑介电强度和空气冷却效果的降低。预期在此条件下使用的断路器应特殊设计或按制造厂与用户间的协议使用。制造厂样本中给出的资料可取代此项协议。

7.3 大气条件

在最高温度为+40 ℃时，空气的相对湿度不超过50%。

在较低温度下可允许较高的相对湿度，例如在+20 ℃时，相对湿度为90%。

对由于温度变化可能偶尔产生适度的凝露，应注意采取适当的措施(例如排水孔)。

7.4 安装条件

SMCB应按制造厂的说明书安装。

7.5 污染等级

本标准的SMCB适用于污染等级为3的环境，即该环境中具有导电性污染或由于凝露使干燥的非导电性污染变成导电性污染。

8 结构和动作要求

8.1 机械设计

8.1.1 一般要求

SMCB的设计和结构应使其在正常使用条件下性能可靠，对操作者或周围环境无危险。

一般是采用规定的所有有关试验来检查是否符合要求。

8.1.2 机构

多极SMCB的所有极的动触头机械上应这样联结，即除了可开闭的中性极（如果有的话）外，所有极无论是手动操作或自动操作基本上同时接通和同时分断，即使仅在一个保护极发生过载时也是如此。

四极SMCB的开闭中性极（见3.2.7.3）不应比保护极后闭合和先断开。

通过采用适当的装置（例如：指示灯，示波器等）进行检查和手动试验来检验是否符合要求。

如果具有适当短路接通分断能力的一个极被用作中性极，并且SMCB是无关人力操作（见3.4.4），则所有的极包括中性极可以基本上同时动作。

SMCB应有自由脱扣机构。

应可用手动操作开闭SMCB。

SMCB的结构应使得动触头只能置于闭合位置（见3.2.8）或断开位置（见3.2.9），即使操作件释放在一个中间位置时也是如此。

SMCB在断开位置（3.2.9）时应按满足隔离功能（见8.3）所必须的要求提供一个隔离距离。用下列一个或两个方式指示主触头的断开位置和闭合位置：

——操作件的位置（优选的）；

——分开的机械指示器。

如果用一个独立的机械指示器来指示主触头的位置，对闭合位置（ON）指示器应显示红色，对断开位置（OFF）显示绿色。

触头位置指示装置应该可靠。

通过检查和9.10.2和9.11.3的试验来检验是否符合要求。

如果用操作件来指示触头的位置，脱扣时操作件应自动地位于与动触头位置相对应的位置。在这种情况下，操作件应有两个明显不同的与触头位置相应的停止位置，但对自动断开，操作件可以有第三个明显不同的位置。

机械的动作应不受外壳或盖的位置的影响，并且与任何可移动的部件无关。

由制造厂密封定位的盖子看作是不可移动的部件。

操作件应可靠地固定在其轴上，并且不借助于工具应不可能把操作件卸下。允许将操作件直接固定在盖上。

如果操作件是"上下运动"的，当SMCB按正常使用安装时，则向上运动应使触头闭合。

通过检查和9.12.12.1和9.12.12.2的试验来检验是否符合要求。

当制造厂提供或规定了把操作件锁定在断开位置的装置时，应只有在主触头处于断开位置时才可能把操作件锁定在断开位置。

注：对特定的使用场合，允许把操作件锁定在闭合位置。

通过直观检查及参照制造厂的说明书来检验是否符合要求。

8.1.3 电气间隙和爬电距离（见附录B）

电气间隙和爬电距离要求的最小值见表4，表4的值是基于SMCB设计成在污染等级为3的环境中使用。

根据GB/T 16935.1—2008中2.7.1.1和2.7.1.3的相比电痕化指数（CTI），把绝缘材料分成材料组别。

表 4　最小电气间隙和爬电距离

部位	最小电气间隙 mm	最小爬电距离[e,f] mm	
		组别Ⅱ (400 V≤CTI<600 V)[d]	组别Ⅰ (600 V≤CTI)[d]
	额定电压 V	工作电压[c] V	
	230/400 230 400	400	400
1. 当主触头处于断开位置时，分开的带电部件之间[a]	5.5	9.0	8.0
2. 不同极的带电部件之间[e,j]	5.5	9.0	8.0
3. 不同电源供电的电路之间，其中一个电源为 PELV 或 SELV[g]	8.0	9.0	8.0
		额定电压 V	
		230/400	230/400
4. 带电部件与			
——操作件可触及的表面之间	5.5	9.0	8.0
——安装 SMCB 时必须拆下的盖的固定螺钉或其他器件之间	5.5	9.0	8.0
——SMCB 安装的平面之间[b]	5.5	9.0	8.0
——固定 SMCB 的螺钉或其他器件之间[b]	5.5	9.0	8.0
——金属盖或外壳之间[b]	5.5	9.0	8.0
——其他可触及的金属部件之间[c]	5.5	9.0	8.0
——支承嵌入式 SMCB 的金属支架之间	5.5	9.0	8.0

注 1：400 V 的值对 440 V 同样有效。

注 2：中性线回路的部件（如果有的话）也认为是带电部件。

[a] 对辅助和控制触头，其值在有关标准中规定。

[b] 如果 SMCB 的带电部件与金属屏蔽层之间或与安装 SMCB 的平面之间的电气间隙和爬电距离不仅仅与 SMCB 的设计有关，使得 SMCB 安装在最不利条件时电气间隙和爬电距离会减少，则电气间隙和爬电距离值应加倍。

[c] 包括覆盖在按正常使用安装后易触及的绝缘材料表面的金属箔，用 9.6 的伸直的无关节的试指（见图 9）把金属箔推至各个角落和凹槽等地方。

[d] 见 GB/T 4207—2003。

[e] 在确定相应于表列的工作电压的中间电压值的爬电距离时，允许采用插入法。确定爬电距离见附录 B。

[f] 爬电距离不能小于相应的电气间隙。

[g] 包括辅助触头中 ELV 所有不同的电压。

[h] 空。

[i] 空。

[j] 对于并排安装的 SMCB 之间不同极性的带电导体之间的爬电距离也适用。

8.1.4 螺钉、载流部件和连接

8.1.4.1 无论电气连接或机械连接应能承受正常使用时产生的机械应力。

安装过程中，安装 SMCB 使用的螺钉不应是螺纹切削式自攻螺钉。

注 1：安装 SMCB 使用的螺钉(或螺母)包括固定盖或盖板的螺钉，但不包括用于螺纹导线管和固定 SMCB 基座的连接装置。

通过直观检查和 9.4 的试验来检验是否符合要求。

注 2：可认为 9.8、9.9、9.12、9.13 和 9.14 的试验对螺纹连接进行了检验。

8.1.4.2 安装过程中，安装 SMCB 时所用的与绝缘材料螺纹啮合的螺钉，应保证其正确导入螺孔或螺帽内。

通过直观检查和手动试验来检验是否符合要求。

注：如果能防止螺钉倾斜导入，例如用内螺纹中的凹槽固定的零件或使用一个去除前端导向螺纹的螺钉进行导向，则就满足了有关螺钉正确导入的要求。

8.1.4.3 电气连接应这样设计，使得触头压力不是通过除了陶瓷、纯云母或其他性能相当的材料以外的绝缘材料来传递，除非在金属部件中具有足够的弹性以补偿绝缘材料任何可能的收缩或变形。

通过直观检查来检验是否符合要求。

注：材料的适用性是就材料尺寸的稳定性来考虑的。

8.1.4.4 载流部件和连接包括用作保护导线的部件(如果有的话)应是：

——铜。

——对冷加工部件，含铜量至少为 58%的合金。对于其他部件，含铜量至少为 50%的合金。

——耐腐蚀性能不低于铜并且具有适当机械性能的其他金属或适当的涂层的金属。

注：确定耐腐蚀性能的新的要求及适当的试验正在考虑，这些要求宜允许使用其他有适当涂层的材料。

本条款的要求不适用于触头、磁路、加热元件、双金属片、限流材料、分流器、电子元件包括印刷线路板，也不适用于螺钉、螺母、垫圈、夹紧板和接线端子的类似部件。

通过制造商的规定来检验是否符合要求。

8.1.5 连接外部导线的接线端子

8.1.5.1 连接外部导线的接线端子应确保其连接的导线可长期保持必须的接触压力。

接线端子在预期的使用条件下，应是容易触及的。

通过直观检查，对螺纹型接线端子通过 9.5 的试验来检验是否符合要求。

8.1.5.2 SMCB 应具有允许连接如表 5 所示的标称截面积的铜导线的接线端子。

注：螺纹型接线端子可能的形状和结构的示例参见附录 F。

通过直观检查，测量以及依次连接一根规定的最小截面积和一根最大截面积的导线来检验是否符合要求。

表 5 螺纹型接线端子可连接的铜导线的截面积

额定电流[a] A	被夹紧的标称截面积范围[a] mm^2
13 及以下	1～2.5
>13～16(含 16)	1～4
>16～25(含 25)	1.5～6
>25～32(含 32)	2.5～10
>32～50(含 50)	4～16
>50～80(含 80)	10～25
>80～100(含 100)	16～35
>100～125(含 125)	25～50

[a] 对额定电流小于或等于 50 A 的接线端子，要求其设计成能夹紧实心导线和硬性多股绞合导线，允许使用软导线。但是对截面积为 1 mm^2～6 mm^2 的导线，允许其结构仅用于夹紧实心导线。

8.1.5.3 接线端子中用于紧固导线的部件不应用作固定其他任何元件，尽管它们可用来使接线端子定位或防止其转动。

通过直观检查和9.5的试验来检验是否符合要求。

8.1.5.4 额定电流小于或等于63 A的接线端子应允许连接未经特殊加工的导线。

通过直观检查其是否符合要求。

注：术语"特殊加工"包括焊接导线的线丝，使用电缆接头，弯成小圆环等，但不包括导线插入接线端子前的重新整形或为增加软性导线头部强度而拧紧导线的措施。

8.1.5.5 接线端子应具有足够的机械强度。用于紧固导线的螺钉和螺母应具有ISO规定公制的螺纹或节距和机械强度相当的螺纹。

通过直观检查和9.4和9.5.1的试验来检验其是否符合要求。

注：目前，SI、BA和UN螺纹可以使用，因为这些螺纹在节距和机械强度方面实际上与公制ISO螺纹相当。

8.1.5.6 接线端子的设计应使得其在紧固导线时不会过度损坏导线。

通过直观检查和9.5.2的试验来检验其是否符合要求。

8.1.5.7 接线端子的设计应使其能可靠地把导线紧固在金属表面之间。

通过直观检查和9.4和9.5.1的试验来检验其是否符合要求。

8.1.5.8 接线端子的设计或布置应使得硬性实心导线或绞合导线的线丝在拧紧紧固螺钉或螺母时不能滑出接线端子。

本要求不适用于接线片式接线端子。

通过9.5.3的试验来检验其是否符合要求。

8.1.5.9 接线端子应这样固定或定位，使得接线端子在拧紧或拧松紧固螺钉或螺母时不会从SMCB的固定处松动。

注1：这些要求不是指接线端子的设计应使得其转动或位移受阻止，但对任何移动应充分地加以限制以免不符合本标准的要求。

注2：只要符合下列要求，可认为采用密封化合物或树脂足以防止接线端子松动：

——在正常使用时，密封化合物或树脂不受到应力；

——在本标准规定的最不利条件下，接线端子所能达到的温度不会损害密封化合物或树脂的效果。

通过直观检查和9.4的试验来检验其是否符合要求。

8.1.5.10 连接保护导线的接线端子的紧固螺钉或螺母应具有足够的可靠性以防止意外的松动。

通过手动试验来检查其是否符合要求。

注：一般来说，接线端子的结构(附录F列出的示例)都具有足够的弹性可符合本要求；对于其他结构，可能需要采取特殊措施，例如，使用一个不大可能因疏忽而丢失的具有足够弹性的部件。

8.1.5.11 柱式接线端子应允许完全插入并可靠地夹紧导线。

把表5中对相应额定电流规定的最大截面积的实心导线完全插入接线端子，并施加表10中规定的扭矩。完全紧固后，通过直观检查其是否符合要求。

8.1.5.12 用于连接外部导线的接线端子的螺钉和螺母应与金属螺纹啮合，并且这些螺钉不应是自攻螺钉。

通过直观检查来检验是否符合要求。

8.1.6 空

8.1.7 空

8.2 电击保护

SMCB的结构应使其在按正常使用安装和接线后，带电部件是不易触及的。

如果部件能被试指(见9.6)触及，则认为该部件是易触及的。

当其按正常使用条件安装和接线后，易触及的外部零件，不包括固定盖和铭牌的螺钉或其他器件，应用绝缘材料制成或全部衬垫绝缘材料，除非带电部件位于一个绝缘材料的内壳里。

衬垫应以这样的方式固定,使得它们在安装 SMCB 的过程中不可能丢失。衬垫应具有足够的厚度和机械强度并且在锐利的边缘处应提供足够的保护。

电缆或导线管的入口应是绝缘材料制成的或具有绝缘材料套管或类似装置,这些装置应可靠地固定并且有足够的机械强度。

金属的操作件应与带电部件绝缘,其外露的导电部件应覆盖有绝缘材料。本要求不适用于连接各极绝缘操作件的装置。机构的金属部件应是不易触及的。此外,它们应与易触及的金属部件绝缘,与支承嵌入式 SMCB 基座的金属支架绝缘,与把基座固定在支架上的螺钉或其他器件以及用作支架的金属板绝缘(如果有的话)。

就本条款而言,认为清漆和搪瓷不能提供足够的绝缘。

通过直观检查及 9.6 的试验来检验是否符合要求。

8.3 介电性能和隔离能力

SMCB 应具有足够的介电性能并应确保隔离。

8.3.1 工频介电强度

SMCB 在工频电压下应有足够的介电强度。

通过在新的 SMCB 上进行 9.7.1、9.7.2 和 9.7.3 的试验来检验其是否符合要求。

此外,在 9.11 的寿命试验和 9.12 短路试验后,SMCB 应能承受 9.7.3 的试验,但是分别在 9.11.3 和 9.12.12 规定的降低的电压下试验,并且试验前不进行 9.7.1 的潮湿处理。

8.3.2 隔离能力

SMCB 应适合于隔离。

通过验证符合表 4 中项 1 的最小电气间隙和爬电距离及 9.7.6.1 和 9.7.6.3 的试验来检验是否符合要求。

8.3.3 在额定冲击耐受电压(U_{imp})下的介电强度

SMCB 应足以耐受冲击电压。

通过 9.7.6.2 的试验来检验是否符合要求。

8.4 温升

8.4.1 温升极限

在 9.8.2 规定的条件下,测量表 6 规定的 SMCB 各部件的温升不应超过该表规定的极限值。

SMCB 不应受到影响其功能和使用安全的损害。

表 6 温升值

部件[a,b]	温升 K
连接外部导线的接线端子	60
在手动操作 SMCB 过程中,易触及的外部部件,包括绝缘材料的操作件以及连接各极绝缘的操作件的金属部件	40
操作件的外部金属部件	25
其他外部部件,包括 SMCB 与安装平面直接接触的表面	60

[a] 对触头的温升值不作规定,因为大多数 SMCB 的结构如不变动部件或移动部件不能直接测量这些部件的温度,而这些变动往往会影响试验的重复性。28 天试验(见 9.9)被认为已间接地对触头在使用中过度发热的工作情况作了充分的检验。

[b] 除了表列部件外,其他部件的温升值不作规定,但不应引起相邻的绝缘材料部件损坏,也不能妨碍 SMCB 的操作。

8.4.2 周围空气温度

表 6 所示的温升极限值仅适用于周围空气温度保持在 7.1 规定的极限范围内。

8.5 **不间断工作制**

SMCB 即使在长期运行后也应可靠地工作。

通过 9.9 的试验来检验其是否符合要求。

8.6 **自动动作**

8.6.1 **标准时间-电流带**

SMCB 的脱扣特性应使得它们对电路有足够的保护，而无过早的动作。

SMCB 的时间-电流特性带（脱扣特性）由表 7 规定的条件和值来确定。

表 7 是指 SMCB 按基准条件（见 9.2）安装，并且在 30 ℃基准校准温度下工作，温度误差为 $^{+5}_{0}$ ℃。

通过 9.10 规定的试验来检验其是否符合要求。

试验可在任何合适的温度下进行，根据制造厂给出的资料使试验结果以 30 ℃为基准。

在任何情况下，校准温度每变化 1 K，表 7 的试验电流的变化不应超过 1.2%。

如果 SMCB 标志的校准温度不是 30 ℃，则它们应在这个不同的温度下进行试验。

校准温度与基准值不同时，制造厂应给出关于脱扣特性变化的资料。

表 7 时间-电流动作特性

试验	根据表 2 的试验电流	起始状态	脱扣或不脱扣时间极限	预期结果	附注
a	I_{nt}	冷态[a]	$t \leqslant 2$ h	不脱扣	
b	I_t	紧接着试验 a	$t < 2$ h	脱扣	电流在 5 s 内稳定地增加
c	I_{tv}	冷态[a]	0.05 s$<t<$15 s[b]	延时脱扣	通过闭合辅助开关接通电流
d	I_{tk}	冷态[a]	0.01 s$\leqslant t \leqslant$0.3 s	短延时脱扣	通过闭合辅助开关接通电流

a 术语“冷态”指在基准校准温度下，试验前不带负载。

b 对于 E 特性：5 s（$I_n \leqslant 32$ A）或 10 s（$I_n > 32$ A）。

8.6.2 **约定量**

8.6.2.1 **约定时间**

SMCB 的约定时间是 2 h。

8.6.2.2 **约定不脱扣电流（I_{nt}）**

SMCB 的约定不脱扣电流值见表 2。

8.6.2.3 **约定脱扣电流（I_t）**

SMCB 的约定脱扣电流值见表 2。

8.6.2.4 **延时脱扣电流（I_{tv}）**

SMCB 的延时脱扣电流值见表 2。

8.6.2.5 **短延时脱扣电流（I_{tk}）**

SMCB 的短延时脱扣电流值见表 2。

8.6.3 **脱扣特性**

SMCB 的脱扣特性应包括在 8.6.1 规定的标准时间-电流带内。

注 1：温度和安装条件与 9.2 规定的条件不同时（例如，安装在一个特定的外壳内，在同一个外壳内组装几个 SMCB 等）可能会影响 SMCB 的脱扣特性。

注 2：周围温度与基准值不同时，但在 7.1 规定的极限范围内，制造厂应提供关于脱扣特性变化的资料。

8.6.3.1 **多极 SMCB 单极负载对脱扣特性的影响**

当具有多个保护极的 SMCB 从冷态开始，仅在一个保护极上通以下列电流的负载时：

——对带两个保护极的二极 SMCB，为 1.1 倍约定脱扣电流；

——对三极和四极 SMCB，为 1.2 倍约定脱扣电流。

SMCB 应在 8.6.2.1 规定的约定时间内脱扣。

通过 9.10.3 试验来检验其是否符合要求。

8.6.3.2 周围空气温度对脱扣特性的影响

除了基准温度外，周围温度在 −5 ℃～+40 ℃范围内变化时，不应对 SMCB 的脱扣特性产生不符合要求的影响。

通过 9.10.4 试验来检验其是否符合要求。

8.7 机械和电气寿命

SMCB 应能进行 1 000 次通以额定电流的操作循环并紧接着进行的 1 000 次的机械通断循环。此外，SMCB 还应能根据表 16a)或表 16b)进行试验，此时 SMCB 应有选择性保护性能。

通过 9.11 试验来检验是否符合要求。

8.8 短路电流下的性能

SMCB 应能进行规定的短路操作次数，在短路操作时不应危及操作者，也不应在带电导电部件之间或带电导电部件与地之间产生闪络。

如采用额定电流较小的后接 MCB 的级联 1 时，在达到选择性极限 I_{s1} 之前，SMCB 是不允许脱扣的。此时 SMCB 不允许切断相邻分支回路中的电流（见 9.12.13.1）。SMCB 的短路选择性试验中 I^2t 是根据表 25 来选取的，这对于 I^2t 满足该表要求的任何 MCB 都是适用，并且有效的。

如果超过安装点上的 SMCB 的短路能力，则应给出足够的后备保护（见 9.12.14）。

通过 9.12 试验来检验其是否符合要求。

这就要求 SMCB 在额定频率，等于额定电压 105%（1±5%）的工频恢复电压，以及不低于 9.12.5 规定的合适的范围的下限的功率因数条件下，能接通和分断相应于额定短路能力及以下的任何电流值。

8.9 耐机械冲击和撞击

SMCB 应具有足够的机械性能，以使其能承受安装和使用过程中遭受的机械应力。

通过 9.13 试验来检验其是否符合要求。

8.10 耐热性

SMCB 应有足够的耐热性能。

通过 9.14 试验来检验其是否符合要求。

8.11 耐异常发热及耐燃性

如果邻近的载流部件在故障或过载情况下达到一个很高的温度时，SMCB 中用绝缘材料制成的外部零件应不容易点燃和蔓延火焰：

通过直观检查和 9.15 试验来检验是否符合要求。

8.12 防锈

铁制部件应有足够的防锈保护。

通过 9.16 试验来检验其是否符合要求。

8.13 空

8.14 空

8.15 控制电路电源波动时的性能

对于带控制回路的 SMCB 应确保其在 $0.75U_n$～$1.1U_n$ 之间可靠闭合和断开。在上述电压范围之内不允许 SMCB 误动作。

通过 9.11 的试验来验证同上述要求的一致性。

若在该类 SMCB 闭合后发生电源波动，应确保该类 SMCB 保持在接通状态，所有的保护功能都有效。

通过 9.10 的试验来验证同上述要求的一致性。

9 试验

9.1 型式试验和试验程序

本标准所要求的型式试验列于表8。

表8 型式试验表

试　验	条　款
标志的耐久性	9.3
螺钉、载流部件和连接的可靠性	9.4
连接外部铜导线的螺纹型接线端子的可靠性	9.5
电击保护	9.6
介电性能和隔离能力	9.7
温升和功耗	9.8
28天试验	9.9
脱扣特性	9.10
机械和电气寿命试验与接通过程和分断过程的控制	9.11
短路试验和选择性试验	9.12
机械应力	9.13
耐热	9.14
耐异常发热和耐燃	9.15
防锈	9.16

为验证符合本标准时，型式试验按试验程序进行。

试验程序和提交试验的试品数量在附录C中规定。

除非另有规定，每项型式试验(或型式试验程序)在新的和清洁的SMCB上进行。

注：可用下列方法来验证是否符合本标准：

——由制造厂验证，作为供应商声明(GB/T 20000.1—2002 中的 2.15.1.1)；

——由独立的认证机构验证(GB/T 20000.1—2002 中的 2.15.1.2)。

根据 GB/T 20000.1—2002 的专用名词，术语“认证”只能用于第二种案例。

9.2 试验条件

除非另有规定，SMCB应单独地垂直安装在周围温度为20 ℃～25 ℃的大气中，并且应避免外界过度的加热或冷却。

设计成安装在单独外壳中的SMCB应在制造厂规定的最小的外壳中进行试验。

除非另有规定，SMCB连接表9规定的适当的电缆，并且应安装在一块厚度约20 mm，涂有无光泽黑漆的层压板上，安装方法应符合制造厂推荐的有关安装方式的任何要求。

在没有专门规定误差时，型式试验应在严酷程度不低于本标准规定的数值下进行。

除非另有规定，试验应在额定频率±5 Hz和合适的电压下进行。

试验期间不允许对试品进行维修和拆卸。

对于9.8、9.9、9.10和9.11的试验，SMCB按下列要求接线：

a) 连接导线采用符合GB 5023的单芯聚氯乙烯绝缘铜导线制成；

b) 除9.8.2、9.10.2和9.11的试验外，所有极串联通以单相电流进行试验；

c) 连接导线应处在大气中，并且相互之间距离不小于接线端子之间的距离；

d) 接线端子与接线端子之间的每根临时连接导线的最小长度为：

——截面积小于或等于 10 mm^2 的导线为 1 m；

——截面积大于 10 mm^2 的导线为 2 m。

e) 除非在相关的试验条件中给出说明，对于功能与电源电压有关的 SMCB，其控制回路应施加电源电压。

施加在接线端子螺钉上的拧紧扭矩为表 10 规定值的三分之二。

表 9 与额定电流相应的试验铜导线的截面积 *S*

截面积 S mm^2	额定电流值 I_n A
1.5	$6 < I_n \leqslant 13$
2.5	$13 < I_n \leqslant 20$
4	$20 < I_n \leqslant 25$
6	$25 < I_n \leqslant 32$
10	$32 < I_n \leqslant 50$
16	$50 < I_n \leqslant 63$
25	$63 < I_n \leqslant 80$
35	$80 < I_n \leqslant 100$
50	$100 < I_n \leqslant 125$

9.3 标志的耐久性试验

用手拿一块浸透水的棉花擦标志 15 s，接着再用一块浸透脂族已烷溶剂（芳香剂的容积含量最大为 0.1%，贝壳松脂丁醇值为 29，初沸点约为 65 ℃，干点约为 69 ℃，密度约为 0.68 g/cm^3）的棉花擦 15 s 进行试验。

对用压印、模压或蚀刻方式制造的标志不进行本试验。

在本试验后，标志应容易识别。

在本标准的所有试验完成后，标志仍应保持容易识别。

标志应不可能轻易地移动，并没有翘曲现象。

9.4 螺钉、载流部件和连接的可靠性试验

通过直观检查，对 SMCB 安装和接线时使用的螺钉和螺母还要通过下列试验来检验是否符合 8.1.4 的要求：

拧紧和拧松螺钉及螺母：

——对与绝缘材料螺纹啮合的螺钉，10 次；

——对所有其他情况，5 次。

与绝缘材料螺纹啮合的螺钉或螺母，每次试验时应完全旋出然后再重新旋入。

试验时应采用合适的螺丝刀或扳手施加表 10 所示的扭矩。

不应用猛拧力拧紧螺钉和螺母。

每次拧松螺钉或螺母时，要移动根据表 9 选择的导线。

表 10 螺钉的螺纹直径和施加的扭矩

螺纹标称直径 mm	扭矩 N·m		
	Ⅰ	Ⅱ	Ⅲ
≤2.8	0.2	0.4	0.4
>2.8～≤3.0	0.25	0.5	0.5
>3.0～≤3.2	0.3	0.6	0.6

表 10（续）

螺纹标称直径 mm	扭矩 N·m		
	Ⅰ	Ⅱ	Ⅲ
>3.2～≤3.6	0.4	0.8	0.8
>3.6～≤4.1	0.7	1.2	1.2
>4.1～≤4.7	0.8	1.8	1.8
>4.7～≤5.3	0.8	2.0	2.0
>5.3～≤6.0	1.2	2.5	3.0
>6.0～≤8.0	2.5	3.5	6.0
>8.0～≤10.0	—	4.0	10.0

第Ⅰ栏适用于拧紧时螺钉不露出孔外的无头螺钉以及其他不能用刀口比螺钉直径宽的螺丝刀拧紧的螺钉；

第Ⅱ栏适用于用螺丝刀拧紧的其他螺钉；

第Ⅲ栏适用于用除了螺丝刀以外的其他工具来拧紧的螺钉或螺母。

如果螺钉有一个可用螺丝刀拧紧的带槽六角头，而且第Ⅱ栏和第Ⅲ栏的数值又不一样，试验进行2次。第1次试验对六角头施加第Ⅲ栏规定的扭矩，然后在另一个试品上用螺丝刀施加第Ⅱ栏规定的扭矩。如果第Ⅱ栏和第Ⅲ栏数值相同，则仅用螺丝刀进行试验。

在试验过程中，螺钉连接件不应松动，并不应有妨碍SMCB继续使用的损坏，例如，螺钉断裂或螺钉头的槽、螺纹、垫圈或螺钉夹头损坏等。

此外，外壳和盖也不应损坏。

试验后连接导线不应松动，也不应损害其电气功能。

9.5 连接外部铜导线的螺纹型接线端子的可靠性试验

用下列方法检验是否符合8.1.5的要求：

——通过直观检查和9.4的试验来检验，在进行9.4的试验时，接线端子连接一根表5规定的最大截面积的硬性铜导线（标称截面积大于6 mm² 时，采用硬性绞合导线；对其他标称截面，采用实心导线）。

——通过9.5.1、9.5.2和9.5.3试验来检验，进行这些试验时，应采用合适的螺丝刀或扳手施加表10规定的扭矩。

9.5.1 接线端子分别连接表5规定的最小和最大截面积的铜导线。实心导线或绞合导线中采用较为不利的一种。

导线插入到接线端子中至规定的最短距离。如果没有规定距离，则插入至刚好从另一边露出为止，并且处于最容易使导线的线丝松脱的位置。

然后用表10相应栏目中规定值的三分之二的扭矩拧紧紧固螺钉。

接着对每根导线施加表11规定的拉力，单位为N。施加拉力时不能用冲击力，时间为1 min，方向为导线的轴向方向。

表 11 拉力

接线端子能容纳的导线截面积 mm²	拉力 N
≤4	50
≤6	60
≤10	80
≤16	90
≤50	100

在试验过程中，接线端子中导线应没有可觉察的移动。

9.5.2 接线端子分别连接表5规定的最小和最大截面积的铜导线。实心导线或绞合导线中采用较为不利的一种。用表10相应栏目中规定值的三分之二的扭矩拧紧接线端子螺钉。然后拧松接线端子螺钉并对导线可能受到接线端子影响的部分进行检查。

导线应没有过度的损坏或被切断的线丝。

在试验过程中，接线端子不应松动，也不能有妨碍其继续使用的损坏，例如，螺钉断裂或螺钉头的槽、螺纹、垫圈或螺钉夹头损坏。

9.5.3 接线端子连接具有表12所示结构的硬性绞合铜导线。

表12 导线尺寸

被夹紧的标称截面积范围 mm²	绞合导线	
	根数	线丝直径 mm
1～2.5[a]	7	0.67
1～4[a]	7	0.85
1.5～6[a]	7	1.04
2.5～10	7	1.35
4～16	7	1.70
10～25	7	2.14
16～35	19	1.53
25～50	19	1.83

[a] 如果接线端子只用来夹紧实心导线(见表5)，则不进行本试验。

在导线插入接线端子之前，对导线的线丝进行适当的整形。

导线插入至接线端子底部或刚好从接线端子另一边露出为止，并处于最容易使导线的线丝松脱的位置。然后用表10相应栏目中规定值的三分之二的扭矩拧紧紧固螺钉或螺母。

试验后，应没有任何导线的线丝松脱至夹持装置的外面。

9.6 电击保护试验

试品按正常使用安装并且连接表5规定的最小和最大截面积导线，用图9所示的标准试指进行试验。

标准试指应设计成使每个关节部分只能相对于试指轴线在同一个方向转动90°。

试指施加到人手指可能弯曲到的每个位置上，用一个电气接触的指示器来显示其与带电部件接触。

推荐采用一个灯泡作为接触指示，电压不应低于40 V。

带有热塑性材料外壳或盖的SMCB进行下列补充试验，试验在35 ℃±2 ℃的周围温度下进行，SMCB也处于这个温度下。

用一个与标准试指相同尺寸的无关节的直的试指的顶端对SMCB施加75 N的力1 min，对绝缘材料变形可能影响SMCB安全的所有部位施加试指，但对敲落孔不进行试验。

在试验过程中，外壳或盖不应变形到带电部件能被无关节试指触及的程度。

对具有不用外壳覆盖的部件的非封闭式SMCB用一块金属面板进行试验，并按正常使用条件安装。

9.7 介电性能和隔离能力试验

9.7.1 耐潮

9.7.1.1 SMCB的试验准备

如果有进线孔，则全部打开；如果有敲落孔，则打开其中一个。

不用工具就能拆卸的部件拆下并与主要部件一起进行潮湿处理，在潮湿处理过程中，弹簧盖保持打开。

9.7.1.2　**试验条件**

潮湿处理在空气相对湿度保持在 91%～95%之间的潮湿箱中进行。

放置试品处的空气温度保持在 20 ℃～30 ℃之间的任何合适温度 $T \pm 1$℃内。

试品在放入到潮湿箱前，预热到 $T \sim T+4$ ℃的温度之间。

9.7.1.3　**试验顺序**

试品在潮湿箱中保持 48 h。

注 1：在潮湿箱中放置硫酸钠(Na_2SO_4)或硝酸钾(KNO_3)的饱和水溶液，并使其与箱内空气有一个足够大的接触面，就可获得 91%～95%之间的相对湿度。

注 2：为了使箱内达到规定的条件，建议确保箱内空气不断循环，并且通常要使用一个绝热的箱子。

9.7.1.4　**试验后 SMCB 的状况**

在潮湿处理后，试品应无本标准含义内的损坏，并应承受 9.7.2 和 9.7.3 的试验。

9.7.2　**主电路的绝缘电阻**

SMCB 按 9.7.1 的规定进行潮湿试验后，经过 30 min～60 min 的时间间隔，施加约 500 V 的直流电压 5 s 后，并在该电压下依次测量下列部位的绝缘电阻：

a)　SMCB 处于断开位置，依次对每极的每对接线端子之间(当 SMCB 处于闭合位置时，这些接线端子电气上是连接在一起的)；

b)　SMCB 处于闭合位置，依次对每极与连接在一起的其他极之间；

c)　SMCB 处于闭合位置，所有连接在一起的极与框架，包括覆盖在绝缘材料内壳(如果有的话)外表面的金属箔之间；

d)　机构的金属部件与框架之间；

注：为进行此验证，可使用特殊准备的试品。

e)　对具有采用绝缘材料内衬的金属外壳的 SMCB，框架与覆盖在绝缘材料衬垫，包括套管和类似装置内表面的金属箔之间。

a)、b)和 c)项的测量在所有的辅助电路连接至框架后进行。

术语"框架"包括：

——所有易触及的金属部件和按正常使用安装后易触及的绝缘材料表面覆盖的金属箔；

——安装 SMCB 的基座的表面，必要时覆盖金属箔；

——把基座固定到支架上的螺钉和其他器件；

——安装 SMCB 时必须拆下的盖的固定螺钉以及 8.2 所指的操作件的金属部件。

如果 SMCB 具有用于保护导线相互连接的接线端子，则该接线端子应连接到框架上。

对于 b)项至 e)项的测量，金属箔应这样覆盖，使得密封用的化合物(如有的话)也应受到有效的试验。

绝缘电阻应不小于：

——2 MΩ，对 a)项和 b)项的测量；

——5 MΩ，对其他项的测量。

9.7.3　**主电路的介电强度**

SMCB 通过 9.7.2 试验后，在 9.7.2 指定的部件之间施加 9.7.5 规定的试验电压 1 min。

试验开始时，施加的电压不大于规定值的一半，然后在 5s 内将电压升至规定值。

试验过程中，不应发生闪络或击穿。

无电压降的辉光放电可忽略不计。

9.7.4　**辅助和控制电路的介电强度**

对于这些试验，主电路应连接到框架上，在下列部位施加 9.7.5 规定的试验电压 1 min：

a) 通常不与主电路连接的所有辅助电路连接在一起与 SMCB 的框架之间；

b) 如适用的话，辅助电路中可能与其他辅助电路部件隔离的每一个部件与连接在一起的其他部件之间。

控制回路施加的试验电压和试验方式与辅助回路的相同。

9.7.5 试验电压值

试验电压应基本上是正弦波形，频率在 45 Hz～65 Hz 之间。

试验电压的电源应能输出至少为 0.2 A 的短路电流。

当输出回路的电流小于 100 mA 时，变压器的过电流脱扣装置不应动作。

试验电压值应如下：

a) 主电路，预期与主电路连接的辅助电路和控制电路：

——2 000 V，对 9.7.2 a)项～d)项；

——2 500 V，对 9.7.2 e)项；

b) 制造厂指明的不适合于与主电路连接的辅助电路和控制电路：

——1 000 V，当额定绝缘电压 U_i 不超过 60 V 时；

——$2U_i$+1 000 V，最小值 1 500 V，当额定绝缘电压 U_i 超过 60 V 时。

9.7.6 验证冲击耐受电压(跨越电气间隙和跨越固体绝缘)和断开触头之间的泄漏电流

9.7.6.1 验证断开触头之间的冲击耐受电压(适用于隔离)

对安装在金属支架上的 SMCB 进行试验。

冲击电压由一个冲击电压发生器产生，冲击电压发生器能产生正向和负向冲击电压，前沿时间为 1.2 μs；至半值时间为 50 μs，允许误差如下：

——峰值：±5%；

——前沿时间：±30%；

——至半值时间：±20%。

试验装置的冲击阻抗应有 500 Ω 的标称值。

调节冲击电压波形时，把被试 SMCB 连接到冲击电压发生器上。为此，应采用合适的分压器和电压传感器。

允许冲击电压波形有小的振荡，只要靠近冲击电压峰值处的振荡辐值小于峰值的 5%。

冲击电压前沿的前半部的振荡辐值允许达到峰值的 10%。

触头在断开位置，对连接在一起的电源接线端子和连接在一起的负载接线端子之间施加符合 IEC 60060-1：1989 中图 6 的 1.2/50 μs 的冲击电压。

施加 3 次正极性冲击和 3 次负极性的冲击，同一极性相邻冲击之间的时间间隔至少为 1 s，相反极性冲击之间的时间间隔至少为 10 s。

试验电压值应按表 13 根据大气压力和/或试验地点的海拔修正。

试验过程中，不应发生非故意的击穿放电。

表 13 与 SMCB 的额定冲击耐受电压和试验地点的海拔有关的验证适用于隔离的断开触头之间的试验电压

额定冲击耐受电压 U_{imp} kV	在相应海拔时的试验电压 $U_{1.2/50}$ a.c. 峰值 kV				
	海平面	200 m	500 m	1 000 m	2 000 m
6	9.8	9.6	9.3	9	8

9.7.6.2 对 9.7.6.1 中没有试验的部分验证冲击耐受电压

对安装在金属支架上的处于闭合位置的 SMCB 进行试验。

冲击电压由一个冲击电压发生器产生，冲击电压发生器能产生正向和负向冲击电压，前沿时间为1.2 μs；至半值时间为50 μs，允许误差如下：

——峰值：±5%；

——前沿时间：±30%；

——至半值时间：±20%。

试验装置的冲击阻抗应有500Ω的标称值。

调节冲击电压波形时，把被试SMCB连接到冲击电压发生器上。为此，应采用合适的分压器和电压传感器。

注1：对装有浪涌抑制器的SMCB，调节冲击电压波形时，不把SMCB连接到冲击发生器上。

允许冲击电压波形有小的振荡，只要靠近冲击电压峰值处的振荡幅值小于峰值的5%。

冲击电压前沿的前半部的振荡幅值允许达到峰值的10%。

第一组试验冲击电压施加在SMCB中连接在一起的相线极和中性极（或电流回路）之间（适用时）。

第二组试验冲击电压施加在连接到保护导体接线端子（如果有的话）的金属支架与连接在一起的相线极和中性极（或电流回路）之间。

在两种情况下，各施加3次正向冲击电压和3次负向冲击电压，对同一极性相邻冲击之间的时间间隔至少为1 s，相反极性冲击之间的时间间隔至少为10 s。

试验电压值应按表14根据大气压力和/或试验地点的海拔修正。

试验过程中，不应发生非故意的击穿放电。

注2：词句"非故意的击穿放电"用来表示绝缘在电气应力下失效的现象，包括电压降落以及有电流流动等。

然而，如果仅发生一次这样的击穿，可增加施加6次冲击电压，其极性和接线方式与发生击穿放电时的极性和接线方式相同。

不应再发生击穿放电。

表14 验证9.7.6.1中未试部分的冲击耐受电压的试验电压

额定冲击耐受电压 U_{imp} kV	在相应海拔时的试验电压 $U_{1.2/50}$ a.c. 峰值 kV				
	海平面	200 m	500 m	1 000 m	2 000 m
6	7.4	7.2	7	6.7	6

9.7.6.3 验证断开触头之间的泄漏电流（适用于隔离）

SMCB经过9.12.11.2，或9.12.11.3，或9.12.11.4.2，或9.12.11.4.3或9.12.13或9.12.14的试验后，处在断开位置，对其每极施加1.1倍的额定工作电压。

测量流过断开触头之间的泄漏电流不应超过2 mA。

9.8 温升试验及功耗测量

9.8.1 周围空气温度

在试验周期的最后四分之一时间内，应至少用2天温度计或热电偶对称地分布在SMCB周围，高度约为SMCB高度的一半，距SMCB约1 m的地方测量周围空气温度。

温度计或热电偶应免受对流和辐射热的影响。

9.8.2 试验程序

在任何合适的电压下对SMCB的所有极同时通以等于 I_n 的电流，通电时间应足以使温升达到稳态值或至约定时间（两者中取较长时间者）。

实际上，当每小时温升变化不超过1 K时，即达到了稳态条件。

对于带有3个保护极的四极SMCB，先只对3个保护极通以规定的电流进行试验。

然后，对连接中性线的极和相邻的保护极通以同样的电流进行重复试验。

在试验过程中，温升不应超过表 6 所示的值。

9.8.3 测量部件的温度

表 6 提及的各部件的温度应用细线热电偶或等效的工具在最可接近最热点的位置上测量。

热电偶与被测部件的表面之间应保证有良好的热传导性。

9.8.4 部件的温升

部件的温升是该部件按 9.8.3 测得的温度与按 9.8.1 测得的周围空气温度之差。

9.8.5 功耗测量

在不低于 30 V 的电源电压下及基本上为电阻性的电路中，对 SMCB 的每极通以等于 I_n 的交流电流。

注 1：经制造厂同意，可使用小于 30 V 的试验电压值。

根据在稳态条件下测量的相应接线端子之间的电压降计算出的每极功耗不应超过表 15 给定值。

注 2：只要本条款的试验条件能够满足，可在温升试验时测量电压降。

表 15　每极最大功耗

额定电流 A	各极最大功耗 W
$I_n \leqslant 25$	6.5
$25 < I_n \leqslant 40$	8
$40 < I_n \leqslant 50$	10
$50 < I_n \leqslant 63$	13
$63 < I_n \leqslant 100$	15
$100 < I_n \leqslant 125$	20

9.9 28 天试验

在 9.2 的试验条件下，对 SMCB 进行 28 天试验，每一个试验周期由 21 h 至少在 30 V 的开路电压下通以额定电流和 3 h 不通电流组成。

SMCB 处于闭合位置，用一个辅助开关接通和断开电流。在本试验过程中，SMCB 不应脱扣。

在最后一个流过电流期间，应测量接线端子的温升。

温升不应超过温升试验(见 9.8)的测量值 15 K。

紧接着测量温升后，在 5 s 内将电流稳定地升至约定脱扣电流值。

SMCB 应在约定的时间内脱扣。

9.10 脱扣特性试验

本试验是验证 SMCB 是否符合 8.6.1 的要求。

带控制回路的 SMCB 在接通之后，操作之前，应用确保控制电压与 SMCB 隔离。

如果试验是在试验室内进行，则试验应在静止的空气情况下进行；试验室的体积应做到不会影响试验结果。

9.10.1 时间-电流特性试验

9.10.1.1 从冷态开始(见表 7)，对所有极通以约定不脱扣电流 I_{nt} 至约定时间(见 8.6.1 和 8.6.2.1)。

SMCB 不应脱扣。

然后在 5 s 内把电流稳定地升至约定脱扣电流 I_t。

SMCB 应在约定时间内脱扣。

9.10.1.2 空

9.10.2 延时脱扣、短延时脱扣和触头正确断开试验

9.10.2.1 一般试验条件

对 9.10.2.2 和 9.10.2.3 的各个试验电流的下限值(对于 E 型 SMCB 为 $5I_n$，对于 C_s 型为 $6.5I_n$)，

在任何合适电压下进行一次试验。

对试验电流的上限值(对于E型SMCB为6.25I_n,对于C_s型为10I_n),在额定电压U_n(相线对中性线)下,在图3的试验线路中进行试验。附加阻抗(见9.12.7.3)应这样确定,使得对应的功率因数为0.95～1。

操作程序为:

O—t—CO—t—CO—t—CO

间隔时间t如9.12.11.1的规定。

测量"O"操作的脱扣时间。

每次操作后,指示装置应显示触头的断开位置。

9.10.2.2 对于E型SMCB

从冷态开始,对所有保护极通以等于5I_n的电流。

断开时间应不小于0.05 s,并不超过:

——5 s,对于额定电流不超过32 A;

——10 s,对于额定电流超过32 A。

然后再从冷态开始,对所有保护极通以等于6.25I_n的电流。

断开时间不应小于0.01 s,并不超过0.3 s。

9.10.2.3 对于C_s型SMCB

从冷态开始,对所有保护极通以等于6.5I_n的电流。

断开时间应不小于0.05 s,并不超过15 s。

然后再从冷态开始,对所有保护极通以等于10I_n的电流。

断开时间不应小于0.01 s,并不超过0.3 s。

9.10.2.4 空

9.10.3 单极负载对多极SMCB脱扣特性影响的试验

在8.6.3.1规定的条件下,通过对按9.2接线的SMCB进行试验来验证是否符合要求。

SMCB应在约定时间内脱扣(见8.6.2.1)。

9.10.4 周围温度对脱扣特性的影响试验

通过下列试验来检验其是否符合要求:

a) SMCB放置在周围温度为−5 ℃±2 ℃的场合下,直至其达到稳态温度。对SMCB所有极通以等于约定不脱扣电流的电流至约定时间,然后在5 s内把电流稳定地增加至1.5I_n(E特性)或1.75I_n(C_s特性),SMCB应在约定时间内脱扣。

b) SMCB放置在周围温度为+40 ℃±2 ℃的场合下,直至其达到稳态温度。对SMCB所有极通以等于I_n的电流(对于E特性)或1.05I_n的电流(对于C_s特性),SMCB在约定的时间内不应脱扣。

9.11 机械和电气寿命试验与接通过程和分断过程的控制

9.11.1 一般试验要求

SMCB应按9.2的规定固定在金属支架上,除非该SMCB是设计成安装在独立的外壳中,在这情况下,SMCB应按相应的要求进行安装。

试验在额定电压下用串联连接在负载端的电阻器和电抗器调节至额定电流的电流进行试验。

如果使用空芯电抗器,每个电抗器应并联连接一个电阻器,流过电阻器的电流约为流过电抗器电流的0.6%。

电流应基本上为正弦波;功率因数应在0.85～0.9之间。

对于单极SMCB和带两个保护极的二极SMCB,在总操作次数的前一半次数,金属支架应接至电源的一侧,而在另一半操作次数中接至电源的另一侧。

对于带一个保护极的二极 SMCB,金属支架应接至电源的中性极上。

对于额定电压 230/400 V 的单极 SMCB,试验应在 230 V 下进行。

SMCB 应用表 9 规定的适当尺寸的导线接至电路。

9.11.2 试验方法

9.11.2.1 在额定电流时的寿命

SMCB 用额定电流进行 1 000 次操作循环,并紧接着进行 1 000 次无电流操作循环。

对于带控制回路的 SMCB 来说,无电流操作循环一半次数在 $0.75U_n$ 下进行,另一半次数在 $1.1U_n$ 下进行。通过适当的方式闭合触头。

每次操作循环包括一次接通操作和紧接着的一次分断操作。

对于额定电流小于或等于 32 A 的 SMCB,操作频率应为每小时 240 次操作循环。在每一次操作循环中,SMCB 应保持在断开位置至少 13 s。

对于额定电流大于 32 A 的 SMCB,操作频率应为每小时 120 次操作循环。在每一次操作循环中,SMCB 应保持在断开位置至少 28 s。

SMCB 应按正常使用条件进行操作。

应注意:

——试验装置不能损坏被试 SMCB;

——被试 SMCB 操作件的自由运动不受到阻碍;

——被试 SMCB 的操作件不会过度地影响试验装置操作件的速度。

如果 SMCB 是有关人力操作,在驱动过程中,应以(0.1±0.025)m/s 的操作速度操作 SMCB。该速度应在试验装置的操作件接触到被试 SMCB 操作件末端时并在该位置进行测量。对旋钮式操作件,其角速度应基本上与上述条件相当,即被试 SMCB 操作件末端处的速度与上述速度相当。

9.11.2.2 接通过程和分断过程的控制

紧接着 9.11.2.1 所述试验,试品被保持在试验回路中,施加 $0.75U_n$。紧接着在 SMCB 接线端子上连接一台示波器,且调节得能测出位于进线端子和出线端子之间的开关上的电压降。

此时使用 9.11.2.1 中规定的操作速度来接通和分断开关。

接通过程:从主触头最初接触直至闭合(静止状态)允许历时最大值为 0.1 s。

分断过程:从主触头开始释放直至最终切断电流允许历时最大值为 0.1 s。

9.11.2.3 级联配合 1 在短路情况下的寿命

用表 16a)或表 16b)确定的 I^2t 值(通过晶闸管的开断来模拟),按 9.12.13.1 的规定进行试验。按表 16a)或表 16b)规定的试验次数来操作 SMCB。试验次数在电流正半波和电流负半波各进行一半。在两次连续短路试验之间的间隔时间为 2 min。在各试验阶段之间至少间歇 15 min。

表 16a) 级联配合 1 在短路情况下的寿命(对于 E 型 SMCB)

试验阶段	试验电流 A	试验次数	$I_n \leqslant 63$ A 时 I^2t 值 $A^2 \cdot s$	63 A$<I_n \leqslant 100$ A 时 I^2t 值 $A^2 \cdot s$	允许 SMCB 分断的次数
1	630	50	3 000	3 000	3
2	1 500	16	7 000	7 500	1
3[a]	4 500	4	25 000	35 000	1
3[b]	6 000	4	35 000	45 000	1

[a] 对于 $I_{s1}=4\ 500$ A 的 SMCB 进行的试验。

[b] 对于 $I_{s1} \geqslant 6\ 000$ A 的 SMCB 进行的试验。

注:对于 $I_n>100$ A 时的试验电流及 I^2t 值正在考虑中。

表 16b) 级联配合 1 在短路情况下的寿命(对于 C_s 型 SMCB)

试验阶段	试验电流 A	试验次数	$I_n \leqslant 63$ A 时 I^2t 值 $A^2 \cdot s$	63 A $< I_n \leqslant 100$ A 时 I^2t 值 $A^2 \cdot s$	允许 SMCB 分断的次数
1	1 000	50	4 500	5 000	3
2	1 500	16	7 000	7 500	1
3[a]	4 500	4	25 000	35 000	1
3[b]	6 000	4	35 000	45 000	1

[a] 对于 I_{s1}=4 500 A 的 SMCB 进行的试验。

[b] 对于 $I_{s1} \geqslant$6 000 A 的 SMCB 进行的试验。

注：对于 $I_n >$100 A 时的试验电流及 I^2t 值正在考虑中。

在上述操作循环后，SMCB 用其额定电流负载，直至温升达到恒定的发热值。在流过额定电流期间测出接线端子上的温升。

它不允许比温升试验(见 9.8)时测得的值高 25 K 以上，最大只允许比表 6 规定值高 15 K。紧接着在 5 s 之内将电流连续上升到规定的脱扣电流 I_t，SMCB 应在规定时间内脱扣。

9.11.3 试验后 SMCB 的状况

在 9.11.2 试验后，试品不应有下列现象：

——过度磨损；

——动触头位置和指示装置相应位置不一致；

——外壳损坏至能被试指触及带电部件(见 9.6)；

——电气或机械连接松动；

——密封化合物渗漏。

此外，SMCB 还应经受 9.7.3 规定的介电强度试验，试前不经过潮湿处理：

——900 V：9.11.2.1 试验；

——1 500 V：9.11.2.3 试验。

9.12 短路试验和选择性试验

9.12.1 一般要求

验证短路性能的标准试验由适用于被验证性能的接通操作和分断操作顺序组成，这些试验汇总列于表 17。

所有的 SMCB 应按 9.12.11.2 在 500 A 电流或 $10I_n$ 电流下进行试验，两者中取较大值；以及按 9.12.11.3在 1 500 A 下进行试验。

额定短路能力大于 1 500 A 的 SMCB 还要增加进行下列试验：

——按 9.12.11.4.2 和 9.12.12.1 在运行短路(分断)能力(见 3.5.5.2)下进行试验；运行短路能力是额定短路能力乘以一个系数 K 得出，系数 K 见表 19；

——如果系数 K 小于 1，按 9.12.11.4.3 和 9.12.12.2 在额定短路能力(见 5.2.4)下进行试验，此时应使用新的试品进行该试验；

——按 9.12.13 进行短路选择性试验；

——按 9.12.14 进行后备保护的验证试验。

对于带控制回路的 SMCB，应对其控制电路施加控制电压，或者在试验前已经处于运行状态。

表 17 短路试验的适用性

试验种类	被试 SMCB	按分条款在短路试验后验证
在低短路电流下试验(9.12.11.2.1)	所有 SMCB	9.12.12.1
验证适用于 IT 系统的试验(9.12.11.2.2)	所有 SMCB	
在 1 500 A 下试验(9.12.11.3)	所有 SMCB	

表 17（续）

试验种类	被试 SMCB	按分条款在短路试验后验证
运行短路能力试验(9.12.11.4.2)	I_{cn}>1 500 A 的 SMCB	9.12.12.1
额定短路能力试验(9.12.11.4.3)	I_{cn}>1 500 A 的 SMCB	9.12.12.2
短路选择性试验(9.12.13)	I_{cn}≥4 500 A 的 SMCB	9.12.12.1
验证后备保护(9.12.14)	所有 SMCB	9.12.12.2

9.12.2 试验量值

所有关于验证额定短路能力的试验应按制造厂根据本标准的有关表格中规定的量值进行。

施加的电压值应能产生规定的工频恢复电压。

工频恢复电压(见 3.5.8.2)值应等于被试 SMCB 额定电压值的 105%。

对具有两种额定电压值的单极 SMCB(例如 230/400 V)，按 9.12.11.4.2 中的 d)项、9.12.11.4.3 中的 b)项和 9.12.11.2.2 进行试验时，其工频恢复电压应是较高值(如 400 V)的 105%，对于 9.12 的其他试验，其工频恢复电压应是较低值(如 230 V)的 105%。

注：可认为额定电压的 105%(1±5%)的电压值包括了正常运行情况下系统电压变化的影响，制造厂同意时，上限值可以增加。

9.12.3 试验量的允许误差

如果试验报告中记录的有效值与规定值之差在下列允许误差范围内，则认为该试验是有效的：

——电流：$^{+5}_{0}$%；

——电压(包括恢复电压)：±5%；

——频率：±5%。

9.12.4 短路性能的试验电路

图 3～图 6 分别给出了有关试验的电路图：

——单极 SMCB 或多极 SMCB 的单极(图 3)；

——带 1 个保护极的二极 SMCB[图 4a)]；

——带 2 个保护极的二极 SMCB[图 4b)]；

——三极 SMCB(图 5)；

——四极 SMCB(图 6)。

阻抗 Z 和 Z_1 的电阻和电抗应可调节以满足规定的试验条件。电抗器应优先采用空芯电抗器，它们应始终与电阻器串联，其电抗值由几个独立的电抗器串联得到。当电抗器时间常数基本上相同时，也允许它们并联连接。

因为包括空芯电抗器的试验电路的瞬态恢复电压(见 3.5.8.1)特性不能代表常用的运行状况，每相的空芯电抗器应并联一个电阻器，流过电阻器的电流约为流过电抗器电流的 0.6%。

如果采用铁芯电抗器，则这些电抗器的铁芯损耗功率不应超过与空芯电抗器并联的电阻器所吸收的损耗功率。

试验电路中应有一点并且只有一点接地。这点可以是试验电路的短路连接点，或者是电源的中性点或者其他任何合适的点。在任何情况下，接地方式应在试验报告中说明。

在每个验证额定短路能力的试验电路中，阻抗 Z 接在电源 S 和被试 SMCB 之间。

当进行试验时的电流小于额定短路分断能力时，应在 SMCB 的负载端接入附加阻抗 Z_1。

对额定短路能力和运行短路能力试验，SMCB 的每极应连接一根长为 0.75 m 的电缆，其截面积为表 5 中与额定电流相对应的最大截面积。

注：建议被试 SMCB 的电源端连接 0.5 m 的电缆，负载端连接 0.25 m 电缆。

电阻约为 0.5 Ω 的电阻器 R_2 与铜丝 F 串联并按下列方式连接：

——对于图 3 和图 4a)，接在金属支架和选择开关 P 之间：约为 SMCB 操作次数的一半次数，选择开关处在两个位置中的一个位置，而另一半操作次数处于另一个位置；

——对于图 4b)、图 5 和图 6 的电路，接在金属支架和电源中性线之间。

铜丝 F 的长度应至少为 50 mm，并且：

——对安装在金属支架上，在大气中进行试验的 SMCB，直径为 0.1 mm；

——对在制造厂规定的最小的独立外壳里进行试验的 SMCB，直径为 0.3 mm。

电阻器 R_1 连接到 SMCB 的电源侧并接在调节预期电流至额定短路能力的阻抗和 SMCB 之间，每相电阻器 R_1 流过的电流为 10 A。

9.12.5 试验电路的功率因数

试验电路每相的功率因数应根据认可的方法来确定，并应在试验报告中说明，附录 A 给出了两个示例。

多相电路的功率因数为每相功率因数的平均值。

功率因数范围如表 18 所示。

表 18 试验电路的功率因数范围

试验电流 I_{cc} A	相应的功率因数范围
$I_{cc} \leqslant 1\,500$	0.93～0.98
$1\,500 < I_{cc} \leqslant 3\,000$	0.85～0.90
$3\,000 < I_{cc} \leqslant 4\,500$	0.75～0.80
$4\,500 < I_{cc} \leqslant 6\,000$	0.65～0.70
$6\,000 < I_{cc} \leqslant 10\,000$	0.45～0.50
$10\,000 < I_{cc} \leqslant 25\,000$	0.20～0.25

9.12.6 I^2t 和峰值电流（I_P）的测量及验证

在 9.12.11.4 和 9.12.13 试验过程中应测量 I^2t 和 I_P 值。

SMCB 在三相电路中试验时，应在每个极测量 I^2t 值。

测得的最大 I^2t 和 I_P 值应记录在试验报告上。

9.12.7 试验电路的校正

9.12.7.1 为了校正试验电路，在图 3 至图 6 所示的位置上连接与试验电路相比阻抗可忽略不计的连接线 G。

9.12.7.2 为了在表 18 规定的相应的功率因数下获得等于 SMCB 额定短路能力的预期电流，在连接线 G 的电源侧接入阻抗 Z。

9.12.7.3 为了获得低于 SMCB 额定短路能力的试验电流，如图 3 至图 6 所示，在连接线 G 的负载侧接入附加阻抗 Z_1。

9.12.8 示波图说明

9.12.8.1 确定外施电压和工频恢复电压

外施电压和工频恢复电压根据被试 SMCB 断开操作“O”(见 9.12.11.1)相应的示波图来确定和估算。应在所有极电弧熄灭后并且高频现象衰减后的第一个周期间测量电源侧的电压。

9.12.8.2 确定预期短路电流

预期电流的交流分量可看作等于校正电流交流分量有效值(相应于图 7 中 A_2 值)。

如果适用时，预期短路电流应是各相预期电流的平均值。

9.12.9 被试 SMCB 的试验条件

SMCB 应按 9.12.9.1 在大气中进行试验，除非它们设计成只能用于制造厂规定的外壳中或只能在单独的外壳中使用。在这种情况下，它们应按9.12.9.2进行试验，或经制造厂同意，按9.12.9.1进行试验。

注：单独的外壳是设计成只能安装一个SMCB的外壳。

应尽可能地模拟正常闭合操作条件，用手动方式或试验装置来操作SMCB。

应注意：

——试验装置不能损坏被试SMCB；

——被试SMCB操作件的自由运动不受到阻碍；

——被试SMCB的操作件不会过度地影响试验装置操作件的速度。

应制造厂要求，如果SMCB是有关人力操作，在驱动过程中，应以(0.1±0.025)m/s的操作速度操作SMCB。该速度应在试验装置的操作件接触到被试SMCB操作件并在该位置进行测量。对旋钮式操作件，其角速度应基本上与上述条件相当，即被试SMCB操作件末端处的速度与上述速度相当。

9.12.9.1 在大气中试验

被试SMCB按图H.1所示的要求安装。

只有在断开操作(O)时，把附录H所规定的聚乙烯薄膜和绝缘材料档板按图H.1放置。

附录H所规定的栅格应这样放置，使得大部分发射出来的游离气体通过栅格，栅格应放置在最不利的位置。

注：如游离气体排气孔的位置不明显，或者没有排气孔，应由制造厂提供适当的说明资料。

栅格电路(见图H.3)应连接到图3至图6的试验电路图中所示的B和C点，但是对于额定电压为230/400 V的单极SMCB的试验，栅格电路应连接在相与相之间，即边接至图3所示试验电路的B和C′点。

电阻器R′电阻值为1.5 Ω。铜丝F′(见图H.3)长度应为50 mm，对额定电压为230 V的SMCB，铜丝直径为0.12 mm，对额定电压为400 V或230/400 V的SMCB，直径为0.16 mm。

试验电流小于等于1 500 A时，距离“a”应为35 mm。

对较高的直至I_{cn}的短路电流，距离“a”可以增加。此时“a”，应从(40-45-50-55……)mm系列中选取并由制造厂规定。

对于试验电流大于1 500 A的试验，为使距离“a”较小而增加的任何挡板或绝缘装置也应由制造厂规定。

9.12.9.2 在外壳中试验

试验时应把SMCB放置在结构最不利的外壳中，在最不利的条件下进行。不用图H.1所示的栅格和绝缘材料挡板。

注：这表示如果在放置栅格的方向通常安装其他SMCB(或其他电器)，则这些SMCB(或其他电器)应安装在那里，并按正常使用供电，但是经过9.12.9.1规定的F′和R′并按图3、图4a)、图4b)、图5或图6中合适的试验电路连接。

根据制造厂的说明，可能需要用挡板或其它装置，或足够的电气间隙来防止电离气体影响装置。

只有在O操作时，把附录H所述的聚乙烯薄膜按图H.1所示放置在距离操作件10 mm的地方。

9.12.10 短路试验时SMCB的状况

在9.12.11.2或9.12.11.3或9.12.11.4的操作过程中，SMCB不应对操作者产生危害，并且不把SMCB从试验装置上拆下并经过9.12.11.1规定的时间t后，应允许重新闭合SMCB。

不采用附加的放大手段，用正常的或校正的视力进行观察，聚乙烯薄膜应无可见的洞。

此外，应没有持续燃弧，极与极之间或极与框架之间不应闪络，熔丝F和熔丝F′(适用时)不应熔断。

9.12.11 试验程序

9.12.11.1 概述

试验程序由一个操作顺序组成。

确定操作顺序时，采用了下列的符号：

——O：表示一次断开操作；

——CO：表示一次闭合操作以及紧接着一次自动断开；

——t：表示两次连续的短路操作之间的时间间隔，除非另有规定，这时间间隔应是 3 min 或为允许 SMCB 重新闭合，热过电流脱扣器可能需要的更长的时间。这更长的时间应由制造厂指定。

t 的实际值应在试验报告中说明。如果在经过制造厂指定的时间后试品还不允许重新闭合，则认为试验失败。

电弧熄灭后，恢复电压保持时间应不小于 0.1 s。

9.12.11.2 在低短路电流下试验

9.12.11.2.1 对所有 SMCB 的试验

调节附加阻抗 Z_1（见 9.12.7.3）以便在 0.93～0.98 之间的功率因数得到 500 A 或 $10I_n$ 的电流，两者中取较大的值。

SMCB 的每个保护极分别在图 3 所示接线方式的电路中进行试验。

SMCB 自动断开 9 次，用辅助开关 A 闭合试验电路 6 次，3 次由 SMCB 本身闭合。

操作顺序应是：

O—t—O—t—O—t—O—t—O—t—O—t—CO—t—CO—t—CO

试验时，辅助开关 A 与电压波形同步，以便使断开操作的 6 个起始点均匀地分布在半个波形上，允许误差±5°。

9.12.11.2.2 验证是否适用于在 IT 系统中使用的短路试验

调节附加阻抗 Z_1（见 9.12.7.3）以便在 0.93～0.98 之间的功率因数及较大额定电压的 105%的电压下，得到 500 A 或表 2 规定的短延时脱扣标准范围上限值的 1.2 倍的电流，两者中取较大的值。

单极 SMCB 和多极 SMCB 的每个保护极分别在图 3 所示接线方式的电路中进行试验，其中连接线 N 应用相线连接线代替。

操作顺序应是：

O—t—CO

对第一个保护极的"O"操作，辅助开关 A 与电压波形同步，以便在该操作波形的 0°处闭合电路。

对接下来其他被试保护极的"O"操作（见 C.2），每次接通电路的点相对于前次试验波形上的点移相 30°，允许误差±5°。

9.12.11.3 在 1 500 A 电流下试验

对额定短路能力为 1 500 A 的 SMCB 按 9.12.7.1 和 9.12.7.2 调节试验电路，以便在表 18 相应于该电流的功率因数下得到 1 500 A 的电流。

对额定短路能力大于 1 500 A 的 SMCB，按 9.12.7.1 和 9.12.7.3 在表 18 相应于 1 500 A 的功率因数下调节试验电路。

单极 SMCB 在图 3 所示的电路中进行试验。

带一个保护极的二极 SMCB 在图 4a）所示的电路中进行试验。

带两个保护极的二极 SMCB 在图 4b）所示的电路中进行试验。

三极 SMCB 和带三个保护极的四极 SMCB 分别在图 5 和图 6 所示的电路中进行试验。

对三极 SMCB，在电源的中性线和 SMCB 负载侧的公共点（如果有的话）之间没有连接。

对带三个保护极的四极 SMCB，电源的中性线通过无保护极或可开闭的中性极连接到 SMCB 负载侧的公共点上。

如果制造厂没有标志四极 SMCB 的中性极，则要用 3 个新的试品重复进行试验，依次把每个极作为中性极。

对单极和二极 SMCB 的试验，辅助开关 A 与电压波形同步以便使 6 个起始点均匀地分布在半个波形上，允许误差±5°。

除了额定电压为230/400 V的单极SMCB以外，操作顺序应按9.12.11.2的规定。额定电压为230/400 V的单极SMCB在6次“O”操作后只进行2次“CO”操作。然后，这些SMCB在适用于三极SMCB的试验电路(图5)的每相中接入一个SMCB同时进行一次“O”操作，辅助开关接通短路不需要同步。

对三极和四极SMCB，在电压波形上任何点进行试验均可。

9.12.11.4 大于1 500 A的试验

9.12.11.4.1 运行短路能力与额定短路能力之间的比值 *K*

运行短路能力与额定短路能力之间的比值 K 应按表19的规定。

表19 运行短路能力(I_{cs})与额定短路能力(I_{cn})之间的比值系数 *K*

I_{cn}	K
$I_{cn} \leqslant 6\ 000$ A	1
$6\ 000\ A < I_{cn} \leqslant 10\ 000$ A	0.75[a]
$I_{cn} > 10\ 000$ A	0.5[b]

[a] I_{cs}的最小值：6 000 A。

[b] I_{cs}的最小值：7 500 A。

9.12.11.4.2 运行短路能力(I_{cs})试验

a) 试验电路按9.12.7.1和9.12.7.3调整，功率因数符合表18。

3台试品在9.12.11.3规定的相关的试验电路中进行试验。

当被试SMCB的电源接线端和负载接线端没有标志时，2个试品按一个方向接线而第3个试品按另一个方向接线。

b) 对于单极和二极SMCB，操作顺序如下：

O—t—O—t—CO

“O”操作时，辅助开关A与电压波形同步，使第1个试品的“O”操作在电压波形的0°处闭合电路。

然后，接通点移位45°进行第1台试品的第2次“O”操作；对第2台试品，2次“O”操作应与15°和60°同步而第3台试品与30°和75°同步。

同步允许误差为±5°。

对于二极SMCB，应用相同的极作为同步信号的基准。

试验程序如表20所示。

表20 单极和二极SMCB I_{cs}的试验程序

操作序号	试品序号		
	1	2	3
1	O(0°)	O(15°)	O(30°)
2	O(45°)	O(60°)	O(75°)
3	CO	CO	CO

c) 对于三极和四极SMCB，操作顺序如下：

O—t—CO—t—CO

“O”操作时，辅助开关A与电压波形同步，使第1个试品的“O”操作在电压波形的任何一点(X°)处闭合电路。

然后，这点移位60°进行第2个试品的“O”操作。再移位60°进行第3个试品的“O”操作。

同步允许误差应为±5°。对不同的试品，采用相同的极作为同步信号的基准。

试验程序如表 21 所示。

表 21　三极和四极 SMCBI_{cs}的试验程序

操作序号	试品序号		
	1	2	3
1	O(X°)	O(X°+60°)	O(X°+120°)
2	CO	CO	CO
3	CO	CO	CO

d)　对于额定电压为 230/400 V 的单极 SMCB，要增加一组(3 台)试品在图 5 所示的电路里进行试验。

在该试验电路的每一相中接入一个试品，辅助开关 A 接通短路时不需要同步。

在电源的中性线与 SMCB 负载端的公共点之间不应有连接。

试验程序如表 22 所示。

注：在本试验期过程中，不需要测量 I^2t 的值。

表 22　额定电压 230/400 V 的单极 SMCB 三相试验时 I_{cs}试验程序

操作序号	试品序号		
	1	2	3
1	O	O	O
2	—	CO	O
3	O	—	CO
4	CO	O	—

9.12.11.4.3　额定短路能力试验(I_{cn})

a)　试验电路按 9.12.7.1 和 9.12.7.2 调整。

3 台试品在 9.12.11.3 规定的相关试验电路中进行试验。

当被试 SMCB 的电源接线端和负载接线端没有标志时，两个试品按一个方向接线而第 3 个试品按相反方向接线。

操作顺序如下：

O—t—CO

“O”操作时，辅助开关 A 与电压波形同步，使第 1 个试品的“O”操作在电压波形的 15°处闭合电路。

然后，这点移位 30°进行第 2 个试品的“O”操作，再移位 30°进行第 3 个试品的“O”操作。

同步允许误差应为±5°。

对多极 SMCB，采用相同的极作为同步信号的基准。

试验程序如表 23 所示。

表 23　I_{cn}试验程序

操作序号	试品序号		
	1	2	3
1	O(15°)	O(45°)	O(75°)
2	CO	CO	CO

b)　对于额定电压为 230/400 V 的单极 SMCB，要增加一组(4 台)试品在图 5 所示的电路里进行试验。

其中三台试品分别接在试验电路的每一相中，辅助开关 A 接通短路时不需要同步。

电源的中性线与 SMCB 负载端的公共点之间不应有连接。

试验程序如表 24 所示。

在对表 24 中序号 1 的试品进行了第 2 次“O”操作后，应用第 4 台试品取代该试品。

注：在本试验期过程中，不需要测量 I^2t 的值。

表 24　额定电压 230/400 V 的单极 SMCB 三相试验时 I_{cn} 的试验程序

操作	试品序号			
	1	2	3	4
1	O	O	O	—
2	O	CO	—	—
3	—	—	CO	O

9.12.12　短路试验后验证 SMCB

9.12.12.1　在低短路电流，1 500 A 和运行短路能力试验后验证

在 9.12.11.2、9.12.11.3、9.12.11.4.2 和 9.12.13 试验后，SMCB 不应有妨碍其继续使用的损坏，不经维修，应能承受下列试验：

a)　按 9.7.6.3 断开触头之间的泄漏电流；

b)　在短路试验后 2 h～24 h 之间进行 9.7.3 的介电强度试验，但其试验电压比 9.7.5 的规定值低 500 V，试前不进行潮湿处理；

在上述试验过程中，在按 9.7.2 中项 a）规定的条件进行试验后，应验证指示装置指示在断开位置，而在按 9.7.2 中项 b）规定的条件进行试验时，指示装置应指示在闭合位置。

c)　此外，在 9.12.11.3、9.12.11.4.2 和 9.12.13 试验后，当 SMCB 的所有极从冷态开始通以等于额定电流的电流至约定的时间，SMCB 不应脱扣。

在本验证结束时，电流在 5 s 内稳定地增加到 1.1 倍的约定脱扣电流 I_t。

SMCB 应在约定的时间内脱扣。

9.12.12.2　在额定短路能力试验后验证

在 9.12.11.4.3 和 9.12.14 的试验后，不采用附加的放大手段，用正常的或校正的视力进行观察，聚乙烯薄膜应无可见的洞。SMCB 不应有妨碍其继续使用的损坏，并且不经维修，应能承受下列试验：

a)　按 9.7.6.3 断开触头之间的泄漏电流；

b)　在短路试验后 2 h～24 h 之间进行 9.7.3 的介电强度试验，试验电压为 900 V，试前不进行潮湿处理；

在上述试验过程中，在按 9.7.2 中项 a）规定的条件进行试验后，应验证指示装置指示在断开位置，而在按 9.7.2 中项 b）规定的条件进行试验时，指示装置应指示在闭合位置。

c)　此外，当 SMCB 的所有极通以等于 I_{tv} 的电流时，SMCB 应在表 7 相应于试验 c 的时间内脱扣。

表 24 中序号 1 的试品不进行本条款的验证，但仍应符合 9.12.10 的要求。

9.12.13　短路选择性试验

9.12.13.1　级联配合 1 的短路选择性

根据生产制造厂商规定的选择性短路电流 I_{s1} = 4 500 A 或 6 000 A 或 10 000 A，按 9.12.7.1 和 9.12.7.3 的规定来整定试验回路。

对于采用后接的 MCB 的试验来说，通过晶闸管来模拟特性数据。在最大选择性短路电流时，将晶闸管的接通相角调节得能在短接的 SMCB 上达到根据表 25 规定的 I^2t 值。随即，就在已整定好的接通相角上使短路电流流过 SMCB。

表 25　短路选择性试验值

短路电流 A	$I^2 t_{max}$ $A^2 \cdot s$
4 500	39 000
6 000	55 000
10 000	110 000

为了验证不允许切断相邻分支回路中流过的电流，在试验期间应录下 SMCB 上的电压曲线示波图。

用新的单极试品在上述已求得的晶闸管接通相角上进行试验。

通断程序：O—t—O(t=6 分钟)

在试验期间 SMCB 不允许断开，SMCB 上的电压在通过晶闸管通电结束后不允许出现明显与 0 V(=0 伏)不相一致的值。按 9.12.8 的规定对示波图进行测定分析。

如果生产制造厂商规定采用其他过电流保护装置，则应用过电流保护装置直接进行试验。

此外，SMCB 应通过 9.12.12.1 所述试验。

9.12.13.2　级联配合 2 的短路选择性

正在考虑中。

9.12.14　用前接熔断器进行后备保护的验证试验

注：如果在最大短路电流时，最大的前接熔断器的分断 I^2t 值是小于 SMCB 额定短路能力时 SMCB 的 I^2t 值，则可放弃这项试验。

SMCB 与前接熔断器的组合应分别在最大预期短路电流、最大预期短路电流与 SMCB 额定短路分断能力之间的算术平均电流值下进行试验。

生产制造厂商应列出下述各项值：

——最大允许的熔断器的型号、额定电流和特性；

——最大的预期短路电流。

用新的单极 SMCB 按 9.12.11.4.3a)的规定进行试验。熔断器是直接位于 SMCB 之前的电源侧上。

每项试验应采用一个新的熔断器进行试验，即使在之前的试验中熔断器未熔断。

用最小、最大、平均的额定电流规格的试品进行试验。SMCB 应满足 9.12.10 规定的要求，并在试验后不出现影响其继续使用的损坏。

它应通过 9.12.12.2 规定的试验。

注：如果对于 SMCB 来说，规定可使用比最大允许的熔断器更大的熔断器，则在用户和制造厂商之间应商定使用条件。

9.13　机械应力

9.13.1　机械冲击

9.13.1.1　试验装置

用图 8 所示的装置对 SMCB 进行机械冲击试验。

把一块木质基座 A 固定在混凝土基座上，用铰链把一个木平台 B 连接在基座 A 上。这平台上放一块木板 C，木板 C 能固定在两个垂直位置并离绞链不同距离的地方。

平台 B 的端部有一个金属止动板 D，它靠在一个弹性常数 c 为 25 N/mm 的螺旋形弹簧上。

把 SMCB 固定在垂直板上，使试品的水平轴线至平台 B 的距离为 180 mm，垂直板按图 8 所示，依次固定在使安装平面至铰链的距离为 200 mm 的地方。

在木板 C 上安装 SMCB 平面的反面，固定一个附加的配重，使得作用在金属止动板上的静力为 25 N，以保证整个系统的惯量基本上不变。

9.13.1.2 **试验程序**

SMCB处在闭合位置，但不接任何电源，把工作平台的自由端升高，然后从40 mm的高度落下50次，相邻二次落下的时间间隔应能使试品静止。

然后，把SMCB固定到垂直板C的反面，平台再按上述要求落下50次。

在这试验后，把垂直板绕着其垂直轴线转过90°，如有必要，可将其重新定位，使SMCB的垂直对称轴线离铰链200 mm。

然后如前所述，把SMCB固定在垂直板的一面，将平台落下50次，接着把SMCB固定在另一面再将平台落下50次。

在每次变换位置前，用手动操作断开和闭合SMCB。

在试验过程中SMCB不应断开。

9.13.2 **耐机械应力和撞击**

对所有型式的SMCB，按正常使用安装，在正常使用中可能遭受到机械撞击的外露部件用9.13.2.1的试验来校核是否符合要求。

对预期安装在安装轨上的SMCB进行9.13.2.3的试验。

对预期只是完全封闭起来使用的SMCB不进行本试验。

9.13.2.1 用图10至图14所示的撞击试验装置对试品进行撞击试验。

撞击元件的头部有一个半径为10 mm的半球形面，由洛氏硬度为HR100的聚酰胺制成。

撞击元件的质量为(150±1)g并被刚性地固定在一根外径为9 mm，壁厚为0.5 mm的钢管下端，钢管的上端用枢轴固定，使其只能在一个垂直平面内摆动。

枢轴的轴线在撞击元件轴线上方(1 000±1)mm处。

确定撞击元件头部聚酰胺的洛氏硬度时，采用下列条件：

——球的直径：(12.7±0.002 5)mm；

——起始载荷：(100±2)N；

——过负荷：(500±2.5)N。

注1：关于确定塑料洛氏硬度的补充说明见GB/T 3398.2—2008。

试验装置应这样设计，使得要保持钢管在水平位置，应在撞击元件的前面施加一个1.9 N～2.0 N的力。

平面安装式的SMCB安装在一块175 mm×175 mm，厚为8 mm的层压板上，层压板的上下两边固定在如图12所示的作为安装支架一部分的刚性托架上。

安装支架的质量应为(10±1)kg，并应用枢轴安装在一个刚性框架上。

框架固定在实心墙上。

嵌入式SMCB安装一个如图13所示的试验装置上，该装置固定在图12所示的安装支架上。

配电板安装式SMCB安装在一个图14所示的试验装置上，该装置固定在图12所示的安装支架上。

螺钉固定的SMCB用螺钉固定。

轨道安装式SMCB安装在其相应的轨道上。

对可用螺钉固定又可轨道安装的SMCB，试验时应用螺钉固定。

试验装置的设计是这样的：

——试品能在水平方向移动，并能绕着一根垂直于层压板表面的轴线转动；

——层压板能绕一根垂直轴线转动。

SMCB连同它的盖(如果有的话)按正常使用安装在层压板上或合适的试验装置上，使撞击点位于通过摆的枢轴轴线的垂直平面上。

把不是敲落孔的电缆进线孔打开，如果它们是敲落孔，则打开其中二只。

在施加撞击前，用表10规定值三分之二的扭矩把基座、盖子和类似部件的固定螺钉拧紧。

撞击元件从10 cm的高度落到按正常使用安装时SMCB外露的表面上。

撞击元件下落的高度是摆释放时测量点的位置与撞击瞬间该点位置之间的垂直距离。

测量点是撞击元件表面的一点，该点是通过摆的钢管的轴线与撞击元件轴线的交点并垂直于该两轴线构成的平面的直线与撞击元件表面的交点。

注2：从理论上讲，撞击元件的重心应为测量点。但由于确定重心较困难，所以校测量点按上述规定选择。

每个SMCB承受10次撞击，其中两次施加在操作件上，其余几次应均匀地分布在试品易遭受撞击的部件上。

对敲落孔的部位或任何透明材料覆盖的孔不进行撞击。

通常，把试品绕一根垂直轴线尽可能地转过一个角度，但不超过60°，在试品的每个侧面施加一次撞击，而另外两次撞击施加在试品的侧面撞击点和操作件撞击点之间近似中间的位置。

然后，把试品绕着垂直于层压板的轴线转过90°以后，用同样的方法对其施加余下的撞击。

如果试品有电缆进线孔或敲落孔，试品的安装应使得撞击点的两根连线尽可能与这些孔等距。

对操作件应施加两次撞击：一次操作件处于闭合位置而另一次操作件处于断开位置。

试验后，试品应无本部分含义内的损坏，尤其是碎裂后易触及带电部件或妨碍SMCB继续使用的盖、操作件、绝缘材料衬垫或隔板以及类似的部件不应有这样的损坏。

如果有疑问时，可验证在不损坏外壳和盖这些外部零件或它们的衬垫的情况下，可以拆卸和更换这些部件。

注3：外观损坏，不导致爬电距离或电气间隙减少到小于8.1.3规定值的小的压痕以及不会对电击保护产生有害影响的小的碎片可忽略不计。

9.13.2.2　空

9.13.2.3　用于安装在安装轨上的SMCB按正常使用安装在一根刚性地固定在垂直刚性墙的安装轨上，但是不接电缆也没有任何盖或盖板。

在SMCB的正面施加一个垂直向下的50 N的力1 min，施加时不用冲击力，紧接着再施加一个垂直向上的50 N的力1 min(图15)。

在试验过程中，SMCB不应松动，而且试验后，SMCB不应有妨碍其继续使用的损坏。

9.13.2.4　空

9.14　耐热试验

9.14.1　把试品的可拆卸的盖子(如果有的话)拿掉，放在温度为(100±2)℃的加热箱中保持1 h；可拆卸的盖子(如果有的话)放在温度为(70±2)℃的加热箱中保持1 h。

在试验过程中，试品不应有任何妨碍其继续使用的变化，密封化合物(如果有的话)不应流到使带电部件外露的程度。

试验后以及试品冷却到接近室温后，试品按正常使用安装，在正常情况下不能触及的带电部件应不能触及，即使用一个不超过5 N的力施加标准试指也是如此。

在试验后，标志仍应清晰可见。

只要在本标准的含义内安全性不受影响，密封化合物的变色，起泡或轻微的位移可忽略不计。

9.14.2　除了把外壳内的保护导线的接线端子保持在位置上所必需的绝缘材料部件(适用时)应按9.14.3规定试验外，SMCB中把载流部件和保护电路部件保持在其位置上所必需的，由绝缘材料制成的外部部件用图16所示的装置进行球压试验。

被试部件放置在一个钢制支架上，使其合适的面处于水平位置，用一个20 N的力把一个直径为

5 mm 的钢球压在此表面上。

试验在一个温度为(125±2)℃的加热箱中进行。

1 h 后,把球从试品上移开,然后把试品浸入冷水中使其在 10 s 内冷却至接近室温。

测量由钢球产生的压痕的直径,测量值不应超过 2 mm。

9.14.3 SMCB 中不是把载流部件和保护电路部件保持在位置上必需的、由绝缘材料制成的外部部件,即使与上述部件相接触,也按 9.14.2 进行球压试验,但试验在(70±2)℃或在(40±2)℃的温度加上在 9.8 试验中对有关部件测定的最高温升下进行试验,两者中取较高的温度。

注 1:就 9.14.2 和 9.14.3 的试验而言,平面安装式 SMCB 的基座看作外部部件。

注 2:对陶瓷材料部件不进行 9.14.2 和 9.14.3 的试验。

注 3:如果 9.14.2 和 9.14.3 所述的两个或几个绝缘材料部件是用同一种绝缘材料制成,则仅对一个这样的部件按 9.14.2 或 9.14.3 进行试验(适用时)。

9.15 耐异常发热和耐燃(灼热丝试验)

在下列条件下,按 GB/T 5169.10—2006 中的第 4 章至第 10 章进行灼热丝试验:

——对 SMCB 中把载流部件和保护电路部件保持在其位置上必需的,用绝缘材料制成的外部部件,在(960±15)℃的温度下进行试验;

——对所有其他由绝缘材料制成的外部部件,在(650±10)℃的温度下进行试验。

注 1:进行灼热丝试验是为了确保电加热的试验丝在规定条件下不会引起绝缘部件着火,或确保在规定的条件下可能被加热试验丝引燃的绝缘材料部件在一个有限的时间内燃烧,而不会由于火焰或燃烧的部件或从试验部件上落下的微粒蔓延火灾。

注 2:就本试验而言,把平面安装式 SMCB 的基座看作为外部部件。

注 3:对陶瓷材料部件不进行本试验。

注 4:如果几个绝缘部件由同一种材料制成,则仅对一个这样的部件按相应的炽热丝试验温度进行试验。

本试验在一台试品上进行。

在有疑问时,再用另外 2 个试品重复进行试验。

试验时,施加灼热丝一次。

试验时,试品应放置在其预期使用的最不利位置(被试表面处于垂直位置)。

考虑到加热元件或灼热元件可能与试品接触的预期使用条件,灼热丝顶端应施加到试品的规定表面上。

如果符合下列要求,可看作试品通过灼热丝试验:

——没有可见的火焰,也没有持续的辉光;

——在灼热丝移开后,试品上的火焰和辉光在 30 s 内自行熄灭。

此外,不应点燃薄纸或烧焦松木板。

9.16 防锈试验

把被试零件浸入冷的化学去油剂,例如甲基氯仿或精炼汽油中浸 10 min,除去全部油脂。然后再把这些零件放入温度为(20±5)℃,10%的氯化铵水溶液中浸 10 min。

不经烘干,但甩干所有的水滴后,把这些零件放进温度为(20±5)℃含有饱和水汽的空气的箱子中 10 min。

把零件放在温度为(100±5)℃的烘箱中干燥 10 min 后,其表面不应有锈蚀的迹象。

注 1:锐利边缘上的锈迹以及任何可擦掉的黄色锈膜可忽略不计。

对于小弹簧和类似零件以及不易触及的易受到磨损的零件,涂一层油脂可提供足够的防锈保护。只有在对油膜的有效性怀疑时,才对这些零件进行此项试验,在这情况下试验时,试前不去除油脂。

注 2:在使用试验规定的溶液时,应采取适当的措施以防止吸入蒸汽。

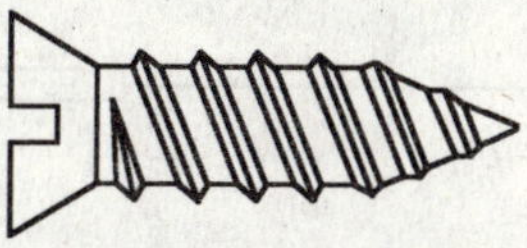

图 1　螺纹挤压成形自攻螺钉(3.3.22)

图 2　螺纹切削式自攻螺钉(3.3.23)

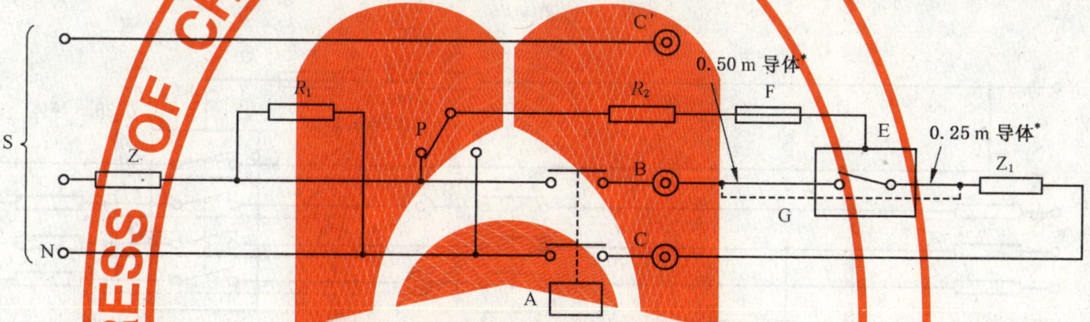

注:图 3 至图 6 的说明见图 6。

图 3　单极 SMCB 或多极 SMCB 的单极

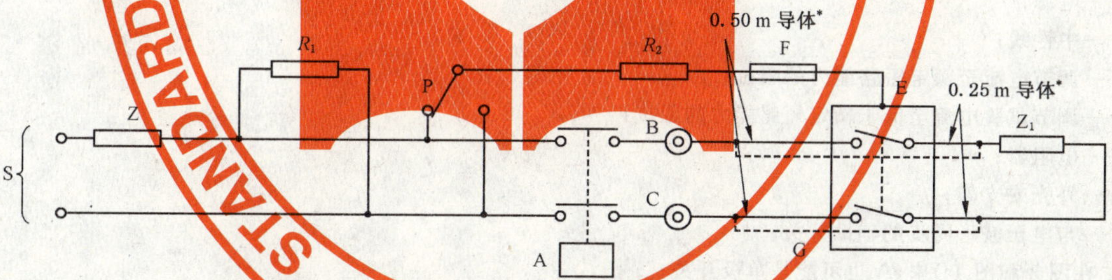

图 4a)　带一个保护极的二极 SMCB

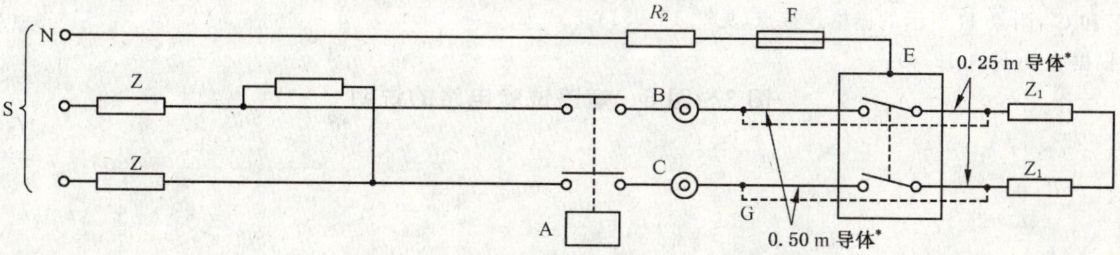

图 4b)　带两个保护极的二极 SMCB

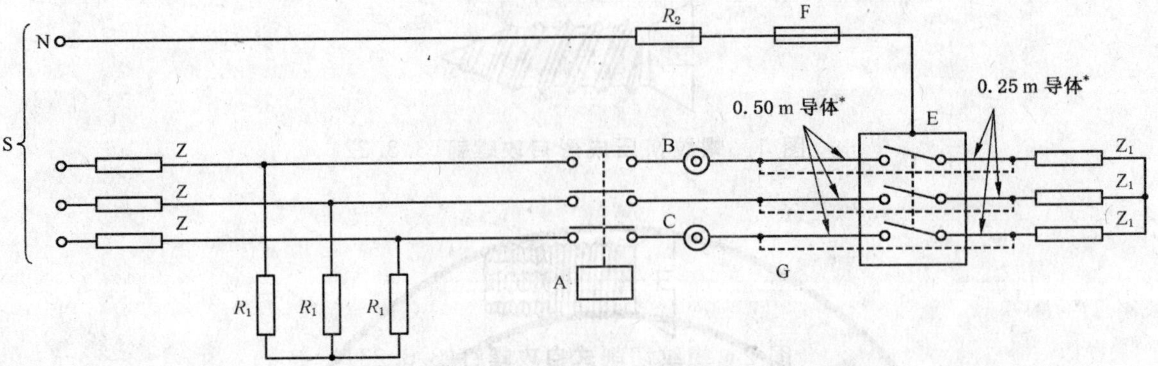

图 5　三极 SMCB(或三个单极 SMCB)

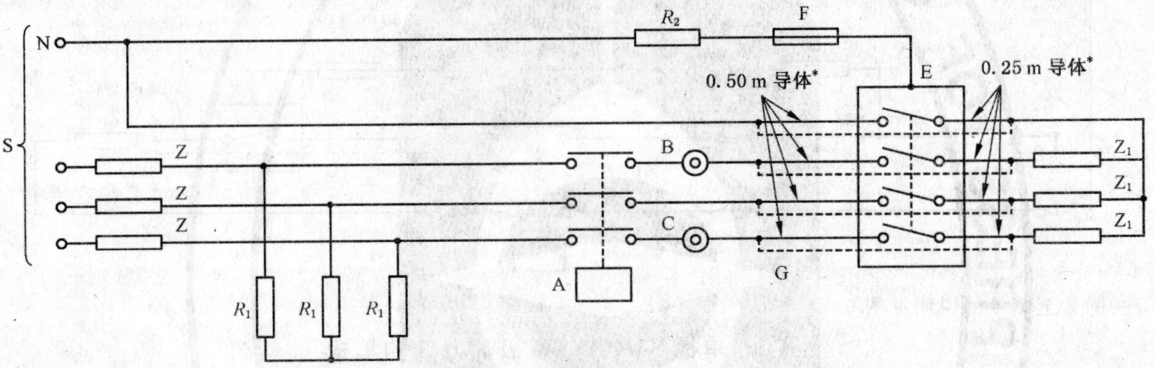

图 6　四极 SMCB

S——电源；

N——中性线；

Z——调节电流至额定短路能力的阻抗；

Z_1——调节试验电流至低于额定短路能力的阻抗；

R_1——电阻器；

E——外壳或支架；

A——与电压波形同步的辅助开关；

注：在图 3 和图 4a)中，A 也可能是单极开关；

G——调节电路的阻抗可忽略的连接；

R_2——0.5 Ω 电阻器；

F——铜丝；

P——选择开关；

B、C 和 C′：附录 H 所示的栅格连接点(见 9.12.9.1)。

* 根据表 5(见 9.12.4)。

图 3～图 6　短路试验电路的说明

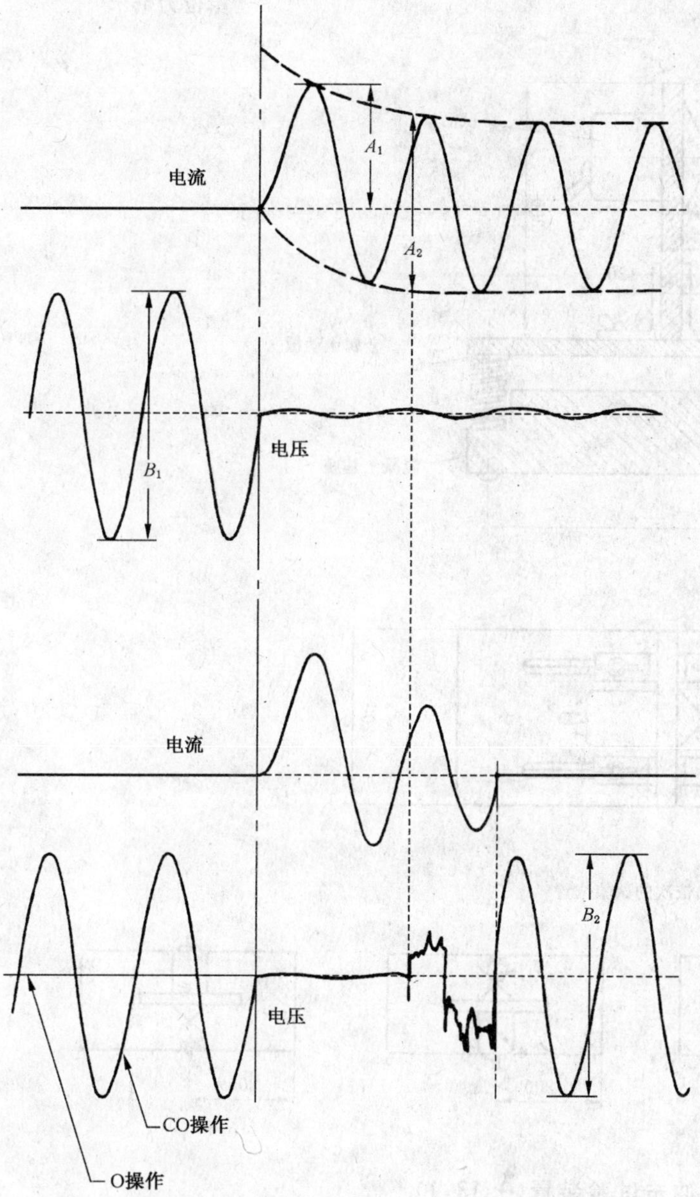

a) 电路校正

A_1——预期峰值接通电流；

$\frac{A_2}{2\sqrt{2}}$——预期对称分断电流(有效值)；

$\frac{B_1}{2\sqrt{2}}$——外施电压(有效值)(见 3.5.7)；

b) O 或 CO 操作

$\frac{A_2}{2\sqrt{2}}$——分断能力(有效值)；

A_1——接通能力(峰值)；

$\frac{B_2}{2\sqrt{2}}$——恢复电压(有效值)。

注：在出现试验电流后，电压波形的幅度随着闭合装置的相对位置、可调电抗、电压传感器和试验电路图有所变化。

图 7　试验回路的校正

单位为毫米

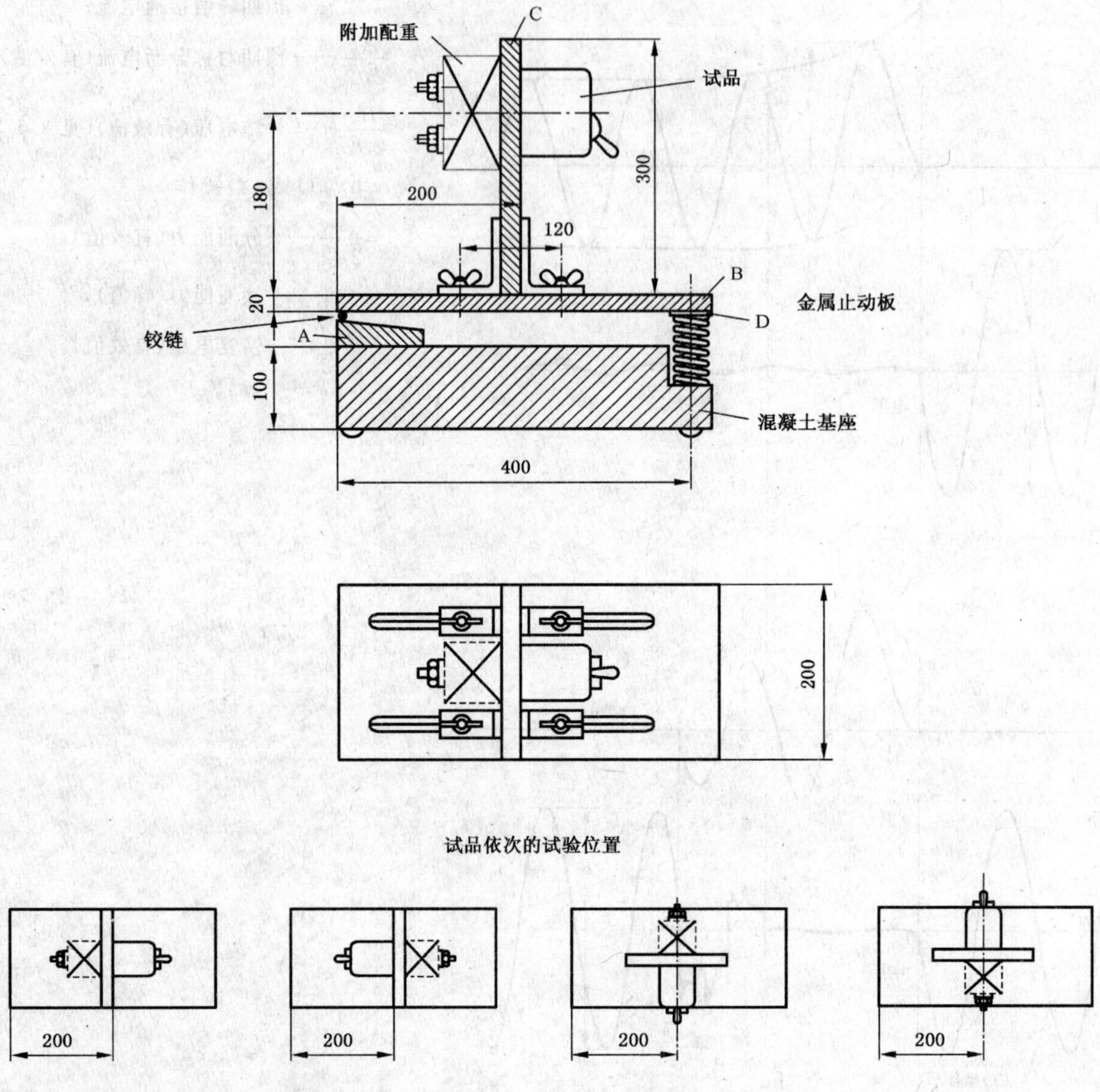

图 8　机械冲击试验装置(9.13.1)

单位为毫米

没有规定公差尺寸的公差

角度：$_{-10'}^{0}$

线尺寸：

小于或等于 25 mm：$_{-0.05}^{0}$ mm

大于 25 mm：±0.2 mm

试指材料：例如，热处理钢

本试指的两个关节只能在同一平面及同一方向转过 90°角度，允许误差：$_{0°}^{+10°}$

为了限止弯曲角度至 90°，采用定位销和槽的解决方案只是一种可能的方法。因此在图中没有给出详细的尺寸和公差。实际的设计应保证 90°的弯曲角度和 0°至＋10°的公差。

图 9 标准试指(9.6)

单位为毫米

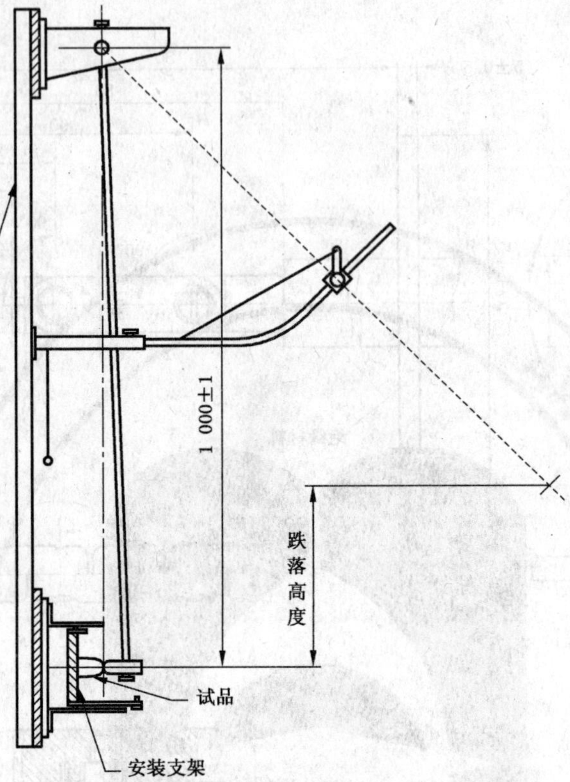

图 10 机械撞击试验装置(9.13.2)

单位为毫米

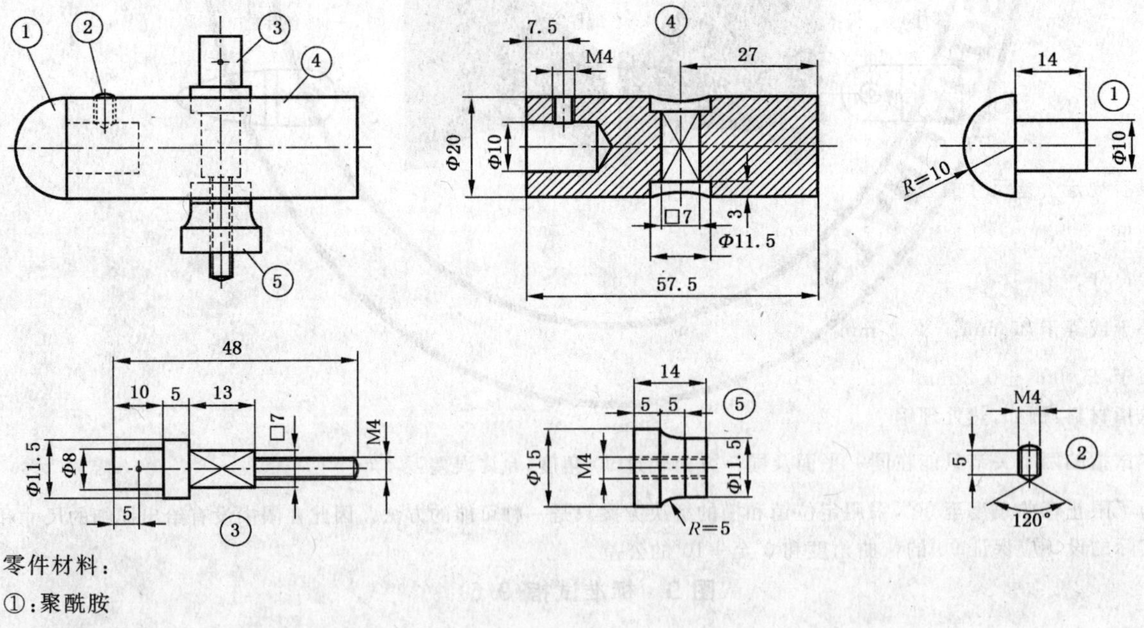

零件材料：

①:聚酰胺

②③④⑤:钢 Fe360

图 11 机械撞击试验装置的摆动撞击元件(9.13.2)

单位为毫米

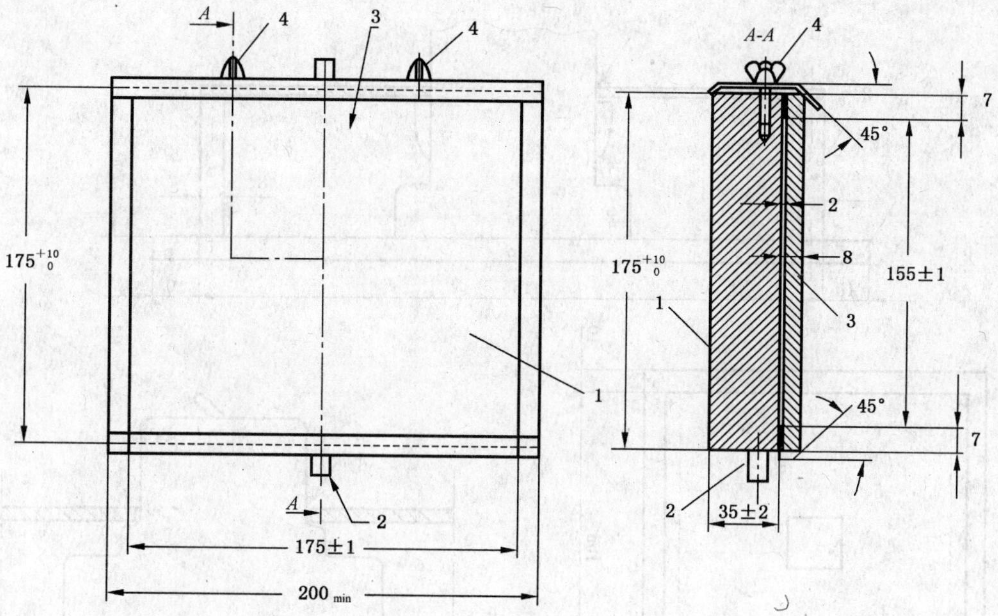

说明：

1　质量为(10±1)kg 的基架；

2　绕垂直轴旋转的枢轴；

3　安装板(对平面安装式为木板，其他型式见图 13 和图 14)；

4　允许水平移动的夹具。

图 12　机械撞击试验用安装支架(9.13.2)

单位为毫米

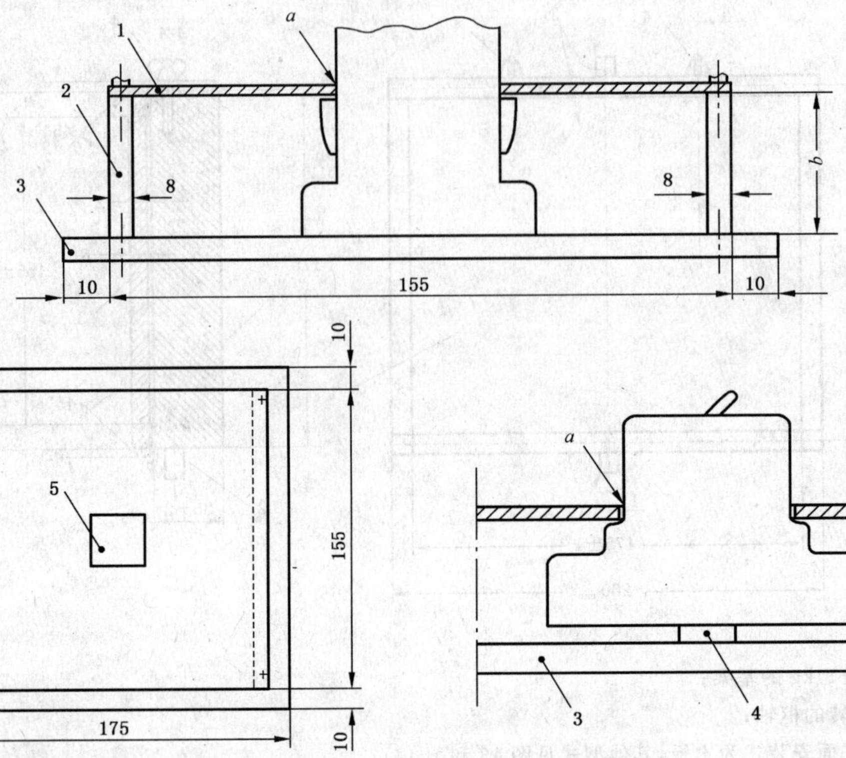

说明：

1 厚度为 1 mm 的可更换的钢板；

2 厚度为 8 mm 的铝板；

3 安装板；

4 轨道式安装 SMCB 的安装轨；

5 钢板上用于 SMCB 的开口：

a) 开口的边至 SMCB 的距离应为 1 mm～2 mm；

b) 铝板的高度应这样，使钢板靠在 SMCB 的支承面上，如果 SMCB 没有这样的支承面，则从用一个附加的盖板保护的带电部件至钢板下面的距离为 8 mm。

图 13 板后固定的 SMCB 机械撞击试验安装示例(9.13.2)

单位为毫米

说明：

1 厚度为 1.5 mm 的可更换的钢板；

2 厚度为 8 mm 的铝板；

3 安装板；

4 钢板上用于 SMCB 的开口。

注：在特定情况下，尺寸可放大。

图 14 配电板式 SMCB 撞击试验安装示例(9.13.2)

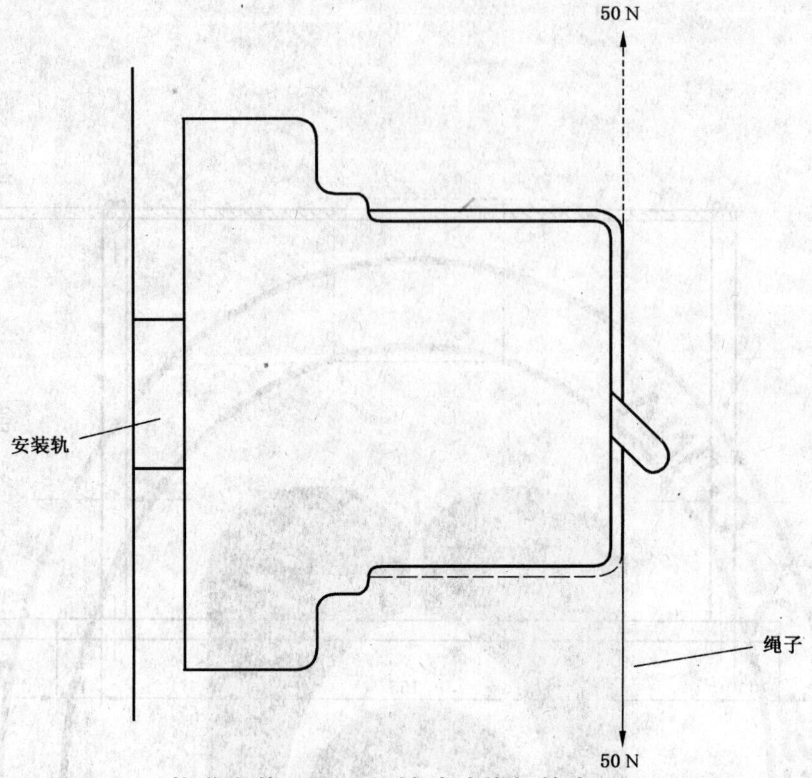

图 15 轨道安装 **SMCB** 机械试验施加的力(9.13.2.3)

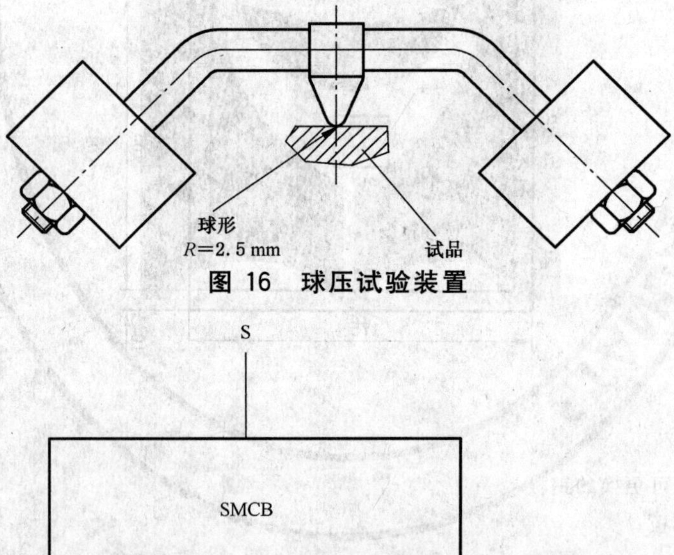

图 16 球压试验装置

S——电源。

图 17 级联配合 1

附 录 A
（资料性附录）
确定短路功率因数的方法

目前尚无能精确确定短路功率因数的统一方法，但就本标准而言，试验电路的功率因数可用下列方法之一确定。

方法Ⅰ：根据直流分量确定。

相角 ϕ 可根据短路瞬间和触头分开瞬间之间非对称电流波形的直流分量曲线来确定，方法如下：

a） 直流分量的公式

$$i_{\mathrm{d}} = i_{\mathrm{do}} \times \mathrm{e}^{-Rt/L} \quad \cdots\cdots\cdots\cdots (\mathrm{A}.1)$$

式中：

i_{d}——在 t 时刻的直流分量值；

i_{do}——时间起始时刻的直流分量值；

L/R——电路的时间常数，以 s 为单位；

t——从起始时刻开始算起的时间，以 s 为单位；

e——自然对数的底。

时间常数 L/R 能从上述公式算出，方法如下：

- 测量短路时刻的 i_{do} 值和在触头分开前另一个时刻 t 的 i_{d} 值；
- 用 i_{d} 除以 i_{do} 得出 $\mathrm{e}^{-Rt/L}$ 值；
- 根据 e^{x} 值的表确定相应于比值 $i_{\mathrm{d}}/i_{\mathrm{do}}$ 的 $-x$ 值；
- x 值表示 Rt/L，由此可求出 L/R。

b） 确定相角 ϕ 公式

$$\phi = \arctan \omega L/R \quad \cdots\cdots\cdots\cdots (\mathrm{A}.2)$$

式中 ω 是实际频率的 2π 倍。

当用电流互感器测量电流时，不应采用本方法。

方法Ⅱ：用辅助发电机确定。

当使用一台与试验发电机同轴的辅助发电机时，可首先在示波图上比较辅助发电机和试验发电机的相电压相位，然后比较辅助发电机的相电压与试验发电机的电流相位。

一方面根据辅助发电机电压和试验发电机电压的相角差，另一方面根据辅助发电机电压和试验发电机电流之间的相角差得出试验发电机电压和电流之间的相角，由此能确定功率因数。

附 录 B
(规范性附录)
确定电气间隙和爬电距离

在确定电气间隙和爬电距离时，建议应考虑下列几点：

——如果电气间隙和爬电距离受到一个或几个金属部件的影响，则各部分的总和至少应为规定的最小值；

——当几个单独部分的长度小于 1.5 mm 时，在计算电气间隙和爬电距离的总长度长时，不应计算这些部分的长度。

在确定爬电距离时：

——槽的宽度和深度均大于或等于 1.5 mm 时，应沿着槽的轮廓线测量；

——槽的任何尺寸小于上述尺寸时，应忽略不计；

——筋高度大于或等于 1.5 mm 时：

- 如果筋和绝缘材料部件是一体的(例如，用模压、焊接或胶合方式制成的)，则沿着筋的轮廓线测量；
- 如果筋和绝缘材料部件不是一体的，则沿着筋的连接线或剖面的两条轮廓线中较短的路径测量。

用下列图例对上述推荐的应用进行说明：

——图 B.1a)，B.1b)和 B.1c)表示在计算爬电距离时，包括槽或不包括槽在内的图例；

——图 B.1d)和 B.1e)表示在计算爬电距离，包括筋或不包括筋在内的图例；

——图 B.1f)说明当筋由插入的绝缘隔板组成，其外部轮廓线比连接部分长度长时，应考虑连接部分的爬电距离；

——图 B.2a)，B.2b)，B.2c)和 B.2d)说明当绝缘材料部件的凹槽中有固定的零件时，如何确定爬电距离。

单位为毫米

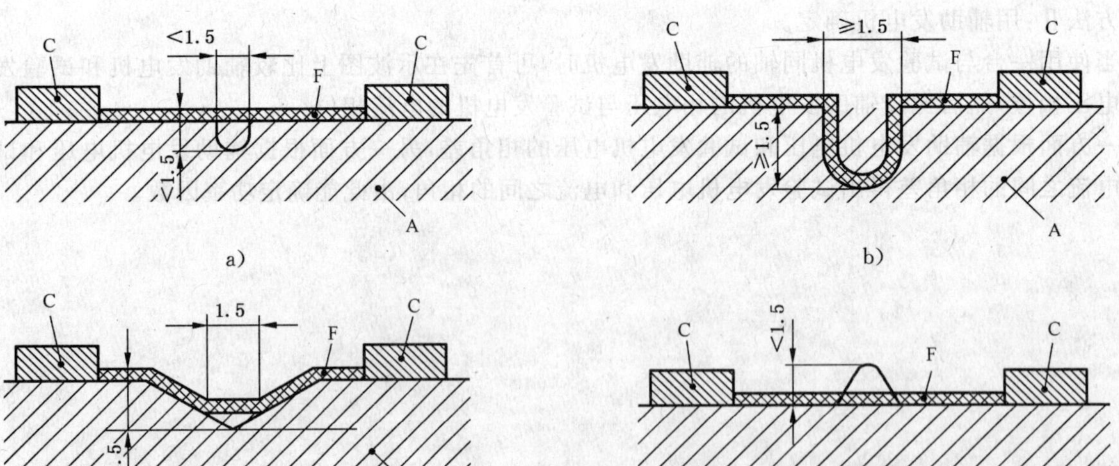

图 B.1 爬电距离推荐应用图示说明

单位为毫米

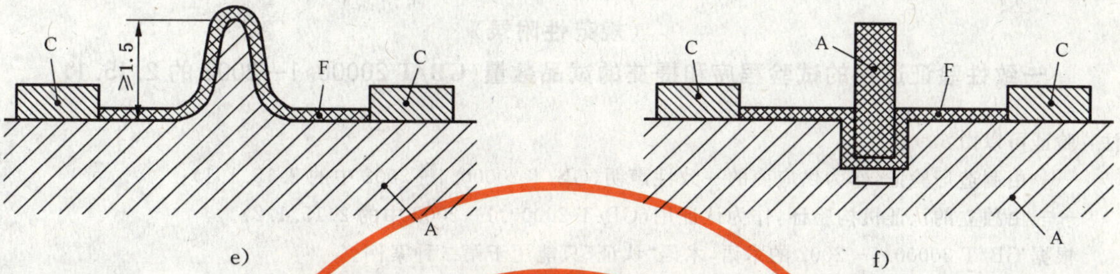

A——绝缘材料；
C——导电部件；
F——爬电距离。

图 B.1（续）

单位为毫米

A——绝缘材料；
C——导电部件；
F——爬电距离。

图 B.2　爬电距离推荐应用图示说明

附　录　C
（规范性附录）
一致性验证适用的试验程序和提交的试品数量（GB/T 20000.1—2002 的 2.15.1）

注：验证可以由：

——由制造厂验证，作为供应商的一致性声明（GB/T 20000.1—2002 中的 2.15.1.1）；

——由独立的认证机构验证，作为认证用（GB/T 20000.1—2002 中的 2.15.1.2）。

根据 GB/T 20000.1—2002 的术语，术语"认证"只能用于第二种案例。

C.1　试验程序

按表 C.1 的规定进行试验，表中每一个试验程序应按规定的次序进行。

表 C.1　试验程序

试验程序		条　款	试验（或检查）项目
A		6	标志
		8.1.1	一般要求
		8.1.2	机构
		9.3	标志的耐久性
		8.1.3	电气间隙和爬电距离（仅对外部部件）
		9.4	螺钉、载流部件和连接的可靠性
		9.5	连接外部导线的接线端子
		9.6	电击保护
		8.1.3	电气间隙和爬电距离（仅对内部部件）
		9.14	耐热
		9.15	耐异常发热和耐燃
		9.16	防锈
B		9.7	介电性能和隔离能力
		9.8	温升试验及功耗测量
		9.9	28 天试验
C	C_1	9.11.2.1，9.11.2.2（和 9.11.3）	机械和电气寿命，接通分断过程的控制
		9.12.11.2.1	低短路电流下的性能
		9.12.12.1	短路试验后验证 SMCB
	C_2	9.12.11.2.2	验证适合于在 IT 系统使用 SMCB 的短路试验
		9.12.12.1	短路试验后验证 SMCB
	C_3	9.11.2.3（和 9.11.3）	在级联保护中出现短路时的寿命
D	D_0	9.10	脱扣特性
	D_1	9.13	机械应力
		9.12.11.3	在 1 500 A 下的短路性能
		9.12.12.1	短路试验后验证 SMCB
E	E_1	9.12.11.4.2	运行短路能力（I_{cs}）试验
		9.12.12.1	短路试验后验证 SMCB
	E_2	9.12.11.4.3	额定短路能力（I_{cn}）试验
		9.12.12.2	短路试验后验证 SMCB
F	F_1	9.12.13.1	级联配合 1 的短路选择性
		9.12.12.1	短路试验后验证 SMCB

表 C.1(续)

试验程序	条　款	试验(或检查)项目
G	9.12.14 9.12.12.2	验证用前接过电流保护装置进行后备保护的试验 短路试验后验证 SMCB
注:制造厂同意时,同一组试品可用于几个试验程序。		

C.2　提交全部试验程序的试品数量

如果只有一个额定值(即,一组额定量,见 5.2)和一种型式(极数、瞬时脱扣型式)的 SMCB 提交试验,提交不同试验程序的试品数量如表 C.2 所示,表中还给出了合格标准。

如果按表 C.2 第 2 栏提交的所有试品都通过试验,则满足了符合本标准的要求。如果只有第 3 栏中给出的最少数量的试品通过了试验,则应对第 4 栏所示的增加的试品进行试验,且应完满地完成该试验程序。

对于具有一个以上额定电流的 SMCB,每一试验程序应提交两组分开的 SMCB:一组整定在最大额定电流,另一组整定在最小额定电流。此外,应提交一台含有所有其他额定电流的试品进行表 C.1 中试验程序 D_0 的试验。

表 C.2　全部试验程序的试品数量

试验程序		试品数量	应通过试验的最少试品数量[a,b]	重复试验的最多试品数量[c]
A		1	1	—
B		3	2	3
C	C_1	3	2[e]	3
	C_2[f]	3	2[e]	3
	C_3	3	2[e]	3
D		3	2[e]	3
E_1		3+3[d]	2[e]+2[d,e]	3+3[d]
E_2		3+4[d]	2[e]+3[d,e]	3+4[d]
F	F_1	3	2[e]	3
G		3+3	2[e]+2[e]	3+3

a 总共最多可重复试验两个试验程序。

b 假定没有通过试验的试品,没有满足技术要求是由于工艺或装配的缺陷,而不是设计的原因。

c 在重复试验时,所有的试验结果都应合格。

d 在额定电压为 230/400 V 的单极 SMCB(见表 1)时,增加的试品数。

e 所有的试品均应符合 9.12.10、9.12.11.2、9.12.11.3 和 9.12.11.4 的试验要求(适用时)。

f 对本试验程序,把"保护极数量"看作"试品数量"。

C.3　简化试验程序提交的试品数量

当基本设计结构相同的一个系列的 SMCB 同时提交试验时,本条款适用。

C.3.1　对于基本设计相同的一个系列 SMCB,试验的试品数量可按 C.3.2 和 C.3.3 减少。

对这一个系列 SMCB 以后增加的规格(例如额定电流值增加,不同类别的脱扣特性,不同的极数),试品减少同样适用。

注：当相对于已通过试验的一个系列 SMCB 作了一些很小变化的一个系列 SMCB 提交试验时，可同意进一步减少试品数量和试验。

如果符合下列条件，可认为 SMCB 具有相同的基本设计结构：

——具有相同的基本设计；

——每极的外部物理尺寸相同；

——除了下面 a)项所列的不同外，内部载流件的材料，涂层和尺寸相同；

——接线端子具有类似的结构(见下面 d)项)；

——触头尺寸，材料，结构及连接方式相同；

——手动操作机构(材料和物理特性)相同；

——模压材料和绝缘材料相同；

——灭弧装置的灭弧方式，材料和结构相同；

——除了下面 b)项所列的不同外，过电流脱扣装置的基本结构相同；

——除了下面 c)项所列的不同外，瞬时脱扣装置的基本结构相同；

——其电压额定值用于同一型式的配电电路(见表 1)；

——多极 SMCB 由单极 SMCB 组成，或由与单极 SMCB 相同的元件组装而成，除了极与极之间的外部隔板外，每极的外形尺寸相同。

允许有下列不同：

a) 内部载流连接件的截面积；

b) 过电流脱扣装置的尺寸和材料；

c) 瞬时脱扣装置的工作线圈的匝数和截面积；

d) 接线端子的尺寸。

C.3.2 对于按 4.5 具有相同脱扣类别的 SMCB，被试品数量可按表 C.3 减少。

表 C.3 一个系列不同极数的 SMCB 的试品数量的减少

试验程序		与极数有关的试品数量[a]			
		单极[b]	二极[c]	三极[d]	四极[e]
A		1 最大额定电流	1 最大额定电流[g,i]	1 最大额定电流[i]	1 最大额定电流[i]
B		3 最大额定电流	3 最大额定电流[g]	3 最大额定电流	3 最大额定电流
C	C_1	3 最大额定电流	3 最大额定电流[g]	3 最大额定电流	3 最大额定电流
	C_2	3 最大额定电流	2 最大额定电流(对二个保护极)，或 3 最大额定电流(对一个保护极)	1 最大额定电流	1 最大额定电流
	C_3	3 最大额定电流	—	—	—
D_0+D_1		3 最大额定电流	3 最大额定电流[h]	3 最大额定电流	3 最大额定电流
D_0		1 所有其他额定电流			
E1		3+3[f] 最大额定电流 3+3[f] 最小额定电流	3 最大额定电流 3 最小额定电流	3 最大额定电流 3 最小额定电流	3 最大额定电流 3 最小额定电流
E_2		3+4[f] 最大额定电流 3+4[f] 最小额定电流	3 最大额定电流 3 最小额定电流	3 最大额定电流 3 最小额定电流	3 最大额定电流 3 最小额定电流
F	F_1	3 最大额定电流 3 最小额定电流	—	—	—

表 C.3（续）

试验程序	与极数有关的试品数量[a]			
	单极[b]	二极[c]	三极[d]	四极[e]
G	3+3 最大额定电流 3+3 中间额定电流 3+3 最小额定电流	—	—	—

[a] 如果按 C.2 的合格标准重复进行试验时，对有关试验程序用一组新的试品。重复试验时，所有试验结果应合格。

[b] 如果只有多极 SMCB 提交试验时，本栏也适用于一组极数最少的试品(取代相应的栏)。

[c] 本栏适用于带两个保护极或一个保护极的二极 SMCB。

[d] 当四极 SMCB 已进行过试验，本栏可省略。

[e] 本栏也适用于带 3 个保护极和一个中性极的 SMCB。

[f] 对 230/400 V 的单极 SMCB，增加的试品。

[g] 当三极或四极 SMCB 已进行过试验时，本试验程序可省略。

[h] 当三极或四极 SMCB 已进行过试验，对带 2 个保护极的二极 SMCB 本试验程序可省略。

[i] 当多极 SMCB 提交试验时，最多对 4 个连接外部导线的螺纹型接线端子进行 9.5 的试验，即 2 个电源端子和 2 个负载端子。

C.3.3 对于 C.3.1 所述基本结构相同，但按 4.5 脱扣特性不同而增加的一个 SMCB 系列，所适用的试验程序数可按表 C.4 减少，试品数量按表 C.3 的规定。

表 C.4 具有不同脱扣特性的一个系列 SMCB 的试验程序

首先试验的 SMCB 型式	接着试验的其他型式的 SMCB 的试验程序	
	E 型	C_s 型
E	—	D+E+F[c]+G
C_s	B[a]+D_0+E	—

[a] 对于这些试验只要求做 9.8 的试验。

[b] 空。

[c] 对于这些试验只要求做 9.12.13.1(和 9.12.12.1)。

附　录　D_1
（资料性附录）
在同一电路中 SMCB 与分开设置的熔断器的配合

如果在 SMCB 后面接入熔断器作为故障条件下的电击保护(间接接触保护)，应考虑最大 0.1 s 的附加时间。

附　录　D_2
（规范性附录）
关于在同一电路中 SMCB 与分开设置的熔断器配合的信息

在样本中和随同包装的说明中提供的安装说明内容

在 SMCB 后配置熔断器作为故障条件下电击保护(间接接触保护)时，在计算接地故障回路阻抗时用 0.3 s 的分断时间代替 0.4 s。

附　录　E
空

附　录　F
（资料性附录）
接线端子示例

在本附录中给出一些接线端子的设计示例。安装导线的部位应有适合于容纳实心硬导线的直径以及具有适合于容纳硬性多股绞合导线的截面积(8.1.5)。

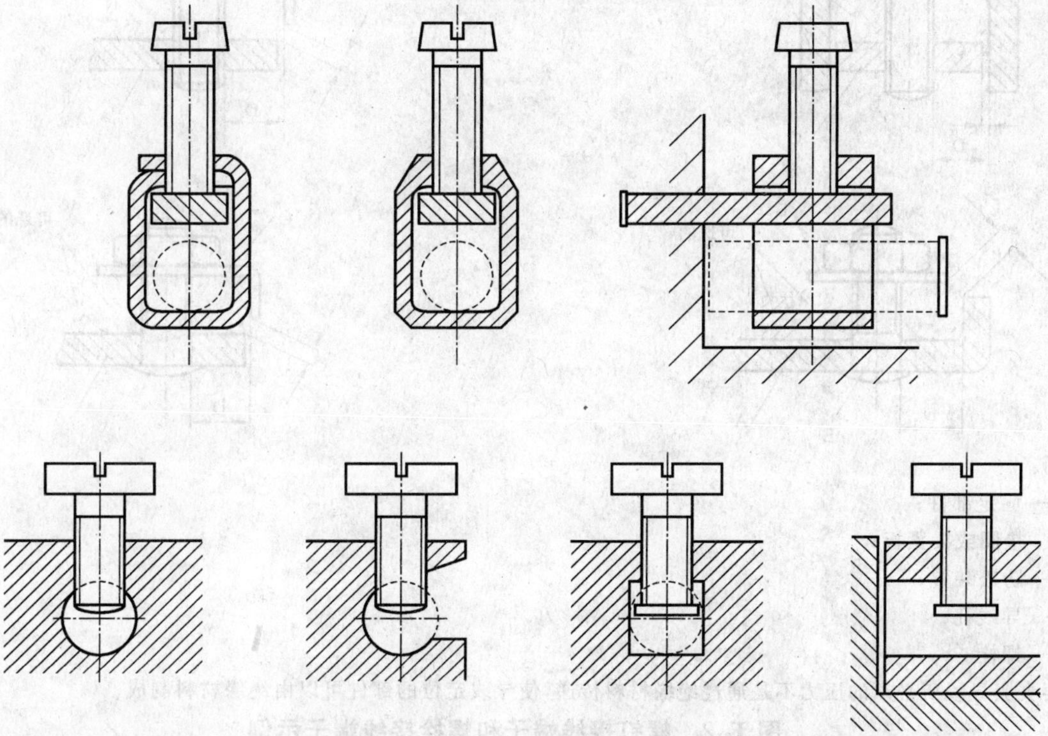

带有螺纹孔的接线端子部件和导线被螺钉夹紧的接线端子部件可以是两个分开的部件，例如带有夹头的接线端子。

图 F.1　柱式接线端子示例

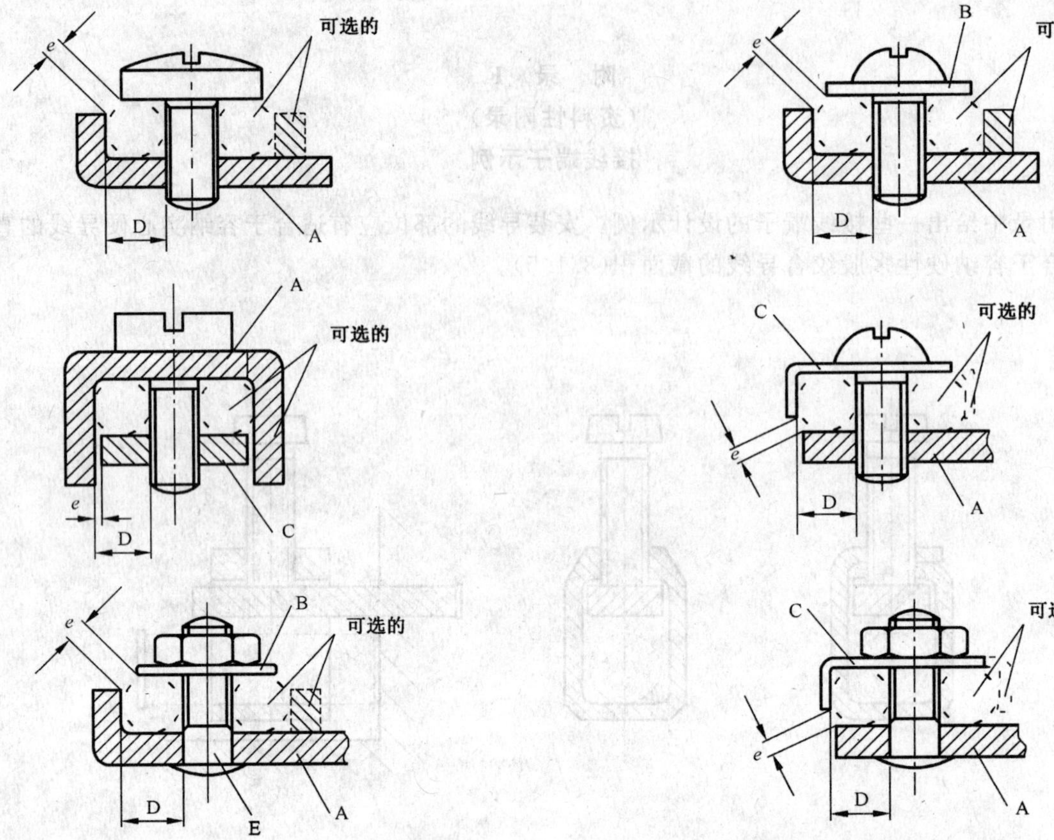

说明：

A——固定部件；

B——垫圈或夹紧板；

C——防松装置；

D——导线孔；

E——螺栓。

只要夹紧导线所必须的压力不是通过绝缘材料传递，使导线定位的部件可以由绝缘材料制成。

图 F.2　螺钉接线端子和螺栓接线端子示例

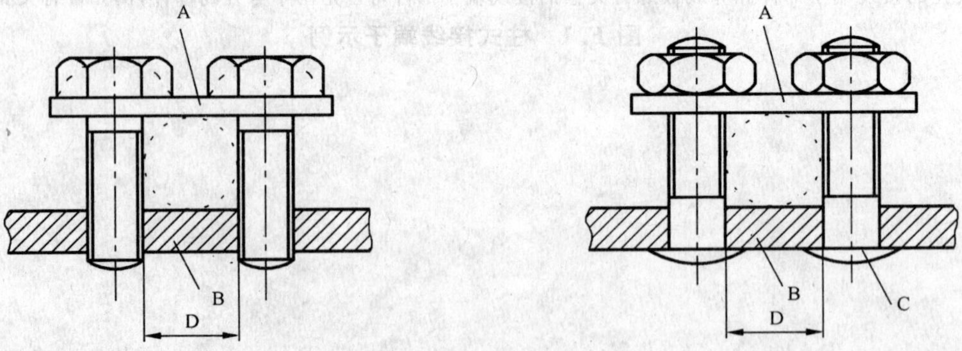

说明：

A——鞍形板；

B——固定部件；

C——螺栓；

D——导线孔。

鞍形板的两面可以是不同的形状，通过翻转鞍形板以适应截面积大小不同的导体。

接线端子可以有两个以上的夹紧螺钉或螺栓。

图 F.3　鞍形接线端子示例

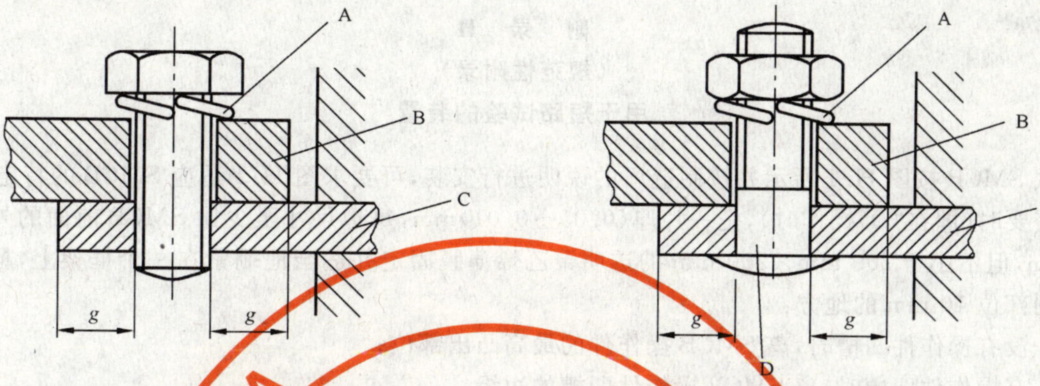

说明：

A——锁紧装置；

B——电缆接线片或母排；

C——固定部件；

D——螺栓。

对这种型式的接线端子，应提供一个弹簧垫圈或等效的锁紧装置，夹紧部位的表面应是光滑的。

对某些型式的电器，允许使用的接线片式接线端子比要求的尺寸小。

图 F.4　接线片式接线端子示例

附　录　G

空

附　录　H
（规范性附录）
用于短路试验的装置

被试 SMCB 按图 H.1 所示并按制造厂的说明进行安装，可要求图 H.1 适应 SMCB 的特定结构。

当需要时（即在“O”操作时），把一片厚（0.05±0.01）mm，每边尺寸至少比 SMCB 前面的外形尺寸大 50 mm，但不小于 200 mm×200 mm 的透明聚乙烯薄膜固定并适当地绷紧在一个框架上，框架放置在距下列部位 10 mm 的地方：

——没有操作件凹槽时，离 SMCB 操作件的最高凸出部位；

——有操作件凹槽时，离 SMCB 操作件凹槽的边缘。

聚乙烯薄膜应有下列物理性能：

——在 23 ℃时的密度：(0.92±0.05)g/cm^3；

——熔点：110 ℃～120 ℃。

需要时，如图 H.1 所示在电弧喷出口和聚乙烯薄膜之间放置一块至少厚 2 mm 的绝缘材料隔板以免从电弧喷出口喷出的热的粒子损坏聚乙烯薄膜。

需要时，在距离 SMCB 的每个电弧喷出口这边距离为“a”mm 的地方放置一个如图 H.2 所示的栅格。

栅格电路（见图 H.3）应连接到点 B、点 C 或点 C′（适用时）（见图 3 至图 6）。

栅格电路的参数如下：

——电阻 R′：1.5 Ω；

——铜丝 F′：长度 50 mm，直径如 9.12.9.1 所要求的值。

单位为毫米

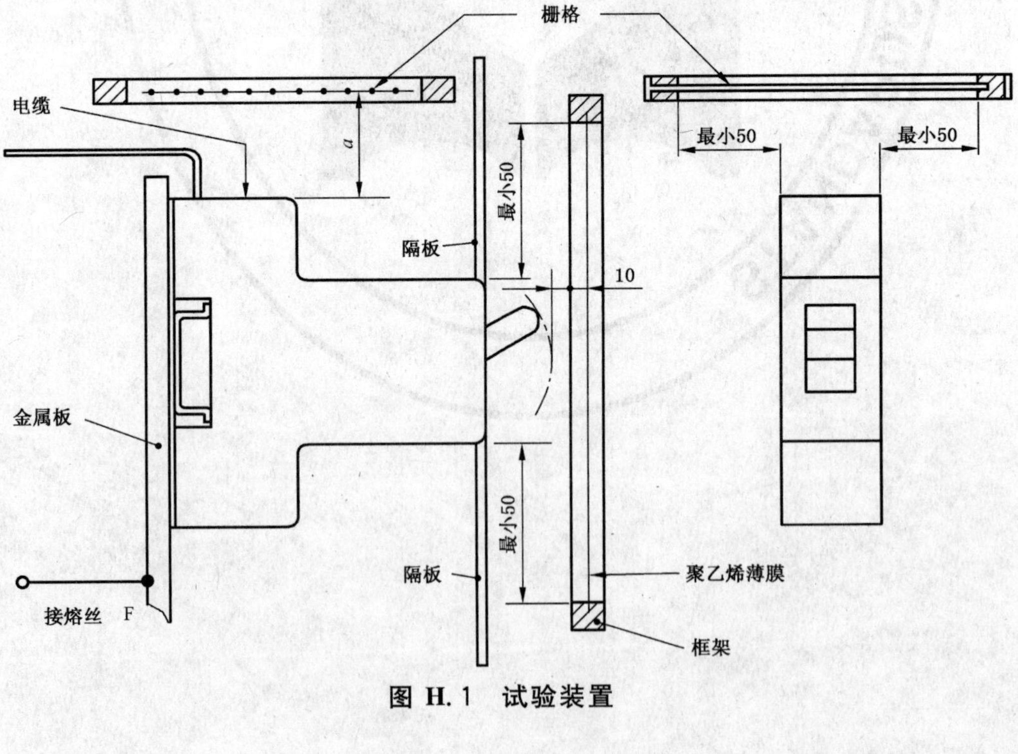

图 H.1　试验装置

单位为毫米

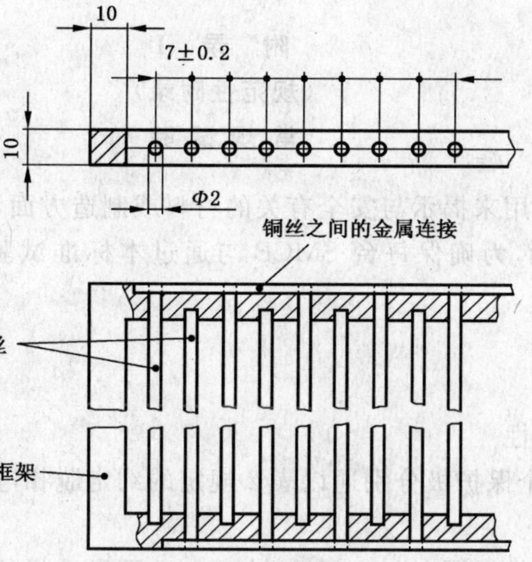

图 H.2 栅格

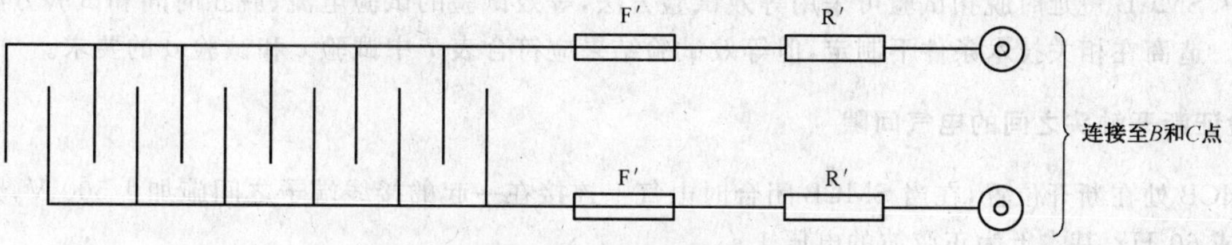

图 H.3 栅格电路

附 录 I
（规范性附录）
常规试验

本附录所规定的试验是用来揭示与安全有关的材料或制造方面不合格的缺陷。

根据制造厂得到的经验，为确保每台 SMCB 与通过本标准试验的样品一致，可能需要做更多的试验。

I.1 脱扣试验

a） 验证时间一电流特性

从冷态开始，对每个保护极分别通以表 2 规定的约定脱扣电流 I_t 与延时脱扣电流 I_{tv}之间任何合适的电流值。

SMCB 应在脱扣特性极限时间之间，相应于制造厂所选择的点的时间内脱扣。

b） 验证短延时脱扣

SMCB 短延时脱扣试验可采用等效试验方法，等效试验的试验电流、脱扣时间和试验方法由制造商在相关技术条件下制定，但等效试验结果应符合表 7 中试验 c 和试验 d 的要求。

I.2 验证断开触头之间的电气间隙

SMCB 处在断开位置，在当 SMCB 闭合时电气上连接在一起的接线端子之间施加 1 500 V，频率为 50 Hz 或 60 Hz，基本上为正弦波的电压 1 s。

不应发生闪络和击穿。

也可选用其他任何合适的验证断开触头之间电气间隙的方法（例如，用 X 射线验证）。

附 录 J

（资料性附录）

短路电流≤10 000 A 及能量限制等级 3 的 MCB 的最大允许 I^2t 值

短路电流 A	额定电流 A	最大 I^2t $A^2 \cdot s$	
		B 特性	C 特性
500	小于或等于 16	2 500	2 500
630		3 000	3 000
800		4 000	4 000
1 000		4 500	5 500
1 250		6 000	6 500
1 500		7 000	8 000
2 000		9 000	11 000
3 000		15 000	18 000
4 500		25 000	30 000
6 000		35 000	42 000
10 000		70 000	84 000
500	大于 16 至 32*	2 500	2 500
630		3 000	3 000
800		4 000	4 000
1 000		5 000	5 500
1 250		6 000	7 000
1 500		7 500	9 000
2 000		10 000	13 000
3 000		18 000	22 000
4 500		32 000	39 000
6 000		45 000	55 000
10 000		90 000	110 000

* 对 40 A 额定电流，允许高出 I^2t 值 20%。

ICS 65.060
B 93

中华人民共和国国家标准

GB/T 24351—2009

立式逆流颗粒冷却器通用技术规范

Universal technical specifications for vertical counter-flow pellet feed coolers

2009-09-30 发布

2010-01-01 实施

中华人民共和国国家质量监督检验检疫总局
中国国家标准化管理委员会 发布

前言

本标准的附录A为规范性附录。

本标准由全国饲料工业标准化技术委员会提出。

本标准由全国饲料机械标准化技术委员会归口。

本标准起草单位：河南工业大学、江苏正昌集团。

本标准主要起草人：王卫国、于翠萍、郝波、江伟忠。

立式逆流颗粒冷却器
通用技术规范

1 范围

本标准规定了立式逆流颗粒冷却器的分类与型号表示方法、要求、试验方法、检验规则、标志、使用说明书和包装、运输、贮存。

本标准适用于饲料工业中用于冷却各种湿热颗粒饲料、膨胀饲料的立式逆流颗粒冷却器。

2 规范性引用文件

下列文件中的条款通过本标准的引用而成为本标准的条款。凡是注日期的引用文件，其随后所有的修改单(不包括勘误的内容)或修订版均不适用于本标准，然而，鼓励根据本标准达成协议的各方研究是否可使用这些文件的最新版本。凡是不注日期的引用文件，其最新版本适用于本标准。

GB/T 3768 声学 声压法测定噪声源声功率级 反射面上方采用包络测量表面的简易法

GB 5083 生产设备安全卫生设计总则

GB/T 6435 饲料中水分和其他挥发性物质含量的测定

GB/T 6921 大气飘尘浓度测定方法

GB/T 9969 工业产品使用说明书 总则

3 分类与型号表示方法

3.1 分类

立式逆流颗粒冷却器依排料机构的结构型式不同分为往复式栅格排料立式逆流颗粒冷却器和摆动式翻板排料立式逆流颗粒冷却器。

3.1.1 往复式栅格排料立式逆流颗粒冷却器

往复式栅格排料立式逆流颗粒冷却器主要由进料闭风器、均料器、冷却箱体、往复式栅格排料装置、料位器、排料斗、支架等组成。该设备需要另外配置吸风冷却风网包括风管、离心式除尘器、风机等。工作中，颗粒饲料自上而下运动，强制流动的空气自下而上穿过颗粒饲料，使其得到降温和降湿。经冷却后的饲料由往复式栅格排料装置排出。

3.1.2 摆动式翻板排料立式逆流颗粒冷却器

摆动式翻板排料立式逆流颗粒冷却器主要由进料闭风器、均料器、冷却箱体、摆动式翻板排料装置、料位器、排料斗、支架等组成。该设备需要另外配置吸风冷却风网包括风管、离心式除尘器、风机等。工作中，颗粒饲料自上而下运动，强制流动的冷却空气自下而上穿过颗粒饲料，使其得到降温和降湿。经冷却后的颗粒饲料由摆动式翻板排料装置排出。

3.2 立式逆流颗粒冷却器型号的表示方法

KL □ □ □-□
① ② ③ ④ ⑤

① 产品品种代号：饲料颗粒冷却器。

② 产品型式代号：以大写汉语拼音字母表示。立式逆流-N。

③ 产品排料型式代号：以大写汉语拼音字母表示。栅格式-S；翻板式-F。

④ 产品序列号:以小写英文字母表示。

⑤ 产品主要规格:为冷却箱容积(m^3),用阿拉伯数字表示。

示例:

KLNFa-6 表示摆动式翻板排料立式逆流颗粒冷却器,冷却器的容积为 6 m^3

4 要求

4.1 立式逆流颗粒冷却器应符合本标准的要求,并按经规定程序批准的图样及技术文件制造。

4.2 在正常使用条件下,入机物料水分在 15%~17%,物料温度不低于 75 ℃,空气相对湿度不大于 75%,冷却直径为 5 mm 及以下的颗粒饲料,冷却风网参数按设备使用说明书配备时,立式逆流颗粒冷却器的性能应符合表 1 的规定。

表 1 立式逆流颗粒冷却器性能指标

纯工作小时生产率/(kg/h)	出机颗粒水分/%	出机颗粒温度高出室温的温度值/℃	噪声声功率/[dB(A)]	粉尘浓度/(mg/m^3)
≥产品标牌或说明书标示值	南方≤12.5; 北方≤14	≤6	≤85	≤10

4.3 立式逆流颗粒冷却器的进料装置应保证物料均布于冷却箱内。

4.4 立式逆流颗粒冷却器应具有调控物料冷却时间的装置,并且调节灵敏、方便。

4.5 板壁件材料如用普通钢板时,内壁须涂无毒防锈漆。

4.6 板壁件的平面度公差值不大于 300 : 0.5。

4.7 焊接件的焊接应牢固可靠,焊缝均匀平滑、无漏焊、脱焊、夹渣、裂纹等缺陷。

4.8 电控部件及线路的质量性能应符合产品质量标准。电器控制装置应满足各种动作控制的要求,不得产生误动作。

4.9 设备的安全要求应符合 GB 5083 的规定。所有运动部件应有安全防护装置,保证设备运转时人员肢体不能接触到运动部件。

4.10 冷却器上的操作、安全标志应齐全醒目。

4.11 转动部件应转动灵活,不得有异常响声,紧固件应紧固。

4.12 零部件均需检验合格,外购件、标准件须有合格证书。

4.13 漆面应光洁,色泽一致,不得有刷纹、流挂、针孔、麻点、橘纹、气泡、迸裂、料粒、泛黄、发白及粘附污点。

4.14 漆层应牢固、平整,不得起皮脱落。施漆后的表面要完整无漏漆。用粘贴法检查时,漆膜脱落的百分比应小于 5%。

4.15 立式逆流颗粒冷却器正常运转达 4 000 h 时或自出厂之日起 2 年,其性能指标仍应符合表 1 中的规定。

5 试验方法

5.1 试验条件

5.1.1 试验场地和样机的安装须符合使用说明书的有关规定。

5.1.2 试验用电源、压缩空气、吸风系统的配置须符合使用说明书的要求。

5.1.3 试验用仪器、仪表、量具应在有效使用期内,并在试验前经校验合格,精度等级不得低于附录 A 中的规定。

5.1.4 试验操作要配备专门的熟练操作人员。

5.1.5 试验前将样机技术特性记入表 2。

表 2 样机技术特性

机器型号名称： 制造单位：

试验日期： 试验地点：

序 号	项 目	参数值
1	冷却箱容积/m^3	
2	生产率(ϕ5 mm 颗粒)/(kg/h)	
3	进料电机功率/kW	
4	排料电机功率/kW	
5	试验前已运转时间/h	
6	外形尺寸(长×宽×高)/mm	
7	整机重量/kg	

5.2 静态检验

5.2.1 用常规方法检查 4.4、4.5、4.7、4.8、4.9、4.10、4.11、4.12、4.13 。

5.2.2 用直尺和塞尺检查 4.6。

5.2.3 漆层质量(4.14)检测在与冷却器以相同工艺施漆的样板上进行，用双面刀片在漆膜上横竖各划 11 条线，间距 1 mm，然后用氧化锌胶布贴牢，猛揭一次，计算方格中漆膜脱落的百分比。

5.3 空载试验

空运转试验不少于 30 min，检查 4.2 中的噪声指标和 4.11。

5.4 负载试验

5.4.1 性能试验在样机达到正常工况下进行。

5.4.2 样机空运转 10 min 后先测定空载参数，每间隔约 5 min 测一次，共测三次。在负载运行 30 min 后，测负载参数和性能指标，每个项目测三次，每次间隔时间大于 5 min，求出测定值的算术平均值，作为最后结果记入表 3。

表 3 使用性能测定记录表

机器型号名称： 制造单位：

试验日期： 试验地点：

测 定 项 目		测 定 次 数			
		1	2	3	平均值
空载	测试电压/V				
	出料电机电流/A				
	出料电机功率/kW				
	风机电机电流/A				
	风机电机功率/kW				
	噪声/[dB(A)]				
负载	测试电压/V				
	出料电机电流/A				
	出料电机功率/kW				
	吸风量/(m^3/min)				
	纯工作小时生产率/(t/h)				
	空气相对湿度/%				

表 3（续）

测定项目			测定次数			
			1	2	3	平均值
负载	料温/℃	入机料温				
		出机料温				
	室温/℃					
	水分/%	入机物料水分				
		出机物料水分				
		出机颗粒降水率				
	负载噪声/[dB(A)]					
	工作区粉尘浓度/(mg/m^3)					
备注						

测定人：________　　　　　　　　　　记录人：________

5.4.3　纯工作小时生产率

在立式逆流颗粒冷却器出料口处接取样品，每次接取样品的时间不得少于 30 s，接取样品质量不得少于 100 kg，称量后，按式(1)计算纯工作小时生产率。

$$Q = \frac{3\,600 \times m}{T} \quad \cdots\cdots(1)$$

式中：

Q——纯工作小时生产率，单位为千克每小时(kg/h)；

m——接取样品的质量，单位为千克(kg)；

T——接取时间，单位为秒(s)。

5.4.4　出机颗粒水分

在立式逆流颗粒冷却器出料口取样 1 000 g 以上，按 GB/T 6435 测出水分，水分值精确到小数点后一位。

5.4.5　出机颗粒温度

在立式逆流颗粒冷却器出料口处取样。取样时将 1 000 g 左右的样品装入直径 90 mm～100 mm、高度 200 mm 以上的隔热良好的圆筒形容器内，将普通水银温度计从圆心附近垂直插入，插入深度为 1/2 高度处，待温度计示值升至最高值时，记下该最高温度值，填入表 3 中。

5.4.6　室温

用普通水银温度计测出室温，填入表 3 中。

5.4.7　噪声

按 GB/T 3768 测定冷却器的空载噪声和负载噪声(不包括风机噪声)，填入表 3 中。

5.4.8　工作区粉尘浓度

按 GB/T 6921 规定的方法测定，结果填入表 3 中。

6　检验规则

6.1　出厂检验

6.1.1　每台立式逆流颗粒冷却器应经制造单位质量检验部门检验合格，并出具合格证明后方可出厂。

6.1.2　每台立式逆流颗粒冷却器都应按第 5 章的规定进行静态检验和空载试验，检验项目为 4.3～4.14，检验项目应全部合格。

6.1.3 对每批立式逆流颗粒冷却器按 4.14 进行漆层质量检验。

6.2 型式检验

6.2.1 有下列情况之一时，应进行型式检验：

a) 新产品或老产品转厂生产的试制定型鉴定；

b) 正式生产后，如果结构材料及工艺有较大改变，可能影响产品性能时；

c) 正常生产每隔三年；

d) 产品停产满二年；

e) 国家质量监督机构提出进行型式检验的要求时。

6.2.2 型式检验允许在使用单位进行。

6.2.3 型式检验的检查批由出厂检验合格的产品组成，从检查批中随机抽样，每次抽取一台，按第 5 章规定的试验方法检验，检验内容为第 4 章和 7.1.1。

6.2.4 缺陷的分类

被检验项目凡不符合本标准技术要求的称为缺陷，缺陷按其对产品质量的影响程度分为重缺陷、轻缺陷两类，重缺陷又分为 A、B 两组，轻缺陷为 C 组。

缺陷分类见表 4。

表 4 缺陷分类

缺陷分类			缺陷项目
类	组	项	
重缺陷	A	1	纯工作小时生产率
		2	出机颗粒温度
		3	正常运行 4 000 h 仍能达到本表 A 组第 1、2 项的要求
	B	1	出机颗粒水分
		2	电器控制与安全标志
		3	噪声
		4	粉尘浓度
		5	焊接质量
轻缺陷	C	1	板件平面度
		2	涂漆质量
		3	包装质量

6.2.5 不合格判定数

A 组的不合格判定数为≥1 项；

B 组的不合格判定数为≥2 项；

C 组的不合格判定数为≥3 项。

B 组 1 项和 C 组 2 项。

6.2.6 判定规则

当被检样品的各组缺陷数均小于 6.2.5 规定时，则判该批产品为合格品；当被检样品的各组缺陷数超出 6.2.5 中任何一项判定数时，就判该批产品为不合格品。

7 标志、使用说明书

7.1 标志

7.1.1 每台冷却器应在明显位置固定产品标牌，内容包括：

a) 制造厂名；

b) 制造企业详细地址；

c) 产品名称；

d) 产品型号；

e) 制造日期或编号；

f) 商标；

g) 主要技术参数；

h) 生产量，功率，配备的吸风量等。

7.1.2 包装箱外应标注储运标志，内容包括：

a) 发货、收货单位、地址及到站名称；

b) 产品型号、名称、出厂编号及日期；

c) 包装箱体积及毛重、重心位置、起吊线、向上标志等。

7.2 使用说明书

使用说明书的内容应符合 GB/T 9969 的规定。

8 包装、运输、贮存

8.1 包装

冷却器的包装应符合下列要求：

a) 采用箱装时，可将其分解成若干部件装箱。

b) 包装应保证在装卸、运输过程中机器完整无损。

c) 应有防雨防潮措施。

d) 每台冷却器应附带下列文件：

1) 装箱单；

2) 使用说明书；

3) 质量合格证；

4) 用户意见调查表。

8.2 运输

冷却器在运输过程中不得倒置或重压。

8.3 贮存

冷却器的保管应符合下列要求：

a) 室内存放时要有良好的通风、防潮条件。

b) 室外存放时要有可靠的防雨、防晒设施，底部应垫放合适高度的支承物。

附 录 A
(规范性附录)
试验用主要仪器、仪表和计量器具

表 A.1 试验用主要仪器、仪表和计量器具

序 号	项 目	数 量
A.1	配电盘(装有三相四线有功电度表、电压表、电流表、2只瓦特表)其精度不得低于1级	2个
A.2	恒温箱	1个
A.3	干燥器	1个
A.4	水银温度计(0 ℃～100 ℃)	1个
A.5	声级计等(按GB/T 3768的要求选用)	1套
A.6	粉尘采样器	1套
A.7	干湿度计、气压计	各1个
A.8	转速表	2个
A.9	秒表	2个
A.10	工业天平:感量0.01 g	1台
A.11	分析天平:感量0.000 1 g	1台
A.12	磅秤(称量500 kg)	1台
A.13	毕托管、微压计	1套
A.14	钢卷尺(3 m)	1个
A.15	游标卡尺(读数值0.02 mm)或外径千分尺(读数值0.01 mm)	1个
A.16	铝盒或其他样品盒、袋	若干
A.17	记录标签、表格	若干
A.18	保湿盒	若干

ICS 65.060
B 90

GB

中华人民共和国国家标准

GB/T 24352—2009

饲料加工设备图形符号

Graphical symbols for feed processing equipment

2009-09-30 发布　　2010-01-01 实施

中华人民共和国国家质量监督检验检疫总局
中国国家标准化管理委员会　发布

前言

本标准的附录A为资料性附录。

本标准由全国饲料工业标准化技术委员会提出。

本标准由全国饲料机械标准化技术委员会归口。

本标准起草单位:河南工业大学。

本标准主要起草人:王卫国、于翠萍、胡纪云。

饲料加工设备图形符号

1 范围

本标准规定了饲料工业中常用加工设备的图形符号。

本标准适用于绘制饲料加工工艺流程图。

2 规范性引用文件

下列文件中的条款通过本标准的引用而成为本标准的条款。凡是注日期的引用文件，其随后所有的修改单(不包括勘误的内容)或修订版均不适用于本标准，然而，鼓励根据本标准达成协议的各方研究是否可使用这些文件的最新版本。凡是不注日期的引用文件，其最新版本适用于本标准。

GB/T 4457.4　机械制图　图样画法　图线

3 一般规定

3.1　饲料加工设备的图形符号应按本标准规定的比例绘制；设备图形符号在饲料加工工艺流程图中的大小原则上应根据其代表的设备的尺寸以适当的比例绘制。

3.2　图形符号的图线线型执行 GB/T 4457.4 的规定。

3.3　本标准未规定的饲料加工设备图形符号，凡有国家或行业标准的可按相应的标准执行；没有国家或行业标准的原则上按设备主要工作部件组成绘制，图形应尽可能简单明了。

4 饲料加工设备图形符号

饲料加工设备图形符号见表 1。

表 1　饲料加工设备图形符号

4.1　接收设备			
编号	名称	图形符号	备注
4.1.1	袋装料下料坑	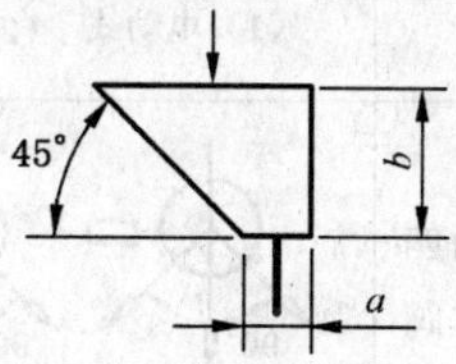	$a=0.5b$
4.1.2	散装车下料坑	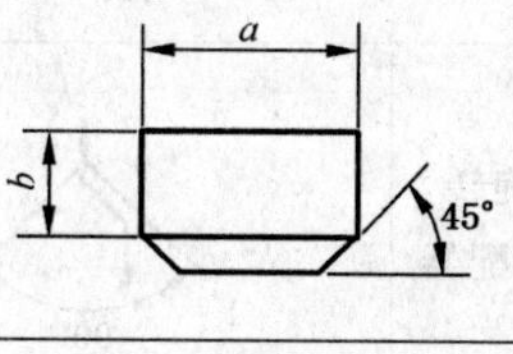	$b=0.5a$
4.1.3	轨道衡	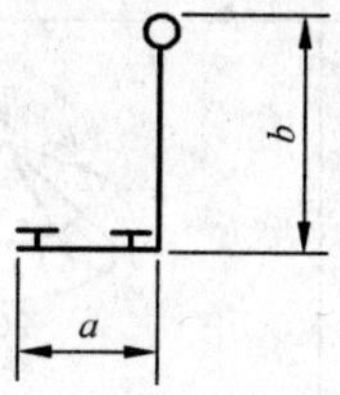	$a=0.6b$
4.1.4	地中衡	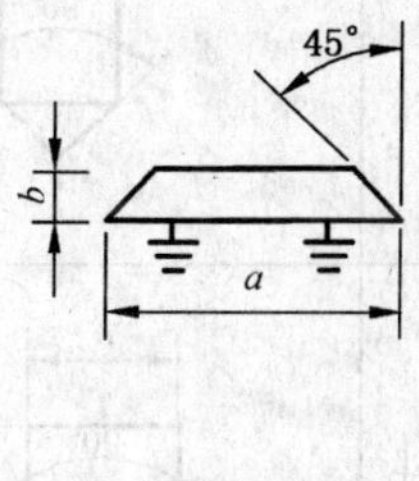	$b=0.2a$
4.1.5	气力输送下料坑	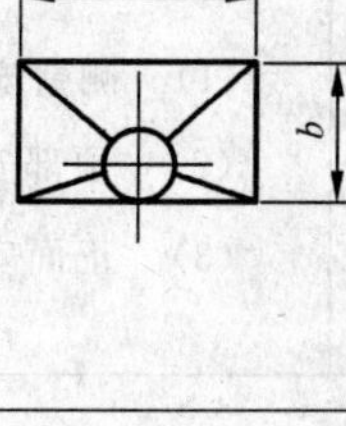	$b=0.6a$

表 1（续）

4.2 料仓

编号	名称	图形符号	备注
4.2.1	利浦筒仓		
4.2.2	装配式钢板仓		
4.2.3	其他筒仓	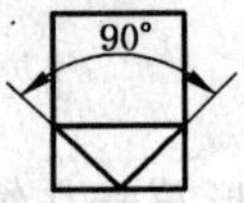	
4.2.4	螺旋出料仓	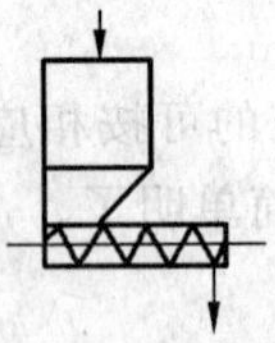	
4.2.5	振动出料仓	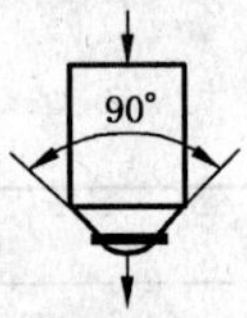	
4.2.6	普通料仓	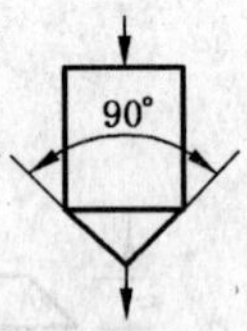	
4.2.7	缓冲斗	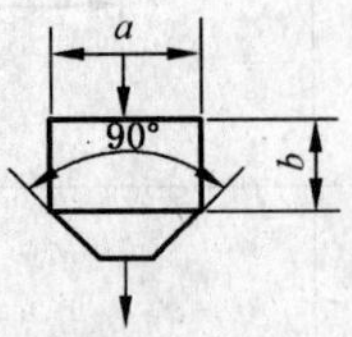	$b=0.6a$
4.2.8	料位器	（1） 侧壁安装 （2） 顶部安装 （3） 正面安装 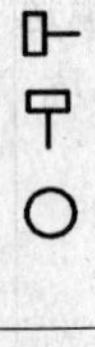	

4.3 重力流动分配控制设备

编号	名称	图形符号	备注
4.3.1	自流管		
4.3.2	手动闸阀		
4.3.3	自动闸板	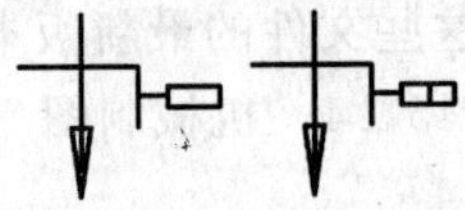 （1）电动式 （2）气动式	
4.3.4	手动三通蝶阀		
4.3.5	手动四通蝶阀		
4.3.6	自动三通蝶阀	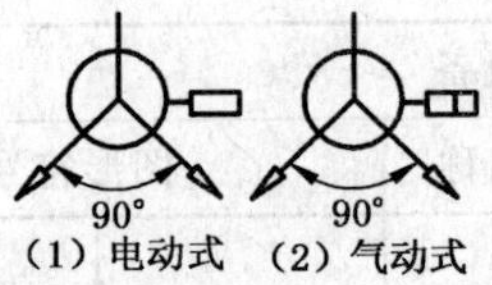 （1）电动式 （2）气动式	
4.3.7	自动四通蝶阀	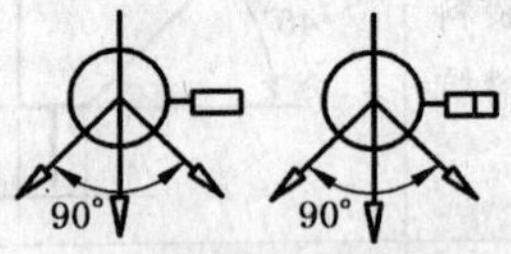 （1）电动式 （2）气动式	
4.3.8	旋转分配器	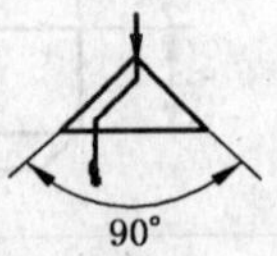	
4.3.9	摆动分配器	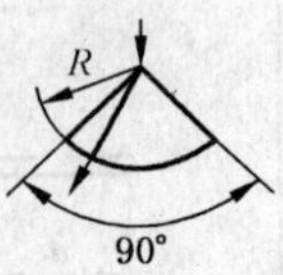	

表 1（续）

4.4 机械输送设备				4.5 通风除尘和气力输送设备			
编号	名称	图形符号	备注	编号	名称	图形符号	备注
4.4.1	螺旋输送机	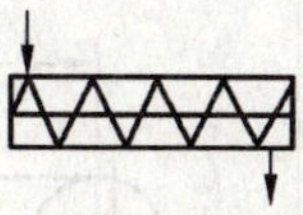		4.5.1	气力输送管路		粗实线
				4.5.2	吸风管路		点划线
4.4.2	双向螺旋输送机	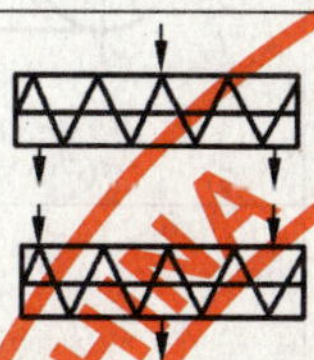		4.5.3	压缩空气管路		双点划线
				4.5.4	吸口吸尘罩		
4.4.3	带式输送机			4.5.5	弯头		
4.4.4	刮板输送机	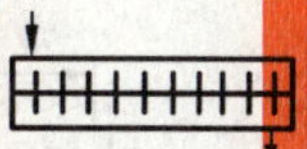		4.5.6	三通	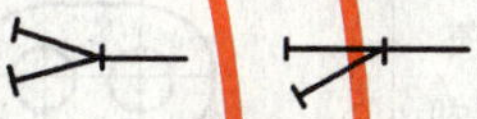	
				4.5.7	风帽	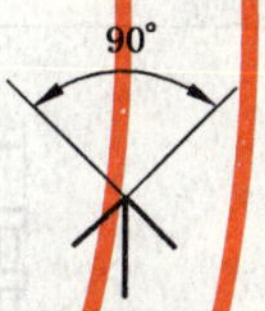	
4.4.5	振动输送机	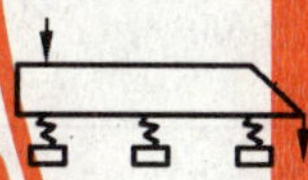		4.5.8	蝶阀		
4.4.6	气垫胶带输送机			4.5.9	叶轮式闭风器		同叶轮配料器
4.4.7	移动式胶带输送机	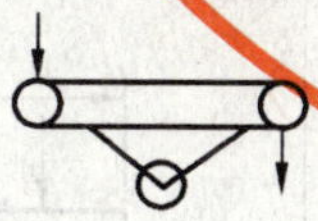					
4.4.8	摆动式输送机	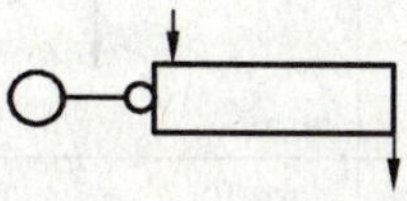		4.5.10	接料器	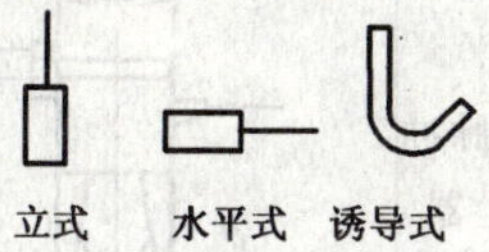	
4.4.9	斗式输送机	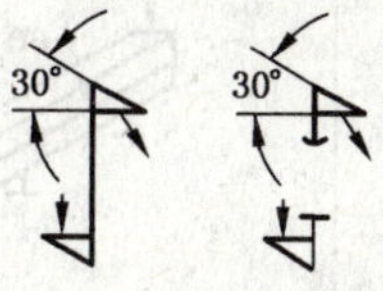	可任选	4.5.11	离心集尘器或离心卸料器	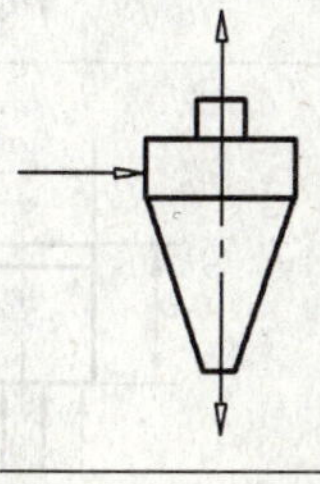	

表 1（续）

4.5 通风除尘和气力输送设备

编号	名称	图形符号	备注
4.5.12	卧式离心集尘器	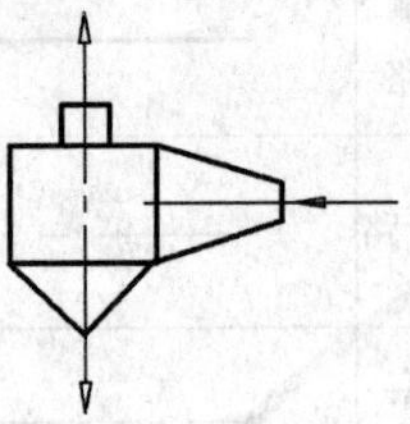	
4.5.13	离心随风机	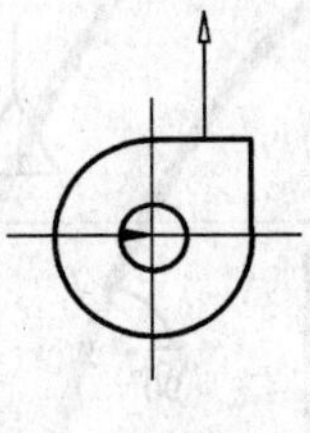	
4.5.14	罗茨鼓风机	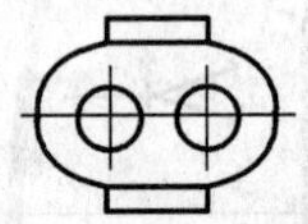	
4.5.15	布筒除尘器	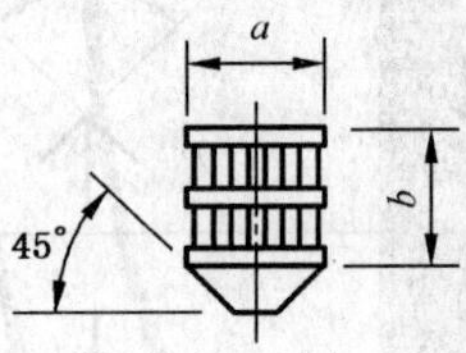	$a=b$
4.5.16	脉冲布筒除尘器	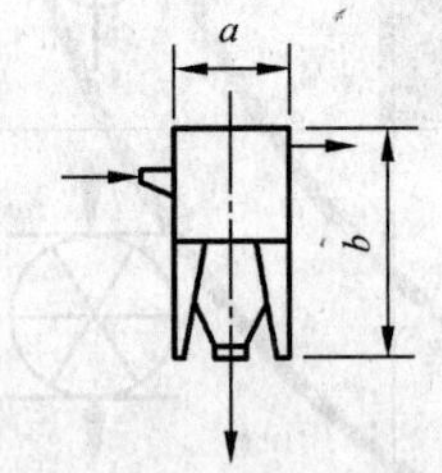	$a=0.5b$
4.5.17	组合脉冲除尘器	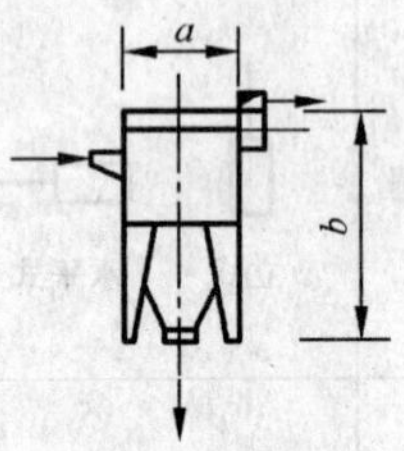	$a=0.5b$
4.5.18	直吸式组合脉冲除尘器	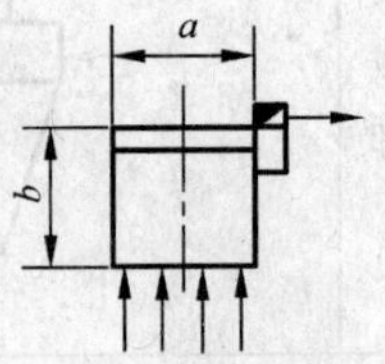	$a=b$

4.6 清理与分级设备

编号	名称	图形符号	备注
4.6.1	圆筒筛	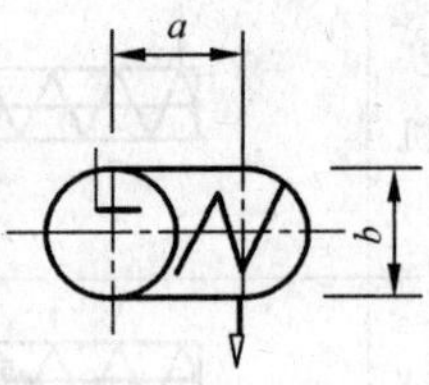	$a=b$
4.6.2	粉料清理筛	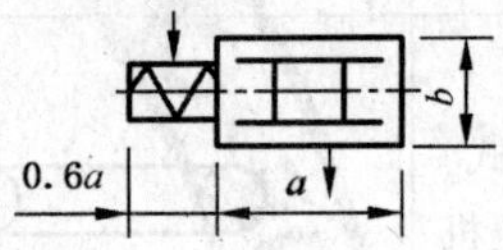	$b=0.6a$
4.6.3	锥筒筛	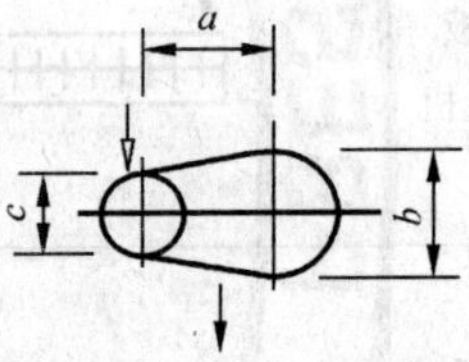	$c=0.6b$ $b=a$
4.6.4	栅筛	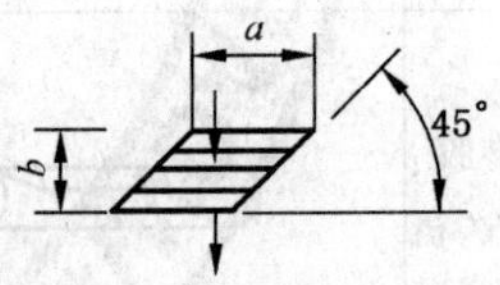	$b=0.6a$
4.6.5	平面回转筛	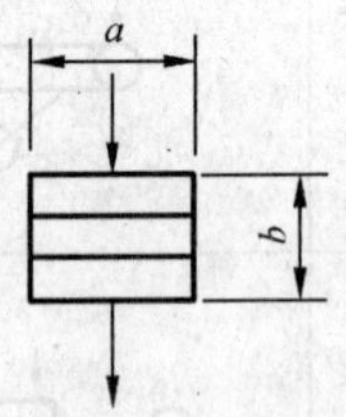	$b=0.6a$
4.6.6	振动分级筛	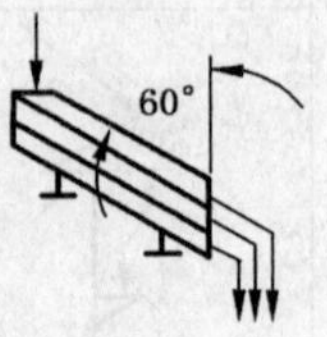	

表 1（续）

4.6 清理与分级设备				4.6 清理与分级设备			
编号	名称	图形符号	备注	编号	名称	图形符号	备注
4.6.7	分级方筛	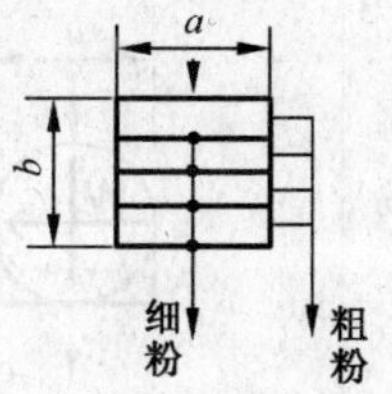	$a=b$	4.6.13	磁钢（铁）		
4.6.8	组合振动筛	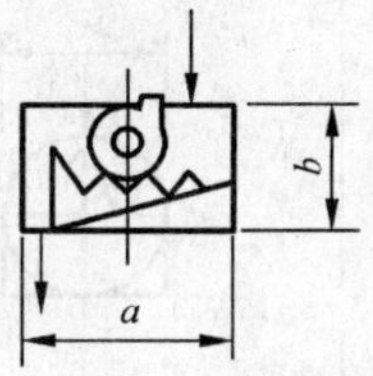	$b=0.6a$	4.6.14	篦式磁选器	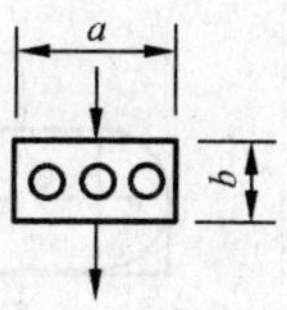	$b=0.4a$
4.6.9	粉料保险筛	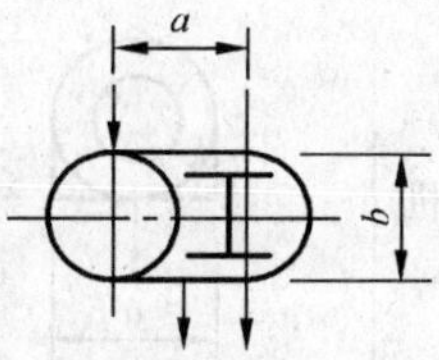	$a=b$	4.6.15	永磁筒	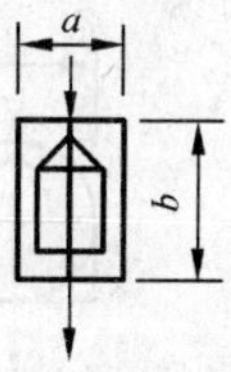	$a=0.6b$
4.6.10	离心分级筛	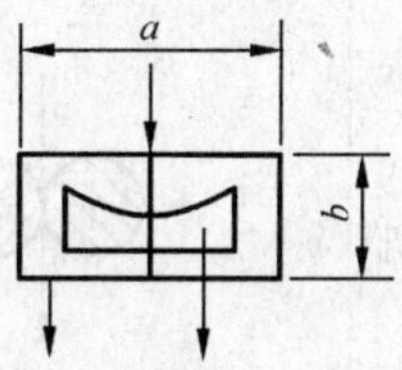	$b=0.5a$	4.6.16	永磁滚筒	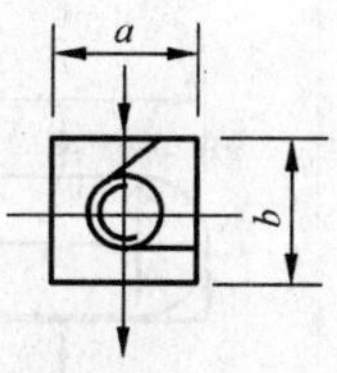	$a=b$
4.6.11	吸式比重去石机	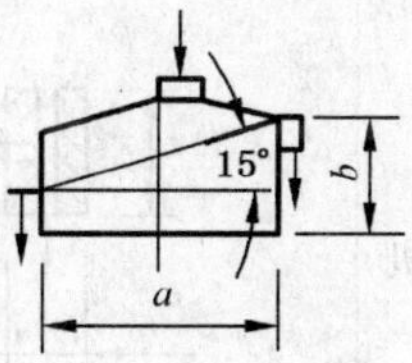	$b=0.5a$	4.6.17	电磁滚筒	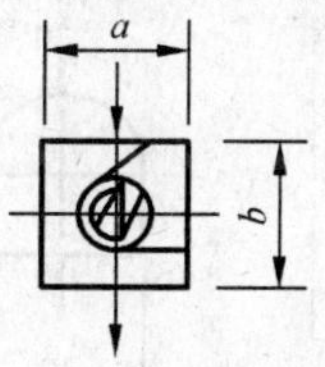	$a=b$
4.6.12	吹式比重去石机	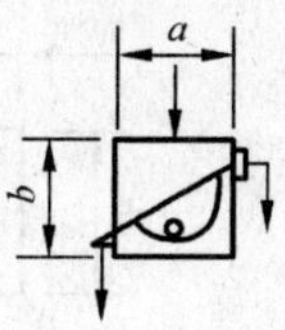	$a=b$	4.6.18	带式磁选喂料器	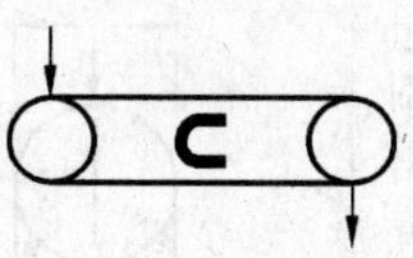	

表 1（续）

4.7 粉碎设备				4.7 粉碎设备			
编号	名称	图形符号	备注	编号	名称	图形符号	备注
4.7.1	卧式锤片粉碎机	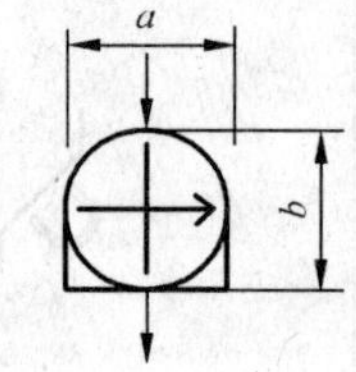	$a=b$	4.7.7	卧式锤片微粉碎机	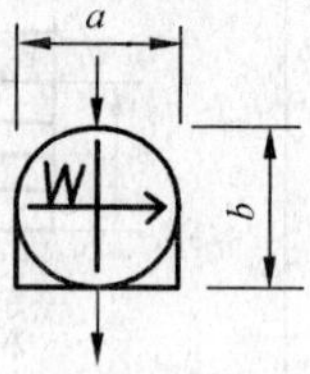	$a=b$
4.7.2	双轴卧式锤片粉碎机	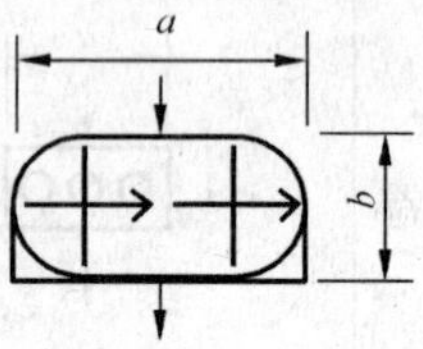	$a=2b$	4.7.8	立式锤片微粉碎机	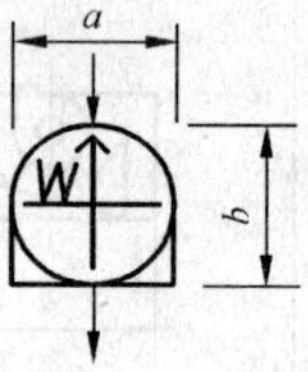	$a=b$
4.7.3	单轴立式锤片粉碎机	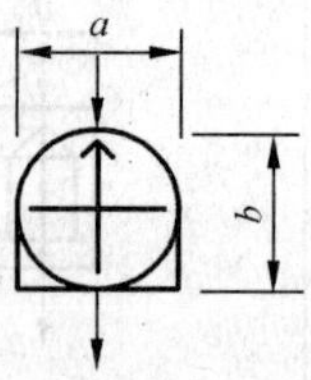	$a=b$	4.7.9	球磨机	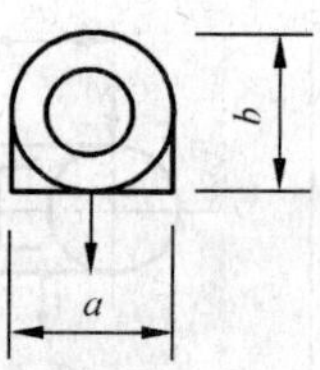	$a=b$
4.7.4	双轴立式锤片粉碎机	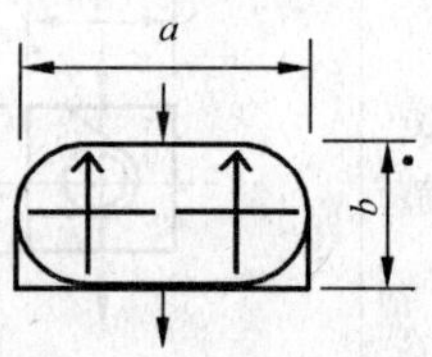	$a=2b$	4.7.10	对辊式粉碎机	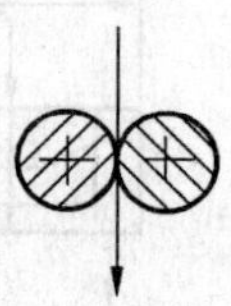	
4.7.5	无筛粉碎机	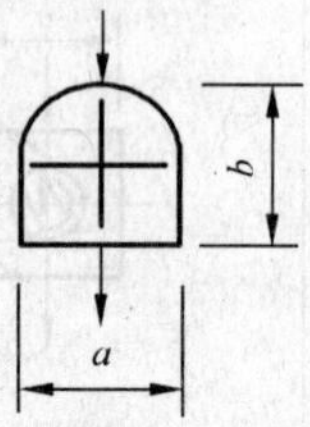	$a=b$	4.7.11	盘式粉碎机	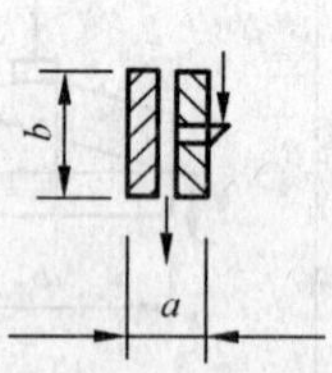	$a=0.6b$
4.7.6	振筛卧式锤片粉碎机	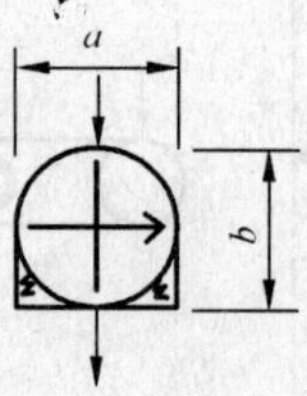	$a=b$	4.7.12	劲锤式粉碎机	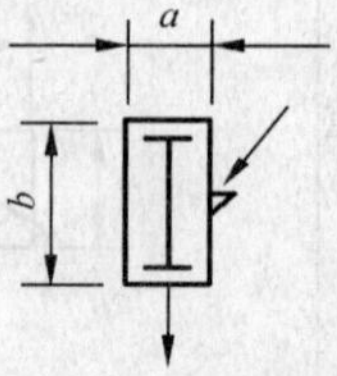	$a=0.6b$

表 1（续）

4.7 粉碎设备				4.7 粉碎设备			
编号	名称	图形符号	备注	编号	名称	图形符号	备注
4.7.13	爪式粉碎机	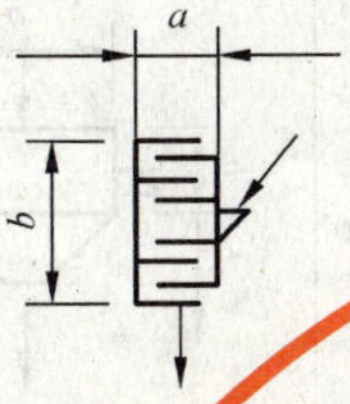	$a=0.6b$	4.7.19	谷物脱壳机	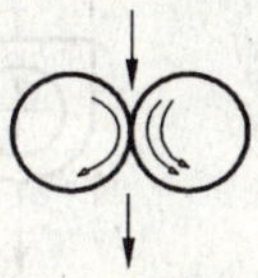	
4.7.14	锤片式碎饼机		$a=b$	4.7.20	脱胚机	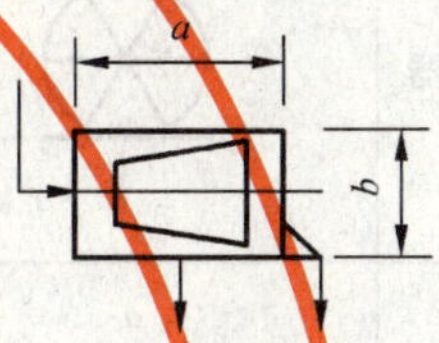	$b=0.6a$
4.7.15	对辊式碎饼机	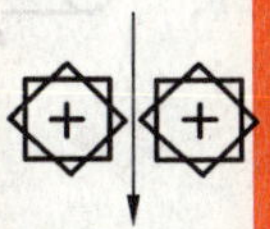		4.7.21	微细分级机	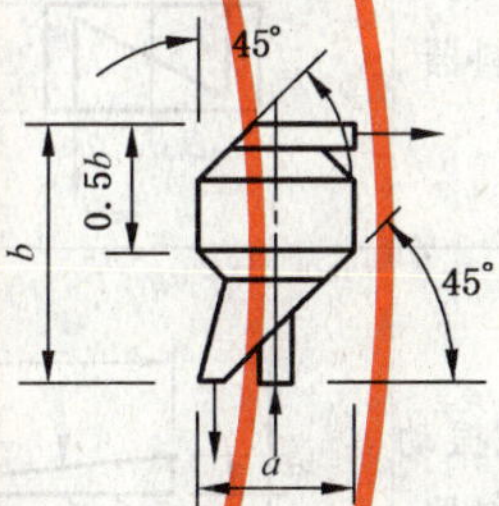	$a=0.6b$
4.7.16	单辊碎饼机		$a=b$	4.7.22	磁选叶轮喂料器		
4.7.17	铡草机	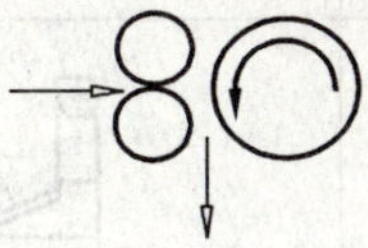		4.7.23	卧式锤片超微粉碎机	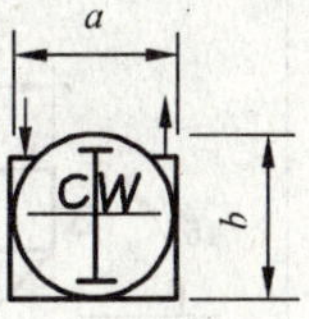	$a=b$
4.7.18	秸杆揉碎机	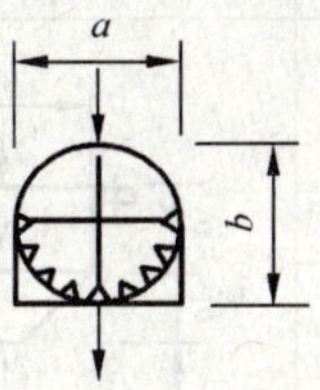	$a=b$	4.7.24	立式锤片超微粉碎机	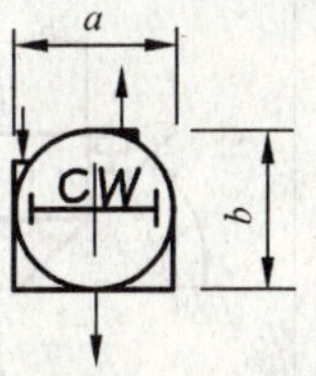	$a=b$

表 1（续）

编号	名称	图形符号	备注	编号	名称	图形符号	备注
4.8　配料设备				4.8　配料设备			
4.8.1	螺旋喂料器	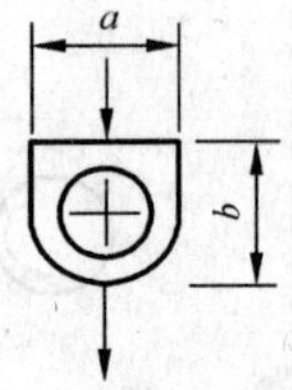	$a=b$	4.8.8	机电配料秤	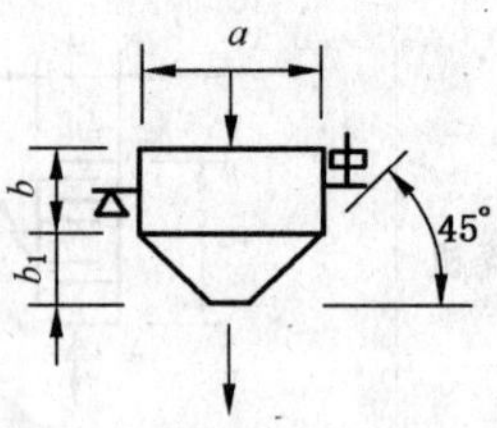	$b_1=0.6b$ $b=0.6a$
4.8.2	叶轮配料器	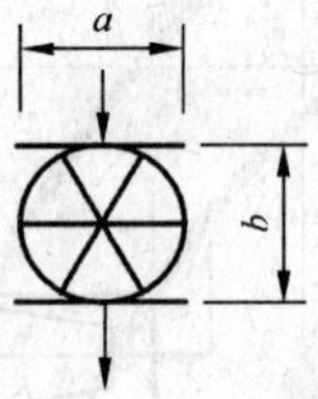	$a=b$	4.8.9	微量配料秤	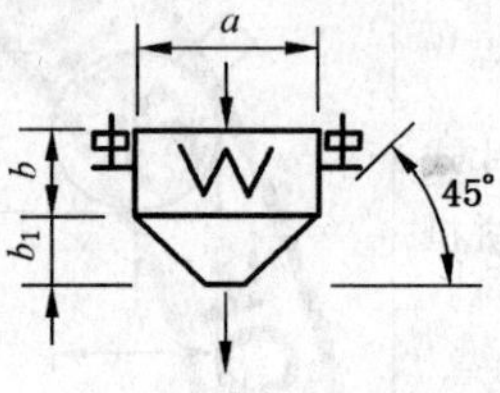	$b_1=0.6b$ $b=0.6a$
4.8.3	叶轮喂料器	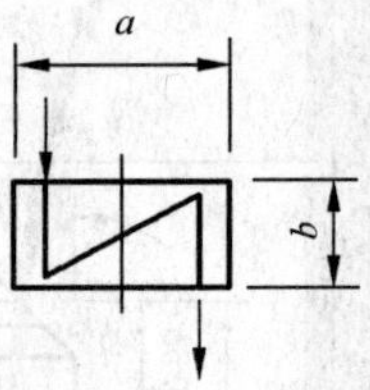	$b=0.6a$	4.8.10	皮带配料秤	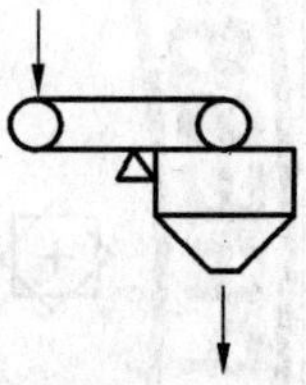	
4.8.4	电磁振动喂料器	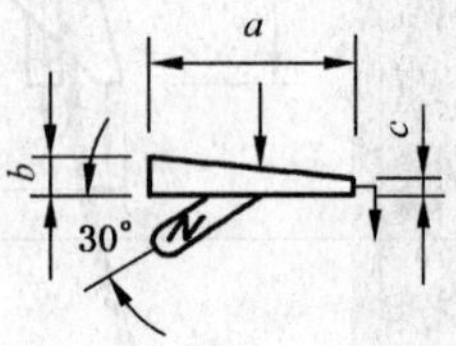	$c=0.5b$ $b=0.2a$	4.8.11	重力喂料器		
4.8.5	秤车	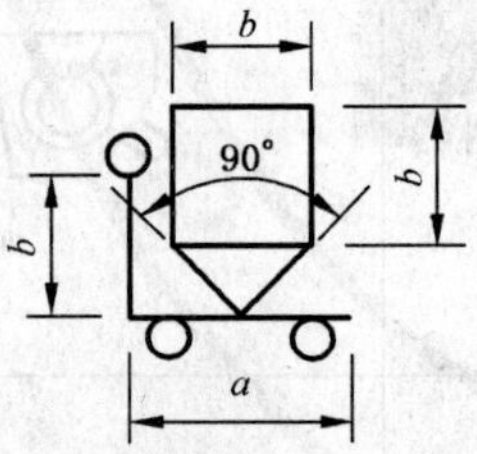	$b=0.6a$	4.8.12	冲击流量计	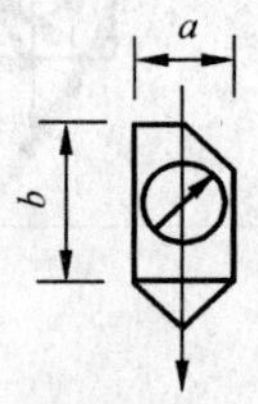	$a=0.6b$
4.8.6	机械式配料秤	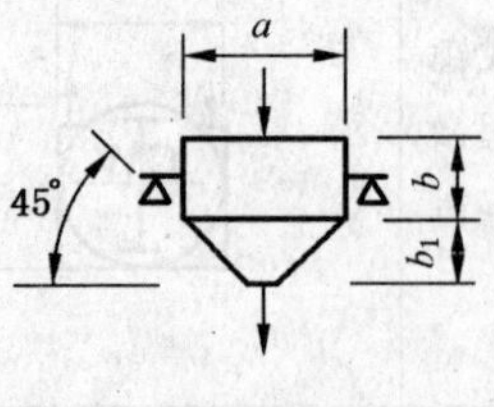	$b_1=0.6b$ $b=0.6a$	4.8.13	组合除尘投料机	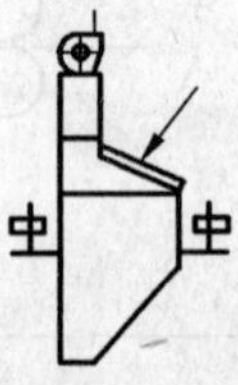	
4.8.7	电子配料秤	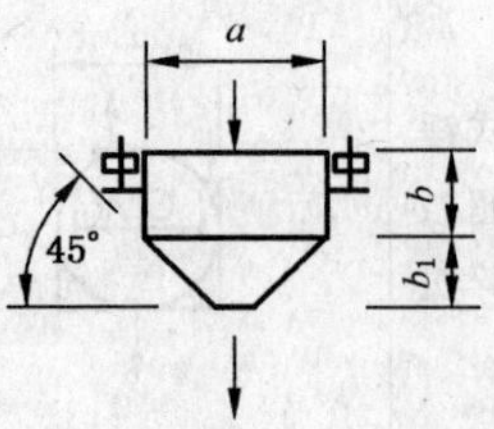	$b_1=0.6b$ $b=0.6a$	4.8.14	液体配料秤	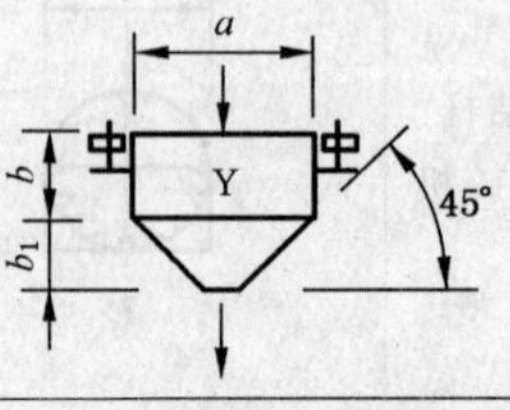	$b_1=0.6b$ $b=0.6a$

表 1（续）

4.9　混合设备

编号	名称	图形符号	备注
4.9.1	卧式螺带混合机	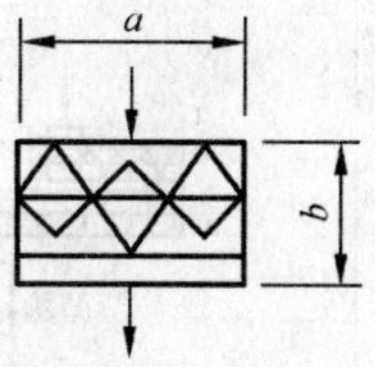	$b=0.6a$
4.9.2	单轴桨叶混合机	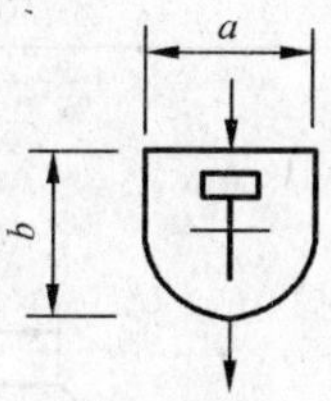	$a=b$
4.9.3	双轴桨叶混合机	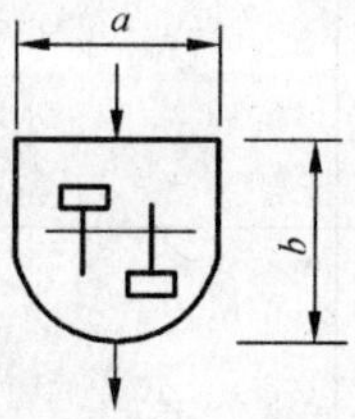	$a=b$
4.9.4	立式行星混合机	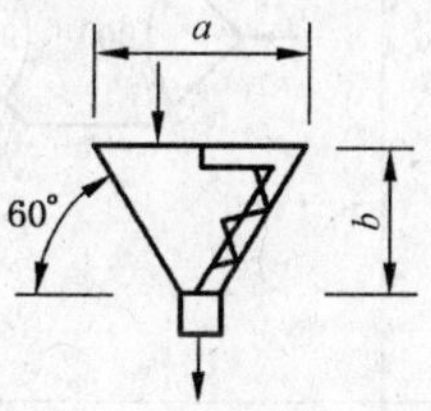	$b=0.8a$
4.9.5	立式螺旋混合机	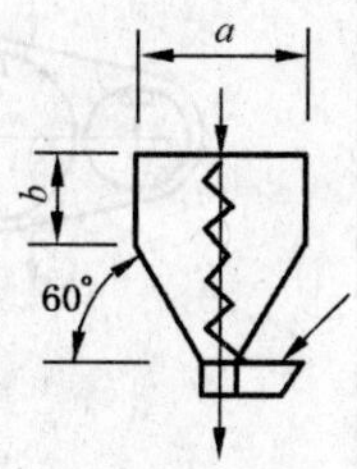	$b=0.6a$
4.9.6	卧式糖蜜混合机	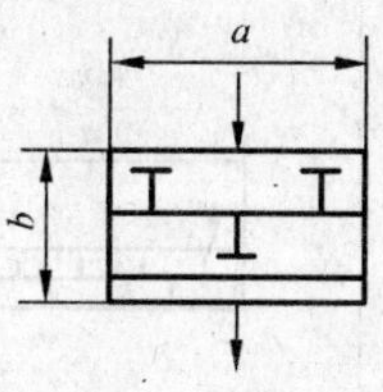	$b=0.6a$
4.9.7	V 型混合机	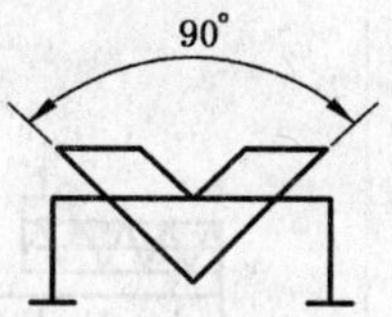	
4.9.8	转鼓式混合机	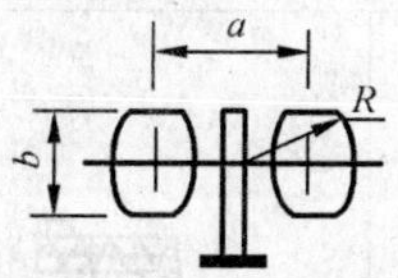	$b=R$ $R=0.7a$
4.9.9	滚筒式混合机	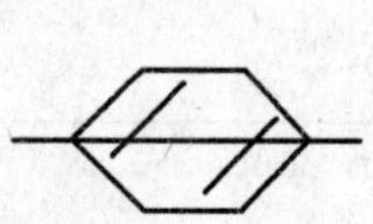	各边边长相等
4.9.10	连续式混合机	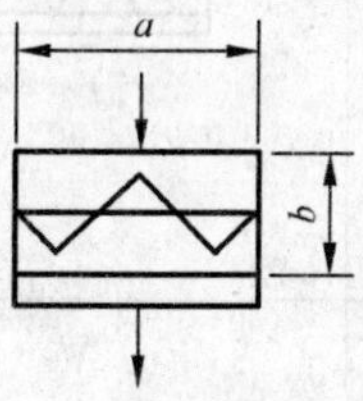	$b=0.6a$
4.9.11	自清式混合机	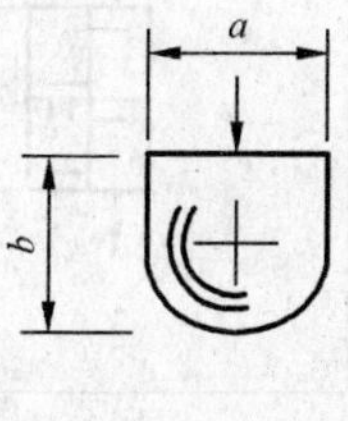	$a=b$

表 1（续）

4.10　调质设备			
编号	名称	图形符号	备注
4.10.1	桨叶式调质器	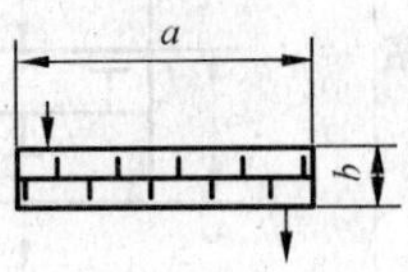	$b=0.2a$
4.10.2	喂料调质器	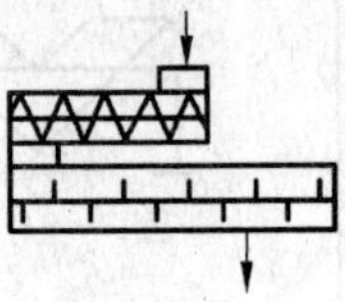	
4.10.3	组合式三层调质器	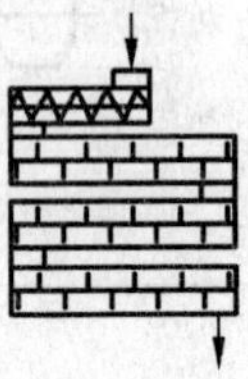	
4.10.4	夹套式调质器	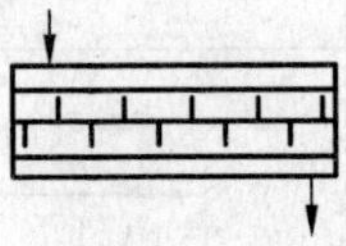	
4.10.5	熟化罐	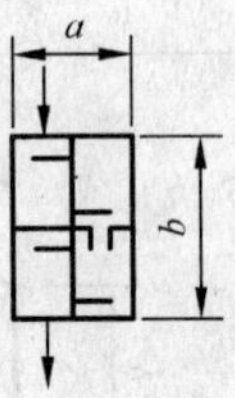	$a=0.6b$

4.10　调质设备			
编号	名称	图形符号	备注
4.10.6	组合式熟化机	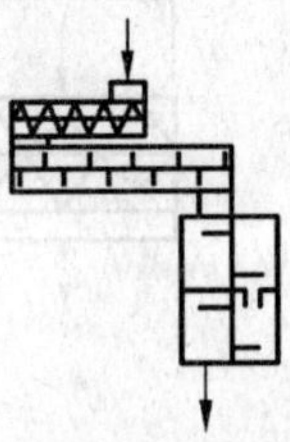	
4.10.7	直燃气炉	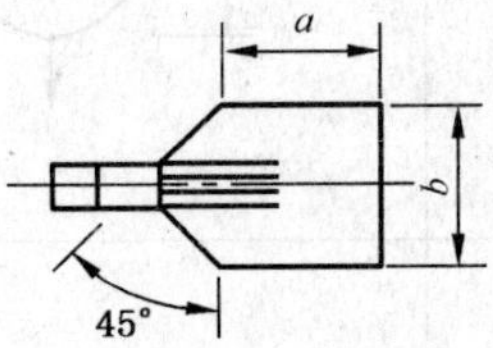	$a=b$
4.10.8	蒸汽加热器	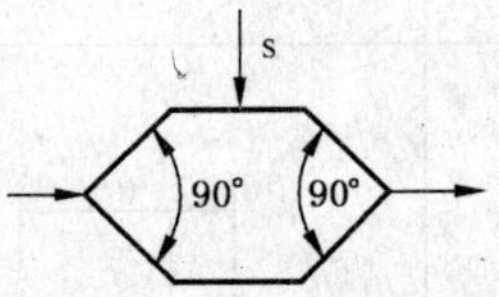	各边边长相等
4.10.9	双轴异径调质器	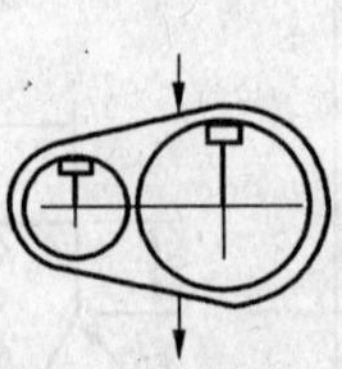	

表 1（续）

4.11　成型设备				4.11　成型设备			
编号	名称	图形符号	备注	编号	名称	图形符号	备注
4.11.1	平模制粒器	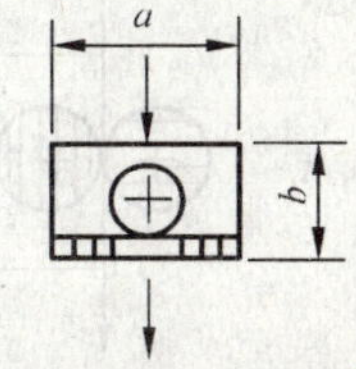	$b=0.6a$	4.11.8	挤压膨化器	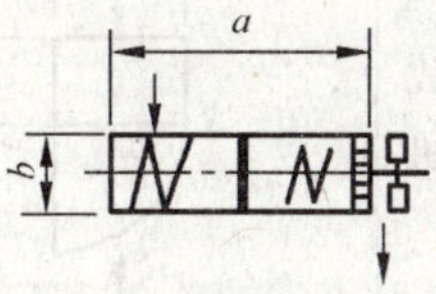	$b=0.3a$
4.11.2	平模制粒机			4.11.9	干法挤压膨化机	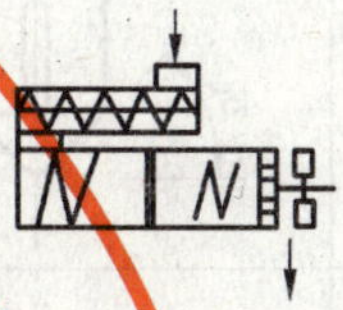	
4.11.3	环模制粒器		外轮廓为粗实线	4.11.10	湿法挤压膨化机	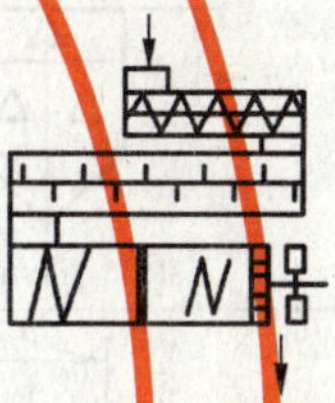	增加调质段可与 4.10.3～4.10.6 组合
4.11.4	环模制粒机	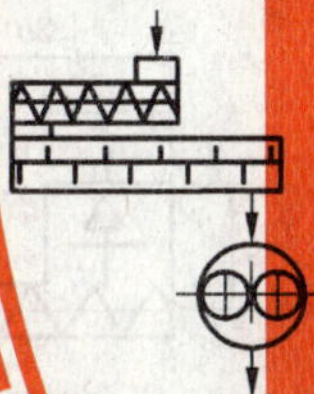		4.11.11	滚轮制粒机		
4.11.5	软颗粒制粒机	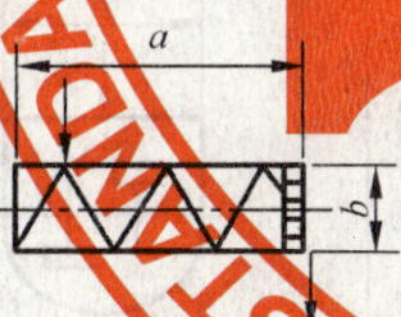	$b=0.3a$	4.11.12	挤压膨胀/膨化机		$b=0.3a$
4.11.6	挤压膨胀器	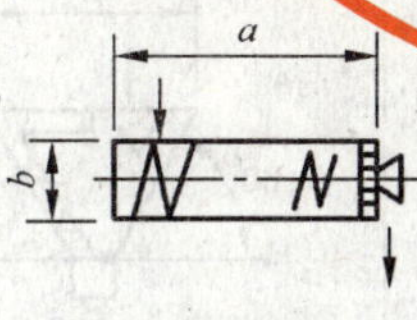	$b=0.3a$	4.11.13	对辊式压片机	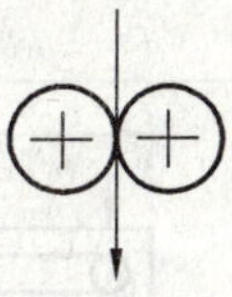	
4.11.7	挤压膨胀机	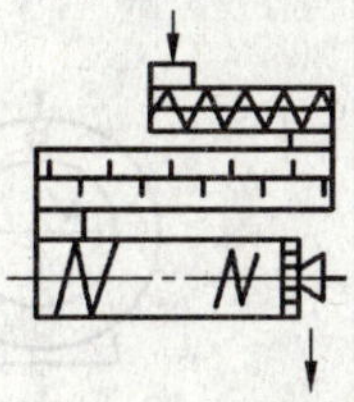	增加调质段可与 4.10.3～4.10.6 组合	4.11.14	挤压式制块机	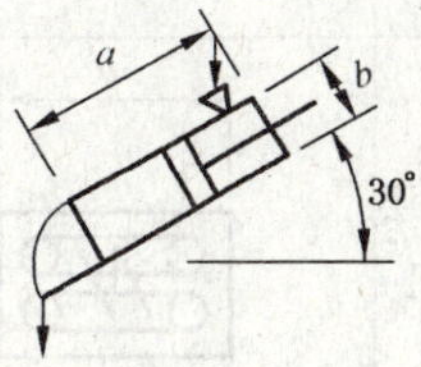	$b=0.3a$

表 1（续）

4.11 成型设备			
编号	名称	图形符号	备注
4.11.15	浇注式成块机	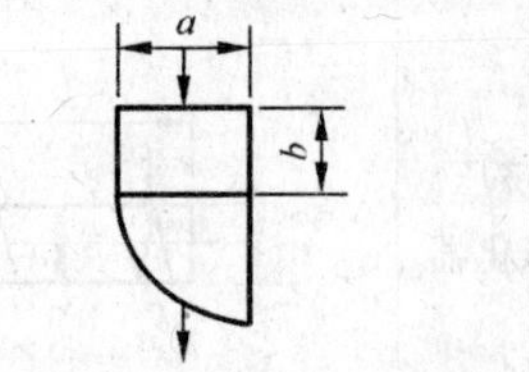	$b=0.6a$
4.11.16	立式双筒冷却器	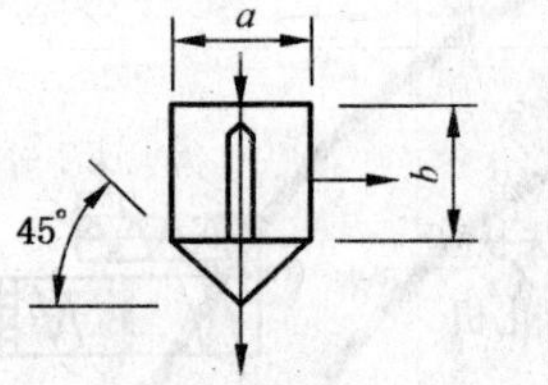	$a=b$
4.11.17	立式级联冷却器	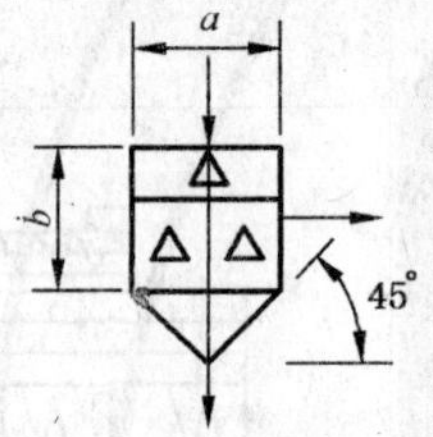	$a=b$
4.11.18	立式逆流冷却器	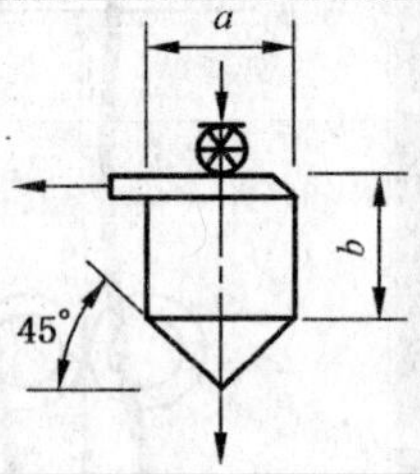	$a=b$
4.11.19	卧式单层冷却器	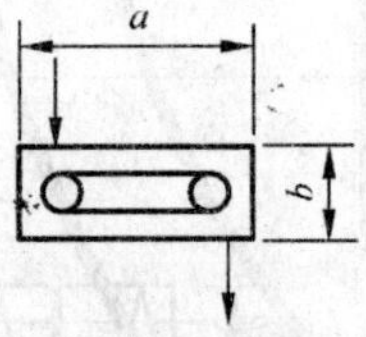	$b=0.4a$
4.11.20	卧式单层干燥机	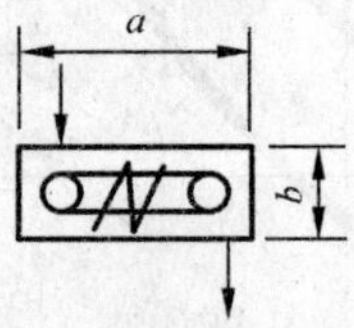	$b=0.4a$
4.11.21	卧式双层冷却器	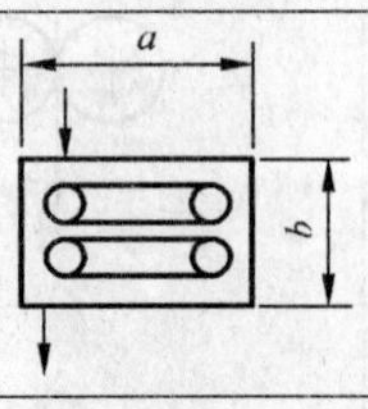	$b=0.6a$
4.11.22	卧式双层干燥机	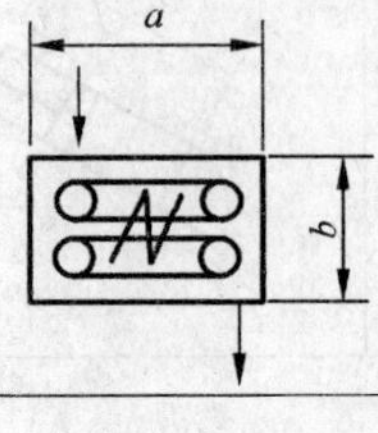	$b=0.6a$
4.11.23	双辊碎粒机	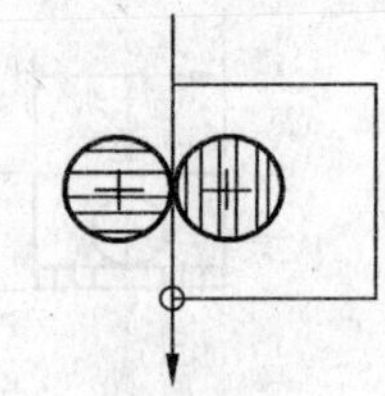	
4.11.24	四辊碎粒机	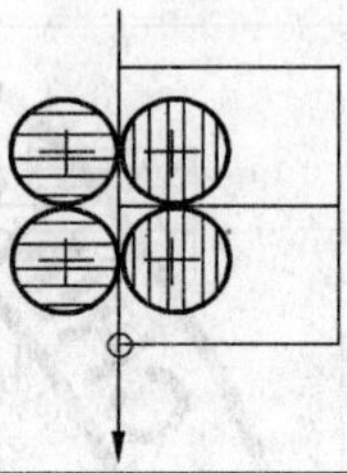	
4.11.25	滚筒式喷涂机	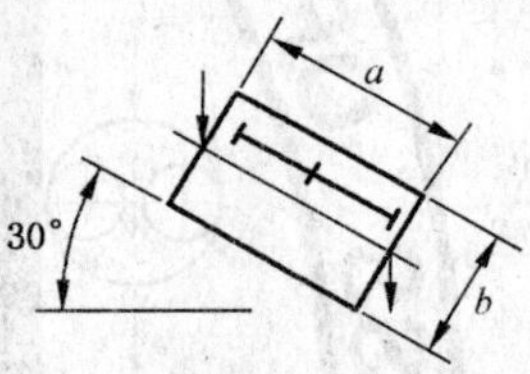	$b=0.6a$
4.11.26	转盘式喷涂机	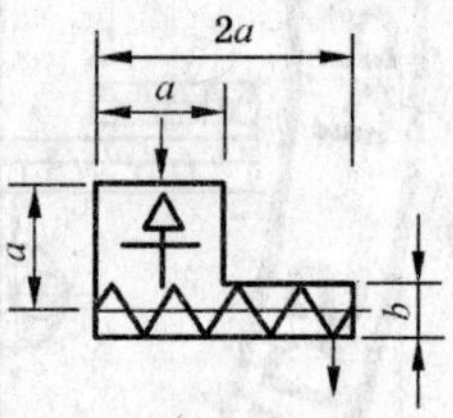	$b=0.3a$
4.11.27	双轴桨叶真空喷涂机	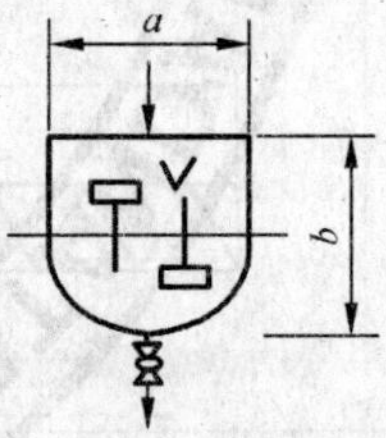	$a=b$
4.11.28	立式螺旋真空喷涂机	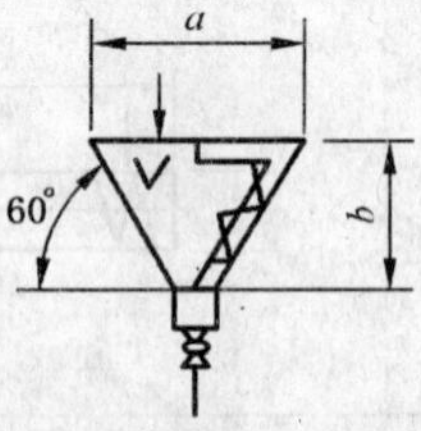	$b=0.8a$
4.11.29	旋转式真空喷涂机		

表 1（续）

4.12 打包设备

编号	名称	图形符号	备注
4.12.1	灌包机	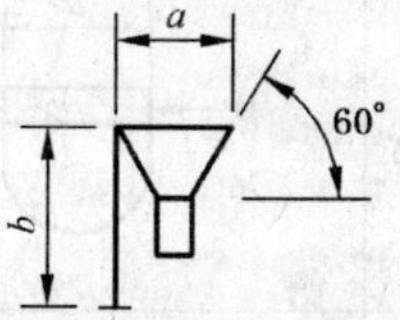	$a=0.6b$
4.12.2	缝口机	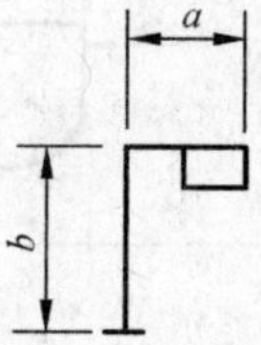	$a=0.6b$
4.12.3	自动定量包装秤	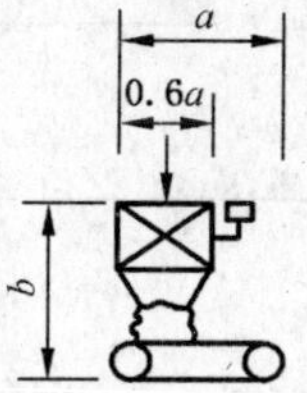	$a=0.9b$

4.13 流体处理设备

编号	名称	图形符号	备注
4.13.1	阀门		
4.13.2	球阀		
4.13.3	三通阀	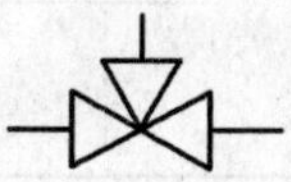	
4.13.4	减压阀		
4.13.5	泄（释）压阀	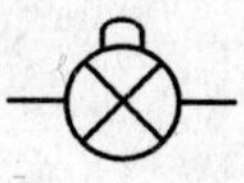	
4.13.6	立式液体贮罐	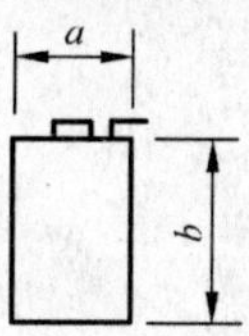	$a=0.6b$
4.13.7	卧式液体贮罐	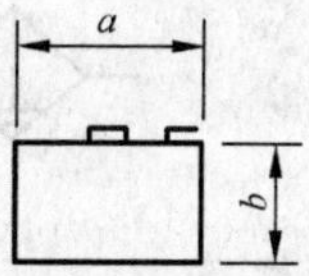	$a=0.6b$
4.13.8	内蛇管液体加热罐	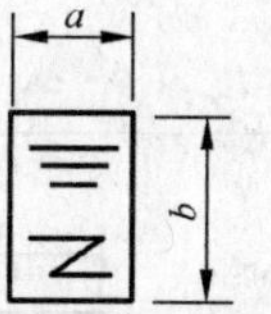	$a=0.6b$
4.13.9	外蛇管液体加热罐	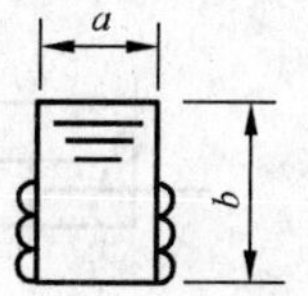	$a=0.6b$
4.13.10	热交换器或锅炉	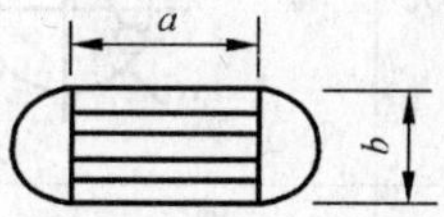	$b=0.6a$
4.13.11	压力表		
4.13.12	流量计		
4.13.13	检查阀		

表 1（续）

4.13　流体处理设备				4.13　流体处理设备			
编号	名称	图形符号	备注	编号	名称	图形符号	备注
4.13.14	液体过滤器	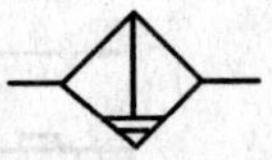		4.13.20	空气过滤器	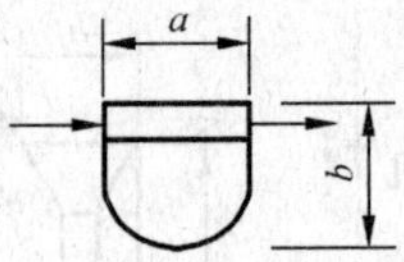	$a=b$
4.13.15	喷嘴			4.13.21	冷凝水排放器	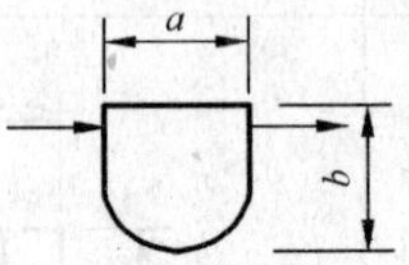	$a=b$
4.13.16	气缸	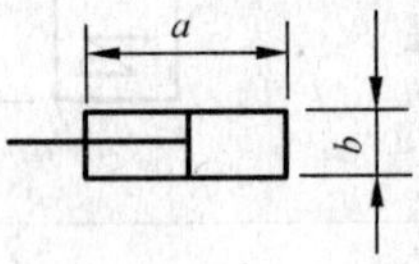	$b=0.3a$	4.13.22	水输送线	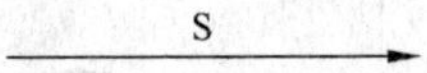	细实线
4.13.17	压力调节阀	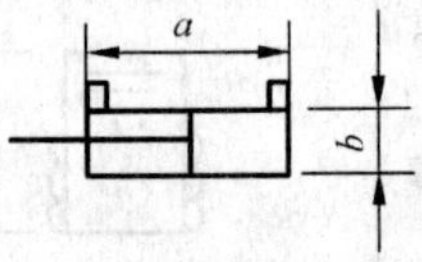	$b=0.3a$	4.13.23	油脂输送线	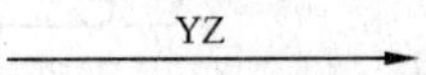	细实线
4.13.18	空压机			4.13.24	糖蜜输送线	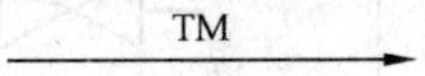	细实线
4.13.19	润滑器	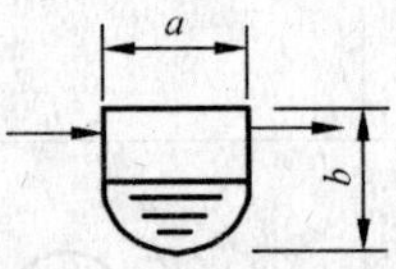	$a=b$	4.13.25	蒸汽输送线	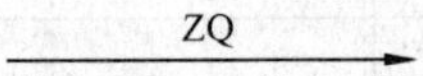	细实线

附 录 A
（资料性附录）
饲料加工设备图形符号应用图例

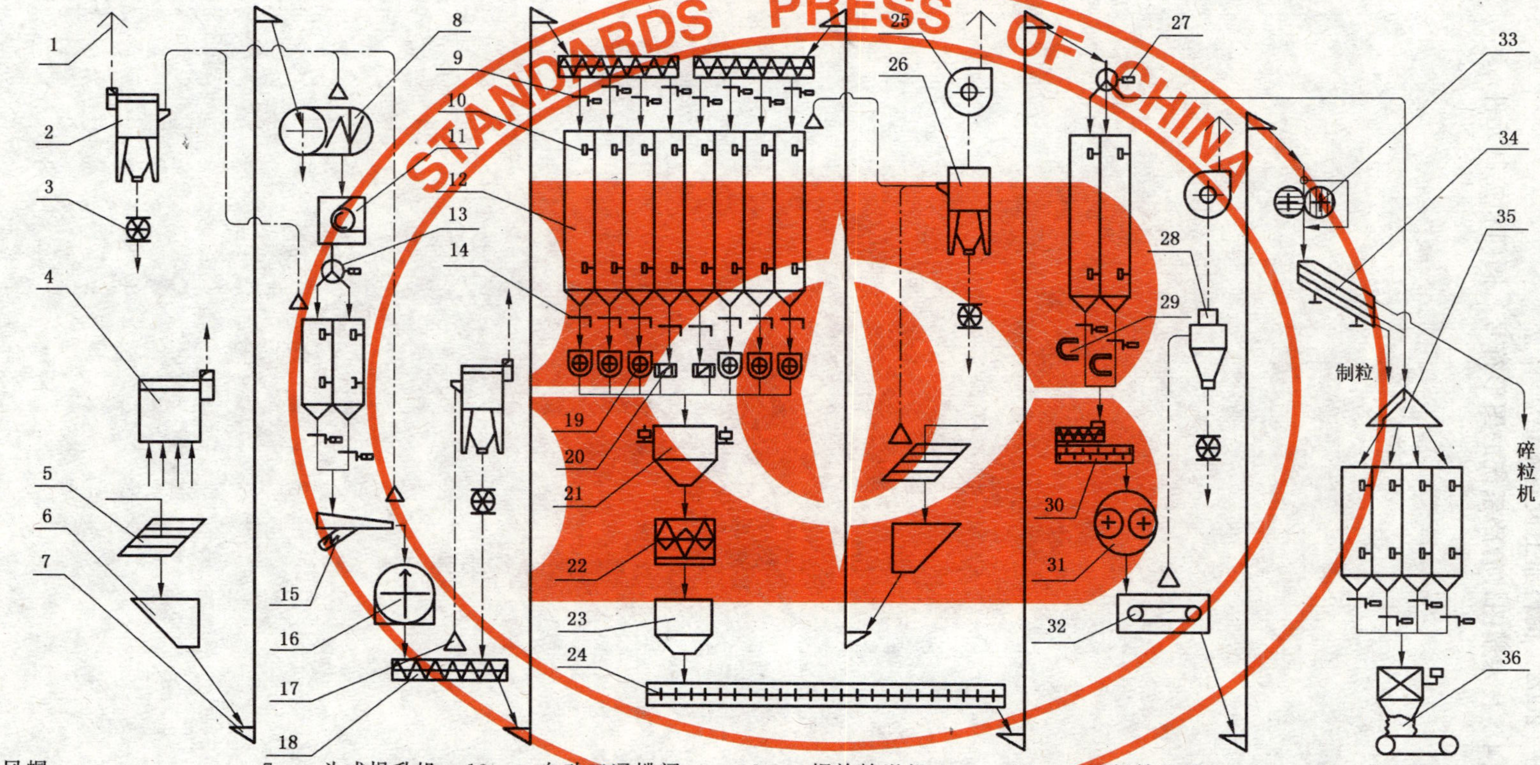

1——风帽；
2——组合脉冲除尘器；
3——叶轮式闭风器；
4——直吸式组合脉冲除尘器；
5——栅筛；
6——袋装料下料坑；
7——斗式提升机；
8——圆筒筛；
9——自动闸板；
10——料位器；
11——永磁滚筒；
12——普通料仓；
13——自动三通蝶阀；
14——手动闸阀；
15——电磁振动喂料器；
16——单轴立式锤片粉碎机；
17——吸口吸尘罩；
18——螺旋输送机；
19——螺旋喂料器；
20——叶轮喂料器；
21——电子配料秤；
22——卧式螺带混合机；
23——缓冲斗；
24——刮板输送机；
25——离心通风机；
26——脉冲布筒除尘器；
27——自动四通蝶阀；
28——离心集尘器；
29——磁钢（铁）；
30——喂料调质器；
31——环模制粒器；
32——卧式单层冷却器；
33——双辊碎粒机；
34——振动分级筛；
35——旋转分配器；
36——自动定量包装秤。

图 A.1　饲料厂工艺流程图

参 考 文 献

[1] GB/T 18695—2002 饲料加工设备术语
[2] GB/T 6567.4 技术制图 管路系统的图形符号 阀门和控制元件

索　引

ICS 03.100.01
A 02

中华人民共和国国家标准

GB/T 24353—2009

风险管理 原则与实施指南

Risk management—Principles and guidelines on implementation

2009-09-30 发布 2009-12-01 实施

中华人民共和国国家质量监督检验检疫总局
中国国家标准化管理委员会 发布

前言

本标准是风险管理系列标准中的指导性标准。

本标准参考 ISO/DIS 31000《风险管理　原则与实施指南》编制而成。

本标准由全国质量管理与质量保证标准化技术委员会(SAC/TC 151)提出。

本标准由全国风险管理标准化技术委员会(SAC/TC 310)归口。

本标准起草单位:中国标准化研究院、第一会达风险管理科技有限公司、中国航空综合技术研究所、北京理工大学、中国科学院科技政策与管理科学研究所、北京大学。

本标准主要起草人:高晓红、吕多加、汤万金、杨颖、汪邦军、刘铁忠、李建平、刘新立。

引　言

任何类型和规模的组织都面临风险，组织的所有活动也都涉及风险。风险会影响组织目标的实现，这些目标可能关系到组织中从战略决策到运营的各种活动，包括各个过程和具体项目，表现在领导、战略、经营、财务、环境、社会、声誉等各个方面。

风险管理通过考虑不确定性及其对目标的影响，采取相应的措施，为组织的运营和决策及有效应对各类突发事件提供支持。风险管理适用于组织的全生命周期及其任何阶段，其适用范围包括整个组织的所有领域和层次，也包括组织的具体部门和活动。

风险管理旨在保证组织恰当地应对风险，提高风险应对的效率和效果，增强行动的合理性，有效地配置资源。有效的风险管理应当融入到整个组织的理念、治理、管理、程序、方针策略以及文化等各方面。风险管理意识应当是整个组织文化的一部分。

虽然风险管理在长期的实践中得到了发展，并在许多行业满足了不同的需要，但是目前还缺乏一个一般性的方法，用来保证风险管理一致、有效的实施。本标准提供了风险管理的原则和实施的通用指南，有助于组织在任何范围和具体环境中以透明和可靠的方式实施风险管理。

本标准有助于组织做到：

——提高风险管理意识；

——有效配置和使用风险管理资源；

——实施主动的、前瞻性的管理；

——改进对机会和威胁的识别；

——遵守相关法律法规及国际规范的要求；

——改善内部控制；

——改进财务报告；

——改善公司治理；

——改善运营效果和效率；

——提高利益相关者的信心和信任；

——为计划和决策奠定可靠的基础；

——提高健康、安全和环保水平；

——改进对事故的预防和处理；

——减少损失；

——提高组织的学习能力；

——增强组织的生存和持续发展能力。

本标准的预期使用者是组织的利益相关者，如：

——组织的决策者；

——组织内部负责制定风险管理政策的人员；

——组织或活动中实施风险管理的人员；

——需要对组织的风险管理实践进行评估的人员；

——组织中负责制定有关风险管理的标准、指南、程序、应用准则的人员；

——股东、董事会、高级管理人员、员工、债权人、供应商、顾客、银行、监管机构、合作伙伴等，以及其他需要确保组织管理其风险的人员。

考虑到风险的性质、重要程度和复杂性等方面的多样性，在实际应用时，组织可使用本标准提供的方法，识别具体的风险管理环境，以确保风险管理的合理性和适用性。

许多组织在现有的管理实践和过程中已经实施了风险管理，或者已经对某些特定风险或具体领域采用了正式的风险管理过程，如内部控制。管理层可对照本标准对现有的风险管理实践和过程进行检查。

本标准是通用标准，旨在协调现有的和将来的标准中有关风险管理的内容。本标准提供通用的方法，为制定具体风险或具体行业的标准提供支持，而不是为了替代这些标准。

风险管理 原则与实施指南

1 范围

本标准提供了风险管理的原则和通用的实施指南。

本标准适用于各种类型和规模的组织，适用于组织的全生命周期及其各阶段，也适用于组织的各种活动，包括流程管理、职能行为、项目管理以及与产品、服务、资产、运作和决策等有关的各项活动。

本标准提供实施风险管理的通用指南，但风险管理的具体实施取决于组织的实际需要和具体实践。

2 规范性引用文件

下列文件中的条款通过本标准的引用而成为本标准的条款。凡是注日期的引用文件，其随后所有的修改单(不包括勘误的内容)或修订版均不适用于本标准，然而鼓励根据本标准达成协议的各方研究是否可使用这些文件的最新版本。凡是不注日期的引用文件，其最新版本适用于本标准。

GB/T 23694 风险管理 术语

3 术语和定义

GB/T 23694 确立的术语和定义适用于本标准。

4 风险管理原则

为有效管理风险，组织在实施风险管理时，可遵循下列原则：

a) 控制损失，创造价值

以控制损失、创造价值为目标的风险管理，有助于组织实现目标、取得具体可见的成绩和改善各方面的业绩，包括人员健康和安全、合规经营、信用程度、社会认可、环境保护、财务绩效、产品质量、运营效率和公司治理等方面。

b) 融入组织管理过程

风险管理不是独立于组织主要活动和各项管理过程的单独的活动，而是组织管理过程不可缺少的重要组成部分。

c) 支持决策过程

组织的所有决策都应考虑风险和风险管理。风险管理旨在将风险控制在组织可接受的范围内，有助于判断风险应对是否充分、有效，有助于决定行动优先顺序并选择可行的行动方案，从而帮助决策者做出合理的决策。

d) 应用系统的、结构化的方法

系统的、结构化的方法有助于风险管理效率的提升，并产生一致、可比、可靠的结果。

e) 以信息为基础

风险管理过程要以有效的信息为基础。这些信息可通过经验、反馈、观察、预测和专家判断等多种渠道获取，但使用时要考虑数据、模型和专家意见的局限性。

f) 环境依赖

风险管理取决于组织所处的内部和外部环境以及组织所承担的风险。需要特别指出的是，风险管理受人文因素的影响。

g) 广泛参与、充分沟通

组织的利益相关者之间的沟通，尤其是决策者在风险管理中适当、及时的参与，有助于保证风险管理的针对性和有效性。

利益相关者的广泛参与有助于其观点在风险管理过程中得到体现,其利益诉求在决定组织的风险偏好时得到充分考虑。利益相关者的广泛参与要建立在对其权利和责任明确认可的基础上。

利益相关者之间需要进行持续、双向和及时的沟通,尤其是在重大风险事件和风险管理有效性等方面需要及时沟通。

h) 持续改进

风险管理是适应环境变化的动态过程,其各步骤之间形成一个信息反馈的闭环。随着内部和外部事件的发生、组织环境和知识的改变以及监督和检查的执行,有些风险可能会发生变化,一些新的风险可能会出现,另一些风险则可能消失。因此,组织应持续不断地对各种变化保持敏感并做出恰当反应。组织通过绩效测量、检查和调整等手段,使风险管理得到持续改进。

5 风险管理过程

5.1 概述

风险管理过程是组织管理的有机组成部分,嵌入在组织文化和实践当中,贯穿于组织的经营过程。风险管理过程由5.2到5.5所描述的活动组成,即明确环境信息、风险评估、风险应对、监督和检查,如图1所示。其中,风险评估包括风险识别、风险分析和风险评价等三个步骤。

沟通和记录,应贯穿于风险管理过程的各项活动中,5.6将对其进行详细说明。

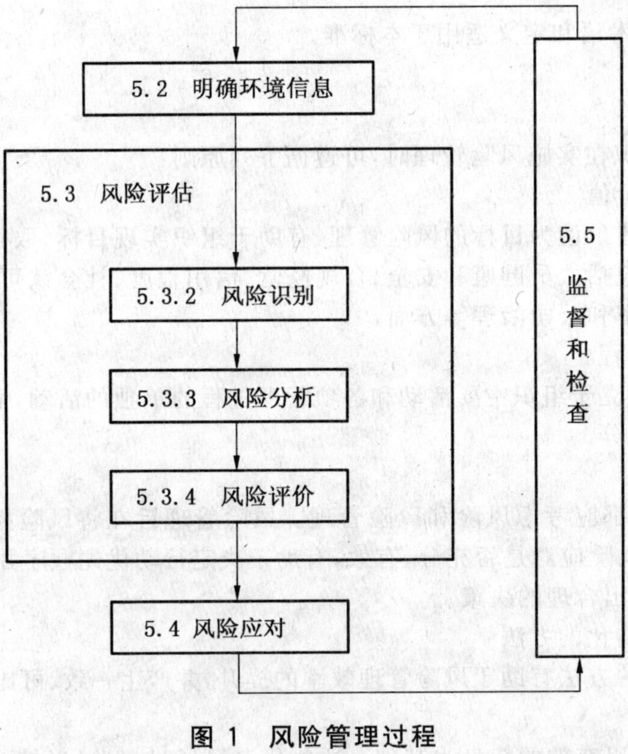

图1 风险管理过程

5.2 明确环境信息

5.2.1 概述

通过明确环境信息,组织可明确其风险管理的目标,确定与组织相关的内部和外部参数,并设定风险管理的范围和有关风险准则。

5.2.2 外部环境信息

外部环境信息是组织在实现目标过程中所面临的外界环境的历史、现在和未来的各种相关信息。

为保证在制定风险准则时能充分考虑外部利益相关者的目标和关注点,组织需要了解外部环境信息。外部环境信息以组织所处的整体环境为基础，包括法律和监管要求、利益相关者的诉求和与具体风险管理过程相关的其他方面的信息等。

外部环境信息包括但不限于：

——国际、国内、地区及当地的政治、经济、文化、法律、法规、技术、金融以及自然环境和竞争环境；

——影响组织目标实现的外部关键因素及其历史和变化趋势；

——外部利益相关者及其诉求、价值观、风险承受度；

——外部利益相关者与组织的关系等。

5.2.3 内部环境信息

内部环境信息是组织在实现目标过程中所面临的内在环境的历史、现在和未来的各种相关信息。

风险管理过程要与组织的文化、经营过程和结构相适应，包括组织内影响其风险管理的任何事物。组织需明确内部环境信息，因为：

——风险可能会影响组织战略、日常经营或项目运营等各个方面，从而进一步会影响组织的价值、信用和承诺等；

——风险管理在组织的特定目标和管理条件下进行；

——具体活动的目标和有关准则应放到组织整体目标的环境中考虑。

内部环境信息可包括：

——组织的方针、目标以及经营战略；

——资源和知识方面的能力（如资金、时间、人力、过程、系统和技术）；

——信息系统、信息流和决策过程（包括正式的和非正式的）；

——内部利益相关者及其诉求、价值观、风险承受度；

——采用的标准和模型；

——组织结构（包括治理结构、任务和责任等）、管理过程和措施；

——与风险管理实施过程有关的环境信息等。

其中，风险管理过程的环境信息根据组织的需要而改变，它包括但不限于：

——所开展的风险管理工作的范围和目标，以及所需要的资源；

——风险管理过程的职责；

——应执行的风险管理活动的深度和广度；

——风险管理活动与组织其他活动之间的关系；

——风险评估的方法和使用的数据；

——风险管理绩效的评价方法；

——需要制定的决策；

——风险准则等。

5.2.4 确定风险准则

风险准则是组织用于评价风险重要程度的标准。因此，风险准则需体现组织的风险承受度，应反映组织的价值观、目标和资源。有些风险准则直接或间接反映了法律和法规要求或其他需要组织遵循的要求。风险准则应当与组织的风险管理方针一致。具体的风险准则应尽可能在风险管理过程开始时制定，并持续不断地检查和完善。

确定风险准则时要考虑以下因素：

——可能发生的后果的性质、类型以及后果的度量；

——可能性的度量；

——可能性和后果的时限；

——风险的度量方法；

——风险等级的确定；

——利益相关者可接受的风险或可容许的风险等级；

——多种风险的组合的影响。

通过对以上因素及其他相关因素的关注，将有助于保证组织所采用的风险管理方法适合于组织现状及其所面临的风险。

5.3 风险评估

5.3.1 概述

风险评估包括风险识别、风险分析和风险评价三个步骤。

5.3.2 风险识别

风险识别是通过识别风险源、影响范围、事件及其原因和潜在的后果等，生成一个全面的风险列表。识别风险不仅要考虑有关事件可能带来的损失，也要考虑其中蕴含的机会。

进行风险识别时要掌握相关的和最新的信息，必要时，需包括适用的背景信息。除了识别可能发生的风险事件外，还要考虑其可能的原因和可能导致的后果，包括所有重要的原因和后果。不论风险事件的风险源是否在组织的控制之下，或其原因是否已知，都应对其进行识别。此外，要关注已经发生的风险事件，特别是新近发生的风险事件。

识别风险需要所有相关人员的参与。组织所采用的风险识别工具和技术应当适合于其目标、能力及其所处环境。

5.3.3 风险分析

风险分析是根据风险类型、获得的信息和风险评估结果的使用目的，对识别出的风险进行定性和定量的分析，为风险评价和风险应对提供支持。风险分析要考虑导致风险的原因和风险源、风险事件的正面和负面的后果及其发生的可能性、影响后果和可能性的因素、不同风险及其风险源的相互关系以及风险的其他特性，还要考虑现有的管理措施及其效果和效率。

在风险分析中，应考虑组织的风险承受度及其对前提和假设的敏感性，并适时与决策者和其他利益相关者有效地沟通。另外，还要考虑可能存在的专家观点中的分歧及数据和模型的局限性。

根据风险分析的目的、获得的信息数据和资源，风险分析可以是定性的、半定量的、定量的或以上方法的组合。一般情况下，首先采用定性分析，初步了解风险等级和揭示主要风险。适当时，进行更具体和定量的风险分析。

后果和可能性可通过专家意见确定，或通过对事件或事件组合的结果建模确定，也可通过对实验研究或可获得的数据的推导确定。对后果的描述可表达为有形或无形的影响。在某些情况下，可能需要多个指标来确切描述不同时间、地点、类别或情形的后果。

5.3.4 风险评价

风险评价是将风险分析的结果与组织的风险准则比较，或者在各种风险的分析结果之间进行比较，确定风险等级，以便做出风险应对的决策。如果该风险是新识别的风险，则应当制定相应的风险准则，以便评价该风险。

风险评价的结果应满足风险应对的需要，否则，应做进一步分析。有时，根据已经制定的风险准则，风险评价使组织做出维持现有的风险应对措施，不采取其他新的措施的决定。

5.4 风险应对

5.4.1 概述

风险应对是选择并执行一种或多种改变风险的措施，包括改变风险事件发生的可能性或后果的措施。风险应对决策应当考虑各种环境信息，包括内部和外部利益相关者的风险承受度，以及法律、法规和其他方面的要求等。

风险应对措施的制订和评估可能是一个递进的过程。对于风险应对措施，应评估其剩余风险是否可以承受。如果剩余风险不可承受，应调整或制定新的风险应对措施，并评估新的风险应对措施的效果，直到剩余风险可以承受。执行风险应对措施会引起组织风险的改变，需要跟踪、监督风险应对的效果和组织的有关环境信息,并对变化的风险进行评估,必要时重新制订风险应对措施。

可能的风险应对措施之间不一定互相排斥。一个风险应对措施也不一定在所有条件下都适合。风险应对措施可包括下列各项:

——决定停止或退出可能导致风险的活动以规避风险;

——增加风险或承担新的风险以寻求机会;

——消除具有负面影响的风险源;

——改变风险事件发生的可能性的大小及其分布的性质;

——改变风险事件发生的可能后果;

——转移风险;

——分担风险;

——保留风险等。

5.4.2 选择风险应对措施

选择适当的风险应对措施时需考虑很多方面,比如:

——法律、法规、社会责任和环境保护等方面的要求;

——风险应对措施的实施成本与收益(有些风险可能需要组织考虑采用经济上看起来不合理的风险应对决策,例如可能带来严重的负面后果但发生可能性低的风险事件);

——选择几种应对措施,将其单独或组合使用;

——利益相关者的诉求和价值观、对风险的认知和承受度以及对某一些风险应对措施的偏好。

风险应对措施在实施过程中可能会失灵或无效。因此,要把监督作为风险应对措施的实施计划的有机组成部分,以保证应对措施持续有效。

风险应对措施可能引起次生风险,对次生风险也需要评估、应对、监督和检查。在原有的风险应对计划中要加入这些次生风险的内容,而不应将其作为新风险而独立对待。为此需要识别并检查原有风险与次生风险之间的联系。当风险应对措施影响到组织内其他领域的风险或影响到其他利益相关者时,要评估这些影响,并与有关利益相关者沟通,必要时调整风险应对措施。

决策者和其他利益相关者应当清楚在采取风险应对措施后的剩余风险的性质和程度。

5.4.3 制定风险应对计划

在选择了风险应对措施之后,需要制定相应的风险应对计划。风险应对计划中应当包括以下信息:

——预期的收益;

——绩效指标及其考核方法;

——风险管理责任人及实施风险应对措施的人员安排;

——风险应对措施涉及的具体业务和管理活动;

——选择多种可能的风险应对措施时,实施风险应对措施的优先次序;

——报告和监督、检查的要求;

——与适当的利益相关者的沟通安排;

——资源需求,包括应急机制的资源需求;

——执行时间表等。

风险应对计划要与组织的管理过程整合。

5.5 监督和检查

组织应明确界定监督和检查的责任。

监督和检查可能包括:

——监测事件,分析变化及其趋势并从中吸取教训;

——发现内部和外部环境信息的变化,包括风险本身的变化、可能导致的风险应对措施及其实施优先次序的改变;

——监督并记录风险应对措施实施后的剩余风险，以便在适当时做进一步处理；

——适用时，对照风险应对计划，检查工作进度与计划的偏差，保证风险应对措施的设计和执行有效；

——报告关于风险、风险应对计划的进度和风险管理方针的遵循情况；

——实施风险管理绩效评估。

风险管理绩效评估应被纳入到组织的绩效管理以及组织对内、对外的报告体系之中。

监督和检查活动包括常规检查、监控已知的风险、定期或不定期检查。定期或不定期检查都应被列入风险应对计划。

适当时，监督和检查的结果应当有记录并对内或对外报告。

5.6 沟通和记录

5.6.1 沟通

组织在风险管理过程的每一个阶段都应当与内部和外部利益相关者有效沟通，以保证实施风险管理的责任人和利益相关者能够理解组织风险管理决策的依据，以及需要采取某些行动的原因。

由于利益相关者的价值观、诉求、假设、认知和关注点不同，其风险偏好也不同，并可能对决策有重要影响。因此，组织在决策过程中应当与利益相关者进行充分沟通，识别并记录利益相关者的风险偏好。

5.6.2 记录

在风险管理过程中，记录是实施和改进整个风险管理过程的基础。

建立记录应当考虑以下方面：

——出于管理的目的而重复使用信息的需要；

——进一步分析风险和调整风险应对措施的需要；

——风险管理活动的可追溯要求；

——沟通的需要；

——法律、法规和操作上对记录的需要；

——组织本身持续学习的需要；

——建立和维护记录所需的成本和工作量；

——获取信息的方法、读取信息的容易程度和储存媒介；

——记录保留期限；

——信息的敏感性。

6 风险管理的实施

6.1 概述

组织实施风险管理过程(见第5章)需要一个风险管理体系，包括相关方针、组织结构、工作程序、资源配置、信息沟通机制以及相关的技术手段等基础设施，以便将风险管理嵌入到组织的各个层次和活动之中。通过在组织的不同层次和特定环境内实施风险管理过程，风险管理体系帮助组织有效地管理风险。组织的风险管理体系可能由在各层次和特定环境内实施风险管理过程的子体系构成，如内部控制体系等。风险管理体系应当保证风险管理过程中的风险信息的充分沟通，并且在相关的组织层次范围内作为决策和问责的依据使用。组织要在检查的基础上，做出如何改进风险管理体系、方针和风险应对计划的决策，从而引导组织的风险管理和风险管理文化的改进。

风险管理体系的要素主要包括：

——风险管理方针；

——适当的制度和程序，使风险管理嵌入到组织的所有活动和过程中；

——与组织结构相关的职责，及有关的与组织的绩效指标一致的风险管理绩效指标；

——资源分配；

——与所有利益相关者沟通风险管理的机制；

——技术手段、方法、工具等。

6.2 风险管理方针

风险管理方针应明确下列事项：

——组织的风险管理理念；

——组织的最高管理者对风险管理的承诺；

——组织的风险管理目标；

——组织的风险偏好；

——风险管理方针与组织的目标及其他方针之间的关系；

——风险管理的职责分配；

——管理风险的程序和方法；

——风险管理的资源配置；

——测量和报告风险管理绩效的方式；

——建立风险管理体系的计划；

——持续改进的承诺。

组织应就风险管理方针同内部和外部利益相关者进行充分沟通。

6.3 风险管理工作程序

组织应当设计适当的制度和行为规范，建立风险管理工作程序，特别是整个组织层面的风险管理计划，以保证风险管理嵌入到组织的所有活动和过程之中，尤其是组织的战略规划、运营过程以及变革管理之中。

6.4 风险管理相关组织结构

组织可通过以下方法保证风险管理的责任认定和授权，从而能够执行风险管理过程，并保证风险管理的充分性和有效性：

——明确风险管理体系的制定、实施和维护人员的职责；

——明确执行风险应对措施、维护风险管理体系和报告相关风险信息人员的职责；

——建立批准、授权制度；

——建立绩效测量及相应的合适的奖励、惩罚制度；

——建立对内对外的报告机制等。

6.5 风险管理资源配置

组织需根据风险管理计划制定可行的方法，为风险管理分配适当的资源。具体要考虑下列各项：

——人员、技术、经验和能力；

——风险管理过程每一阶段所需要的资金及各种资源；

——数据记录的过程和程序步骤；

——信息和知识管理系统。

6.6 沟通和报告机制

6.6.1 内部沟通和报告机制

组织要建立内部沟通和报告机制，以保证：

——风险管理体系的关键组成部分及其调整得到适当的沟通；

——在组织内部充分报告风险应对计划实施的效果和效率；

——在适当的层次和时间提供风险管理的相关信息；

——建立与内部利益相关者协商的程序。

内部沟通和报告机制还包括在考虑到组织敏感程度的基础上，适当整合从各内部渠道得到的风险信息的程序。

6.6.2 外部沟通和报告机制

组织需建立与外部利益相关者沟通的机制。这种机制应当保证：

——组织的对外报告符合法律、法规和公司治理要求；

——组织与外部利益相关者保持有效的信息沟通；

——在外部利益相关者中建立对组织的信心；

——在发生突发事件、危机和紧急状况时与利益相关者沟通；

——为组织提供外部利益相关者的报告和反馈。

参 考 文 献

[1] ISO/DIS 31000,Risk management—Principles and guidelines on implementation

[2] GB/T 20000.4—2003 标准化工作指南 第4部分:标准中涉及安全的内容

[3] GB/T 19000—2008 质量管理体系 基础和术语

[4] GB/T 16856.1—2008 机械安全 风险评价 第1部分:原则

[5] GB/T 16856.2—2008 机械安全 风险评价 第2部分:实施指南和方法举例

[6] GB/T 15706.1—2007 机械安全 基本概念与设计通则 第1部分:基本术语和方法

[7] GB/T 24050—2004 环境管理 术语

[8] ISO 13702:1999,Petroleum and natural gas industries—Control and mitigation of fires and explosions on offshore production installations—Requirements and guidelines

[9] ISO 14971:2007,Medical devices—Application of risk management to medical devices

[10] ISO 15265:2004,Ergonomics of the thermal environment—Risk assessment strategy for the prevention of stress or discomfort in thermal working conditions

[11] ISO 15544:2000,Petroleum and natural gas industries—Offshore production installations—Requirements and guidelines for emergency response

[12] ISO 17776:2000,Petroleum and natural gas industries—Offshore production installations—Guidelines on tools and techniques for hazard identification and risk assessment

[13] ISO 13215-3:1999,Road vehicles—Reduction of misuse risk of child restraint systems—Part 3:Prediction and assessment of misuse by Misuse Mode and Effect Analysis (MMEA)

[14] ISO 13232-5:2005,Motorcycles—Test and analysis procedures for research evaluation of rider crash protective devices fitted to motorcycles—Part 5: Injury indices and risk/benefit analysis

[15] ISO/IEC 15408-1:2005,Information technology—Security techniques—Evaluation criteria for IT security—Part 1:Introduction and general model

[16] ISO/IEC 15408-2:2005,Information technology—Security techniques—Evaluation criteria for IT security—Part 2:Security functional requirements

[17] ISO/IEC 15408-3:2005,Information technology—Security techniques—Evaluation criteria for IT security—Part 3:Security assurance requirements

[18] ISO 16312-1:2006,Guidance for assessing the validity of physical fire models for obtaining fire effluent toxicity data for fire hazard and risk assessment—Part 1:Criteria

[19] GB/T 7826—1987 系统可靠性分析技术 失效模式和效应分析(FMEA)程序

[20] IEC 60300-1:2003,Dependability management—Part 1:Dependability management systems

[21] IEC 60300-2:2004,Dependability management—Part 2:Guidelines for dependability management

[22] IEC 61508-2:2000,Functional safety of electrical/electronic/programmable electronic safety-related systems—Part 2:Requirements for electrical/electronic/programmable electronic safety-related systems

[23] IEC 61882:2001,Hazard and operability studies (HAZOP studies)—Application guide

[24] GB/T 20032—2005 项目风险管理 应用指南

[25] IEC 62305-2:2006,Protection against lightning—Part 2:Risk management

ICS 07.040;01.080.30
A 79

中华人民共和国国家标准

GB/T 24354—2009

公共地理信息通用地图符号

Common map symbols for the public geographical information

2009-09-30 发布　　　　2009-12-01 实施

中华人民共和国国家质量监督检验检疫总局
中国国家标准化管理委员会　发布

前言

本标准的附录 A、附录 B 为规范性附录，附录 C 为资料性附录。

本标准由国家测绘局提出。

本标准由全国地理信息标准化技术委员会(SAC/TC 230)归口。

本标准起草单位：中国测绘科学研究院、中国地图出版社。

本标准主要起草人：黄洁、王桂敏、安真臻、李亮、张桂兰、范毅、宫晋平。

公共地理信息通用地图符号

1　范围

本标准规定了公共地理信息通用地图符号的基本内容、符号样式及使用方法。

本标准适用于设计、编制和出版以表达公共地理信息为主题的各类地图，也可供电子地图系统开发中相关信息的选取与地图符号设计参考。

2　术语和定义

下列术语和定义适用于本标准。

2.1

公共地理信息　public geo-information

地理信息中各类模拟地图、电子地图系统均需具备的基础信息，用于专题地图要素定位基础的参考信息，以及社会公众日常生活中涉及的公共场所、服务设施与机构等位置信息。

2.2

公共场所与服务机构　public place and organization for the public services

提供公众及组织从事经济和社会活动，或者生产、生活、发展和娱乐等活动直接需要的基础性[1)]、经济性[2)]、社会性[3)]、公共安全性[4)]服务的公用建筑物、场所和设施的总称，以及提供公共服务、行使公共管理与经营职能的单位、组织和企业。

2.3

地图符号　map symbol

地图中各种图形、记号和文字的总称。由形状、尺寸、定位点、文字、色彩等因素构成。

地图符号强调符号空间定位，注重通过符号之间的联系来表达空间实体间相互关系，是体现地图内容科学系统性的视觉符号体系，具有简洁、抽象和艺术的基本特征。它与以行为引导为主要功能的图形标志存在本质的区别。

[GB/T 16820—2009]

2.4

通用地图符号　common map symbol

用于定性表达公共场所、公共服务机构等信息的内容、位置及其相互关系，在多种地图、电子地图服务系统中广泛使用的地图符号。

3　符号组织

3.1　组织原则

3.1.1　分层原则

依据地图要素分类方法将符号分为基础地理要素符号、公共场所与服务机构专题要素符号两个层次。

---

1)　如水、电、气，交通与通信基础设施，邮电与气象等。

2)　如科技推广、咨询服务，以及银行证券信贷等金融机构等。

3)　如公共教育、医疗、福利以及环境保护等。

4)　如治安和消防等。

3.1.2 分类原则

基础地理要素符号结合符号几何类别、基础地理信息类别及要素等级分类，公共场所与服务机构信息符号总体按生活、休闲、发展、安全、其他类型的顺序分类。

3.1.3 编排原则

依据地图要素符号层、符号类由基础到专题、由点状、线状到面状的顺序编排。

3.1.4 符号命名

符号所表达的地理要素的名称作为符号名称。

3.2 组织方法

3.2.1 符号分类

采用线分类法进行分类，其符号类型按从属关系依次分为四级：大类、中类、小类、子类。

3.2.2 符号编目

采用目录树结构进行编排，体现从属关系。大类、中类、小类、子类按附录A、附录B编目中的第3、4、5、6位顺序排列。

4 符号内容与样式

4.1 符号内容

4.1.1 基础地理信息

基础地理信息作为地图表达的定位基础，其内容相对概略，包括：区域和居民点、交通、境界、水系、地形、植被、特殊建筑物及名称注记等。

4.1.2 公共场所与服务机构信息

公共场所与服务机构信息作为表达公共地理信息的专题信息，其内容包括：餐饮住宿，娱乐场所，体育健身，观光游览，博物阅览，购物，医疗卫生，社会福利，党政机关、政府机构，社会团体、群众团体，科研教育，治安消防、应急避险，金融保险，邮电通信，新闻出版，中介服务机构，其他公共场所与服务机构等。

4.2 符号样式

4.2.1 图形符号

附录A给出各类图形符号的样式、参考效果。

4.2.2 文字注记

附录B给出文字注记符号的字体名称、参考色彩和样式。

5 符号使用

5.1 符号选择

5.1.1 选择依据

用户宜依据所需编制地图的主题、用户、比例尺、幅面、载体等因素选择使用附录A、附录B给出的要素符号。

5.1.2 均衡式选择

相对平衡地表达的多种信息类别，宜选择附录A中部分大类项，对应的中类项或高等级中类、小类项，略去部分中类、小类中的低等级信息。此方法适用于编制综合性一览地图。参见附录C中图C.1、图C.2。

5.1.3 非均衡式选择

较详细地表达某一类或几类信息，概略或忽略表达其他类别信息。此方法适用于编制专用性地图。参见附录C中图C.3、图C.4。

5.1.4 定制选择

依据所需表达公共地理信息的主题、类别及显示比例尺的变化，设计相应的分比例尺、分信息类、分等级的定制符号表达功能,实现对多种信息类的分主题、分用户、分层次、多形式表达。此方法适用于电子地图系统的制作与开发。

5.2 符号定位

5.2.1 点状符号

点状符号的定位有以下几种方式:

a) 中心点定位,包括几何图形中心定位、几何组合图形下部图形中心定位。

b) 底边中心点定位,包括宽底符号、底部为直角的符号。

c) 区域定位,用点状符号表达图面区域面积较大的地物,其定位依据确定原则(如单位正门处、区域中心等)示意区域范围,亦可略去符号用单位名称注记表达。

5.2.2 线状符号

线状符号的定位有以下几种方式:

a) 中心线定位,如道路、交通线等。

b) 底边中心线定位,如长城、缆车符号。

5.2.3 面状符号

面状符号的定位具有以下特征:

a) 边线定位,确定其范围,内部图案及色彩仅表示范围内的信息类别。

b) 内置图案,不表示信息的具体位置,仅示意区域内的信息类别或类别组合。

5.3 符号尺寸

5.3.1 设置原则

符号尺寸设置应考虑符号构成和符号类别、表达要素的类别和等级特征、符号色彩与装饰效果、载体与使用方式、人眼的识别与认知能力等因素。

5.3.2 尺寸设置

同类要素的点状符号、线状符号的符号尺寸及构成线划尺寸,符号色彩相同时,按其重要性依次由大到小、由粗到细分级设定;符号色彩不同时,可采用同大小、同粗细的表现方式,保持符号视觉上适度的大小级差、等级级差对比。

5.3.3 最小尺寸

一般模拟地图符号最小实点 0.2 mm,最小圈形 0.6 mm,边线最细 0.1 mm 为宜;电子地图最小符号 8×8 个像素(其中最小实心圆 5×5 个像素),边线最细 2 个像素为宜。

5.4 符号色彩

5.4.1 色彩设置要求

依据地图用途及表达信息类别设定符号色彩的色相、饱和度和亮度。通常采用:水系类蓝色、地形地貌类棕色、植被类绿色;交通类用色灵活,可依据类别等级及地图主题多色配合。其他信息类的色彩与地图载体的性质密切相关,纸质地图白色使用较少,行政境界线多为黑色或灰色,居民地多为黑色;电子地图当屏幕背景采用黑色时大量使用白色、黄色,行政境界线、居民地等多用白色。

公共场所与服务机构在城市地图与导航地图中用色丰富,但中类、小类、子类内用色原则宜相对统一。对于采用不同色彩的面域背景上的图形符号,宜依据底色背景调整符号用色,并保持符号色彩的视觉分辨率。

5.4.2 模拟地图色彩设置

模拟地图符号色彩设置宜重点考虑:

a) 色彩设置:采用色彩三原色黄、品、青加黑色(记作 CMYK)的色彩模型,按百分比记数设置。

b) 色彩选择:同类信息符号使用一种色相为宜,可通过饱和度、亮度变化反映信息的不同级别。部分信息符号采用习惯性和象征性用色原则,部分信息符号用色相对灵活。

c) 色彩对比:不同色彩符号需保持一定差异,差异的大小与符号类别直接相关。同一色彩差异人眼感知的顺序由大到小依次为面状符号、线状符号、点状符号。对比过大产生跳跃、对比过小难以识别。

d) 自定色彩：色彩的设置与地图主题密切相关，主题信息符号色彩宜突出、地理背景信息宜弱化、中间信息宜介于其间，符号色彩应分层次地显示各类信息。不同色彩在白色背景下，人眼感知的顺序红色最灵敏，蓝色、绿色次之，黄色较弱，灰色最弱。

5.4.3 电子地图色彩设置

电子地图色彩设置宜重点考虑：

a) 色彩设置：采用色光三原色红、绿、蓝(记作 RGB)色彩模式，按色阶(256 色阶)记数设置。

b) 色彩选择与对比：与模拟地图的色彩选择与色彩对比相同，但其可选择色彩的数量和效果受计算机硬软件影响，显示卡、显示器屏幕配置高可选色彩多，反之可选色彩少；软件色彩设计功能强则可选色彩多，反之可选色彩少。

c) 可变色彩：采用固定或非固定式符号色彩设置。采用非固定式色彩设置时随显示比例的加大其符号面色在屏幕中的面积增大，可通过降低 RGB 的值来适度调整。

d) 自定色彩：符号色彩应依表达主题分层次显示各类信息。不同色彩在黑色背景下人眼感知的顺序黄色、白色最灵敏，红色次之，绿色、蓝色较弱，灰色最弱。

5.5 文字注记

5.5.1 注记定位

文字注记是对表达符号的名称、性质、类别、等级等的说明文字，其定位具有以下特征：

a) 标注点定位：以其标注的点状符号为定位点，有左右、上下、斜向 8 个方向可选排布位置，并应明确其标注对象；

b) 标注线定位：以其标注的线状符号为定位线，注记在线状符号的一侧排布；

c) 标注面定位：多在面状符号范围内排布，面积较小难以放置其范围内时按标注点定位，狭长形区域难以放置其范围内时按标注线或标注点定位；

d) 定位选择原则：注记一般不得压盖其标注的点状符号、线状水系对象，注记可放置在线状、面状符号之上，各种类别注记间均不得互相压盖。

5.5.2 字体选择

附录 B 给出了文字注记的字体名称，选择时应综合考虑：

a) 字库选择：使用字形美观、字体和文字数量满足使用的字库；

b) 字体选择：同一类别或等级的符号应使用同一字库的相同字体；

c) 不同文种字体衔接：当一段说明文字中包含中文文字、西文文字、阿拉伯数字三种文字时，其字体选择来自多种字库，应注意其整体一致性、美观性。

5.5.3 字体变形

鉴于地图符号的特殊需求，字体的主要变形方法如下：

a) 字体左斜：以文字左下角为基点，将字体向左倾斜 15°，主要用于水系注记的表达；

b) 字体右耸：以文字左下角为基点，将字体向上倾斜 15°，主要用于山脉注记的表达；

c) 字体压扁：将字体上下缩小比例 25%，主要用于面状区域注记及部分街道注记的表达；

d) 字体变长：将字体左右缩小比例 25%，主要用于山峰、交通线路及部分街道注记的表达。

5.5.4 字间距

字间距依据标注对象的几何属性，注意如下使用特征：

a) 散列式注记：依据标定面状及线状实体名称范围确定，面积、长度大则字间距相对较大，但不宜分得过散(原则上不得超过 5 个字大的间隔)，线状要素名称可分段重复注记；

b) 整列式注记：采用标准字间距(约占字大的 20%)，符号过密注记难以排布时宜采用零间距。

5.5.5 注记排布

注记符号的排布主要包括以下方式：

a) 水平字列：注记中心联机平行上下图廓，文字由左向右排布。

b) 垂直字列：注记中心联机垂直上下图廓，文字由上向下排布。

c) 雁形字列：注记中心联机斜交上下图廓，夹角小于45°时，文字自左向右排布，大于45°时文字由上向下排布，字向垂直上下图廓。主要用于山岭、山脉、部分行政区域及街道注记的排布。

d) 屈曲字列：注记中心联机呈曲线，文字沿线性标注对象同侧排布，排布方向参见雁形字列。主要用于水系注记的排布。

5.6 图例编排

地图图例是地图表达信息的符号集合，其编排结构与顺序是地图主题及表达科学性的集中展示，组织排布应注意以下几点：

a) 层次结构：整体按照主题要素符号、主题相关要素符号、地理背景要素符号顺序分层排布。

b) 符号类别：各符号类中按照其分类等级由高到低(中类、小类、子类)顺序排布。部分密切相关的符号宜组合类别，如道路及车站，居民点及名称(注记样式)。

c) 符号样式：保持与图幅中采用符号的准确一致(样式、尺寸、色彩)。注记符号与标注对象符号宜组合排布，如居民点符号及居民点名称示例(注记符号)。一类信息通过符号图形及文字表达两种以上分类体系时，宜采用表格或先图形后文字顺序排布。

d) 符号名称：给出符号类的规范命名，宜简洁、明了、科学。

5.7 电子版符号库使用

符号库使用参见附录C中C.1相关内容。

6 符号扩充

6.1 扩充原则

针对新增信息扩充新的符号或表达方式，应遵循以下原则：

a) 继承性：在现有类别基础上增加符号，应与上一级符号构成、符号类别原则统一。

b) 通用性：新增符号应注意与国内外现有地图或标准符号样式间的联系与区别。

c) 易读性：新增符号应反映表达信息的性质和特征，通过简化、抽象、美化保持符号的清晰易读。

d) 系统性：新增符号的类别体系应与相关行业的分类体系相协调，符号名称具有相对固定的新称谓，符号编排保持与附录A现有结构与类别的一致性。

6.2 扩充方法

6.2.1 尺寸拓展

对于符号小类、子类符号下增加的数量等级符号类别，宜采用不同尺寸符号予以表达。

6.2.2 色彩拓展

对于符号中类、小类以至子类符号下增加的定性分级符号类别，宜通过调整色彩构成用不同色彩的符号予以表达。

6.2.3 图形拓展

依据新增符号特征，选择不同图形拓展方法：

a) 新增符号：对于附录A中尚无或新分类方式的新增符号，宜依据表达对象特征，利用符号构成因子设计新符号，并注意与其他符号设计风格相协调。

b) 派生符号：对于符号中类、小类以至子类符号下增加的符号类别，宜利用上级类别符号样式通过符号样式、符号装饰因子的调整派生新的符号。

c) 换变符号：通过现有部分符号的正反相(阴相、阳相)变换，增加符号。

6.2.4 文字拓展

对于同类要素增加的多级分类符号，宜通过名称注记的字体、色彩、装饰背景等符号构成因子，拓展表达内容。

6.2.5 符号编目及排序

增加信息符号按其所在附录A、附录B的位置相应给出编目，扩展的中类、小类和子类应归入相应的大类、中类和小类。

6.3 扩充示例

参见附录C中图C.4。

附　录　A
（规范性附录）
图形符号

A.1　基础地理信息符号

基础地理信息符号见表 A.1。

表 A.1　基础地理信息符号

符号编目	符号类型及名称	符号样式	参考效果
A.1.1	**区域和居民点** **Region and settlement**		
A.1.1.1	国内 Domestic settlement		
A.1.1.1.1	首都 Capital		
A.1.1.1.2	省级行政中心 Provincial capital		
A.1.1.1.3	地级市行政中心 Seat of prefecture-level city		
A.1.1.1.4	自治州行政中心 地区、盟行政公署驻地 Seat of autonomous prefecture, prefecture, league		延吉市
A.1.1.1.5	县级行政中心 Seat of county and county-level city		
A.1.1.1.6	乡、镇、街道级行政中心 Town-level seat		
A.1.1.1.7	村庄 Village		
A.1.1.1.7.1	行政村 Administrative village		
A.1.1.1.7.2	自然村 Natural village		
A.1.1.1.8	农、林、牧、渔场，团场 Farm, forestry center, ranch, fishery	农林牧渔垦	农林牧渔垦

表 A.1（续）

符号编目	符号类型及名称	符号样式	参考效果
A.1.1.1.9	社区、小区 Community, residential area		
A.1.1.2	国外 Foreign settlement		
A.1.1.2.1	外国首都和首府 Foreign capital		
A.1.1.2.2	外国主要城市 Major foreign city		
A.1.1.2.3	外国一般城市 Other foreign city		
A.1.1.2.4	外国城镇 Foreign town		
A.1.2	**境界** **Boundary**		
A.1.2.1	国际政区界线 Boundary of international political unit		
A.1.2.1.1	洲界 Continental boundary		
A.1.2.1.2	国界 International boundary		
A.1.2.1.2.1	已定国界 Defined international boundary	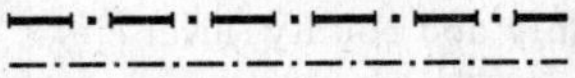	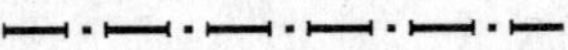
A.1.2.1.2.2	未定国界 Undefined international boundary		
A.1.2.1.3	地区界线 Regional boundary	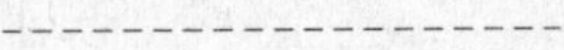	
A.1.2.1.4	军事分界线 Military demarcation line		
A.1.2.1.5	军事停火线 Ceasefire line	++++++++++++++++++++++++	++++++++++++++++++++++++
A.1.2.2	国内行政区划界线 Domestic administrative boundary		

表 A.1（续）

符号编目	符号类型及名称	符号样式	参考效果
A.1.2.2.1	省级行政区划界线 Provincial boundary		
A.1.2.2.1.1	已定省级行政区划界线 Defined provincial boundary		
A.1.2.2.1.2	未定省级行政区划界线 Undefined provincial boundary		
A.1.2.2.2	特别行政区界线 Boundary of special administrative region		
A.1.2.2.3	地级行政区划界线 Prefectural boundary		
A.1.2.2.4	县级行政区划界线 County-level boundary		
A.1.2.2.5	乡、镇、街道界线 Township and sub-district boundary		
A.1.2.3	其他境界 Other boundary		
A.1.2.3.1	自然保护区界线 Boundary of nature reserve		
A.1.2.3.2	风景名胜区界线 Boundary of scenic area		
A.1.2.3.3	高新技术开发区界线 Boundary of hi-tech development zone		
A.1.3	**交通运输** **Transportation**		
A.1.3.1	航线 Air and shipping route		
A.1.3.1.1	航空线 Air route		
A.1.3.1.2	航海线 Shipping route		
A.1.3.1.3	内河航线 Inland waterway		

表 A.1（续）

符号编目	符号类型及名称	符号样式	参考效果
A.1.3.2	铁路 Railway		
A.1.3.2.1	省际铁路 Inter-province railway		
A.1.3.2.2	城际高速铁路 Intercity high-speed railway		
A.1.3.3	公路 Road		
A.1.3.3.1	高速公路 Expressway		
A.1.3.3.1.1	国家高速公路 National expressway		
A.1.3.3.1.2	省级高速公路 Provincial expressway		
A.1.3.3.2	国道 National road		
A.1.3.3.3	省道 Provincial road		
A.1.3.3.4	县道 County road		
A.1.3.3.5	乡道 Township road		
A.1.3.3.6	其他道路 Other road	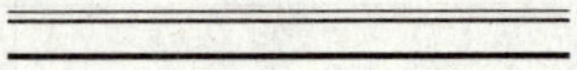	
A.1.3.4	城市道路 Urban street		
A.1.3.4.1	主干道环线道路 Loop line	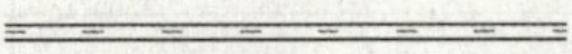	
A.1.3.4.2	城市快速路 Urban freeway		
A.1.3.4.3	街区与街道 Block and street		

表 A.1（续）

符号编目	符号类型及名称	符号样式	参考效果
A.1.3.4.3.1	主要街道 Main street	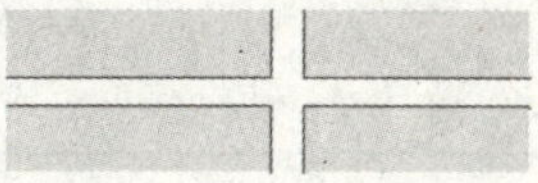	
A.1.3.4.3.2	次要街道 Secondary street	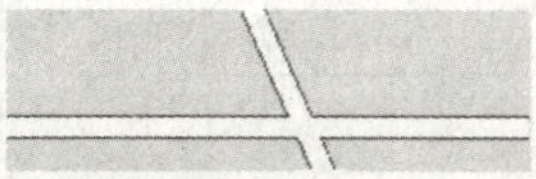	
A.1.3.4.3.3	一般街巷 Other street	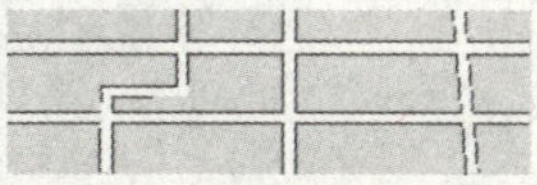	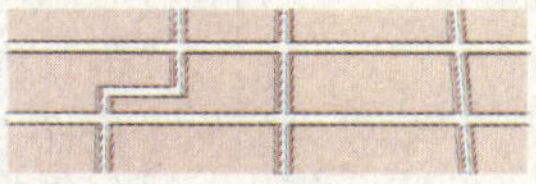
A.1.3.4.4	步行街 Pedestrian street	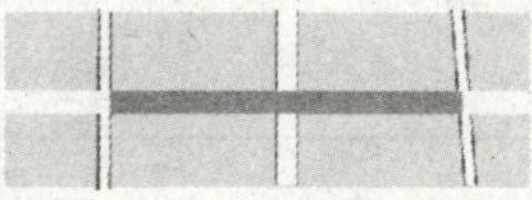	
A.1.3.5	城市交通 Urban transport		
A.1.3.5.1	轨道交通 Rail transport	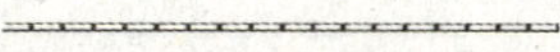	
A.1.3.5.1.1	地铁 Subway		
A.1.3.5.1.2	城市轻轨 Light rail		
A.1.3.5.2	公共交通 Bus transport		
A.1.3.5.2.1	城区公交线 Urban bus line		
A.1.3.5.2.2	郊县公交线 Suburban bus line		
A.1.3.5.2.3	旅游公交专线 Tour bus line		
A.1.3.5.2.4	城际长途汽车线 Intercity transit		
A.1.3.6	其他专用交通线路 Other transport		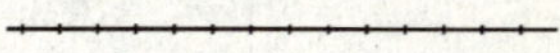
A.1.3.6.1	索道 Cableway		

表 A.1(续)

符号编目	符号类型及名称	符号样式	参考效果
A.1.3.6.2	缆车 Cable car		
A.1.3.9	交通附属设施 Traffic facilities		
A.1.3.9.1	机场 Airport		
A.1.3.9.2	港口 Port		
A.1.3.9.2.1	海运港口 Seaport		
A.1.3.9.2.2	内河港口 River port		
A.1.3.9.3	码头 Dock		
A.1.3.9.4	铁路车站 Railway station	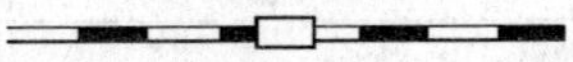	
A.1.3.9.4.1	铁路枢纽站 Railway hub		
A.1.3.9.4.2	铁路起讫站 Railway terminal		
A.1.3.9.4.3	铁路经停站 Railway station	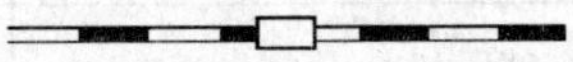	
A.1.3.9.5	轨道交通车站 Rail transit	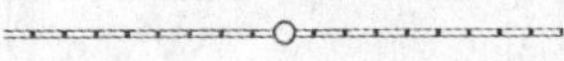	
A.1.3.9.5.1	轨道交通起讫站 Rail transit terminal		
A.1.3.9.5.2	轨道交通转乘站 Rail transit transfer		
A.1.3.9.5.3	轨道交通中停站 Rail transit station		
A.1.3.9.5.4	轨道交通出入口 Entrance and exit of rail transit		

表 A.1（续）

符号编目	符号类型及名称	符号样式	参考效果
A.1.3.9.6	长途汽车站 Long distance bus station		
A.1.3.9.6.1	长途汽车总站 Long distance bus hub		
A.1.3.9.6.2	长途汽车起讫站 Long distance bus terminal		
A.1.3.9.6.3	长途汽车经停站 Long distance bus station	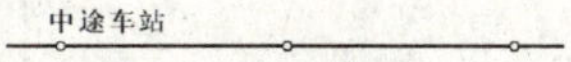	
A.1.3.9.7	公路交通服务区 Rest area		
A.1.3.9.8	公共汽车站 Bus station		
A.1.3.9.8.1	公共汽车总站 Bus hub		
A.1.3.9.8.2	公共汽车起讫站 Bus terminal		
A.1.3.9.8.3	公共汽车经停站 Bus stop		
A.1.3.9.9	出租汽车站 Taxi stand		
A.1.3.9.10	停车场 Parking lot		
A.1.3.9.11	加油站 Gas station		
A.1.3.9.12	立交桥 Overpass		
A.1.3.9.13	过街天桥 Overhead walkway	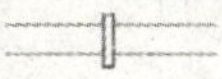	
A.1.3.9.14	地下通道 Pedestrian underpass	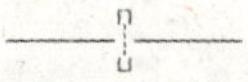	
A.1.3.9.15	售票网点 Ticket office		

表 A.1（续）

符号编目	符号类型及名称	符号样式	参考效果
A.1.4	**水系** **Hydrological system**		
A.1.4.1	海洋要素 Marine feature		
A.1.4.1.1	海岸线 Coastline	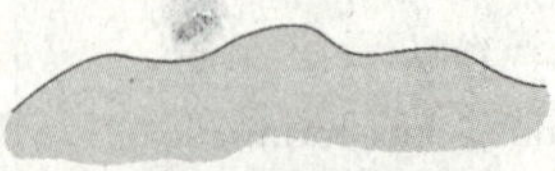	
A.1.4.1.2	海水域 Sea		
A.1.4.1.3	珊瑚礁 Coral reef		
A.1.4.1.4	滩涂 Beach	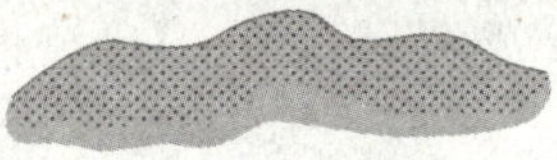	
A.1.4.2	陆地水系 Inland waters		
A.1.4.2.1	河流 River		
A.1.4.2.1.1	常年河 Perennial river		
A.1.4.2.1.2	时令河 Seasonal river		
A.1.4.2.1.3	干涸河 Dry water		
A.1.4.2.2	运河 Canal	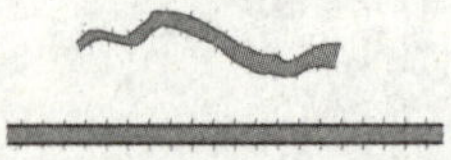	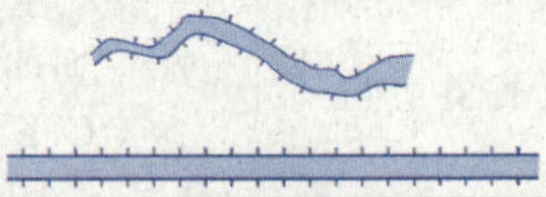
A.1.4.2.3	渠道 Ditch		
A.1.4.2.4	湖泊 Lake		
A.1.4.2.4.1	常年湖 Perennial lake		
A.1.4.2.4.2	时令湖 Seasonal lake		

表 A.1（续）

符号编目	符号类型及名称	符号样式	参考效果
A.1.4.2.4.3	干涸湖 Dry lake		
A.1.4.2.5	瀑布 Waterfall	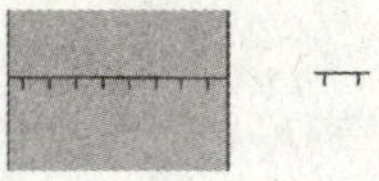	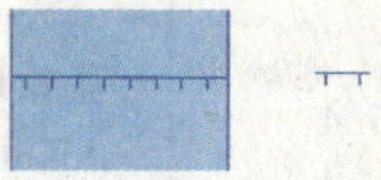
A.1.4.2.6	水库 Reservoir		
A.1.4.2.7	沼泽 Swamp		
A.1.4.2.7.1	淡水沼泽 Freshwater swamp		
A.1.4.2.7.2	盐水沼泽 Saltwater swamp		
A.1.4.2.8	盐田 Saltern	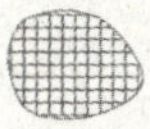	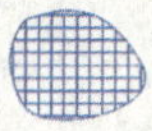
A.1.4.2.9	井 Well	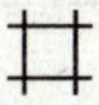	
A.1.4.2.10	泉 Spring		
A.1.4.2.10.1	冷泉 Cool spring		
A.1.4.2.10.2	温泉 Hot spring		
A.1.5	**地形** **Terrain**		
A.1.5.1	雪被、冰川 Snow cover,Glacier	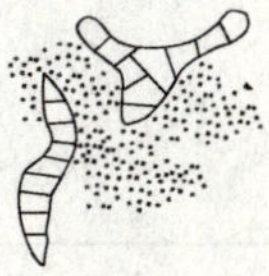	
A.1.5.2	戈壁 Gobi	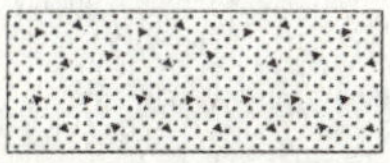	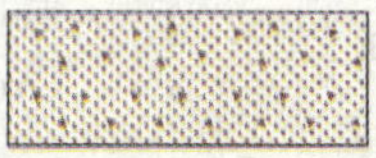

表 A.1（续）

符号编目	符号类型及名称	符号样式	参考效果
A.1.5.3	沙漠 Desert		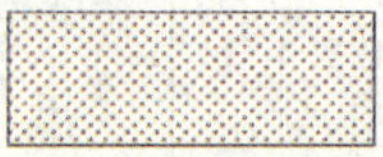
A.1.5.4	盐碱地 Alkaline soil	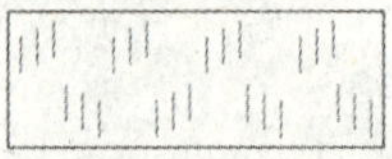	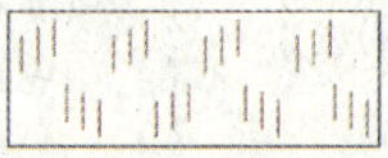
A.1.5.5	火山 Volcano		
A.1.5.6	山峰 Peak		
A.1.5.7	关隘 Pass	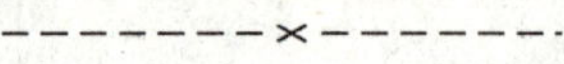	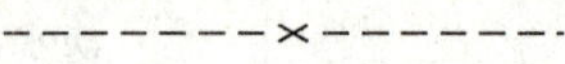
A.1.6	**植被** **Vegetation**		
A.1.6.1	天然植被 Natural vegetation		
A.1.6.1.1	天然林地 Natural woodland	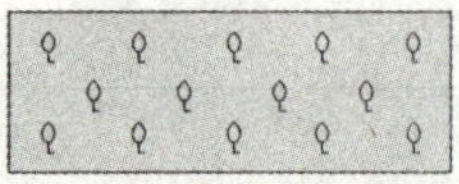	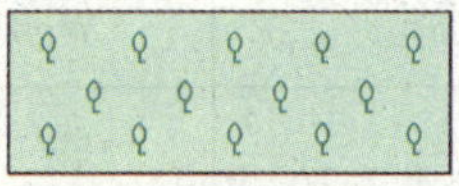
A.1.6.1.2	草甸草原 Meadow steppe		
A.1.6.2	农林用地 Agricultural land		
A.1.6.2.1	耕地 Cultivated land		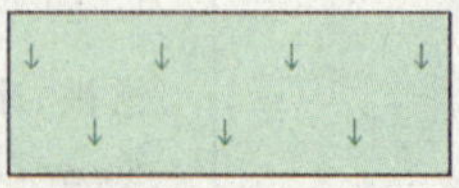
A.1.6.2.2	园地 Orchard	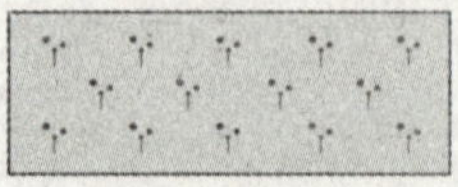	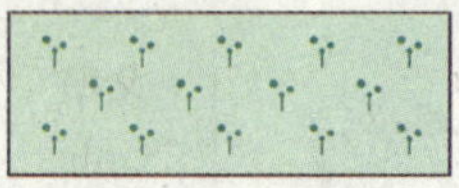

表 A.1（续）

符号编目	符号类型及名称	符号样式	参考效果
A.1.6.2.3	林地 Woodland		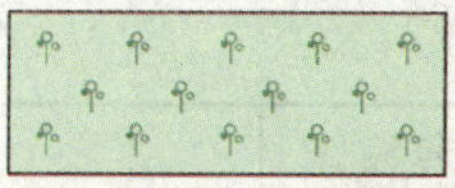
A.1.6.2.4	草地 Grassland	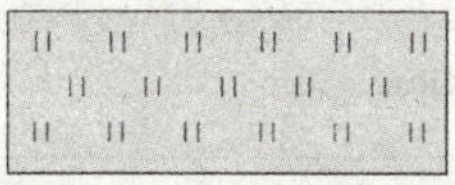	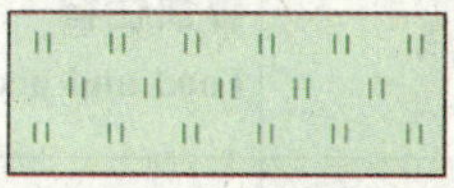
A.1.6.3	城镇绿地 Urban green		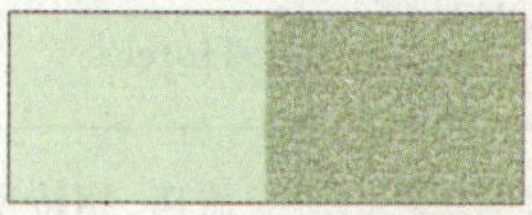
A.1.6.3.1	人工绿地 Artificial green		
A.1.6.3.2	花圃花坛 Parterre	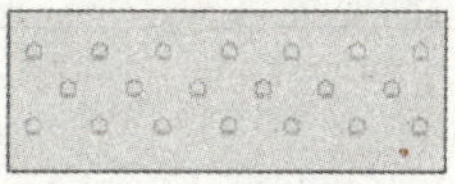	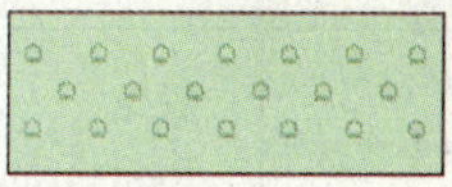
A.1.6.3.3	带状绿地 Greenbelt	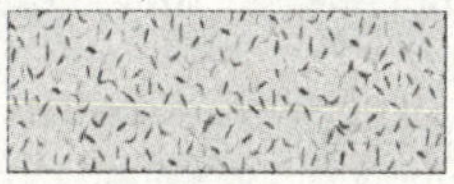	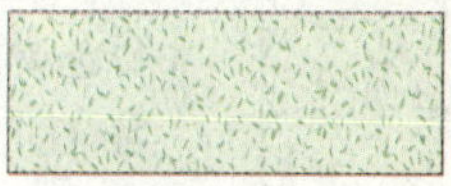
A.1.7	**特殊建筑物 Special structure**		
A.1.7.1	长城 Great Wall		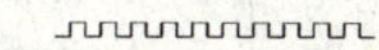
A.1.7.2	城墙 City wall		
A.1.7.3	城楼 City gate tower	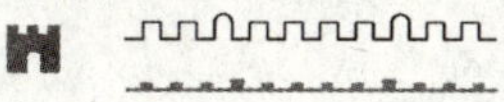	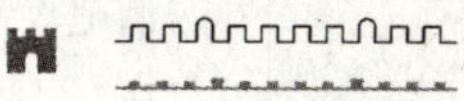
A.1.7.4	科学测站 Science station		
A.1.7.4.1	水文站 Hydrological station		
A.1.7.4.2	气象站 Weather station		
A.1.7.4.3	地震监测站 Earthquake monitoring station		

A.2 公共场所与服务机构信息符号

公共场所与服务机构信息符号见表 A.2。

表 A.2 公共场所与服务机构信息符号

符号编目	符号类别及名称	符号样式	参考效果
A.2.1	**餐饮住宿** **Food and accommodation**		
A.2.1.1	宾馆、饭店 Hotel		
A.2.1.2	旅店、招待所 Inn, hostel		
A.2.1.3	度假中心(郡、村) Resort		
A.2.1.4	餐馆 Restaurant		
A.2.1.4.1	特色菜系餐馆 Special flavor restaurant		
A.2.1.4.2	老字号餐馆 Traditional food restaurant	 	 
A.2.1.4.3	快餐店 Fast-food restaurant		
A.2.1.5	饮品店 Beverage shop		
A.2.1.5.1	酒吧 Bar		
A.2.1.5.2	咖啡馆 Coffeehouse		
A.2.1.5.3	茶馆 Teahouse		
A.2.2	**娱乐场所** **Entertainment place**		
A.2.2.1	剧院 Theatre		

表 A.2（续）

符号编目	符号类别及名称	符号样式	参考效果
A.2.2.2	电影院 Cinema		
A.2.2.3	音乐厅 Concert hall		
A.2.2.4	录像厅(室) Video room		
A.2.2.5	游艺厅(室) Game center		
A.2.2.6	歌舞厅(OK厅、夜总会、俱乐部) Ballroom,karaoke hall,night club		
A.2.2.7	游乐场 Amusement park		
A.2.3	**体育健身** **Sports and fitness**		
A.2.3.1	体育场 Stadium	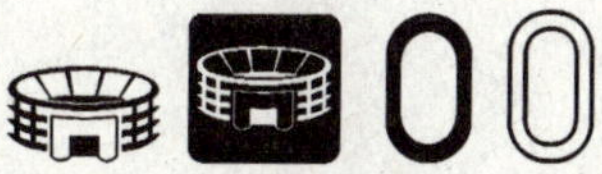	
A.2.3.2	体育馆 Gymnasium		
A.2.3.3	游泳馆 Swimming pool		
A.2.3.4	高尔夫球场 Golf course		
A.2.3.5	网球场馆 Tennis court		
A.2.3.6	羽毛球馆 Badminton court		
A.2.3.7	赛马场、骑马场 Racing course,horse riding club		
A.2.3.8	赛车场 Velodrome		

表 A.2（续）

符号编目	符号类别及名称	符号样式	参考效果
A.2.3.9	滑雪场 Ski resort		
A.2.3.10	健身馆（中心） Fitness center		
A.2.3.11	棋牌室 Chess and cards		
A.2.3.12	台球馆 Billiards		
A.2.3.13	保龄球馆 Bowling		
A.2.3.14	乒乓球馆 Table tennis		
A.2.3.15	壁球馆 Squash		
A.2.3.16	垂钓中心 Angling		
A.2.3.17	划船水域 Rowing		
A.2.3.18	射击馆 Shooting range		
A.2.3.19	狩猎场 Hunting		
A.2.4	**观光游览** **Sightseeing**		
A.2.4.1	公园 Park		
A.2.4.1.1	动物园 Zoo		
A.2.4.1.2	水族馆 Aquarium		

表 A.2（续）

符号编目	符号类别及名称	符号样式	参考效果
A.2.4.1.3	植物园 Arboretum		
A.2.4.1.4	城市公园 City park		
A.2.4.1.5	郊野公园 Country park		
A.2.4.1.6	地质公园 Geological park		
A.2.4.1.7	森林公园 Forest park		
A.2.4.1.8	湿地公园 Wetland park		
A.2.4.2	世界遗产地 World heritage site		
A.2.4.2.1	世界自然遗产 World natural property		
A.2.4.2.2	世界文化遗产 World cultural property		
A.2.4.2.3	世界自然与文化双遗产 World cultural and natural mixed property		
A.2.4.2.4	世界人类口述及非物质文化遗产 World oral and intangible heritage of humanity		
A.2.4.3	风景名胜区 Scenic area		
A.2.4.3.1	历史名胜 Historical site of interest		
A.2.4.3.2	山岳及洞穴 Mountain and cave area		
A.2.4.3.3	水域及岛屿 Water landscape and island area		

表 A.2（续）

符号编目	符号类别及名称	符号样式	参考效果
A.2.4.3.4	生物景观 Biological landscape area		
A.2.4.3.5	其他 Other scenic area		
A.2.4.4	自然保护区 Nature reserve		
A.2.4.4.1	自然生态系统 Ecological system reserve		
A.2.4.4.2	野生生物 Wildlife reserve		
A.2.4.4.3	自然遗址 Natural landscape reserve		
A.2.4.5	文物保护单位 Protected cultural relic		
A.2.4.5.1	古遗址 Ancient site		
A.2.4.5.2	古墓葬 Ancient tomb		
A.2.4.5.3	古建筑 dncient architecture		
A.2.4.5.4	石窟寺及石刻 Stone grotto and stone carving		
A.2.4.5.5	近现代重要史迹及代表性建筑 Important modern and contemporary site and structure		
A.2.4.5.6	其他 Other relic		
A.2.5	**博物阅览** **Reading and researching**		
A.2.5.1	图书馆 Library		

表 A.2（续）

符号编目	符号类别及名称	符号样式	参考效果
A.2.5.2	博物馆 Museum		
A.2.5.3	会展中心 Convention and exhibition center		
A.2.5.4	美术馆 Art gallery		
A.2.6	**购物** **Shopping**		
A.2.6.1	商城、商厦 Shopping mall		
A.2.6.2	超市 Supermarket		
A.2.6.3	批发市场 Wholesale market		
A.2.6.4	农贸市场 Farmer's market		
A.2.6.5	专卖店(场) Specialty store		
A.2.6.5.1	服装店 Clothes store		
A.2.6.5.2	食品店 Food store		
A.2.6.5.3	电器店 Electric appliance store		
A.2.6.5.4	建材店 Building materials store		
A.2.6.5.5	家具店 Furniture store		
A.2.6.5.6	古玩店 Antique store		

表 A.2（续）

符号编目	符号类别及名称	符号样式	参考效果
A.2.6.5.7	字画店 Painting and calligraphy store		
A.2.6.6	书店 Books,magazines,newspapers		
A.2.6.6.1	书城(厦) Book plaza		
A.2.6.6.2	书店 Book store		
A.2.6.6.3	报刊亭 News stand		
A.2.7	**医疗卫生** **Health care**		
A.2.7.1	医院 Hospital		
A.2.7.1.1	综合性医院 General hospital		
A.2.7.1.2	专科医院 Specialized hospital		
A.2.7.2	急救中心(站) First-aid station		
A.2.7.3	康复中心 Rehabilitation center		
A.2.7.4	社区医疗点 Community health care station		
A.2.7.5	药店 Pharmacy		
A.2.8	**社会福利** **Social welfare**		
A.2.8.1	社会福利院 Social welfare institute		

表 A.2（续）

符号编目	符号类别及名称	符号样式	参考效果
A.2.8.2	养老机构 Nursing home		
A.2.8.3	儿童福利院 Orphanage		
A.2.8.4	SOS国际儿童村 International SOS children's village		
A.2.8.5	救助站 Succor station		
A.2.9	**党政机关、政府机构** **Party and government organization**		
A.2.9.1	党政机关 Party organization		
A.2.9.1.1	省级（党委、人大、政协） Province-level party organization		
A.2.9.1.2	地市级（党委、人大、政协） Prefectural-level party organization		
A.2.9.1.3	县级（党委、人大、政协） County-level party organization		
A.2.9.2	政府机构（部门） Government organization		
A.2.9.2.1	国家级（部委） State-level government organization		
A.2.9.2.2	省级（厅局） Province-level government organization		
A.2.9.2.3	地市级 Prefectural-level government organization		
A.2.9.2.4	县级 County-level government organization		
A.2.10	**社会团体、群众团体** **Social organization and mass organization**		

表 A.2（续）

符号编目	符号类别及名称	符号样式	参考效果
A.2.10.1	人民团体 People's organization		
A.2.10.2	社会团体 Social organization		
A.2.10.3	宗教团体 Religious organization		
A.2.10.4	专业社团 Professional organization		
A.2.11	**科研教育** **Scientific research and education**		
A.2.11.1	科研院 Academy		
A.2.11.2	科研所 Research institute		
A.2.11.3	高新技术研发企业 High-tech researching and developing enterprise		
A.2.11.4	研发实验场(所) Laboratory		
A.2.11.5	学校 School		
A.2.11.5.1	大学 University		
A.2.11.5.2	中学 High school		
A.2.11.5.3	小学 Elementary school		
A.2.11.5.4	幼儿园 Kindergarten		
A.2.11.5.5	专业、职业培训学校(中心) Professional training school		

表 A.2（续）

符号编目	符号类别及名称	符号样式	参考效果
A.2.11.5.6	特殊教育学校(中心) School for the handicapped		
A.2.12	**治安消防、应急避险** **Public security, fire fighting and evacuation**		
A.2.12.1	治安消防 Security and fire fighting		
A.2.12.1.1	公安局 Public security bureau		
A.2.12.1.2	派出所 Police station		
A.2.12.1.3	消防队 Fire station		
A.2.12.2	应急避险 Emergency and evacuation		
A.2.12.2.1	应急避险指挥中心 Emergency and evacuation command center		
A.2.12.2.2	应急避险场地 Emergency and evacuation site		
A.2.13	**金融保险** **Finance and insurance**		
A.2.13.1	银行 Bank		
A.2.13.2	证券公司 Securities company		
A.2.13.3	证券交易所 Stock exchange		
A.2.13.4	保险公司 Insurance company		
A.2.14	**邮电通信、信息传输** **Post and telecommunication, information transmission**		

表 A.2（续）

符号编目	符号类别及名称	符号样式	参考效果
A.2.14.1	邮政局(所) Post office		
A.2.14.2	快递服务公司 Express mail service		
A.2.14.3	公共电话 Public telephone		
A.2.14.4	网吧 Internet café		
A.2.14.5	电视塔 TV tower		
A.2.15	**新闻出版** **Press and publication**	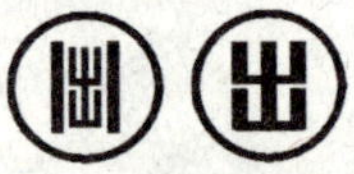	
A.2.15.1	报社 Newspaper office		
A.2.15.2	电视台 TV station		
A.2.15.3	广播电台 Radio station		
A.2.15.4	出版机构 Publisher	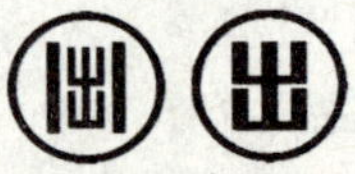	
A.2.15.5	印刷企业 Printing house		
A.2.16	**中介服务机构** **Brokerage organization**		
A.2.16.1	电子商务中心 Electronic commerce organization		
A.2.16.2	房屋中介公司 Real estate broker		
A.2.16.3	就业服务中心 Employment agency		

表 A.2（续）

符号编目	符号类别及名称	符号样式	参考效果
A.2.16.4	旅行社 Travel agency		
A.2.17	**其他服务场所与机构 Other services and facilities**		
A.2.17.1	公共浴室 Public bathroom		
A.2.17.2	理发店、美容店 Beauty salon, hair salon		
A.2.17.3	煤气、液化气站 Coal gas, liquefied gas station		
A.2.17.4	自来水厂 Waterworks		
A.2.17.5	发电厂、变电站 Power station, transformer substation		
A.2.17.6	垃圾处理场（站） Disposal site		
A.2.17.7	公共墓地 Public cemetery		
A.2.17.8	公共厕所 Public toilet		

附　录　B
（规范性附录）
文字注记符号

B.1　基础地理信息注记

基础地理信息注记见表 B.1。

表 B.1　基础地理信息注记

注记编目	注记类型及名称	注记字体（多种时选一种，电子地图字体变形难实现时可不变形）	参考色彩（屏幕背景为黑色时，黑色改为白色）	参考效果
B.1.1	**区域及居民地名称**			
B.1.1.1	疆域、区划或辖区名称		黑色、红色	
B.1.1.1.1	邻国名称	隶书、新魏体、扁中等	黑色	俄罗斯、俄罗斯、俄罗斯
B.1.1.1.2	省级区域名称	隶书、新魏体、扁中等	红色、紫色、品红色	北京市、北京市、北京市
B.1.1.1.3	地级区域名称	扁中等	红色、紫色、品红色	石家庄市
B.1.1.1.4	县级区域名称	扁中等	红色、紫色、品红色	怀柔
B.1.1.1.5	乡镇级区域名称	扁中等	品红色	雁栖镇
B.1.1.2	行政中心驻地名称		黑色	
B.1.1.2.1	首都	黑体	黑色、红色	北京、北京
B.1.1.2.2	省级行政中心	黑体	黑色、红色	上海、石家庄
B.1.1.2.3	地级市行政中心	黑体	黑色	烟台市
B.1.1.2.4	县级行政中心	宋体	黑色	涿州市 单县 新华区
B.1.1.2.5	乡镇（街道）行政中心	等线体	黑色	松柏乡 万家镇 和平街道
B.1.1.3	其他居民点名称		黑色	
B.1.1.3.1	村庄（行政村、自然村）	细圆、细等线	黑色	尚庄、尚庄
B.1.1.3.2	农、林、牧、渔场，团场	等线体	黑色	关子口林场
B.1.1.3.3	社区、小区	等线体	黑色、蓝色	西里小区
B.1.1.4	城市区域地片名	宋体	黑色	天桥　大栅栏
B.1.1.5	国外居民点名称		黑色	
B.1.1.5.1	外国首都	同省级行政中心驻地名称	黑色	河内
B.1.1.5.2	外国主要城市	同地级行政中心驻地名称	黑色	阿拉木图

表 B.1（续）

注记编目	注记类型及名称	注记字体（多种时选一种，电子地图字体变形难实现时可不变形）	参考色彩（屏幕背景为黑色时，黑色改为白色）	参考效果
B.1.1.5.3	外国一般城市	同县级行政中心驻地名称	黑色	江布尔
B.1.1.5.4	外国城镇	同乡镇级行政中心驻地名称	黑色	克根
B.1.2	**交通要素名称**		**黑色、蓝色**	
B.1.2.1	航海线名称及里程	等线体，Arial	蓝色	上海至悉尼 8570
B.1.2.2	铁路及车站名称	宋体	黑色	京广线 北京南站
B.1.2.3	公路名称及编号	等线体，Arial	黑色或同符号色系	京沈高速 G102
B.1.2.4	城市交通及车站名称	细等线，细圆体	同符号色系	八通线 复兴门站
B.1.2.5	街道名称	扁（长）等线体	黑色	王府井大街、王府井大街
B.1.3	**水系名称**		**蓝色、黑色**	
B.1.3.1	海洋	左斜宋、左斜中宋	蓝色	南海、南海
B.1.3.2	海峡、水道	左斜宋、左斜中宋	蓝色	台湾海峡、台湾海峡
B.1.3.3	群岛、列岛	扁宋体、扁中宋	黑色	舟山群岛 火山列岛
B.1.3.4	岛屿、礁石	宋体、中宋	黑色	台湾岛 双子群礁
B.1.3.5	河流	左斜宋体、左斜中宋	蓝色	黄河、黄河
B.1.3.6	运河、渠道	左斜宋体、左斜中宋	蓝色	京杭大运河、灵渠
B.1.3.7	湖泊	左斜宋体、左斜中宋	蓝色	青海湖、青海湖
B.1.3.8	水库	左斜宋体、左斜中宋	蓝色	官厅水库、官厅水库
B.1.3.9	河口、港湾	左斜宋体、左斜中宋	蓝色	长江口、渤海湾、天津新港
B.1.4	**地形地貌名称**		**棕色、黑色、蓝色**	
B.1.4.1	地理区划（高原、盆地、沙漠、平原等）	扁宋、扁中宋	棕色	青藏高原、青藏高原
B.1.4.2	山脉	右耸肩等线体、右耸肩黑体	棕色	天山山脉 天山山脉
B.1.4.3	山峰及高程	长等线，Arial	黑色	平顶山 1429
B.1.4.4	山隘	长等线	黑色	阿拉山口
B.1.4.5	冰川	左斜宋、左斜中宋	蓝色	绒布冰川、绒布冰川

B.2 公共场所与服务机构专题信息注记

公共场所与服务机构信息注记见表 B.2。

表 B.2 公共场所与服务机构专题信息注记

注记编目	注记类型及名称	注记字体（多种时选一种，电子地图字体变形难实现时可不变形）	参考色彩（屏幕背景为黑色时，黑色改为白色）	参考效果
B.2.1	餐饮住宿	宋体、等线体、细圆	黑色或同符号色系（蓝色、橙色）	长城饭店、全聚德烤鸭店、西苑饭店
B.2.2	娱乐场所	宋体、等线体、细圆	黑色或同符号色系（紫色、橙色）	石景山游乐场、石景山游乐场、石景山游乐场
B.2.3	体育健身	宋体、等线体、细圆	黑色或同符号色系（蓝色）	首都体育馆、首都体育馆、首都体育馆
B.2.4	观光游览	宋体、等线体、细圆	黑色或同符号色系（蓝色、绿色、棕色）	颐和园、颐和园、颐和园
B.2.5	博物阅读	宋体、等线体、细圆	黑色或同符号色系（蓝色、紫色）	国家图书馆、国家图书馆、国家图书馆
B.2.6	购物	宋体、等线体、细圆	黑色或同符号色系（橙色、绿色、蓝色）	西单商场、西单商场、西单商场
B.2.7	医疗卫生	宋体、等线体、细圆	黑色或同符号色系（红色）	人民医院、人民医院、人民医院
B.2.8	社会福利	宋体、等线体、细圆	黑色或同符号色系（蓝色）	北京儿童福利院、北京儿童福利院
B.2.9	党政机关	宋体、黑体	黑色、红色	市政府、市政府
B.2.10	社团	宋体、等线体、细圆	黑色	九三学社、九三学社
B.2.11	科研教育	宋体、等线体、细圆	黑色或同符号色系（蓝色）	北京大学、北京大学
B.2.12	治安消防、应急避险	宋体、等线体、细圆	黑色、红色	五棵松派出所、五棵松派出所
B.2.13	金融保险	宋体、等线体、细圆	黑色或同符号色系（橙色、蓝色）	中国人民银行、中国人民银行
B.2.14	邮电通信	宋体、等线体、细圆	黑色或同符号色系（蓝色、绿色）	西单邮电局、西单邮电局、西单邮电局
B.2.15	新闻出版	宋体、等线体、细圆	黑色或同符号色系（蓝色、紫色）	人民日报社、人民日报社、人民日报社
B.2.16	中介服务机构	宋体、等线体、细圆	黑色或同符号色系（蓝色）	北京海淀职业介绍中心、北京海淀职业介绍中心
B.2.17	其他公共场所与服务机构	宋体、等线体、细圆	黑色或同符号色系（蓝色）	北京液化气供应站、北京液化气供应站

B.3 其他地图注记

其他地图注记见表 B.3。

表 B.3 其他地图注记

注记编目	注记类型及名称	注记字体 （多种时选一种）	参考色彩 （屏幕背景为黑色时，黑色改为白色）	参考效果
B.3.1	其他注记			
B.3.1.1	说明性注记	宋体、仿宋	黑色	首都机场、首都机场
B.3.1.2	其他注记	宋体、仿宋	黑色	属承德市区、属承德市区
B.3.2	图例注记			
B.3.2.1	标题名称（大类）	黑体、等线体	黑色	交通、交通
B.3.2.2	信息名称	宋体、仿宋体	黑色	国道、省道
B.3.3.3	比例尺注记	黑体、Arial	黑色	比例尺 1:4 000 000

附　录　C
（资料性附录）
通用符号的使用

C.1　电子版符号库使用

C.1.1　文件概况

电子版符号库采用 True Type 字体方式组织点状符号，文件名称：Mapping symbol，包含点状、面状图形符号，数据格式为 *.ttf，线状符号、文字注记可参照附录 A、附录 B 的符号样式、字体设定。

C.1.2　文件安装

在操作系统字库存放目录下安装文件或将文件直接拷贝到字库存放目录下，可在各类应用软件系统中以西文字体或插入符号方式调用。

C.1.3　符号设置

符号大小、色彩、光影效果通过软件中字号尺寸、效果及文字色彩等功能设置。

C.2　符号质量

C.2.1　质量要素

符号表示的正确、合理性可通过符号构成质量、符号逻辑一致性、信息表达准确性等质量要素进行评价。

C.2.2　符号构成质量

C.2.2.1　尺寸设置

符号整体尺寸、灰度的变化，能够正确表现同类信息的等级、分布特征及信息间的相互关系，人眼视觉认知清晰、层次分明、级差适当。

C.2.2.2　色彩选择

色彩的色相、饱和度、亮度、装饰效果的变化，能够正确表现信息的质量及数量特征，色彩选择正确、色彩对比适中、人眼分辨与认知无疑义。

C.2.2.3　样式构图

符号的形状、结构、方向等形态特征变化，能够正确表现信息的内容和本质，符号样式简洁明确、无疑义、无重复。

C.2.3　符号逻辑一致性

C.2.3.1　类别统一性

符号类别与同类、同级或高一级符号类别(几何类别、比例类别、形态类别等)统一。

C.2.3.2　样式相关性

符号样式与同类、同级符号间存在视觉上的联系与差异，能够表现增设信息的本质特征。

C.2.3.3　色彩协调性

符号色彩与同类、或同级符号一致或色彩变化与同级符号色彩变化原则统一。

C.2.4　信息表达准确性

C.2.4.1　表达目的性

能依据地图主题正确选择需表达的空间地物信息，以地图符号方式表达所选信息的性质、空间分布特征及其信息间的相互联系。

C.2.4.2　内容准确性

能依据确定的地物信息分类原则及符号语言表达方式，系统形象地再现空间地物信息的真实内涵。

C.2.4.3　符号概括性

能依据地图显示尺度与显示方式、对所选的多种地物信息进行图形概括和符号抽象，以不同的详略程度分别表示。

C.2.4.4　图解艺术性

能遵循地图符号设计原理，以图形、结构、色彩、文字等抽象与象形构图的图形符号表达各类地理信息。

C.2.4.5　图例科学性

能依据地图主题、表达信息，分层次、分等级、完整地再现地图各信息的类型特征、主次关系及相互联系。

C.2.4.6　符号使用示例

图 C.1、图 C.2、图 C.3、图 C.4 分别给出了区域普通地理图、城区一览图、城区教育图和城区医疗图的示例。

图 C.1　区域普通地理图

北京城区一览（局部）
北京友谊宾馆
中国农业科学院
北京交通大学附中
中国政法大学
北京邮电大学
北京师范大学
辽宁饭店
北广医院
万寿寺中学
北京大学口腔医院
中央民族大学
中国气象局
香格里拉饭店
国家图书馆
紫竹院公园
首都体育馆
北京动物园
北京展览馆
北京北站
教育学院附中
北京积水潭医院
后海
钟楼
鼓楼
鼓楼东大街
恭王府
什刹海体育运动学校
卫生部
人民医院
国家环境保护部
西苑饭店
中国水利水电科学研究院
北京市环境保护局
建设部
北京市第四中学
北京大学第一医院
北京成人教育培训中心
北海
北京工商大学
阜外医院
妙应寺
国家图书馆（旧址）
景山公园
国土资源部
地质博物馆
月坛体育场
洲际酒店
玉渊潭公园
国家统计局
国家发改委
财政部
中国科学院
北京市儿童医院
西城区
教育部
中国人民银行
故宫博物院
民政部
中海
南海
中山公园
劳动人民文化宫
中国科学技术信息研究所
中央电视台
军事博物馆
燕京饭店
北京市规划委员会
国家海洋局
北京师范大学附属实验中学
中国银行
铁道部
首都博物馆
国家广电总局
德胜门东大街
安定门西大街
西直门外大街
西直门内大街
平安里西大街
阜成门外大街
阜成门内大街
复兴门外大街
复兴门内大街
西长安街
图例
市政府
区、县政府
国家机关
市属机关
宾馆、饭店
体育场
体育馆
世界遗产
文物保护单位
博物馆
展览馆
图书馆
医院
科研院所
学校
银行
电视台
铁路及车站
城区主干道环线道路及立交桥
区、县界

图 C.2　城区一览地图

北京城区教育（局部）

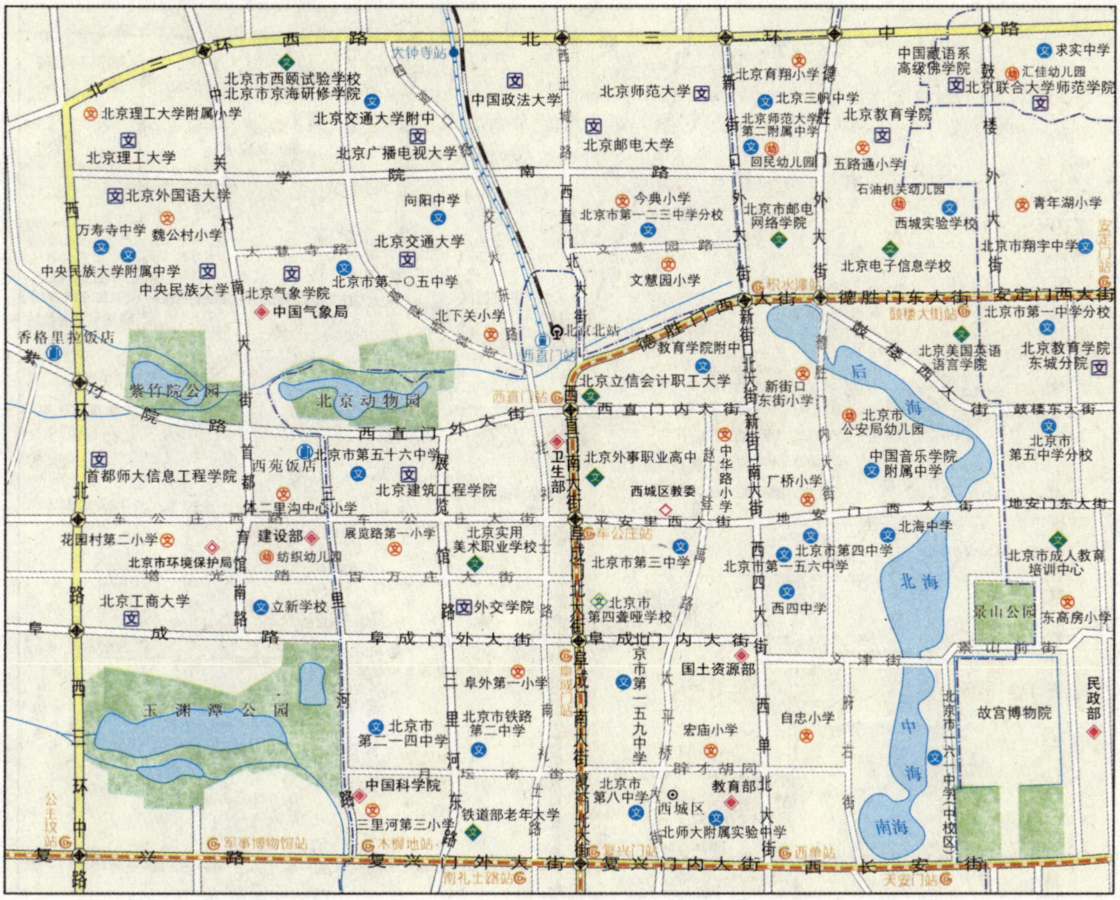

图

例

- 大学
- 中学
- 小学
- 幼儿园
- 专业、职业培训学校
- 特殊教育学校
- 市政府
- 区、县政府
- 国家部委
- 市属机关
- 区属机关
- 宾馆、饭店
- 铁路
- 地铁及车站
- 城市轻轨及车站
- 火车站、轨道交通总站
- 城区主干道环线道路及立交桥
- 区、县界

图 C.3　城区教育地图

北京城区医疗（局部）

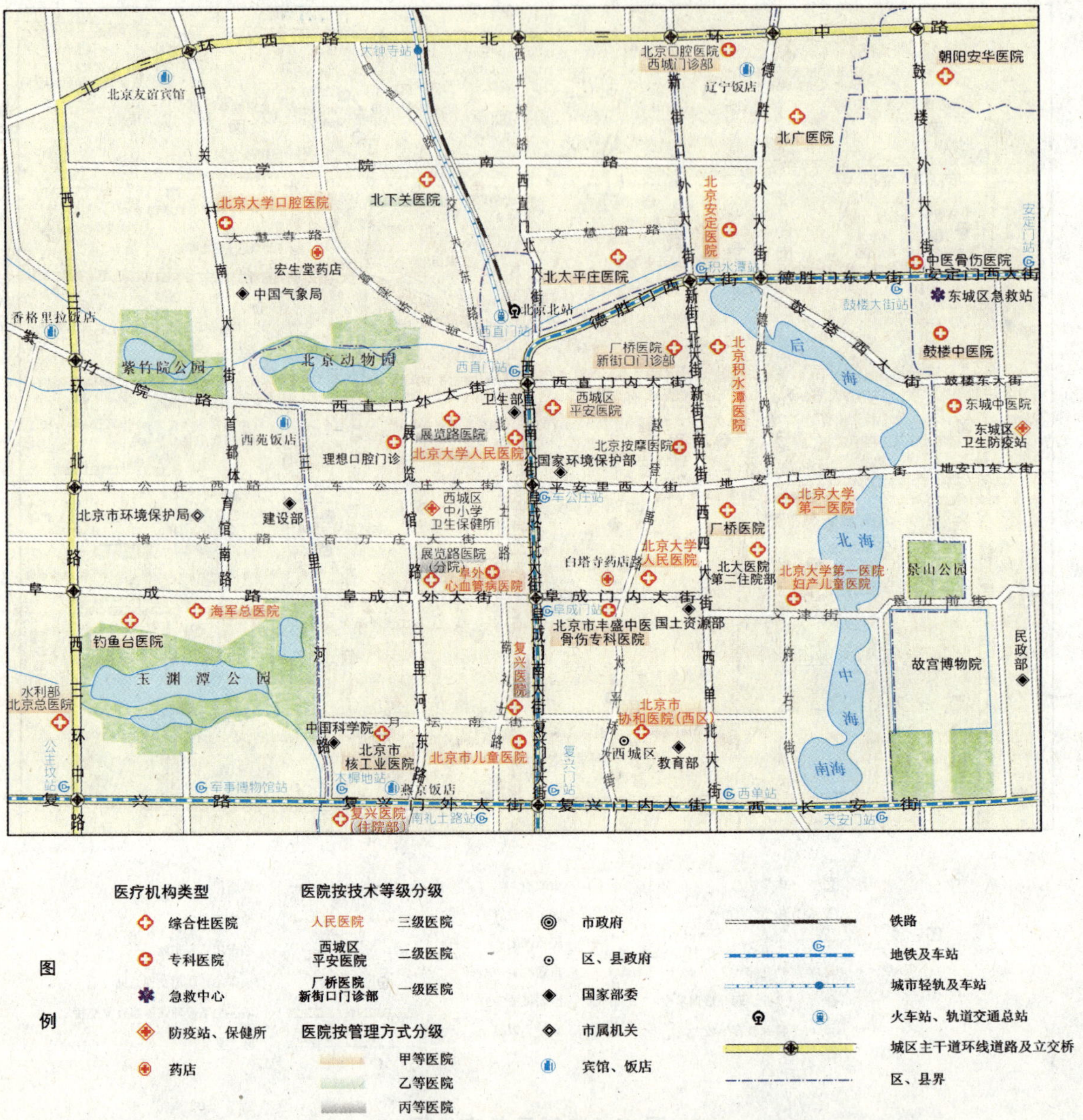

图 C.4　城市医疗地图

参 考 文 献

[1] GB/T 16820—2009 地图学术语
[2] GB/T 15565—2008 图形符号 术语
[3] GB/T 13923—2006 基础地理信息要素分类与代码
[4] GB/T 17695—2006 印刷品用公共信息图形标志
[5] GB/T 10001.1—2006 标志用公共信息图形符号 第1部分:通用符号
[6] GB/T 10001.4—2007 标志用公共信息图形符号 第4部分:运动健身符号

中文索引

H

J

K

L

M

N

P

Q

R

S

英 文 索 引

A

B

C

D

H

I

K

P

R

S

T

U

V

W